핀란드
레닌그라드
탈린
홀름
에스토니아
라트비아
발트해
KB081147
스크바
리투아니아
메멜
크라누스
쾨니히스부르크
동프로이센
단치히
(그단스크)
뢰첸 ㉒
루나우
⑤
⑥
쿨름
⑦
아리스
스몰렌스크 ⑳
툴라 ㉕
㉑ 로슬라블
민스크 ⑲
독소전
1941~1945
오렐 ㉔
소련
비스와 강
바르샤바
⑱ 브레스트
⑧ 리토프스크
프리피야트 강
폴란드 전역
1939
폴란드
㉓ 키예프
오데르 강
드네프르 강
로바키아
드네스트르 강
부크 강
브라티슬라바
베사라비아
Pruth River
부다페스트
헝가리
트란실바니아
오데사
루마니아
베오그라드
부쿠레슈티
흑해
슬라비아
도나우 강
불가리아
소피아
아드리아 해
알바니아
이스탄불
그리스
터키

Guderian
Erinnerungen eines Soldaten

구데리안 - 한 군인의 회상

글 하인츠 구데리안
번역 이수영

길찾기

Guderian - Erinnerungen eines Soldaten
by Heinz Guderian

편집 : 정경찬, 홍성완, 윤현정　교정 : 정성학, 한종수, 홍승범　마케팅 : 이수빈

[일러두기]

- 별도 언급이 없는 주석은 저자 주입니다.
- 본서의 한국어판 번역에 사용한 저본은 독일 Motorbuch Verlag에서 발간한 2003년 판입니다.
- 본서의 원전은 1951년에 발간되었으며, 시대의 한계, 자료 부족, 저자의 착오 등으로 인한 오류가 있을 수 있습니다.
- 인·지명 등 고유명사는 현재의 국경선, 국적을 기준으로 표기함을 원칙으로 하되, 저자의 의도와 당시 상황을 고려하여 예외를 두었습니다.
- G는 독일군 제2기갑집단, 일명 구데리안 기갑집단의 마크입니다.

Guderian

Erinnerungen eines Soldaten

Heinz Guderian

(1888~1954)

목차

목차

첨부 자료

지도

추천사

전사(戰史) 연구는 대한민국 군인에게 매우 의미 있는 일입니다. 그러나 대부분 전사가 승리자의 기록이다 보니 패자에게서 배울 수 있는 교훈은 지극히 제한적일 수밖에 없습니다.

제2차 세계대전만 보더라도 독일은 패전국이라는 낙인과 함께 무수한 전쟁기록이 사라지거나 평가절하되고 제대로 연구되지 않았습니다. 그러나 제1차 세계대전의 패전국인 독일이 다시 2차 대전 초기 압도적인 승리를 거두면서 유럽 전체를 공포에 떨게 했던 사실은 아직 많은 사람의 기억 속에 남아 있습니다.

이 당시의 주역으로 가장 많이 언급되는 인물이 바로 하인츠 구데리안입니다. 그는 제1차 세계대전 참전 후 소모전을 타개할 수단으로 새로운 기갑전술을 구상하여 초기 전쟁 승리에 결정적으로 기여합니다. 폴란드 침공 당시 선봉에서 지휘했고, 프랑스 침공 시 지헬슈니트(낫질) 작전의 핵심 역할을 맡았으며, 독·소전쟁의 시발점인 바르바로사 작전에 참여해 승리의 주역이 됩니다.

독일 패망의 그림자가 드리워질 무렵 육군참모총장에 오른 그는, 패전을 조금이라도 늦추고자 고군분투하며, 히틀러의 전황에 대한 잘못된 판단에 과감히 맞서다 6주간의 휴가를 받으며 사실상 해임을 당하기도 합니다. 이후 뉘른베르크 전범재판에서 소련, 폴란드 등의 반대에도 전시 모든 행동이 군인의 자세에 입각한 것으로 판명되어 무혐의 처리되었습니다.

구데리안은 나치당에 가담하지 않았고 유대인 학살에도 반대했으며, 조국 프러시아를 위해 싸운 군인이자 군사 이론가입니다. 종전 후 미국 기갑학교에 초청되어 전술 강의를 할 만큼 연합국에서도 존경받는 인물인 그는 '전격전의 창시자'이자 '재빠른 하인츠', '전 세계 전차의 아버지' 등의 애칭으로 불리고 있습니다.

이런 그가 죽기 전에 남긴 회고록은 두 번이나 패전국이 된 조국을 변증함과 동시에, 군인으로서 순수하게 싸우다 죽어간 많은 이들의 혼과 열정을 대변한 역작입니다. 기존에 발간된 책이 영문 중역본이었기에 여러모로 아쉬웠는데, 이번에 처음으로 독일어 완역본이 발간되어 매우 뜻깊게 생각합니다.

수고하신 원종우 발행인과 이수영 번역자, 군사령부 작전처장 근무 당시 연락장교로 함께 근무하며 열정적인 모습을 보여 준 홍성완 편집자의 노고에 진심으로 감사드리며, 이 책이 많은 사람에게 큰 감동과 지혜를 줄 것이라 확신합니다.

회고록 완역본 발간을 다시 한 번 축하하며, 아무쪼록 푸른 제복을 입은 사람들과 전사에 관심 있는 많은 분의 일독을 권합니다.

2014. 9.

육군기계화학교장 소장 황태섭

15쇄에 붙여

아버지가 쓴 「한 군인의 회상 Erinnerungen eines Soldaten」이 증쇄되면서 서문을 써 달라는 부탁을 받았다. 나는 혹여 아버지의 명성에 기댄다는 오해를 받을지 몰라 무거운 마음으로 출판사의 요청을 수락했다.

「한 군인의 회상」은 이번으로 15쇄가 나왔다. 독일에서는 약 8만 부가 판매되었고, 세계 11개 국어로 번역되었다. 영문판은 지금도 판매되고 있으며, 특히 미국에서는 육군 장교 양성 과정의 권장 도서이다.

제1차 세계대전과 영국의 전후 발전에 대한 평가, 무엇보다 영국 군사 이론가 존 프레더릭 찰스 풀러의 저서에 토대를 둔 아버지의 사상은 1927년에서 1929년 사이에 이론적으로 완성되었다. 1931년 '기갑부대의 창설'이 시작되었고, 3개 기갑사단이 편성되면서 창설 과정이 일단락되었다. 제2차 세계대전에서는 그러한 준비가 옳았음이 입증되었으며, 그 이후 전쟁을 수행하는 모든 나라가 기갑부대 창설 과정에서 독일을 뒤따랐다.

나는 1934년에 드레스덴 보병 학교에서 장교 교육을 받았다. 당시 보병들은 37㎜ 대전차포가 도입되면 전차의 시대가 끝날거라며 같이 교육받던 기갑부대원들을 놀리곤 했다. 성형작약탄이 개발되었을 때도 전차의 종말이 예고되었다. 그러나 전혀 그렇지 않다는 사실이 증명되었다. 전차가 처음 등장한 이후로 전장에서는 언제나 장갑과 포 사이에 치열한 싸움이 벌어졌고, 전장에서 전차의 역할은 결코 끝나지 않았다. 전차는 장갑의 보호를 받으며 고도의 기동성으로 무장한 채 화력을 결집해 전술적으로나 전략적으로 투사한다. 중동 전쟁과 걸프 전쟁은 전차의 중요성을 여실히 증명했다. 따라서 아버지의 이론은 단순히 역사적인 측면에서만 의미가 있는 것이 아니라 현재까지도 유효하다. 나는 미국, 영국, 이탈리아, 스웨덴의 기갑 학교를 방문했을 때 그 사실을 확인했다. 프랑스에서는 소뮈르 전차 박물관의 한 전시관을 '구데리안

관'으로 부르고 있었다. 스위스인 한 명과 영국인 두 명, 아일랜드 인 한 명이 아버지에 관한 책을 썼고, 한 권은 최근에 재판이 나왔다. 1937년에 나온 아버지의 첫 저서 「전차를 주목하라! Achtung, Panzer!」은 1992년에 영국에서 번역 출간되었다.

동서 대립이 막을 내리면서 혹자는 독일에서는 이제 기갑부대의 시대가 끝났으며, 중부 유럽 이외의 지역에 배치할 경무장 부대가 중요해졌다고 말한다. 그러나 예나 지금이나 독일 연방군의 주요 임무는 결국 조국 수호이며, 그러기 위해서는 기갑부대가 반드시 필요하다. 다른 지역에 배치할 때도 오늘날에는 기갑부대를 투입할 가능성이 매우 높다. 중장비로 무장하지 않은 보병만으로는 중무장한 상대와 맞설 수 없기 때문이다. 걸프 전쟁은 일반적으로 적용되는 예는 아니지만 그러한 점을 생각해보게 해줄 것이다.

아버지가 전쟁과 포로 생활을 마치고 얼마 지나지 않아 쓴 이 책은 아버지와 대다수 군인들이 히틀러 시대를 어떻게 보고 체험했는지, 그들이 조국과 독일 민족의 안녕을 위해 얼마나 큰 어려움을 겪어야 했는지를 생생하게 보여준다. 그러나 사람들은 때로 몇몇 역사가와 언론인이 적개심에서 독일 국방군에 가한 일방적인 매도를 자신들의 현 시대 속에서 판단하려 하지 않고, 군인들을 그들의 선조와 함께 싸잡아 매도한다. 오늘날의 군인들은 이 점을 간과해서는 안 된다.

1934년 8월 2일 제국 대통령이자 원수였던 힌덴부르크가 죽었을 때 아버지는 어머니에게 이렇게 썼다.

"우리 노친네가 더는 세상에 없구려. 우리는 누구도 대신할 수 없는 이 손실을 무척 슬퍼하고 있소. 힌덴부르크 대통령은 전 민족, 특히 국방군의 아버지와 같은 존재였고, 독일 민족에 생긴 이 크나큰 틈을 아주 오랜 시간이 지나야 간신히 메울 수 있을 것이오. 외국의 눈에 힌덴부르크 대통령의 존재는 그 자체만으로도 서명한 협정과 그럴듯한 말들보다도 중요했소. 힌덴부르크 대통령은 세계의 신뢰를 얻은 사람이었으니 말이오. 힌덴부르크 대통령을 사랑하고 존경했던 우리는 이제 한없이 초라해졌소. 내일 군인들은 히틀러에게 충성을 맹세하게 될 것이오. 중대한 의미의 맹세가 되겠지! 독일의 안녕을 위해 이 맹세가 양측에 의해 충실하게 지켜지길 바랄 뿐이오. 군은 항상 맹세를 지켜왔소. 이제 우리 군이 명예롭게 그 맹세를 지킬 수 있었으면 좋겠소."

마치 앞날을 예견한 사람 같지 않은가! 이 말에 담긴 진심을 생각하면서 우리와 우리 아버지 세대를 평가해주길 바란다.

하인츠 귄터 구데리안(Heinz G. Guderian)[1]

1 하인츠 구데리안의 아들. 아버지와 함께 2차 세계대전에 참전하였으며, 전후에는 1954~1974년까지 서독 연방군에서 복무하였다. 소장으로 전역하였으며, 아버지와 마찬가지로 연방군 기갑총감직을 수행하기도 했다. 2004년 90세를 일기로 사망. (편집부)

Heinz Guderian

01 서문
Vorwort

운명은 우리 세대에 두 번의 세계대전을 치르게 했고, 두 번 모두 독일 민족의 패배로 끝나게 했다. 패배는 가혹한 운명이었고, 나와 같은 참전 군인들은 우리 민족의 고통과 슬픔을 더욱 뼈저리게 느낀다. 마지막 중요한 전투에서 함께 싸웠던 군인들은 오랫동안 침묵했다. 그들은 포로로 잡혀 있었거나 그 밖의 다른 이유에서 나서지 않았다. 과거 우리의 적이었던 승전국들에서는 제2차 세계대전에 관한 책들이 이미 수없이 쏟아져 나왔다. 일부는 개인적인 회고록들이고, 일부는 의미 있는 역사책들이다. 이제 몰락과 붕괴의 극심한 충격이 어느 정도 가라앉았으니, 독일에서도 엄청난 대재앙을 겪고 살아남은 사람들이 자신들의 기억 속에 깊이 묻혀 있던 일들을 기록할 시점이 된 듯싶다. 독일의 기록물들은 상당 부분 파괴되었거나 적의 수중에 들어갔다. 그로 말미암아 철저히 사실을 바탕으로 역사를 기술하기가 어려워졌다. 그 때문에 당시 함께 싸웠던 군인들이 개인적으로 겪은 일들을 기록하는 작업이 무엇보다 중요해졌다. 비록 개인의 단편적인 경험들이며, 그마저도 대개는 주관적인 형태로 제공되겠지만 말이다.

그러나 이 글을 쓰게 된 이유가 그것만은 아니다. 독일의 수백만 여성과 어머니가 남편과 아들을 조국에 바쳤다. 수천만 여성과 어린이와 노인이 적의 폭격에 희생당했다. 수많은 여성과 어린이가 조국과 고향을 지키기 위해 함께 보루를 쌓고 공장과 들판에서 일을 도왔다. 독일 노동자들은 가장 혹독한 조건에서도 조국에 대한 의무를 충실히 이행했다. 농부들은 힘든 상황에서도 고향의 땅을 일궈 비참한 종말의 그 순간까지 다른 국민에게 식량을 공급했다. 수백만 독일인이 집에서 쫓겨나 피난했으며, 거리에서 죽거나 타지에서 근근이 목숨을 부지해야 했다. 한창때의 남자들 수백만이 적과 용맹하게 싸우다가 나라에 충성하며 죽어갔다. 지난 수백 년 동안 독일 군인들이 그래 왔듯이 민족과 조국을 위해 목숨을 바쳤다. 그들 모두는 우리의 감사를 받아 마땅하다.

내가 독일 민족의 이름으로 말할 자격은 없다. 그러나 적어도 나의 옛 병사들에게는 내 고마운 마음을 전하고 싶다. 나와 나의 옛 부하들은 우리를 지탱하게 한 것이 무엇인지를 알았다. 그것은 오늘에 이르기까지 존경과 사랑 속에서 우리를 결속시켰고, 앞으로도 영원히 그러리라 확신한다.

이제 사람들은 '군국주의'와 '국가주의'를 들어 우리를 비난하려 한다. 이 책도 어떤 측면에서는 그런 비난에 직면하게 될지도 모른다. 나나 나의 옛 병사들에게나 '군국주의'는 우쭐대며 군대의 방식을 따라 하고, 허풍을 떨면서 군인의 말투를 흉내 내고, 군인다운 행동을 과도하게 일상의 영역으로 끌어오는 행위를 뜻한다. 참된 군인이라면 누구나 이런 행동을 부정하리라. 군인이야말로 전쟁의 참상을 누구보다 잘 알기에 인간으로서 전쟁을 단호히 거부한다. 진정한 군인은 야심에 찬 정복 정치와 권력 투쟁에는 관심이 없다. 우리는 조국을 지키고 독일의 젊은이들을 건전하고 자신을 지킬 줄 아는 남자로 키우기 위해 군인이 되었다. 우리는 기꺼이 군인이 되었고 자신이 군인임을 자랑스럽게 여겼다. 군인이 되는 것을 민족과 나라에 대한 사랑에서 우러나온 숭고한 의무로 여겼다.

흔히 말하는 '국가주의'란 사리사욕으로 과도한 애국심을 표출하고, 다른 민족과 인종을 무도하게 대하는 행태일 진대, 우리는 그런 행위와는 전혀 무관하다. 우리는 다른 민족의 고유성을 존중하지만, 여전히 우리 민족과 나라를 사랑한다. 그로서 조국에 대한 사랑, 높은 민족적 자긍심과 의무감을 올바르게 지켜나갈 것이다. 현재 독일의 나약한 모습 덕분에 '국가주의'의 부재를 탄식하는 목소리가 울려도 거기에 현혹되지 않을 것이다. 우리는 독일인이기를 바라고 독일인으로 남을 것이다. 또한, 통합된 유럽의 중요성을 온전히 인식하는 가운데 기반이 송두리째 흔들린 유럽 대륙에서 똑같이 존중받는 동등한 구성원이 될 각오가 되어 있다.

이런 의미에서 이 책은 젊은 세대에게도 그들의 아버지들이 어떻게 민족을 위해 목숨을 걸고 싸웠는지를 말해줄 것이다. 젊은 세대들이 그런 이야기들을 기억하길 바라며, 모진 고난과 죽음, 처절한 패배 속에서도 독일을 믿었던 사람들을 잊지 말기를 바란다. 그래야 그 수많은 이들의 고통스러운 희생이 헛되지 않고, 독일의 평화로운 발전에 대한 희망을 꿈꿀 수 있기 때문이다.

이 책을 통해 자신을 변명하거나 누군가를 비난하고 싶지 않다. 그저 체험한 일들을 기술하려고 노력했을 뿐이다. 고향에서 쫓겨났거나 포로로 잡혔다가 살아남은 사람들이 남긴 기록과 편지들, 그밖에 함께 싸웠던 군인들의 보고서들을 참고했다. 너무 많은 일이 일어나면서 자잘한 부분들은 지워졌고, 궁핍했던 시기를 보내면서 이제 기억도 흐려지기 시작했다. 그래서 세세한 부분에서는 내가 기억하고 있는 내용이 사실과 다를 수도 있다는 점을 미리 밝혀둔다.

여기 기록한 내용은 내가 그때그때 몸담았던 직위에 따라 한 군단의 군단장, 기갑부대장, 기갑군단장으로서 보고, 듣고, 경험한 일들이다. 다만 제2차 세계대전의 전체 맥락을 포괄적으로 기술하기에는 필요한 자료가 부족했다.

이 글을 쓰기까지 도움을 아끼지 않았던 프라이헤어 폰 리벤슈타인 남작, 겔렌, 셰러, 폰 셸, 프라이헤어 폰 슈타인, 프라이탁 폰 로링호벤 남작과 베케에게 진심어린 감사의 마음을 전한다.

하인츠 구데리안(Heinz Guderian)

02 가족과 어린 시절

Familie und Jugend

나는 1888년 6월 17일 일요일 이른 아침, 바익셀 강가의 도시 쿨름에서 태어났다. 아버지는 포메른 2예거대대[2] 중위로 성함은 프리드리히 구데리안이었으며, 1858년 8월 3일 투헬의 그로스-클로니아에서 태어났다. 어머니 클라라 키르히호프는 1865년 2월 26일 쿨름 근방 니엠치크에서 태어났다. 나의 양가 조부는 지주였으며, 내가 알고 있는 집안의 선조들은 바르테가우, 서프로이센, 동프로이센에서 농장을 경영했거나 법률가로 활동했다. 아버지는 가까운 친척들 중 첫 현역 장교였다.

1890년 10월 2일 남동생 프리츠가 태어났다.

아버지는 1891년에 라인 강 서쪽에 위치한 엘자스 지방의 콜마르로 전속되었고, 나는 여섯 살 때부터 거기서 학교를 다녔다. 그러다가 1900년 12월에 아버지가 다시 로트링겐 지방의 장크트 아볼드로 전속되었다. 이 작은 마을에는 중등학교가 없었기 때문에 부모님은 우리 두 아들을 타지로 보내야 했다. 동생과 나는 경제 사정이 넉넉지 않았던 부모님의 형편과 장교가 되고 싶어 하는 우리의 뜻에 따라 소년사관생도의 길을 선택했다. 동생과 나는 1901년 4월 1일 바덴 주 카를스루에 소년사관학교에 입학했고, 나는 1903년 4월 1일에 베를린

2 Jäger: 원래 사냥꾼이라는 뜻이다. 17세기에 직업 사냥꾼과 산림지기들 위주로 부대가 편성되면서 처음으로 이름이 붙여졌다. 2차 세계대전 때부터 현재의 독일 연방군에 이르기까지 다양한 보병부대와 공수부대, 대전차부대에 예거라는 이름이 들어가기 때문에 원어를 그대로 살려 표기한다. (역자)

그로스-리히터펠데 중앙소년사관학교로 옮겼다. 2년 뒤에 동생도 이곳으로 옮겨왔다. 나는 1907년 2월에 졸업 시험을 통과했다. 이 시기에 만난 선배들을 생각하면 무한한 감사와 존경의 마음이 절로 우러난다. 소년사관학교에서 받은 교육은 군대식으로 엄격하면서도 단순했지만, 기본적으로는 관용과 공정함에 토대를 두고 있었다. 수업은 레알김나지움[3]의 교과 과정에 따라 현대 언어와 수학, 역사를 우대했다. 이런 수업은 나와 동생에게 인생을 살아가는데 필요한 기본 소양을 갖추게 해주었고, 모든 면에서 또래 아이들이 다니는 일반 학교에 전혀 뒤지지 않았다.

1907년 2월 나는 견습사관이 되어 로트링겐 지방의 소도시 비치에 임시로 주둔해 있던 하노버 10예거대대에 배치명령을 받았다. 이곳은 1908년 12월까지 내 아버지가 지휘관을 맡은 부대였다. 나는 이 뜻밖의 행운으로 사관학교를 다니느라 집을 떠나 있던 6년 만에 다시 부모님과 함께 생활하는 안락함을 맛볼 수 있었다. 1907년 4월에서 12월까지 메츠 군사학교 교육 과정을 성공적으로 마쳤고, 이듬해인 1908년 1월 27일에 1906년 6월 22일자 사령장과 함께 소위로 임관했다. 그때부터 제1차 세계대전이 발발하기 전까지 소위로서 무척 행복한 시절을 보냈다. 1909년 10월 1일 내가 배치된 예거대대는 원래 주둔지인 하노버 지역으로, 하르츠 강가의 고슬라르로 다시 옮겼다. 나는 이곳에서 사랑하는 아내 마르가레테 괴르네를 만났고, 나와 아내는 1913년 10월 1일에 결혼했다. 아내는 그날부터 나의 충실한 동반자가 되었고, 내가 기나긴 세월 군인으로 살면서 겪었던 변화무쌍하고, 결코 쉽지만은 않았던 삶의 모든 고락을 나와 함께 나누었다.

---

3 Realgymnasium: 수학과 자연과학 학습에 중점을 둔 중등 교육 기관.(역자)

우리 부부의 행복했던 신혼 생활은 1914년 8월 2일 제1차 세계대전이 발발하면서 갑작스럽게 끝났다. 그 이후 전쟁이 끝날 때까지 4년 동안은 휴가 때만 잠시 아내와 그 사이 태어난 두 아들을 볼 수 있었다. 첫아들 하인츠 귄터는 1914년 8월 23일에, 둘째아들 쿠르트는 1918년 9월 17일에 태어났다.

사랑하는 아버지는 1914년 5월에 대수술을 받고 더 이상 야전 근무를 할 수 없는 상태가 되어 전역하신 후. 전쟁 초기에 세상을 떠나셨다. 아버지의 죽음으로 나는 인간으로서나 군인으로서 모범으로 삼았던 스승을 잃었다. 어머니는 아버지보다 16년을 더 살다가 1931년 3월에 선량함과 자애로움이 넘치던 삶을 마쳤다.

1918년 전쟁이 끝난 뒤 나는 동부 국경수비대에 배치되어 처음에는 슐레지엔에, 다음에는 발트 해에서 근무했다. 나의 상세한 군 이력은 책 말미에 추가한 부록에 따로 기록했다. 1922년까지 야전 근무와 참모부 근무를 번갈아가면서 수행했고, 주로 보병 교육을 받았다. 그러나 코블렌츠 3통신대대에서 맡은 임무와 제1차 세계대전 초기 야전 통신소 하나를 지휘한 경험 덕분에 차후 현대식 무기체계를 구축하는데 유용하게 쓰일 무선 통신과 관련된 제반사항을 배울 수 있었다.

하노버 10예거대대 소위 시절, 1908년 비치

03 독일 기갑부대의 탄생

Die Entstehung der deutschen Panzertruppe

제1차 세계대전이 끝나고 다음 전쟁이 일어나기 전까지 내가 주력했던 일은 독일 기갑부대의 창설이었다. 나는 원래 예거부대 장교였고 기술과 관련된 기초 지식이 전혀 없었지만, 운명은 나를 군 차량화와 관련된 직위로 이끌었다.

1919년 발트 해에서 돌아와 잠시 하노버 10제국군여단을 거친 나는 1920년 1월에 고슬라르에 주둔한 나의 옛 부대에 배치되어 1개 중대의 지휘관이 되었다. 그 전까지는 총참모본부에 속해 있었지만 다시 총참모본부에 복직하게 되리라는 생각은 하지 못했다. 발트 해에서 전속될 당시 약간의 마찰이 있었던 데다가 패전의 책임으로 10만 명으로 축소된 독일 육군의 규모를 생각하면, 모두가 선호하는 경력을 쌓을 전망이 그다지 밝지 않았기 때문이다. 그래서 1921년 가을 존경하던 연대장 폰 암스베르크 대령이 다시 총참모본부에서 일해 볼 생각이 없냐고 물었을 때 놀라지 않을 수 없었다. 나는 그렇게 하겠다고 대답했지만 어찌된 영문인지 이후 몇 개월 동안 아무 연락도 받지 못했다. 그러던 1922년 1월, 느닷없이 제국 국방부[4] 병무국의 요아힘 폰 슈튈프나겔 중령이 전화를 걸어와 왜 아직 뮌헨으로 떠나지 않았느냐고 물었다. 중령은 교통부대 총감인 에리히 폰 치슈비츠 장군이 참모 장교를 요구해 내가 교통부대 감실 차량수송부대에 배치될 예

---

4 Reichswehrministerium: 바이마르 공화국 시절의 제국군을 총괄하던 국방부로 나중에 제국 전쟁부로 바뀐다. 제국군(Reichswehr)도 1935년에 국방군(Wehrmacht)으로 바뀐다. (역자)

정이라고 알려주었다. 전속일은 원래 4월 1일이지만 그 전에 차량화 부대의 여러 가지 실무를 익힐 수 있도록 뮌헨 소재 7바이에른 차량 수송대대로 파견한다고 했다. 그래서 지체 없이 출발해야 했다.

나는 새로운 임무에 무척 기뻐하며 여행길에 올랐고, 뮌헨에 도착해 대대장 루츠 소령에게 전입신고를 했다. 이 만남을 계기로 나와 루츠 소령은 그 이후로도 오랫동안 함께 일하면서 매우 돈독한 관계를 유지했다. 나는 루츠 소령을 진심으로 존경했고, 그는 나에게 최고의 호의를 베풀었다. 나는 뮌헨 주둔 1중대에 배속되었다. 중대장 비머 대위는 공군 출신이었고 나중에 공군으로 돌아갔다. 루츠 소령은 내가 제국 국방부에서 차량화부대의 조직과 운용에 관한 업무를 보게 될 거라고 했다. 즉, 뮌헨에서의 주요 활동은 그 임무를 위한 준비 과정이었다. 루츠 소령과 비머 대위는 내가 하루빨리 그들의 업무를 이해할 수 있도록 최선을 다했고, 나는 많은 것을 배웠다.

1922년 4월 1일 나는 베를린 교통부대의 치슈비츠 장군에게 전입신고를 했고, 강한 의욕으로 총참모본부에서 맡게 될 새 업무를 기다렸다. 장군은 원래 나한테 차량화부대 운용 업무를 맡길 계획이었다고 설명했다. 그런데 참모장인 페터 소령이 차량 정비소, 주유 시설, 시설물과 기술직 공무원 관리를 포함해 도로와 교통 관련 문제를 모두 포괄하는 다른 업무에 나를 배치했다고 했다. 나는 무척 당황해서 기술적인 문제를 주로 다루는 그런 업무는 미처 준비하지 못했고, 그 분야의 작업에 필요한 지식도 갖추지 못했다고 대답했다. 그러자 치슈비츠 장군은 자신의 뜻도 나를 루츠 소령에게서 전달받은 업무 분야에 활용하는 것이었다고 했다. 그런데 1873년에 제정되어 세부 사항이 보완된 프로이센 왕국 전쟁부의 업무 규정에 따르면, 업무 분배는 총감이 아닌 참모장의 권한이라는 것이다. 따라서 안타깝지만 장군은 나를 다른 부서로 배치하라고 명령할 수 없다고 했다. 대신에 자신이 계획하고 있는 연구에 참여할 수 있도록 하겠다고 했다. 차라리 예전 부대로 다시 전속시켜달라는 나의 요청은 거부되었다.

결국 나는 이제 기술 분야에 몸담게 되었고 거기에 적응하려고 노력해야 했다. 전임자는 처리되지 않은 몇 가지 서류 외에는 내가 알아두어야 할 만한 것들을 전혀 남기지 않았다. 그래서 나이 많은 부처 공무원 몇 명이 유일한 버팀목이었는데, 그들은 그 서류들을 잘 알고 업무 상황도 통달하고 있어서 동료처럼 나를 도와주었다. 거기서 맡은 업무는 분명 배울 것도 많고 내가 앞으로 발전하는 데도 상당히 유익한 내용이었다. 그러나 그 무엇보다 중요했던 일은 치슈비츠 장군이 맡긴 차량을 이용한 병력 수송에 관한 연구였다. 나는 그 연구와 하르츠 산지에서 이루어진 소규모 훈련을 경험하면서 처음으로 차량화부대의 운용 가능성을 알게 되었고, 거기에 대해 나 자신만의 판단력을 키워나갔다. 치슈비츠 장군은 정확성을 중시하여 사소한 실수까지 모두 집어내는 상당히 비판적인 상관이었다. 덕분에 그를 통해서 많은 것을 배울 수 있었다.

제1차 세계대전에서는 차량을 이용한 병력 수송의 몇 가지 방법이 실행되었다. 하지만 그러한 이동은 항상 고정된 전선의 배후에서만 이루어졌고, 기동전에서 곧바로 적진을 향해 실행된 적은 전혀 없었다. 방어 시설이 제대로 구축되지 않은 독일 처지에서 미래의 전쟁은 고정된 전선 뒤에서 벌이는 참호전이 될 수는 없었다. 독일군은 기동 방어를 염두에 두어야 했다. 기동전에서 차량화부대의 수송 문제는 곧 수송 차량들의 안전 문제를 제기했다. 그것은 오직 장갑 차량을 통해서만 효과적으로 해결될 수 있었다. 나는 장갑 차량에 대한 경험을 설명해줄 수 있는 모든 자료를 찾아 나섰고, 그 과정에서 젊은 에른스트 폴크하임 중위를 알게 되었다. 그는 독일의 얼마 안 되는 전투차량 부대가 쌓은 빈약한 경험과 훨씬 광범위한 경험을 축적한 적 전차부대의 자료들을 수집해 우리 독일의 소규모 육군에 도움이 되도록 하는 일에 종사하고 있었다. 나는 폴크하임 중위를 통해서 관련 서적 몇 권을 구입했고, 빈약한 이론적 기반 위에서 앞에서 제기된 문제들을 연구했다. 대부분이 영국과 프랑스에서 나온 자료들이었기 때문에 두 나라의 언어를 배우면서 공부해야 했다.

내 관심을 일깨우고 상상력을 자극한 자료는 주로 영국의 풀머, 리델 하트, 마텔이 쓴 저서와 논문들이었다. 선견지명이 있던 이 군인들은 당시에 이미 전차를 보병의 보조 무기 역할을 뛰어넘어 다양하게 활용하려고 애썼다. 그들은 전차를 우리 시대에 태동하고 있는 군 차량화의 중심에 배치했고, 그로써 대규모로 진행되는 새로운 용병술의 선구자가 되었다.

장님들 사이에서는 외눈박이가 왕 노릇을 하기 마련이다. 그동안 이 분야를 다룬 사람이 아무도 없었기 때문에 나는 곧 전문가 소리를 듣게 되었다. 때때로 『군사 주간지 Militär Wochenblatt』에 기고했던 짧은 논문들도 그런 평가에 한몫했다. 베를린에서 출간되는 이 군사 전문지 편집장 폰 알트로크 장군은 여러 차례 나를 찾아와 관련 논문을 쓰라고 독려했다. 폰 알트로크 장군은 개방적인 군인이었고, 자신이 발행하는 잡지를 현 시대의 문제를 논하는 장으로 만들고 싶어 했다.

나는 그 활동을 통해서 「전차 교본 Taschenbuch der Tanks」의 저자인 오스트리아인 프리츠 하이글도 알게 되었다. 나는 하이글이 저술을 준비할 때 전술 분야와 관련해 몇 가지 조언을 해주었고, 그를 올곧은 독일 남자로 높이 평가했다.

1923/24년 겨울 공군과의 협력 속에서 이루어지는 차량화부대의 활용에 관한 도상훈련(Kriegsspiel)이 시행되었다. 훗날 육군 최고사령관에 오르는 브라우히치 중령은 훈련의 지휘를 나에게 맡겼다. 나는 이 훈련 지휘로 육군 교육사령부의 인정을 받아 전술과 전쟁사를 가르치는 교관직을 제의 받았고, 검증을 받은 뒤에는 이따금 '교관 여행'[5]을 가라는 명령을 받았다. 1924년 가을 나는 슈테틴 주둔 2사단 참모부로 전속되었다. 그사이 사단장으로 임명된 치슈비츠 장군이 내 직속상관이었다.

그러나 그곳으로 가기 전에 치슈비츠 장군의 후임인 폰 나츠머 대령의 지휘 아래에서 일련의 훈련과 도상훈련을 이끌었다. 무엇보다 기병대와 연합해 정찰 임무를 수행할 때 전차의 활용 가능성을 확인하는 것이 주목적이었다. 베르사유 조약에 따라 독일에 허용된 장비는 볼품없는 '장갑 병력수송차'들밖에 없었다. 이 차량들은 모두 사륜구동이긴 했지만 무게 때문에 기본적으로는 도로 주행에만 적합했다. 나는 훈련 결과에 만족했고, 최종 협의를 하는 자리에서 차량수송부대가 이런 훈련들을 통해서 단순한 보급부대에서 전투부대로 탈바꿈하길 바란다는 희망을 피력했다. 그러나 총감은 나와 견해가 달랐고, "전투부대가 다 무슨 말인가! 쓸데없는 소리 말게!"라는 말로 내 희망을 꺾어버렸다.

나는 장차 참모부에서 근무하게 될 장교들에게 전술과 전쟁사를 가르치기 위해 슈테틴으로 향했다. 할 일이 무척 많은 직책이었지만 비판적 성향이 강한 예비참모들에게 주도면밀하게 짜낸 과제를 내주고, 그 해답을 철저히 준비해 명확하게 설명하기 위해서는 최선을 다

5 교관 임무 수행자의 교류 및 참모 순환보직을 교관여행으로 불렀다.(편집부)

해야 했다. 전쟁사 수업에서는 나폴레옹의 1806년 출정[6]에 관심을 쏟았다. 그 전쟁은 독일이 고통스런 패배를 당했던 전투[7] 때문에 대부분 푸대접하지만 기동전에서의 부대 지휘라는 관점에서는 배울 점이 많았기 때문이다. 그밖에도 1914년 가을에 벌어진 독일과 프랑스의 기병 전투에도 주목했다. 당시의 기병대 활동에 대한 철저한 연구는 기동성 활용을 목표로 한 나의 전술적, 전략적 이론 발전에 매우 유용했다.

나는 그동안의 전술훈련과 도상훈련에서 여러 차례 내 생각을 제시할 기회가 있었다. 그러자 직속상관인 회링 소령도 거기에 관심을 보여 내 소견에 찬성하는 발언을 했다. 그 덕분에 3년 동안의 교관 활동을 마치고 다시 제국 국방부 산하 병무국 수송과로 전속되어 처음에는 할름 대령, 나중에는 베거 중령과 퀴네 중령의 지휘를 받았다. 당시 수송과는 작전과에 부속되어 있었다. 내 담당 분야가 신설되었고, 차량을 이용한 병력 수송을 다루어야 했다. 병무국에서는 정규 편성된 부대를 일반 화물차를 이용해 이동시키는 대규모 수송을 생각하고 있었다. 당시 독일군이 사용할 수 있는 다른 차량들은 전혀 없었다. 그 문제에 대한 연구에서는 그와 같은 대규모 수송이 직면한 어려운 점들이 드러났다. 물론 제1차 세계대전 당시 프랑스군은 베르됭에서 대규모 병력 수송에 뛰어난 성과를 보여주었다. 그러나 당시에는 항상 고정된 전선의 후방에서 수송이 이루어졌고, 한 사단에 속하는 모든 말과 차량, 특히 포들을 즉시 수송할 필요도 없었다. 그런데 기동전에서 모든 말과 차량을 포함한 전체 사단을 화물차로 수송하려

---

6 4차 대프랑스 동맹(나폴레옹 프랑스 제국에 대항하기 위한 영국, 프로이센, 스웨덴, 러시아 동맹)군 격파를 위한 나폴레옹의 동방출정을 뜻함.(편집부)

7 프로이센 왕국군이 나폴레옹군에 대패하여 베를린을 함락당했던 예나-아우어슈테트 전투를 말함.(편집부)

한다면 거기에 필요한 화물차 수는 엄청날 것이다. 따라서 대규모 수송 문제를 둘러싸고 열띤 토론이 벌어졌고, 실행 가능성을 믿는 사람보다는 회의적인 사람들이 더 많았다.

1928년 가을 차량수송부대 교육 참모부의 슈토트마이스터 대령이 자기 교육생들에게 전차 전술에 관한 수업을 해달라고 요청했다. 병무국의 내 상관들은 이 추가 활동을 허락해주었다. 그로써 비록 이론 수업이긴 했지만 나는 다시 전차 연구 분야로 돌아갔다. 나는 전차와 관련된 실습 경험이 전혀 없었고, 그때까지 전차를 타본 적도 전혀 없었다. 그런데 이제 전차에 대해 가르쳐야 했다. 그 수업을 위해서는 주도면밀한 준비와 열성적인 자료 연구가 필요했다. 그사이 지난 세계대전에 대한 자료가 충분히 쏟아져 나왔고, 외국 군대에서는 이미 업무규정[8]에 반영할 정도로 눈에 띄는 발전이 이루어진 상황이었다. 따라서 이론 연구는 처음 제국 국방부에서 일할 때보다 한결 수월했다. 다만 실습은 처음에는 모형 전차를 이용한 훈련에 의지할 수밖에 없었다. 원래는 사람이 밀어 움직이게 했던 아마포로 만든 모형이었지만 그나마 차량화된 철판 모형으로 발전한 상태였다. 나는 차량수송부대와 함께 모형 전차 훈련을 개최했고, 부슈 중령과 리제 중령이 지휘하는 9보병연대 슈판다우어 3대대가 기꺼이 우리를 지원했다. 나는 이 훈련에서 나중에 나와 함께 일하게 될 3대대 부관 벵크를 만났다. 나는 차량수송부대 참모부와 체계적으로 작업에 임해 전차를 단독으로, 집단으로, 중대와 대대에서 활용할 가능성을 연구했다.

비록 실제 훈련 여건은 매우 열악했지만 그 정도로도 현대전에서

---

8 영국에서 임시로 정한 장갑 전투차량에 대한 규정이 독일어로 번역되었고, 오랫동안 독일 기갑부대의 이론을 발전시키는 입문서 역할을 했다.

전차가 차지할 역할에 대한 전망은 분명하게 확인할 수 있었다. 특히 4주간 스웨덴을 방문해 1918년에 개발된 독일의 마지막 LK 2(Leichter Kampfwagen 경량 전차) 전차의 활용 사례를 관전하고 직접 몰아보면서 내 상상력은 더욱 자극을 받았다.

나는 아내와 함께 스웨덴 여행길에 올랐다. 처음에는 덴마크 코펜하겐과 그 주변의 아름다운 지역에서 흥미로운 며칠을 보냈다. 우리는 유명한 조각가 베르텔 토르발센의 작품을 보고 깊은 감명을 받았고, 「햄릿」의 무대가 되었던 헬싱괴르 성 앞 테라스에서는 그 작품 속의 한 대목을 떠올리기도 했다[9].

"호레이쇼, 이 천지간에는 말일세,
우리네 학식으로는 생각도 못할 별의별 일들이 다 있는 걸세."

나와 아내가 그 테라스에 서 있었을 때는 해협 위로 찬란한 햇빛이 쏟아져 낡은 청동 대포의 포신이 푸르스름하게 빛나고 있었다. 작품에서처럼 유령은 나타나지 않았다.

그 뒤에는 배를 타고 모탈라에서 예타 운하를 통해 스웨덴의 여러 호수들을 두루 여행했다. 우리는 밤에 배에서 내려 유서 깊고 아름다운 브레타 수도원을 관람했다. 다음날 아름다운 건물들로 둘러싸여 북유럽의 베네치아로 불리는 스톡홀름이 우리 앞에 당당한 모습을 드러냈다.

나는 전차대대인 예타 2근위대대에서 업무에 착수했다. 부렌 대대

9 해당 대목은 영국의 셰익스피어가 쓴 비극 「햄릿」 1막 5장에서, 자신의 앞에 나타난 선왕의 유령을 목격한 햄릿이 유령을 보고 놀란 자신의 친구 호레이쇼에게 말한 대사이다. 구데리안은 그 대목의 실제 배경인 테라스에 서서 주변의 풍광을 보며 이 대목을 떠올린 것이다. 뒤에 유령이 나타나지 않았다는 말은 작품에 나오는 선왕의 유령을 뜻한다.(편집부)

장은 나를 무척 친절하게 맞아주었다. 나는 클링스포르 대위의 중대에 배속되었고, 얼마 지나지 않아 그와 돈독한 우정을 맺게 되었다. 이후로도 나와 클링스포르의 관계는 클링스포르의 이른 죽음으로 끝날 때까지 줄곧 이어졌다. 내가 만난 스웨덴 장교들은 독일 전우들을 진심으로 따뜻하게 대해주었다. 손님을 대하는 그들의 따뜻한 호의는 자연스럽게 몸에 배어 있었다. 작전 지역에서 훈련을 할 때도 나는 숙영지에서 환대를 받았다. 나와 아내는 클링스포르의 장모인 존경하는 세더룬드 부인의 집도 방문했었다. 부인의 집은 바닷가에 그림처럼 자리한 멋진 브란달순드 성이었다. 세더룬드 부인은 스웨덴의 맛 좋은 펀치[10] 공장도 소유하고 있어서 원산지에서 직접 시음해 볼 수 있었다. 나와 아내는 툴가른 궁전도 구경했는데, 전차대대 예비역 장교인 바거라는 사람이 그곳을 관리하고 있었다. 그는 우리 부부를 자신의 게스트하우스에 묵게 해주었다. 나는 부렌 대령과 인근 암초 섬들로 사냥을 가기도 했다. 야외 박물관이 있는 스칸센에서는 야외극장을 구경하고 사냥 그림으로 유명한 릴리에포르스의 그림도 관람했다. 드로트닝홀름 궁전에서는 프라하 발렌슈타인 궁에서 가져온 가죽제 벽걸이 양탄자를 구경했는데, 구스타브 아돌프 스웨덴 왕이 30년 전쟁 때 '구조'한 것이라고 했다. 그때 나와 아내는 관리인이 그 아름다운 양탄자의 의미를 설명하면서 덧붙인 이상한 말을 그저 웃어넘겼다. 그런데 지금 와서 돌이켜보니 실제로 제2차 세계대전으로 파괴를 면치 못했을 보물들이 구조된 것이라는 생각이 들었다. 프라하에 있던 은으로 채색된 성서 「코덱스 아르겐테우스」가 그 대표적인 예로, 지금은 웁살라 대학교 도서관이 보라색 우단을 깐 유리 진열

10 펀치(Punch): 과일즙에 술과 설탕 및 우유, 레몬, 향료 등을 섞어서 만드는 음료. 칵테일에 비하면 들어가는 술의 양이 적어서 일반 음료로 통용된다.(편집부)

장 안에 보관하고 있다. 이 귀중한 필사본 근처에는 신성로마제국의 하인리히 3세가 고슬라르 대성당에 선사한 성서도 있었다. 이 성서 역시 구스타브 아돌프 왕이 정복한 독일의 250여 도시에서 구조한 보물들 중 하나였다.

스웨덴에서 보낸 유익하고 아름다웠던 시간은 항상 기분 좋고 감사한 추억으로 남았다.

나는 1929년에 이르면서 전차는 보병에 예속된 상태나 단독으로는 결코 결정적인 역할을 할 수 없다는 확신을 품었다. 전쟁사와 영국의 전차 훈련에 대한 연구, 모형을 이용한 실험을 통해 얻은 경험에 비춰 볼 때, 전차가 가진 최대의 장점이 유감없이 발휘될 수 있으려면 전차에 도움을 주는 다른 병과들도 전차와 똑같은 속도와 전천후 주행 능력을 갖춰야 했다. 모든 병과들과의 연합에서는 전차가 주도적 역할을 수행해야 하고, 다른 병과들은 전차에 맞춰야 했다. 따라서 전차를 보병사단에 편입시켜서는 안 되고, 전차의 효과적인 전투에 필요한 모든 병과를 갖춘 기갑사단을 창설해야 했다.

1929년 여름에 있었던 한 현장 작전 회의에서 나는 쌍방훈련의 한 쪽 부대를 기갑사단으로 가정하여 훈련을 계획했다. 훈련은 성공적이었고, 내가 올바른 길을 걷고 있다고 확신했다. 그러나 현장에 배석한 교통부대 총감 오토 폰 슈튈프나겔 장군은 연대 병력을 초과하는 전차 운용 가능성을 금지시켰다. 총감은 기갑사단 창설을 꿈같은 일로 여겼다.

1929년 가을 차량수송부대 감실 참모장인 루츠 대령이 내게 차량수송대대의 지휘관이 되어 보겠냐고 물었다. 나는 좋다고 대답했고, 1930년 2월 1일부터 베를린 랑크비츠에 소재한 프로이센 3차량수송대대의 지휘를 맡았다.

이 대대는 4개 중대로 구성되었다. 1중대와 4중대는 베를린 랑크비츠 참모부에 주둔했고, 2중대는 되베리츠-엘스그룬트 훈련장에, 3중대는 나이세에 주둔해 있었다. 4중대는 3수송대대의 기병대에서 탄생한 중대였다. 대대 지휘를 맡은 뒤 나는 루츠 대령의 도움을 받아 차량수송대대를 재편성했다. 1중대는 정찰장갑차, 4중대는 오토바이로 무장해 기갑정찰대의 요소를 갖추게 했다. 2중대는 기갑부대로 모형 전차로 무장시켰고, 나이세에 주둔한 3중대는 대전차부대로 역시 목제 모형포로 무장시켰다. 1중대에는 낡은 장갑 병력수송차들이 있었지만 차량을 아껴두려고 훈련을 할 때는 모형 차들을 이용했다. 오토바이소총중대만 실제 오토바이와 기관총으로 무장하고 훈련에 임했다.

나는 임시로 편성한 이 부대와 함께 열성적으로 실습에 몰입했고, 제한된 규모지만 드디어 독자적으로 지휘할 수 있는 부대가 생겨서 무척 기뻤다. 장교들과 부대원들도 열정적으로 이 새로운 길을 함께 걸었다. 그 길은 10만 명으로 제한된 군대의 한 보급부대에서 이루어지던 단조로운 일상에 새로운 활력을 불어넣었다. 그러나 교통부대 총감은 나의 신생 부대를 미덥지 않게 생각해서 우리 부대가 부대 훈련장에서 다른 대대와 훈련하는 것을 금지시켰다. 우리 부대가 속한 3사단의 기동훈련에도 소대 병력으로만 참가할 수 있었다. 그러나 그 사이 사단장에 오른 요아힘 폰 슈튈프나겔 장군은 예외였다. 그는 예전에 제국 국방부 병무국에서 내게 뮌헨으로 가라고 전화했던 바로 그 인물이었다. 모범적인 장군이었던 요아힘 폰 슈튈프나겔 장군은 나의 실험에 지대한 관심을 보이며 차량수송대대를 아꼈고, 우리에게 많은 도움을 주었다. 훈련이 끝난 뒤 비판이 제기되었을 때도 공정하고 사려 깊은 판단을 내렸다. 안타깝게도 요아힘 폰 슈튈프나겔 장군은 제국 국방부와의 갈등으로 1931년에 스스로 군복을 벗었다.

같은 해 우리의 총감인 오토 폰 슈튈프나겔 장군도 예편했다. 그는 인사차 찾아간 나에게 이렇게 말했다. "자네는 너무 저돌적이야. 내 말 잘 듣게. 우리 둘 다 독일 전차가 굴러다니는 것을 볼 일은 더 이상 없을 걸세." 이런 회의적인 관점이 이 현명한 남자를 가로막았고, 결단력을 마비시켰다. 총감은 문제점은 알았지만 그 문제를 해결할 발판은 찾지 못했다.

후임 총감으로 지금까지 참모장이었던 루츠 장군이 임명되었다. 루츠 장군은 판단력이 뛰어나고 기술에 대한 이해와 조직력이 탁월한 남자였다. 내가 지금까지 추구했던 전술 육성의 장점을 누구보다 잘 알아서 그 부분에서 전적으로 내 편이 되어주었다. 루츠 장군은 나를 자신의 참모장으로 임명했고, 1931년 가을 나는 새로운 직무를 시작했다. 그때부터 비록 몹시 불안정하고 많은 논쟁은 벌어졌지만 결과적으로는 가장 성과도 많았던 시절이 이어졌다. 바로 기갑부대의 창설 시기였다.

나와 루츠 장군은 앞으로 기갑부대를 조직할 때 이 부대를 결정적인 전략 무기로 활용해야 한다는 사실을 분명히 인식했다. 따라서 기갑부대의 조직 형태는 오직 기갑사단이어야 했고, 나중에 기갑군단으로 발전해야 했다. 이제는 다른 병과와 육군 수뇌부에 나와 차량수송부대의 발전 계획이 올바른 길이라는 점을 설득하는 것이 관건이었다. 그러나 그 일은 쉽지 않았다. 그들 중 누구도 일개 보급부대인 우리 차량수송부대가 전술과 작전 분야에서 생산적인 이론을 발전시키리라고는 믿지 않았다. 오래된 병과인 보병과 기병은 자신들을 주력 병과로 여겼다. 보병은 여전히 자신들을 '전장의 여왕'으로 불렀다. 병력 10만 명의 군대에는 전차 보유가 금지되었기 때문에 차량수송부대가 찬양하는 전투 수단을 아무도 봐주지 않았다. 기동훈련에서도 철판을 두른 차량수송부대의 모형 전차는 제1차 세계대전에 참전했던 옛 전사들에게 무척 우스꽝스러운 인상을 주었다. 그래서 우리를 동정하고 진지하게 생각하지 않게 만들었다. 모두가 전차를 보병의 보조 무기쯤으로는 허용했지만 새로운 주력 무기로는 인정하지 않았다.

가장 격렬한 논쟁은 차량수송부대와 기병 감실 사이에서 벌어졌다. 루츠 장군은 기병대에 앞으로 그들이 정찰부대와 전투기병대 중 어느 쪽으로 변모할 생각인지 물었다. 기병 총감인 폰 히르시베르크 장군은 자신들은 이미 전투기병대라고 하면서 차량수송부대를 위한 작전상의 정찰은 차량수송부대가 직접하도록 맡긴다고 했다. 그 뒤로 나와 루츠 장군은 그 목적으로 우리 기갑정찰대를 훈련시키기로 결심했다. 또한 그 일과는 별도로 전차들을 위한 기갑사단 창설에 매진했다. 마지막으로는 각 보병사단에 배치할 차량화대전차대대를 창설하려고 했다. 전차와 동등한 수준으로 기동하면서 방어하는 부대를 두어야 성공적인 방어를 보장할 수 있다고 확신했기 때문이다.

그런데 폰 히르시베르크 장군의 후임으로 온 보병 출신의 크노헨하우어 장군은 사용하지 않는 작전 영역을 차량수송부대에 넘기는 것을 허용하지 않았다. 그는 10만 명의 병력으로 제한된 군이 보유한 기존의 기병사단 3개를 통합해 기병군단을 편성했고, 작전 정찰을 다시 기병대의 임무로 만들려고 했다. 또한 그 일을 위해 우리의 첫 작품인 기갑정찰대를 끌어들이려고 했다. 나와 루츠 장군은 기병 장교들과의 합동 작전이 신생 기갑정찰대원들에게도 자극이 될 거라고 판단했다. 양측의 논쟁은 때때로 과열 양상을 띠었다. 그러나 마지막에는 혁신적 생각이 보수주의를, 엔진이 말을, 포가 창을 이겼다.

기갑부대의 조직 편성과 운용도 중요했지만 우리의 생각을 행동으로 옮겨줄 전차 자체도 똑같이 중요했다. 전차의 기술 분야에서는 이미 몇 가지 사전 준비가 이루어졌다. 1926년에는 독일에서 제작한 전차의 성능을 시험할 시험장이 외국[11]에 마련되었다. 육군 병기국은 중량 탱크 두 가지 유형과 경량 탱크(당시에는 이렇게 말했다) 세 가지 유형을 여러 회사에 주문했었다. 각 유형별로 두 대의 견본이 제작되어 총 10대의 전차가 만들어졌다. 중(中)전차는 75㎜ 포를 탑재했고, 경전차는 37㎜ 포로 무장했다. 견본 전차들의 장갑은 강철판이 아닌 연철판으로 이루어졌다. 모든 유형의 최고 속도는 야지에서 약 20km/h, 평지에서 약 35~40km/h였다.

설계 담당 장교였던 피르너 대위는 새 전차가 갖춰야 할 몇 가지 현대적인 요구 사항들을 설계에 반영시키려고 노력했다. 가령 철저한 배기가스 차단, 도섭 능력, 포탑에 탑재된 주포와 기관포의 연속 사격 능력, 충분한 지상고[12], 쉬운 조종법 등이었다. 피르너 대위의 노력은 대체로 성공적이었다. 반면에 전차장의 자리를 전차 앞부분의 조종석 옆에 배치한 것은 단점으로 드러났다. 전차장이 후방을 전혀 볼 수 없는데다가 앞으로 돌출하는 무한궤도의 벨트와 너무 깊게 배치된 좌석 때문에 측면을 보는 것도 제한적이었다. 아직 무전기도 갖추지 못한 상태였다. 1920년대에 제작한 전차가 제1차 세계대전 때 투입된 전차들보다 몇 가지 부분에서 기술적 발전을 보인 것은 분명

---

11 1922년 소련과 바이마르 공화국 간의 라팔로 조약내용에 따라 소련영내인 카잔 지역에 설치된 독일의 기갑무기 시험장을 말한다. 독일은 이 시험장을 1926년부터 33년까지 활용하였다.(편집부)

12 노면으로부터 전차 밑바닥까지의 높이

했지만, 새로 계획한 전차의 전술적 운용 방법을 구현하기에는 부적합했다. 따라서 기존에 실험하던 전차들 대신, 대량생산에 들어가기에 적합한 신형 전차 개발이 필요했다.

우리가 당시 판단할 때 기갑사단의 최종적인 장비를 위해서는 두 가지 유형이 필요했다. 하나는 전차를 파괴할 수 있는 주포와 포탑과 전방에 기관총을 장착한 경전차였고, 다른 하나는 대구경 주포가 탑재된 포탑과 전방에 기관총을 장착한 중(中)전차였다. 경전차는 기갑대대에서 경무장한 3개 중대의 무기로 적합하고, 중(中)전차는 각 대대에 배치될 중간급으로 무장한 중대의 무기로 쓰여 전투에서 경전차를 지원하고, 소구경 주포로 충분하지 않은 목표물을 공격해야 했다. 포의 구경 문제에 대해서는 병기국 국장과 포병 총감과 우리 사이에 의견이 서로 달랐다. 두 전문가는 경전차에는 37mm 구경이면 충분하다고 판단했고, 나는 외국 전차의 장갑 강화가 예상되므로 그것을 앞서기 위해서는 곧바로 50mm 구경이 좋겠다고 주장했다. 그러나 보병에서 이미 37mm 대전차포를 준비하고 있었고, 일의 단순화를 이유로 소구경 포를 제작해 장전하려 했기 때문에 루츠 장군과 내가 포기해야 했다. 그 대신 우리는 나중에 50mm 포로 교체 탑재할 수 있도록 여유 공간을 둘 것을 요구했다. 중(中)전차에는 75mm 포를 탑재하기로 했다. 전차의 총중량은 24톤을 초과해서는 안 되는데, 이는 독일에 있는 기존 교량들의 하중 부담 능력이 척도가 되었다. 속도는 40km/h로 정해졌고, 두 전차 유형의 승무원은 모두 다섯 명이었다. 회전 포탑에 전차장과 포수, 장전수석을 두는데, 이때 전차장석은 포수 위쪽으로 사방을 볼 수 있는 작은 특별 지휘탑을 갖추도록 했다. 조종수와 무전수의 자리는 전방에 배치하도록 했다. 승무원들이 목 마이크를 이용해 전차 안에서 소통할 있도록 했고, 모든 전차에 무전기를 설치해 운행 중에 전차와 전차 사이에 통신을 주고받을 수 있도록 했다. 이러한 제작 조건들을 앞에서 언급된 실험 전차들의 기능과 비교해보면, 새로운 전술적·작전상의 운용 원칙에서 비롯되는 변화가 불가피했다.

나와 루츠 장군은 신형 전차를 계획하면서 이 전차들이 실제로 전선에 배치될 때까지는 수년이 걸릴 수 있다는 점을 분명히 알았다. 그래서 그 사이에 사용할 임시 대용품을 만들어야 했다. 거기에 적합한 장비는 영국에서 구입한 카든-로이드로, 원래는 20㎜ 대공포를 장착한 소형 전차였다. 그러나 이 소형 전차는 회전 포탑에 기관총만 배치할 수 있었다. 이런 제한이 있기는 했지만 1934년까지 실전에 배치할 수 있게 만들어졌고, 신형 전차들이 완성될 때까지 적어도 훈련용 전차로 쓰일 수 있었다. 이 전차는 '1호 전차'라는 이름으로 개발 명령이 떨어졌다. 1932년 당시만 해도 독일 기갑부대가 나중에 이 작은 훈련용 전차를 이끌고 적진으로 나아가게 되리라고는 누구도 예상하지 못했다.

계획된 주력 전차의 완성이 애초 생각보다 오래 지연된 탓에 루츠 장군은 또 다른 임시 해결책으로 20㎜ 기관포와 기관총으로 무장한 '2호 전차' 제작을 만(Man) 사에 주문했다.

1932년 여름 루츠 장군은 그라펜뵈어와 위터보크 훈련장에서 기갑대대로 증강된 보병연대의 첫 훈련을 지휘했다. 물론 아직은 모형 전차들이었다. 나아가서 이 해에 열린 기동훈련에서는 베르사유 조약 이후 처음으로 6륜 화물차 차대에 강철판을 달아 임시로 제작한 독일 정찰장갑차가 등장했다. 아마포로 만든 차량수송부대의 모형 전차를 연필로 뚫어 내부를 훔쳐보곤 했던 아이들은 처음으로 실망감을 맛보아야 했다. 돌을 던지며 전차를 막던 보병들도 지금까지 무시하던 전차들에 의해 제압당하자 무척 당황해했다. 총검도 전차를 상대로는 쓸모없는 무기라는 점이 드러났다.

이 기동훈련에서는 차량화되고 장갑화된 부대의 작전 수행 능력이 증명되었다. 기병 지휘부가 여러 차례 항의하며 객관성이 결여된 비판을 제기했지만 우리 부대의 성공은 무시할 수 없을 정도로 명백했다. 분별 있는 젊은 기병 장교들 사이에서는 우리가 만든 새로운 무기에 동조하는 견해가 확산되었다. 많은 기병 장교들이 현세대에는 지금까지 고수해온 기병대의 원칙을 새로운 수단으로 실행해야 한다는 올바른 인식을 가지고 우리를 찾아왔다.

1932년의 기동훈련은 연로한 힌덴부르크 원수가 참가한 마지막 훈련이었다. 힌덴부르크 원수가 마지막 총평을 했고, 나는 실수를 잡아내는 그의 정확한 통찰력에 감탄했다. 늙은 원수는 기병 군단의 지휘부에 대해 이렇게 말했다. "전쟁에서는 단순함만이 성공을 약속한다. 나는 한때 기병 군단의 참모부에서 근무했는데, 내가 거기서 본 것은 단순하지 않았다." 힌덴부르크 원수의 말은 옳았다.

1933년 히틀러가 제국 수상에 임명되었고, 그와 함께 제국의 대내외 정책은 완전한 변화를 예고했다. 나는 2월 초 베를린에서 열린 국제자동차박람회 개막식에서 히틀러를 처음 보았고, 그의 연설도 처음 들었다. 제국 수상이 개막식 연설을 하는 일은 이례적이었다. 연설 내용도 지금까지 그런 행사에서 장관들이나 수상이 했던 말들과는 근본적으로 달랐다. 히틀러는 자동차세 철폐를 공표했고, 제국 철도 건설과 자동차 대중화를 위한 폭스바겐(Volkswagen 국민차) 설립을 예고했다.

군사적으로 폰 블롬베르크 장군의 제국 국방부 장관 임명과 폰 라이헤나우 장군의 국방부 비서실장 임명은 나와 루츠 장군의 작업 분야에 긍정적인 영향을 주었다. 두 장군이 현대적인 견해를 신봉하는 군인들이라 우리의 신무기, 전차 개발은 국방군 수뇌부의 공감을 얻었다. 거기에다 히틀러도 차량화와 기갑부대 문제에 관심이 많다는 사실이 드러났다. 그 첫 번째 증거는 쿠머스도르프 육군 병기국에서 무기 발전 상황을 선보이기 위해 마련한 자리에서 나타났다. 나는 약 30분 정도 할애된 시간 동안 제국 수상에게 당시 차량수송전투부대의 구성을 설명하고, 오토바이 1개 소대와 1개 대전차소대, 당시의 실험 차량으로 제작된 1호 전차소대, 경정찰장갑차 1개 소대와 중(重)정찰장갑차 1개 소대를 소개했다.

히틀러는 차량수송전투부대의 기동성과 정확한 움직임에 깊은 감동을 받아 여러 번 소리쳤다. "이 부대야말로 바로 내가 원하던 것이오! 나에겐 이런 부대가 꼭 있어야겠소!" 나는 설명이 끝난 뒤 히틀러에게 내 생각을 곧바로 전달할 수만 있다면 그 역시 현대적인 국방군 편성에 대한 내 계획에 동조할 거라고 확신했다. 그러나 경직된 업무 절차와 블롬베르크와 나 사이에 자리한 육군 총참모본부 내 주요 인사들의 거부적인 태도 때문에 히틀러에게 내 생각을 곧바로 전달하는 것은 매우 어려운 문제였다.

덧붙여 언급하자면 1890년 이후 독일 정치의 특징은 쿠머스도르프를 방문해 육군의 무기 발달 상황에 관심을 보인 제국 수상은 비스마르크가 유일했다는 사실이다. 그 뒤로 히틀러가 방문할 때까지 쿠머스도르프를 찾은 제국 수상은 단 한 명도 없었다. 그 사실은 육군 병기국 국장인 베커 장군이 사인을 받으려고 히틀러에게 내보인 방명록으로 분명히 알 수 있었다. 이런 사실이 증명하듯이 독일 정치는 결코 '군국주의적' 특징을 보이지 않았다.

1933년 3월 21일 나는 포츠담 가르니손 교회에서 열린 제국 의회 개회식에 참석했다. 내 자리는 2층의 지금은 비어 있는 옛 황실의 황후 자리와 연로한 폰 마켄젠 원수의 자리 뒤쪽이었다. 그래서 폰 마켄젠 원수가 프리드리히 대왕의 납골당 앞에 있는 의미 깊은 그림을 보면서 감동하는 모습도 관찰할 수 있었다.

포츠담 가르니손 교회에서 열린 장엄한 국가 의식에 뒤이어 1933년 3월 23일 악명 높은 수권법이 제출되었다. 국가사회주의독일노동자당(나치스)과 독일국가인민당, 독일중앙당의 찬성으로 통과된 법안에 따라 새로 임명된 제국 수상은 독재적인 전권이 위임받았다. 사회민주당은 법안 통과에 반대하는 용기를 보여주었지만, 당시 이 법이 장차 얼마나 악명을 떨치게 될지를 아는 정치인은 극소수에 불과했다. 그로써 수권법에 찬성한 정치인들은 그 결과에 대한 책임에서도 벗어날 수 없다.

1933년 여름 국가사회주의 차량수송군단의 아돌프 횐라인 군단장이 고데스베르크에서 열린 돌격대(SA) 지도자 회의에 나를 초대했다. 나는 히틀러가 자신의 추종자들 사이에 있는 모습을 볼 수 있다는 것이 흥미로웠다. 게다가 횐라인은 솔직하고 정직해서 함께 작업할 만한 남자였기 때문에 초대에 응했다. 그 자리에서 히틀러는 혁명의 역사에 대해서 연설을 했다. 히틀러는 역사에 대한 폭넓은 지식을 보여주었고, 몇 시간에 걸친 설명을 통해서 모든 혁명은 어느 정도 시점이 지나 목표를 이룬 뒤에는 혁신으로 넘어가야만 한다는 사실을 강조했다. 그러면서 이제 국가사회주의 혁명에도 그 시점이 왔다고 말했다. 히틀러는 자신의 추종자들에게 앞으로 그 점을 명심하라고 요구했다. 그러한 요구가 제대로 실현되기를 바랄 뿐이었다.

나는 그 자리를 계기로 나치스 당 재판소의 대법관인 부흐도 알게 되었다. 그당시 부흐는 합리적인 원칙을 가진 진지하고 조용한 남자였지만 훗날에는 불행하게도 그렇게 행동하지 않았다.

나는 히틀러가 선전한 혁신이 곧 현실이 되기를 바라는 마음으로 고데스베르크를 떠났다.

1933년에는 이제 막 태동하고 있는 기갑부대의 창설이 빠르게 진척되었다. 모형 전차를 이용한 일련의 실험과 실습은 병과들의 협력에 대해 보다 분명한 생각을 품게 해주었다. 또한 전차는 주력 무기로 다루어져야 하고, 사단 단위로 조직해 완전 차량화된 보조 무기들과 결합될 때만 현대적인 군대의 틀 안에서 온전한 역량을 발휘할 수 있다는 확신도 더욱 굳어졌다. 전술의 발전이 어느 정도 만족할 만한 수준에 이르렀다면, 전차 자체의 발전은 여전히 큰 걱정거리를 안겨주었다. 베르사유 조약에 의한 군축으로 독일의 산업은 지난 십 수 년간 군사 분야에서 전문 기술과 기술자들을 제대로 확보하지 못했다. 그로 인해 차량수송부대의 요구 사항들을 빠르게 충족시킬 수가 없었다. 특히 충분한 내구성을 지닌 강재 제작이 어려움에 봉착했다. 처음 나와 루츠 장군에게 전달된 철판은 유리처럼 부서졌다. 우리가 매우 광범위하게 제시한 무선 통신 장비와 광학 기구에 대한 요구 사항이 충족되는데도 상당한 시간이 필요했다. 하지만 전차에서 직접 지휘가 가능하게 해준 무선 통신 장비와 성능 좋은 광학 기구를 요구한 것을 결코 후회하지는 않았다. 지휘에 관한 한 독일 기갑부대는 항상 적보다 우월했고, 그 점이 위기에서 파생된 독일 기갑부대의 여러 가지 열세를 나중에 만회할 수 있게 할 테니 말이다.

1933년 가을 프라이헤어 폰 프리치 장군이 육군 최고사령관에 임명되었다. 그로써 장교단이 믿고 따르는 군인이 육군 수뇌부에 오르게 된 것이다. 프리치는 귀족다운 내면과 기사다운 품성을 지닌 사람이었고, 건전한 전술과 전략적 판단력을 지닌 현명하고 사려 깊은 군인이었다. 기술적인 분야는 잘 몰랐지만 항상 새로운 생각을 선입견 없이 시험하고, 그 생각을 납득했을 때는 언제든 받아들일 준비가 되어 있었다. 그래서 기갑부대의 발전 상황에 대해 프리치와 협의하는 일은 육군 최고사령부의 다른 누구와 협의하는 것보다 즐거웠다. 프리치는 병력이 10만 명으로 제한된 육군의 병무국 제1과장을 지낼 때도 차량화와 전차 문제에 관심을 보였고, 기갑사단 연구에 특별한 애정을 쏟았다. 더 높은 직위에 올라서도 우리에게 항상 변함없는 관심을 보였다. 프리치의 성품을 보여주는 단적인 예가 하나 떠오른다. 나는 프리치에게 어떤 기술적 발전 문제에 대해 설명했다. 그러자 프리치는 의구심을 보이며 이렇게 말했다. "기술자들이 모두 거짓말을 한다는 걸 알고 있나?" 나는 프리치에게 대답했다. "분명 거짓말을 할 때도 종종 있습니다. 하지만 대개 1~2년만 지나면 그 기술자들의 생각이 실현되지 않는다는 사실을 알 수 있습니다. 전략가들도 거짓말을 합니다. 그런데 전략가들의 거짓말은 전쟁에 패배하고 나서야 비로소 알게 되고, 그때는 이미 너무 늦어버립니다." 프리치 장군은 평소 습관대로 생각에 잠겨 단안경을 바꿔 착용하더니 이렇게 대답했다. "자네 말이 옳은 것 같군." 프리치는 많은 사람이 모인 자리에서는 매우 소극적이고, 소심한 듯한 태도를 보였지만 자신이 신뢰하는 동료들 사이에서는 무척 활발하고 사교적인 사람이었다. 섬세한 유머 감각을 발휘했고 사람의 마음을 끄는 다정함을 보였다.

그에 반해 새로 부임한 참모총장인 베크 장군은 더 어려운 사람이었다. 베크는 고상한 성품에, 지나치다 싶을 정도로 조용하고 생각이 깊은 남자였다. 몰트케의 추종자로서 제3제국의 새로운 육군 총참모본부를 몰트케의 사상을 토대로 구축하려 했고, 현대의 기술에 대해서는 무지했다. 베크는 자기와 생각이 비슷한 사람을 총참모본부 요직에 기용해 주변에 배치했는데, 그 때문에 자신도 모르게 육군 중심부에 극복하기 어려운 보수주의의 벽을 쌓았다. 기갑부대의 여러 가지 계획도 불쾌하게 받아들였고, 무엇보다 전차를 보병의 보조 무기로만 생각했다. 그래서 기갑 병과의 최고 단위도 기갑여단으로 여겼고, 기갑사단 창설을 마뜩잖아 했다.

나는 베크 장군과 주로 기갑사단 편성과 기갑부대 교육 규정을 놓고 논쟁을 벌었다. 결과적으로 나는 3개 기갑사단을 요구했지만, 베크는 2개 사단의 창설까지만 찬성하겠다고 했다. 나는 베크에게 새로운 부대의 장점들, 특히 작전상의 중요성을 열성적으로 설명했다. 그러자 베크는 이렇게 대답했다. "그만, 그만, 자네 말을 듣고 싶지 않네. 너무 빨라서 못 알아듣겠어." 베크는 전차의 속도가 빠르다하더라도 무선 통신 장비의 발전이 작전 지휘를 보장할 거라는 내 말을 믿지 않았다. 기갑부대의 전투 규정에는 모든 지휘관이 선두를 지켜야 한다는 요구가 여러 번 등장하는데, 베크는 이 규정을 마음에 들어하지 않았다. "자네는 작전 테이블과 전화도 없이 어떻게 지휘하려는 건가? 슐리펜[13]의 글도 읽어 보지 못했나?" 베크는 심지어 사단장까지 적과 바로 접촉하는 최전선에 나서야 한다는 개념을 너무 심하다고 생각했다.

기갑부대를 둘러싼 이 논쟁을 제외한다면 베크는 군사 영역에서나

13 1909년 『도이체 레뷰』 지에 실린 알프레트 폰 슐리펜 백작의 논문 「현재의 전쟁」을 암시한다.

정치 영역에서나 늘 우유부단한 사람이었다. 베크가 있는 곳이면 어디서나 침체된 인상을 받았다. 베크는 언제나 회의적인 태도로 매 단계마다 어려운 점들을 지적했다. 베크 장군의 '시간을 끄는 저항'이라는 전투 방식에서 베크가 가진 사고방식의 특징을 잘 볼 수 있다. 베크가 선전한 이른바 '지연전'의 전투 방식은 제1차 세계대전 전에 이미 우리 군의 전투 규정에 언급된 것이었는데, 베크에 의해서 병력 10만 명인 독일 군대의 원칙이 되었다. 우리는 베크의 '시간을 끄는 저항'을 소총분대에 이르기까지 훈련하고 시찰을 받았다. 그러나 전투 방식이 완전히 불분명했고, 보는 사람을 만족스럽게 하는 훈련은 단 한 번도 없었다. 폰 프리치 장군은 기갑사단을 창설한 뒤 그 훈련을 폐지했다.

1934년 루츠 장군과 나는 참모총장을 통해서 '전차전'이라는 제목의 원고를 받았다. 저자는 오스트리아 장군 루트비히 리터 폰 아이만스베르거였다. 베크 장군은 이 책의 중요성에 회의적이었지만 루츠 장군과 나는 거기에 우리의 생각이 담겨 있다는 사실을 바로 알았다. 나와 루츠 장군이 일깨우고 싶었던 생각이 중립적인 곳에서 흘러나오기 시작했기 때문에 우리는 그 책을 출간하기로 결정했다. 비록 외국의 전문가들도 아이만스베르거의 사상에 관심을 갖게 될 위험이 있었지만 우리는 결정을 내려야 했다. 독일 관청들의 반대를 물리쳐야 했고, 자국의 조언자들보다 외국의 견해에 더 귀 기울이는 그들의 습성을 깨부수어야 했기 때문이다. 나는 나중에 루트비히 리터 폰 아이만스베르거 장군을 개인적으로 만날 기회가 있었고, 아이만스베르거의 진정한 독일인다움과 군인다움을 존경했다. 독일 기갑부대는 아이만스베르거 장군에게 많은 빚을 졌다. 그의 책은 독일 기갑부대도서관의 중요한 자료가 되었고, 우리 기갑부대원들은 그의 책에서 많은 것을 배웠다.

총참모본부에 근무했던 폰 아이만스베르거 대령도 그의 아버지만큼 유능한 군인이었다. 그는 제2차 세계대전 중 입은 부상의 후유증을 오랫동안 꿋꿋하게 견디다가 1951년에 세상을 떠났다.

1934년 초 차량수송부대 사령부가 창설되었다. 루츠 장군이 초대 사령관으로 취임했고, 나는 참모장을 맡았다. 그밖에도 루츠 장군은 제국 국방부 산하 육군 일반국에 속한 6감실 병과인 차량수송부대 총감 직을 유지했다.

내가 참모장을 맡은 시기에 히틀러가 처음으로 베네치아에 있던 무솔리니를 방문했는데, 만남의 경과는 그다지 만족스럽지 못했던 것으로 보였다. 여행을 마치고 온 히틀러는 베를린에서 국방군 장군들과 나치스와 돌격대의 수뇌부 앞에서 연설을 했다. 그런데 돌격대 지도자들 사이에서는 히틀러의 연설에 공감하는 분위기가 눈에 띄게 적었다. 홀을 나가는데 여기저기서 "히틀러는 상당 부분 생각을 바꿔야 해."라고 말하는 소리도 들렸다. 나는 깜짝 놀랐고, 돌격대의 분위기가 나치스의 상황과는 상당히 다르다는 것을 알았다. 그 수수께끼는 6월 30일에 풀렸다. 돌격대 참모장 룀과 상당수 돌격대 지도자들이 즉각 총살된 것이다. 그들뿐만이 아니라 그들과는 아무 상관이 없는 몇 명의 사람도 그날 밤 총살되었는데, 그 이유가 단지 그들이 언젠가 어떤 문제와 관련해 당에 반대했기 때문이라고 했다. 살해된 사람들 중에는 전직 제국 국방부 장관과 제국 수상을 지낸 폰 슐라이허 장군과 그의 아내, 슐라이허와 함께 일한 폰 브레도 장군도 포함되었다. 두 장군의 명예 회복을 위한 시도가 있었지만 만족스러운 성과는 없었다. 연로한 폰 마켄젠 원수만이 1935년 매년 열리는 신구 총참모본부 장교들의 모임인 '슐리펜의 밤'에서 두 장군은 결코 불명예스러운 일을 저지르지 않았다고 말했다. 히틀러가 제국 의회에서 그 사건에 대해 설명했지만 불충분했다. 당시 사람들은 당이 그들의 소아병적인 행태를 곧 극복하기만을 기대했다. 돌이켜 생각하면 당시 국방군 지휘부가 좀 더 강경하게 완전한 명예 회복을 주장하지 못한 것이 못내 안타까웠다. 그랬다면 지휘부 자신은 물론이고 국방군과 독일 국민에도 크게 기여했을 텐데 말이다.

1934년 8월 2일 독일은 크나큰 손실을 입었다. 힌덴부르크 원수가 매우 중대한 내적인 변화의 길목에 선 독일 국민을 남기고 세상을 떠났다. 그날 나는 아내에게 다음과 같은 편지를 썼다.

"우리 노친네가 더는 세상에 없구려. 우리는 누구도 대신할 수 없는 이 손실을 무척 슬퍼하고 있소. 힌덴부르크 원수는 전 민족과 특히 국방군의 아버지와 같은 존재였고, 우리는 우리 민족에게 생긴 이 크나큰 틈을 아주 오랜 시간이 지나야 간신히 메울 수 있을 것이오. 외국의 눈에 힌덴부르크 원수의 존재는 그 자체만으로도 서명한 협정과 그럴듯한 말들보다도 중요했소. 원수는 세계의 신뢰를 얻은 사람이었으니 말이오. 힌덴부르크 원수를 사랑하고 존경했던 우리는 이제 한없이 초라해졌소."

"내일 우리 군인들은 히틀러에게 충성을 맹세하게 될 거요. 중대한 의미가 있는 맹세가 되겠지! 독일의 안녕을 위해 이 맹세가 양측에 의해 충실하게 지켜지길 바랄 뿐이오. 군은 항상 맹세를 지켜왔소. 이제 우리 군이 명예롭게 그 맹세를 지킬 수 있었으면 좋겠구려."

"당신 말이 옳소. 각 조직의 대표들이 이 일을 계기로 당분간 모든 축제를 중단하고 연설을 그만두게 하는 것이 좋겠지. (중략) 지금은 각자 맡은 바 임무에 충실하고 겸손한 자세가 필요한 때라오."

1934년 8월 2일에 쓴 이 글은 당시 나뿐만이 아니라 상당수 동료들과 광범위한 일반 국민들 사이에 팽배했던 분위기를 반영하고 있다.

1934년 8월 7일 독일 군인들은 원수이자 제국 대통령이었던 힌덴부르크를 탄넨베르크 전승 기념비 부지에 안장했다. 히틀러의 마지막 말이 울려 퍼졌다. "죽은 원수여! 이제 발할라[14]에서 안식을 취하소서!"

그러나 히틀러와 내각은 이미 8월 1일 수권법을 근거로 힌덴부르크가 죽을 경우를 대비해 대통령의 권한을 제국 수상직과 결합시켜 놓았다. 그것을 통해 아돌프 히틀러는 8월 2일에 제국의 수반이자 국방군 통수권자에 올랐다. 게다가 제국 수상까지 겸하고 있었기 때문에 제국의 모든 권력을 손아귀에 거머쥐었다. 그로써 히틀러의 독재는 이제 거의 무제한이 되었다.

몹시 분주했던 겨울이 지나고 독일의 자주국방을 선포하게 될 1935년이 다가왔다. 군인들은 베르사유 조약의 치욕적인 조항을 폐지한 그 사건을 누구나 환영했다. 폰 마켄젠 원수가 참석한 가운데 모든 병과의 행진으로 시작된 전몰자 추모 행사에는 신설된 기갑부대의 몇 개 대대도 처음으로 등장했다. 그러나 이 도보 행진에 전차는 대동하지 않았다. 행진을 준비하는 과정에서 기갑부대는 상당히 불이익을 받았는데, 담당 총참모본부 장교의 말에 따르면 "짤막한 카빈총으로는 받들어총 경례를 하지 못하기" 때문이었다. 그런 '치명적

14 북유럽 신화에서 영웅적인 전사들이 죽은 뒤에 머무는 곳

인' 반론에도 불구하고 나는 기갑부대의 참석을 관철시킬 수 있었다.

그해 3월 16일 나는 영국 대사관 육군무관의 집에서 열린 저녁 모임에 초대를 받았다. 막 집을 나서려는데 라디오에서 정부의 성명이 보도되었다. 독일에 징병제를 재도입한다는 내용이었다. 그날 저녁 자리를 함께한 영국과 스웨덴의 지인과 나눈 대화는 이례적으로 활기찼다. 독일 국방군의 관점에서 무척 기쁠 수밖에 없는 그 소식을 접하고 나는 만족감을 느꼈고, 두 남자는 그런 내 기분을 이해해주었다.

그 뒤로 시작된 재무장의 테두리 안에서 독일 국방군은 이론적으로는 상당한 군비를 갖춘 이웃나라들과 동등한 수준에 도달한다는 목표를 추구했다. 그러나 실질적으로는, 더욱이 기갑부대와 관련해서는 무기나 장비의 수를 일단 비슷한 수준으로 끌어올리는 것에만 초점을 맞출 수는 없었다. 무엇보다 기갑부대의 편성과 지휘에서 균형을 맞추려고 애를 써야 했다. 미약한 기갑부대의 병력을 사단 규모의 대단위 부대로 빈틈없이 응집시키고, 이 사단들을 하나의 군단으로 통합해 우리의 열세를 만회해야 했다.

나와 루츠 장군은 우리가 추구하는 길이 실행 가능하고 올바르다는 점을 먼저 우리의 상관들에게 납득시켜야만 했다. 그 일을 위해서 1934년 6월 신설된 차량수송부대 사령부는 1935년 여름, 기존의 부대들을 통합해 결성한 기갑사단을 이끌고 4주 훈련을 실시했다. 프라이헤어 폰 바익스 장군이 훈련 사단을 이끌었다. 사단은 문스터-라거 훈련장에 집결해 4가지 서로 다른 전투 대형을 훈련했다. 이 훈련의 중점은 지휘관들에게 독자적인 결정을 내리고 실행하는 연습을 시키는 것이 아니었다. 그보다는 대규모 전차 집단이 보조 무기들과 협력하면서 기동전을 벌이는 것이 가능하다는 사실을 증명하고 싶었다. 폰 블롬베르크 장군과 프라이헤어 폰 프리치 장군은 기갑부대의 훈련에 상당한 관심을 보였다. 루츠 장군은 히틀러도 초대했지만 히틀러의 육군 부관의 소극적인 반대로 히틀러는 참석하지 않았다.

도상훈련과 실습의 성과는 상당히 만족스러웠다. 훈련 종결 신호로 노란색 풍선이 높이 올라가자 프라이헤어 폰 프리치 상급대장이 농담으로 말했다. "이제 풍선에다 '구데리안의 전차가 최고다!'라고 적는 일만 남았구먼." 루츠 장군은 신설될 기갑부대 사령부의 사령관으로 임명되었다. 통상적인 군단 사령부의 설치는 육군 참모총장인 베크 장군의 방해로 성사되지 못했다.

1935년 10월 15일 다음의 3개 기갑사단이 편성되었다.

1. 프라이헤어 폰 바익스 장군이 이끄는 바이마르 1기갑사단
2. 구데리안 대령이 이끄는 뷔르츠부르크 2기갑사단
3. 페스만 장군이 이끄는 베를린 3기갑사단

1935년에 편성된 1개 기갑사단의 구성은 첨부 자료 23에서 확인할 수 있다.

10월 초 나는 국방부 차량수송부대사령부 근무를 마치고 새로 맡은 부대의 실무를 수행하기 위해서 베를린을 떠났다. 존경하는 루츠 장군이 지휘하는 기갑부대 사령부에 대해서는 걱정할 필요가 없었다. 다만 앞으로 총참모본부의 반대가 많아질 텐데 내 후임으로 올 참모장이 그들의 영향력을 얼마나 열심히 막아낼 수 있을지는 의문이었다. 또한 육군 일반국장을 상대로 기갑부대를 대변해야 할 육군 최고사령부 안의 기갑감실이 지금까지의 발전 상황을 원래 계획대로 계속 추진할 수 있을지도 의문이었다. 그 두 곳에서는 실제로 내가 우려하던 일이 벌어졌다. 보병부대 지원 전용으로 결정된 기갑여

단을 창설하려는 베크 참모총장의 뜻에 굴복하고 만 것이다. 1936년에 이미 그 목적으로 4기갑여단이 슈투트가르트에 창설되었다. 나아가서는 차량화부대의 영향력이 증가하는 것을 염려한 기병대의 줄기찬 압박에 양보해 새로운 기갑사단이 아닌 3개의 '경사단'이 창설되었다. 경사단은 2개의 차량화소총연대와 1개 정찰연대, 1개 포병연대, 1개 기갑대대와 일련의 개별 병과들을 통합한 사단이었다. 그밖에도 기갑대대에서는 도로 상에서 전차의 속도를 더 높인다는 명목으로 화물차에 낮은 트레일러를 연결해 전차를 싣는 실험까지 행해졌다. 그러나 그실험은 어차피 불필요한 노력이었다. 1호 전차와 2호 전차는 화물차 트레일러에 싣는 일이 가능했지만 1938년부터 생산될 3호 전차와 4호 전차는 불가능했기 때문이다.

경사단들 외에도 4개의 차량화보병사단이 새로 편성되었다. 상당수의 차량을 갖춰야 하는 완전 차량화된 정규 보병사단이었다. 그렇게 해서 차량화보병사단을 통합한 14군단, 경사단들을 통합한 15군단, 기갑부대 사령부에서는 3개의 기갑사단을 통합한 16군단이 탄생했다. 이 3개의 군단은 브라우히치 장군이 이끄는 새로 편성된 라이프치히 4집단사령부[15]에 예속되었다.

지금까지 모든 기갑부대의 병과 색이었던 담홍색은 기갑연대와 대전차대대의 색으로 바뀌었다. 기갑정찰대대는 처음에 노란색이었다가 갈색으로 바뀌었고, 기갑사단의 소총연대와 오토바이소총부대는 녹색, 경사단의 기병소총연대는 기병대와 같은 노란색, 차량화보병연대는 하얀색으로 각각 바뀌었다. 거기에는 보병 총감과 기병 총감의 입김이 작용했다.

---

15 Gruppenkommando: 나중에 집단군 사령부로 바뀐다.

그런 일련의 일들로 차량화와 전차 분야의 역량이 분산되는 상황이 몹시 안타까웠지만, 나로서는 그렇게 진행되는 과정을 막을 힘이 없었다. 이 과정은 나중에도 부분적으로만 올바른 궤도로 바꿀 수 있었다.

차량화 분야에서 기갑부대가 보유한 제한적인 수단들은 육군 내 다른 병과들이 저지른 조직상의 실수에 의해서도 헛되이 낭비되었다. 가령 육군 일반국의 프롬 장군은 보병연대의 14개 중대와 대전차중대를 차량화하라고 명령했다. 내가 이 중대들은 일단 보병연대의 테두리 안에서 종전처럼 마차를 이용하는 편이 낫다고 이의를 제기하자 프롬은 이렇게 대답했다. "보병대에도 자동차 몇 대는 있어야 하지 않겠나?" 나는 보병의 14개 중대 대신에 중(重)포병을 차량화하자고 제안했지만 내 요청은 묵살되었다. 결국 중(重)포들은 계속 마차로 운반하는 형태로 유지되면서 훗날, 특히 러시아 전선에서 제대로 기능을 발휘하지 못하고 실패했다.

전차의 보조 무기들을 위한 무한궤도 차량의 발전 속도는 기갑부대가 원하는 대로 진척되지 못했다. 사단의 소총부대와 포병부대, 그밖에 다른 병과가 전차를 어디든 잘 따라다닐 수 있게 될수록 전차의 공격 효과도 크다는 사실은 분명했다. 그래서 나와 기갑부대는 소총부대와 공병부대, 의무대를 위한 경장갑의 반궤도 차량, 포병부대와 대전차부대를 위한 장갑자주포, 마지막으로는 정찰대와 통신대를 위한 여러 가지 유형의 전차를 요구했다. 그러나 그런 차량들을 갖춘 사단의 무장은 결코 완전히 실현되지 못했다. 모든 생산량의 증가에도 불구하고 독일의 제한된 산업 역량으로는 국방군과 무장친위대의 차량화 편성을 위한 막대한 수요와 일반 경제생활의 수요를 따라가기에는 역부족이었다. 국가의 최고 지도부는 전문가들의 우려와 이의 제기에도 불구하고 아무런 제약을 가하지 않았고, 몇몇 권력자의 야심은 오히려 그것을 더 부추겼다. 이와 관련된 문제는 1941년의 전시 상황을 묘사할 때 다시 거론하게 될 것이다.

뷔르츠부르크에 주둔한 내 사단에서는 그런 문제들과 접촉할 일이 별로 없었다. 내 작업은 무엇보다 곳곳의 부대를 통합해서 만든 이 사단을 새로 편성하고 양성하는 일이었다. 1935/36년 겨울은 아무런 방해 없이 조용히 흘러갔다. 그때까지 뷔르츠부르크에 주둔해 있던 브란트 장군 휘하의 부대나 뷔르츠부르크 시나 나를 따뜻하게 맞아주었다. 나는 횔케 거리에 있는 작은 집으로 이사했다. 이 집에서는 마인 계곡에서 집 앞쪽으로 놓인 도시와 마리엔베르크 요새, 바로크 건축의 보물 중 하나인 케펠레 예배당의 그림 같은 전경이 훤히 내다 보였다.

1936년 3월 독일인들은 비무장 지대인 라인란트를 점령한다는 히틀러의 기습적인 결정에 깜짝 놀랐다. 그러나 실제 점령이 아닌 무력시위의 일환이었기 때문에 기갑부대는 동원되지 않았다. 내 사단에도 비상이 걸려 뮌징겐 훈련장으로 이동했지만 긴장 국면을 불필요하게 고조시키지 않으려고 다른 주둔지에 있던 기갑여단은 대동하지 않았다. 몇 주 뒤에는 모두 주둔지로 돌아왔다.

8월 1일 나는 소장으로 진급했다.

같은 해 가을에 있었던 기동훈련에는 슈바인푸르트의 4기갑연대만 참가했다. 보병사단의 테두리 안에서 이루어지는 1개 기갑연대의 활용은 기갑부대의 능력을 제대로 보이지 못했다.

이 훈련을 관전한 손님들 중에는 동아시아에서 돌아온 폰 젝트 상급대장도 있었다. 나는 아직 기갑부대에 대해 잘 모르고 있던 젝트에게 지금까지의 상황을 설명하는 영광을 누렸다. 나아가서는 이 훈련에 초대된 언론 대표들에게 새로운 무기의 조직과 전투 방식을 소개할 수 있었다.

1937년은 평화롭게 지나갔다. 기갑부대는 열심히 훈련에 매진했고, 그 훈련은 그라펜뵈어 훈련장에서 열린 사단 기동훈련으로 대미를 장식했다. 나는 루츠 장군의 위임을 받아 1936/37년 겨울에 「전차를 주목하라!」이라는 제목의 책[16]을 집필했다. 기갑부대의 생성 과정을 기록하고 독일 기갑부대의 편성 근거가 된 기본 이론을 밝힌 책이었다. 나와 루츠 장군은 이 책을 통해서 딱딱한 업무 절차를 통해서는 도달하기 어려운 보다 많은 계층에 나와 루츠 장군의 생각을 알리고자 했다. 나는 거기서 한발 더 나아가 군 전문지에 글을 기고해 우리의 견해에 찬성하는 지지층을 넓히고 반대 이론을 무력화시키려고 노력했다. 1937년 10월 15일 전독일장교연맹의 기관지에 우리의 생각을 간결하게 요약한 글이 실렸다. 그 글이 당시에 불거진 여러 논쟁과 의견 차이를 제대로 반영하고 있으므로 이 자리에 그대로 옮겨 싣고자 한다.

전차 공격의 기동성과 화력

일반적으로 전차 공격에 대해 말하면 그 방면의 문외한들은 제1차 세계대전의 종군 기사에서 읽은 캉브레 전투와 아미앵 전투의 강철 괴물을 떠올리곤 한다. 그들은 낮은 철조망들이 볏단처럼 힘없이 으스러지는 모습을 상상하고, 방공호가 돌파되어 기관총들이 부서지는 모습을 눈앞에 생생하게 떠올린다. 또한 모든 것을 짓누르며 구르는 궤도의 작

16 슈투트가르트 독일 유니온 출판사(Union Deutsche Verlagsgesellschaft, Stuttgart)에서 출간.

용과 거대한 엔진 소리, 배기관으로 나오는 불꽃에서 '탱크의 공포'가 생겨났다고 생각하고, 1918년 8월 8일 독일이 아미앵 전투에서 패배한 원인은 그 공포 때문이었다고 설명한다. 짓누르며 구르는 궤도의 작용은 전차의 특징 중 하나이지만 결코 가장 중요한 특징은 아니다. 그런데 이런 특징이 수많은 비판론자들에게는 가장 중요한 특징으로 각인되었고, 그런 일방적인 상상으로부터 전차 공격의 이상적인 모습이 탄생했다. 그에 따르면 수많은 전차들은 밀집 대형 속에서 대전차포와 야포들에 대해 거대한 원반과도 같은 방어벽을 형성한다. 그런 형태로 거의 같은 방향을 향해 방어하는 상대 쪽으로 비슷한 속도로 이동한다. 훈련 지휘부의 명령이 떨어지면 전차 대열은 적합하지 않은 지형에서도 방어하는 상대를 짓눌러 부수러 나아간다. 그러나 전차가 무기로서 갖는 효과는 과소평가된다. 전차는 눈과 귀가 멀어서 점령된 지역을 성공적으로 방어할 능력이 없다고 말한다. 그에 반해 방어하는 쪽에는 온갖 장점이 있는 것으로 여긴다. 그들이 전차에 기습당할 일도 더는 없고, 그들의 대전차포와 포들은 자기 측의 손실과 연기, 안개, 모든 엄폐물에도 아랑곳하지 않고 언제든 전차를 명중시킬 수 있다는 것이다. 또 전차가 막 공격하는 곳이면 그들도 어김없이 즉각 나타나고, 안개 속에서든 어둠 속에서든 망원경으로 잘 볼 수 있고, 철모를 쓰고 있어도 모든 소리를 다 들을 수 있다고 말한다.

이러한 상상에서는 전차 공격은 더 이상 전망이 없다는 결론이 도출된다. 그렇다고 해서 어떤 비판론자의 제안처럼 전차를 폐기하고 전차의 시기를 단순히 건너뛰어야 할까? 그렇게 하면 다른 모든 병과가 걱정하는 전략적 변화에 대한 우려를 일거에 잠재우고 1914/15년의 본보기를 따라 다시 참호전에 관심을 기울일 수 있을 것이다. 그러나 뛰어내리는 곳이 어딘지 모르면 어둠 속으로 들어서기는 어렵다. 따라서 전차를 비판하는 사람들이 자기 붕괴의 길 이외에 더 나은 새로운 공격 방법을 제시하지 못하는 한, 나는 오늘날 지상전 최고의 무기는 바로 전차라는 주장을 위해 싸울 것이다. 물론 전차를 올바르게 투입한다는 전제 하에서 말이다. 이어지는 부분에서는 전차 공격의 전망을 보다 쉽게 판단할 수 있도록 전차의 가장 중요한 특징들을 살펴보고자 한다.

장갑

중요한 전투에 투입될 모든 전차는 최소한 SmK[17]탄에 견딜 수 있어야 한다. 그러나 대전차포와 적의 전차와 싸우려면 그 정도로는 부족하다. 그래서 제1차 세계대전의 승전국들, 특히 프랑스에서는 그런 용도의 전차에는 훨씬 더 강한 장갑을 한다. 예를 들어 샤르 2C 전차를 격파하려면 75㎜ 구경이 필요하다. 어떤 군대가 공격에 나선 첫 대면에서 적의 대전차포에 견딜 수 있는 전차를 투입한다면 가장 위험한 적과 맞서 분명 승리할 것이고, 그와 함께 적의 보병과 공병도 곧 제압할 수 있다. 적의 대전차포를 무력화시킨 뒤에는 강력한 전차의 엄호를 받는 가운데 더 가벼운 전차들로도 승리를 쟁취할 수 있기 때문이다. 반면에 방어하는 쪽에서 공격하는 쪽의 모든 전차를 격파할 수 있는 대전차포를 전선으로 가져와 적절한 시기에 결정적인 곳에 투입한다면, 전차 공격은 많은 희생자를 내면서 간신히 성공하거나 집중적이고 강력한 방어가 이어질 때 실패로 돌아갈 것이다. 우리가 수천 년 전부터 알고 있는 장갑과 총포 사이의 싸움은 기갑부대도 당연히 계속 치러야 할 것이다. 그것은 요새를 짓거나 해군이나 공군의 전투에서도 똑같이 일어나는 일이다. 그런 싸움이 사실이고, 싸움의 전망이 유동적이라고 해서 그것이 지상전

17 Spitzgeschoß mit Kern: 강철제 탄심이 들어간 끝이 뾰족한 탄.(역자), 관통력을 극대화하기 위해 탄두내에 관통자가 들어간 철갑탄을 뜻합니다. (편집부)

에서 전차를 포기해야 하는 이유가 될 수는 없다. 전차를 포기한다면 우리 군대는 지난 세계대전에서 불충분한 것으로 드러난 모직 군복을 유일한 보호장비로 달랑 입은 채 적과 마주하는 상황으로 돌아가게 될 것이다.

기동성

'승리는 오직 기동성에서 나온다.[1]'라는 말이 있다. 나는 그 말에 동의하고, 그것을 실현하는데 현세대의 기술적 수단을 투입하고자 한다. 기동성은 부대를 적진으로 데려가는데 필요하다. 사람이 도보를 이용할 수도 있고 말이나 열차, 최근에는 차량과 비행기를 이용할 수도 있다. 일단 적진 근처로 들어가면 적의 포격으로 인해 기동성은 대부분 마비된다. 기동성이 다시 살아나려면 적을 섬멸하고 진압해야 하거나 최소한 적이 자신의 진지를 벗어날 수밖에 없도록 만들어야 한다. 그것은 아군의 화력이 적의 야포와 기관총을 침묵시키고 모든 저항을 눌러버릴 정도로 우월할 때 가능하다. 고정된 진지에서 가하는 포격은 관측을 통해 쏠 수 있는 포들을 동원해 집중적으로 이어진다. 그때까지 보병은 포격의 효과를 충분히 이용해야 한다. 그런 다음 중화기와 포들은 진지를 교체해야 한다. 공격의 기동성을 살릴 수 있도록 다음 포격을 준비해야 하기 때문이다. 이 전투 방식을 수행하려면 수많은 무기와 그보다 더 많은 탄약이 필요하다. 이런 식의 집중 공격은 상당한 시간이 걸리고 위장하기도 어렵다. 따라서 공격 성공의 중요한 전제 조건인 기습이 가능할지 의문이다. 설령 기습이 성공한다고 해도 공격진은 공격 시작과 함께 자신의 패를 모두 내보이게 되고, 방어하는 쪽의 예비 병력은 공격 지점으로 돌진해 그곳을 차단한다. 예비 병력이 차량화되면서 새로운 방어 전선의 구축이 예전보다 쉬워졌기 때문이다. 따라서 보병과 포병의 속도에 의존하는 공격은 지난 세계대전 때보다 성공 가능성이 더 희박해졌다.

따라서 관건은 지금까지보다 더 신속하게 움직이고, 적의 방어 사격에도 불구하고 기동성을 유지하는 것이다. 그래야 방어하는 쪽의 새로운 방어 진지 구축을 어렵게 하고 적진 깊숙한 곳까지 공격해 들어갈 수 있다. 전차를 지지하는 사람들은 유리한 전제 조건들 하에서는 그 수단을 보유하고 있다고 믿는다. 반면에 전차 회의론자들은 1918년 아미앵 전투에서 당한 기습은 "오늘날에는 더 이상 기대할 수 없는 전차 공격 상황[2)]"이라고 말한다. 그 말은 전차 공격은 이제 방어하는 쪽을 더 이상 기습할 수 없다는 뜻인가? 그렇다면 새로운 수단을 투입하든 낡은 수단을 투입하든 전쟁에서 기습 공격이 성공할 수 있었던 까닭은 무엇일까? 폰 쿨 보병대장[18]은 1916년 육군 최고사령부에 돌파 공격에서는 기습에 중점을 두어야 한다.[3)] 고 제안했다. 폰 쿨에게는 그것을 위한 새로운 공격 수단이 전혀 없는 상황이었는데도 말이다. 1918년 3월의 미하엘 작전은 새로운 무기를 사용하지 않았음에도 기습을 이루어 대성공을 거두었다. 기습을 감행하기 위해 취한 일련의 조치들 이외에 새로운 전투 수단이 추가된다면 성공 가능성은 대부분 배가된다. 그러나 그것이 기습의 전제 조건은 아니다. 나는 전차를 이용한 공격에서는 지금까지보다 더 빨리 움직일 수 있다고 믿는다. 또한 그보다 더 중요한 점으로서 공격에 성공한 뒤에도 기동성을 유지할 수 있다고 믿는다. 나는 전차 공격의 성공을 좌우하는 몇 가지 전제 조건이 충족된다면 기동성이 유지될 수 있다고 생각한다. 적합한 지형에 병력 집결, 적 방어진의 빈틈, 전차에 못 미치는 대전차포 등이 그중 몇 가지에 해당한다. 아무 전제 조건 없이 모든 공격을 성공시키지 못하고 기관총을 탑재한 전차로는 어떤 요새도

---

18 독일군 대장은 계급 명칭에 자신의 병과가 붙으며, 무장SS는 상급대장 중에도 계급 명칭에 병과가 붙은 사례가 있다.(편집부)

돌파할 수 없다고 기갑부대를 비난한다면, 안타깝지만 여러 관점에서 아직은 불완전한 다른 병과들의 공격력을 지적하지 않을 수 없다. 아울러서 기갑부대 역시 전능하지 않다는 점을 덧붙여야 할 것이다.

모든 무기는 새로운 상태로 있는 동안에만, 그리고 어떤 방어도 두려워하지 않는 동안에만 최대한의 효력을 발휘할 수 있다.[4] 라는 주장이 있다. 그렇다면 포병은 얼마나 불쌍한가! 그들은 이미 수백 년 전부터 존재했다. 공군은 또 얼마나 가엾은가! 그들을 노리는 대공포 위에 떠서 벌써부터 낡은 취급을 받기 시작했으니 말이다. 나는 어떤 무기의 효력은 거기에 대응하는 무기의 그때그때 수준에 좌우된다고 믿는다. 전차가 자기보다 우세한 적의 전차나 대전차포를 만난다면 적의 포에 격퇴당하여 그 전차의 효력은 미미할 것이다. 그러나 반대라면 전차는 파괴적인 효력을 발휘할 것이다. 상대편의 방어력을 일단 제외한다면, 모든 무기의 효력은 기술의 성취를 신속하게 활용해 그 시대의 정점을 이루겠다는 의지에도 좌우된다. 그와 같은 관점에서 전차도 다른 어떤 것에 뒤지지 않는다. '방어하는 쪽 포병의 포탄이 포병을 공격하는 전차보다 더 빠르다.[5]'라고 말한다. 지금까지 누구도 그 말을 의심하지 않았다. 그렇지만 1917년과 1918년에 이미 수백여 대의 전차가 전방 보병 전선 바로 뒤에 집결했고, 수백여 대의 전차가 포병의 집중적인 저지 포격을 무력하게 만들었으며, 십여 개의 보병 사단과 심지어 기병 사단까지 그 전차들을 뒤따랐다. 그것도 포병의 예비 포격도 없이 실행한 공격에서, 즉 공격 초기에 방어하는 쪽의 온전한 포와 맞붙어야 하는 상황에서였다. 적의 포병은 매우 불리한 지형에서만 전차의 움직임을 심각하게 방해할 수 있다. 그러나 전차가 일단 적의 포병 진지까지 뚫고 들어가는데 성공하면 포병은 곧 제압되어 보병에도 더 이상 위해를 가하지 못하게 된다. '이미 오래전에 정해 놓은 위험 지역 앞 집중 포화'라는 포병의 경직된 전략은 지난 전쟁에서 실패했다. 대전차포의 공격으로 솟구치는 흙기둥과 먼지, 연기가 전차의 시계를 제한할 수는 있다. 그러나 그 제한이 참을 수 없을 정도는 아니다. 기갑부대는 평화 시에 이미 그것을 극복하는 법을 배우고 있다. 전차는 어둠과 안개 속에서도 나침반의 방향에 따라 움직일 수 있다.

전차의 성공을 토대로 한 공격에서는 보병이 아닌 전차에 '결정권'이 있어야 한다. 전차 공격이 실패한다면 전체 공격이 실패할 것이고, 전차 공격이 성공하면 승리를 거둘 수 있기 때문이다.

화력

장갑과 기동성은 전차의 전투 속성을 보여주는 한 부분일 뿐이다. 화력이야말로 가장 중요하다.

전차는 정지 상태에서든 이동하는 상태에서든 포를 발사할 수 있다. 두 방식 모두 목표물을 직접 조준한다. 정지 상태에서 인식한 목표물을 쏠 때는 거리 측정이 정확한 뛰어난 조준경 덕택에 최단시간 안에 적은 양의 탄약으로 파괴적인 효과를 기대할 수 있다. 운행 중에는 전차병이 목표물을 인식하기가 어려울 수 있지만, 그것은 특히 수목이 우거진 지대에서는 높은 곳에 위치한 포 덕분에 다시 만회할 수 있다. 방어하는 쪽이 노리기 좋은 목표물이 된다고 비난받는 전차의 높은 포탑이 전차병에게 어느 정도 유익할 수 있는 것이다. 이동 중에 포를 쏘아야 하는 경우 근거리에서는 목표물을 맞힐 가능성이 높다. 그러나 목표물의 거리가 멀어지고, 전차의 속도가 빨라지고, 지형이 고르지 않을수록 명중률은 낮아진다.

어쨌든 지상전에서는 전차만이 유일하게 방어하는 쪽의 기관총과 포가 모두 격파되지 않은 상황에서도 적을 향해 나아가면서 공격적으로 포를 발사할 수 있다. 나는 움직이는 무기보다 정지 상태의 무기가 명중률이 높다는 점을 의심하지는 않는다. 다만 '승리는 오직 기동성에서 나온다.' 그런데도 지난 세계대전의 물량전에서 그랬던 것처럼, 대전차포로 무장한 채 깊숙하게 방어진을 치고 있는 보병과 포병의 주요 전선을 단순히 짓누르며 밀고 들어가는 데[6]에 전차 공격을 이용해야 할까? 당연히 안 될 일이다. 그런 일을 시도하려는 사람이 생각하는 전차는 순전히 보병용 전차일 뿐이다. 기갑부대의 임무를 보병과의 긴밀한 협력 속에서, 기갑부대가 볼 때는 너무 느린 보병의 속도에 맞춰 싸우는 데 있다고 여기는 것이다. 우리는 몇 주에서 몇 개월 동안 지루하게 이어지는 탐색전이나 막대한 양의 탄약 소모에 의존할 수 없고 그러고 싶지도 않다. 기갑부대는 정해진 시간 안에 적의 방어 시스템 전체를 동시에 마비시키기를 원한다. 우리 기갑부대는 우리 전차의 제한된 탄약으로는 '계획적인 예비 포격과 집중 포화'가 불가능하다는 사실을 분명히 알고 있다. 기갑부대의 의도는 반대로 목표물 하나하나를 정확히 명중시키는 직접조준에 의한 개별 포격이다. 더욱이 우리 군인들은 다년간 전쟁을 치른 경험으로 세계 최강의 포들이 몇 주 동안 집중 포화를 쏟아 붓고도 보병에 승리를 안겨주지 못했다는 사실을 잘 안다. 그러나 다른 한편으로 우리 반대편이었던 영국군의 경험을 근거로 판단할 때, 전차로는 충분한 병력과 집중된 화력의 뒷받침 속에서 겹겹이 편성된 적의 방어진을 동시에 신속하게 공격하는 것이 성공할 수 있다고 믿는다. 또한 그 공격의 성공은 지난 세계대전 때처럼 제한적인 지역을 돌파하는 데보다는 전투 전체를 결정짓는데 더 유익하다고 믿는다. 정확한 목표물을 공격하는 기갑부대의 포격은 막대한 양의 탄약을 무분별하게 낭비하며 쏟아붓는 지연 사격처럼 적진 위로 무의미하게 날아가는 것이 아니다. 병력과 화력을 충분히 집중시킨 강력한 공격으로 목표물을 실제로 파괴함으로써 방어하는 적진에 돌파구를 뚫을 것이고, 그곳으로 예비 병력이 1918년 당시보다 신속하게 뒤따를 수 있게 할 것이다. 기갑부대는 이 예비 병력이 기갑사단의 형태로 갖춰지기를 바란다. 다른 병과는 공격 수행과 추적에 필요한 전투력, 신속성, 기동성을 갖추지 못했기 때문이다. 따라서 기갑부대는 전차를 '전투를 결정짓기 위해 다른 병과와 협력하는 가운데 예상 가능한 여러 상황에서 보병의 이동을 돕는 추가 수단'[7] 쯤으로 여기지 않는다. 전차가 그런 보충 수단에 불과하다면 모든 상황이 1916년 당시와 똑같은 상태일 것이다. 거기서 빠져나오기를 원치 않는다면, 처음부터 참호전에 빠져 미래를 위해 신속한 결정을 내리려는 모든 희망을 묻어버려야 할 것이다. 사람들은 나와 기갑부대에 미래의 적들은 막대한 양의 탄약을 보유할 테고, 모든 구경의 포들이 정확도와 사정거리가 증가할 것이며, 더 발전된 사격술을 갖게 될 거라고 예견했다. 그러나 그 모든 것도 우리의 생각을 흔들지는 못한다. 반대로 나와 기갑부대는 전차를 핵심 공격 무기로 생각하며, 기술이 우리에게 그보다 더 나은 것을 선사하기 전까지는 그 생각을 계속 밀고 나갈 것이다. 기갑부대는 어떤 상황에서도 시간을 빼앗는 예비 포격을 감행하지 않을 것이고, '일단은 포격이 이동을 가능하게 한다.[8]'라는 원칙을 따르자고 기습에 대한 생각을 저버리지는 않을 것이다. 반대로 기갑부대는 전차에 장착된 엔진이 그런 예비 포격 없이도 우리의 무기들을 적진으로 데려갈 수 있게 해줄 거라고 믿는다. 전차 투입 시 가장 중요한 전제 조건인 적합한 지형, 기습, 집단 투입이 충족되었다면 말이다.

집단 투입이라는 말만 들어도 회의론자들은 벌써부터 등골이 오싹해진다. 회의론자들은 이렇게 썼다. "그러므로 모든 전차 병력의 집결이 근본적으로 타당한지, 또는 전차의 추가 배치를 통해 보병의 공격에 활력을 불어넣어야 한다는 요구가 과연 주목할 만한 가치가 있는지 하는 조직상의 의문이 발생한다.[9]"나는 이 발언을 일단 보병은 전차가 없으면 공격의 활력을 얻지 못할 것 같다는 인정으로 받아들이며, 그런 활력을 갖고 있고 그 활력을 다른 병과에도 전해주어야 할 무기가 주력 무기라는 결론을 내린다. 전차를 보병부대에 배치해야 하는지 말아야 하는지의 문제는 다음의 예로 설명될 것이다.

홍군과 청군이 서로 전쟁을 벌이는 상황이다. 양쪽 모두 100개의 보병사단과 100개의 기갑대대를 보유하고 있다. 홍군은 전차를 각 보병사단에 분산 배치했고, 청군은 독립된 군부대로 편성해 기갑사단으로 통합시켰다. 양측이 300㎞ 전선을 사이에 두고 있다고 가정할 때, 그중 100㎞는 전차가 다닐 수 없는 안전지대이고, 100㎞는 전차 운행에 장애가 많은 지형이며, 나머지 100㎞는 전차가 다니기에 적합한 지형이다. 그로써 공격 상황에서 손쉽게 다음과 같은 그림이 그려진다. 홍군은 전차가 배치된 사단 병력의 상당 부분을 전차 안전지대에 포진한 청군 진지 앞에 집결시켰다. 따라서 전차를 활용하지 못한다. 또 다른 일부 병력은 전차 운행에 장애가 많은 지형에 배치되어 있어서 전차 공격이 결정적인 성공을 거두기는 어렵다. 전차에 적합한 지형에서는 홍군 전차 병력의 일부만 활용될 수 있다. 그에 반해 청군은 자신들의 전차 병력을 결정적인 성공을 거둘 수 있는 지형에 총집결시켰다. 청군은 최소한 두 배는 우세한 전차부대를 이끌고 전투에 나서는 것인데, 그렇게 한 곳에 집결시켰지만 나머지 전선에서도 산발적으로 등장하는 홍군의 전차를 막을 수 있다. 약 50문의 대전차포를 보유한 보병사단은 전차 200대를 상대하기는 어려워도 50대의 공격은 막아낼 수 있으니 말이다. 따라서 우리는 전차를 보병사단에 분산 배치하자는 제안을 1916/17년 전투에서 영국이 시도한 단순한 전략으로 되돌아가는 것으로 판단한다. 그 전략은 당시에도 이미 완전히 실패했다. 영국은 그 뒤에 벌어진 캉브레 전투에서는 전차를 집중 투입함으로써 성공을 거두었다.

우리는 신속하게 적진으로 이동하는 기동성을 통해, 장갑의 보호 아래 엔진의 힘으로 움직이는 우리 전차들이 정조준해서 내뿜는 화력을 통해 승리로 이끌고자 한다. 혹자들은 말한다. "엔진은 새로운 무기가 아니라 오래된 무기들을 새로운 형태로 개선시켜준다."10) 엔진으로 사격할 수 없다는 사실은 잘 안다. 기갑부대가 전차를 새롭다고 말할 때는 새로운 병과를 뜻하는 것이다. 가령 해군에서 엔진을 통해 잠수함이 만들어지고, 엔진에 의해 비행기와 공군이 탄생한 것과 마찬가지다. 거기서도 그런 새로운 병과를 무기라고 말한다. 기갑부대는 스스로를 단연코 '무기'로 생각하며 미래의 전쟁에서는 우리의 성공이 전쟁에 종지부를 찍을 거라고 확신한다. 기갑부대의 공격이 성공하려면 다른 병과들도 우리의 공격 속도에 맞출 수 있어야 한다. 따라서 기갑부대는 우리의 성공을 이용하는데 필요한 보충 무기들도 우리와 마찬가지로 기동력을 갖추게 해주고, 그 무기들을 평시에 미리 우리에게 맡겨줄 것을 요구한다. 전쟁의 승패를 좌우할 중대한 결정을 이끌어내려면 보병 집단이 아닌 기갑 집단이 나서야 하기 때문이다.[19]

1937년 늦가을에 국방군의 대규모 기동훈련이 열렸다. 히틀러가 훈련을 참관했으며, 훈련 마지막 날에는 무솔리니, 영국군 원수 시릴 데버렐 경, 이탈리아군 바돌리오 원수, 헝가리 군 사절단을 비롯한 여러 외국 손님들도 참석했다. 기갑부대에서는 페스만 장군이 이끄는 3기갑사단과 1기갑여단이 훈련에 참가했다. 나에겐 기갑부대의 훈련 심판관들을 지휘하라는 임무가 주어졌다.

---

19 이 글에 1-10번까지 표시된 주는 육군 총참모본부 제7과(군사학과)가 발행하는 군사 전문 잡지 『군 학술 전망 Militär-Wissenschaftliche Rundschau』에 실린 반대 진영의 발언과 관련되어 있다. 1937년 3월 호, 326, 362, 364, 368, 369, 372, 373, 374쪽 참조.

기동훈련이 거둔 긍정적인 성과는 기갑사단의 운용 가능성을 증명한 것이었다. 다만 보급과 수리에서는 부족함이 드러났고, 이 부분에서 개선이 이루어져야 했다. 나는 군단 사령부에 개선책을 제안했다. 그러나 그 제안은 즉각 받아들여지지 않았고, 그 바람에 1938년 초에 실시된 훈련에서는 이미 드러난 폐해가 눈에 띄는 곳에서 반복되었다.

기동훈련 마지막 날 나는 외국 손님들 앞에서 훈련에 동원된 모든 전차가 참가하는 대규모 최종 공격을 선보였다. 당시 독일 기갑부대가 보유한 전차는 작은 1호 전차들뿐이었지만 그 광경은 실로 인상적이었다.

기동훈련이 끝난 뒤 베를린에서 분열식이 열렸고, 이어서 프라이헤어 폰 프리치 상급대장이 외국 손님들을 위해 마련한 조찬이 있었다. 나도 그 자리에 참석하라는 명령을 받았다. 나는 거기서 일련의 흥미로운 대화를 나눌 수 있었는데, 특히 영국의 시릴 데버렐 원수와 이탈리아의 바돌리오 원수와도 대화를 나누었다. 바돌리오 원수는 이탈리아-에티오피아 전쟁에서의 경험을 이야기했고, 시릴 데버렐 원수는 차량화에 관한 내 견해를 물었다. 젊은 영국 장교들은 무솔리니 앞쪽의 기동훈련 구역에서 보았던 것처럼 실전에서도 어느 한 곳의 전쟁터에서 그렇게 많은 전차를 움직일 수 있을까 하는 문제에 관심을 보였다. 그들은 그 가능성을 믿지 않으려 했고, 전차를 보조 무기로 보는 이론을 지지하는 것이 분명했다. 어쨌든 꽤 활기 찬 대화가 오고갔다.

04 권력의 정점에 오른 히틀러

Hitler auf dem Gipfel der Macht

1938년. 블롬베르크-프리치 위기

사건이 많았던 1938년은 예기치 못한 진급으로 시작되었다. 나는 2월 3일 새벽에 중장으로 진급했고, 그와 동시에 히틀러가 주재하는 회의 참석을 위해 다음날 베를린으로 오라는 명령을 받았다. 4일 아침 베를린에 도착한 나는 길을 걷다가 전차를 타고 가던 지인이 큰 소리로 알려주어 내가 16군단 군단장에 임명되었다는 소식을 들었다. 나의 놀라움은 이루 말할 수 없을 정도로 컸다. 나는 그 즉시 조간신문을 구입했고, 거기서 육군의 고위 장교 몇 명이 해임되었다는 기사를 읽고는 충격을 받았다. 그 가운데는 블롬베르크와 프리치, 내가 존경하는 루츠 장군도 있었다. 제국 수상관저 홀 안에서 부분적으로나마 그러한 조치에 대한 설명을 들을 수 있었다. 국방군의 모든 사령관이 한 홀에 반원을 이루며 서 있었고, 히틀러가 안으로 들어왔다. 히틀러는 자신이 제국 전쟁부[20] 장관인 폰 블롬베르크 원수를 재혼한 부인 문제로 해임했으며, 동시에 육군 최고사령관 프라이헤어 폰 프리치 상급대장을 형법 위반으로 해임할 수밖에 없었다고 설명했다.

20 원래 국방부(Reichswehrministerium)였으나 1935년 5월 전쟁부(Reichskriegsministerium)로 명칭이 변경됨.(편집부)

그밖에 다른 사람들의 해임과 관련해서는 자세히 거론하지 않았다. 우리 군인들은 돌처럼 굳어버렸다. 우리가 흠잡을 데 없이 깨끗한 남자들로 여겼던 우리의 최고 상관들에게 가해진 무거운 비난이 우리를 뼈아프게 했다. 우리 군인들은 그런 비난을 믿을 수 없었지만, 비난이 제기된 그 순간에는 제국의 총통이 아무런 근거도 없이 그런 일을 날조했다고는 생각할 수 없었다. 히틀러는 설명을 마치고 홀을 나갔고 군인들만 남았다. 아무도 말을 꺼내지 못했다. 그처럼 충격적인 순간에 과정에 대한 조사도 없이 모든 것이 결정된 상황에서 무슨 기대를 갖고 말을 꺼낼 수 있단 말인가?

블롬베르크의 혐의는 분명해보였으므로 장관직 유임은 불가능했다. 그러나 프라이헤어 폰 프리치 상급대장의 경우는 상황이 달랐다. 프리치의 사건은 군사 법원에서 조사가 이루어졌다. 괴링이 군사 법원의 의장이었음에도 무죄 판결이 났고, 프리치 상급대장이 뒤집어쓴 치욕스런 혐의가 거짓임이 명백히 드러났다. 비열한 명예 훼손이 자행되고 몇 개월이 지난 뒤 우리는 한 공군 기지에서 다시 모였다. 제국 군사 법원 재판장인 하이츠 장군의 입을 통해서 판결문과 매우 상세하게 작성한 판결 이유를 듣기 위해서였다. 판결에 앞서 히틀러가 짤막한 말로 유감을 표명하면서 다시는 이런 일이 발생하지 않을 거라고 단언했다. 모여있던 우리는 이제 상급대장의 완전한 명예회복을 요구했다. 그러나 블롬베르크의 제안으로 새로 육군 최고사령관에 오른 폰 브라우히치 상급대장은 프라이헤어 폰 프리치 상급대장을 슈베린 주재 12포병연대 연대장으로 임명해 다시 현역 장교 명부에 오르게 하는 정도에 그쳤다.[21] 그 뒤로 폰 프리치 상급대장이 한

21 프라이헤어 폰 프리치 상급대장은 이후 명예연대장으로는 이례적으로 최전선에 나섰고, 1939년 9월 22일 바르샤바 외곽 전투에서 전사했다. 당시 허벅지를 관통한 총상은 응급조치를 하면 충분히

사령부를 통솔하게 되는 일은 다시는 없었다. 폰 프리치에게 가한 치욕에 비하면 그 보상은 턱없이 부족했다. 거짓 증거로 폰 프리치를 모함한 파렴치한은 히틀러의 명령으로 처형되었지만, 이 비겁한 사건을 뒤에서 조종한 위험한 인물들은 처벌을 받지 않았다. 밀고자에 대한 사형 선고는 진실을 은폐하기 위한 것일 뿐이었다. 8월 11일 포메른의 그로스-보른 훈련장에서 12포병연대를 프라이헤어 폰 프리치 상급대장에게 넘기는 의식이 개최되었다. 8월 13일 히틀러는 같은 훈련장에서 열린 훈련을 참관했지만 두 남자의 만남은 이루어지지 않았다.

그 뒤 프라이헤어 폰 프리치 상급대장이 보여준 고결한 겸양의 태도는 많은 이들의 감탄을 자아냈다. 그것이 정치적으로 폰 프리치 상급대장과 대립해 있던 사람들을 생각할 때 올바른 행동이었는지는 다른 문제다. 그러나 그 판단은 나중에 일의 맥락과 관련 인물들을 알고 난 뒤에 내린 것이다.

1938년 2월 4일 히틀러는 자신이 직접 국방군 최고지휘권을 장악했고, 제국 전쟁부 장관의 자리를 공석으로 두었다. 대신에 전쟁부 장관 비서실장인 빌헬름 카이텔 장군이 국방군의 각 군 최고사령관에게 위임되지 않는 업무에 한에서 제국 전쟁부 장관의 역할을 맡았다. 그러나 카이텔에게는 지휘권이 없었다. 카이텔은 그 뒤로 자신을 국방군 최고사령부 총장이라고 자칭했다.

차량화 군단을 통솔하는 라이프치히 소재 4집단사령부의 최고지휘권은 라이헤나우 장군에게 돌아갔다. 라이헤나우는 진보적인 사고

생존할 가능성이 있었으나, 본인이 치료를 거부하고 죽었다고 전해진다.(독일 국방군 공식 보고서, 부관 및 목격자 진술에서 참고. 편집부)

방식의 소유자로서 나와는 진심 어린 동료애로 맺어진 사이였다.

1938년 2월 4일은 육군 최고사령부에는 1934년 6월 30일 사건에 이은 제2의 암흑의 날이었다. 훗날 독일의 전 장교단은 그 두 번의 사건에서 무능하게 아무것도 하지 않았다는 무거운 비난을 들어야 했다. 그러나 그런 비난은 수뇌부에 있는 몇몇 결정권자들에게만 해당할 수 있다. 대부분의 장교들은 사건의 진상을 파악할 수도 없었다. 프리치 사건처럼 처음부터 도저히 믿을 수 없고 모함이 분명하다고 생각한 경우에도 뭔가 진지한 계획을 모색하기 전에 일단은 군사 법원의 판결을 기다려야 했다. 새로 임명된 육군 최고사령관에게 긴급한 대책을 요구했지만 폰 브라우히치는 즉시 결정을 내리지 못했다. 그러는 사이 이 사건은 대외적으로 중차대한 오스트리아 합병 문제로 인해 가려졌다. 그로써 행동할 시기를 놓치고 말았다. 그러나 그런 일련의 사건은 제국 총통과 육군 수뇌부 사이에 신뢰의 위기가 존재한다는 사실을 보여주었다. 비록 그런 위기의 배경까지는 알지 못했어도 그 점만큼은 분명히 알 수 있었다.

나는 존경하는 전임자인 루츠 기갑대장으로부터 새로 맡게 된 기갑부대 지휘 업무를 넘겨받았다. 16군단 사령부의 참모장은 수년 전부터 잘 알고 있던 파울루스 대령이었다. 생각이 고결하고, 똑똑하며, 양심적이고, 근면한데다 아이디어가 풍부한 총참모본부 장교로서 파울루스의 순수한 의지와 애국심에는 추호의 의심도 없었다. 나와 파울루스는 훌륭한 조화 속에서 함께 일했다. 그로부터 몇 년 뒤 스탈린그라드 전투에서 불행한 6군을 지휘한 파울루스에 대해 최악의 혐의와 무고가 난무했다. 그러나 파울루스에게 자신을 변호할 기회가 주어지기 전에는 그 어떤 혐의도 믿을 수 없다.

그사이 기갑사단들의 지휘관이 교체되었다.

1기갑사단은 루돌프 슈미트 장군,

2기갑사단은 바이엘 장군,

3기갑사단은 프라이헤어 가이르 폰 슈베펜부르크 장군이 지휘했다.

오스트리아 합병

3월 10일 16시 경 나는 육군 참모총장 베크 장군의 부름을 받았다. 베크는 비밀엄수의 조건을 달며 총통이 오스트리아를 독일 제국에 합병하려는 계획을 품고 있고, 그 일로 몇몇 부대가 진격 명령을 염두에 두고 있어야 한다고 알려주었다. 그러면서 이렇게 덧붙였다. “자네가 예전의 2기갑사단을 다시 맡아야 하네.” 나는 내 후임으로 온 유능한 지휘관인 바이엘 장군이 그 일로 모욕감을 느끼게 될 거라고 이의를 제기했다. 그러자 베크 장군은 “어쨌든 이번 일에서는 무슨 일이 있어도 자네가 직접 차량화부대를 이끌어야 하네.”라고 말했다. 그래서 나는 16군단 사령부에 동원령을 내리고, 2기갑사단과 또 다른 부대를 군단 사령부가 통제하면 어떻겠냐고 제안했다. 베크 장군은 이번 진격에 참가하게 될 총통경호대 SS아돌프 히틀러 연대를 내 군단 사령부의 지휘 아래 두기로 결정했다. 베크는 마지막으로 이렇게 말했다. “어차피 합병할 계획이라면 지금이 더없이 좋은 순간이지.”

나는 내 집무실로 돌아가 상황에 따라 필요한 여러 가지 준비 사항을 명령했고, 이 임무를 완수하기 위해 취할 수 있는 조치들을 심사숙고했다. 20시 경 나는 다시 베크 장군의 소환을 받았고, 잠시 기다리다가 21~22시 사이에 2기갑사단과 총통경호대 SS 아돌프 히틀러 연대에 즉시 비상을 걸어 파사우에 집결시키라는 명령을 받았다. 그리고 오스트리아로 진격하는 모든 부대는 폰 보크 상급대장의 명령에 따라야 한다는 사실도 이 자리에서 알았다. 내 군단의 남쪽에서는 보병사단이 인 강을 건너야 하고, 나머지 병력은 티롤 쪽으로 진격하기로 정해졌다.

나는 23~24시 사이에 2기갑사단에 전화로 비상 명령을 전달했고, 제프 디트리히 친위대장을 직접 찾아갔다. 모든 부대의 집결지는 파사우였다. 친위대에 비상 명령을 전달하는 일은 차질 없이 진행된 반면, 2기갑사단은 사단장의 인솔 아래 전체 참모진이 훈련 차 트리어의 모젤 강 주변에 머물고 있어서 어려움이 발생했다. 명령이 전달된 시각에 사단 전체의 지휘관들이 현장에 없었던 것이다. 우선은 그들을 차로 데려와야 했다. 그런 어려움에도 불구하고 명령은 신속하게 이행되어 부대가 즉시 진격에 나섰다.

2기갑사단이 주둔한 뷔르츠부르크에서 파사우까지는 약 400km, 파사우에서 오스트리아의 빈까지는 280km, 베를린에서 빈까지는 962km 거리였다.

제프 디트리히 친위대장을 만나고 막 헤어지려는 순간 제프가 자기는 다시 한 번 총통을 만나러 가야 한다고 말했다. 나는 오스트리아 합병이 교전 없이 성사되는 것이 무엇보다 중요하다고 생각했다. 양측 모두에 환영할 만한 일이 되어야 했기 때문이다. 그래서 독일의 평화 의지를 알리는 표시로 전차에 깃발을 달고 초록색 나뭇잎들로 장식하는 건 어떨까 하는 생각이 떠올랐다. 나는 제프 디트리히 친위대장에게 이 조치를 취할 수 있도록 총통의 허락을 받아달라고 부탁했고, 30분 뒤 총통의 허락을 받았다.

16군단 사령부는 3월 11일 20시 경 파사우에 도착했다. 그곳에서는 다시 3월 12일 08시에 국경으로 진입하라는 명령이 떨어졌다. 3월 11일 자정 무렵 2기갑사단의 바이엘 장군이 자신의 부대를 선두에서 이끌며 파사우에 도착했다. 바이엘은 오스트리아 지도도 갖고 있지 않았고, 진격을 계속하는 데 필요한 연료도 없었다. 나는 바이엘에게 일반 여행자들이 이용하는 '베데커' 지도[22]라도 구비하라고 할 수밖에 없었다. 그러나 연료 문제는 쉽게 해결되지 않았다. 파사우에도 육군 연료저장고가 있긴 했지만, 이곳의 연료는 서부방벽 방어목적으로 서부전선으로 진격할 때만 이용해야 하고, 이곳의 동원 지침에 따라 그 상황에만 연료를 지급하는 것으로 규정되어 있었다. 결정권이 있는 이곳 상관들은 우리 부대의 임무를 몰랐던 관계로 이날 밤 자리에 없었다. 그래서 자신의 임무를 충실히 수행하던 저장고 관리인은 귀중한 연료를 내줄 수 없다고 버텼고, 저장고 관리인을 물러서게 하려면 무력으로 위협을 가해야만 했다.

보급부대는 동원되지 않았기 때문에 임시변통을 해야 했다. 파사우 시장은 필요한 연료 수송대를 신속하게 마련하기 위해서 화물차들을 동원해주었다. 그밖에도 내 부대가 진격하는 길을 따라 있는 오스트리아의 주유소들에는 24시간 영업을 부탁해 두었다.

바이엘 장군이 기울인 모든 노력에도 불구하고 08시 정각에 국경을 지나는 데는 실패했다. 2기갑사단의 선발대가 국경을 통과한 시간은 09시였다. 오스트리아 주민들은 기뻐하며 환영해주었다. 사단 선발대는 5기갑정찰대대(코른베스트하임)와 7기갑정찰대대(뮌헨), 그리고 2

22 카를 베데커(1801~1859)가 만든 지도를 첨부한 여행안내서. 현대 여행안내서의 원형이라는 명성 답게, 지도와 여행지에 대한 세부정보를 포함해서 판매했고 그가 죽은 이후에도 가업으로 이어져 세계대전 당시에도 사용되었다.(편집부)

오토바이소총대대(키싱겐)로 이루어졌다. 이 선발대는 정오 무렵 린츠를 지나 장크트 푈텐으로 향했다.

나는 2기갑사단 본대의 선두에 섰고, 베를린에서부터 먼 길을 진격해온 총통경호대 SS아돌프 히틀러가 기갑사단의 후미를 이루었다. 전차에 깃발을 달고 나뭇잎으로 장식한 조치는 주효했다. 주민들은 독일군이 평화로운 의도로 왔다는 사실을 알아보았고 진심으로 우리를 환대했다. 제1차 세계대전 참전 군인들은 가슴에 훈장을 달고 거리에 나와 인사를 보냈다. 독일군인들이 탄 차량은 멈춰 설 때마다 꽃으로 장식되었고, 군인들은 생필품들을 건네받았다. 우리에게 달려와 손을 잡고, 포옹하고, 기쁨의 눈물을 흘리는 사람들도 많았다. 양측 어디서도 이미 여러 차례 수포로 돌아가 그토록 고대하던 합병에 반대하는 불협화음은 일지 않았다. 불행한 정치가 수십 년 동안 떨어뜨려 놓은 한 민족의 자식들이 다시 만나 환호했다.

우리 부대의 행군은 린츠를 지나는 유일한 도로 위로 이어졌다. 나는 12시가 조금 지나서 린츠에 도착해 시 당국에 인사를 한 뒤 간단한 식사를 했다. 장크트 푈텐을 향해 출발하려는 순간 SS제국지도자인 하인리히 힘러와 오스트리아의 자이스 인크바르트 장관, 폰 글라이제-호르스테나우 장관을 만났다. 그들은 총통이 15시에 린츠에 도착할 예정이라며 행군로와 광장 일대의 질서 유지를 부탁했다. 나는 그 즉시 이미 장크트 푈텐에 도착한 선발대의 행군을 멈추게 했고, 본대의 나머지 병력으로는 린츠의 거리와 광장을 통제하라고 명령했다. 이곳에 주둔한 오스트리아군도 자발적으로 동참해 도움을 주었다. 곧 약 6만 명의 인파가 거리와 광장을 가득 메웠다. 그들은 열광의 도가니에 빠졌고, 우리 독일 군인들은 열렬한 환호를 받았다.

히틀러의 도착은 해질 무렵까지 지연되었다. 나는 린츠 시 초입에서 히틀러를 맞이했고, 이제 히틀러의 승리에 찬 개선 행진과 시청 발코니에서 행한 연설을 바로 곁에서 지켜볼 수 있었다. 지금까지 살아오면서 그 순간처럼 격정적인 환호를 경험한 적은 없었다. 연설을 마친 히틀러는 합병 전의 충돌에서 발생한 몇몇 부상자들을 방문했고, 이어서 호텔로 향했다. 그곳에서 나는 빈으로의 행군을 계속하기 위해 히틀러에게 작별 인사를 하고 나왔다. 히틀러는 광장에서 영접을 받는 내내 감격에 겨운 모습이었다.

나는 21시 경 린츠를 출발해 자정 무렵 장크트 푈텐에 도착했다. 나는 선발대에 다시 행군을 명령했고, 선발대의 선두에서 3월 13일 새벽 1시 경 거센 눈보라가 치는 빈에 도착했다.

빈에서는 합병을 축하하는 대규모 횃불 행렬이 막 끝난 상태라 거리는 온통 축제 분위기에 쌓인 사람들로 가득했다. 그래서 독일군 선발대의 모습이 보이자마자 우레와 같은 환호가 쏟아져 나온 것이 놀라운 일은 아니었다. 국립오페라하우스 옆에서 선발대는 오스트리아군 군악대의 취주악에 맞춰 오스트리아군 빈 사단의 슈틈플 장군이 지켜보는 가운데 분열 행진을 했다. 행진이 끝나자 다시 열광적인 환호성이 울려 퍼졌다. 나는 인파에 거의 들린 채 숙소까지 갔고, 내 외투의 단추들은 순식간에 빈 사람들의 기념품으로 바뀌었다. 나와 우리 군인들은 빈 사람들의 뜨거운 호의를 경험했다.

나는 짧은 휴식을 취한 뒤 3월 13일 오전에 오스트리아군의 지휘관들을 방문하러 나섰고, 그들 사이에서도 매우 정중한 영접을 받았다.

3월 14일은 다음날로 계획된 대규모 행진을 준비하느라 여념이 없었다. 나는 행진 준비의 총책임을 맡았고, 독일군의 새 전우들과 업무상의 일을 처음으로 함께 준비하는 즐거움을 맛보았다. 우리는 신속하게 의견 일치를 보았고, 다음날 이제 독일 제국이 된 빈에서 치러진 첫 공식 행사를 순조롭게 진행할 수 있었다. 행사는 오스트리아군의 행진으로 시작되었고, 그 뒤로는 독일 국방군과 오스트리아군이 교대로 행진했다. 군중들은 뜨겁게 환호했다.

행진이 끝나고 며칠 뒤 나는 브리스톨 호텔에서 그동안 알게 된 오스트리아 장군들과 저녁 식사를 했다. 새로 맺은 우의를 업무 외적으로도 다지기 위해서였다. 그날 이후 나는 오스트리아군을 시찰하러 나섰다. 무엇보다 오스트리아군의 차량화부대를 둘러본 뒤 그 부대들을 어떤 식으로 독일군에 편입할 수 있을지를 구상하고 싶었기 때문이다. 시찰을 다닌 부대들 중에서는 두 곳이 특히 기억에 남았다. 첫 번째는 노이지델 암 제에 주둔한 차량화예거대대였고, 두 번째는 브루크 안 데어 라이타에 주둔한 오스트리아군 기갑대대였다. 이 기갑대대의 지휘관은 타이스 중령이었다. 심한 전차 사고로 신체장애를 안게 된 타이스는 매우 유능한 장교였다. 타이스의 부대는 매우 좋은 인상을 주었고, 나는 곧 젊은 장교들과 부대원들도 만나보았다. 두 부대의 분위기는 아주 훌륭했고 규율도 좋았다. 그래서 무척 기쁜 마음으로 이 두 부대를 독일군에 통합하는 일에 착수할 수 있었다.

독일 군인들이 오스트리아를 보았듯 오스트리아 군인들에게도 독일을 보여주어 서로의 유대감을 깊게하려는 목적으로 오스트리아군 몇몇 부대가 잠시 독일로 파견되었다. 그렇게 해서 나의 옛 주둔지인 뷔르츠부르크에도 1개 부대가 파견되었고, 그들은 내 아내가 주도한 성대한 영접을 받았다.

나는 3월 25일에 생일을 맞는 아내를 빈으로 불러 사랑하는 아내의 생일을 빈에서 함께 보낼 수 있었다.

독일 기갑부대는 이번 합병 계획을 통해 몇 가지 중요한 교훈을 얻었다.

행군은 전체적으로 별다른 마찰 없이 진행되었다. 차륜 차량의 손실은 별로 없었던 반면에 전차의 손실은 더 많았다. 정확한 자료를 기억할 수는 없지만 어쨌든 30퍼센트 이상은 아니었다. 3월 15일의 행진까지는 거의 모든 전차가 준비되었다. 행군 거리와 속도를 감안하면 손실 수치가 그다지 높은 편은 아니었지만 전차에 문외한들, 특히 폰 보크 상급대장의 생각으로는 그 수치가 너무 높았다. 그래서 빈에 입성한 뒤 우리 신생 기갑부대에 격렬한 비난이 날아왔다. 기갑부대가 대규모 행군을 견뎌낼 능력이 없다는 내용이었다. 그러나 객관적인 비판에서는 다른 결론이 나왔다. 빈으로 행군하는 과정에서 나타난 기갑부대의 능력을 평가하려면 다음의 몇 가지 관점이 고려되어야 마땅하다.

a) 기갑부대는 어떤 식으로든 이 임무를 준비한 적이 없었다. 3월 초에 중대 교육을 시작한 단계였고, 지난 겨울에 2기갑사단 내에서 집중적으로 실시된 참모 장교들의 이론 교육은 앞에서 언급한 모젤강 인근으로의 훈련 여행에서 마무리될 예정이었다. 준비되지 않은 사단 규모의 동계 훈련은 누구도 예상하지 못했다.

b) 고위 지도부도 이번 행군에 대한 준비가 부족했다. 이번 일은 히틀러가 급하게 내린 명령에서 비롯되었다. 따라서 전체 상황이 즉흥적으로 이루어졌고, 겨우 1935년 가을에 창설된 기갑사단에는 모험이나 다름없었다.

c) 빈으로의 즉흥적인 행군은 2기갑사단에는 약 700km, 총통경호대 SS아돌프 히틀러에는 1,000km의 거리를 48시간 동안에 돌파하라고 요구했다. 대체로 보아 그 요구는 충족되었다.

d) 가장 중요한 것으로 드러난 잘못은 무엇보다 전차 정비가 불충분했다는 점이었다. 이 잘못은 이미 1937년에 실시한 추계 기동훈련

에서도 드러났는데, 그 문제를 시정하기 위해 제시한 개선안이 1938년 3월까지도 반영되지 않은 상태였다. 이후 똑같은 잘못이 반복된 적은 없었다.

e) 다음으로는 연료 공급이 중요한 문제로 드러났다. 그러나 이 분야에서 나타난 결함은 곧 시정되었다. 탄약은 사용되지 않았기 때문에 비슷한 경험들을 유추해 재구성했고, 만일의 사태에 대비하기에는 충분한 양이었다.

f) 어쨌든 기갑사단을 작전 수행에 활용하려는 이론적 주장이 옳았음이 증명되었다. 기갑사단의 행군 능력과 속도는 기대를 뛰어넘었다. 장병들의 자신감은 강화되었고, 지휘부도 많은 것을 배웠다.

g) 이번 행군은 1개 차량화사단 이상의 병력이 한 도로에서 아무 어려움 없이 이동할 수 있다는 사실을 보여주었다. 덕분에 차량화군단을 편성하고 작전에 활용한다는 생각도 확고한 입지를 다졌다.

h) 그러나 이와 같은 경험이 기갑부대의 비상 출격, 이동, 보급과 관련된 내용일 뿐 실제 전투 상황과 관련된 것은 아니라는 사실을 강조해야 한다. 다만 독일 기갑부대가 실전과 관련해서도 올바른 길을 가고 있었다는 점은 미래가 증명해주었다.

윈스턴 처칠은 매우 중요하고 주목할 만한 처칠 본인의 회고록(베른의 알프레드 셰르츠 출판사에서 나온 독일어본 1권 331쪽)에서 오스트리아 합병과 관련해 전혀 다른 사실을 묘사했다. 여기서는 그 대목을 그대로 인용해보겠다.

"열광적인 환호성에 둘러싸인 빈 입성은 예전부터 오스트리아 상병(히틀러)의 꿈이었다. 3월 12일 토요일 저녁 빈의 오스트리아 나치당은 승리에 찬 영웅을 영접하기 위해 횃불 행렬을 준비했다. 그런데 아무도 나타나지 않았다. 그래서 당황해하는 바이에른 사람 세 명만 사람들의 어깨에 들려 거리를 지나야 했다. 이들은 보급부대에서 침입군의 숙소를 마련하려고 기차로 먼저 보낸 군인들이었다. 빈 입성이 지연된 이유는 나중에야 조금씩 알려졌다. 독일군은 비틀거리고 덜커덩거리며 국경을 넘다가 린츠 근처에서 멈춰 섰다. 흠잡을 데 없는 날씨와 도로 상황에도 불구하고 대부분의 전차가 작동을 멈춘 것이다. 차량화된 중(重)포에서도 고장이 발생했다. 린츠에서 빈으로 향하는 길은 멈춰 선 무거운 차량들에 의해 꽉 막혔다. 재무장 단계에서 독일군의 준비 부족을 여실히 드러낸 이번 사태의 책임은 히틀러의 특별한 총애를 받았던 4집단사령부의 라이헤나우 장군에게 돌아갔다.

자동차로 린츠를 지나던 히틀러는 도로가 꽉 막힌 상태를 보고는 불같이 화를 냈다. 경전차들은 혼잡한 길에서 빠져나와 일요일 이른 아침에 개별적으로 빈에 진입했다. 중(重)전차들과 차량화된 야포들은 기차에 옮겨 실은 덕분에 행사에 제때 도착할 수 있었다. 환호하는, 또는 불안해하는 빈의 군중 사이로 차를 타고 지나는 히틀러의 사진은 잘 알려져 있다. 그러나 그 불가사의한 영광의 순간의 뒤에는 그런 혼란이 깔려 있었다. 히틀러는 사실 자기 군대의 명백한 결함에 입에 거품을 물며 분노하며 자신의 장군들에게 호통을 쳤고, 장군들도 맞받아쳤다. 장군들은 히틀러가 독일이 더 큰 규모의 충돌을 감당할 능력이 없다는 프리치 장군의 경고를 귀담아 듣지 않았다는 사실을 상기시켰다. 어쨌든 체면은 지켜졌다. 공식 축제 행사와 행진은 개최되었다……."

윈스턴 처칠은 잘못된 정보를 들은 모양이다. 내가 아는 한[23] 3월 12일에는 바이에른에서 빈으로 가는 기차가 없었다. 따라서 '당황해하는 바이에른 사람 세 명'이 있었다면 아마도 항공편으로 그곳에 도착했을 것이다. 독일 군대는 전적으로 히틀러를 영접할 목적으로 내 명령에 따라 린츠에 멈췄을 뿐 다른 이유는 전혀 없었다. 그 일이 아니었다면 오후에 빈에 도착할 수 있었다. 날씨는 좋지 않았다. 오후에 비가 내리기 시작했고, 밤에는 눈보라가 휘몰아쳤다. 린츠에서 빈으로 나 있는 유일한 도로는 자갈 포장을 새로 하는 관계로 수 킬로미터 가량이 파헤쳐져 있었고, 그밖에도 도로 상태가 상당히 좋지 않았다. 그럼에도 대부분의 전차가 별다른 사고 없이 빈에 도착했다. 중(重)포의 고장은 있을 수 없는 일이었다. 중포를 보유한 적도 없었으니 말이다. 도로가 정체된 일도 전혀 없었다. 라이헤나우 장군은 1938년 2월 4일에 라이프치히 4집단사령부를 맡았다. 따라서 혹시라도 군 장비에 문제가 발생했다고 해도 사령관직에 오른 지 겨우 5주밖에 안 된 라이헤나우에게 책임을 물을 수는 없다. 라이헤나우의 전임자였던 폰 브라우히치 상급대장도 사령관직에 머문 시기가 아주 짧았기 때문에 브라우히치에게 책임을 돌릴 수도 없다.

앞에서 기술했듯이 나는 린츠에서 히틀러를 영접했다. 히틀러는 조금도 화난 기색이 없었다. 내가 감격에 취한 히틀러의 모습을 본 것은 그때가 유일하다. 히틀러가 린츠 시청 발코니에서 열광하는 군중에게 연설을 할 때 나는 바로 옆에서 히틀러를 정확히 관찰할 수 있었

23 뮌헨 철도 관리소에서 친절하게 알려준 바에 따르면, 당시 근무하던 공무원들은 하나같이 빈 입성 당일 군인들이나 군수 물자를 싣고 독일에서 빈으로 향한 특별 열차는 없었다고 입을 모았다. 그러기 위해서는 독일과 오스트리아 철도 관리소의 협약이 전제되어야 하는데, 그런 일은 없었다고 했다. 보병사단들은 오스트리아로 진입하기 하루 전날 국경 부근의 베르히테스가덴, 프라이라싱, 짐바흐에서 모두 내렸고, 열차는 다른 병력을 다시 실어오기 위해 그 즉시 돌려보내졌다. 진입 둘째 날 이 부대는 이미 잘츠부르크에 내렸고, 삼일 째 되는 날 빈에 도착했다.

다. 히틀러의 뺨을 타고 눈물이 흘러내렸고, 그 눈물은 결코 속임수가 아니었다.

우리 부대는 당시 경전차만 보유하고 있었다. 중(重)포와 마찬가지로 중(重)전차도 없었으니 기차에 옮겨 실을 일도 당연히 없었다.

히틀러에게 호통을 당한 장군은 없었다. 어쨌든 나는 그 일에 대해 들어본 적이 없다. 따라서 장군들이 처칠이 묘사한 대로 대답한 일도 없었고, 그런 일에 대해서도 들어본 적이 없다. 나 개인적으로는 린츠에서나 빈에서나 히틀러에게 매우 정중한 대우를 받았다. 나는 이번 진군에 참가한 부대의 최고지휘관인 폰 보크 상급대장으로부터 전차에 깃발을 꽂는 것이 규정에 어긋난다는 이유로 딱 한 번 질책을 들었다. 그러나 깃발을 꽂은 일이 히틀러의 허락을 받아 진행한 일이라는 사실을 말하자 문제는 곧바로 해결되었다.

여기서 처칠이 '비틀거리고 덜커덩거리며 국경을 넘었다'고 묘사한 독일 군인들은 1940년 겨우 소폭 개선된 형태로도 서부 연합국의 노후한 군대를 단시간 내에 물리칠 수 있었다. 어쨌든 윈스턴 처칠은 이 회고록에서 1938년 독일의 오스트리아 합병 당시 영국과 프랑스의 정치 지도자들이 전쟁을 감행했다면 독일에 승리할 가능성이 매우 높았다는 증거를 내세우려고 했다. 그러나 군 지도부는 충분히 납득할 만한 이유로 전쟁에 회의적이었다. 그들은 자기들 군대의 약점을 알았지만 군을 혁신하는 길을 추구하지는 않았다. 독일 장군들도 평화를 원했다. 나약함이나 혁신에 대한 두려움 때문이 아니라 독일의 국가적 목표를 평화로운 방법으로도 이룰 수 있다고 믿었기 때문이다.

2기갑사단은 빈 인근 지역에 남았고 가을부터는 오스트리아 보충병들을 받았다. SS와 16군단 사령부는 4월에 베를린으로 돌아갔다. 오스트리아에 남은 2기갑사단의 주둔지 뷔르츠부르크 주변에는 1938년 4월부터 게오르크한스 라인하르트(Georg-Hans Reinhardt) 장군이 이끄는 4기갑사단이 새로 편성되었다. 그 외에도 5기갑사단과 4경사단이 편성되었다.

1938년 여름 동안 나는 군단장으로서 평시에 해야 할 임무에 매진했다. 주로 내 지휘 아래 있는 부대를 시찰하는 일이었다. 시찰을 통해 나는 장교들과 부대원들에게 나를 좀 더 가까이 알게 할 기회를 주었고, 훗날 전쟁에서 드러난 신뢰 관계의 토대를 쌓았다. 나는 그 점에 대해 항상 특별한 자부심을 느꼈다.

그해 8월 나는 베를린에 마련된 관사로 옮겼다. 같은 달 헝가리 섭정 호르티와 그의 아내, 헝가리 수상 임레디가 베를린을 방문했다. 나는 역에서 행해진 영접식과 행진, 히틀러가 주최한 만찬, 오페라 극장에서의 축하 공연에 모두 참석했다. 만찬이 끝난 뒤 히틀러는 잠시 내 옆으로 와서 앉아 전차 문제에 대해 담소를 나누었다.

호르티의 방문은 히틀러에게는 만족스럽지 못했다. 히틀러는 헝가리 섭정이 독일과 군사 동맹을 체결해주기를 기대했지만 그 기대가 충족되지 않은 모양이었다. 그러자 히틀러는 만찬에서 연설할 때나 만찬이 끝난 자리에서 자신의 실망감을 대놓고 드러냈다.

9월 10~13일까지 나는 아내와 뉘른베르크에서 열린 제국전당대회에 참석했다. 이 달에는 독일 제국과 체코슬로바키아 사이의 긴장이 정점에 달해 분위기가 매우 무거운 상태였다. 그런 분위기는 뉘른베르크 대회의장에서 행한 히틀러의 긴 폐회사에서 극명하게 표출되었다. 일촉즉발의 위기감에 앞날이 무척 걱정스러웠다.

나는 전당대회가 끝나자마자 1기갑사단과 SS가 주둔하고 있는 그라펜뵈어 훈련장으로 가야 했다. 그 다음 몇 주는 수많은 훈련과 시찰로 쉴 새 없이 지나갔다. 9월 말 무렵 드디어 주데텐란트로 진군할 준비에 돌입했다. 일체의 양보도 거부하는 체코슬로바키아 측의 주장으로 인해 전쟁의 위기가 고조되었고, 분위기는 심각해졌다.

그러나 뮌헨 협정[24]으로 평화로운 해결책이 열렸고, 전쟁을 치르지 않고 주데텐란트를 합병할 수 있게 되었다.

24 체코슬로바키아에 독일계 주민들이 살고 있던 주데텐란트를 둘러싼 영토 분쟁 때문에 열린 회담. 체코슬로바키아가 참석하지 않은 상태에서 영국, 프랑스, 이탈리아가 독일의 주데텐란트 합병을 승인했다.(역자)

주데텐란트 합병

주데텐란트 진군을 위해 1기갑사단과 13, 20차량화보병사단이 16군단의 지휘 아래 배치되었다. 주데텐란트 점령은 세 단계로 진행되었다. 10월 3일에는 오토 장군이 이끄는 13차량화보병사단이 에게르, 아슈, 프란첸스바트를 점령했고, 10월 4일에는 1기갑사단이 카를스바트를, 10월 5일에는 3개 사단이 합동으로 거기서 동쪽으로 군사분계선까지 그 일대를 점령했다.

진군을 시작한 처음 이틀 동안 히틀러는 내 군단에 머물렀다. 남부 바이에른 주의 캄에서 동부 작센 주에 있는 아이벤슈토크까지 273㎞를 행군한 1기갑사단은 13차량화보병사단과 함께 9월 30일 밤에서 10월 1일 새벽 사이, 그리고 10월 1일 밤에서 10월 2일 새벽 사이에 그라펜뵈어에서 북쪽으로 이동해 에게르 지방으로 무혈 입성할 준비를 마쳤다. 부대들의 행군 능력은 대단했다.

10월 3일 나는 아슈 인근 국경에서 히틀러를 기다렸다가 그에게 군단 예하 사단들의 성공적인 진군을 보고했다. 그런 다음 아슈를 지나 에게르 지역 바로 앞쪽에 마련된 야전 취사장으로 아침 식사를 하러 갔다. 히틀러도 함께였다. 평소 장병들에게 지급되는 음식과 다름없이 소고기가 들어간 걸쭉한 수프였다. 수프에 고기가 들어간 사실을 확인한 히틀러는 사과 몇 개로 아침을 대신했고, 다음날 식사는 고기가 들어가지 않은 음식으로 준비해달라고 부탁했다. 곧이어 에게르에서 치러진 환영식은 성대하고 만족스러웠다. 주민들은 에게르 지방 고유의 복장을 잘 어울리게 갖춰 입고 구름처럼 몰려 나와 히틀러에게 열광적인 환호를 보냈다.

10월 4일에는 1기갑사단 참모부의 야전 취사장에서 히틀러를 맞았고, 나는 그와 마주앉아 격의 없는 대화를 주고받았다. 자리에 있던 모두가 전쟁을 피할 수 있었다는 사실에 큰 만족감을 표현했다. 부대는 히틀러가 차를 타고 지나는 거리를 따라 대열을 유지한 채 히틀러의 인사를 받았고, 훌륭한 인상을 주었다. 모두가 기쁨에 취해 있었고, 오스트리아 합병 때와 마찬가지와 차량들은 온통 나뭇잎과 꽃으로 장식되어 있었다. 나는 먼저 카를스바트로 출발해 그곳 극장 앞에서 준비하고 있는 의장대로 향했다. 의장대는 1기갑연대와 1보병연대, SS의 의장대로 구성되었다. 기갑중대의 우익에 1기갑연대 1대대 부관인 내 장남과 대대장과 나란히 서 있었다.

가까스로 주변 통제를 끝내고 나자 히틀러가 도착했다. 히틀러는 양쪽으로 늘어선 의장대 사이를 지나 극장으로 들어갔고, 그곳에서 주민들의 환영을 받았다. 밖에는 비가 쏟아졌지만 극장 로비에서는 감동적인 장면이 연출되었다. 아름다운 전통 의상을 입고 나타난 여인들과 아가씨들이 눈물을 흘리며 무릎을 꿇었고, 엄청난 환호가 쏟아졌다. 주데텐란트의 독일인들은 끝없이 곤궁한 삶과 실업, 민족적 억압 등으로 많은 어려움을 견뎌야 했고, 많은 사람이 희망을 잃고 살아왔다. 이제 새로운 부흥이 시작되어야 했다. 사회 구호 사업이 실시되기 전까지 내 부대들은 즉시 가난한 사람들에게 야전 취사장의 음식을 공급하기 시작했다.

10월 7일에서 10일 사이에 또 다른 독일인 거주 지역이 점령되었다. 나는 그 목적으로 카덴과 자츠를 지나 테플리츠-쇠나우로 향했다. 독일 군인들은 가는 곳마다 감동적인 환영을 받았다. 모든 전차와 차량들은 쏟아지는 꽃들로 뒤덮였다. 수많은 젊은이들이 몰려나와 거리를 가득 메우는 바람에 진군에 어려움을 겪을 정도였다. 체코군에서 쫓겨난 독일 혈통의 군인 수천 명이 대부분 체코 군복을 그대로 입은 채 가방 하나만 둘러매고 고향으로 돌아왔다. 전투도 치르지 않고 군대가 와해된 셈이었다. 방대한 요새들로 이루어진 체코의 1차 방어선이 독일의 손안에 들어왔다. 그 방어선은 우리가 생각보다 강하지 않았다. 그러나 피 비린내 나는 전투를 치르며 정복할 필요가 없어서 다행이었다.

어쨌든 모두가 정치의 평화로운 전환을 기뻐했다. 전쟁을 치렀다면 독일인 거주 지역이 가장 큰 타격을 입었을 테고, 독일 어머니들이 가장 많은 희생을 치러야 했을 것이다.

나는 테플리츠에서 클라리-알트링겐 후작 집안의 소유인 휴양소에 묵었다. 후작과 후작 부인은 나를 친절하고 융숭하게 맞이했다. 나는 독일계 보헤미아 귀족을 여럿 만났고 그들이 간직한 진정한 독일 정신을 보면서 기뻐했다. 나는 영국의 월터 런시먼 경[25]이 체코의 상

25 뮌헨 회담 전, 주데텐 분쟁 조정을 위해 영국이 프라하에 파견한 외교관. 주데텐 지역에서 다수를 차지하는 독일인들이 독일과 병합을 원하며, 체코슬로바키아 정부는 이에 적절하게 대응하지 않고 있다는 보고서를 작성하여 뮌헨 협정의 단초를 마련함.(편집부)

황을 올바르게 판단했고, 당시 런시먼 경의 주민투표 제안이 평화를 유지하는데 상당히 기여했다고 믿는다. 평화로운 해결책이 지속되지 않은 것이 런시먼 경의 책임은 아니었다.

어쨌든 정치적 긴장은 일단 해소되었고, 군인들은 잠시라도 그 기쁨을 누릴 수 있었다. 나는 붉은 사슴을 사냥할 기회를 얻었고 이후 2주일 동안 튼실한 사슴 여러 마리를 사냥했다.

격동의 1938년이 저물어가고 있었다. 나처럼 정치와는 거리가 먼 군인들은 지금까지 휘몰아친 폭풍에도 불구하고 이제부터는 좀 더 조용하게 일이 진행되기를 기대했다. 군인들은 독일 제국에 합병된 영토와 주민의 확장은 비교적 오랜 기간에 걸친 적응 과정이 필요하다고 생각했다. 또한 이렇게 새로 획득한 입지를 견고하게 다져야 전쟁을 치르지 않고도 유럽 내 독일의 위치를 더욱 강화해 독일의 민족적 목표를 평화롭게 이룰 수 있으리라고 믿었다. 나는 오스트리아와 주데텐란트를 내 눈으로 직접 경험했다. 합병에 대한 열광에도 불구하고 두 지역의 경제 상황은 매우 열악했고, 독일 제국과 새로운 지역 사이의 행정 차이는 너무 컸다. 그래서 그들을 하나의 전체로 융합하는 일이 지속적으로 성공하려면 평화를 오랫동안 유지하는 것이 절실하게 필요하다고 생각했다. 뮌헨 협정은 그 해결책을 가능하게 할 것처럼 보였다.

히틀러가 이룬 대외 정책의 큰 성공은 2월 위기의 좋지 않은 인상을 지워버렸다. 또한 9월에 폰 베크 육군 참모총장을 할더 장군으로 교체한 일도 주데텐란트에서의 성공으로 특별한 영향 없이 지나갔다. 히틀러의 대외 정책이 너무 위험하다고 판단해 동의하지 않았던 폰 베크 장군은 군을 떠났다. 그는 평화를 위해 전체 장군들의 시위를 제안했지만 폰 브라우히치에 의해 거부되어 장군들에게는 알려지지 않았다. 나는 평화가 비교적 오랜 기간 지속될 거라는 확신 속에서 주데텐란트에서 베를린으로 돌아갔다. 유감스럽게도 그 확신은 나의 착각이었다.

다시 고조된 위기 상황

1938년 10월 말 신축된 '엘레판트' 호텔의 낙성식을 계기로 바이마르에서 히틀러가 참석하는 관구[26]의 날이 열렸다. 나는 16군단 사령관이자 바이마르에 주둔한 부대들의 상관으로서 이 행사에 초대를 받았다. 관구의 날은 성에서 열리는 국가 의식으로 시작되어 야외에 모인 수많은 군중 앞에서 행한 히틀러의 연설로 절정에 이르렀다. 이 연설에서 히틀러는 눈에 띌 정도로 신랄하게 영국을 비난했는데, 특히 처칠과 로버트 이든을 비난했다. 주데텐란트에 머무는 동안 히틀러가 자르브뤼켄에서 행한 연설을 듣지 못했던 나는 또다시 고조된 위기 상황을 느끼며 무척 놀랐다. 히틀러의 연설이 끝난 뒤 엘레판트 호텔에서 다과회가 열렸다. 히틀러는 나를 자신의 테이블로 오라고 요구했고, 나는 히틀러와 두 시간 가량 대화할 기회를 얻었다. 나는 이야기를 나누다가 영국을 그처럼 신랄하게 비난한 이유를 물었다. 히틀러는 고데스베르크 회담[27]에 참석한 영국 측의 태도가 솔직하지 않다고 느꼈고, 그들이 자신에게 의도적으로 정중하지 않은 태도를 취했다고 설명했다. 그러면서 자신이 헨더슨 대사에게 한 말을 들려주

---

26 독일어로는 가우(Gau)이며 히틀러 시대에 독일 전역을 나눈 행정 구역으로 나치스가 관할했다.(역자)

27 뮌헨 협정 체결 전, 1938년 9월 22일 영국과 독일이 주데텐란트 문제에 대해 논의한 회담. 당시 영국은 주데텐란트에서 주민투표를 통해 독일과의 합병 문제를 다루자고 제안함. 히틀러는 이에 대해 주데텐란트 할양을 요구함(편집부).

었다. "다시 한 번 격식 없는 복장을 한 사람들의 방문을 받는다면, 나는 런던에 있는 대사에게 스웨터를 입혀 당신들의 왕한테 보낼 거요. 이 말을 당신 정부에 즉시 전달하시오." 히틀러는 당시 자신이 느꼈던 모멸감을 떠올리며 다시 화를 냈고 영국 측에서 솔직한 협상을 원치 않는다고 설명했다. 원래 영국을 높이 평가했고 영국과의 지속적인 협력을 바랐던 터라 히틀러가 받은 상처는 더 컸다.

결국 뮌헨 협정에도 불구하고 독일은 계속 극도로 긴장되고 불신에 찬 상황에 놓여 있었다. 그런 상황은 이제 실망감과 심각한 걱정으로 채워졌다.

관구의 날 저녁 바이마르 극장에서 「아이다」가 공연되었다. 나는 총통석에서 함께 관람했고 이어진 저녁 식사에서도 히틀러의 테이블에 앉았다. 일반적인 세상살이 문제와 예술에 관한 이야기가 대화의 중심이었다. 히틀러는 자신의 이탈리아 여행과 나폴리에서 「아이다」를 관람한 이야기를 했다. 히틀러는 새벽 두 시에 연기자들이 있는 테이블로 갔다.

베를린으로 돌아온 나는 육군 최고사령관의 부름을 받았다. 육군 최고사령관 폰 브라우히치는 차량화부대와 기병대를 맡을 새로운 자리를 만들 생각이라고 했다. 폰 브라우히치의 표현을 따르자면 이 기동부대를 총괄하는 총감 자리라고 했다. 그러면서 이 새로운 자리의 근무 지침도 자신이 직접 구상해 작성했다며 읽어주었다. 폰 브라우히치의 구상에서는 새로운 자리에 앉을 사람에게 시찰 권한과 연례 보고서 제출권을 부여했다. 그러나 지휘권은 없었고, 근무 규정을 작성해 발행할 권리도 없었으며, 조직 구성이나 인사에 영향을 줄 만한 권한도 없었다. 따라서 나는 그런 달갑지 않은 자리를 거절했다.

그런데 며칠 뒤 육군 인사국장이자 국방군 최고사령부 총장의 동생인 보데빈 카이텔 장군이 나를 찾아와 그 자리를 맡아달라고 다시 재촉했다. 나는 내가 생각한 이유를 들어 다시 거절했다. 그러자 카이텔은 그 자리의 신설이 브라우히치의 구상이 아니라 히틀러의 바람이었다고 설명했다. 그러니 그 자리를 맡지 않을 수는 없을 거라고 했다. 나는 육군 최고사령관이 그 명령이 누구에게서 나왔는지를 처음부터 말하지 않았다는 사실에 실망감을 감출 수 없었다. 그럼에도 불구하고 그 제안을 다시 거절했고, 카이텔에게는 내가 거절하는 이유를 총통에게 전달해줄 것과 아울러 그 이유를 개인적으로 직접 설명하고 싶다는 뜻도 전해달라고 부탁했다.

그로부터 며칠 뒤 나는 히틀러에게 출두하라는 명령을 받았다. 히틀러는 혼자서 나를 맞이했고 내가 거절하는 이유를 물었다. 나는 히틀러에게 육군 최고사령부의 지휘 관계를 진술한 뒤 육군 최고사령관이 구상하고 있는 새로운 자리의 근무 지침에 대해서 다음과 같이 설명했다.

내가 새로 맡게 될 자리보다는 현재 맡고 있는 3개 사단 사령관으로서의 위치가 기갑부대의 발전에 더 많은 영향력을 행사할 수 있는 상황이다. 나는 육군 최고사령부 내 영향력 있는 인물들과 기갑부대를 대규모 공격 무기로 운용하려는 문제에 대한 그들의 처지를 정확히 알고 있으며, 그 점을 고려할 때 이 새로운 자리는 오히려 후퇴로 판단된다. 또한 육군 최고사령부에서는 전차를 보병에 분배하려는 경향이 지배적이고, 그 때문에 과거에 이미 겪었던 갈등을 떠올릴 때 앞으로 어떤 발전도 보장할 수 없다. 그밖에도 기병과의 결합은 오래된 병과인 기병의 뜻에 반하며, 그들은 나를 적대적으로 보면서 이 새로운 조정을 불신으로 대할 것이다. 기병의 현대화가 절실하게 요구되지만 육군 최고사령부와 나이든 기병 장교들은 그 점에 대해서조차 강하게 반발하고 있다.

나는 다음의 말로 나의 상세한 설명을 끝맺었다. "제게 주려는 권한으로는 이러한 반발을 극복할 수 없고, 결국 끊임없는 마찰과 갈등만 초래할 것입니다. 따라서 현재의 직위만 그대로 맡게 해달라고 청하는 바입니다." 히틀러는 약 20분 동안 내 말을 끊지 않고 조용히 들어주었다. 그러더니 자신이 새로운 자리를 만들려는 이유는 모든 차량화부대와 부대와 기병의 발전을 중점적으로 이끌어갈 책임자가 필요했기 때문이니 그 자리를 맡으라고 명령했다. 그는 이렇게 말했다. "장군이 언급했던 반발 때문에 문제가 발생한다면 장군이 나한테 직접 보고하도록 하겠소. 나와 장군은 필요한 혁신을 함께 이루어낼 수 있을 거요. 그러니 장군에게 새 직위를 맡으라고 명령하겠소."

물론 당장 드러나기 시작한 여러 가지 어려움에도 불구하고 히틀러에게 직접 보고하는 일은 결코 없었다.

나는 기갑대장으로 승진하면서 '기동부대장'으로 임명되었고, 벤틀러 거리에 아주 소박한 새로운 집무실을 마련했다. 총참모본부 장교로는 폰 르 쉬르 중령과 뢰티거 대위가 배정되었고, 리벨 중령이 내 부관이었다. 내게 맡겨진 부대의 각 분야마다 담당자도 한 명씩 정해졌다. 나는 그때부터 본격적으로 일에 착수했다. 그 일은 밑 빠진 독에 물 붓기나 다름없었다. 그때까지 기갑부대에는 교육 규정도 거의 없었다. 기갑부대는 그 규정의 초안을 작성해 승인을 얻으려고 육군 교육과에 제출했다. 그곳에는 기갑 장교가 한 명도 없었다. 그로 인해 우리의 초안은 기갑부대의 필요성이 아닌 다른 관점에 의해 평가를 받았다. 그래서 대부분 다음과 같은 통보를 받았다. "소재 분류가 보병의 분류와 맞지 않음. 따라서 초안은 거부됨." 소재 분류의 통일성과 '명명법'의 통일성이 기갑부대의 초안을 판단한 주요 관점이었다. 기갑부대의 필요성은 전혀 고려되지 않았다.

나는 기병을 현대 무기로 무장한 민첩한 사단으로 편성하는데 필요하다고 생각한 몇 가지 제안을 했다. 그러나 육군 일반국의 프롬 장군이 말 2천 마리 공급을 승인할 수 없다고 해서 그 제안은 수포로 돌아갔다. 따라서 기병은 전쟁이 일어날 때까지도 동프로이센에 주둔한 1개 여단을 제외하고는 보병사단을 위한 혼성 정찰부대에 머물 수밖에 없었다. 이 혼성부대는 1개 기병부대와 1개 자전거부대, 그리고 성능이 미진한 정찰장갑차 몇 대와 대전차포, 기병포를 보유한 1개 차량화부대로 구성되었다. 이처럼 이상하게 혼성된 부대를 지휘하는 일은 거의 불가능했다. 동원이 되는 경우 기병은 평화 시에 편성된 정규 사단들만을 위한 정찰대로 편성되었다. 새로운 편성도 어차피 자전거부대를 보유하는 것으로 족해야 했다. 따라서 다른 해결책을 찾아야 한다는 점은 자명했다. 기병은 기병의 모든 상관들이 특별한 애정으로 그들을 육성하려고 애를 썼음에도 불구하고 이처럼 열악한 상황에 빠졌다. 그것이 이론과 실제의 차이였다.

또 하나의 부수적 사정을 보면 이러한 상황이 쉽게 이해될 것이다. 기동부대장으로서 나에게 주어진 동원령은 일단 보병 예비군단 사령관으로서 갖는 동원령이었다. 기갑부대를 활용하기 위해서는 이의를 제기해야 했다.

05 대재앙의 시작

Der Beginn der Katastrophe

전쟁을 향해

1939년 3월 체코가 보호국 형태로 독일 제국에 편입되었다. 그 결과 대외정치 상황은 매우 심각해졌다. 전적으로 히틀러가 주도한 상황이었다.

나는 진군 당일 아침 육군 최고사령관의 소환을 받아 이미 결정된 사실을 통보받았으며, 프라하로 가서 겨울 날씨에 진행된 차량화부대와 기갑부대의 행군 상황을 확인하고 체코 전차를 살펴보고 오라는 임무를 받았다.

나는 프라하에 도착하자마자 내 후임자인 16군단 사령부의 회프너 장군을 찾아가 그동안의 상황을 보고받았다. 그런 다음 내 눈으로 직접 확인하기 위해서 여러 부대를 둘러보았다. 나는 브륀에서 체코 전차들을 보았다. 그 전차들은 제법 쓸 만하다는 인상을 주었고, 실제로 폴란드와 프랑스 출정에서 꽤 유용하게 쓰이다가 소련 출정 기간에 독일제 중(重)전차로 교체되었다.

체코에 이어 동프로이센 변경의 메멜란트가 교전 없이 제국에 합병되었다.

4월 20일 대규모 행진과 함께 히틀러의 50번째 생일을 축하하는 행사가 열렸다. 국방군의 모든 군기가 1개 군기대대로 통합되어 히틀러에게 축하 인사를 보냈다. 히틀러는 성공의 정점에 서 있었다. 히틀러는 과연 극단으로 흐르지 않으면서 자신의 위치를 유지하는 자기절제력을 갖게 될까?

4월 28일 히틀러는 영국과 맺은 해군 협정[28]과 독일-폴란드 불가침 조약[29]을 파기했다.

5월 28일 이탈리아 외무부 장관 치아노 백작이 베를린을 방문했다. 제국 외무부 장관이 치아노 백작을 예우하기 위해서 대규모 환영식을 마련했다. 제국 외무부 장관은 더 넓은 공간을 만들기 위해서 자신의 집 정원 전체를 뒤덮는 커다란 천막 두 개를 설치했다. 그러나 그해 5월은 매우 추웠다. 그래서 천막에 난방을 해야 했는데, 그것은 상당히 어려운 일이었다. 히틀러도 환영식 행사에 참가했다. 손님들은 춤과 노래 공연을 보면서 흥겨워했다. 특히 회프너 자매의 춤에 매료되었는데, 모두들 그 공연을 보려고 무대가 설치된 천막 한 곳에 모였다. 공연이 시작되기 전까지는 다소 시간이 지연되었다. 히틀러가 올가 체코바와 나란히 앉고 싶어 해서, 다른 곳에 있던 그녀를 데려와야 했기 때문이다. 히틀러는 유독 예술가들을 편애했고 예술가들과 어울리는 것을 좋아했다. 치아노 백작이 베를린을 방문한 정치적 목적은 히틀러에게 전쟁을 일으키면 안 된다는 경고를 하기 위함이 분명했지만 그가 베를린을 떠날 때까지 무솔리니가 맡긴 그 임무를 시종일관 철저하고 강력하게 대변했는지는 알 수 없었다.

6월에는 유고슬라비아의 섭정인 파블레 대공과 아름다운 대공비가 베를린을 방문했다. 주로 차량화부대들로 이루어진 대규모 행진이 펼쳐졌는데, 행진에 참가한 부대의 수가 너무 많아서 만족감을 주

28 1935년 6월 18일 영국과 독일간 체결된 해군조약으로, 독일은 영국 해군의 총 톤수 35% 수준까지 증강시킬 권리와 베르사유 조약에서 금지당한 잠수함 건조 및 보유 권리를 회복한 조약.(편집부)

29 1934년 1월 16일 독일과 폴란드 사이에 체결되었던 불가침 조약.(편집부)

기보다는 보는 사람을 지치게 할 정도였다. 특이하게도 파블레 대공은 베를린에서 다시 런던으로 향했다. 내가 아는 한 히틀러가 이번 방문에 걸었던 기대는 충족되지 않았다.

정치 영역에서도 여러 차례 경고가 있었다. 그러나 히틀러와 그의 외무부 장관 리벤트로프는 서부 연합국이 독일과의 전쟁을 결정하지는 못할 것이며, 따라서 동유럽에서 자신들의 목표를 이루는데 걸림돌은 없을 거라고 생각했다.

1939년 여름 내가 주로 맡았던 일은 차량화부대가 포함된 국방군의 대규모 추계 기동훈련 준비였다. 차량화부대는 에르츠 산맥을 거쳐 주데텐란트로 들어갈 계획이었다. 그러나 그 훈련을 위한 방대한 사전 준비는 무용지물이 되었다.

폴란드 출정

1939년 8월 22일 나는 포메른의 그로스-보른 훈련장으로 가라는 명령을 받았다. 그곳에서의 내 임무는 '포메른 요새 참모부'라는 이름으로 신설된 19군단 참모부와 함께 제국의 국경을 따라 폴란드의 공격을 방어할 야전 보루를 쌓는 일이었다. 19군단에는 3기갑사단, 2보병사단, 20차량화보병사단, 군단직할부대가 포함되었다. 3기갑사단은 최신 전차인 3호 전차와 4호 전차를 보유한 기갑교육대대를 통해 전력이 강화되었다. 군단직할부대에는 무엇보다 되베리츠 크람프니츠에서 온 정찰교육대대도 포함되어 있었다. 독일 군사 학교의 이 교육대대들이 이번 진군에 참가하게 된 것은 그 부대들에게 처음으로 실질적인 경험을 쌓게 하려는 내 뜻이었다. 그러한 경험이 나중에 그들의 교육 활동에 도움이 되리라는 생각 때문이었다.

히틀러가 오버잘츠베르크에서 군 사령관들에게 행한 연설이 끝난 뒤, 그 자리에 참석하지 않았던 나는 4군 최고사령관인 폰 클루게 상급대장으로부터 내 임무를 전해 들었다. 내가 맡은 19군단이 4군에 포함된다는 사실도 그때 알았다. 내 군단의 남쪽(우측)에는 슈트라우스 장군이 지휘하는 2군단, 북쪽(좌측)으로는 카우피슈 장군이 지휘하는 국경수비대가 포진했다. 3월부터 프라하와 그 주변을 점령하고 있던 10기갑사단은 분쟁이 발생하기 직전에 국경수비대에 합류했다. 포츠담에서 온 23보병사단은 예비 병력으로 내 군단의 뒤를 받쳤다(첨부 자료 1 참조).

내 임무는 쳄폴노(우측)와 코니츠(좌측) 사이에서 브라헤 강으로 전진해 도하한 다음, 최대한 빨리 바익셀 강에 도착해 이른바 '폴란드 회랑'[30]에 포진하고 있는 폴란드 군을 고립, 섬멸하는 것이었다. 그 다음의 이동 방향에 대해서는 새로운 명령을 기다려야 했다. 슈트라우스 군단은 내 군단의 우측에서 마찬가지로 바익셀 강을 향해 진격하고, 카우피슈 장군의 부대는 내 군단의 좌측에서 단치히로 전진해야 했다.

폴란드 회랑에 포진한 폴란드 병력은 3개 보병사단과 '포모르스카' 기병여단으로 짐작되었고, 피아트 안살도사가 개발한 전차 몇 대를 보유했을 것으로 판단되었다. 폴란드 쪽 국경에는 방어 진지가 구축되어 있었고, 보루를 쌓는 작업을 훤히 관찰할 수 있었다. 폴란드 군의 퇴각선은 브라헤 강변에 있을 것으로 짐작되었다.

공격 개시 시점은 8월 26일 새벽으로 정해졌다.

---

30 폴란드와 발트 해를 잇는 기다란 띠 모양의 땅으로 내륙 국가인 폴란드가 바다로 나갈 수 있는 유일한 통로이다. 제1차 세계대전 뒤 패전국 독일이 폴란드에 넘겨준 땅으로, 히틀러가 이곳의 영유권을 빌미로 폴란드를 침공했다. (역자)

히틀러는 최근에 소련과 상호불가침 조약을 체결해 이번 전쟁에 필요한 지원을 보장받은 상태였다. 그러나 서부 연합국 측의 반응에 대해서는 리벤트로프의 그릇된 의견 탓에 그들이 개입하지 않을 거라는 착각에 빠져 있었다.

어쨌든 당시 군의 분위기는 매우 심각했고, 소련과의 조약 체결이 없었다면 폴란드 공격에 대한 군의 견해는 매우 회의적이었을 것이다. 이는 단순히 나중에 모든 상황을 알고 나서 하는 말은 아니다. 독일 군인들은 결코 가볍지 않은 마음으로 전쟁에 나아갔고, 전쟁을 시작하자고 조언한 장군은 아무도 없었을 것이다. 나이가 든 장교들과 수많은 병사들은 제1차 세계대전을 겪었고, 전쟁이 무엇을 의미하는지를 잘 알았다. 게다가 이번 전쟁은 폴란드로만 한정되지 않을 가능성도 있었다. 올해 3월 보헤미아 보호국이 수립되었을 때 영국이 폴란드의 국경을 보장한다고 선언했기 때문에 충분히 가능한 일이었다. 독일 군인들은 누구나 독일 병사들의 어머니들과 여인들을 생각했고, 전쟁이 비록 좋게 끝나는 경우라도 그들이 무거운 희생을 치를 수밖에 없다는 사실을 알고 있었다. 자식들도 전장에 있었다. 내 장남 하인츠 귄터는 35기갑연대의 연대 부관이었고, 소위로 임관한 둘째 아들 쿠르트는 9월 1일 3기갑사단 3기갑정찰대대에 배속되어 내 군단의 지휘 아래 있었다.

전쟁 전 나의 마지막 숙소는 프로이시슈 프로이틀란트 근처의 도브린이었고, 나는 그곳 주인의 친절한 접대로 호사를 누렸다.

8월 25일 밤에서 26일 새벽 갑자기 공격이 취소되었다. 부분적으로는 이미 출발 지점까지 진군한 부대를 마지막 순간에 겨우 불러 세웠다. 아마도 외교 협상이 진행되고 있는 모양이었다. 평화를 기대하는 가벼운 희망이 떠올랐다. 그러나 전선의 부대에는 긍정적인 소식이 전혀 들리지 않았다. 8월 31일 다시 비상이 울렸다. 이번에는 상황이 심각해졌다. 사단들은 국경을 따라 각 출발 지점으로 이동했다.

우측에 포진한 프라이헤어 가이르 폰 슈베펜부르크 장군 휘하의 3기갑사단은 쳄폴노 강과 카미온카 강을 사이에 끼고 브라헤 강으로 진격해 하머뮐레 부근의 프루슈치 동쪽에서 강을 도하한 다음, 슈베츠 부근의 바익셀 강 방향으로 밀고 나가는 임무를 맡았다.

중앙에 포진한 바더 장군 휘하의 2차량화보병사단은 그루나우와 피르하우 사이에서 카미온카 강 북쪽으로 진격해 폴란드 국경을 돌파한 다음 투헬 방향으로 밀로 나가기로 했다.

좌측에 포진한 빅토린 장군 휘하의 20차량화보병사단은 코니츠 서쪽으로 진격해 이 도시를 점령한 다음, 투헬(=투홀라) 숲을 관통해 오셰를 거쳐 그라우덴츠 방향으로 밀고 나가는 임무를 맡았다.

군단직할부대를 통해 병력이 강화된 3기갑사단이 공격의 중심에 섰고, 예비대인 23보병사단이 그 뒤를 따랐다.

9월 1일 04시 45분 군단은 동시에 대형을 갖춰 국경을 넘었다. 짙은 안개 때문에 처음에는 공군의 지원을 받지 못했다. 나는 선봉에 선 3기갑여단을 이끌며 쳄펠부르크 북쪽 지역까지 동행했고, 이곳에서 처음으로 소규모 전투가 벌어졌다. 불행하게도 3기갑사단의 중(重)포병은 안개 속으로 포격하지 말라는 단호한 지시에도 불구하고 포격해야 한다고 판단했다. 첫 번째 포탄은 내가 탄 지휘 장갑차에서 50미터 전방에 떨어졌고, 두 번째 포는 50미터 뒤쪽에 떨어졌다. 나는 세 번째 포탄이 내가 탄 장갑차를 명중시킬 것으로 판단하고 운전병에게 우측으로 방향을 틀라고 지시했다. 그러나 익숙하지 않은 굉음에 신경이 날카로워진 운전병은 장갑차를 전속력으로 몰다가 도랑에 빠지고 말았다. 그 바람에 반궤도 장갑차의 전방 축이 휘어져 조향장치

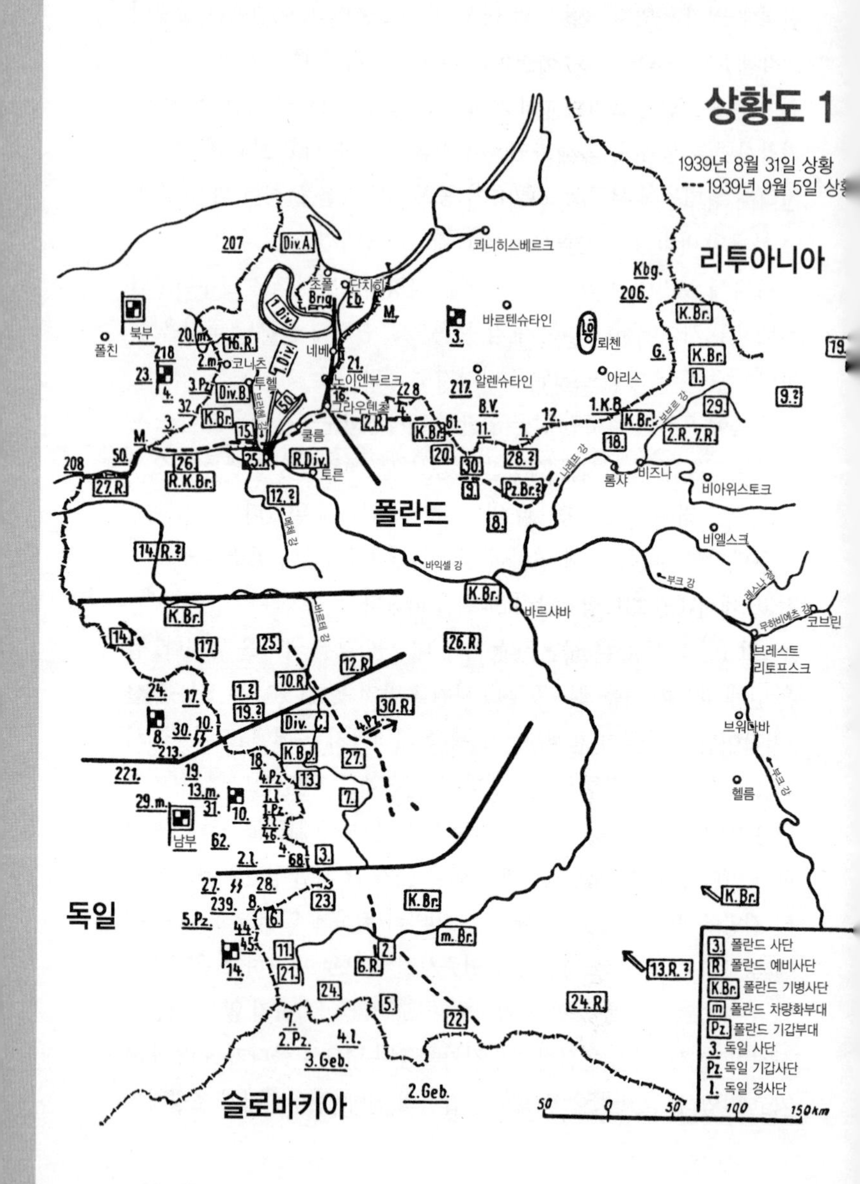

상황도 1
1939년 8월 31일 상황
---1939년 9월 5일 상황
리투아니아
쾨니히스베르크
바르텐슈타인
뢰첸
아리스
알렌슈타인
단치히
조폴
네베
노이엔부르크
그라우덴츠
쿨름
토른
코니츠
투헬
폴친
북부
폴란드
롬샤
비즈나
비아위스토크
비엘스크
바익셀 강
부크 강
바르샤바
코브린
브레스트
리토프스크
브워다바
헬름
부크 강
남부
독일
슬로바키아
폴란드 사단
폴란드 예비사단
폴란드 기병사단
폴란드 차량화부대
폴란드 기갑부대
독일 사단
독일 기갑사단
독일 경사단
50 0 50 100 150km

가 제 구실을 하지 못하게 되었다. 이 사고로 나는 일단 이곳에 멈춰야 했다. 나는 군단 전투지휘소로 가서 다른 차량을 마련했고, 너무 성급하게 행동한 포병들에게 내 뜻을 주지시켰다. 이 기회에 한 가지 언급하자면, 나는 전장에서 내 기갑부대와 동행하기 위해서 지휘 장갑차를 이용한 최초의 군단장이었다. 독일 전차들은 모두 무전기를 갖추고 있었고, 군단 전투지휘소 및 예하 사단과 언제든 연락할 수 있었다.

쳄펠부르크 북쪽 그로스 클로니아에서 처음으로 진짜 치열한 전투가 벌어졌다. 갑자기 안개가 걷히고 나자 대형을 갖춰 전진하던 독일 전차들은 폴란드 군의 방어 전선과 마주한 사실을 알게 되었고, 폴란드 군의 대전차포 몇 발이 아군 전차를 명중시켰다. 장교 1명과 견습사관 1명, 병사 8명이 전사했다.

그로스 클로니아는 증조부인 프라이헤어 힐러 폰 게르트링겐이 소유한 영지였다. 증조부와 조부가 그로스 클로니아에 묻혀 있었고, 아버지도 그곳에서 태어났다. 나는 예전에 내 가문에 그토록 소중했던 땅에 평생 처음 와 보았다.

나는 차량을 바꿔 탄 뒤 다시 3기갑사단의 전선으로 향했다. 사단 선봉대는 이미 브라헤 강에 도달해 있었고, 나머지 병력 대부분은 프루슈치와 클라인-클로니아 사이에서 막 휴식을 취하려는 중이었다. 사단장은 집단군[31] 최고사령관인 폰 보크 상급대장과의 협의를 위해 자리를 비우고 없었다. 나는 그 자리에 있던 6기갑연대의 장교들에게 브라헤 강가의 상황을 보고하라고 했다. 연대장은 그날 중으로 강을 건너기는 불가능하다고 생각했고, 휴식을 취하라는 반가운 명령을

31 Heeresgruppe: 집단군은 여러 개의 군과 군단이 단일 최고사령관의 지휘를 받는 대규모 형태로 제1차, 2차 세계대전에서 운용되었으며, 주로 독일 육군의 전형적인 기구였다. (역자)

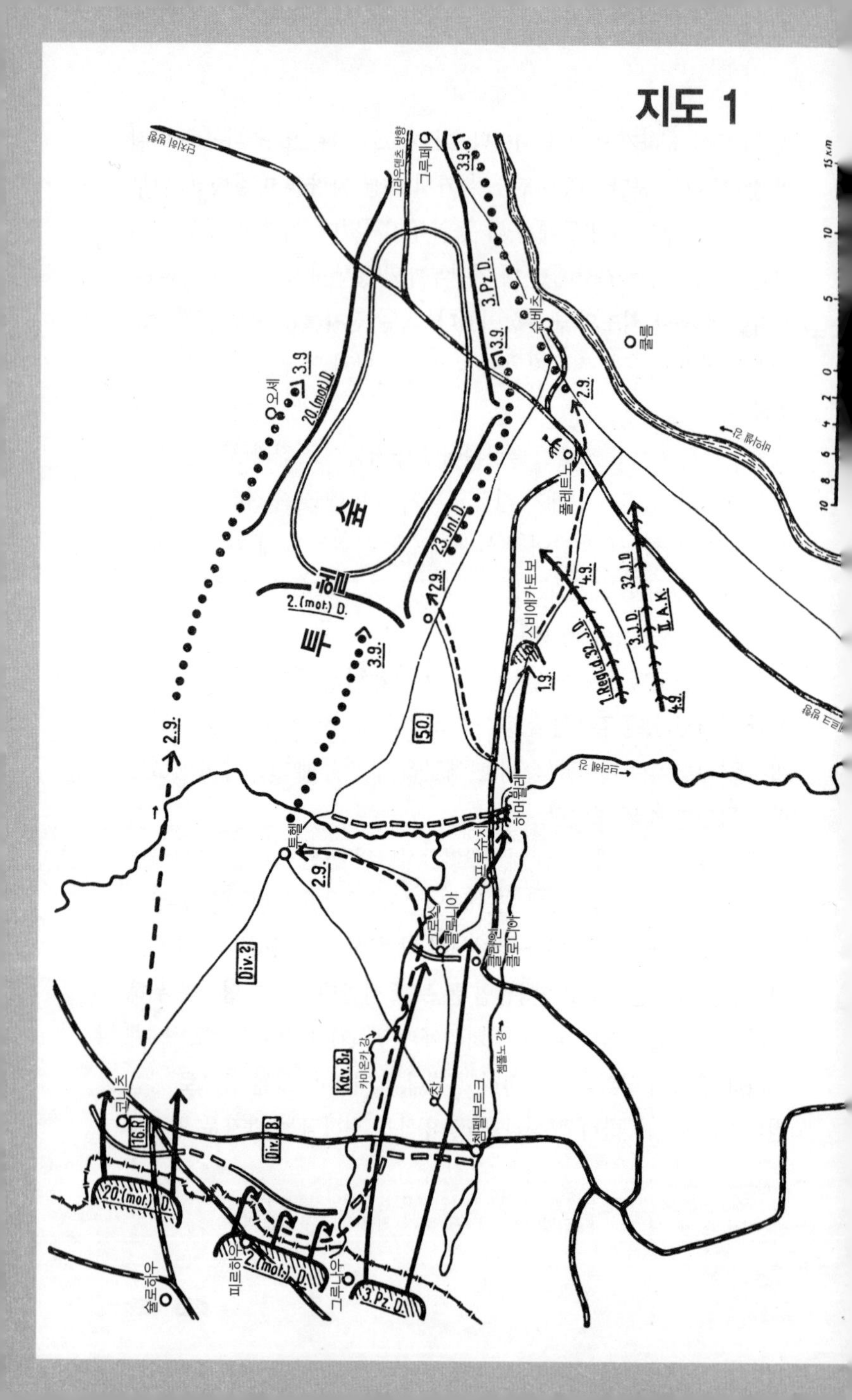

지도 1
그루페
숲
투
헬
20.(mot.)D.
2.(mot.) D.
3.Pz.D.
23.Jnf.D.
3.J.D.
32.J.D.
II.A.K.
1.Regt.d.32.J.D.
5.O.
Div.2
Div.B.
Kav.Br.
16.R.
2.9.
3.9.
4.9.
1.9.
오세
슈베츠
쿨름
폴레트노
스비에카토보
하머뮐레
프루슈치
투헬
콜로니아
고르스크
코로니아
챔펠부르크
찬
코니츠
슐로하우
피르하우
그루나우
15 km

열심히 수행하려는 중이었다. 공격 첫날 브라헤 강을 건너라는 군단의 명령은 이미 잊은 상태였다. 나는 화가 나서 한쪽으로 비켜서서는 이 불쾌한 상황을 타개할 수 있는 조치들이 뭐가 있을지 고민했다. 그때 펠릭스라는 젊은 소위가 내게 다가왔다. 펠릭스 소위는 상의를 벗고 소매를 걷어 올린 상태였고, 얼굴과 팔은 연기에 검게 그을려 있었다. "장군님, 저는 막 브라헤 강에서 오는 중입니다. 강가에 포진한 적의 병력은 많지 않습니다. 폴란드 군이 하머뮐레 부근 다리에 불을 질렀지만 제가 전차에서 직접 불을 껐습니다. 다리를 건널 수 있습니다. 다만 지휘관이 아무도 없어서 진군하지 못하고 있을 뿐입니다. 장군님께서 직접 그리로 가보셔야 합니다." 나는 놀라서 젊은 소위를 바라보았다. 인상이 아주 좋았고 신뢰감을 주는 눈빛이었다. 젊은 소위라고 콜럼버스의 달걀을 발견하지 말란 법이 있을까? 나는 펠릭스의 조언에 따라 폴란드와 독일 차량이 이리저리 뒤엉켜 있는 비좁은 숲길을 지나 하머뮐레로 향했고, 16~17시 사이에 그곳에 도착했다. 강에서 약 100미터 정도 떨어진 곳에 있는 큼지막한 떡갈나무 뒤에 참모 장교 여럿이 모여 있었다. 그들은 이렇게 소리치면서 나를 맞이했다. "장군님, 이곳은 사격이 한창입니다!" 그 말은 사실이었다. 6연대의 전차들과 3연대의 소총이 끊임없이 불을 뿜고 있었다. 적은 반대편 강가의 참호 속에 있어서 보이지도 않았다. 나는 우선 그 어리석은 사격을 중단시켰다. 그 과정에서 막 도착한 3보병여단장인 앙게른 대령이 큰 도움을 주었다. 나는 적의 방어진지가 어디까지 뻗어 있는지 확인하라고 지시했다. 아직 전투에 투입되지 않은 3오토바이소총대대에는 적의 사격 범위 바깥쪽에서 고무보트를 타고 강을 건너라고 명령했다. 3오토바이소총대대가 성공적으로 강을 건넌 뒤 나는 기갑부대를 교량 위로 이동시켰다. 기갑부대는 그곳을 방어하던 폴란드

군의 자전거중대를 포로로 잡았다. 아군의 손실은 최소한에 그쳤다.

이제 남아 있던 모든 부대가 교두보를 구축하기 위해 즉시 강 위로 이동했다. 나는 3장갑정찰대대에 즉시 투헬 숲을 지나 슈베츠 부근의 바익셀 강까지 밀고 들어가 폴란드 군 주력과 예비대의 소재를 확인하라고 명령했다. 18시 경 브라헤 강 도하가 완료되었다. 밤사이 3기갑사단은 공격 목표인 스비에카토보에 당도했다.

나는 군단 전투지휘소가 있는 찬으로 방향을 돌려 해질 무렵 도착했다.

그런데 길게 이어진 길은 텅 비어 있었고, 사방을 둘러보아도 총소리 한 방 들리지 않았다. 그래서 찬에 도착하기 바로 직전 헬멧을 쓴 내 참모부원들이 대전차포 한 문을 배치하는 모습을 보고는 깜짝 놀랐다. 무엇 때문에 포를 배치하고 있냐고 묻자 참모부원들은 폴란드 기병이 오고 있는 중이라 언제든 이곳에 나타날 수 있다고 대답했다. 나는 참모부원들을 안심시키고는 내 사령부 업무에 착수했다.

2차량화보병사단으로부터 폴란드 군의 철조망에 막혀 공격이 진전되지 못하고 있다는 연락이 왔다. 3개 보병연대가 모두 전선에 투입되었고, 사단에 예비 병력은 없었다. 나는 좌측에 배치된 사단에 밤중에 전선에서 빠져나와 우익으로 이동하라고 지시했다. 다음날 투헬 방향을 에워싸기 위해서 3기갑사단 뒤에 배치하려는 의도였다.

20차량화보병사단은 약간의 어려움 속에서 코니츠를 점령했지만 그 도시를 지나 더 밀고 나가지는 못하고 있었다. 20차량화보병사단에는 공격을 속개하라고 명령했다.

밤에는 교전 첫날의 신경과민 증세가 곳곳에서 나타났다. 자정이 자났을 무렵 2차량화보병사단에서 폴란드 기병을 맞아 후퇴할 수밖에 없는 상황이라는 보고가 들어왔다. 나는 처음엔 할 말을 잃었지만 곧 평정을 찾고는 2차량화보병 사단장에게 포메른의 보병이 적의 기병을 피해 달아난 적이 단 한번이라도 있었냐고 물었다. 사단장은 그런 일은 없었다고 대답하더니 현 위치를 고수할 수 있다고 다짐했다. 그러나 나는 다음날 아침 2차량화보병사단에 가보기로 결심했다. 05시 경 그곳에 도착해보니 사단 참모부는 여전히 당황해서 어쩔 줄 모르고 있었다. 나는 밤에 전선에서 빠져나오게 한 연대의 선두에서 그로스 클로니아 북쪽 카모니카 강 도하 지점까지 연대를 이끌었다. 거기서부터 다시 투헬 방향으로 투입하기 위해서였다. 그때부터 2차량화보병사단의 공격은 빠르게 진척되기 시작했고, 전쟁 첫날의 혼란과 공포도 극복되었다.

3기갑정찰대대는 밤에 바익셀 강까지 도달했다. 그러나 안타깝게도 슈베츠 근방의 폴레트노 대농장에서 경솔함 때문에 장교들을 잃는 뼈아픈 손실을 입었다. 3기갑사단의 대다수 병력은 브라헤 강에 의해 둘로 나뉘었고, 그 상태에서 오전에 동쪽 강변에서 폴란드 군의 공격을 받았다. 사단은 정오가 되어서야 반격을 시작해 숲에서 전투를 치르며 진군을 계속할 수 있었다. 23보병사단은 힘차게 행군하며 3기갑사단을 뒤따랐다. 차량화보병 2개 사단은 투헬 숲에서 상당한 진척을 이루었다.

9월 3일 그라프 브로크도르프 장군이 지휘하는 23보병사단이 바익셀 강까지 밀고 나간 3기갑사단과 20차량화보병사단 사이에 투입되었다. 아군은 여러 위기와 격렬한 전투 속에서도 아군 전방의 폴란드 군을 슈베츠 북쪽과 그라우덴츠 서쪽 삼림 지대로 몰아넣어 완전히 포위했다. 폴란드 기병여단 포모르스카는 아군 전차가 어떻게 만들어졌으며 어떤 위력을 가지고 있는지 모른 채 창과 검으로 공격해 왔

1939년 9월 5일 폴란드 회랑에 있는 19차량화군단을 방문한 히틀러:
왼쪽부터 구데리안 장군, 총참모본부의 슈문트 대령, 카이텔 장군, 히틀러, 힘러

다가 거의 궤멸되었다.

9월 4일 포위된 적의 포위망이 더 좁혀졌고, 폴란드 회랑 전투도 막바지로 접어들었다. 23보병사단이 일시적인 어려움에 빠졌지만 슈트라우스 군단 휘하 32보병사단의 1연대에 의해 어려움을 극복했다.

아군은 아주 잘 싸웠고 분위기도 좋았다. 다만 병사들의 손실이 적었던데 반해 비해 장교들의 손실은 매우 컸다. 장교들이 솔선수범해서 몸을 던졌기 때문이었다. 아담 장군과 프라이헤어 폰 바이체커 외무부 차관, 프라이헤어 폰 풍크 대령이 각각 아들을 잃었다.

9월 3일 나는 23보병사단과 3기갑사단을 방문해 아들 쿠르트를 다시 만났고, 바익셀 강 동쪽 강가에서부터 모습을 드러내고 있는 내 고향 쿨름의 종탑을 보며 기뻐했다. 9월 4일에는 숲에서 전투하는 2, 20차량화보병사단을 둘러보았고 그라우덴츠 서쪽에 위치한 독일의 옛 훈련장 그루페를 찾았다. 밤에는 바익셀 강을 등지고 동쪽에서 포위망을 완결한 3기갑사단에 머물렀다.

군인들은 폴란드 회랑을 돌파하고 새로운 임무를 기다렸다. 그러나 군이 힘든 전투에 열중하고 있는 동안 정치 상황은 심각하게 전개되었다. 영국과 영국의 압박을 받은 프랑스가 독일에 선전 포고를 한 것이다. 그로써 곧 평화가 올 거라는 군인들의 희망은 물거품이 되었다. 독일은 이제 제2차 세계대전의 한가운데 서 있었다. 분명 전쟁은 오래 지속될 것이고, 독일인들은 완강하게 버텨내야 할 것이다.

9월 5일, 내 군단의 부대원들은 히틀러의 예기치 않은 방문으로 깜짝 놀랐다. 나는 슈베츠로 이어지는 플레브노 근처 투헬 거리에서 히틀러를 맞이했다. 나는 히틀러의 차에 올라타 파괴된 폴란드의 포들이 늘어서 있는 길을 지나 슈베츠로 히틀러를 안내했고, 거기서부터는 군단의 전방 포위선 바로 뒤쪽을 따라 그라우덴츠로 안내했다. 거기서는 폭파된 바익셀 강 교량 때문에 잠시 지체해야 했다. 히틀러는 파괴된 포들을 보면서 이렇게 물었다. "슈투카[32]가 한 일이겠죠?" "아닙니다. 전차의 솜씨입니다!" 히틀러는 내 대답에 깜짝 놀랐다. 3기갑사단에서 폴란드 군을 포위하는데 투입되지 않은 나머지 부대는 슈베츠와 그라우덴츠 사이에 진을 치고 있었는데, 거기에는 6기갑연대와 내 아들 쿠르트가 소속된 3기갑정찰대대가 포함되었다. 돌아가는 길에는 23보병사단과 2차량화 보병사단이 포진한 지역들을 지났다.

차를 타고 가는 동안 나와 히틀러는 우선 내 관할 군단 내에서 일어난 일들에 대해 이야기를 나누었다. 히틀러는 아군의 손실 규모가 어느 정도인지 물었다. 나는 그때까지 나한테 보고된 수치를 근거로 폴란드 회랑 전투 기간에 내 휘하에 있던 4개 사단에서 150명이 전사하고 700명이 부상을 입었다고 말했다. 히틀러는 그처럼 적은 손실 규모에 깜짝 놀라더니 비교를 위해 제1차 세계대전 때 자신이 소속된 '리스트' 연대의 전투 첫날 손실 규모를 알려주었다. 단 한 곳의 연대

32 Stuka: Sturzkampfflugzeug의 줄임말로 독일의 급강하폭격기를 이르는 애칭이다.(역자)

에서만 사상자 수가 2천 명이 넘었다고 했다. 나는 용감하고 끈질긴 적을 상대로 한 이 전투에서 손실 규모가 크지 않았던 이유는 상당 부분 전차의 뛰어난 효과 때문이었다고 말했다. 전차는 희생을 줄일 수 있는 무기였다. 이번 폴란드 회랑 전투에서의 성공으로 전차의 우월함에 대한 부대원들의 믿음은 훨씬 강해졌다. 폴란드 군은 2~3개 보병사단과 1개 기병여단이 전멸하는 패배를 당했다. 아군은 수천 명의 포로와 수백 문의 포를 노획했다.

바익셀 강으로 다가가자 한 도시의 실루엣이 뚜렷이 나타났다. 히틀러가 저 곳이 쿨름이냐고 물었다. 나는 이렇게 대답했다. "네, 쿨름입니다. 작년 3월 저는 총통의 고향에서 총통께 인사를 드렸습니다. 오늘은 제 고향에서 총통을 영접할 수 있게 되었습니다. 쿨름은 제가 태어난 곳입니다." 히틀러는 몇 년 뒤에도 이 날의 일을 떠올렸다.

히틀러와의 대화는 곧 기술적인 문제로 넘어갔다. 히틀러는 우리 전차가 특별히 우수한 점은 무엇이고 앞으로 개선할 점은 무엇인지 물었다. 나는 3호 전차와 4호 전차를 신속하게 전선으로 보내고, 생산량을 높이는 것이 중요하다고 설명했다. 또한 앞으로의 전차 개발에서는 충분한 속도와 장갑에 신경을 써야 한다고 말했다. 무엇보다 전면 장갑을 강화하고 포의 사정거리와 관통력을 높이는 것, 다시 말하면 포신의 길이를 더 길게 하고 더 많은 장약이 들어가는 포탄을 갖추는 것이 중요하다고 설명했다. 그러면서 그 기준은 대전차포에도 똑같이 해당된다고 덧붙였다.

히틀러는 내 군단이 이룩한 성과를 치하하고는 해질 무렵 자신의 사령부로 되돌아갔다.

그런데 한 가지 주목할 만한 점은 전투가 끝나고 은신처에서 나온 주민들이 아돌프 히틀러를 진심으로 환영하면서 히틀러에게 꽃을 건넸다는 사실이다. 슈베츠 도시 전체가 독일의 검정, 하양, 빨강 삼색기를 걸었다. 히틀러의 방문은 전선의 군인들에게 매우 좋은 인상을 남겼다. 그러나 전쟁이 계속되는 동안 히틀러가 전선을 방문하는 일은 점점 드물어졌고, 마지막 몇 년 동안은 방문한 적이 전혀 없었다. 그로 인해 병사들에 대한 공감과 병사들의 성과와 노고에 대한 이해심도 잃었다.

9월 6일 군단 참모부와 각 사단의 전위가 바익셀 강을 넘었다. 군단 전투지휘소는 도나 핑켄슈타인 백작 소유의 그림처럼 아름다운 핑켄슈타인 성에 설치되었다. 프리드리히 대왕이 자신의 대신이었던 폰 핑켄슈타인 백작에게 하사한 성으로, 나폴레옹 1세가 두 번이나 숙소로 이용한 곳이었다. 나폴레옹은 프로이센과 러시아를 상대로 전쟁 중이던 1807년, 바익셀 강을 넘어 동프로이센으로 향할 때 처음 이곳에 왔다. 단조롭고 황량한 투헬 숲을 통과한 뒤 이 성을 본 나폴레옹은 "드디어 성을 보는군!"이라고 소리쳤다. 나폴레옹의 심정을 충분히 이해할 수 있다. 나폴레옹은 이곳에서 프로이시슈 아일라우 방향으로의 출정을 계획했고, 자신이 말을 타고 활동한 흔적을 바닥에 남겼다. 그는 1812년 러시아로 출정하기 전에도 두 번째로 이곳에 머물면서 아름다운 발레프스카 백작 부인과 몇 주를 함께 보냈다.

이제는 내가 나폴레옹이 예전에 기거했던 방에 묵게 되었다.

안타깝게도 성주인 도나 백작이 베를린의 한 병원에 입원해 있던 관계로 백작과 백작 부인을 만나는 영광을 얻지는 못했다. 그러나 백작은 내게 사슴 사냥의 기회를 제공하는 친절을 베풀었다. 나는 아직 새로운 명령을 받지 않았고, 이제는 4군 관할에서 벗어나 폰 보크 장군의 집단군에 배치되었다는 결정만 내려진 상태였다. 그래서 군의 이해관계에 피해를 주지 않으면서 백작의 제안을 받아들여도 괜찮다

포병관측소에서

폴란드의 가을 풍경

1939년 9월 9일 비즈나에서 있었던 벙커 공략전 광경: 사격 와중에 벙커 입구쪽에 서 있던 전차에서 찍은 사진

상황도 2
1939년 9월 9일 새벽
---1939년 9월 18일 새벽
리투아니아
쾨니히스베르크
단치히
바르텐슈타인
뢰첸
알렌슈타인
아리스
아우구스토프
그로드노
그루덴츠
오스텔스부르크
쿨름
오소비에츠
비즈노
롬샤
토른
프라스니슈
비아위스토크
오스트루프
마조비에츠카
비엘스크
폴란드
프루자나
쿨노
바르샤바
브레스트
리토프스크
코브린
스키에르녜비체
라돔
브워다바
헬름
코벨
독일
제슈프
슬로바키아

고 생각했다. 나는 사단의 나머지 부대들이 도하를 하던 저녁 7시에서 다음날 오전 8시까지 사냥을 했고, 커다란 뿔이 달린 큼지막한 사슴을 사냥하는데 성공했다. 사냥에 능한 백작의 삼림 국장이 나를 직접 안내하겠다고 고집했었다.

9월 8일 내 휘하 사단들은 메베와 케제마르크에서 강을 건넜고, 이제 일은 빠른 속도로 진척되었다. 그날 저녁 새로운 작전 명령을 받으러 집단군 전투지휘소가 있는 알렌슈타인으로 오라는 명령이 떨어졌다. 나는 19시 30분에 핑켄슈타인을 출발해 21시 30분에서 22시 30분 사이에 명령을 받았다. 집단군의 처음 의도는 내 군단을 폰 퀴흘러 장군의 3군에 배속시켜 3군의 좌익과 긴밀하게 협력하면서 아리스 지역에서 출발해 롬샤를 거쳐 바르샤바의 동쪽 전선으로 진격하도록 하는 것이었다. 그러나 내가 볼 때 주력이 보병인 3군에 밀착되어 있으면 내 군단의 능력을 제대로 발휘하지 못할 것 같았다. 그렇게 되면 내 차량화사단들의 속도를 충분히 활용하지 못할 것이고, 공격의 속도가 늦어지면 바르샤바 주변의 폴란드 병력이 동쪽으로 빠져나가 부크 강 동쪽 강가에 새로운 방어선을 구축할 기회를 얻을 것으로 예상되었다. 그래서 집단군 참모장인 폰 잘무트 장군에게 내가 지휘하는 기갑군단을 집단군 직속으로 두면서 폰 퀴흘러 장군이 이끄는 3군의 좌측에서 출발해 비즈나를 거쳐 부크 강 동쪽의 브레스트 리토프스크로 진격하게 해달라고 제안했다. 그렇게 하면 바르샤바 주변에서 다시 한 번 지속적인 방어전을 펼치려는 폴란드 군의 모든 시도를 아예 싹부터 자르게 될 거라고 설득했다. 잘무트 장군과 폰 보크 상급대장은 내 제안에 동의했다. 나는 그렇게 하라는 명령을 받고 아리스 훈련장으로 향했다. 사단에서 내 명령을 받을 책임자들도 아리스 훈련장으로 집결시켰다. 나는 지금까지 휘하에 있던 사단들 중에서 3기갑사단과 20차량화보병사단만 지휘하기로 하고, 2차량화보병사단은 일단 집단군의 예비대로 남겨두었다. 지금까지 폰 퀴흘러 장군의 3군 휘하였던 10기갑사단과 나이든 병사들로 새로 편성된 요새보병여단 뢰첸이 새로 19군단에 배치되었다. 두 부대는 이미 비즈나 부근과 북쪽의 나레프 강가에서 전투를 벌이고 있었다.

9월 9일 02시에서 04시 30분 사이 나는 아리스에서 지금까지 군단에 속해 있던 두 사단에 명령을 내렸다. 그런 다음 이제 우측에 새로 이웃이 된 21군단의 폰 팔켄호르스트 장군이 있는 코제니스테로 향했다. 롬샤에서 북쪽으로 19㎞ 떨어진 곳으로, 21군단의 상황과 내 휘하에 새로 들어온 부대를 살펴보기 위해서였다. 나는 05시에서 06시 사이에 그곳에 도착했고 전우들을 깨워 지금까지 전개된 전투 상황을 설명하도록 했다. 그 과정에서 롬샤를 기습적으로 점령하려던 시도가 폴란드 군의 용맹스런 저항과 아군 병사들의 미숙한 전투 경험 때문에 실패했다는 이야기를 들었다. 21군단은 나레프 강 북쪽 강가에 발이 묶여 있었다.

나는 08시에 비즈나에 도착해 샬 장군의 사고로 슈툼프 장군이 새로 사단장을 맡은 10기갑사단 참모부를 찾아갔다. 슈툼프 장군은 자기 휘하의 보병부대가 강을 건너 그 구역을 방어하던 폴란드 벙커를 점령했다는 보고를 받았으며, 전투는 아직 진행되고 있다고 했다. 나는 그 상황에 안심하고 다시 뢰첸 여단으로 향했다. 원래는 이 부대가 이곳 요새를 점령하기로 예정되었지만 지금은 나레프 강가의 방어진지를 공격하는 야전에 투입되어 있었다. 뢰첸 여단과 여단장 갈 대령이 매우 훌륭하다는 인상을 받았다. 도하는 성공했고 공격은 민첩하게 진행되고 있었다. 나는 여단장의 조치에 전적인 동의를 표하고는 10기갑사단으로 향했다.

다시 비즈나에 도착한 나는 아침에 사단 보병이 벙커점령에 성공했다고 올라온 보고가 오류에서 비롯되었다는 사실을 확인해야 했다. 도하는 사실이었지만 강가에 설치된 콘크리트 벙커는 점령하지 못한 채 현재까지 아무 일도 일어나지 않고 있는 상황이었다. 나는 강을 건너가 연대장을 찾았다. 그런데 연대 전투지휘소를 찾을 수가 없었다. 대대 전투지휘소도 얼마나 위장을 잘했는지 보이지 않았다. 나는 전방 전선에 이르렀다. 사단의 기갑부대는 전혀 보이지 않았다. 기갑부대는 여전히 나레프 강 북쪽 강가에 있었다. 나는 부관을 시켜 그들을 데려오게 했다. 그런데 전방 전선에서는 독특한 광경이 펼쳐지고 있었다. 내가 무슨 일이냐고 묻자 중대 교대식을 하는 중이라고 했다. 마치 위병 교대 행진 같았다. 대원들은 공격 명령에 대해서는 전혀 모르고 있었고, 중포병대의 한 관측병은 임무도 없이 보병들과 함께 있었다. 적이 어디에 있는지 모르는 상태였고, 전선 앞쪽에 정찰대도 없었다. 나는 우선 그 이상한 교대식을 중단시킨 뒤 연대장과 대대장을 데려오라고 했다. 그런 다음 중포병대에 폴란드 벙커 쪽으로 포격하라고 명령했다. 나는 잠시 뒤에 나타난 연대장과 전방 적진을 정찰하러 나섰고, 폴란드 벙커의 사격을 받는 곳까지 깊이 들어갔다. 나와 연대장은 콘크리트 벙커 바로 앞쪽에 이르렀고, 그곳에서 용감한 아군 대전차포 한 문을 발견했다. 폴란드 벙커 앞에 있던 지휘관은 그때까지 혼자서 공격을 이끌고 있었다. 아군은 거기서부터 공격을 시작했다. 나는 이 상황에 몹시 화가 났다는 사실을 감출 수가 없었다.

나레프 강가로 돌아가 보니 기갑연대는 여전히 북쪽 강가에 있었다. 나는 연대장에게 신속하게 강을 건너라고 명령했다. 그런데 교량이 아직 완성되지 않은 탓에 전차를 도선에 실어 날라야 했다. 마침내 공격이 개시된 시간은 18시였다. 공격은 빠르게 이루어졌고 아군의

지도 2

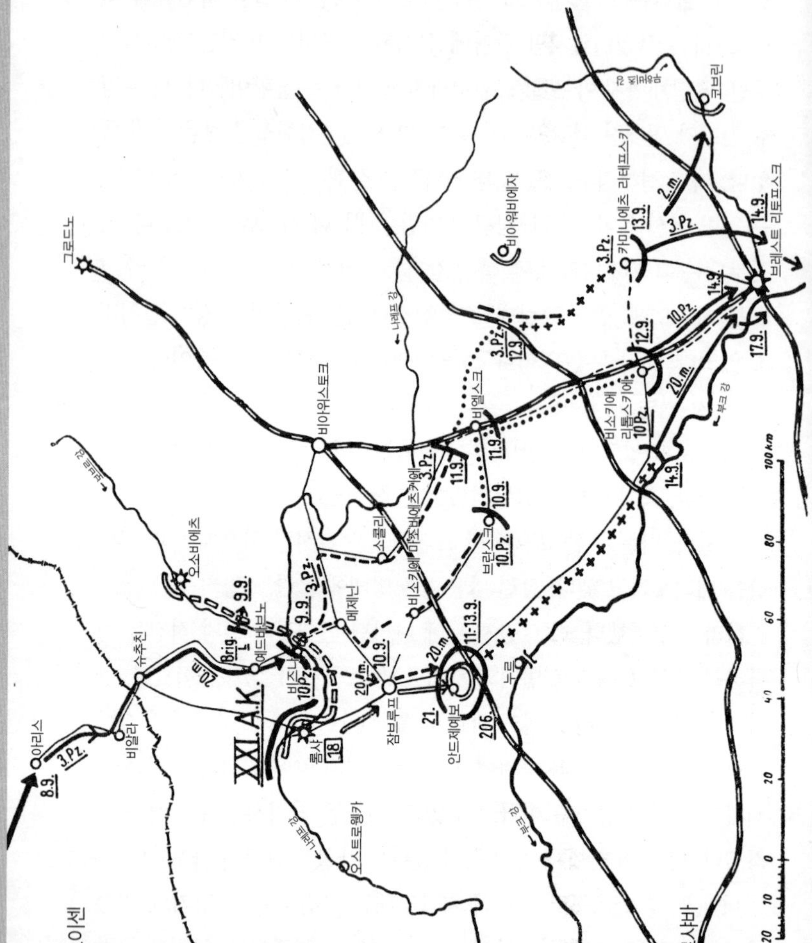

동프로이센
8.9.
아리스
3.Pz.
비알라
슈추친
20.m.
Brig. L
9.9.
오소비에츠
그로드노
XXI.A.K.
롬사
18
비즈나
10.Pz.
에드르바보노
9.9.
3.Pz.
메제닌
소콜리
비아위스토크
잠브루프
20.m.
10.9.
비소키에 마조비에츠키에
3.Pz.
11.9.
안드제예보
21.
20.6.
11-13.9.
20.m.
누르
브란스크
10.Pz.
10.9.
비엘스크
11.9.
3.Pz.
12.9.
나레프 강
비아워비에자
카미니에츠 리테프스키
13.9.
3.Pz.
2.m.
코브린
브레스트 리토프스크
14.9.
17.9.
12.9.
10.Pz.
14.9.
비소키에 리토프스키에
10.Pz.
20.m.
14.9.
부크 강
오스트로웬카
부크 강
바르샤바
비스와 강
20 10 0 20 40 60 80 100 km

손실은 극히 적었다. 뚜렷한 목표를 정하고 강력하게 밀어붙였다면 이미 오전 중에 이런 결과를 얻을 수 있었을 것이다.

나는 비즈나에 설치된 군단 전투지휘소를 찾아가기 전에 교량 건설을 담당하는 공병 장교에게 나레프 강을 건너갈 군용 교량을 신속하게 완성하라는 구두 명령과 문서 명령을 동시에 내렸다. 10기갑사단과 3기갑사단의 도하를 위해 시급하게 필요했기 때문이다.

군단 전투지휘소에 도착해서는 다음날을 위한 작전 명령을 작성했다. 20차량화보병사단은 10기갑사단의 우측에서, 3기갑사단은 10기갑사단의 뒤에서 나레프 강을 건너도록 했다. 나와 참모들은 비즈나의 신축 목사관에서 밤을 보냈다. 아직 완성되지 않은 건물이라 사람이 살기 어려운 곳이었지만, 다른 곳들은 그보다 더 열악했다.

9월 10일 새벽 5시 나는 자정 무렵 완성했던 나레프 교량이 20차량화보병사단의 명령으로 다시 철거되어 훨씬 아래쪽에 그 사단을 위해 새로 설치한 상황이라는 사실을 확인했다. 따라서 기갑사단의 도하는 도선에 의존할 수밖에 없었다. 절망적인 상황이었다. 사단장이 공병 장교로부터 내 명령을 듣지 못해서 벌어진 일이었다. 사단장은 좋은 의도에서 그런 결정을 내렸던 것이다. 결국 전차가 건너갈 교량은 저녁이 되어서야 완성되었다.

빅토린 장군이 이끄는 20차량화보병사단은 그날 잠브루프에서 격렬한 전투를 치렀다. 이 사단의 주력 부대는 부크 강을 건너 누르 방향으로 진군했다. 나는 정찰교육대대를 20차량화보병사단의 주력부대보다 먼저 부크 강을 건너게 했고, 정찰교육대대는 교전 없이 강을 건넜다. 10기갑사단은 브란스크로 진격하면서 중간에 몇 번 전투를 치렀다. 나는 저녁 무렵 10기갑사단을 뒤따라가 화염에 휩싸인 비소키에 마조비에츠키에에서 밤을 보냈다. 저녁 시간에 나레프 강을 건너 나를 뒤따라오던 내 군단 사령부는 밤중에 도착해 비소키에 마조비에스키에 북쪽의 불타는 한 마을에서 내가 있는 곳까지 더 이상 들어오지 못했다. 어쩔 수 없이 따로 밤을 보내야 했기 때문에 명령을 하달하기에는 달갑지 않은 상황이었다. 내가 진지 이동 명령을 너무 일찍 내린 탓이었다. 그날 밤을 비즈나에서 그냥 보냈더라면 더 좋았을 것 같았다.

9월 11일 오전은 초조하게 군단 사령부를 기다리는 일로 다 지나갔다. 롬샤에서 남동쪽으로 철수하려던 폴란드 병력이 잠브루프 남쪽으로 진군하던 20차량화보병사단을 공격해 사단을 곤경에 빠뜨렸다. 사단장은 이미 부크 강 방향으로 앞서 간 병력을 되돌리기로 결정했는데, 적을 포위해서 공격하려는 의도였다. 나는 10기갑사단의 일부를 그쪽 방향으로 돌렸다. 그사이 좌측에서 10기갑사단을 앞서가던 3기갑사단에는 내가 폴란드 군에 포위되어 비소키에 마조비에츠키에에서 위험에 처해 있다는 소문이 퍼졌다. 그 때문에 3오토바이소총대대가 나를 구하려고 비소키에로 즉시 방향을 돌렸다. 대원들은 마을 길가에 서 있는 나를 발견하고는 무척 기뻐했다. 진심에서 우러난 오토바이소총대대원들의 전우애는 내 기분을 좋게 했다.

군단 사령부는 그날 비소키에 마조비에츠키에에서 밤을 보냈다.

9월 12일 20차량화보병사단이 그들을 지원하려고 급히 달려간 10기갑사단의 일부 병력과 함께 안드제예보에서 폴란드 군을 포위했다. 10기갑사단은 비소키에 리토프스키에에 당도했고, 3기갑사단은 비엘스크에 도착했다. 나는 정찰대대의 최전선 정찰대와 함께 비엘스크로 향했고, 거기서 직접 정찰대원들의 보고를 받았다. 오후에는 아들 쿠르트를 만났다.

전투지휘소는 비엘스크로 옮겨졌다. 2차량화보병사단은 집단군의 예비대에서 빠져나와 다시 내 군단에 배치되었다. 2차량화보병사단은 롬샤-비엘스크를 거쳐 군단과 합류하라는 명령을 받았으며, 그 명령에는 '사단장을 선두로'라는 문장이 포함되어 있었다. 9월 13일 새벽 통신반을 대동한 채 그 명령을 수행하려던 바더 장군이 브란스크와 비엘스크 사이에서 안드제예보 포위망을 빠져나간 폴란드 군과의 교전에 빠졌다. 바더 장군은 적의 빗발치는 사격 속에서 불편한 몇 시간을 보내야 했다. 그러나 통신반의 현명한 행동으로 우리 부대는 위험에 처한 바더의 상황을 알게 되어 그를 거기서 구출할 수 있었다. 이 사건도 기동부대의 전쟁에 하나의 교훈이 되었다.

그날 폴란드 군이 안드제예보에서 항복했고, 폴란드 18사단의 사단장이 포로가 되었다. 3기갑사단은 카미니에츠 리토프스키에에 당도해 브레스트 리토프스크를 정찰했다. 요새를 공격하라는 명령이 떨어졌다. 군단 전투지휘소는 비엘스크에서 숙영했다.

나는 폴란드 부대가 유명한 비아워비에자 숲에 포진했다는 사실을 알았다. 그러나 나는 숲에서의 전투를 피하고 싶었다. 거기서 전투를 하게 되면 내 군단의 주요 임무인 브레스트에 당도하는 일이 지연될 것이고, 상당 규모의 병력이 거기에 묶이게 되기 때문이다. 그래서 숲 지대를 감시하게 하는 것으로 만족했다.

9월 14일 10기갑사단에 배속된 정찰대대와 8기갑연대의 병력 일부가 브레스트 방어선을 밀고 들어갔다. 나는 기습 작전의 성공을 활용하기 위해서 전 군단을 최대한 빨리 브레스트로 진격하도록 했다.

군단 전투지휘소는 그날 밤 비소키에 리토프스키에에서 숙영했다.

9월 15일 부크 강 동쪽 강가에서 브레스틀 에워싸는 포위망을 쳤다. 기갑부대의 기습으로 요새를 점령하려고 시도했지만 폴란드 군이 르노 전차를 세워 입구를 차단하는 바람에 아군 전차들이 밀고 들어갈 수가 없었다.

군단 전투지휘소는 밤을 보내기 위해 카미니에츠 리토프스크로 향했다.

9월 16일 20차량화사단과 10기갑사단이 일제히 브레스트 요새를 공격하기 시작했다. 성벽 꼭대기까지 밀고 들어갔지만 10기갑사단의 보병연대가 포병의 포격 직후 돌진하라는 명령을 수행하지 못해서 공격은 실패로 돌아갔다. 나는 그 즉시 보병연대의 전방으로 향했다. 그러나 이미 늦어진 상황에서 또 다른 명령 없이 돌진하던 보병연대는 목표도 이루지 못한 채 심각한 피해를 입었다. 이 사건으로 내 부관 브라우바흐 중령이 심한 부상을 당해 며칠 뒤 전사했다. 브라우바흐는 후미에서 공격하던 부대가 아군의 최전선에 포격을 가하는 것을 막으려다가 약 100미터 정도 떨어진 성벽 꼭대기에서 날아온 폴란드 군의 총에 맞았다. 무척 뼈아픈 손실이었다.

3기갑사단은 브레스트 동쪽을 지나 브워다바로 진격했고, 그 뒤를 따르는 2차량화사단은 동쪽 코브린으로 향했다.

군단 전투지휘소는 카미니에츠 리토프스크에 머물렀다.

9월 17일 새벽 간밤에 부크 강 서쪽 강가로 도하한 골니크 대령 휘하의 76보병연대에 의해 거대한 브레스트 요새가 아군 수중에 들어왔다. 폴란드 수비대가 아직 온전한 부크 강 교량을 건너 서쪽으로 막 빠져나가려는 순간에 우리 76보병연대가 들이닥쳤던 것이다. 그로써 이번 출정이 어느 정도 마무리되었다. 군단 사령부는 브레스트로 이동했고, 그 주에서 숙영했다. 나는 동쪽에서 소련군이 진격하고 있다는 소식을 들었다.

폴란드 출정은 새로 편성된 독일 기갑부대에는 혹독한 시련이었다. 나는 기갑부대가 그 시련을 완전히 이겨냈고, 기갑부대를 창설하려고 들인 노력이 헛되지 않았음을 확신했다. 내가 지휘하는 군단은 부크 강가에서 서쪽을 향해 폴란드의 나머지 지역을 접수할 준비 태세를 갖추고 있었다. 군단의 후미는 2차량화보병사단이 지키고 있었는데, 그들은 코브린 앞에서 아직 격렬한 전투를 치러야 했다. 나는 언제든 남쪽에서 밀고 오는 기갑부대와 합류할 순간을 기다리고 있었다. 내 군단의 최전선 정찰대는 루보믈에 당도했다.

그사이 폰 클루게 상급대장 휘하의 4군 최고사령부가 군단을 따라왔고, 내 군단은 다시 4군에 배치되었다. 나레프 강가에서 용맹하게 싸운 요새여단 뢰첸은 며칠 동안 내 군단의 좌측방을 더 지키다가 나중에 4군의 지휘 아래 들어갔다. 4군은 나의 19군단에 1개 사단은 남쪽으로, 1개 사단은 동쪽 코브린으로, 1개 사단은 북동쪽 비아위스토크로 진격하라고 명령했다. 그 명령은 군단을 갈가리 찢어놓아서 지휘를 불가능하게 하는 처사였다. 그러나 소련군의 출현으로 그 명령을 수행할 필요가 없어졌다.

정찰장갑차를 탄 젊은 소련군 장교가 전령으로 찾아와 러시아 1개 기갑여단이 내 부대 쪽으로 다가오고 있다는 소식을 전했다. 그 다음에는 외무부가 결정한 군사분계선에 대한 소식을 들었는데, 부크 강을 경계로 정해 브레스트 요새를 소련군에 넘긴다는 소식이었다. 우리 군인들은 그 해결책이 유익하지 않다고 판단했다. 젊은 소련군 장교에 따르면 아군은 군사분계선 동쪽 지역에서 9월 22일까지 철수해야 했다. 그런데 그 기한이 너무 짧아서 아군 부상자들을 이송하고 고장 난 전차를 수리할 시간조차 없었다. 군사분계선을 정하고 정전 협정을 할 때 군인은 단 한 명도 참석하지 않은 것이 분명해 보였다.

브레스트 리토프스크에서 겪은 일들 중에서 언급할 만한 일화가

소련에 브레스트 리토프스크 양도(1939년 9월 23일)와 합동 분열식
왼쪽은 빅토린 장군, 오른쪽은 크리보샤인 장군

1939년 9월 23일의 합동 분열식 다른 사진

지휘 전차에서. 구데리안은 후방의 지휘소에서 명령을 내리는 대신 직접 차량을 타고 최전선의 기갑부대들과 함께 기동하면서 휘하부대들을 지휘했다.

하나 더 있었다. 단치히의 오루르크 주교가 폴란드 대주교인 흘론트 추기경과 바르샤바를 떠나 동쪽으로 피난길에 올랐다. 두 사람은 브레스트로 왔다가 브레스트를 차지한 독일군을 보고는 깜짝 놀랐다. 추기경은 남동쪽으로 피신해 루마니아로 탈출했고, 단치히 주교는 북동쪽을 선택했다가 바로 내 군단이 있는 곳으로 왔다. 단치히 주교는 나와 대화를 하고 싶다고 부탁했고, 나는 브레스트에서 기꺼이 주교와의 대화에 응했다. 단치히 주교는 어디로 가야 안전한지 모르는 데다가 무슨 일이 있어도 소련군 쪽으로는 갈 수 없다고 했다. 나는 주교에게 쾨니히스베르크에서 필요한 물자를 공급해주는 군단 보급부대에 합류해 보급부대와 함께 가라고 제안했다. 거기서는 쉽게 에름란트의 주교를 찾아가 그의 보호를 받을 수 있을 거라고 했다. 주교는 내 제안을 받아들였고 자신의 보좌관과 함께 전쟁 지역을 무사히 빠져나갔다. 단치히 주교는 나중에 독일 장교의 전통적인 기사도 정신을 강조하면서 내 도움에 감사한다는 친절한 편지를 보내왔다.

소련에 브레스트 요새를 넘기던 날 소련군 기갑부대의 크리보샤인 준장이 도착했다. 크리보샤인은 프랑스어를 능숙하게 구사할 줄 알았기 때문에 소통이 원활했다. 외무부의 결정에서는 미해결로 남겨둔 몇 가지 일도 소련군과 직접 만족스럽게 조절할 수 있었다. 아군의 모든 장비도 안전하게 가져갈 수 있게 되었다. 다만 폴란드 군으로부터 노획한 장비들은 소련군 측에 남겨야 했는데, 짧은 시간 내에 그 장비들을 모두 운반하기는 불가능했기 때문이다. 크리보샤인 장군이 참석한 가운데 열린 작별 분열식과 군기 교환식으로 나와 내 군단의 브레스트 리토프스크 체류 일정은 끝났다.

그처럼 많은 희생을 치르며 차지한 요새를 떠나기 전 나는 내 부관이었던 브라우바흐 중령의 장례식(9월 21일)을 치렀다. 나는 용맹하고 유능했던 브라우바흐의 죽음을 깊이 애도했다. 브라우바흐가 입은 총상은 원래 치명상은 아니었지만 부상에 따른 패혈증이 심장에 무리를 주어 결국 사망에 이르렀다.

9월 22일 저녁 나와 군단은 잠브루프에 도착했다. 3기갑사단은 벌써 동프로이센으로 앞서 출발했고 나머지 부대가 그 뒤를 따랐다. 군단은 해체되었다.

9월 23일 나는 보토 벤트 오일렌부르크 백작 소유의 아름다운 영지가 있는 갈링겐에서 숙영했다. 백작 자신은 출정 중이었다. 그래서 마음씨 좋은 백작 부인과 아름다운 딸이 나를 맞이했고, 나는 그곳에서 며칠 휴식을 취했다. 격렬한 전투를 치른 나에게는 꿀맛 같은 휴식이었다.

아들 쿠르트는 이번 출정을 훌륭하게 이겨냈다. 장남 하인츠에 대해서는 아직 아무런 소식도 듣지 못했다. 출정 전 기간 동안 고향에서 전선으로 오는 군사 우편도 전혀 없었다. 아주 큰 단점이었다. 이제 나와 부대원들은 곧 고향의 주둔지로 돌아가 우리 부대를 신속하게 재정비할 수 있기만을 고대했다.

독일의 군인들은 당시 폴란드에서 거둔 신속한 승리가 정치에 영향을 주어 서부 연합국 측이 현명하게 평화를 이루는 쪽으로 마음을 정할 것으로 기대했다. 그렇지 않다면 히틀러가 즉시 서부 공격을 결심하기를 바랐다. 안타깝게도 두 가지 희망 모두 우리의 기대에 어긋났고, 처칠이 '기묘한 전쟁(Drôle de guerre)'이라고 부른 시기가 시작되었다.

나는 내게 주어진 짧은 휴식기를 이용해 동프로이센에 사는 내 친척들을 방문했다. 친척들 중에서 서프로이센 출신의 조카도 한 명 만났는데, 조카는 폴란드 군으로 출정해 포로가 되었다가 풀려난 상태로 이제는 자신의 출신에 따라 독일군에 복무하고 싶어 했다.

10월 9일 군단 사령부가 베를린으로 옮겨졌다. 나는 베를린으로 가는 길에 브롬베르크의 피의 일요일[33] 사건과 같은 힘겨운 시간을 이겨낸 서프로이센의 친척들을 다시 만났다. 고향 쿨름도 잠시 방문해 부모님과 할머니가 살았던 집들을 찾아갔다. 그날이 아마 고향을 본 마지막 날이었을 것이다.

나는 베를린으로 돌아갔다가 1급, 2급 철십자훈장을 받은 장남을 다시 만나는 기쁨을 만끽했다. 아들은 바르샤바 격전에 참전했었다.

폴란드 출정 기록을 끝내기 전에 마지막으로 내 참모부에 대해 언급하고자 한다. 내 참모부는 참모장 네링 대령의 지휘 아래 뛰어난 활동을 보여주었고, 참모장은 이해심과 탁월한 지휘력으로 군단의 성공에 더없이 크게 기여했다.

33 1939년 9월 3일과 4일 이틀 동안 폴란드 회랑에 있는 도시 브롬베르크에서 일어난 사건이다. 독일이 폴란드를 침공하고 이틀 뒤에 일어났으며 독일계 주민들이 학살당하고 폴란드 인도 다수 희생되었다.(역자)

다시 전쟁에 나가기 전 시기

10월 27일 나는 제국 수상관저로 오라는 전갈을 받았다. 관저에 가보니 기사철십자훈장을 받을 장교 24명이 모여 있었다. 이 훈장을 이렇게 빨리 받은 것이 무척 만족스러웠고, 무엇보다 기갑부대를 창설하기 위한 내 노력이 정당했음을 인정받은 기분이었다. 기갑부대는 이번 출정을 그처럼 빠른 시간 안에 적은 손실만으로 종결시키는데 결정적으로 기여했다. 훈장 수여식에 이어 마련된 아침 식사 자리에서 나는 히틀러의 오른편에 앉아 기갑부대의 발전과 이번 출정에서 얻은 경험에 대해 활기찬 대화를 주고받았다. 마지막으로 히틀러가 불쑥 이렇게 물었다. “우리 국민들이나 군이 소비에트와의 조약을 어떻게 받아들였는지 궁금하오.” 나는 군에서는 지난 8월 말 소련과의 불가침 조약 체결 소식을 듣고 안도의 한숨을 쉬었다고 대답할 수밖에 없었다. 그 조약으로 인해 뒤를 걱정하지 않아도 된다는 안도감을 느꼈고, 지난 세계대전에서 독일을 지속적으로 괴롭혔던 것처럼 두 개의 전선에서 동시에 전쟁할 필요가 없어서 기뻤다고 말했다. 히틀러는 무척 놀란 얼굴로 나를 보았고, 나는 내 대답이 그를 만족시키지 못했다는 느낌을 받았다. 그러나 히틀러는 아무 대답도 하지 않고 화제를 다른 곳으로 돌렸다. 나는 훨씬 뒤에야 소련에 대한 히틀러의 적대감이 매우 깊다는 사실을 알게 되었다. 히틀러는 스탈린과 조약을 맺은 사실에 내가 무척 놀랐다는 말을 듣고 싶어 했던 것 같았다.

고향에서 잠시 쉬는 동안 아주 슬픈 일을 겪었다. 11월 4일 사랑하는 장모님이 베를린의 내 집에서 세상을 떠났다. 우리 부부는 장모님을 고슬라르의 장인 옆에 안장했다. 그 직후 나는 새로운 명령을 받아 다시 집을 떠나야 했다.

11월 중순 내 참모부는 처음에 뒤셀도르프로 이동했다가 갑자기 계획이 바뀌면서 코블렌츠로 다시 옮겼다. 나는 거기서 A집단군 최고사령관인 폰 룬트슈테트 상급대장의 지휘 아래 들어갔다.

장교단, 특히 장군들에 대한 나치당의 정치적 영향력 강화를 위한 강연이 몇 차례 베를린에서 열렸다. 괴벨스와 괴링이 강연에 나섰고, 11월 23일에는 히틀러가 직접 연설했다. 청중은 주로 장군들과 제독들이었지만 중위 계급에 이르는 군사학교 교관들과 감독 장교들도 있었다.

그 세 명의 강연에서는 거의 비슷한 내용이 계속 반복되었다. “공군 장군들은 괴링 동지의 뚜렷한 지휘 아래 정치적으로 절대적으로 신뢰할 만하다. 제독들도 히틀러의 뜻에 맞게 확실하게 지휘를 받고 있다. 그러나 육군 장군들에 대해 당은 절대적인 신뢰를 갖고 있지 않다.” 얼마 전 폴란드 출정을 성공적으로 끝냈는데 이처럼 엄중한 비난을 듣는 이유를 나와 장군들은 도무지 이해할 수가 없었다. 그 때문에 나는 코블렌츠로 돌아온 직후 적절한 대책을 논의하기 위해서 잘 아는 집단군 참모장인 폰 만슈타인 장군을 찾아갔다. 폰 만슈타인은 장군들이 그 발언을 그대로 듣고만 있으면 안 된다는 내 의견에 동의했다. 그러면서 폰 룬트슈테트 상급대장에게도 그런 말을 했지만 별다른 계획을 세우려 하지 않는다고 말했다. 그러면서 나에게 다시 한 번 상급대장을 찾아가 보라고 요구했다. 나는 즉시 상급대장을 찾아갔다. 폰 룬트슈테트 상급대장도 그 사실을 이미 알고 있었다. 그러나 폰 룬트슈테트는 육군 최고사령관 폰 브라우히치를 찾아가 문제의 발언을 전해주는 일만 할 수 있다고 말했다. 나는 그 비난이 일차적으로는 육군 최고사령관을 겨냥한 것으로 짐작되고 그 역시 개인적으로 그 말을 들었을 거라고 대답했다. 그러니 히틀러를 찾아가 그 부당한 의심에 항의하는 일이 중요하다고 강조했다. 그러나 폰 룬트슈테트 상급대장은 그런 조치를 취할 각오가 되어 있지 않았다. 다음 며칠 동안 나이든 장군들을 찾아가 그들이 행동에 나서달라고 요청했지만 소용이 없었다. 마지막으로 찾아간 사람이 폰 라이헤나우 상급대장이었다. 폰 라이헤나우는 히틀러나 나치스와 좋은 관계를 유지하고 있는 것으로 알려져 있었다. 그러나 놀랍게도 폰 라이헤나우는 히틀러와 좋은 관계가 아니라 첨예하게 대립하고 있다고 설명했다. 그 때문에 자신이 총통을 찾아가는 것은 무의미하다고 말했다. 그러나 그 자신도 총통에게 장군들의 분위기를 전해주는 일이 시급하다고 여기고 있다면서 내가 직접 그 일을 맡는 것이 어떠냐고 제안했다. 나는 아직 젊은 군단장들 중 한 명에 불과하기 때문에 나이가 훨씬 많은 장군들을 대변할 자격이 없다고 거절하자, 폰 라이헤나우는 어쩌면 그래서 더 좋을지도 모른다고 말했다. 폰 라이헤나우는 즉시 내가 수상관저에 면담을 요청한다고 알렸고, 나는 다음날 베를린으로 히틀러를 만나러 오라는 명령을 받았다. 히틀러와의 면담은 여러 가지 주목할 만한 사실들을 나에게 알려주었다.

히틀러는 아무도 배석하지 않은 채 나를 맞이했고, 중간에 말을 끊지 않고 한 20분 동안 내가 할 말을 다하게 해주었다. 나는 육군 장군들을 비난한 베를린 연설을 거론한 뒤 말을 이어갔다. "그 뒤로 제가 만났던 장군들은 제국 정부의 주요 인물들이 자신들을 그토록 불신하고 있다는 사실에 모두 놀라움과 불만을 토로했습니다. 바로 얼마 전 독일을 위해 자신들의 능력과 목숨을 바쳐 겨우 3주를 조금 넘겨 폴란드 출정을 승리로 이끌었는데도 말입니다. 서부 연합국과의 중대한 전쟁을 앞둔 시점에 최고지도층에 그런 균열이 있는 상태로 공격을 시작하면 절대 안 된다고 생각합니다. 총통께서는 아마 가장 젊은 군단장 중 한 명인 제가 그 일로 총통을 찾아왔다는 사실에 놀라실 겁니다. 저는 나이 든 장군들에게 총통을 찾아가달라고 부탁했지만 모두들 그렇게 하려고 하지 않았습니다. 그러나 총통께서는 나중에 이렇게 말씀하실 수 없을 겁니다. '내가 육군 장군들에게 그들을 불신한다는 점을 분명히 말했는데도 그들은 가만히 있으면서 아무도 거기에 저항하지 않았다.' 저는 오늘 저희가 부당하고 모욕적이라고 느낀 발언에 항의하기 위해서 총통을 찾아왔습니다. 총통께서 몇몇 장군을, 저는 당연히 몇몇일 뿐이라고 생각합니다만, 믿지 못하시겠다면 그들과 갈라서야 합니다. 임박한 전쟁은 오래 지속될 겁니다. 육군의 장군들은 군 수뇌부에 그와 같은 균열을 용납할 수 없고, 전쟁이 위기에 닥치기 전에 신뢰를 회복해야 합니다. 제1차 세계대전에서는 1916년 힌덴부르크와 루덴도르프가 육군 최고사령관에 임명되기 전에 그런 위기가 발생했었습니다. 당시에는 그 과정이 너무 늦게 이루어졌습니다. 우리 수뇌부가 또다시 가장 결정적인 조치를 너무 늦게 취하지 않도록 조심해야 합니다."

히틀러는 매우 진지하게 내 말을 들었다. 내가 말을 끝내자 히틀러가 무뚝뚝하게 말했다. "육군 최고사령관이 문제요!" 나는 이렇게 대답했다. "총통께서 육군 최고사령관을 믿지 못하신다면 그를 내보내고 총통께서 가장 신뢰하는 장군을 그 자리에 앉히셔야 합니다." 그러자 히틀러는 내가 우려하던 질문을 던졌다. "그래, 장군은 누구를 제안하겠소?" 나는 그런 중책을 맡을 능력이 있다고 생각하는 몇 명을 떠올렸고, 그중 가장 먼저 폰 라이헤나우 상급대장을 언급했다. "그는 당치 않소!" 히틀러의 표정은 이례적으로 거부감을 드러냈다. 뒤셀도르프에서 라이헤나우를 만났을 때 라이헤나우가 자신이 히틀러와의 관계가 나쁘다고 한 말이 결코 과장이 아니었다는 사실을 깨달았다. 나는 폰 룬트슈테트 상급대장을 시작으로 여러 명을 제안했지만 매번 거절당했고, 나중에는 어찌할 바를 몰라서 입을 다물었다.

그러자 히틀러가 자신의 생각을 말하기 시작했다. 히틀러는 장군들에게 불신을 품게 된 과정을 상세하게 설명했다. 히틀러의 불신은 재무장을 할 때부터 시작되었다고 했다. 히틀러는 36개 사단을 즉시 편성하라고 요구했는데, 프리치 장군과 베크 장군이 21개 사단이면 충분하다는 제안으로 자신을 곤란하게 만들었다고 했다. 또 라인란트를 점령할 때는 장군들이 그러지 못하게 경고했고, 프랑스에서 불만을 드러내자 제국 외무부 장관의 반대가 아니었다면 라인란트로 진주한 부대를 철수시키려고 했다는 것이다. 그 다음에는 폰 블롬베르크 원수가 자신을 몹시 실망시켰으며, 프리치 사건은 자신을 격분시켰다고 했다. 베크 장군은 체코 문제에서 자신에게 반대했고 그 때문에 물러났다고 했다. 지금의 최고사령관은 재무장 과정에서 완전히 불충분한 제안들을 했는데, 단적인 예가 경야포 생산을 늘리라는 쓸데없는 제안이었다고 했다. 폴란드 출정의 지휘에 대해서도 이미 의견 차이가 있었고, 임박한 서부 출정의 지휘와 관련해서도 자신의 의견이 육군 최고사령부와 같지 않다고 했다.

히틀러는 나의 솔직한 태도에 감사를 표했을 뿐 대화는 아무 성과 없이 끝났다. 히틀러와의 대화는 약 한 시간 정도 진행되었다. 나는 이번 대화를 통해 얻은 전망에 낙담한 채 코블렌츠로 돌아왔다.

06 서부 출정

Der Feldzug im Westen

출정 준비

나를 비롯한 독일의 군인들이 피하고 싶었던 서부 출정을 앞두고 폴란드 출정 경험에 대한 평가가 이루어졌다. 평가에 따르면 경사단들은 전술적으로 불완전하다는 사실이 드러났고, 그 평가는 내가 볼 때 전혀 놀라운 결과가 아니었다. 따라서 이 사단들을 6~9개의 기갑사단으로 재편성하라는 명령이 떨어졌다. 차량화보병사단은 규모가 지나치게 방대하다는 평가가 나와서 이들을 보병연대로 축소시키는 일이 단행되었다. 기갑연대를 3호 전차와 4호 전차로 무장하는 특히 시급한 과제는 부족한 산업 역량과 새 전차를 비축해 두려는 육군 최고사령부로 인해 매우 더디게 진행되었다.

몇 개 기갑사단과 '그로스도이칠란트'[34] 보병연대가 교육 목적으로 내 지휘 아래 들어왔다. 그런 일들을 제외하면 나는 주로 서부 전선에서의 작전을 구상하고 예상 과정을 숙고하는 일에 전념했다.

육군 최고사령부는 히틀러로부터 서부전선 공세 개시 압박을 받았을 때 1914년에 나온 '슐리펜 계획'을 다시 적용하려는 의도를 품고 있었다. 슐리펜 계획은 단순하다는 장점은 있었지만 새로움이 전

34 Großdeutschland: 위대한 독일, 대(大)독일을 뜻한다.(역자)

혀 없었다. 그 때문에 곧 다른 해결책을 구상해야 한다는 의견들이 나오기 시작했다. 11월 어느 날 만슈타인 참모장이 나를 불러서 자신의 생각을 말했다. 만슈타인은 강력한 기갑 병력을 이용해 룩셈부르크와 벨기에 남쪽을 지나 스당 부근에 연장된 마지노선으로 진격한 다음, 요새화된 그 전선을 치고 들어가면 프랑스 전선을 돌파할 수 있다고 했다. 그러면서 자신의 제안을 기갑병의 관점에서 시험해달라고 부탁했다. 나는 상세한 지도 연구와 제1차 세계대전에서 경험한 그곳 지형에 대한 인식을 토대로 만슈타인이 계획한 작전이 실행가능하다고 확언했다. 내가 제시한 유일한 조건은 이 작전에 기갑사단과 차량화사단을 충분히 투입해야 한다는 것이었다. 나는 모두를 투입하는 것이 최선이라고 했다.

만슈타인은 그 구상을 즉시 문서로 작성했고, 폰 룬트슈테트 상급대장의 승인과 서명을 받아 1939년 12월 4일 그 문서를 육군 최고사령부로 보냈다. 그러나 거기서는 전혀 인정을 받지 못했다. 육군 최고사령부는 처음에 겨우 1~2개의 기갑사단을 아를롱 공격에 투입하려고 했다. 나는 그 정도 병력은 너무 약해서 공격이 무의미하다고 판단했다. 그렇지 않아도 소규모인 기갑 병력을 분산시키는 행위는 아군이 저지를 수 있는 최악의 실수가 될 터였다. 그런데 육군 최고사령부는 바로 그런 실수를 저지르려 하고 있었다. 만슈타인은 다급해졌고, 그로 인해 육군 최고사령부의 미움을 받아 한 보병군단의 군단장으로 발령을 받았다. 만슈타인은 최소한 기갑군단을 맡겨달라고 부탁했지만 그의 요청은 거부되었다. 그렇게 해서 독일의 최고 전략가인 만슈타인이 공격의 3선을 형성하는 군단과 출정하게 되었다. 서부 출정의 빛나는 성과는 근본적으로 만슈타인의 구상 덕분이었다. 만슈타인을 대신해 폰 룬트슈테트 상급대장의 참모장이 된 사람은 그보다 훨씬 조용한 성격의 폰 조덴슈테른 장군이었다.

그러는 사이 공군에서 사고가 발생하면서 육군 수뇌부가 슐리펜 계획을 포기할 수밖에 없는 상황이 되었다. 1940년 1월 10일 밤 공군의 한 전령 장교가 슐리펜 구상에 따른 진군 계획을 명백히 보여주는 주요 문서들을 갖고 벨기에 국경을 넘다가 벨기에 지역에 불시착해 버렸다. 공군 전령 장교가 그 서류들을 파기했는지는 불분명했다. 하지만 벨기에와 프랑스, 영국으로 진격하려는 계획이 알려졌으리라는 점을 감안해야 하는 상황이었다.

그 일과는 별개로 만슈타인은 군단장 임명을 계기로 히틀러에게 출두했다가 앞으로의 작전에 대해 자신의 의견을 설명할 기회를 얻었다. 그 덕분에 만슈타인의 작전 구상이 연구 대상이 되었고, 1940년 2월 7일 코블렌츠에서 실시된 도상훈련에서 그 작전의 효과는 눈에 띄게 드러났다. 나는 이 도상훈련에서 출정 5일째 날 강력한 기갑부대와 차량화부대로 스당에서 마스 강 도하 공격을 시도해 그곳을 돌파한 뒤 아미앵 방향으로 공격을 확대해나가자고 제안했다. 그러나 도상훈련에 배석한 할더 육군 참모총장은 그 제안을 '무의미'하다고 여겼다. 할더는 기갑부대의 마스 강 도하는 기껏해야 교두보를 구축하기 위한 것이고, 보병부대를 기다렸다가 출정 9일째나 10일째 되는 날 '일제 공격'을 해야 한다고 말했다. 그러면서 그 계획을 '정돈된 총공격'이라고 말했다. 나는 열심히 반대 의견을 펼쳤다. 제한된 기갑부대의 모든 공격력을 응집시켜 결정적인 지점에 기습적으로 투입하고, 측방을 걱정할 필요 없이 쐐기꼴 공격 대형을 치밀하게 갖춰야 하며, 그런 다음에는 첫 공격의 성공을 보병군단의 투입과는 상관없이 즉각적으로 이용하는 것이 중요하다고 강조했다.

국경에 설치된 프랑스 군 방어 시설의 가치에 대한 내 생각은 집단군의 공병 자문인 폰 슈티오타 소령의 매우 세밀한 연구를 통해 더욱 확고해졌다. 폰 슈티오타 소령의 평가는 주로 공중에서 찍은 사진의 정밀한 분석을 토대로 이루어졌기 때문에 그의 논거에 반박하기는 어려웠다.

2월 14일 리스트 상급대장이 지휘하는 마이엔 주둔 12군 최고사령부에서 할더 참모총장이 배석한 가운데 마스 강 도하 전투를 설명할 또 다른 도상훈련이 시행되었다. 나에게 던진 주요 질문은 기갑사단이 자체 수단만으로 도하를 시도할 것인지, 아니면 보병이 올 때까지 기다리는 편이 더 나은지 하는 것이었다. 또한 후자의 경우라면 기갑사단이 도하에 참석할지 보병과 교대하는 편이 나은지 하는 문제였다. 그러나 후자의 해결책은 마스 강 북쪽에 위치한 아르덴 지역의 까다로운 지형 때문에라도 불가능했다. 논의가 너무 침울하게 흘러가는 바람에 마지막에는 나와 내 군단 뒤를 따르게 될 14차량화군단의 폰 비터스하임 군단장이 나서 이런 상황에서는 이번 작전 지휘를 신뢰하지 못한다고 선언할 지경에 이르렀다. 나와 비터스하임은 그런 식의 기갑부대 투입은 잘못되었다고 설명했고, 기갑부대가 그런 식의 명령을 받게 된다면 신뢰에 위기가 생길 거라고 말했다.

폰 룬트슈테트 상급대장까지 기갑부대의 능력을 분명히 파악하지 못했던 탓에 조심스런 해결책을 지지하는 것으로 드러나면서 이 문제는 더 복잡해졌다. 만슈타인의 부재가 너무 안타까웠다.

여러 기갑부대를 누가 지휘할 것인가 하는 문제가 특히 골칫거리였다. 오랫동안 이러저런 논의가 오간 끝에 지금까지 기갑부대에 특별히 호의적이지 않았던 폰 클라이스트 장군이 지휘관으로 낙점되었다. 어쨌든 내 기갑군단이 아르덴 지역 돌파를 이끌어야 하는 사실이 분명해졌기 때문에 나는 임박한 임무 수행을 위해 내 휘하 장군들과 참모 장교들의 교육에 열중했다. 1, 2, 10기갑사단과 '그로스도이칠란트' 보병연대, 박격포대대를 포함한 일련의 군단직할부대가 내 소관이 되었다. 나는 그로스도이칠란트 보병연대를 제외한 나머지 부대를 평화 시와 전쟁 시기의 경험으로 잘 알고 있었고, 그 부대들의 능력을 절대적으로 신뢰했다. 나는 이제 내 군단소속 부대들 앞에 다가온 막중한 임무에 대해 그들을 준비시킬 기회를 얻었다. 사실 히틀러와 만슈타인과 나를 제외한 누구도 그 임무가 성공하리라고 믿지 않았다. 그 작전을 관철시키기 위해 벌여야 했던 정신적 싸움은 나를 무척 지치게 했다. 그 때문에 잠시라도 휴식이 필요했고, 실제로 3월 중순 이후 나는 잠시 휴식 시간을 가질 수 있었다.

그러나 그 전인 3월 15일 히틀러의 수상관저에서 폰 클라이스트 장군과 나도 참석한 가운데 A집단군 최고사령관의 작전 설명이 이루어졌다. 자리에 참석한 사람들은 돌아가면서 자신이 맡은 임무와 그 임무를 수행할 방식을 설명했다. 마지막으로 내 차례가 되었다. 내 임무는 명령을 받은 날 룩셈부르크 국경을 넘어 벨기에 남부를 거쳐 스당으로 진격한 다음, 스당에서 마스 강을 건너 왼쪽 강가에 내 뒤를 따라오는 보병군단의 도하를 위한 교두보를 구축하는 일이었다. 나는 간략하게 그 과정을 설명했다. 먼저 군단을 세 집단으로 나누어 룩셈부르크와 벨기에 남부로 이끌 계획이었다. 첫째 날 벨기에 국경에 당도해 가능하면 그곳을 돌파할 것이고, 둘째 날에는 뇌샤토를 지나 진군을 계속해 셋째 날 부용에서 스무아 강을 건널 것이며, 넷째 날 마스 강에 도착해 다섯째 날 강을 건너 공세를 이어가겠다고 했다. 또한 그날 저녁에 교두보 구축을 끝내기를 기대한다고 했다. 그러자 히틀러가 물었다. "그럼 그 다음에는 무엇을 할 계획이오?" 그렇게 결정적인 질문을 던진 사람은 히틀러가 처음이었다. 나는 이렇게 대답했

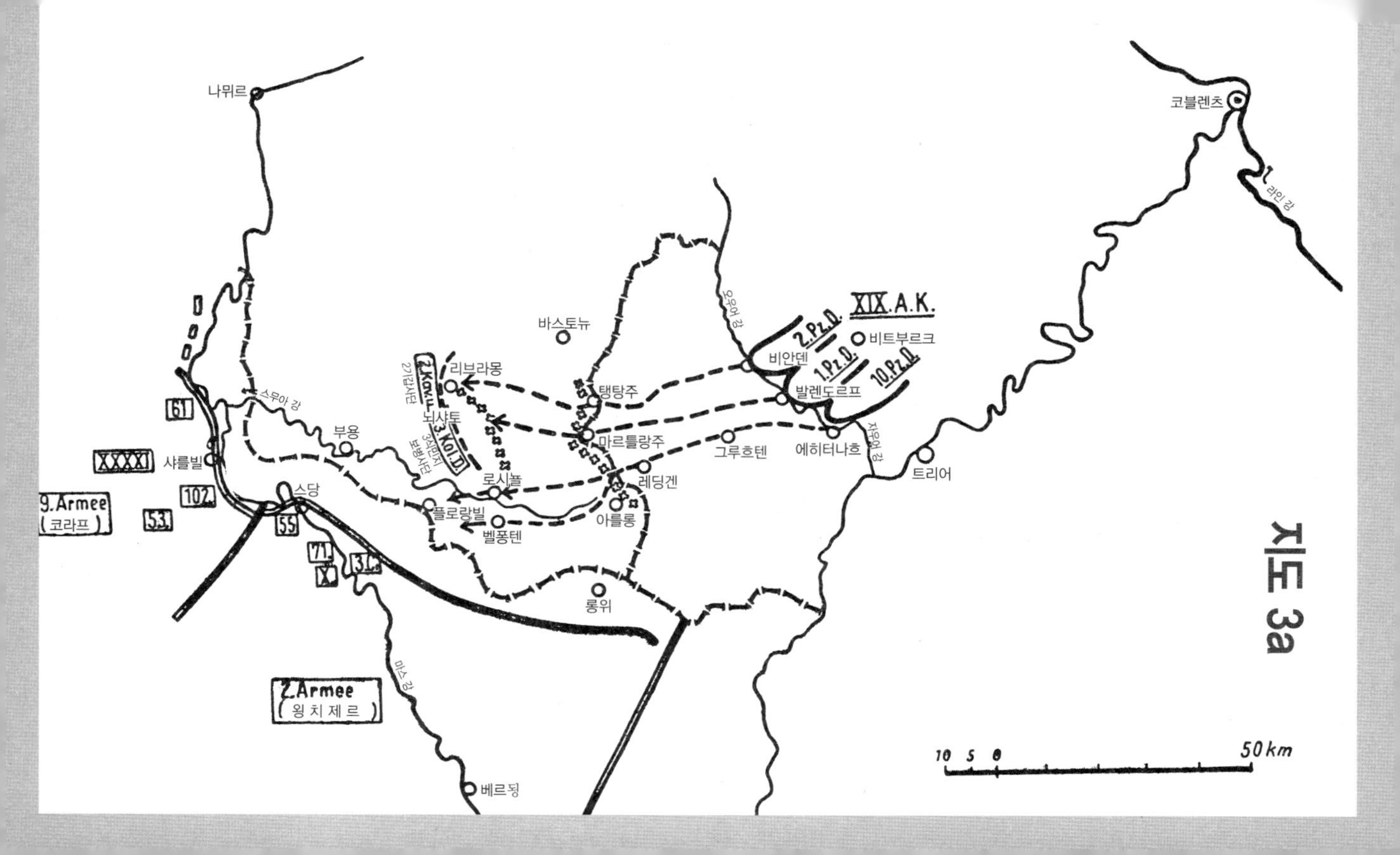

지도 3a
10 5 0
50km
코블렌츠
라인 강
XIX.A.K.
2.Pz.D.
1.Pz.D.
10.Pz.D.
비트부르크
비안덴
발렌도르프
에히터나흐
자우어 강
오우어 강
트리어
그루호텐
마르틀랑주
탱탕주
바스토뉴
레딩겐
아를롱
롱위
리브라몽
2.Kav.u.
2기갑사단
뇌샤토
3.Kol.D.
3식민지
보병사단
로시뇰
플로랑빌
벨퐁텐
부용
스무아 강
나뮈르
샤를빌
스당
61
XXXXI
102
9.Armee
(코라프)
53
55
71
X
3.C.
마스 강
2.Armee
(욍치제르)
베르됭

다. "제 생각과 반대되는 명령만 떨어지지 않는다면 저는 그 다음 날 서쪽으로 계속 진격할 계획입니다. 최고 지휘부는 제가 아미앵 방향으로 갈지 파리 방향으로 갈지만 결정하면 됩니다. 제 생각으로는 아미앵을 지나 영국해협으로 가는 것이 가장 효과적인 진격 방향입니다." 히틀러는 고개만 끄덕일 뿐 더는 아무 말도 하지 않았다. 내 왼쪽에 투입될 16군을 지휘하는 부슈 장군이 이렇게 소리쳤다. "난 장군이 거길 넘어갈 거라고는 생각하지 않소!" 그러자 히틀러는 눈에 띄게 긴장하면서 내 대답을 기다렸다. 나는 이렇게 대답했다. "장군 부대가 그럴 필요는 없습니다." 히틀러는 이 말에 대해서도 아무 말도 하지 않았다.

그 이후에도 마스 강에 교두보를 확보하라는 명령 이외에 다른 명령은 받지 못했다. 그 때문에 아브빌 부근 대서양에 도착하기까지 모든 결정을 독자적으로 내려야 했다. 상급 지휘부는 주로 내 작전에 제동을 거는 역할만 했다.

나는 짧은 휴가를 마치고 돌아와 다시 대규모 작전을 준비하는데 돌입했다. 기나긴 겨울이 매혹적인 봄에 자리를 내주었고, 그로써 반복된 비상훈련이 현실로 다가올 위험도 높아졌다. 본격적인 과정을 기술하기 전에 내가 그토록 확신을 품고 임박한 주요 공격에 임하는 이유를 설명하는 것이 순서일 듯하다. 그 설명을 위해서는 과거의 일을 돌아볼 필요가 있다.

제1차 세계대전은 서부 전선에서 짧은 기동전을 끝으로 참호전으로 굳어졌다. 막대한 물량을 쏟아붓고도 전선을 다시 이동할 수가 없었다. 그러다가 1916년 11월 연합군 쪽에서 장갑과 무한궤도, 주포와 기관총으로 무장한 '탱크'를 투입하면서 그때까지 탱크에 대해 무방비 상태였던 아군 병사들의 저지 사격과 철조망을 뚫고 도랑과 포탄

구덩이를 넘어 아군 측 전선으로 움직이면서 공격을 재개했다.

이는 매우 특이하고 진지하게 고려해 보아야 할 현상이었다. 안타깝게도 우리 독일군은 전쟁을 치르는 동안 탱크를 과소평가했다. 그것이 결정권을 가진 주요 인사들이 기술적 이해가 부족해서였는지, 아니면 독일 군수 산업의 역량 부족 때문이었는지는 현재로서는 중요하지 않다.

탱크의 진정한 의미는 베르사유 조약이 독일에 장갑차와 전차, 또는 전쟁 목적에 쓰일 수 있는 비슷한 장비의 보유와 생산을 금지하고 제재를 가했다는 사실에서 명백히 드러난다.

적들은 탱크를 그처럼 결정적인 전투 수단으로 여겼고, 그래서 독일에는 탱크를 보유하지 못하게 한 것이다. 나는 그와 같은 사실에서 결정적인 전투 수단인 전차의 역사를 세밀하게 연구하고 그 발전 과정을 관찰해야 한다는 결론을 이끌어냈다. 그로써 과거의 전통에 얽매이지 않는 제3자의 이론적인 관찰로부터 전차와 기갑부대의 활용과 조직, 구성에 대한 이론이 탄생했으며, 이는 외국의 지배적인 이론들을 넘어서는 것이었다. 나는 다년간의 힘겨운 투쟁을 거치면서 다른 나라의 군이 아직 나와 비슷한 견해에 도달하기 전에 내 확신을 실제로 적용하는데 성공했다. 내가 이번 작전의 성공을 믿는 첫 번째 요인은 기갑부대의 편성과 활용에서의 우위에 있었다. 그러나 1940년에도 독일 육군에서 그런 믿음을 가진 사람은 거의 나 혼자뿐이었다.

제1차 세계대전에 대한 철저한 연구는 내게 싸우는 병사들의 심리를 깊이 이해하게 해주었다. 아군에 대해서는 이미 개인적인 경험으로 잘 알고 있었다. 나는 서쪽에 있는 적군의 심리에 대해서도 내 나름의 판단을 내렸고, 1940년에 그러한 판단이 옳았음이 확인되었다. 그들은 1918년의 승리에 상당 부분 기여한 새로운 전차들을 보유하고 있었음에도 참호전을 치르려는 생각이 지배적이었다.

프랑스는 서유럽 대륙에서 최강의 육군을 보유하고 있었고, 전차도 서유럽에서 가장 많았다.

1940년 5월 서부전선의 영국과 프랑스 군대는 약 4,800대의 전차를 보유하고 있었다. 반면에 독일은 정찰장갑차를 포함해 약 2,800대가 정해진 수량이었지만 공격 초기에 실제로 보유하고 있던 전차는 약 2,200대였다. 따라서 아군은 두 배는 우세한 적과 마주했고, 프랑스 전차가 장갑과 포의 구경에서 독일 전차보다 우세했기 때문에 병력 차이는 더 커졌다. 다만 지휘 수단과 속도에서는 프랑스가 아군보다 뒤떨어졌다(첨부 자료 2 참조). 그처럼 강력하고 기동성 있는 전투 수단을 보유했음에도 불구하고 프랑스는 지구상에서 가장 강력한 요새 방어선인 마지노선을 구축했다. 그 요새를 만드는데 투입한 막대한 돈을 왜 기동부대를 현대화하고 강화하는데 사용하지 않았을까?

드골과 달라디에를 비롯한 몇몇이 그런 방향으로 제안을 했지만 받아들여지지 않았다. 그와 같은 사실들로 미루어 볼 때 프랑스 군 지도부가 기동전에서의 전차의 중요성을 인식하지 못했거나 인정하지 않으려 했음이 분명했다. 어쨌든 내가 사전에 파악한 프랑스의 모든 기동훈련과 대규모 훈련의 경과에 따르면, 프랑스 군 지도부는 확실한 자료를 토대로 내린 결정에 따라 안전한 이동과 계획적인 공격 및 방어 조치들을 취하려 한다는 결론을 내릴 수 있었다. 프랑스 군은 단호한 행동에 나서기 전 적의 편성과 병력 배치에 대해 확실한 정보를 얻으려고 노력했다. 그 정보를 토대로 결정이 내려졌고, 그 다음엔 진군에서나 준비에서, 사격 준비와 공격 수행, 또는 시설 방어에서 계획에 따라, 아니 거의 도식적으로 조치가 이루어졌다. 일체의 우연을 허용하지 않는 계획된 행동을 추구하다보니 기동력 있는 전차도 그 도

지도 3b

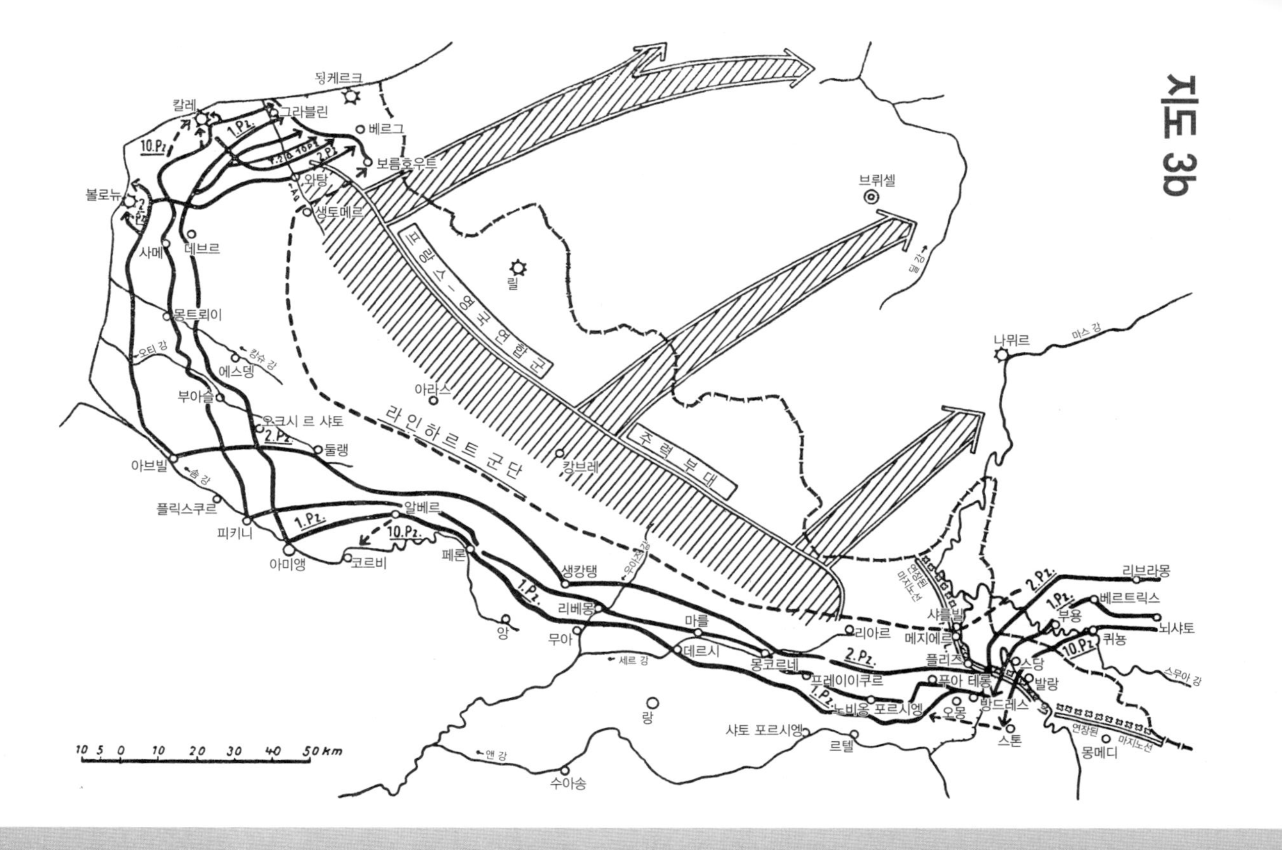

프랑스-영국 연합군
주력 부대
라인하르트 군단
됭케르크
칼레
그라블린
베르그
보름호우트
와탕
Aa
생토메르
불로뉴
사메
데브르
몽트뢰이
오티 강
캉슈 강
에스댕
부아슬
오크시 르 샤토
둘랭
아브빌
솜 강
플릭스쿠르
피키니
아미앵
코르비
알베르
페론
앙
생캉탱
리베몽
무아
우아즈 강
세르 강
랑
앤 강
수아송
마를
데르시
몽코르네
프레이이쿠르
노비옹 포르시엥
샤토 포르시엥
르텔
리아르
샤를빌
메지에르
플리즈
푸아 테롱
오몽
방드레스
스톤
스당
발랑
연장된 마지노선
몽메디
스무아 강
퀴뇽
부용
뇌샤토
베르트릭스
리브라몽
나뮈르
마스 강
브뤼셀
릴
아라스
캉브레
1.Pz.
2.Pz.
10.Pz.
10 5 0 10 20 30 40 50 km

식을 깨트리지 않는 형태로 육군 조직에 편성했다. 다시 말하면 보병 사단에 배치한 것이다. 겨우 일부 병력만 작전 활용에 편성되었다.

아군 지도부는 프랑스 군에 대해서는 다음과 같은 점을 확실하게 예상할 수 있었다. 즉 프랑스 군의 방어는 요새를 이용하는 가운데 조심스럽게 이루어질 것이며, 그들이 제1차 세계대전과 참호전에서 얻은 경험, 화력의 높은 평가, 기동전의 과소평가에서 도출한 결론에 따라 도식적으로 이루어질 것이다.

이처럼 내가 제안한 전투 방식과 대립되는 프랑스 군의 1940년도 전략과 전술 원칙이 승리를 믿는 두 번째 요인이다.

1940년 초까지 독일에서는 적군의 병력 배치와 요새에 대해 명확한 그림을 그리고 있었다. 아군은 몽메디와 스당 사이의 마지노선이 매우 강력한 형태에서 더 약한 형태로 바뀌었다는 사실을 알고 있었다. 그래서 스당에서 영국해협까지의 방어선을 '연장된 마지노선'이라고 불렀다. 독일은 벨기에와 네덜란드의 방어선이 어디로 이어져 있고 어느 정도나 강한지도 알고 있었다. 그 방어선은 일방적으로 독일 쪽으로 향해 있었다.

마지노선에 배치된 병력은 많지 않았던 반면, 기갑사단을 포함한 프랑스 육군과 프랑스 쪽 플랑드르 지역에 배치된 영국 원정군 대부분은 마스 강과 영국해협 사이에 북동쪽을 향해 집결해 있었다. 그에 반해 벨기에와 네덜란드 군대는 동쪽에서 오는 공격에 맞서 자국을 지키기 위한 형태로 배치되었다.

이와 같은 병력 배치를 볼 때 적은 독일이 1914년에 써먹은 슐리펜 계획을 또다시 활용해 결집된 육군의 대다수 병력으로 네덜란드와 벨기에를 통과해 프랑스를 포위하는 작전을 쓸 것으로 판단했다는 사실을 알 수 있었다. 그러나 예비 병력을 두어 벨기에로 이동하는 선회 지점, 예를 들어 샤를빌이나 베르됭 주변 지역에 대한 충분한 방비는 보이지 않았다. 프랑스 군 지도부는 슐리펜 계획 이외에는 다른 어떤 경우의 수도 고려하고 있지 않은 것으로 보였다.

이처럼 이미 알려진 적의 병력 배치와 아군의 진군 초기에 예상되는 적의 태도가 승리를 확신하는 세 번째 요인이다.

거기에다 적에 대한 종합적인 평가에서 전적으로 믿을 수는 없어도 언급할 가치가 있는 몇 가지 관점이 더 있었다.

우리는 지난 제1차 세계대전의 경험을 통해 프랑스 병사들이 불굴의 힘으로 자기 나라를 방어한 용맹스럽고 끈질긴 군인들이라는 사실을 알고 있다. 프랑스 병사들이 똑같은 태도를 취할 거라는 데에는 의심의 여지가 없었다. 반면에 1939년 가을 독일을 공격할 절호의 기회를 이용하지 않은 프랑스 군 지도부의 태도는 놀라웠다. 독일은 그때 육군의 상당수 병력, 특히 전 기갑부대가 폴란드에 묶여 있었다. 당시에는 프랑스의 그런 조심스런 태도의 이유가 드러나지 않았고, 단지 추측만 할 수 있었다. 어쨌든 프랑스 군 지도부의 신중한 태도는 독일인들을 놀라게 했고, 그들이 어떻게든 전면적인 교전을 피하려 한다는 생각을 품게 했다. 1939/40년 겨울 동안 프랑스 군은 별다른 행동을 보이지 않았고, 그런 프랑스의 반응은 프랑스 측이 이번 전쟁을 하려는 마음이 크지 않다는 결론을 내는 쪽으로 유혹했다.

이런 모든 상황을 고려한 결과 강력한 기갑부대를 동원해 일관된 목표를 향해 기습적으로 스당을 돌파해 아미앵과 대서양으로 진격하면, 벨기에로 진군하려는 적의 깊은 측방을 타격할 것이 분명했다. 그러면 이런 기습 돌파에 대항할 적의 병력은 불충분한 예비대뿐일 테니 아군의 공격이 성공할 전망은 매우 높았다. 또한 초기 공격의 성공을 지체 없이 활용하면 벨기에로 진군한 적의 주력 전체를 분명 차단할 수 있을 것이다.

문제는 상관들이나 부하들에게나 내 생각이 옳다는 확신을 심어주어 위로부터는 행동의 재량권을, 아래로부터는 확실한 동참을 이끌어내는 것이었다. 전자는 간신히 불완전하게나마 얻어냈다면 후자는 훨씬 수월했다.

계획대로 공격이 이루어질 경우 내가 지휘하는 19군단은 룩셈부르크 북쪽과 벨기에 남단을 통과해 스당 부근에서 마스 강을 건넌 다음, 뒤따라오는 보병사단들의 도하를 위해 그곳에 교두보를 구축하라는 명령을 받았다. 그러나 기습적인 돌파가 성공한 뒤의 상황에 대해서는 아무런 지시가 없었다.

공군과의 합동 공격에 대한 조절은 사전에 이루어졌다. 나는 용맹스런 폰 슈투터하임 장군이 이끄는 근접지원비행대와 뢰르처 장군의 비행군단과 함께 행동하라는 지시를 받았다. 나는 이 합동 공격을 효과적으로 펼치기 위해서 내 작전 훈련에 공군을 초대했고, 뢰르처 장군이 지휘한 공군의 도상훈련도 직접 참관했다. 나와 공군 장군들은 면밀한 숙고 끝에 공군이 마스 강을 건너는 전 과정을 지원하는 쪽으로 의견을 모았다. 다시 말하면 폭격기와 슈투카를 동원해 단 한 번만 집중 폭격을 가하는 것이 아니라, 도하를 시작하는 순간부터 지속적인 공격과 위협을 가하기로 했다. 그래서 드러난 포격 위치에 있는 적 포병이 공군의 실제 공격이나 위협을 피하느라고 제 구실을 못하게 만든다는 계획이었다. 이러한 공격의 시간적 경과와 할당된 목표는 지도에 표시해 두었다.

군이 이동을 시작하기 직전 괴링의 요청으로 그로스도이칠란트 보병연대의 1개 대대를 단거리이착륙기인 피젤러 슈토르히에 실어 나르기로 결정되었다. 그 대대의 목적은 공격 첫날 아침 벨기에 전선 바로 뒤, 마르틀랑주 서쪽 비트리에 당도해 국경 요새 방어를 혼란에 빠뜨리는 것이었다.

룩셈부르크와 벨기에 남부의 신속한 돌격을 위해 군단의 3개 기갑사단이 나란히 배치되었다. 중간에는 1기갑사단에 이어 군단 포병대, 군단 사령부, 대공포대가 배치되었다. 우선은 여기가 공격의 중심부였다. 그 우측에는 2기갑사단, 좌측에는 10기갑사단과 그로스도이칠란트 보병연대가 배치되었다. 1기갑사단은 키르히너 장군, 2기갑사단은 바이엘 장군, 10기갑사단은 샬 장군이 지휘했다. 세 장군 모두 나와 잘 아는 사이였다. 나는 각 사단장의 능력과 선의를 절대적으로 신뢰했다. 그 세 명 모두 내 전투 원칙을 알고 있었고, 기갑부대는 일단 여행이 시작되면 종착역까지 가는 차표로 무장해야 한다는 사실도 잘 알았다. 내 목적지는 영국해협이었다. 목적지는 분명했고, 이동을 시작하고 나서 비교적 긴 시간 동안 아무런 명령을 받지 못해도 그 사실에는 변함이 없다는 것을 전 부대원에게 확실하게 주지시켰다.

영국해협을 향해

1940년 5월 9일 13시 30분 우리는 비상 출격 명령을 받았다. 나는 16시에 코블렌츠를 떠나 저녁 무렵 비트부르크 근처 조넨호프에 위치한 군단 전투지휘소에 도착했다. 부대는 명령대로 비안덴과 에히터나흐 사이에서 국경을 따라 정렬했다.

5월 10일 05시 35분, 나는 1기갑사단과 함께 발렌도르프에서 룩셈부르크 국경을 넘어 오후에 벨기에 국경(마르틀랑주 부근)에 당도했다. 1기갑사단의 전위는 국경 방어선을 돌파해 항공편으로 도착한 그로스도이칠란트 보병연대의 1개 대대와 합류했다. 그러나 산악 지대에서는 우회가 불가능할 정도로 도로가 심하게 파손되어 이동을 가로막았기 때문에 벨기에로 깊숙이 돌파해 들어가지는 못했다. 우선은 밤사이에 도로를 복구하는 일이 시급했다. 2기갑사단은 스트랑샹을 차지하려고 싸웠고, 10기갑사단은 아베 라 뇌브와 에탈을 지나 프랑스 군대(2기병사단과 3식민지 보병사단)와 마주하고 있었다. 군단 전투지휘소는 마르틀랑주 서쪽의 람브루흐로 이동했다.

5월 11일 오전 벨기에 국경을 따라 설치된 지뢰 제거와 도로 복구 작업이 끝났다. 1기갑사단은 정오 무렵 행군을 시작했다. 사단은 전차를 앞세워 벨기에 국경 수비대와 프랑스 기병대로 구성된 아르덴 예거부대가 점령하고 있던 뇌샤토 양쪽의 방어선을 향해 진격했다. 그들은 짧은 교전 끝에 최소한의 피해만 입은 채 적의 진지를 돌파하고 뇌샤토를 점령했다. 1기갑사단은 지체 없이 진격해 베르트릭스도 점령하고 해질 무렵 부용에 이르렀다. 그러나 프랑스 군은 밤새 이 도시를 지켜냈다. 다른 두 사단도 가벼운 교전을 치르며 원활하게 진군을 이어갔다. 2기갑사단은 리브라몽을 점령했고, 10기갑사단은 아베 라 뇌브에서 일부 피해를 입었다. 69소총연대의 지휘관인 엘러만 중령이 5월 10일 생트 마리에서 전사했다.

5월 10/11일 밤사이 상급 부대인 클라이스트 기갑집단[35]에서 집단군의 좌측방 방호를 위해 10기갑사단을 즉시 롱위 쪽으로 돌리라는 명령을 내렸다. 그쪽에서 프랑스 기병대가 진군하고 있다는 보고가 있었다고 했다. 나는 명령을 철회해달라고 부탁했다. 적의 기병대가 출현할지 모른다는 이유로 내 병력의 3분의 1을 빼면 마스 강 도하와

35 Panzergruppe: 주로 대규모 기갑부대와 차량화부대를 1개 사령부 아래 통합한 형태로, 서부 출정에서 여러 차량화군단을 통합 배치할 때 처음 사용되었다. 나중에 기갑군(Panzerarmee)로 명칭이 바뀐다. (역자)

전체 작전 수행에 차질이 생길 위험이 컸기 때문이었다. 대신 기병대에 대한 이상한 공포 때문에 발생할 수 있는 모든 어려움을 예방하기 위해서 10기갑사단을 지금까지 행군로의 북쪽 평행 도로에 배치해 륄을 지나 스무아 강의 퀴농-모르테한 구역으로 향하게 했다. 그로써 진군을 멈추거나 방향을 바꾸는 일은 일단 막을 수 있었다. 기갑집단도 결국 10기갑사단 차출을 포기했고, 프랑스 기병은 나타나지 않았다(첨부 자료 3 참조).

그로스도이칠란트 보병연대는 저녁에 군단의 지시로 생 메다르 쪽으로 빠졌다. 군단 사령부는 뇌샤토에서 숙영했다.

5월 12일 성령 강림제 일요일 새벽 5시 내 호위대와 함께 베르트릭스, 파이 레 브뇌르, 벨보를 지나 부용으로 향했다. 발크 중령이 이끄는 1소총연대가 07시 45분에 공격을 개시해 신속하게 점령한 곳이었다. 스무아 강 교량은 프랑스 군에 의해 폭파되었지만, 강은 여러 곳에서 전차가 건널 수 있는 상태였다. 사단 공병대가 즉시 새 교량을 만들기 시작했다. 나는 여기서 내린 조치들이 아군의 목적에 부합한지 다시 확인하고는 기갑부대를 따라 강을 건넌 뒤 스당으로 향했다. 그러나 매설된 지뢰 때문에 다시 한 번 부용으로 돌아가야 했다. 중간에 부용 남쪽에서 적의 공군이 1기갑사단이 있는 지역의 교량을 공격하는 광경을 목격했다. 다행히 교량이 있는 곳은 온전했고, 근처의 집 몇 채가 불에 탔다.

나는 숲길을 통해 퀴농과 에르뵈몽에서 강을 건넌 10기갑사단으로 향했다. 사단의 진군로에 도달했을 때는 국경 방어선을 돌파하려는 정찰대대의 전투가 벌어지고 있었다. 정찰대 바로 뒤로 소총대가 뒤따랐다. 용감한 여단장 피셔 대령이 선두에 있었고, 곧이어 사단장인 샬 장군이 뒤를 이었다. 장교들의 지휘 아래 민첩하게 진행되는 사단의 진격은 최고의 인상을 주었다. 숲에 설치된 요새는 단시간에 점령되었고, 라 샤펠을 지나 바제유-발랑으로 진군을 이어갔다. 나는 안심하고 부용의 군단 전투지휘소로 돌아갔다.

그사이 참모장 네링 대령이 파노라마 호텔에 지휘소를 차려 놓았다. 아름다운 스무아 계곡이 한눈에 보였다. 공동 작업실에 마련된 내 자리는 사냥 노획물들을 전시해 놓은 벽감이 있는 곳이었다. 나는 곧 일에 착수했다. 그때 갑자기 잇달아 폭음이 울렸다. 적의 공습이었다. 그러나 폭음만으로 그치지 않고 근접전용 무기와 탄약, 지뢰, 수류탄을 보유한 공병 차량 행렬이 불길에 휩싸였고 연속해서 폭발이 일어났다. 내 자리 위쪽 벽에 걸려 있던 거대한 멧돼지 머리가 하마터면 나를 정통으로 맞힐 뻔했다. 다른 사냥 노획물들도 아래로 떨어졌고, 내 옆에 있던 아름다운 전망 창이 깨지면서 귀 쪽으로 파편이 날아왔다. 숙소가 엉망이 되는 바람에 다른 곳으로 거처를 옮겨야 했다. 나는 1기갑연대 참모부가 묵고 있는 부용 북쪽 언덕 위 자그마한 호텔로 가기로 결정했다. 그런데 마침 자리에 있다가 주변을 살펴본 공군의 폰 슈테터하임 장군이 노출된 위치에 있는 그 호텔은 위험하다고 경고했다. 우리가 아직 이야기를 나누고 있는데 벨기에 전투기 편대가 나타나 기갑부대 야영지에 폭탄을 투하했다. 다행히 피해는 최소한에 그쳤지만 슈테터하임 장군의 경고는 옳았다. 나는 훨씬 북쪽에 있는 다음 마을인 벨보-누아르퐁텐으로 이동했다.

그런데 두 번째 장소로 이동하기 직전, 기갑집단 폰 클라이스트 장군의 명령으로 나를 데리러 온 피젤러 슈토르히[36] 한 대가 나타났다.

---

36 피젤러 슈토르히 정찰기(Fi 156)는 2차대전 전 기간에 걸쳐 독일군이 사용한 정찰용 경비행기로, 최고속도는 시속 175km로 빠르지 않았으나 짧은 이착륙거리(이륙 45m, 착륙 18m)와 시속 50km라는 저속으로도 비행이 가능한 성능 때문에 정찰, 연락용으로 애용된 기체였다. 유명한 사건으로는 무솔리니 구출 때 활주 공간이 단 30m뿐이었음에도 이륙에 성공하여 작전을 성공시킨 사례가 있다.(편집부)

나는 장군에게서 다음날인 5월 13일 16시에 마스 강을 건너 공격하라는 명령을 받았다. 1, 10기갑사단은 그 시간까지 모든 준비를 갖출 수 있겠지만 스무아 강에서 어려움에 빠졌던 2기갑사단은 힘들어 보였다. 나는 전체 공격의 약화라는 측면에서 중요한 의미가 있는 그 상황을 보고했다. 그러나 폰 클라이스트 장군은 자신의 명령을 고수했고, 나 역시 부대가 완전히 집결할 때까지 기다리기보다는 행군하면서 즉각 공격에 나서는 편이 더 유리할 수 있다는 점을 인정해야 했다. 또 다른 명령은 훨씬 더 달갑지 않았다. 폰 클라이스트 장군과 슈페를레 공군 장군이 나와 뢰르처 장군의 협의를 모르는 상태에서 포병이 준비하는 초반에 공군의 일회적인 집중 폭격을 하기로 결정한 것이었다. 그로 인해 내 공격 계획 전체가 차질을 빚게 생겼는데, 적의 포병을 장시간 묶어둔다는 보장이 없어졌기 때문이다. 나는 적극적으로 반론을 제기했고 전체 공격의 토대가 된 내 원래 작전의 실행을 요청했다. 그러나 폰 클라이스트 장군은 이 부탁도 거절했다. 나는 다른 조종사가 모는 슈토르히를 타고 내 군단으로 돌아왔다. 젊은 조종사는 내가 처음 출발했던 이륙장을 정확히 알고 있다고 주장했지만 어스름 속에서 그곳을 찾지 못했다. 마스 강과 프랑스 진지 위에서 무장도 갖추지 않은 빈약한 슈토르히에 앉아 있는 기분은 매우 불쾌했다. 나는 매우 강력한 어조로 북쪽으로 방향을 돌리게 해 간신히 이륙장을 찾았다.

군단 전투지휘소에 도착해서는 서둘러 명령 수행에 착수했다. 시간이 촉박했기 때문에 코블렌츠 도상훈련 때 짰던 작전 계획서를 꺼내 날짜와 시간을 변경해 명령을 내렸다. 그 계획서는 현실과 일치했다. 다만 계획서 상의 공격 날짜는 오전 10시로 정해졌던 반면 현실에는 16시에 비로소 시작될 수 있었다. 1, 10기갑사단은 이미 준비가 끝난 상태였기 때문에 명령 하달은 빠르고 간단하게 이루어졌다(첨부 자료 4 참조).

5월 12일 저녁 1, 10기갑사단은 마스 강 북쪽 강변을 점유했고, 역사적인 도시 스당과 스당 요새를 점령했다. 밤에는 대열을 정비하는 데 전념해 군단 포병과 기갑집단 포병을 정해진 위치로 보냈다. 공격은 그로스도이칠란트 보병연대와 군단 포병, 양익 사단의 중포병대로 강화된 1기갑사단이 중심을 이루었다. 2, 10기갑사단은 공격 첫날 각각 2개의 경포병대대만 거느리고 있었다. 따라서 5월 13일에 두 사단의 전투 능력을 평가할 때는 양익의 포병 전투력이 약화되었다는 점이 고려되어야 한다.

5월 13일 군단 전투지휘소는 라 샤펠로 이동했다(첨부 자료 5 참조).

나는 오전에 우선 1기갑사단의 전투지휘소로 향해 그곳의 준비 상황을 확인했다. 그런 다음 일부 지뢰가 설치된 지역을 내 호위대의 운전병들이 지뢰를 제거하면서 통과했고, 프랑스 군 방어 진지에서 가하는 포격을 뚫고 2기갑사단이 있는 쉬니로 향했다. 이 사단의 선두는 프랑스 국경에 당도해 있었다. 정오에는 그사이 라 샤펠에 도착한 군단 사령부와 함께 있었다.

15시 30분, 나는 프랑스 군의 포격을 뚫고 10기갑사단의 한 전방 포병관측소로 향했다. 포병과 공군의 합동 공격을 확인하기 위해서였다. 16시 정각 군단의 상황에서 볼 때는 상당한 규모의 화력전이 펼쳐졌다. 나는 잔뜩 긴장해서 공군의 공격을 예의주시했다. 공군은 정확하게 출현했다. 그런데 전투기의 호위 속에서 공격에 투입된 폭격기와 슈투카는 몇 대에 불과했고, 공격 방식도 도상훈련 때 내가 뢰르처 장군과 협의하고 결정한 대로 진행되고 있었다. 나는 이루 말할 수 없이 깜짝 놀랐다. 폰 클라이스트 장군이 생각을 바꿨거나 공격 방식을 수정한다는 명령이 전달되지 않았단 말인가? 어쨌든 공군은 내 의도에 따라 내 군단의 공격에 가장 유리한 방법을 따르고 있었고, 나는 안도의 한숨을 쉬었다.

이제는 마스 강을 건너는 소총부대의 공격을 살펴보는 것이 중요했다. 지금쯤 도하는 거의 끝났을 것이다. 나는 생 망주로 향했고, 거기서 플루앙을 지나 1기갑사단에 지정된 교량 위치로 향했다. 나는 첫 번째 상륙 보트를 타고 강을 건넜고, 반대편 강가에서 유능하고 용맹스런 1소총연대장 발크 중령과 그의 참모진을 만났다. 발크는 "마스 강에서 곤돌라를 타는 건 금지입니다."라고 소리치면서 반갑게 나를 맞이했다. 그 말은 작전 계획을 훈련할 때 젊은 장교들의 생각이 너무 경솔하게 보여서 내가 실제로 했던 말이었다. 그러나 이제 젊은 장교들이 상황을 제대로 판단했다는 사실이 입증되었다.

1소총연대와 그 좌측에 위치한 그로스도이칠란트 보병연대의 공격은 마치 군 훈련장에서 시찰할 때처럼 순조롭게 진행되었다. 프랑스 군 포병은 슈투카와 폭격기의 지속적인 위협으로 거의 마비된 상태였다. 마스 강변에 설치된 콘크리트 시설물은 대전차포와 대공포로 파괴되었고, 적의 기관총들은 아군의 중화기와 포에 진압되었다. 엄폐물이 전혀 없는 상당히 넓은 초지였지만 피해 규모는 매우 적었다. 두 부대는 어두워질 때까지 방어 진지 안으로 깊숙이 침투했다. 나는 야간에도 쉬지 않고 공세를 이어가라고 명령했고, 그들이 이 중요한 명령을 끝까지 수행하리라는 점을 믿어 의심치 않았다. 1소총연대와 그로스도이칠란트 보병연대는 23시까지 슈뵈주와 부아 드 라 마르페의 일부를 점령했고, 서쪽으로 프랑스의 주전선이 있는 와들랭쿠르로 진격했다. 나는 기분 좋은 자부심을 느끼며 군단 전투지휘소가 있는 부아 드 라 가렌으로 향했다. 그곳에 도착해 때마침 공군이

라 사펠 거리를 공격하는 광경을 볼 수 있었고, 잠시 뒤 양익에서 보낸 보고문을 확인했다.

우측에 포진한 2기갑사단은 최선두 병력인 정찰대대와 오토바이 소총대대, 중포병대만으로 전투에 나섰다. 그러나 그 병력만으로는 강을 건널 수가 없었다. 1기갑사단은 전체 소총여단과 마스 강 왼쪽 강변에 위치했고, 교량 설치가 완료되면서 포병대와 기갑부대를 뒤따라 강을 건너려 하고 있었다. 그로스도이칠란트 보병연대는 이미 마스 강을 건너가 있었다. 10기갑사단은 강을 건너 소규모 교두보를 확보했지만 포병의 지원을 받지 못해서 힘든 하루를 보내야 했다. 두지-카리냥 남쪽 마지노선에서 날아오는 측면 사격이 상당한 방해가 되었다. 다음날 아침 2기갑사단과 마찬가지로 10기갑사단의 부담을 덜어주어야 했다. 14일에는 공군이 다른 곳에 투입되어 지원을 받을 수 없었다. 대신 밤사이 군단의 강력한 대공포대가 마스 강 교량들 부근에 배치되었다.

나는 밤에 뢰르처 장군에게 전화를 걸어 원래 계획대로 이루어진 폭격기 배치 이유를 알아보았고, 도하 성공에 결정적으로 기여한 탁월한 지원에 감사하다는 말을 전했다. 나는 뢰르처 장군에게서 슈페를레 장군의 명령이 너무 늦게 도달하는 바람에 뢰르처 자신이 슈페를레 장군의 명령을 중단시켰다는 말을 들었다. 통화를 끝내고 나서는 히틀러와 작전 설명을 하던 베를린에서 마스 강 도하 작전에 의구심을 드러냈던 부슈 장군에게 우리 부대의 성공을 무전으로 알렸고, 부슈 장군에게서 매우 기분 좋은 답문을 받았다. 마지막으로 나는 내 참모진의 헌신적인 도움에 감사를 표했다(첨부 자료 6 참조).

5월 14일 새벽 용맹한 1기갑사단이 밤사이 강력하게 밀고 들어가 셰메리를 돌파했다고 보고했다. 나는 즉시 셰메리로 향했다. 마스 강변에는 포로만 수천 명이었다. 셰메리에서 1기갑사단은 내가 있는 자리에서 명령을 받았다. 프랑스의 대규모 기갑부대가 다가오고 있다는 보고에 1기갑사단은 가용할 수 있는 전차들을 스톤 방향으로 움직이기 시작했다. 그러는 사이 나는 마스 강 교량으로 향했다. 마스 강 교량 일대에 대기하고 있는 내 직할부대를 움직여 2기갑여단을 1기갑사단에 바로 이어 우선적으로 건너게 하기 위해서였다. 그래야 프랑스 군의 공격에 충분한 병력으로 맞설 수 있었기 때문이다. 프랑스 군은 빌송에서 전차 20대를 잃었고, 셰메리에서 50대를 잃으면서 공격에 실패했다. 그로스도이칠란트 보병연대는 빌송을 점령한 뒤 거기서 빌레르-메종셀로 진격했다. 그런데 유감스럽게도 내가 현장을 출발한 직후 독일 슈투카가 셰메리에 모여 있던 프랑스 포로들을 향해 폭격을 가해 상당한 인명 피해가 발생했다.

그사이 2기갑사단은 동셰리에서 마스 강을 건넌 뒤 남쪽 강기슭을 오르고 있었다. 나는 전투 상황을 살펴보려고 그쪽으로 향했고, 부대의 선두에서 책임 있게 지휘하고 있는 폰 베르스트 대령과 프리트비츠 대령을 만났다. 나는 안심하고 다시 마스 강가로 되돌아갔다. 강가에 이르니 적의 공군이 한참 맹공을 퍼붓고 있었다. 영국과 프랑스 공군은 매우 저돌적으로 공격했지만 교량들을 부수지는 못했고, 대신 아군의 반격에 상당한 피해를 입었다. 대공포대는 오늘 물 만난 고기처럼 정확하게 포를 쏘아 약 150대를 격추시켰다. 연대장 폰 히펠 대령은 나중에 그 공로로 기사철십자훈장을 받았다.

그 동안 2기갑여단은 계속해서 강을 건넜다. 정오 무렵에는 집단군 최고사령관 폰 룬트슈테트 상급대장이 상황을 살펴보기 위해 찾아와 나와 내 부대원들을 기쁘게 했다. 나는 공군의 공격이 막 새로 시작되고 있는 사이에 교량 한가운데서 폰 룬트슈테트에게 상황을 보고했다. 폰 룬트슈테트 상급대장은 단도직입적으로 물었다. "이곳 상황은 항상 이런가?" 나는 아무 거리낌 없이 그렇다고 대답했다. 그러자 폰 룬트슈테트는 매우 진심어린 말로 용맹스런 부대를 칭찬했다.

나는 다시 1기갑사단으로 향했고, 거기서 자신의 총참모본부 수석장교인 벵크 소령과 함께 있는 사단장을 만났다. 나는 사단장에게 전사단이 서쪽으로 방향을 돌릴 수 있는지, 아니면 측방 방호를 위해 일부 병력을 아르덴 운하 동쪽에 남쪽으로 향하게 배치해 두어야 하는지 물었다. 그러자 벵크 소령이 이렇게 소리쳤다. "분산하지 말고 집중하라!" 그것은 내가 자주 썼던 말이었다. 그 말로 대답은 정해졌다. 나는 1, 2기갑사단에 즉시 전 병력과 함께 오른쪽으로 방향을 돌려 아르덴 운하를 건넌 뒤, 프랑스 전선 돌파를 완성한다는 목표로 서쪽으로 진군하라고 명령했다. 그런 다음 두 사단의 이동을 일치시키기 위해서 동셰리 건너 마스 강 남쪽 언덕 로캉 성에 자리 잡은 2기갑사단 참모부로 향했다. 거기서는 5월 13일과 14일 2기갑사단이 싸우며 지나왔던 지형이 훤히 내다보였다. 마지노선에 배치된 프랑스의 장사정 요새포가 왜 내 군단의 행군 방향으로 더 강경하게 포를 쏘면서 방해하지 않았는지가 의아할 따름이었다. 이 위치에서 내려다보니 공격에 성공한 일이 거의 기적처럼 여겨졌다.

오후에는 사단들의 다음 협력 일정을 조절하기 위해서 군단 전투지휘소로 돌아갔다. 나의 군단 바로 뒤로 라인하르트 장군이 이끄는 41군단이 뒤따랐는데, 5월 12일부터는 우측에 배치되어 메지에르 샤를빌 방향으로 이동했다. 41군단은 5월 13일에 마스 강을 건넜고, 이제 서쪽 방향으로 싸우며 나아갔다. 폰 비터스하임 장군이 이끄는 14군단은 바로 내 뒤를 따라왔기 때문에 곧 마스 강에 모습을 드러낼 것이다.

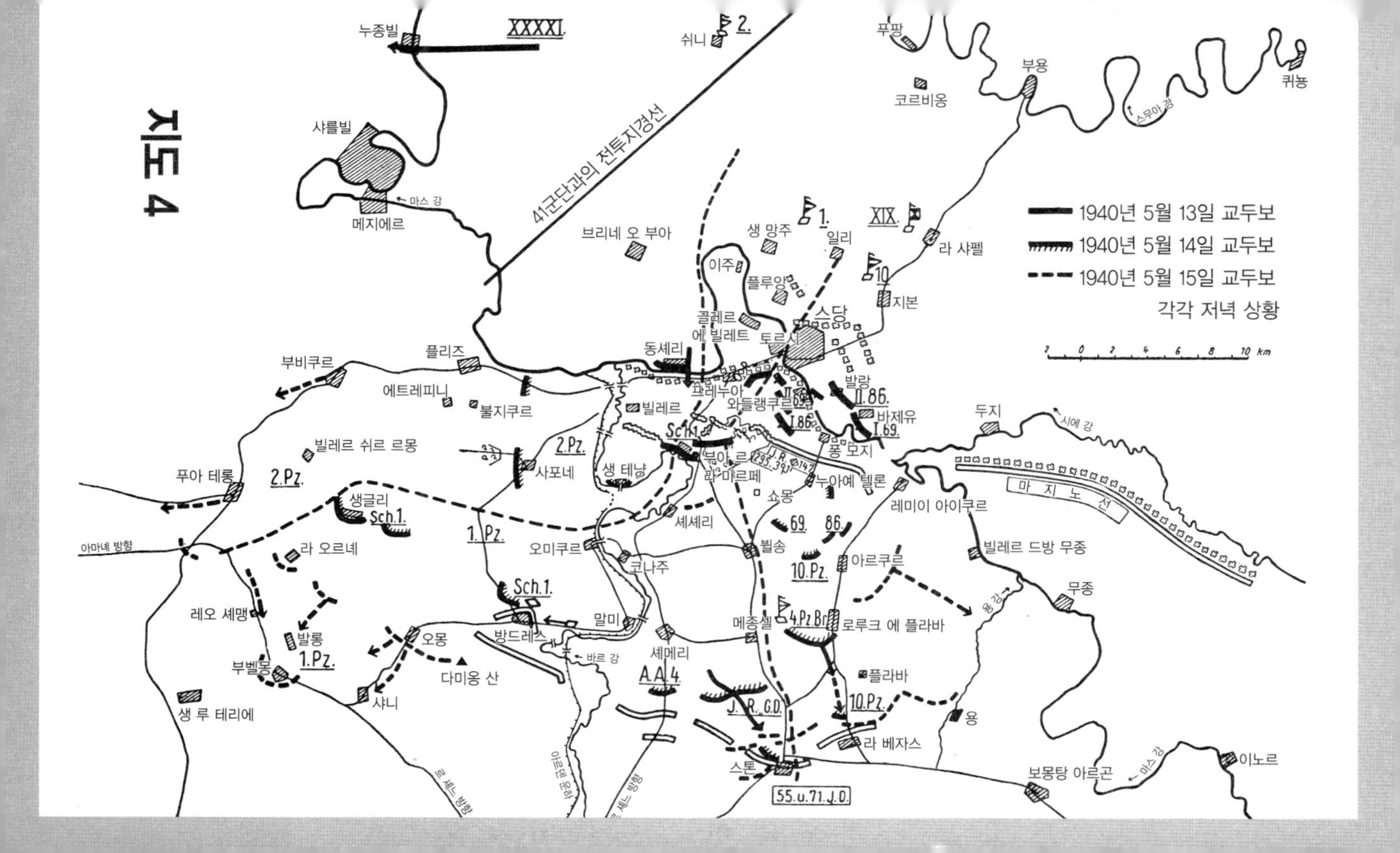

지도 4
1940년 5월 13일 교두보
1940년 5월 14일 교두보
1940년 5월 15일 교두보
각각 저녁 상황
10 km
41군단과의 전투지경선
XXXXI.
XIX.
누종빌
샤를빌
메지에르
마스 강
쉬니
푸팡
부용
퀴뇽
코르비옹
스무아 강
브리네 오 부아
생 망주
일리
라 샤펠
이주
플루앙
지본
골레르
에 빌레트
토르시
스당
동셰리
프레누아
와들랭쿠르
발랑
바제유
퐁 모지
빌레르
두지
시에 강
마 지 노 선
플리즈
부비쿠르
에트레피니
불지쿠르
빌레르 쉬르 르몽
사포네
생 테냥
라 마르페
누아예 텔론
레미이 아이쿠르
쇼몽
셰셰리
푸아 테롱
생글리
오미쿠르
코나주
빌송
아르쿠르
빌레르 드방 무종
무종
아마녜 방향
라 오르녜
레오 셰맹
발롱
부벨몽
생 루 테리에
오몽
다미옹 산
샤니
말미
방드레스
바르 강
셰메리
메종셀
로루크 에 플라바
플라바
용
라 베자스
스톤
보몽탕 아르곤
이노르
마스 강
아르덴 운하
르 셰느 방향
2.Pz.
1.Pz.
10.Pz.
Sch.1.
4.Pz.Br.
A.A.4.
J.R.G.D.
55.u.71.J.D.

1기갑사단은 저녁까지 병력의 상당 부분이 아르덴 운하를 건너 격렬한 저항을 뚫고 생글리와 방드레스에 당도했다. 10기갑사단은 기갑부대를 앞세워 메종셀-로쿠르 에 플라바를 지나 대부분의 병력이 빌송-텔론 남쪽 언덕에 이르렀고, 40문 이상의 포를 노획했다.

내 19군단에게는 스톤의 고원 지대에 이르는 것이 관건이었다. 그래야 적이 마스 강에 설치한 교량에 어떤 영향도 미치지 못해 뒤따르는 부대가 방해받지 않고 강을 건널 수 있었기 때문이다. 5월 14일 그로스도이칠란트 보병연대와 10기갑사단은 그 고원을 점령하기 위해 격렬한 전투를 치렀다. 스톤은 여러 차례 주인이 바뀌었다. 15일에는 그 전투를 끝내야 했다(첨부 자료 7 참조).

5월 15일 새벽 4시 폰 비터스하임 장군이 군단 전투지휘소에 도착했다. 스당 남쪽 마스 강 교두보를 지키는 내 예하부대와의 교대를 의논하기 위해서였다. 잠시 상황을 설명한 뒤 우리는 빌송에 자리한 10기갑사단의 전투지휘소로 향했다. 샬 장군은 자기 부대의 선두에 있었다. 사단 사령부의 총참모본부 수석 참모인 프라이헤어 폰 리벤슈타인 중령이 어려운 상황을 설명했고, 폰 비스터하임 장군의 여러 가지 정확한 질문들에 참을성 있게 답변했다. 교대 과정은 10기갑사단과 그로스도이칠란트 보병연대가 14군단 예하부대에 의해 완전히 교대될 때까지 14군단의 지휘를 받기로 협의했다. 내 지휘권은 다음 며칠 동안은 1, 2기갑사단으로 제한되었다.

10기갑사단과 그로스도이칠란트 보병연대는 아르덴 운하-스톤 고원-빌몽트리 남쪽의 마스 강 만곡부로 이어진 전선에서 19군단의 남쪽 측방을 방어하는 임무를 맡았다. 그곳은 5월 15일 29차량화보병사단의 최선두 병력에 의해 강화되었다.

나는 10기갑사단 전투지휘소에서 그로스도이칠란트 보병연대가 있는 스톤으로 향했다. 거기서는 막 프랑스 군의 공격이 이루어지고 있어서 아무도 만날 수가 없었다. 다소 긴장감이 흐르는 분위기였지만 결국 진지를 지켜냈다. 나는 다시 마스 강 남쪽 강변에서 가까운 사포네 부근 숲으로 이동한 군단 전투지휘소로 향했다. 내 기대와는 다르게 이날 밤은 매우 불안정하게 흘러갔다. 적의 공격 때문이 아니라 아군 지휘부에 혼선이 생긴 탓이었다. 클라이스트 기갑집단 사령부에서 예하부대들은 이동을 멈추고 활동범위를 교두보 일대로 제한하라고 명령했다. 나는 그 명령을 받아들일 수도, 받아들이고 싶지도 않았다. 그 명령은 기습과 이미 달성한 초기 공격의 성공을 포기하라는 말이나 다름없었다. 그래서 우선은 기갑집단 참모장 차이츨러 대령에게 내 뜻을 전달했고, 그것으로 충분하지 않아서 폰 클라이스트 장군을 직접 연결해 이동 중단 명령을 거두어달라고 요청했다. 열띤 논쟁이 벌어졌고, 대화는 수차례 반복되었다. 그러다가 폰 클라이스트 장군은 결국 24시간 동안 이동을 계속하면서 뒤따르는 보병군단들을 위해 필요한 교두보를 확장하라고 허락했다. 나는 마지막으로 아군이 승리했는데도 철수를 결정한 헨치 중령을 언급했고, 그로써 1914년 서부 연합군에 '마른 강의 기적'을 안긴 뼈아픈 패배를 상기시켰다. 기갑집단은 그 언급을 아마 불쾌하게 여겼을 것이다.

다행히 부대 이동의 자유를 간신히 얻어낸 뒤 나는 5월 16일 새벽에 1기갑사단의 참모부를 찾았다. 방드레스를 지나 오몽트로 향하는 길이었다. 전선의 상황은 여전히 불투명했다. 단지 밤에 부벨몽을 둘러싸고 매우 격렬한 전투가 벌어졌다는 사실만 알려져 있었다. 나는 즉시 부벨몽으로 방향을 돌렸고, 불타고 있는 마을 거리에서 연대장 발크 중령을 만나 그 동안의 상황을 보고받았다. 발크의 부대는 5월 9일부터 제대로 잠을 잔 적이 없어서 무척 지쳐 있었다. 탄약은 거의 다 떨어졌고, 선두 대열에 있는 병사들은 참호에서 자고 있었다. 방풍 재킷 차림에 지휘봉을 든 발크 중령은 어둠 속에서 부벨몽을 점령할 수 있었던 이유를 말해주었다. 발크는 공격을 계속하라는 명령에 항의하는 장교들에게 "그럼 나 혼자 마을을 정복하겠다!"라고 대답하고는 혼자 움직였고, 그러자 발크의 대원들도 그를 뒤따랐다고 했다. 먼지를 뒤집어쓴 얼굴과 충혈된 눈이 발크가 밤새 잠도 못 자고 힘겨운 전투를 벌였다는 사실을 고스란히 보여주었다. 발크는 이날의 공로를 인정받아 기사철십자훈장을 받았다. 프랑스의 우수한 노르만 보병사단과 아프리카 원주민들로 이루어진 스파이(Spahi) 기병여단도 용감하게 싸웠다. 그들의 기관총이 한차례 마을 거리를 훑고 지나갔다. 다만 언제부터인가 포격은 더 이상 들리지 않았다. 나는 적의 저항이 사그라졌다는 것을 알았다.

전날 프랑스의 명령문 한 통이 아군의 수중에 들어왔다. 내 기억이 맞다면 그 명령은 가믈랭 장군이 직접 내린 명령이었고, 거기에는 "독일 전차의 진격로를 반드시 차단해야 한다!"라는 내용이 있었다. 그 명령은 전력을 다해 공격을 계속해야 한다는 내 확신을 더 강하게 해주었다. 프랑스 군 최고사령부가 프랑스 군의 방어 능력에 심각한 우려를 하고 있다는 사실을 알 수 있었기 때문이다. 따라서 이제는 결코 망설이거나 멈춰서는 안 된다!

나는 대원들을 중대별로 집합시킨 뒤 그들에게 프랑스 군의 명령문을 읽어주었고, 즉시 공격을 속행해야 할 의미를 분명히 일러주었다. 또한 그들이 지금까지 이룩한 성과를 치하한 뒤 온힘을 모아 승리를 완성하자고 요구했다. 그런 다음 모두 차량에 올라타 진격하라고 명령했다.

나를 불확실함 속에 가두었던 베일은 빠르게 걷혔다. 내 앞은 활짝 열렸고 다른 부대도 신속한 흐름 속에서 내 부대를 뒤따랐다. 나는 푸아 테롱에서 2기갑사단의 총참모본부 수석 참모인 폰 크바스트 중령을 만나 그에게 상황을 알린 다음, 노비옹 포르시앵으로 갔다가 거기서 다시 몽코르네로 향했다. 그 길에서 1기갑사단의 진군 행렬을 앞질렀다. 이제 정신을 차린 대원들은 완전한 승리를 거두고 돌파를 이뤄냈다는 사실을 깨달았다. 그들은 환호하면서 나에게 뭐라고들 소리쳤다. 그 말은 내 뒤를 따르는 참모부의 두 번째 차에서나 들을 수 있었다. "와, 굉장해!", "우리 노친네!", "다들 봤어, 재빠른 하인츠야!" 대원들이 내게 한 특색 있는 말들이었다.

나는 몽코르네 광장에서 라인하르트 군단의 6기갑사단을 지휘하는 켐프 장군을 만났다. 켐프의 부대는 마스 강을 건넌 뒤 내 부대와 동시에 이곳에 당도했다. 따라서 이제는 서쪽으로 진군하려고 이곳으로 물밀듯이 밀려든 3개의 기갑사단(1, 2사단과 6사단)을 위해 길을 세 갈래로 나누어야 했다. 기갑집단에서 군단들 사이에 전투지경선을 나누라는 명령은 없었기 때문에 우리는 그 자리에서 신속하게 의견을 일치한 뒤 연료가 다 떨어질 때까지 계속 진군했다. 내 군단의 최선두 병력은 마를과 데르시에 도달했다.

그사이 나는 내 호위부대에 광장 부근의 집들을 수색하게 했고 짧은 시간 동안 포로 수백 명을 모았다. 프랑스 군의 여러 부대에 소속된 병사들로 우리 군단의 등장에 깜짝 놀란 표정들이었다. 남서쪽에서 도시로 밀고 들어오려던 적의 1개 기갑중대도 포로가 되었다. 그들은 드골 사단 소속이었다. 드골 사단은 랑 북쪽에 있다는 정보가 있었다. 나는 몽코르네 동쪽 작은 마을인 수아즈에 군단 전투지휘소를 설치했고, 1, 2기갑사단 참모부와도 통신을 연결했다. 기갑집단에는 무전으로 오늘의 경과와 5월 17일에 계속 진군하겠다는 뜻을 보고했다(첨부 자료 8과 지도 3b 참조).

5월 16일의 빛나는 성공과 41군단의 승리를 감안할 때, 내 상관들이 아직도 마스 강 교두보에 만족하고 보병군단의 도착을 기다려야 한다는 의견을 고수하고 있으리라고는 생각하지 못했다. 나는 3월에 히틀러 앞에서 말했던 것처럼 영국해협에 이를 때까지는 멈추지 않고 계속 돌파한다는 생각뿐이었다. 만슈타인의 대담한 공격 계획을 승인했고 끝까지 돌파하겠다는 내 뜻에도 반대하지 않았던 히틀러가 설마 자신의 용기에 겁을 먹고 즉시 진군을 멈추게 하리라고는 꿈에도 상상하지 못했다. 그러나 나는 그 점에서 근본적으로 착각하고 있었다. 바로 다음날 아침 그 사실이 분명해졌다.

5월 17일 새벽 나는 기갑집단으로부터 진군을 멈추고, 폰 클라이스트 장군과의 개인적인 협의를 위해 07시에 착륙장으로 오라는 명령을 받았다. 폰 클라이스트 장군은 정시에 나타나서는 인사도 없이 내가 상급 지휘부의 의도를 무시했다며 격렬한 비난을 쏟아냈다. 내 부대가 이룬 성과에 대해서는 단 한 마디도 없었다. 폰 클라이스트가 격렬한 비난을 멈추고 잠시 숨을 고르는 사이 나는 내 지휘권을 거두어 달라고 요청했다. 폰 클라이스트 장군은 놀라서 주춤하더니 고개를 끄덕이고는 다음 서열의 장군에게 지휘권을 넘기라고 했다. 협의는 그 말로 끝났다. 나는 전투지휘소로 돌아가 지휘권을 넘기기 위해 바이엘 장군을 불렀다.

그런 다음 무전으로 룬트슈테트 집단군 사령부에 연락해 내가 지휘권을 반납하고 정오 무렵에 상황을 보고하러 가겠다고 알렸다. 그러자 아주 신속하게 지시가 내려왔다. 일단은 내 전투지휘소에 남아서 내 부대의 뒤를 따르던 12군 사령관 리스트 상급대장을 기다리라고 했다. 리스트 상급대장이 이 문제를 조율할 거라고 했다. 리스트 상급대장이 도착할 때까지 전 부대에 진군을 멈추라는 명령이 떨어졌다. 이 일 때문에 직접 찾아온 벵크 소령은 돌아가는 길에 프랑스 전차의 공격을 받아 다리에 부상을 입었다. 바이엘 장군이 나타나 내 일을 인계받았다. 이른 오후가 되자 리스트 상급대장이 나타나 무슨 일인지 물었다. 나는 지금까지의 일을 리스트 상급대장에게 보고했다. 리스트 상급대장은 폰 룬트슈테트 상급대장의 위임을 받아 지휘권 반납을 철회했고, 중단 명령은 육군 최고사령부에서 내려왔으니 그대로 이행해야 한다고 설명했다. 그러나 이동을 계속하려는 내 이유가 합당하다고 생각하는바 집단군의 위임으로 "전투력을 강화한 정찰을 계속 이어가되 군단 전투지휘소는 현 위치를 지킬 것"을 명령했다. 그 정도면 뭔가 시작할 수는 있었다. 나는 리스트 장군의 개입에 깊은 감사의 마음을 전했고, 폰 클라이스트 장군과의 갈등을 잘 조절해달라고 부탁했다. 그런 다음 '전투력을 강화한 정찰'을 위해 부대를 이동시켰다. 군단 전투지휘소는 수아즈에 그대로 남았고, 내 전방 전투지휘소와 야전선으로 연결되었다. 그래야 내가 있는 곳에서 무전을 칠 필요가 없었고, 육군과 국방군 최고사령부 감청반의 추적을 피할 수 있었다.

정지 명령이 당도하기 직전인 5월 17일 새벽 1기갑사단은 우아즈 강가의 리브몽과 세르 강 연안의 크레시를 점령했다. 스당 남쪽에서 교대한 10기갑사단의 최선두 병력은 프레이이쿠르와 솔세스-몽클랭에 당도했다. 5월 17일 저녁에 무아 부근에 우아즈 교두보를 구축했다(첨부 자료 9 참조).

5월 18일 09시 2기갑사단이 생캉탱에 이르렀다. 1기갑사단은 2기갑사단 좌측에서 그날 우아즈 강을 넘어 페론 방향으로 나아갔다. 10

기갑사단은 앞서가는 두 사단의 좌측 뒤로 사다리꼴을 이루며 페론으로 향했다. 1기갑사단은 5월 19일 새벽 페론에 도착해 솜 강 교두보를 확보했다. 마침 정찰 목적으로 페론에 왔던 여러 프랑스 참모부가 아군의 포로가 되었다(첨부 자료 10, 11 참조). 전방 전투지휘소는 벨레르르 세크로 이동했다.

5월 19일 나는 제1차 세계대전 당시 솜 전투가 벌어졌던 들판을 지났다. 지금까지 엔 강, 세르 강, 그리고 이제 솜 강 북쪽으로 진군하는 동안 처음에는 정찰대, 대전차포대, 공병대가 측방을 엄호해 적에게 노출된 좌측방을 지켰다. 그러나 적의 측방 위협은 미미했다. 나는 5월 16일부터 주목을 끌었던 드골 장군 휘하의 새로 편성된 4기갑사단에 대한 소식을 들었고, 그들은 앞서 말했듯이 몽코르네에서 처음 모습을 드러냈다. 드골 사단은 그 뒤로 계속 내 부대의 뒤를 따랐고, 5월 19일에는 전차 몇 대가 올농 숲에 있던 내 전방 전투지휘소 2㎞ 근처까지 접근했다. 내 주변에는 겨우 20㎜ 대전차포 몇 문뿐이었다. 위협적인 방문객이 옆으로 지나칠 때까지 나는 불안한 몇 시간을 보내야 했다. 아군의 정보에 따르면 프랑스는 파리 주변에 배치한 8개 보병사단 규모의 예비대를 보유하고 있었다. 그러나 내 부대가 계속 움직이는 한 프레르 장군이 내쪽으로 이동하지는 못할 거라고 생각했다. 프랑스의 전투 원칙에 따라 프레르는 적의 소재에 대한 정확한 정보를 기다릴 것이다. 따라서 프레르를 혼란스럽게 하는 것이 중요했고, 그러기 위해서는 계속적인 이동이 최선의 방법이었다.

5월 19일 저녁, 내 19군단은 캉브레-페론-앙 선에 도착했다. 10기갑사단이 점점 길어지는 좌측방 방어를 맡았고, 19일 밤에서 20일 새벽 사이에 그때까지 그 임무를 맡았던 1기갑사단의 병력과 교대했다. 군단 전투지휘소는 마를빌로 전진했다. 그날 내 군단은 5월 20일에 아미앵 방향으로 진격하라는 전권을 받으면서 드디어 이동의 자유를 얻었다. 이제 10기갑사단은 아미앵 동쪽 코르비까지 좌측방 수비를 확대하라는 임무를 맡았고, 지금까지 10기갑사단이 있던 위치는 29차량화보병사단으로 교체되었다. 1기갑사단은 솜 강 남쪽 강변에 즉시 교두보를 설치하라는 명령을 받고 바로 아미앵으로 이동했다. 2기갑사단은 알베르를 지나 아브빌로 진격해 거기서 솜 강 교두보를 구축하고 해안 지대까지 적을 소탕하라는 명령을 받았다. 1기갑사단과 2기갑사단의 전투지경선은 콩블르-롱그발-포지에르-바렌-퓌슈빌레-카나플-플릭세쿠르-솜 이었다.

솜 강 연안의 방어 구역은 다음과 같았다.

2기갑사단: 솜 하구에서 플릭세쿠르까지

1기갑사단: 플릭세쿠르-솜 강으로 흐르는 아브르 강 하구(아미앵 동쪽)

10기갑사단: 아브르 강 하구에서 페론까지

내 계산에 따르면 1기갑사단은 09시경 아미앵을 공격할 준비가 끝날 것이다. 나는 그 역사적인 행동에 동참하고 싶어서 새벽 5시에 내 차를 대기시키라고 지시했다. 참모 장교들이 너무 이른 시간이라며 뒤로 미루라고 했지만 나는 내 생각을 굽히지 않았고, 결국은 내가 옳았다(첨부 자료 12, 13 참조).

5월 20일 08시 45분 나는 아미앵 북쪽 외곽 지역에 도착했다. 1기갑사단이 막 공격을 시작하려는 순간이었다. 그리로 가는 길에 10기갑사단이 페론에 있는 것을 확인했고, 1기갑사단과의 교대 과정에 대한 적나라한 설명을 들었다. 교두보를 지키던 1기갑사단이 교대할 병력이 당도할 때까지 기다리지 않고 철수했는데, 지휘관인 발크 중령이 교두보를 지키는 것보다 더 중요하게 여긴 아미앵 공격 시점을 놓치지 않으려 했기 때문이라고 했다. 교두보를 지키러 온 란트그라프 대령은 발크 중령의 그런 경솔함에 화가 났고, 무엇보다 자신의 비난에 대한 발크의 대답에 격분해 있었다. 발크 중령은 이렇게 대답했다고 했다. "교두보를 다시 점령하시면 됩니다. 저도 싸워서 얻어야 했으니까요!" 다행히 적은 란트그라프 대령에게 전투를 치르지 않고 교두보를 다시 점령할 시간을 주었다. 나는 아직 적에 점령된 알베르를 남쪽으로 우회해 수많은 피난민 행렬을 지나 아미앵으로 향했다.

1기갑사단의 공격은 순조롭게 진척되어 정오 무렵에는 아미앵과 약 7㎞ 정도의 교두보가 내 수중에 들어왔다. 나는 점령된 지역과 도시, 특히 웅장한 대성당을 잠시 둘러보고는 신속하게 2기갑사단이 당도했을 알베르로 방향을 돌렸다. 길 맞은편에서 진군하는 우리 부대와 피난민 행렬이 다가왔는데, 그 중에는 적의 차량 몇 대도 끼어 있었다. 먼지를 잔뜩 뒤집어쓴 채 눈에 띄지 않게 독일군 행렬에 끼어 파리까지 가면서 포로로 잡히지 않기를 바랐던 것이다. 짧은 시간에 영국군 15명을 색출했다(첨부 자료 14 참조).

나는 알베르에 도착해 바이엘 장군을 만났다. 2기갑사단은 연병장에서 훈련용 포탄만으로 무장하고 있던 영국군 포병대를 포로로 잡았는데, 이날 독일군이 나타나리라고는 전혀 예상하지 못했던 것 같았다. 시장과 거리는 각 나라의 포로들로 붐볐다. 진군을 계속하기에는 연료가 빠듯하지 않을까 고민하던 2기갑사단은 즉시 그 생각을 털어버렸다. 오늘 중으로 아브빌에 도착하라는 명령을 받았고, 실제로 둘랭-베르나빌-보메츠-생 리키에를 거쳐 19시 무렵 목표지에 도달했다. 그러나 그곳에서 아군의 오인 폭격을 받아 일시적으로 어려운 상황에 빠졌다. 나는 2기갑여단의 활달한 폰 프리트비츠 대령이 아브빌에 도착했는지를 확인한 뒤 군단 전투지휘소가 이동한 아미앵 북쪽 케리외로 향했다. 나는 거기서 아군 전투기의 오인공격을 받았다.

우수한 대공포를 거듭 쏘아 부주의한 아군 전투기들 중 한 대를 격추시켰는데, 그것은 참으로 고약한 일이었다. 전투기에 탑승했던 공군 두 명이 낙하산을 타고 뛰어내렸고, 그들은 잠시 뒤 깜짝 놀란 얼굴로 내 앞으로 불려왔다. 곤혹스런 상황이 지나간 뒤 나는 젊은 군인들에게 샴페인을 한 잔씩 따라주었다. 안타깝게도 아군 공군의 오인사격이 이제 막 도착한 새 정찰장갑차를 박살냈다.

그날 밤사이 2기갑사단의 슈피타 대대가 독일군에서는 처음으로 누아엘을 거쳐 대서양 연안에 당도했다.

기억할 만한 이날 저녁 내 군단은 어느 방향으로 계속 이동해야 할지 몰랐다. 클라이스트 기갑집단도 아직 작전 속행에 대한 명령을 받지 못했다. 그 때문에 5월 21일은 명령을 기다리다 지나갔다. 나는 그동안 솜 강 도하 지점과 교두보를 지키는 병력을 둘러보고 아브빌을 다녀왔다. 중간에 만난 대원들에게 지금까지의 작전이 마음에 들었는지 물었다. 그러자 2기갑사단에 속한 한 오스트리아 출신 대원이 이렇게 대답했다. "아주 좋았습니다. 하지만 이틀을 허비했습니다." 유감스럽지만 맞는 말이었다.

영국해협 해안 점령

5월 21일 영국해협의 해안을 점령하기 위해 북쪽으로 계속 이동하라는 명령이 떨어졌다. 나는 10기갑사단은 에스댕-생토메르를 지나 됭케르크로, 1기갑사단은 칼레로, 2기갑사단은 불로뉴로 이동시키려 했지만 그 계획을 포기해야 했다. 기갑집단이 5월 22일 06시에 10기갑사단을 예비대로 돌려 기갑집단 휘하에 들어오라고 명령한 것이다. 그 때문에 5월 22일 진군을 앞두고 내 휘하에 있는 병력은 1, 2기

대공포와 전차로 도시 성벽에 돌파구를 내고 불로뉴로 진격하는 병사들(1940년 5월 23일)

하인츠 구데리안: 공격은 계속된다!

갑사단뿐이었다. 영국해협 해안을 신속하게 점령하기 위해서 3개 사단을 모두 통솔하게 해달라는 요청은 받아들여지지 않았다. 결국 10기갑사단을 즉시 됭케르크로 진격시키려는 계획을 단념해야만 했고, 내 마음을 무척 쓰리게 했다. 1기갑사단은 그사이 스당에 도착한 그로스도이칠란트 보병연대와 함께 사메-데브르를 거쳐 칼레로, 2기갑사단은 해안을 따라 불로뉴로 향했다.

5월 21일에는 내 군단의 북쪽에서 한 가지 신경쓰이는 일이 일어났다. 영국 전차들이 파리 방향으로 돌파를 시도한 것이다. 영국군은 아라스에서 그때까지 한 번도 전투에 나선 적이 없었던 SS토텐코프 사단을 만나 한동안 맹렬한 공격을 퍼부었다. 영국군은 돌파에 성공하지는 못했지만, 이 사건은 클라이스트 기갑집단 참모부를 상당히 불안하게 했다. 그러나 그 영향이 아래로까지 파급되지는 않았다. 41군단은 5월 21일 8기갑사단으로는 에스댕에, 6기갑사단으로는 부아슬에 당도했다.

이동은 5월 22일 새벽에 시작되었고, 08시에 오티 강 북쪽 구역을 넘었다. 1, 2기갑사단은 전 병력을 동원해 북쪽으로 진결할 수가 없었다. 두 사단 중에서, 특히 2기갑사단의 솜 강 교두보를 지키는 병력이 뒤따라오는 폰 비터스하임 장군의 14군단이 교대할 때까지 그곳에 남아 있어야 했다. 스당에서도 나는 같은 임무를 수행했었다(첨부 자료 15, 16 참조).

5월 22일 오후 데브르, 사메, 불로뉴 남쪽에서 격전이 벌어졌다. 대부분 프랑스 군이었지만 영국과 벨기에, 심지어는 곳곳으로 흩어진 네덜란드 군 일부도 독일군에 맞서 싸웠다. 적은 결국 격퇴되었지만 적 공군이 매우 활발하게 움직이면서 우리에게 폭격을 가했고, 탑재된 무기로도 계속 공격했다. 반면에 독일 공군은 거의 보이지 않았는는데, 출격 기지가 너무 멀리 있어서 신속한 출격이 불가능해 보였다. 그런 상황에서도 내 군단은 불로뉴를 돌파하는데 성공했다.

군단 전투지휘소는 르케로 이동했다.

10기갑사단이 다시 내 군단 휘하로 들어왔다. 나는 이미 칼레 바로 앞에 도달한 1기갑사단을 즉시 뒹케르크로 방향을 돌리고, 1기갑사단을 대신해 둘랭 주변 지역에서 뒤따르는 10기갑사단을 사메를 지나 칼레로 이동시키기로 결정했다. 칼레를 정복할 시간은 아직 있었다. 자정 무렵 나는 무전으로 1기갑사단에 명령을 내렸다. "5월 23일 07시까지 캉슈 강 북쪽으로 진격하라. 10기갑사단이 뒤따르고 있다. 2기갑사단은 불로뉴로 진격했고, 2기갑사단의 일부 병력은 5월 23일 마르키즈를 지나 칼레까지 진격한다. 1기갑사단은 우선 오드뤼크-아르드르-칼레 선에 도착한 다음 동쪽으로 방향을 돌려 부르부르-빌-그라블린을 지나 베르그-뒹케르크로 진격한다. 10기갑사단은 남쪽으로 나아간다. 실행 원칙은 한 마디로 '동쪽으로 진군'이다. 이동 개시는 10시 정각이다."

이 무전에 이어 5월 23일 새벽 실행 명령을 내렸다. "10시 정각에 동쪽으로 진군하라. 칼레 남쪽을 지나 생 피에르 브루크와 그라블린으로 진격한다."

5월 23일 1기갑사단은 전투를 치르며 그라블린 방향으로 진격했고, 2기갑사단은 불로뉴를 차지하려고 싸웠다. 도시의 오래된 성벽이 한동안 내 기갑부대와 소총부대의 진입을 가로막아서 불로뉴 돌격은 특이한 모습을 보였다. 2기갑사단은 88㎜ 대공포로 돌파구를 뚫은 뒤 사다리까지 이용해 대성당 근처 성벽을 넘어 도시로 진입했다. 그 뒤 항구에서도 전투가 벌어져 전차 공격을 받은 영국 어뢰정 한 대가 침몰하고 여러 대가 부서졌다.

1기갑사단은 5월 24일 올크와 해안 사이의 아아 운하에 당도해 올크, 생 피에르 브루크, 생 니콜라, 부르부르 빌에 교두보를 확보했다. 2기갑사단은 불로뉴를 소탕했고, 10기갑사단은 대부분의 병력을 이끌고 데브르-사메 선에 이르렀다.

총통경호대 SS아돌프 히틀러 연대가 새로 내 군단 휘하에 들어왔다. 나는 이 부대를 와탕에 투입해 됭케르크로 향하는 1기갑사단의 공격을 강화했다. 2기갑사단에는 불로뉴에 없어도 되는 모든 병력을 도시에서 철수시켜 와탕 방향으로 진격하라고 명령했다. 10기갑사단은 칼레를 에워싸고 유서 깊은 칼레 요새를 공격할 준비를 갖췄다. 나는 오후에 10기갑사단을 찾아가 피해를 최소화하기 위해서 계획적으로 진격하라고 명령했다. 5월 25일에는 불로뉴에는 불필요한 중포병대를 투입해 사단 병력을 강화할 계획이었다.

라인하르트 장군이 이끄는 41군단은 생토메르 부근 아아 강에 교두보를 구축했다.

히틀러의 치명적인 정지 명령

이날 최고 지휘부가 전쟁의 전 과정에 가장 불행한 영향을 미칠 작전 개입에 나섰다. 히틀러가 아군의 좌익을 아아 강에서 정지하라고 명령한 것이다. 그 명령으로 인해 그 작은 강을 건널 수 없게 되었다. 내게는 정지 이유가 전달되지 않았고, 다음의 명령이 포함되어 있었다. "됭케르크는 공군에 맡긴다. 칼레 정복이 어려움에 봉착하면 칼레 역시 공군에 위임한다." 이 내용은 기억을 토대로 적은 내용이다. 나는 할 말을 잃었다. 그러나 이유를 모르는 상태에서는 그 명령에 불복하기가 어려웠다. 결국 기갑사단들에는 다음의 지시가 내려졌다.

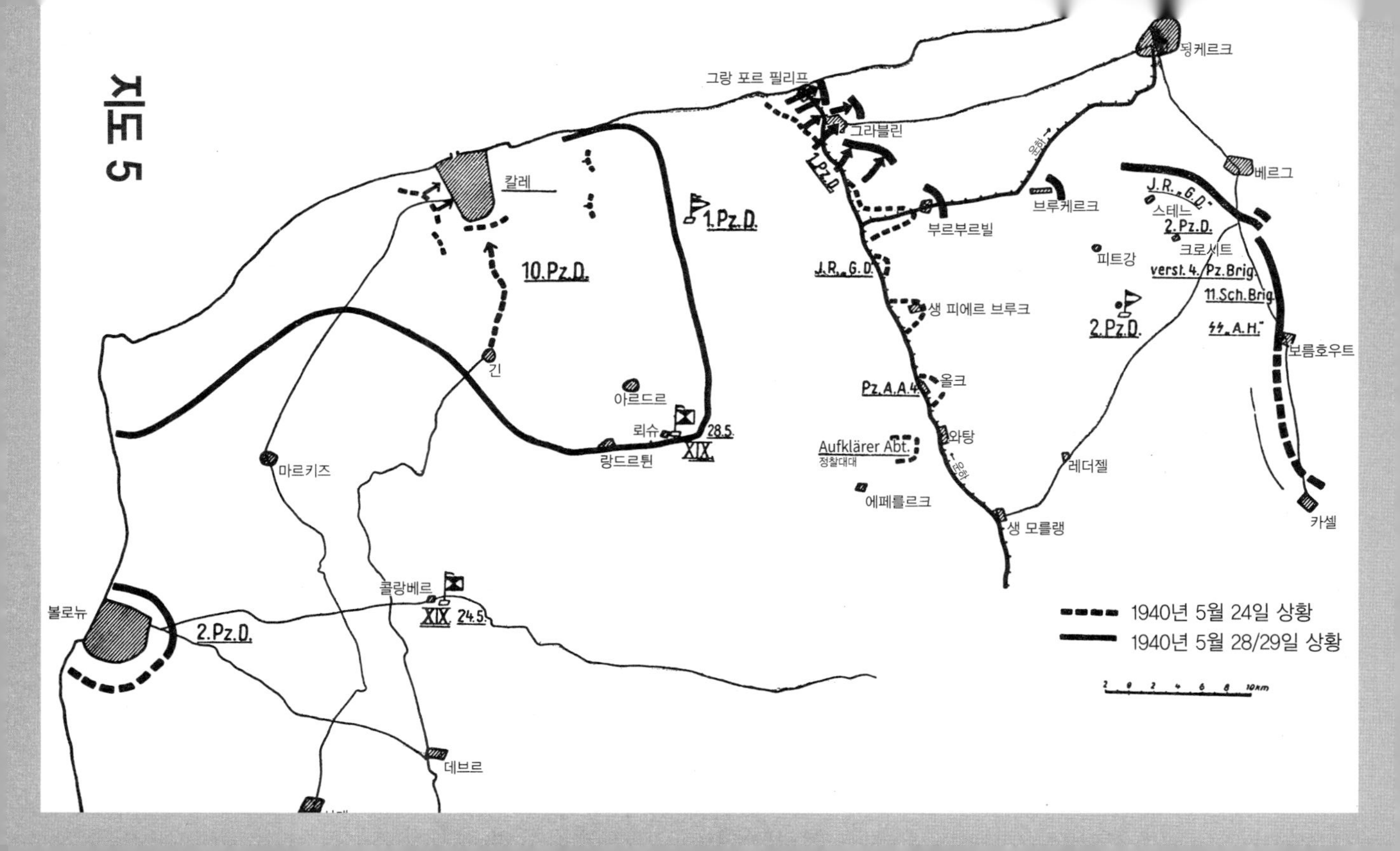

지도 5
됭케르크
그랑 포르 필리프
그라블린
1.Pz.D.
칼레
베르그
J.R. „G.D."
스테느
2.Pz.D.
크로시트
브루케르크
부르부르빌
피트강
verst. 4. Pz.Brig.
11.Sch.Brig.
J.R. „G.D."
생 피에르 브루크
2.Pz.D.
ϟϟ „A.H."
보름호우트
10.Pz.D.
긴
아르드르
뢰슈
28.5.
XIX.
랑드르튄
Pz.A.A.4.
올크
와탕
Aufklärer Abt.
정찰대대
에페를르크
레더젤
생 모를랭
카셀
운하
마르키즈
콜랑베르
XIX. 24.5.
볼로뉴
2.Pz.D.
데브르
1940년 5월 24일 상황
1940년 5월 28/29일 상황
2 0 2 4 6 8 10km

"영국해협 선을 유지한다. 정지해 있는 동안은 장비 수선과 정비에 임한다."[37]

적 공군의 활발한 공격에 아군은 전혀 대항하지 않았다.

5월 25일 새벽 나는 정지 명령이 제대로 지켜지고 있는지 확인하기 위해서 총통경호대 SS아돌프 히틀러가 있는 와탕으로 향했다. 와탕에 도착하니 SS가 아아 강 위를 지나고 있었다. 강변 저편에 약 72미터 높이의 바텐베르크 언덕이 있었다. 평평한 저지대에서는 주변의 전 지역을 압도할 만한 높이였다. 나는 언덕에 올라가 옛 성터에 있는 제프 디트리히 친위대장을 만났다. 왜 명령을 수행하지 않았냐고 묻자, 디트리히는 바텐베르크 언덕이 강 건너편에 있는 독일군을 '곳곳에서 아주 신경 쓰이게 만들어서' 5월 24일이 되자마자 바텐베르크 언덕을 점령했다고 대답했다. SS와 그 왼쪽 옆에 포진한 그로스도이칠란트 보병연대는 보름호우트-베르그 방향으로 진격하고 있었다. 나는 그처럼 유리한 상황에서는 현장에서 지휘하는 지휘관의 결정을 따르는 것이 옳다고 판단했고, 진격을 지원하기 위해서 2기갑사단을 뒤따르게 했다.

이날 불로뉴가 완전히 내 수중에 들어왔다. 10기갑사단은 이미 칼레 요새를 점령하려고 전투를 벌이고 있었다. 항복하라는 요구에 영국의 니콜슨 준장은 짤막하게 답변했다. "대답은 '노'다. 독일군과 마찬가지로 계속 싸우는 것이 영국군의 의무다." 결국 계속 싸워야 했다(첨부 자료 17 참조).

5월 26일 칼레가 10기갑사단의 수중에 들어갔다. 정오에 나는 사단 전투지휘소를 찾아가 샬 장군에게 명령대로 이 해안 요새를 공군

37 폰 로스베르크의 「국방군 지휘참모부에서」에서 참조. (함부르크 H. H. 뇔케 출판사, 81쪽)

1940년 5월 25일, 프랑스 장교 포로들과의 만남

에 맡기고 싶은지 물었다. 샬은 싫다고 했다. 그러면서 공군의 폭격으로는 오래된 요새의 두터운 성벽을 공략하기가 어려운데다가 폭격을 한다면 이미 점령한 요새 주변의 진지들을 비운 뒤 또다시 점령해야 한다는 이유를 들었다. 나는 샬의 견해에 전적으로 동의했다. 16시 45분에 영국군이 항복했다. 2만 명의 포로 중에 영국군이 3~4천 명이었고, 나머지는 프랑스, 벨기에, 네덜란드 군이었다. 그들 중 상당수는 더 이상 싸울 의사가 없어서 영국군에 의해 지하실에 감금되어 있다가 포로가 되었다.

나는 5월 17일 이후 처음으로 칼레에서 폰 클라이스트 장군을 만났고, 그로부터 내 부대의 공을 인정하는 말을 들었다.

나는 이날 다시 됭케르크 방향으로 공격해 들어가 요새 주변을 에워싸려고 애썼다. 그런데 그때 정지하라는 명령이 들이닥쳤고, 내 군단은 됭케르크를 앞에 두고 멈춰야 했다.

나는 부대원들과 독일 공군이 공격하는 광경을 보았다. 그러나 그 광경과 함께 영국군이 크고 작은 각종 배에 탄 채 해안요새를 떠나는 모습도 보았다.

이날 19군단을 14군단으로 교대할 준비를 위해 폰 비터스하임 장군이 내 전투지휘소에 찾아왔다. 이 군단의 선두 사단인 20차량화보병사단이 내 휘하에 들어와 총통경호대 SS아돌프 히틀러 연대의 오른쪽 옆에 배치되었다(첨부 자료 18 참조). 이런 협의가 이루어지기 전에 작은 사건이 하나 발생했다. 제프 디트리히 친위대장이 전선으로 가는 길에 아군의 공격 전선 후방에 있던 몇 채의 집들 중 한 곳에 숨어 있던 영국군의 기관총 사격을 받은 것이다. 그 때문에 친위대장이 탄 차에 불이 붙었고 디트리히와 수행원들은 차에서 빠져나와 길가 도랑으로 피신했다. 제프 디트리히는 그의 부관과 함께 길 아래쪽에 있는 도랑으로 기어들어갔고, 차에서 새어나와 도랑으로 흘러 들어오는 불붙은 벤진으로부터 몸을 보호하려고 얼굴과 손에 진흙을 잔뜩 문질렀다. 지휘 차량을 뒤따르던 통신대의 도움 요청으로 나는 곤경에 처한 디트리히의 상황을 알게 되어, 그 구역을 지나던 2기갑사단의 3기갑연대에 디트리히를 구하라고 지시했다. 잠시 후 디트리히는 진흙 범벅이 된 채 내 전투지휘소에 나타났고, 놀림까지 받아야 했다.

5월 26일 정오가 되어서야 히틀러는 다시 됭케르크로 진군해도 좋다고 명령했다. 이미 대대적인 성공을 이루기에는 너무 늦은 시간이었다(첨부 자료 19 참조).

5월 26일 밤에서 27일 새벽 군단은 다시 공격을 시작했다. 총통경호대 SS아돌프 히틀러와 그로스도이칠란트 보병연대를 휘하에 두고 중포병대로 강화된 20차량화보병사단의 목적지는 보름호우트였다. 1

기갑사단은 우익에서 시작해 지역을 확보하는 즉시 공격에 합류하라는 지시를 받았다.

그로스도이칠란트 보병연대는 10기갑사단 4기갑여단의 효과적인 지원 속에서 목적지인 크로시트-피트강 고지대에 당도했다. 1기갑사단의 장갑정찰대대는 브루케르크를 점령했다. 됭케르크에서 바다로 빠져나가는 적의 대규모 수송 움직임이 훤히 보였다.

내 군단은 5월 28일까지 보름호우트와 부르부르빌에 도착했고, 5월 29일에는 그라블린이 1기갑사단의 수중에 들어왔다. 그러나 됭케르크 정복의 최종 마무리는 내 부대의 영향 없이 이루어졌다. 5월 29일 19군단은 14군단으로 교대되었다(첨부 자료 20 참조).

최고 지휘부가 내 19군단을 계속 멈추게 해서 신속한 진군을 방해하지만 않았다면 됭케르크 정복은 훨씬 빨리 이루어졌을 것이다. 당시 됭케르크에 있던 영국 원정군을 내 부대가 붙잡았다면 전쟁이 어떻게 흘러갔을지는 아무도 예상하지 못할 것이다. 어쨌든 그런 군사적 성공을 토대로 우세한 외교 정책을 펼칠 수 있는 좋은 기회는 생겼을 것이다. 그러나 안타깝게도 그 가능성은 히틀러의 신경과민으로 날아가 버렸다. 히틀러는 나중에 도랑과 운하가 많은 플랑드르의 지형이 전차가 다니기에는 적합하지 않아서 내 군단을 멈추게 했다는 핑계를 댔지만, 사실은 그렇지 않았다.

5월 26일 내 마음은 용맹스런 예하 부대원들에 대한 고마움으로 충만했다. 나는 다음 군단 명령에 그런 내 마음을 담았다.

19군단 장병들에게!

우리는 지난 17일 동안 벨기에와 프랑스에서 전투를 치렀다. 제국의 국경에서 600km를 지나온 길이었다. 우리는 영국해협의 해안들과 대서양에 당도했다. 그대들은 그 길에서 벨기에 국경 방어선을 돌파하고 마스 강을 넘었으며, 기억할 만한 스당 전장에서 마지노선을 돌파했다. 스톤의 중요한 고원 지대를 점령한 뒤에는 다시 신속하게 돌격해 생캉탱과 페론을 거쳐 아미앵과 아브빌 부근의 솜 강 하류를 쟁취했다. 또한 불로뉴와 칼레의 해안요새를 포함해 영국해협 해안을 정복함으로써 그대들의 행위에 정점을 찍었다.

나는 그대들에게 48시간 동안 잠을 자지 말라고 요구했다. 그런데 그대들은 17일을 버텼다. 나는 그대들에게 측방과 후방의 위협을 감당하라고 강요했다. 그럼에도 그대들은 결코 흔들리지 않았다.

타의 추종이 되는 자신감과 임무를 수행할 수 있다는 믿음 속에서 그대들은 모든 명령을 헌신적으로 따랐다.

독일은 기갑사단들을 자랑스러워하고, 나는 그대들을 지휘해 행복하다.

우리는 경건한 마음으로 전사한 우리 전우들을 추모하며 전우들의 희생이 결코 헛되지 않았음을 확신한다.

우리는 이제 새로운 행동을 준비한다.

독일과 우리의 총통 아돌프 히틀러를 위하여.

구데리안(서명)

윈스턴 처칠은 제2차 세계대전에 대한 회고록(독일어판 J.P. Toth 출판사, 2권 100쪽 이하)에서 히틀러가 기갑부대를 뒹케르크 앞에서 정지시킨 이유를 다음과 같이 추측했다. 즉 영국에 더 나은 평화의 기회를 주려 했거나 독일이 영국과 평화 관계를 이루는데 유리한 위치를 확보하려 했다는 것이다. 그러나 당시에는 물론이고 나중에도 처칠의 추측이 옳다는 것을 확인할 수는 없었다. 또한 룬트슈테트가 독자적인 결정으로 기갑부대를 멈추게 했을 거라는 추측도 맞지 않다. 나아가서는 현장에서 지휘했던 명령권자로서 처칠이 묘사한 칼레에서의 영웅적인 저항은 높이 사지만, 그 저항이 독일이 됭케르크 앞에서 진군을 멈춘 데에는 어떤 영향도 주지 않았다고 장담할 수 있다. 그에 반해 히틀러와 특히 괴링이 독일 공군의 우세가 영국군의 해상 수송을 방해할 만큼 충분하다고 여겼다는 추측은 정확했다. 히틀러와 괴링의 생각은 치명적인 착각이었다. 영국 원정군을 계속 몰아쳐 그들을 포로로 잡았어야 영국이 히틀러와 평화 협정을 체결하려는 마음이 강해졌거나 만일에 있을 영국 상륙의 성공 가능성도 보장될 수 있었을 것이다.

나는 플랑드르에서 큰아들의 부상 소식을 들었다. 다행히 생명에 지장이 있는 상태는 아니라고 했다. 둘째아들은 프랑스에서 1급, 2급 철십자 훈장을 받았다. 둘째는 기갑정찰대에서 활동했음에도 다행히 부상은 입지 않았다.

5월 20일 키르히너 장군이 기사철십자훈장을 받았다. 그에 이어서 6월 3일에는 바이엘 장군, 피셔 대령(10기갑사단), 발크 중령(1기갑사단), 오토바이소총대의 에출트 중령, 86소총연대의 한바우어 소위, 10기갑사단 공병대의 루바르트 상사가 훈장을 받았다. 나중에 그들에 이어 또 다른 군인들도 기사철십자훈장을 받았다.

스위스 국경까지 돌파

5월 28일 히틀러가 내가 지휘하는 1개 기갑집단을 편성하라고 명

지도 6

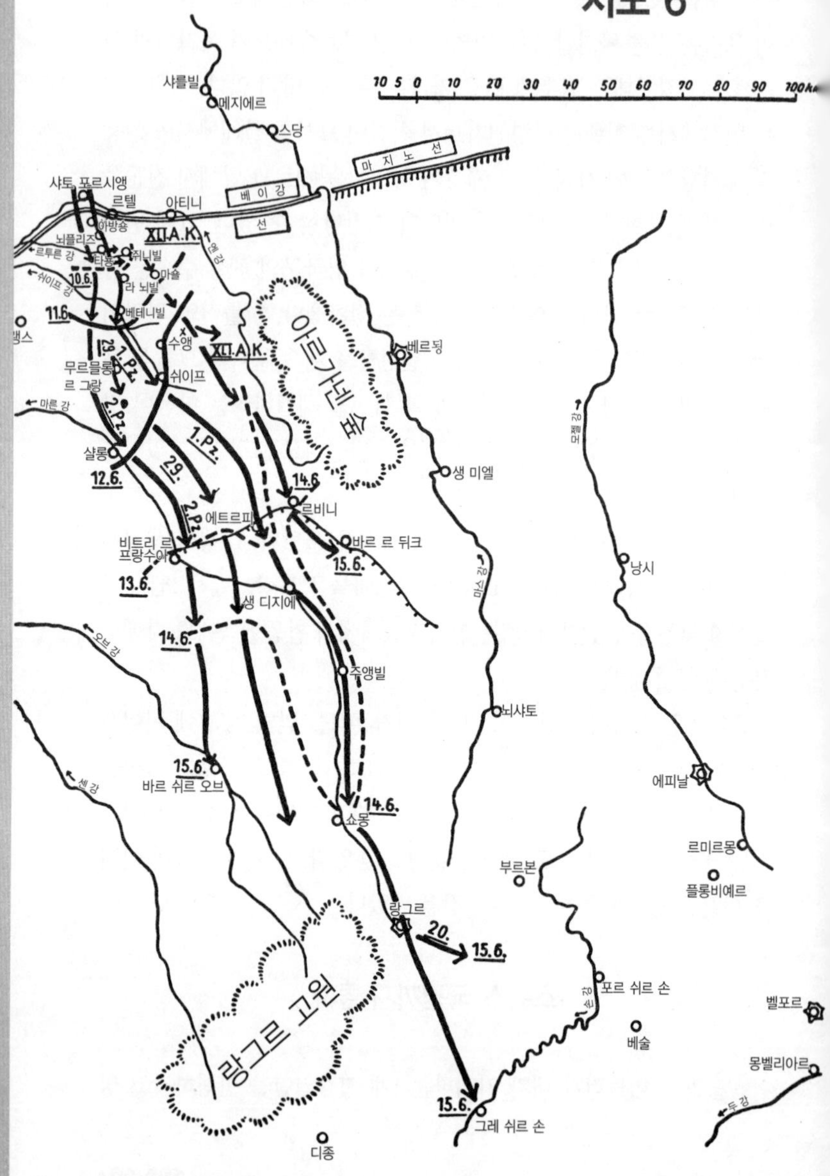

샤를빌
메지에르
스당
마 지 노 선
베 이 강
선
샤토 포르시앵
르텔
아티니
XII.A.K.
XIII.A.K.
아르가넨 숲
베르됭
생 미엘
르비니
바르 르 뒤크
비트리 르 프랑수아
생 디지에
주앵빌
쇼몽
랑그르
랑그르 고원
디종
그레 쉬르 손
포르 쉬르 손
베술
부르본
낭시
에피날
르미르몽
플롱비에르
벨포르
몽벨리아르
뇌샤토
바르 쉬르 오브
샬롱
쉬이프
수앵
베테니빌
무르믈롱
르 그랑
랭스
마술
쥐니빌
라 뇌빌
뇌플리즈
아방송
타뇽
에트르피
1.Pz.
2.Pz.
29.
20.
10.6.
11.6
12.6.
13.6.
14.6
14.6.
15.6.
르투른 강
쉬이프 강
마른 강
오브 강
세 강
엔 강
마스 강
모젤 강
손 강
두 강

령했다. 집단 사령부는 출정 준비를 위해 샤를빌 남서쪽 시니 르 프티로 이동해 6월 1일에 도착했다. 그 이후 며칠에 걸쳐 샤를빌 남서쪽에서 '구데리안 기갑집단'이 편성되었다. 참모부는 19군단 사령부 인원으로 구성되었다. 지금까지 능력이 입증된 네링 대령이 그대로 참모장을 맡았고, 바예를라인 소령이 작전 참모, 리벨 중령이 부관에 임명되었다. 다음 부대들이 내 기갑집단 휘하에 들어왔다.

-1, 2기갑사단과 29차량화보병사단을 거느린 39군단(슈미트 장군)

-6, 8기갑사단과 20차량화보병사단을 거느린 41군단(라인하르트 장군)

-그밖에 몇몇 집단군 직할부대

반면에 내 기갑집단은 리스트 상급대장이 이끄는 12군의 통제를 받았다.

새 집결지에 이르기까지 각 부대가 지나온 행군 거리, 그중에서도 영국해협 해안에서 출발한 1, 2기갑사단의 행군 거리는 상당했다. 전체 구간은 약 250㎞ 이었지만 파괴된 교량을 우회하느라고 일부 병력의 행군 거리는 100㎞ 까지 더 늘어났다. 그러다보니 사람은 물론, 차량에서도 급격한 피로 현상이 나타났다. 다행히 며칠 동안의 휴식과 정비 시간이 주어지는 바람에 어느 정도 몸을 추스르고 장비도 새롭게 정비해 새 임무에 임할 수 있었다.

서부 출정의 1부가 순조롭게 진행된 덕분에 네덜란드, 벨기에, 북프랑스에 있던 적의 전체 병력이 무력화되었다. 그래서 후방이 자유로운 상태에서 남쪽으로 작전을 이어갈 수 있었다. 이 기회에 적 기갑부대와 차량화부대의 상당한 병력을 섬멸하는 데도 성공했다. 이제 앞으로 다가올 2부 출정에서는 영국군 2개 사단을 포함해 아직 70개 사단 규모에 이르는 프랑스 야전군을 격파한 다음 아군에 유리한 평화 협상을 체결하면 될 것이다. 어쨌든 그 당시 독일의 군인들은 그렇게 믿었다.

전투 속개를 위한 진군은 세르 강과 엔 강 주변에 포진한 중앙군보다는 솜 강 주변의 우익이 더 빨리 진행했다. 그 때문에 폰 보크 집단군의 공격은 6월 5일에 시작된 반면에 룬트슈테트 집단군의 공격은 6월 9일로 정해졌다.

룬트슈테트 집단군의 범위 내에서 12군은 샤토 포르시앵과 아티니 사이에서 엔 강과 엔 운하를 건넌 뒤 남쪽으로 계속 진격하는 임무를 맡았다. 엔 강과 엔 운하 도하를 위해서 우선 보병군단이 8곳의 도하 지점을 확보해야 했다. 거기에 교두보를 구축하고 교량 건설이 끝나면, 내 집단의 기갑사단들은 보병 사이를 통과해 공격을 감행한 뒤 상황에 따라 파리나 랑그르, 또는 베르됭 방향으로 진군해야 했다. 내 첫 번째 목적지는 랑그르 고원으로 결정되었다. 나는 늦어도 랑그르 고원에 당도한 뒤에 다음 명령을 받기로 했다.

나는 12군 최고사령관에게 특정 도하 지점에서는 내 사단을 처음부터 선두에 배치해 엔 강 도하를 스스로 쟁취할 수 있게 해달라고 요청했다. 대규모 보급대 행렬까지 거느린 보병군단 사이를 통과하려면 길이 막히고 지휘에 어려움이 생길 것을 염려했기 때문이다. 그러나 최고사령관은 결정적인 돌파를 위해 기갑부대를 아껴두고 싶다며 내 요청을 거부했다. 따라서 내 기갑집단은 보병군단 뒤를 따르다가 교량 건설이 완료된 즉시 4개 사단이 8곳의 서로 다른 교량을 지나기로 했다. 2개 차량화보병사단은 자신들이 소속된 군단의 기갑사단을 뒤따르기로 했다. 그러나 이 작전의 성공은 보병군단이 엔 강을 건넌 뒤 교두보를 구축하느냐에 달려 있었다.

39군단과 41군단의 전투지경선은 와시니에서 르텔-쥐니벨, 오비네-쉬이프-생 레미-티유아(39군단 지역)-바노-소니-파르니(41군단 지역)로 정했다.

6월 8일 나는 기갑집단의 전투지휘소를 베니로 옮겼다.

6월 9일 12군의 공격 첫날, 나는 보병군단의 진척 상황을 직접 확인하고 공격에 나서는 순간을 놓치지 않으려고 르텔 북동쪽 바로 근처에 위치한 관측소로 향했다. 그런데 05시에서 10시까지 아무 일도 일어나지 않았다. 나는 내 보좌 장교들을 다음 교량들이 있는 곳으로 보내 보병이 엔 강에 당도했는지 확인하도록 했다. 12시 무렵 르텔 양쪽 전선에서 공격이 실패했다는 보고가 들어왔다. 다른 전선으로 보낸 장교들은 샤토 포르시앵 부근에서만 1~2㎞ 안쪽까지 작은 교두보를 구축하는데 성공했다고 보고했다. 나는 즉시 친분이 있는 12군 참모장 마켄젠 장군에게 전화를 걸었다. 이 상황에서는 기갑부대를 날이 어두워졌을 때, 유일한 그 교두보로 진격하게 한 뒤 다음날 오전에 교두보를 돌파하도록 하자고 제안했고, 그 제안을 최고사령관에게 전해달라고 부탁했다. 그런 다음 하제 장군이 이끄는 3군단 사령부에 들러 잠시 3군단의 상황을 들은 뒤 샤토 포르시앵으로 향했다. 나는 교두보를 둘러본 뒤 도시 북쪽에서 39군단의 슈미트 장군과 키르히너 장군을 만나 39군단과 1기갑사단의 샤토 포르시앵 교두보 진격에 관한 일을 논의했다. 이동은 해질 무렵 시작하기로 했다.

잠시 뒤 나는 북쪽에서 오던 12군 최고사령관 리스트 상급대장을 만났다. 리스트는 1기갑사단의 몇몇 부대가 있는 곳을 지나왔는데, 일부 기갑병이 군복 상의를 벗은 상태였고, 그중 몇몇은 심지어 근처 강에서 수영을 하고 있었다며 불쾌해했다. 그러면서 부대가 왜 아직도 교두보로 진군하지 않았냐며 격한 어조로 내게 물었다. 나는 내가 방금 얻은 개인적인 인상과 정보를 토대로 충분한 넓이의 교두보를 확보하기 전에는 진군이 불가능하며, 아직까지 교두보를 구축하지 못한 것은 기갑부대의 책임이 아니라고 대답했다. 그러자 리스트 상급대장은 평소의 솔직한 성격 답게 즉시 손을 내밀어 미안함을 표시했고, 다시 차분한 태도로 이후 공격 수행에 관해서 협의해왔다.

나는 잠시 기갑집단 전투지휘소에 머물다가 내 기갑부대의 진입을 감독하고 보병사단장을 만나기 위해서 다시 샤토 포르시앵 부근의 교두보로 향했다. 교두보에 도착해서는 17보병사단의 로흐 장군을 만나 나의 조치에 대한 의견을 통일시켰다. 나는 새벽 1시까지 선두 대열에 머무르며 교량 지점에서 수송을 기다렸던 기갑부대와 정찰부대의 부상병들을 격려한 뒤 명령 하달을 위해 내 전투지휘소가 있는 베니로 돌아갔다.

오후가 지나면서 샤토 포르시앵 동쪽과 서쪽에 확보한 두개의 교두보로 2기갑사단과 1기갑사단의 일부 병력이 도하할 수 있게 되었다.

내 기갑부대는 6월 10일 06시 30분에 공격을 시작하기로 했다. 나는 정각에 앞쪽으로 나가 너무 멀리 뒤쪽에 있는 1소총여단의 대대들을 움직이게 했다. 그러다가 보병의 선두 그룹에서 뜻밖에도 나를 알아보는 군인들을 만났고, 그 군인들이 뷔르츠부르크에서 온 55보병연대라는 사실을 알게 되었다. 거기에는 내가 2기갑사단을 맡았던 시절에 알았던 장교들과 하사관들이 있었다. 그 아름답던 뷔르츠부르크는 지금은 완전히 파괴된 상태였다. 우리는 진심으로 반갑게 인사를 나누었다. 기갑부대와 보병의 공격은 상호간의 신뢰 속에서 동시에 시작되었다. 나는 빠른 속도로 아방숑과 다농을 지나 르투른 강 연안의 뇌플리즈로 향했다. 전차들은 탁 트인 들판을 적의 저항 없이 밀고 나아갔다. 프랑스가 전차에 대한 두려움 때문에 들판을 그대로 내버려 두고 마을과 숲지대 방어에 집중하는 쪽으로 전략을 바꾸었기 때문이다. 그로 인해 보병들은 마을 곳곳의 집들과 바리케이드 뒤에 숨어서 거세게 저항하는 적을 상대해야 했다. 반면에 기갑부대는 르텔 부근 전선에서 별 효과가 없었던 프랑스 중포병대의 후방 포격으로 다소 방해를 받긴 했지만 멈추지 않고 르투른 강까지 돌파했고, 뇌플리즈 부근에서 물을 막아 늪지가 형성된 하천을 건넜다. 1기갑사단은 이제 르투른 강 양쪽에서 공격을 이어갔다. 1기갑여단은 강의 남쪽으로, 발크가 지휘하는 소총부대는 북쪽으로 밀고 나아갔다. 그들은 이른 오후 시간에 쥐니빌에 당도해 강력한 기갑부대를 앞세운 적의 반격을 맞이했다. 쥐니빌 남쪽에서 전차전이 벌어졌고 약 두 시간 만에 승부는 아군의 승리로 결정났고, 오후가 되면서 쥐니빌도 내 수중에 들어왔다. 그 과정에서 발크는 프랑스 군의 연대기를 획득했고, 적은 라 뇌빌로 철수했다. 전차전을 벌이는 동안 나는 프랑스 군에서 노획한 47mm 대전차포로 프랑스 군의 샤르 B 전차를 사냥하려고 애썼지만 소용이 없었다. 모든 포가 아무 효과 없이 샤르 B 전차의 두꺼운 장갑에 튕겨져 나왔다. 아군의 37mm 포와 20mm 포도 그 전차에는 아무 소용이 없었다. 그 때문에 아군은 쓰라린 손실을 감당해야 했다.

늦은 오후 쥐니빌 북쪽에서도 프랑스 기갑부대와 격렬한 전투가 벌어졌다. 프랑스 기갑부대는 아넬 방향에서 페르트로 밀고 들어오며 반격에 나섰지만 아군에 격퇴되었다.

그사이 2기갑사단은 샤토 포르시앵 서쪽으로 엔 강을 건너 남쪽으로 진군해 저녁 무렵에 우딜쿠르-생테티엔에 당도했다. 엔 강의 지정된 지점을 아직 건너지 못한 라인하르트 군단은 1기갑사단의 뒤에서 일부 병력이 강을 건넜다. 쥐니빌을 점령함으로써 르텔 부근의 저항이 곧 굴복될 터라 라인하르트 군단도 자유롭게 이동할 수 있을 것으로 보였다.

기갑집단 전투지휘소가 샤토 포르시앵 남동쪽 엔 강 연안의 부아

드 세비니로 옮겼다. 나는 밤중에 파김치가 된 몸으로 그곳에 도착해서는 모자를 쓴 채 갈대더미에 쓰러져 그대로 잠이 들었다. 사려 깊은 리벨 부관이 천막을 치게 하고 보초를 세운 덕분에 방해받지 않고 3시간 동안 숙면을 취할 수 있었다.

6월 11일 새벽 나는 1기갑사단이 공격하는 라 뇌빌 부근으로 향했다. 발크 중령이 내게 획득한 적의 깃발을 보여주었다. 공격은 마치 훈련장에서 예행연습하듯 순조로웠다. 포병의 준비 포격에 이어 전차와 소총수들이 진격해 주변을 에워싼 뒤 제1차 세계대전 때 잘 알려진 베테니빌 방향으로 돌파했다. 쉬이프 부근에서는 저항이 완강했다. 프랑스 7경사단으로 추정되는 적은 전차 50대를 동원해 격렬히 저항했지만 소용없었다. 1기갑사단은 노루아, 벤, 생 일레르 프티를 점령했다.

2기갑사단은 에푸아에 도착했고, 29차량화보병사단은 에푸아 남서쪽 숲에 당도했다.

39군단 옆에서 좌측으로 진군하던 라인하르트 장군의 41군단은 아르곤에서 빠져나와 군단의 좌측방으로 접근하는 프랑스 3차량화사단과 3기갑사단의 공격을 막은 뒤에야 남쪽 방향에서 계속 이동할 수 있었다.

오후에 기갑집단 전투지휘소로 돌아가니 육군 최고사령관이 내 기갑집단을 방문하고 싶어 한다는 소식이 당도했다. 나는 전투지휘소에서 브라우히치 상급대장을 만나 전선의 상황과 앞으로의 계획을 보고했다. 새로운 지시 사항은 받지 못했다. 그날 저녁 전투지휘소는 쥐니빌로 옮겨졌다.

6월 12일 공격이 속개되었다. 39군단은 2기갑사단으로는 샬롱 쉬르 마른으로, 29차량화보병사단과 1기갑사단으로는 비트리 르 프랑수아로 진격했다. 41군단은 우익과 함께 솜-피를 지나 쉬이프로 진군하기로 했다.

내 기갑집단의 이동은 이제 엔 강을 건너 뒤늦게 대규모로 몰려드는 보병들로 인해 지연되었다. 그 보병들은 곳곳에서 전투를 벌이는 기갑부대를 추월하다가 교전 지역의 경계가 불분명한 탓에 기갑부대와 뒤섞였다. 군 최고사령부에 이동 조절을 요청했지만 소용이 없었다. 그래서 쉬이프 강 연안에서는 곳곳에서 서로 앞서가려고 다투는 광경이 벌어졌다. 양쪽 병력 모두 최전선에서 싸우려 했기 때문이다. 용맹한 보병은 밤낮으로 행군하며 적과 싸웠다. 이날 오전 내가 1917년 가을에도 왔었던 샹파뉴 산들을 넘었다. 나는 처음으로 전선에 나타난 프라이헤어 폰 랑거만 장군 휘하의 29차량화보병사단으로 향했고, 무르믈롱 르 그랑 진영의 북쪽 외곽에서 29차량화보병사단을 만났다. 사단 정찰대대에 적에게 점령된 진영을 공격하라는 명령을 하달하기 위해서였다. 모든 지휘관이 그곳 선두에 있었고, 명령은 짧고 분명했다. 부대는 모든 면에서 나에게 매우 좋은 인상을 주었다. 나는 흡족한 마음으로 2기갑사단이 있는 샬롱 쉬르 마른으로 발길을 돌릴 수 있었다.

내가 막 도착했을 때 2기갑사단도 샬롱에 당도했다. 아군 최전방 정찰대는 마른 교량을 쟁취했지만 신중하게 행동하라는 분명한 지시를 했음에도 즉각 폭탄 설치 여부를 확인하지 않았다. 그래서 우리 대원들이 지나간 뒤 다리가 폭파되었다. 불필요한 손실이었다.

바이엘 장군과 앞으로의 이동 경로를 논의하고 있는데 기갑집단 전투지휘소에서 폰 룬트슈테트 상급대장이 방문한다는 연락이 왔다.

1기갑사단은 저녁까지 뷔시 르 샤토에 도착한 뒤 곧바로 라인-마른 운하 부근의 에트레피로 진격했다.

연병장에서처럼 자유롭게 전진하는 전차들(1940년 6월 샹파뉴에서)

쥐니빌에서 획득한 프랑스 군 연대기를 건네주는 발크 중령(1940년 6월 11일 라 뇌빌에서)

라인하르트 군단은 이날도 아르덴에서 서쪽으로 밀고 들어오는 적과 치열한 전투를 벌였다. 나는 오후에 마숄 지역에서 군단예하 사단들을 만나 그 부대들이 취한 합당한 조치들을 확인할 수 있었다. 수앵, 타위르, 망르가 내 수중에 들어왔다. 기갑집단 전투지휘소로 돌아가는 길에 내 기갑집단 소속부대의 진군과 교차하는 보병부대로 인해 또다시 어려운 상황이 벌어졌다. 12군 최고사령부를 통해 행군을 조절하려고 했지만 이번에도 소용이 없었다.

그 뒤로 내 기갑집단은 매일 서로 대립되는 명령을 여러 차례 받았다. 동쪽으로 방향을 바꿔 남쪽으로 진군하라고 명령이었다. 처음에는 베르됭을 기습 점령한 뒤 남쪽으로 진격해야 했고, 그 다음에는 생미엘로 방향을 바꾼 뒤 다시 남쪽으로 바꿔야 했다. 나는 슈미트 군단을 계속 남쪽으로 진격하게 해서 적어도 기갑집단의 절반만이라도 지속성을 유지할 수 있도록 했다. 그래서 라인하르트 군단이 그 모든 혼란을 홀로 감당해야 했다.

6월 13일 나는 여전히 베르됭과 아르곤 주변의 적들과 싸워야 했던 라인하르트 군단과 6, 8기갑사단을 먼저 찾아갔다. 저녁에는 에트레피 부근 라인-마른 운하에 당도한 1기갑사단을 찾아갔다. 39군단은 운하를 건너지 말라고 명령했다고 했다. 나는 그 명령에 대해서는 전혀 몰랐고, 그 명령은 내 뜻도 아니었다. 그래서 1기갑사단의 최선두 병력을 이끄는 지칠 줄 모르는 발크 중령에게 운하를 지나는 교량을 점령했는지 물었다. 발크는 그렇다고 대답했다. 내가 교두보도 확보했느냐고 묻자 발크는 잠시 머뭇거리더니 그렇다고 대답했다. 나는 발크가 왜 그렇게 머뭇거리는지 의아했다. 교두보를 차량으로 진입할 수 있는지 다시 물었다. 그러자 발크는 이번에도 주저하면서 작은 소리로 그렇다고 말했다. 나는 즉시 출발하자고 했다. 교두보에는 생

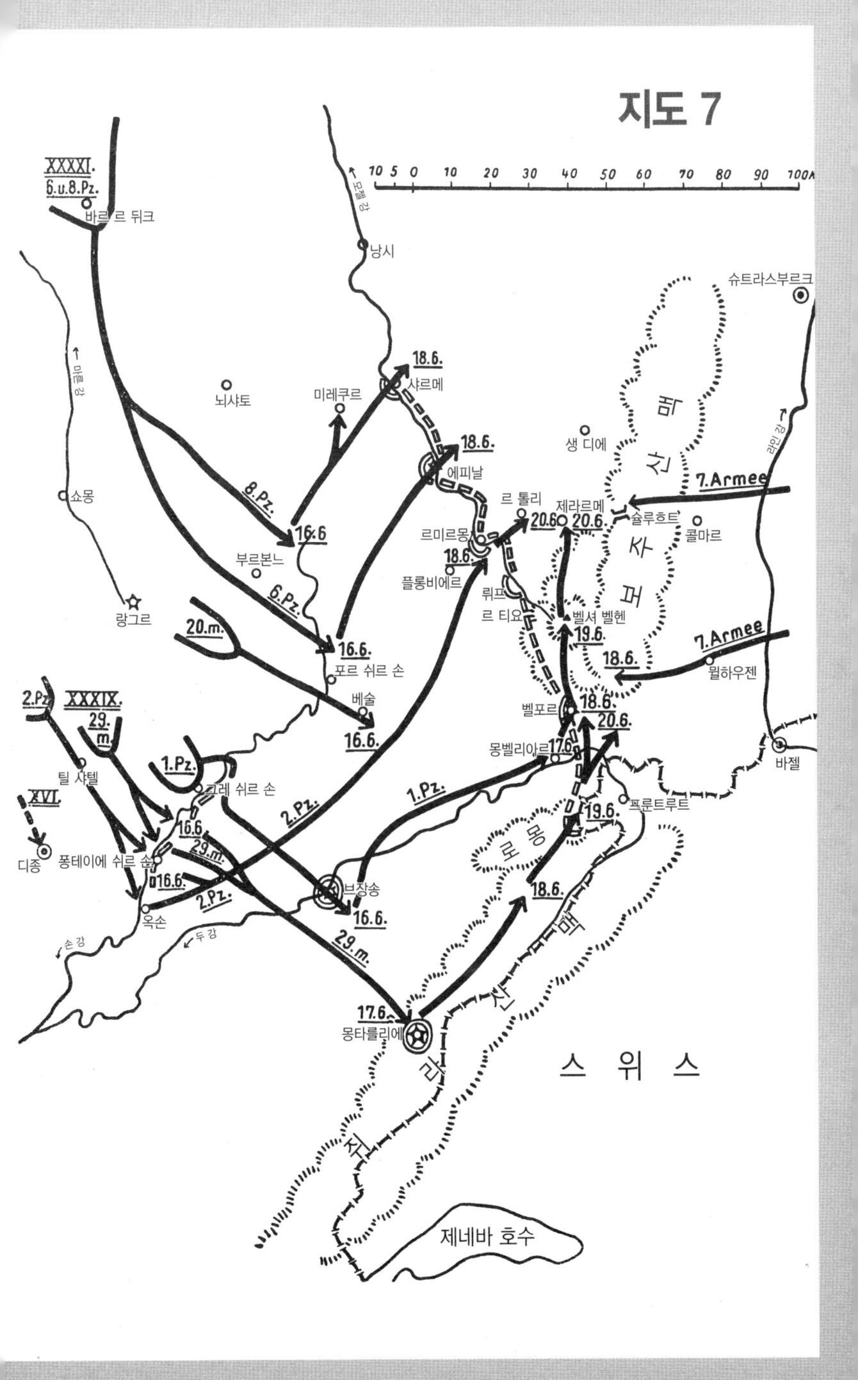

지도 7
10 5 0 10 20 30 40 50 60 70 80 90 100
XXXXI.
6.u.8.Pz.
바르 르 뒤크
낭시
모젤 강
마른 강
뇌샤토
미레쿠르
18.6.
샤르메
18.6.
에피날
생 디에
슈트라스부르크
라인 강
쇼몽
8.Pz.
16.6
부르본느
르 톨리
제라르메
20.6
20.6.
7.Armee
슐루흐트
콜마르
르미르몽
18.6.
플롱비에르
뤼프
르 티요
벨셔 벨헨
19.6.
보
주
산
맥
6.Pz.
랑그르
20.m.
16.6.
포르 쉬르 손
베술
16.6.
7.Armee
18.6.
뮐하우젠
벨포르
18.6.
20.6.
2.Pz.
XXXIX.
29.
m.
몽벨리아르
17.6.
바젤
틸 샤텔
1.Pz.
그레 쉬르 손
XVI.
2.Pz.
1.Pz.
프룬트루트
19.6.
디종
퐁테이에 쉬르 손
16.6.
29.m.
16.6.
로
몽
브장송
2.Pz.
18.6.
옥손
16.6.
손 강
두 강
29.m.
17.6.
몽타를리에
쥐
라
산
맥
스 위 스
제네바 호수

명의 위협 속에서도 교량 파괴를 막은 유능한 공병 장교 베버 소위와 교량을 점령하고 교두보를 만든 소총대대의 에킹거 대위가 있었다. 나는 용감한 두 장교에게 즉석에서 1급 철십자훈장을 수여하는 기쁨을 누렸다. 그런 다음 발크 중령에게 왜 계속 진격하지 않았는지 물었다. 나는 그제야 39군단의 정지 명령에 대해 알게 되었다. 이상하게 주춤거리던 발크의 태도는 발크가 명령을 어기고 독단적으로 운하를 건넜기 때문에 질책을 들을까봐 염려한 탓이었다.

지난 번 부벨몽에서처럼 아군은 다시 돌파를 완성하기 직전에 와 있었다. 나는 이번에는 결코 머뭇거리거나 정지해서는 안 된다고 생각했다. 발크는 자신이 상대한 적의 인상을 설명했다. 소규모 포병으로 운하를 지키던 흑인 부대였다고 했다. 나는 발크에게 즉시 생 디지에로 진격하라고 명령했다. 사단장과 군단장에게는 내가 직접 통보하겠다고 약속했다. 발크는 즉시 출발했고, 나는 사단 참모부로 가서 전 사단을 즉시 이동하도록 했다. 그런 다음 슈미트 군단장에게 1기갑사단에 하달한 내 명령을 알렸다.

마지막으로 해질 무렵 브뤼송 부근 운하에 당도한 29차량화보병사단을 지나 비트리 르 프랑수아 북쪽에서 2기갑사단 5정찰대대를 만났고, 5정찰대대의 상황과 2기갑사단의 진군을 확인할 수 있었다.

6월 14일 09시부터 독일군 부대들이 파리로 진입하기 시작했다.

내 구데리안 기갑집단에서는 1기갑사단이 밤에 생 디지에에 도착했다. 프랑스 군 포로들은 3기갑사단과 3북아프리카사단 및 6식민지보병사단 소속이었다. 포로들은 무척 지쳐 보였다. 39군단의 나머지 병력은 서쪽으로 운하를 건넜다. 라인하르트 군단은 에트레피 동쪽으로 르비니 부근 라인-마른 운하에 당도했다.

나는 1기갑사단장과 협의를 끝낸 뒤 정오에 생 디지에에 도착했고,

시장에서 의자에 앉아 있던 발크를 만났다. 발크는 지난 며칠 동안 온갖 고생을 했으니 이제 편안한 밤을 보낼 거라고 생각한 듯했다. 그러나 발크를 실망시킬 수밖에 없었다. 내가 빨리 이동할수록 성공도 그만큼 더 커지기 때문이었다. 나는 발크에게 지체 없이 랑그르로 진격하라고 명령했다. 1기갑사단 전체가 그 뒤를 따랐다. 진군은 밤에도 계속되어 6월 15일 이른 아침 오래된 랑그르 요새가 항복했다. 포로가 3천 명이었다.

29차량화보병사단은 와시를 지나 쥐장쿠르로, 2기갑사단은 몽티에르앙데르를 지나 바르 쉬르 오브로 향했다. 라인하르트 군단은 남쪽으로 진격하라는 명령을 받았다.

육군 최고사령부는 기갑집단을 주앙빌-뇌샤토를 지나 낭시로 방향을 돌릴 생각을 하고 있었지만, 다행히 취소 명령이 제때 도착했다.

6월 15일 새벽 나는 랑그르로 향했다. 정오 무렵 그곳에 도착해 1기갑사단을 그레 쉬르 손-브장송으로, 29차량화보병사단은 그레 남서쪽 손 강으로, 2기갑사단은 틸-샤텔로 진군하게 했고, 41군단은 마른 강 동쪽으로 지금까지의 진격 방향인 남쪽을 유지하라고 했다. 내 우측에서는 클라이스트 집단군의 16군단이 디종으로 진격했다. 13시 정각에 1기갑사단이 출발했다. 나는 소규모 전투부대와 함께 잠시 장교 거처에 머물렀다. 장교 거처의 정원에서는 동쪽이 훤히 내다보였다. 프랑스 군이 동쪽에서 진격하고 있다는 소식 때문에 상당히 열어지고 노출된 내 집단의 좌측방이 염려스러웠다. 다행히 오후가 되면서 빅토린 장군 휘하의 20차량화보병사단이 랑그르에 당도했고, 베술 방향으로 진격하면서 좌측방 방어를 맡았다. 시간이 지날수록 상황은 견고해졌고, 저녁까지 바르 쉬르 오브, 그레 쉬르 손, 바르 르 뒤크를 점령했다.

그레 방어전투에서 프랑스 사령관인 드 쿠르종 장군이 전사했다.

기갑집단 전투지휘소는 저녁에 랑그르로 이동했다. 육군 최고사령부에서는 그때까지 기갑집단의 차후 활용 계획에 대해 아무런 명령도 내리지 않았다. 그래서 마침 내 참모부에 와 있던 육군 최고사령부의 연락장교를 비행기에 태워 보내 스위스 국경으로 진군하겠다는 내 뜻을 최고사령부에 전달하도록 했다.

나와 참모부는 랑그르에서 쾌적한 농가에 숙영했고, 지난 며칠 동안의 힘든 행군 끝에 모처럼 좋은 숙소에서 편히 보냈다. 29차량화보병사단이 퐁테이에 쉬르 손에 도착했다. 16일에는 29차량화보병사단을 퐁타를리에로, 2기갑사단을 옥손 돌로 향하게 했다. 41군단은 군단예하 기갑사단들을 20차량화보병사단의 뒤를 따르도록 했다.

6월 16일 1기갑사단이 그레 북쪽 키퇴르에 도착해 아직 파괴되지 않은 교량 하나와 손 강 교량을 점령했다. 아군의 공군이 그레 부근의 교량을 몇 시간 동안 폭격하는 바람에 행군이 지연되었다. 그 공군기들은 레프 집단군 소속으로 보였지만, 나와 연락이 닿지 않아서 잘못을 바로잡을 수가 없었다. 다행히 피해는 발생하지 않았다.

39군은 오후에 브장송-아반에 당도했고, 41군단은 예하 기갑사단들을 20차량화보병사단을 뒤따르게 해 포르 쉬르 손, 베솔, 부르본느를 점령했다. 수천 명의 포로를 잡았는데, 그중에 프랑스에서는 처음으로 폴란드 군인들도 있었다. 브장송에서는 전차 30대를 노획했다.

6월 17일 유능한 참모장 네링 대령이 숙영지와 오래된 요새의 방벽 사이에 놓인 작은 테라스에 참모부를 집결시켜 내 생일을 축하하는 자리를 마련했다. 네링은 행복한 마음으로 29차량화보병사단이 스위스 국경에 당도했다는 소식도 함께 알렸다. 나와 참모부는 모두 그 소식에 무척 기뻐했다. 나는 용맹스런 부대의 성공을 치하하기 위해 즉시 서둘러 출발했고, 12시 무렵 퐁타를리에에 도착해 프라이헤어 폰 랑거만 장군을 만났다. 퐁타를리에로 가는 긴 시간 동안 행군하는 사단의 대부분 병력을 추월하면서 나는 곳곳에서 병사들의 흥겨운 인사를 받았다. 퐁타를리에 부근 스위스 국경에 당도했다는 보고에 히틀러는 이렇게 반응했다. "보고에 착오가 있는 것 같소. 퐁테이에 쉬르 손을 말하는 것 아니오?" 나는 의심하는 국방군 최고사령부를 안심시켰다. "착오가 아닙니다. 제가 직접 스위스 국경 부근 퐁타를리에에 와 있습니다."

나는 국경을 잠시 방문해 몇몇 용맹스런 정찰대 지휘관들과 이야기를 나누었다. 그들의 지칠 줄 모르는 활동 덕분에 나는 적의 동향을 가장 잘 파악할 수 있었다. 특히 유능한 장교였던 폰 뷔나우 소위는 훗날 독일을 위해 목숨을 바쳐야 했다.

나는 퐁타를리에에서 39군단에 즉시 북동쪽으로 방향을 돌리라고 명령했다. 29차량화보병사단은 분산된 적이 숨어든 쥐라 산맥을 소탕하면서 프룬트루터 치펠로 향하고, 1기갑사단은 브장송에서 몽벨리아르를 지나 벨포르로, 2기갑사단은 나머지 두 사단의 뒤쪽 행군로와 교차하면서 모젤 상류의 르미르몽으로 진격하라고 했다. 동시에 41군단을 에피날과 사르메로 향하게 했다.

39군단과 41군단의 전투지경선은 남서쪽 갈림길인 랑그르-샬랭드레-피에르쿠르-망브레-메예이-벨르포-뤼르-플랑셰(각 지역은 41군단에 포함)였다.

이동 목표는 오버엘자스(오랭)에서 진군하는 돌만 장군 휘하의 7군과 합류해 엘자스 로트링겐(알자스 로렌)에 있는 프랑스 병력을 다른 프랑스 부대와 합류하지 못하도록 차단하는 것이었다. 예하 사단들이 지금까지의 모든 이동에서도 훌륭하게 보여주었듯이 직각으로 방향을 돌리는 어려운 과정도 정확하게 이루어졌다. 행군 교차 지점에서도 어려움은 발생하지 않았다. 저녁 때 전투지휘소로 돌아가 보니 내 기갑집단이 레프 집단군 지휘 아래 들어가 벨포르-에피날 방향으로 진군하라는 지시가 내려와 있었다. 나는 이미 명령대로 수행하고 있다고 보고했다.

6년 뒤 나는 뉘른베르크 감옥에서 리터 폰 레프 원수와 같은 방에 수감되었었다. 우리는 그 암울한 곳에서 1940년도의 상황을 이야기했다. 리터 폰 레프 원수는 당시 벨포르-에피날 방향으로 진군하라는 자신의 명령이 어떻게 그처럼 신속하게 실행되었는지 의문이었다고 말했다. 나는 뒤늦게 레프의 의문을 풀어줄 수가 있었다. 작전상의 일치된 견해 덕분에 기갑집단도 레프 집단군과 똑같은 결정을 내렸다고 설명했다.

브장송 부근 두 강 계곡 위, 그림처럼 아름다운 아반에 자리 잡은 숙영지에서 저녁을 먹다가 둘째아들 쿠르트와 재회하는 기쁨을 누렸다. 쿠르트는 막 기갑정찰대에서 3총통호위대대로 전속되었고, 전령 임무 차 지나던 길에 나를 찾아온 것이다.

자정 무렵 1기갑사단 작전 참모인 벵크 소령이 전화를 걸어 사단이 39군단에서 지시받은 목적지인 몽벨리아르에 방금 도착했다고 보고했다. 그러면서 아직 연료가 충분해 계속 진군할 수 있다고 말했다. 벵크는 군단장과 연락이 닿지 않아 나한테 직접 전화를 걸어 밤중에 벨포르 방향으로 진군을 계속하게 해달라고 요청했다. 나는 당연히 벵크의 요청을 허락했다. 몽벨리아르에서 정지하는 것은 결코 내 뜻이 아니었다. 단지 39군단에서 1기갑사단이 내 명령대로 단번에 벨포르까지 가는 것은 무리라고 판단해 중간 목적지를 두려 한 것이었다. 그런데 결정적인 순간에 군단 사령부가 장소를 바꾸는 바람에 1기갑사단과 연락이 닿지 않았다. 1기갑사단은 기갑부대는 종착역까지 가는 차표로 무장한다는 내 원칙에 충실했다. 그 때문에 적은 완전히 허를 찔렸다.

나는 잠시 휴식을 취한 뒤 6월 18일 새벽에 벨포르로 출발해 08시경에 도착했다. 몽벨리아르에서 벨포르로 가는 동안 길을 따라 이미 항복한 프랑스 차량 행렬이 길게 늘어서 있었고, 그 중에는 중포도 상당수 있었다. 오래된 요새로 들어가는 입구에는 포로 수천 명이 있었다. 그러나 요새 안의 성에서는 아직 독일 군기가 보이지 않았고 도시에서도 여전히 총소리가 들렸다. 나는 벨포로 요새의 사자 앞 광장에서 1기갑사단의 오토바이 전령병을 세워 사단 참모부의 위치를 물었다. 민첩한 젊은 전령병은 나를 참모부가 있는 드 파리 호텔로 안내했다. 호텔로 들어가니 벵크 소령이 나의 이른 등장에 무척 놀라며 인사했고, 사단장은 막 목욕 중이라고 대답했다. 지난 며칠 동안의 강행군을 생각하면 몸을 씻고 싶어 하는 그 마음을 충분히 이해할 수 있었다. 그래서 키르히너 장군이 목욕을 끝내고 나올 때까지 프랑스 장교들을 위해 준비한 아침 식사를 먹어보았다. 그런 다음 상황을 보고받았고, 1기갑사단은 현재 도시의 일부만 점령했을 뿐 아직은 요새 전체가 프랑스 군의 수중에 있다는 사실도 알게 되었다. 외곽에 주둔한 병영에서만 항복 협상이 이루어졌고, 요새에서는 절대 물러서지 않겠다고 해서 공격을 해야 할 상황이었다.

사단은 요새를 정복할 전투 대열을 갖춰 정오 무렵 공격을 시작했다. 첫 번째로 바스 페르슈(발미) 요새가 함락되었고, 그 다음에는 내가 있는 자리에서 오트 페르슈(라프) 요새와 성이 차례로 함락되었다. 이 공격에서 활용한 전투 방식은 아주 간단했다. 먼저 1기갑사단 포병대가 포격을 한 다음 장갑 병력수송차에 탑승한 에킹거 소총대대와 88

㎜ 대공포가 요새로 접근했다. 대공포가 요새 후면을 공격하는 동안 소총대대는 요새 앞 경사면으로 가서 기다리고 있다가 방벽을 타고 요새 안으로 진입했다. 그런 다음 요새를 넘기라고 요구했고, 이어진 신속한 공격 덕분에 요새는 바로 함락되었다. 마지막으로 요새를 완전히 장악한 표시로 독일 군기를 올린 뒤 돌격대는 다음 요새로 향했다. 아군의 피해는 미미했다.

네트비히 대령이 이끄는 1기갑사단의 또 다른 병력은 그날 벨포르 북쪽의 지로마니에 당도했다. 그들은 포로 1만 명을 잡았고, 박격포 40대와 비행기 7대를 포함해 수많은 장비를 노획했다.

내 기갑집단은 몽벨리아르로 전투지휘소를 옮겼다.

그러는 사이 프랑스 정부가 사퇴하고 고령의 페탱 원수가 새 내각을 구성해 6월 16일 휴전협정을 제안했다.

이제 내 집단의 주요 임무는 돌만 장군과 연계해 엘자스 로트링겐의 적 병력을 포위하는 일이었다. 29차량화보병사단이 전투를 치르며 쥐라 산맥을 지나 로몽과 프룬트루터 치펠로 진군하는 동안 2기갑사단은 뤼프와 르미르몽 부근의 모젤 강 상류에 도달했다. 켐프 장군 휘하의 6기갑사단은 1기갑사단이 벨포르에서 성공한 방법과 비슷한 방식으로 에피날을 점령했다. 에피날의 각 요새에서 나온 포로가 4만 명이었다.

7군의 최전방 병력은 젠하임 남쪽 오버엘자스의 니더아스바흐에 당도했다.

6월 19일 이동을 계속해 벨포르 북동쪽 라 샤펠에서 7군과의 연결이 성사되었다. 벨포르 동쪽 요새에서는 여전히 약간의 어려움이 있었지만 곧 함락되었다. 1기갑사단의 일부 병력은 벨셔 벨헨(발롱 달자스)과 발롱 드 세르방스를 정복하고 자정에는 르 티요를 점령했다. 2

기갑사단은 모젤 강 부근 뤼 요새를 함락했다. 드넓은 전선에서 포게젠(보주) 산맥으로 계속 진격했다. 그 과정에서 북쪽에서 에피날로 진군하던 1군단 보병사단들은 행군을 멈춰야 했다. 보병사단들이 계속 진군하면 이미 기갑부대들로 가득 찬 길이 꽉 막힐 것이 뻔했기 때문이다. 그러자 서둘러 행군하려는 보병사단들이 집단군에 거센 불만을 제기했다. 나는 작전 참모인 바예를라인 소령을 비행기로 리터 폰 레프 상급대장에게 신속하게 보내 행군이 정지된 이유를 설명하도록 했다. 바예를라인이 제때에 당도해 불쾌한 상황을 막을 수 있었다.

기갑집단 사령부는 포게젠의 온천지 플롱비에르로 이동했다. 나는 고대 로마시대부터 알려진 이 유서 깊은 온천지에서 3일을 보냈다.

이제 프랑스 군의 저항은 완전히 와해되었다. 6월 20일에는 코르니몽, 21일에는 포게젠의 뷔상을 점령했다. 2기갑사단은 생타메와 톨리에, 29차량화보병사단은 델과 벨포르에 당도했다. 약 15만 명의 포로가 내 수중에 들어왔다. 포로들의 수를 파악하는 과정에서 C집단군의 몇몇 장군들 사이에 불화가 생겼지만 리터 폰 레프 상급대장의 현명한 판결로 해결되었다. 그는 내가 앞에서 언급한 포로 숫자를 인정해주었고, 기갑집단이 벨포르-에피날에 광범하게 개입하지 않았다면 그처럼 많은 포로를 잡을 수 없었을 거라며 치하했다.

엔 강을 건넌 뒤로 기갑집단이 확보한 포로는 대략 25만 명이었다. 그 외에도 헤아릴 수 없을 정도로 많은 양의 각종 장비를 노획했다.

6월 22일 프랑스 정부가 휴전협정에 조인했다. 그 조건은 내게는 알려지지 않았다. 6월 23일 나는 슐르흐트와 카이저스베르크를 지나 엘자스 콜마르에 있는 돌만 장군의 사령부를 찾아갔다. 거기서 내가 행복한 어린 시절을 보냈던 곳들을 다시 보았다.

그 뒤 내 참모부를 브장송으로 이동해 처음에는 호텔로 들어갔다가 나중에 프랑스 군단 사령부 건물로 옮겼다. 나는 모든 전투가 끝난 뒤 내 휘하 장군들과 총참모본부 장교들을 찾아가 그들이 이뤄낸 뛰어난 성과에 고마움을 표했다. 우리의 공동 작업에는 그 어떤 불협화음도 없었다. 우리의 용맹스런 부대는 지금까지 부여된 힘든 임무를 헌신적으로 완수했다. 그들은 자신들의 성취에 진정 자부심을 느낄 수 있었다.

6월 30일 나는 아래에 첨부한 일일명령을 통해 작별을 고했다.

구데리안 기갑집단　　1940년 6월 30일 브장송
일일명령

구데리안 기갑집단의 개편 순간을 맞아 다른 곳에 배치될 모든 지휘부와 부대에 진심어린 작별을 고한다.

엔 강에서 스위스 국경과 포게젠 산맥에 이르는 승리의 행군은 역사의 한 장을 장식해 기동부대의 신속한 돌파를 보여주는 영웅적인 사례로 남을 것이다.

지난 10년 이상을 공들인 내 노력과 투쟁을 가장 아름답게 완성해준 그대들의 행위에 진심으로 감사한다.

앞으로 맡게 될 새 임무도 똑같은 활력으로 똑같이 성공을 거둬 우리 대독일의 궁극적인 승리를 이룩하자!

하일 히틀러!　　구데리안

(서명)

휴전

브장송에서 있었던 일 중에서는 두 사람과의 만남이 기억에 남는다. 6월 27일 저녁 19보병연대의 리터 폰 에프 연대장이 찾아왔다. 에프는 자기 연대를 찾아가는 길이었는데, 나와는 독일 슈페사르트 산에서 함께 사냥하면서 알게 된 사이였다. 우리는 프랑스와의 휴전과 영국과의 전쟁에 대해 장시간 허심탄회하게 이야기를 나누었다. 나는 고립된 위치에 있었던 탓에 내 생각을 털어놓을 기회가 전혀 없었다. 그래서 내게는 더욱 즐거운 시간이었다.

두 번째 방문객은 7월 5일에 찾아온 제국 군수부 장관 프리츠 토트였다. 토트 장관과도 똑같은 주제로 이야기를 나누었는데, 토트는 원래 전차의 구조 개발을 위해 전선에서의 경험을 수집하러 왔었다.

독일 국민의 환호와 히틀러의 만족 속에서 체결된 휴전협정이 나는 마음에 들지 않았다. 독일군이 프랑스에 완승을 거두고 전쟁을 끝낼 수 있는 가능성은 여러 가지가 있었다. 먼저 프랑스를 완전히 무장해제하고 완전히 점령한 뒤 함대와 식민지를 양도하라고 요구할 수 있었다. 그러나 그와는 완전히 다른 길도 있었다. 프랑스 및 영국과 신속한 평화 협상을 체결한다는 전제 아래 프랑스의 영토와 식민지, 국가의 독립성을 온전히 보장하는 타협안을 생각할 수 있었다. 이 양극단 사이에는 여러 가지 변종이 있었다. 거기서 어떤 결정을 내리든 그 선택은 독일 제국에 영국과의 전쟁까지도 끝낼 수 있는 가장 유리한 전제 조건이 되었을 것이다. 영국과의 전쟁을 끝내기 위해서는 당연히 외교적 협상이 우선시되어야 했다. 그러나 히틀러가 제국 의회에서 내건 제안은 그런 협상이 아니었다. 나는 지금에서야 당시 영국이 히틀러와의 협상에 응할지가 매우 회의적이었다는 점을 분명히 깨달았다. 그렇다하더라도 외교적 협상은 시도되었어야 마땅했다. 그 협상이 단지 평화적 수단을 사용하지 않았다는 비난을 피하려는 면피용 협상이었을지라도 말이다. 외교적 단계로 원하는 결과를 얻지 못했을 때, 비로소 군사적 수단을 사용해야 했다. 즉각적으로, 모든 병력을 동원해서. 히틀러와 그의 참모진도 분명 영국과의 전쟁을 생각했을 것이다. '바다사자 작전'으로 알려진 영국 본토 상륙 작전이 그 증거였다. 그러나 영국에 상륙할 만한 상황이 아닌 독일 해군과 공군의 준비 부족을 생각할 때, 막강한 해군력을 보유한 적을 평화 협상으로 이끌어낼 만큼 강한 타격을 주기 위해서는 다른 방법도 고려하고 있어야 했다.

당시 나는 즉각적인 작전 속개로 론 강 하구를 점령하는 것이 조속한 평화 협정 체결을 위한 가장 효과적인 방법이라고 보았다. 이탈리아와 협력해 프랑스의 지중해 항구들을 점령한 상태에서 공군의 우수한 공수부대를 이용해 몰타를 점령하고 아프리카에 상륙하는 것이다. 이때 이 계획에 프랑스를 합류시키면 더 좋다. 그렇지 않다면, 독일과 이탈리아군만으로 전쟁을 수행하는 것이다. 그것도 당장. 당시 이집트 내 영국 병력이 약하다는 사실은 잘 알려져 있었고, 아비시니아(에티오피아)에는 아직 강력한 이탈리아군이 버티고 있었다. 이런 주변 상황 속에서 영국군의 능력은 아군 공습으로부터 몰타를 지키기에 역부족이었다. 내가 볼 때는 모든 상황이 이 방향으로 작전을 펼쳐나가는데 안성맞춤이었고, 거기에 반대할 만한 이유는 전혀 없었다. 4~6개의 기갑사단을 즉시 아프리카로 보낸다면 영국에 압도적인 우위를 점하게 될 것이고, 영국이 증원군을 파견하기에도 너무 늦은 상황이 될 터였다. 독일과 이탈리아의 북아프리카 상륙이 이탈리아가 첫 패배를 당한 1941년 이후가 아닌 1940년에 이루어졌다면, 그 파급 효과는 독일에 훨씬 더 유리했을 것이다.

히틀러가 아프리카로 전쟁을 확대하지 않은 이유는 이탈리아에 대한 불신 때문이었을지 모른다. 그러나 그보다는 대륙적인 사고방식에 사로잡힌 히틀러가 영국이 지중해 지역에 세력을 유지하는 결정적인 의도를 제대로 판단하지 못했을 가능성이 더 높다.

어쨌든 나는 내가 제안한 작전에 대해서는 아무런 답변도 듣지 못했고, 1950년에야 리터 폰 에프 장군이 히틀러에게 그 제안을 전했다는 사실을 알게 되었다. 당시 에프 장군을 수행했던 해군 대령 베니히의 말에 따르면 히틀러는 그 제안의 상세한 검토를 거부했다.

나는 브장송에 머무는 동안 쥐라 산맥을 둘러볼 기회를 얻었고, 7월 1일에는 몽롱에서 내가 잘 알고 있던 제네바 호수를 바라보았다. 또한 리옹으로 가서 이번 서부 출정에서 두 번째 부상을 당한 큰아들을 만났다. 큰아들은 지금까지 보여준 용감한 행동으로 진급이 예정되어 있었다.

브장송의 지사 및 시장과는 점령지 행정에 대한 공식 관계를 수립했다. 두 사람의 태도는 정중했다.

7월 초 기갑집단이 해체되어 몇몇 사단은 독일로 돌아가고, 나머지 부대는 파리 주변으로 이동했다. 기갑집단 참모부도 그곳으로 옮겼다. 나는 총통을 맞이하기 위한 대규모 총통 분열식을 준비하라는 지시를 받았지만 다행히 분열식은 열리지 않았다.

나는 파리에서 베르사유와 퐁텐블로를 방문했다. 퐁텐블로 궁전은 역사적인 유물과 볼거리가 가득한 아름다운 고성이었다. 라 말메종에 있는 나폴레옹 박물관도 특별한 관심을 품고 방문했다. 고령의 품위 있는 박물관장이 나를 안내했고, 나폴레옹의 역사에 조예가 깊은 그 전문가와 매우 유익하고 흥미로운 대화를 나누었다. 전시 상황이 허락하는 한 파리의 볼만한 곳들을 찾아다니는 일은 당연했다. 나는 처음에 호텔 랭카스터에 묵었지만 나중에는 불로뉴 숲 근처에 있는 민가를 빌려 아주 편안하게 지냈다.

파리 체류는 7월 19일에 개최될 제국 의회 때문에 중단되었다. 나는 여러 장군들과 거기에 참석하라는 명령을 받았고, 나의 상급대장 진급도 예정되어 있다는 소식을 들었다.

분열식이 취소된 마당에 기갑집단 참모부가 파리에 남아 있을 이유는 없었다. 그 때문에 나와 참모부는 8월 초 베를린으로 이동했고, 거기서 얼마간 휴식을 취하며 한가한 시간을 보냈다.

그사이 프랑스에 남은 부대는 바다사자 작전 준비에 몰두했다. 그러나 처음부터 진지하게 계획한 작전도 아니었고, 내 판단으로는 독일 공군력 및 해군력의 부족과 됭케르크에서 빠져나간 영국 원정군으로 인해 성공 가능성이 전혀 없었다. 공군력과 해군력의 근본적인 부족은 독일이 서부에서 전쟁을 계속할 의도가 없었고 전혀 준비하지도 않았다는 사실을 보여주는 단적인 예다. 9월에 가을 돌격[38]이 시작되었을 때 바다사자 작전은 궁극적으로 폐기되었다.

그러나 다른 한편으로 바다사자 작전은 기갑부대에 3호 전차 및 4호 전차의 잠수전차 형식을 시험할 기회였다. 이 전차들은 8월 10일까지 홀슈타인 소재 푸트로스 기갑학교에 출동 완료 상태로 대기하고 있었다. 그러다가 바다사자 작전이 취소되면서 1941년 소련 출정에서 부크 강을 건널 때 처음 사용되었다.

---

38 영국 본토항공전에서 독일이 9월부터 시작한 런던 대공습을 말함. 공습과정에서 독일 공군이 큰 피해를 입은데다, 바다사자 작전을 수행하기 위해 영국에 입혀야되는 피해는 목표에 미달하여 9월 21일 예정하고 있던 바다사자 작전을 1941년 이후로 연기했고, 이후 41년 6월 독소전이 개전하면서 바다사자 작전을 위해 준비한 병력들이 동부전선으로 이동하여 작전은 사실상 폐기되었다.(편집부)

서부 출정의 경험을 토대로 히틀러는 전차 생산량을 매달 800~1000대로 늘리라고 요구했다. 그러나 육군 병기국의 계산에 따르면 그 일을 위해서는 20억 마르크라는 막대한 비용과 10만 명의 숙련된 노동자들과 특수 기능공들이 필요했다. 그런 엄청난 요구 때문에 히틀러는 당시 자신의 뜻을 꺾어야 했다.

그 외에도 히틀러는 3호 전차에 그때까지 사용된 37㎜ 포를 대신해 50㎜ L60 포를 탑재하라고 요구했다. 그런데 실제 탑재된 것은 포신 길이가 훨씬 더 짧은 50㎜ L42 포였다. 히틀러는 병기국에서 포를 변경한 사실을 곧바로 알지 못했던 모양이었다. 히틀러는 1941년 2월 기술적 가능성이 충분했는데도 자신의 지시대로 이행되지 않았다는 사실을 알고는 대로했고, 병기국 담당 장교들의 독단적 행동을 결코 용서하지 못했다. 히틀러는 몇 년 뒤에도 그 일을 다시 언급했다.

서부 출정 이후 히틀러는 기갑사단과 차량화보병사단의 수를 상당히 늘렸다. 그래서 단시간 내에 기갑사단의 수가 두 배로 증가했다. 다만 각 사단에 배치된 전차의 수는 절반으로 줄었다. 그 조치로 독일 육군은 명목상으로는 사단 병력이 두 배로 증가했다. 그렇다고 가장 중요한 기갑부대의 파괴력까지 두 배가 되었다는 뜻은 아니었다. 차량화보병사단의 수도 동시에 두 배가 되면서 차량 생산 요구가 급증했고, 히틀러의 요구에 부합하기 위해서는 서유럽 국가들에서 노획한 차량들까지 포함해 기존의 모든 차량을 끌어와야만 했다. 노획한 장비들은 독일제보다 근본적으로 열악했고, 무엇보다 임박한 동부전선이나 아프리카 전선에서 사용하기에는 턱없이 부족한 양이었다.

나는 기갑사단과 차량화보병사단의 조직과 교육을 감독하는 임무를 맡아 정신없이 바빴다. 그래도 짬이 날 때마다 어떤 형태로든 종결되어야 할 이번 전쟁의 예상되는 방향을 생각해 보았다. 내 생각은 남쪽이었다. 브장송에서도 언급했듯이 나는 영국과의 전쟁을 끝내는 것을 가장 중요하게 여겼다. 오직 그것만이 중요했다. 그러나 나는 육군 최고사령부나 총참모본부와는 전혀 접촉이 없었던 탓에 기갑부대의 편성 문제나 전쟁 문제에는 관여할 수가 없었다.

그 문제는 1940년 11월 14일 소련 정치인 몰로토프가 베를린을 방문한 뒤에야 명확히 드러났다. 드러난 문제는 매우 충격적이었다.

07 1941년 소련 출정

Der Feldzug in Rußland 1941

출정 배경

몰로토프는 1939년 5월 3일 리트비노프의 후임으로 소련 외무인민위원이 되었다. 몰로토프는 1939년 8월 23일 독소불가침조약을 체결해 히틀러의 폴란드 공격을 가능하게 했다. 소련은 1939년 9월 18일 폴란드 동부로 진격해 폴란드 진압에 참가했다. 그 얼마 뒤인 1939년 9월 29일에는 독일과 평화 조약과 함께 전쟁 수행 시 독일의 경제적 부담을 덜어줄 경제협력조약을 체결했다. 그러나 소련도 그 기회를 이용해 발트 주변국을 점령했고 1939년 11월 30일에 핀란드를 공격했다. 독일 병력이 서부에 묶여 있는 동안 소련은 루마니아에 베사라비아에서 철수하라고 강압했다. 그 때문에 히틀러는 1940년 8월 30일 루마니아의 독립을 보장했다.

1940년 10월 히틀러는 프랑스 대표와 프랑코와의 협상에서 전쟁 속행에 관해 논의했다. 그 회담에 이어 피렌체에서는 친구인 무솔리니를 만났다. 그런데 피렌체로 가는 도중에 볼로냐 기차역에서 무솔리니가 자신도 모르게, 게다가 자신이 동의하지도 않았는데 그리스와 사적인 전쟁을 계획하고 있다는 사실을 알게 되었다. 그로써 발칸반도 문제가 발생했고, 전쟁은 독일이 전혀 원하지 않는 방향으로 확대되었다.

히틀러의 진술에 따르면 무솔리니가 감행한 독자적인 행보의 첫 여파는 추축국에 대한 모든 종류의 협력을 거부한 프랑코의 이탈이었다. 프랑코는 그처럼 예측 불가능한 파트너들과는 함께 일하고 싶지 않은 듯했다.

두 번째 여파는 독일과 소련 사이의 긴장 관계 형성이었다. 지난 몇 개월 동안의 사건들, 특히 독일의 루마니아 정책과 도나우 정책으로 긴장감은 더 고조되었다. 이런 긴장 관계를 해소하기 위해 이루어진 조치가 바로 몰로토프의 베를린 초청이었다.

몰로토프는 베를린에서 다음 4가지 사항을 요구했다.

1. 핀란드는 소련의 세력권에 둔다.
2. 폴란드의 미래에 대해 함께 협의한다.
3. 루마니아와 불가리아 문제에서 소련의 이해관계를 인정한다.
4. 다르다넬스 해협에서 소련의 이해관계를 인정한다.

몰로토프가 모스크바로 돌아간 뒤 소련은 이 요구를 문서로도 작성해 히틀러에게 보냈다.

히틀러는 소련의 요구에 격분했다. 그래서 베를린에서 구두로 협의할 때 이미 거기에 반대한데 이어 몰로토프가 보낸 서면에는 아예 답변도 하지 않았다. 히틀러가 몰로토프의 방문과 그 이후의 과정에서 얻은 결론은 언젠가 소련과의 전쟁이 불가피하리라는 확신이었다. 히틀러는 당시 베를린에서 있었던 몰로토프와의 협의 과정을 내가 방금 기록한 대로 내게 여러 차례 언급했었다. 다만 이 문제에 대해 나와 이야기한 것은 1943년이 처음이었지만, 그 이후 몇 번이나 항상 같은 말을 했다. 따라서 나는 히틀러가 자신의 당시 생각을 정확하게 언급했으리라는 점을 의심하지 않는다.

그러나 히틀러는 소련의 요구보다 이탈리아의 1940년 정책에 훨씬 더 분노했고, 나는 히틀러의 판단이 전적으로 옳았다고 생각한다. 이탈리아의 그리스 침공은 경솔했고, 불필요한 일이기도 했다. 이탈리아의 공격은 10월 30일에 이미 정체되었고, 11월 6일에는 주도권이 그리스로 넘어갔다. 11월 중순까지 이어진 전투에서 참패[39]한 이탈리아군은 그리스에서 쫓겨나 알바니아까지 밀려났다. 나쁜 정책으로 군사적 재앙이 야기될 때면 늘 그렇듯이 이탈리아에서도 무솔리니의 분노는 장군들에게, 특히 그리스 전쟁이라는 모험에 반대했던 바돌리오 장군에게 향했다. 바돌리오는 무솔리니 정부의 적이자 배신자가 되었다. 바돌리오는 11월 26일 사령관 직에서 물러났고, 12월 6일 카발레로가 그의 후임이 되었다.

12월 10일 이탈리아가 이집트의 시디 바라니에서 대패했다. 이탈리아가 무모한 그리스 공격을 포기하고 아프리카 상황만 굳건하게 지켰다면, 독일과 이탈리아의 공동 이해관계에는 훨씬 더 유익했을 것이다. 그런데 이제 상황이 변했다. 그라치아니 원수가 아프리카에서 독일 공군에 지원을 요청했고, 무솔리니는 독일군 2개 기갑사단을 리비아로 파견해달라는 요청을 준비했다. 겨울이 지나는 동안 리비아의 바르디아, 다르나, 투브루크가 넘어갔다. 결국 롬멜이 지휘하는 독일군이 투입되면서 전세를 다시 회복했다.

이탈리아의 독단적 행동과 실수는 독일 병력이 아프리카와 불가리아에 이어 그리스와 세르비아에 발이 묶이는 결과를 초래했다. 이 상황은 결정적인 전장에 투입되어야 할 독일군에 매우 불리하게 작용했다.

---

39 11월 13일까지 이어진 핀두수 산 전투에서 이탈리아군을 격파한 그리스군이 공세로 전환하여 전선 전역에서 이탈리아군을 패퇴시키고 도주하는 이탈리아군을 추적해 알바니아까지 침공함.(편집부)

추축국들 사이의 이해관계 경계선을 너무 넓게 알프스 산맥으로 정한 것이 전쟁을 수행하는 데는 불충분한 것으로 드러났고, 동맹국들 사이의 협력도 제대로 이루어지지 않았다.

몰로토프가 베를린을 방문한 직후 나의 새 참모장이 된 프라이헤어 폰 리벤슈타인 중령과 작전 참모인 바예를라인 소령이 육군 참모총장 프란츠 할더 상급대장과의 협의에 참석하고 돌아왔는데, 그 자리에서 소련 공격 계획인 '바르바로사 작전'에 대한 첫 지시가 있었다. 참모장 리벤슈타인 중령과 작전참모 바예를라인 소령이 협의가 끝나고 돌아와 나에게 소련 지도를 내밀었을 때 나는 내 눈을 믿을 수가 없었다. 내가 도저히 불가능하다고 여긴 일이 현실이 된단 말인가? 1914년 독일 정치 지도부가 2개의 전선을 만들어 패전을 초래했다며 신랄하게 비판했던 히틀러가 영국과의 전쟁이 끝나기도 전에 소련을 공격하겠다고 스스로 결정했단 말인가? 모든 군인이 틀림없이 경고했고 그 자신도 누차 잘못이라고 비판했으면서 기어코 2개의 전선에서 전쟁을 치르겠다고?

나는 실망감과 화를 누르지 못하고 분명하게 드러내는 바람에 두 사람을 놀라게 했다. 그들은 육군 최고사령부와 똑같은 생각에 사로잡혀 있었고, 처음에는 할더 참모총장의 말을 빌려 8~10주 안에 소련을 제압하게 될 거라고 대답했다. 거의 비슷한 규모의 병력을 3개의 집단군으로 나누어 뚜렷한 작전 목표도 없이 광활한 소련으로 진격하게 한다는 계획은 전문가의 관점에서 도저히 납득할 수 없는 일이었다. 나는 그런 내 생각을 참모장을 통해 육군 최고사령부에 알렸지만 전혀 소용이 없었다.

자세한 내막을 모르는 나 같은 사람으로서는 히틀러가 사실은 아직 소련과의 전쟁을 최종적으로 결정하지 않았으면서 단지 허세를 부리려는 것이기만 바랄 뿐이었다. 그런 바람속에서 1940년 겨울과 1941년 초는 끔찍한 악몽처럼 지나갔다. 스웨덴의 카를 12세와 나폴레옹 1세의 러시아 출정을 다시 연구해 보아도 독일군 앞에 기다리고 있을 전쟁터의 온갖 어려움이 눈앞에 생생하게 그려졌다. 또한 그 엄청난 계획에 대한 준비가 부족하다는 점도 여실히 드러났다. 그러나 지금까지의 성공, 특히 프랑스 전선에서 놀라울 정도로 짧은 시간에 거둔 승리가 수뇌부의 판단력을 흐리게 하여 그들의 사전에서 불가능이라는 단어를 지운 듯했다. 국방군과 육군 최고사령부는 하나같이 흔들리지 않는 낙관주의를 드러내면서 그 어떤 반대에도 일체 대응하지 않았다.

나는 눈앞에 다가온 막중한 임무를 생각해 내 감독 하에 있는 사단들의 교육과 무장에 그 어느 때보다 열을 다했다. 그러면서 곧 이어질 출정은 지난 폴란드와 프랑스 출정보다 훨씬 더 어려울 거라는 점을 누차 강조했다. 비밀을 엄수해야 하기 때문에 그 이상은 말할 수 없었다. 그러나 나는 내 병사들이 가늠할 수 없이 어려운 새 임무를 경솔하게 맞이하도록 놔두고 싶지는 않았다.

앞에서 이미 언급했듯이 히틀러의 명령으로 새로 편성된 사단들의 차량은 상당수가 프랑스 차량이었다. 이 장비는 동유럽에서 전쟁을 치르기에는 적합하지 않았다. 그러나 독일의 차량 생산이 엄청난 수요를 감당하지 못했기 때문에 그런 결함을 분명히 알면서도 고칠 수가 없었다.

기갑사단 내에서 전차 수가 줄었다는 사실도 앞에서 언급한 바 있다. 그나마 오래된 1호 전차와 2호 전차를 거의 완전히 밀어내고 3호 전차와 4호 전차 생산을 늘린 것이 전차 수 감소를 어느 정도는 상쇄할 수 있었다. 독일인들은 소련과 전쟁을 앞두고 독일 전차가 그때까지 알려진 소련 전차보다 기술적으로 우위에 있다고 믿었다. 그래서 독일이 소련에 투입할 전차 3,200대로 엄청난 수적인 열세를 어느 정도는 만회할 수 있을 것으로 보았다. 그런데 전차와 관련해 한 가지 매우 특이한 상황이 나를 무척 놀라게 했다. 히틀러는 1941년 초까지도 소련 장교사절단이 독일의 기갑 학교와 전차 생산 공장을 시찰하는 것을 허락했고, 그들에게 모든 것을 보여주라고 명령했다. 소련 장교들은 4호 전차를 보면서 그것이 독일의 최중량급 전차라는 사실을 믿으려 하지 않았다. 그들은 우리가 히틀러가 보이기로 약속한 최신 전차를 감추고 있다고 계속 주장했다. 소련 사절단이 집요하게 요구하자 우리 제조업자들과 병기국 장교들은 결국 상부에 이렇게 보고했다. "소련은 우리보다 더 무겁고 발전된 전차를 보유하고 있는 것 같습니다." 1941년 7월 말 독일군 전선 앞에 등장한 소련의 T-34 전차가 바로 그 신형 전차였다.

4월 18일 히틀러는 3호 전차에 자신이 지시한 50㎜ L60 포가 아니라 L42 포가 탑재되었다는 사실을 알았고, 그 포가 자신의 요구보다 약화된 형태라는 것을 알고는 더 진노했다. 슈판다우에 있는 알케트사는 4월 말까지 히틀러의 요구를 충족시켰고, 그 때문에 병기국의 상황은 상당히 난처해졌다. 히틀러는 몇 년 뒤에도 누군가 병기국을 변호하려 들 때마다 당시의 일을 거론했다.

이 시기 독일의 연간 전차 생산량은 1,000대가 조금 넘었다. 그 수량은 소련의 생산량과 비교할 때 매우 적은 수였다. 나는 1933년에 이미 소련의 전차 공장 한 곳에서만 하루에 크리스티 루스키 전차 22대를 생산한다는 사실을 확인한 바 있었다.

3월 1일 불가리아가 삼국 동맹에 가입했고, 3월 25일에는 유고슬라비아가 뒤를 이었다. 그러나 3월 27일 베오그라드에서 발생한 쿠데타가 삼국 동맹의 확대를 수포로 돌아가게 했다. 4월 5일 소련과 유고슬라비아가 평화 조약을 체결했고, 동맹국은 4월 6일 발칸 반도 출정을 시작했다. 나는 그 출정에 참가하지 않았다. 그러나 거기에 참전한 기갑부대들은 다시 그 능력을 입증했고 신속한 종결에 기여했다.

단 한 사람, 무솔리니 만이 이 지역의 전쟁 확대를 환영했다. 이 전쟁은 무솔리니가 히틀러의 의지와는 상관없이 억지로 유발한 전쟁이었다. 그러나 소련과 유고슬라비아의 평화 조약 체결은 독일군 지휘부가 동쪽에 있는 거대한 이웃과 단절할 시기가 임박했음을 분명히 깨닫는 계기가 되었다.

동맹국은 4월 13일 베오그라드를 함락했다. 4월 17일 유고슬라비아가 항복했고, 4월 23일에는 영국의 지원에도 불구하고 그리스가 항복했다. 5월 말에는 공수부대의 도움으로 크레타를 점령했다. 안타깝지만 몰타는 아니었다. 독일, 이탈리아, 헝가리, 불가리아, 알바니아가 유고슬라비아 지역을 나누어 가졌다. 크로아티아가 독립 국가로 새로 탄생했다. 이탈리아 왕자 스폴레토 공작이 신생국 수반으로 정해졌지만 스폴레토 공작은 그 불안한 왕좌에 실제로 오르지는 않았다. 그밖에도 이탈리아 왕의 소원으로 몬테네그로가 다시 독립국이 되었다.

그러나 신생 크로아티아의 국경이 민족 분포 경계선과 일치하지 않았기 때문에 처음부터 이탈리아와 알력이 발생했다. 달갑지 않은 일련의 분쟁이 유럽의 악천후 지대인 이 지역의 분위기를 끊임없이 망쳤다.

1941년 5월과 6월 영국이 시리아와 아비시니아(에티오피아)를 점령했다. 독일은 부족한 수단을 동원해 이라크에서 확고한 기반을 얻으려고 시도했지만 실패했다. 1940년 여름 서부 출정 직후에 일관된 지중해 정책을 펼쳤다면 그 시도는 성공할 수 있었을 것이다. 그러나 이제 그런 고립된 지역에서 작전을 펼치기에는 너무 늦었다.

출정 준비

발칸 출정이 아무리 신속하게 전개되고, 거기에 참가한 부대가 소련 출정을 위해 아무리 빨리 복귀한다고 해도 아군의 소련 내 이동 시작은 어느 정도 지연될 수밖에 없었다. 그런 상황과는 상관없이 1941년 초는 이례적으로 비가 많이 내렸다. 그래서 부크 강과 그 지류들은 5월까지도 강물이 넘쳤고, 그로 인해 주변의 초지가 늪지대로 변해 지나다닐 수가 없었다. 나는 폴란드에 주둔한 독일군 부대들을 시찰하면서 그런 상황을 확인할 수 있었다.

소련 공격을 위해 3개의 집단군이 편성되었다.

폰 룬트슈테트 원수가 이끄는 남부집단군은 프리피야트 습지 남쪽, 폰 보크 원수가 이끄는 중부집단군은 프리피야트 습지와 수바우키 사이, 리터 폰 레프 원수가 이끄는 북부집단군은 동프로이센에 포진했다.

이 3개의 집단군은 국경 근처에 주둔한 소련군을 돌파한 뒤 포위해서 섬멸한다는 목표로 소련을 향해 진군할 계획이었다. 그 중에서 기갑집단들은 소련 지역으로 깊숙이 파고들어 새로운 전선이 형성되는 것을 막는 임무를 맡았다. 작전의 중심점은 정해지지 않았다. 3개의 집단군은 거의 비슷한 규모의 병력을 보유했다. 다만 중부집단군에는 2개의 기갑집단이 배치된 반면 남부집단군과 북부집단군은 1개의 기갑집단을 거느렸다.

내가 통솔하는 2기갑집단과 훨씬 북쪽에 포진한 호트 상급대장 휘하의 3기갑집단은 중부집단군의 지휘를 받았다.

2기갑집단은 다음과 같이 편성되었다.

–사령관: 구데리안 상급대장

–참모장: 프라이헤어 폰 리벤슈타인 중령

–24기갑군단: 프라이헤어 가이르 폰 슈베펜부르크 기갑대장

- 3기갑사단: 모델 중장
- 4기갑사단: 프라이헤어 폰 랑거만 소장과 에를렌캄프 소장
- 10차량화보병사단: 폰 뢰퍼 소장
- 1기병사단: 펠트 중장

–46기갑군단: 프라이헤어 폰 비팅호프 셸 기갑대장

- 10기갑사단: 샬 중장
- SS '다스 라이히'[40] 차량화보병사단 : 하우서 중장
- 그로스도이칠란트 보병연대: 폰 슈톡하우젠 소장

–47기갑군단: 레멜젠 기갑대장

- 17기갑사단: 폰 아르님 소장
- 18기갑사단: 네링 소장
- 29차량화보병사단: 폰 볼텐슈테른 소장

그밖에도 피비히 장군이 이끄는 근접지원비행대와 폰 악스트헬름 장군이 이끄는 '헤르만 괴링' 대공포연대가 2기갑집단의 지휘 아래 들어왔다.

포병대는 하이네만 장군, 공병대는 바허 장군, 통신대는 프라운 대령, 정찰비행대는 폰 바르제비슈 중령(처음에 맡았던 폰 게를라흐 대령은 공격

40 Das Reich: '제국'을 뜻한다. (역자)

3일째 총에 맞아 전사했다)이 이끌었다. 첫 몇 주간 기갑집단 공격 지역의 전투기 호위는 묄더스 대령의 지휘로 이루어졌다(첨부 자료 21 참조).

내 기갑집단은 공격 첫날 브레스트-리토프스크 요새 양쪽으로 부크 강을 건너 소련 전선을 돌파한 뒤 그 여세를 몰아 신속하게 로슬라블-옐냐-스몰렌스크에 도달하라는 임무를 맡았다. 그 과정에서 관건은 적의 새로운 전선 구축을 막아 1941년 안에 전쟁을 결정적 승리로 이끌 전제 조건을 만드는 것이었다. 기갑집단은 첫 목표지에 도달한 뒤 새 지시를 받기로 했다. 육군 최고사령부의 행군 지시는 나중에 2, 3기갑집단을 북쪽으로 돌려 레닌그라드를 점령하려는 의도를 짐작케 했다.

독일 관할 구역인 폴란드 총독부와 소련 지역 사이의 경계는 부크 강을 통해 구분되었다. 그로 인해 브레스트-리토프스크 요새도 나누어졌는데, 요새는 소련에 속해 있었다. 부크 강 서쪽에 놓인 옛 보루들만 독일 수중에 있었다. 나는 폴란드 출정 당시 그 요새를 정복했었다. 이제 두 번째로 똑같은 임무를 앞두고 있었는데, 상황은 그때보다 훨씬 더 어려웠다.

서부 출정에서 얻은 분명한 교훈에도 불구하고 독일군 수뇌부는 기갑부대의 활용 문제에 대해 생각이 제각각이었다. 그 사실은 지휘관들에게 임박한 임무를 설명하고 교육하기 위해 개최된 다양한 도상훈련에서 드러났다. 기갑부대 출신이 아닌 장군들은 포병의 강력한 포격 속에 보병사단이 첫 진입을 시도하고, 적진으로 어느 정도 진입한 이후에 기갑부대를 투입해 돌파하는 쪽으로 기울었다. 그에 반해 기갑부대 장군들은 기갑부대를 처음부터 선두에 배치하는 쪽에 중점을 두었다. 전차의 핵심은 공격의 돌파력에 있으니 전차의 투입으로 신속하고 깊숙한 돌파를 기대할 수 있으며, 모터의 기동성을 이용해 초기의 돌파 성공을 즉각적으로 이용할 수 있다고 판단했기 때문이다. 프랑스에서도 이미 경험했듯이 보병을 선두로 공격이 진행되면, 돌파에 성공한 뒤 끝없이 길게 늘어선 보병사단들의 대열이 길을 막아 전차의 이동을 방해했다. 따라서 적진을 돌파해야 하는 구역에서는 기갑사단을 선두에 배치하고, 요새 점령 같은 다른 임무에는 보병사단을 투입하는 것이 중요하다고 생각했다.

내 2기갑집단의 공격 구역이 바로 그런 경우였다. 브레스트-리토프스크 요새는 비록 오래되고 낡았지만 부크 강과 무하베츠 강, 물이 고인 도랑들로 인해 전차는 진입하지 못하고 보병이 공격해야 할 상황이었다. 전차를 투입한다면 1939년에 시도했던 방법처럼 기습 작전에 의해서만 점령할 수 있을 것이다. 그러나 1941년에는 점령을 위한 전제 조건이 더 이상 없었다.

그래서 나는 부크 강을 건너 브레스트-리토프스크를 양쪽에서 기갑사단으로 공격하되, 요새 자체의 공격은 보병군단에 부탁하기로 마음먹었다. 그 군단은 기갑집단의 뒤를 따르는 4군에서 차출해야 했다. 4군도 도하를 위해서는 또 다른 보병과 특히 포병 병력을 일시적으로 운용해야 했다. 나는 통일된 명령 수행을 위해서 그 부대들을 임시로 내 휘하에 들어오게 해달라고 요청했고, 동시에 나는 4군 최고사령관인 폰 클루게 원수의 통솔을 받겠다고 했다. 폰 클루게 원수가 몹시 까다로운 상관이었기 때문에 나로서는 큰 희생이었지만, 사안의 중요성을 감안할 때 불가피한 일이라고 생각했다.

공격 지형은 부크 강으로 인해 정면으로 경계가 형성되었다. 적을 앞에 두고 강을 건너는 것이 나의 일차 임무였고, 그 임무는 기습적으로 이루어질 때 성공 가능성이 훨씬 높았다. 나는 브레스트-리토프스크 요새가 즉시 함락될 거라고는 생각하지 않았다. 그래서 요새를 사이에 두고 양쪽으로 진군하는 기갑군단의 공격이 병력의 양분으로 약화되지 않도록 하고, 기갑집단의 노출된 양쪽 측방을 강화하는데 중점을 두었다. 부크 강을 건너고 나면 기갑집단의 우측으로는 전차가 이동하기 어려운 프리피야트 습지가 있었다. 그래서 이곳은 4군의 경보병 병력이 진군하도록 할 계획이었다. 기갑집단의 좌측에서는 4군 병력의 일부와 9군 보병이 공격할 계획인데, 바로 이 좌측방이 가장 위태로웠다. 상당한 규모의 소련 병력이 비아위스토크 주변에 집결해 있는 것으로 알려졌기 때문이다. 이 소련군 병력은 기갑부대로 인해 자신들의 후방에 위험이 발생할 경우 주도로를 따라 볼코비스크-슬로님을 지나 포위망을 빠져나가려 할 것이다.

나는 양 측방에 발생하는 위험에 대처하기 위해서 다음의 두 가지 조치를 취할 생각이었다.

a) 특히 가장 큰 위험이 도사리는 좌익의 종대 대형 배치

b) 차량화부대가 접근하기 어려운 우익에 기갑집단에 속하는 1기병사단 활용

그밖에도 기갑사단을 뒤따르는 4군 보병사단과 광범위한 항공 정찰로 안전을 강화할 생각이었다. 그에 따라 기갑집단의 공격 편성은 다음과 같은 형태였다.

-우익: 24기갑군단(프라이헤어 폰 가이르 기갑대장):

• 255 보병사단(부크 강 도하 시에만 배속됨)은 브워다바에서 말로리타로 진격

• 1기병사단은 슬라바티체에서 말로리타를 거쳐 핀스크로 진격

• 4기갑사단은 코덴에서 브레스트-코브린 도로로 진격

• 3기갑사단은 코덴 북쪽에서 브레스트-코브린 도로로 진격

• 10차량화보병사단은 2선에서 후속

–중앙: 7군단(슈로트 보병대장)은 공격 초기에만 배속되어 45, 31보병사단과 함께 북쪽의 코덴–네플레 선에서 브레스트–리토프스크를 에워싼다. 거기에 필요하지 않은 병력으로는 브레스트–리토프스크–코브린–베레자 카르투스카와 모티칼리–필리스츠체–프루즈나–슬로님 사이의 도로로 진격해 24기갑군단과 좌측에 연결된 47기갑군단 사이의 지대를 소탕하고 양 기갑군단의 내부 측방 방어

–좌익: 47기갑군단(레멜젠 기갑대장):

• 18기갑사단과 17기갑사단은 레기와 프라툴린 사이에서 부크강과 레스나를 지나 비도믈라–프루즈나–슬로님으로 진격

• 29차량화보병사단은 2선에서 후속

• 167보병사단(부크 강 도하 시만 배속됨)은 프라툴린 서쪽으로 진격

–기갑집단의 예비대:

46기갑군단(프라이헤어 폰 비팅호프 기갑대장)은 10기갑사단과 SS 다스 라이히사단 및 그로스도이칠란트 보병연대와 함께 라진–루코프–뎅블린 지역에 남아 있다가 부크 교량이 확보되면 기갑집단의 좌익 뒤에서 47기갑군단을 후속

6월 6일 육군 참모총장 할더 상급대장이 기갑집단 참모부를 방문했다. 참모총장은 기갑부대의 임무는 적진 깊숙이 돌파하는데 있으니 보병사단들이 공격하는 동안 기갑사단들은 그 임무를 위해 온전한 상태를 유지하라는 주장을 피력했다. 나는 앞에서 이미 언급했

던 이유에 따라서 각 부대를 배치했기 때문에 배치를 바꿀 필요가 없었다.

첫 번째 목적지(2기갑집단은 로슬라블-옐냐-스몰렌스크 지역)에 도달한 이후 군 수뇌부가 어떤 작전 의도로 전쟁을 이어나갈지는 불분명했다. 내 참모부에는 단지 몇 가지 암시만 있었을 뿐이다. 그 암시에 따르면 우선 레닌그라드와 발트 해를 점령한 뒤 핀란드와 연계해 북부집단군의 해상 보급로를 안전하게 지킨다는 것이었다. 그런 계획은 실제로도 존재했다. 호트 장군의 3기갑집단과 경우에 따라서는 내 기갑집단까지 스몰렌스크 주변에 도착한 다음 북부집단군의 작전을 지원하기 위해서 북쪽으로 방향을 돌릴 준비를 하라는 지시가 그 사실을 뒷받침했다. 그 작전은 소련에 있는 독일군 전체 병력의 좌측방을 확실하게 방호하는데 크게 유리했을 것이다. 나는 그 작전이야말로 독일이 적용할 수 있는 최선의 작전이었을 거라고 생각했다. 그러나 그 작전에 대해서는 더 이상 아무 말도 듣지 못했다.

6월 14일 히틀러는 각 집단군과 군, 기갑집단의 지휘관들을 베를린으로 소집했다. 소련 공격을 결심한 이유를 설명하고 각 군의 준비 과정을 보고받기 위해서였다. 히틀러는 다음과 같은 취지로 설명했다. 영국을 무너뜨리기는 어렵다. 그러므로 평화를 이루기 위해서는 대륙에서 전쟁을 승리로 이끌어야 한다. 독일이 유럽 대륙에서 그 누구도 공격할 수 없을 정도로 확고한 위치를 얻으려면 반드시 소련을 무너뜨려야 한다. 그러나 히틀러가 상세하게 설명한 소련에 대한 선제공격의 이유는 설득력이 없었다. 독일의 발칸 반도 정복으로 인한 긴장 고조, 소련의 핀란드 개입과 발트 해 주변국 점령도 그처럼 중대한 결심을 정당화하기에는 부족했다. 나치스의 이데올로기적 이유나 소련 측에서 공격을 준비하고 있었다는 출처가 불분명한 군 관련 정보도 마찬가지였다. 서부에서의 전쟁이 완전히 끝나지 않은 한 모든 새로운 전쟁 계획은 2개 전선에서의 동시 전쟁으로 확대되고, 히틀러의 독일은 그런 전쟁을 1914년 당시보다 더 감당하기 어려울 것이다. 지휘관들은 히틀러의 연설을 말없이 듣기만 했고, 발언 기회가 없었기 때문에 모두들 심각한 분위기 속에서 말없이 흩어졌다.

오후에 공격 준비 상황을 보고하는 자리에서 나는 민스크에 도달하기까지 며칠이나 걸릴 것으로 예상하느냐는 질문만 받았다. 나는 "5일에서 6일"이라고 대답했다. 공격은 6월 22일에 시작되었고, 나는 27일에 민스크에 당도했다. 반면 수발키에서 진군한 호트 장군은 26일에 벌써 민스크 북쪽을 점령했다.

내 기갑집단에서 일어난 일들을 기록하기 전에 먼저 소련과의 결전을 위한 출정 초기, 독일 육군의 전체 상황부터 잠시 살펴보자.

내가 접근할 수 있던 자료들에 따르면 1941년 6월 22일 독일군 205개 사단 중에서 38개 사단은 서부에, 12개 사단은 노르웨이에, 1개 사단은 덴마크에, 7개 사단은 발칸 반도에, 2개 사단은 리비아에 있었다. 따라서 동부 출정에 동원될 사단은 모두 145개였다. 이러한 병력 배치는 불쾌한 병력 분산을 뜻했다. 특히 38개 사단이 주둔한 서부의 몫이 너무 높아 보였고, 노르웨이에 배치한 12개 사단도 너무 많았다. 또한 발칸 반도 출정 때문에 소련 방면 부대이동이 지연되어 개전이 6월까지 늦어졌다.

그러나 앞의 두 상황보다 소련에 대한 과소평가가 훨씬 더 치명적으로 작용했다. 히틀러는 그 거대한 나라의 군사력에 관한 아군의 보고, 특히 유능한 모스크바 주재 무관이었던 쾨스트링 장군의 보고를 믿지 않았다. 또한 소련의 산업 능력과 국가 체계의 견고성에 대한 보고도 그다지 신뢰하지 않았다. 대신에 자신의 근거 없는 낙관주의를 군사적인 영역에 바로 적용했다. 국방군과 육군 최고사령부는 겨울이 시작되기 전까지는 전쟁이 끝낼 거라고 확신해 겨울 군복도 병사들의 5분의 1 정도가 입을 수 있는 분량 밖에는 준비하지 않았다.

1941년 8월 30일에 이르러서야 육군 최고사령부는 상당수 병력의 동계장비 문제를 심각하게 고민하기 시작했다. 그날 작성된 한 일지에는 이렇게 적혀 있다.

> "현재 지역적으로 제한된 목표를 설정한 작전을 수행하고 있으나, 전선의 상황 변화에 따라 작전 수행을 겨울까지 연장할 필요성이 발생했다. 이에 근거하여 작전과는 필요한 겨울 장비에 대한 보고서를 작성했고, 조직과는 그 보고서에 따라 육군 총참모본부에 필요한 조치의 실행을 요구했다."

지금에 와서 1941년 육군의 겨울 장비 부족이 히틀러만의 책임이라는 주장이 간혹 제기되기도 하지만, 나는 거기에 동의할 수 없다. 공군과 무장친위대는 훌륭한 겨울 장비를 충분히 준비했고 실제로 제때에 지급했다. 그러나 육군의 수뇌부는 8~10주 안에 소련을 군사적으로 굴복시킬 수 있으며, 뒤이어 정치적으로도 와해시킬 수 있다는 망상에 빠져 있었다. 또한 그런 망상이 너무나 확고해서 1941년에 이미 육군의 군수 산업이 다른 생산 분야로 전환된 상태였다. 심지어는 겨울이 시작되면서 동부 전선의 60~80개 사단을 독일로 복귀시킬 생각까지 했다. 겨울 동안 나머지 병력만으로 동안 소련을 제압할 수 있다고 믿었고, 가을에 작전이 끝나면 그 나머지 병력을 거점 지역에 마련한 좋은 숙소에서 겨울을 나게 할 생각이었다. 모든 상황이 최선으로 조절된 것처럼 보였고, 아주 간단해 보였다. 거기에 반대하거나 회의적인 견해는 낙관론으로 일관하면서 모두 물리쳤다. 그 생각이 냉혹한 현실과 얼마나 동떨어져 있었는지는 앞으로의 서술에서 명확하게 볼 수 있을 것이다.

마지막으로 나중에 독일의 명성에 치명적인 손상을 입힌 한 가지 문제를 더 언급하고자 한다.

전쟁이 시작되기 전 소련 민간인과 포로를 다루는 문제와 관련해 국방군 최고사령부가 내린 명령이 각 군단과 사단에 하달되었다. 그 명령에는 민간인과 포로에 대한 불법 행위가 자행된다면 예외 없이 군형법을 적용하는 대신, 징계를 맡은 지휘관의 재량에 맡긴다는 규정이 담겨 있었다. 그러나 그런 규정은 군기를 심각하게 해칠 수 있었다. 육군 최고사령관도 그 점을 똑같이 느꼈던지 군기를 해칠 위험이 있다면 그 규정을 적용하지 말라는 폰 브라우히치 원수의 단서 조항이 달려 있었다. 나와 내 휘하 군단장들이 판단할 때 그 위험은 처음부터 분명했다. 나는 그 명령을 예하 사단들에 하달하는 것을 금지하고 베를린으로 돌려보내게 했다. 그래서 전쟁이 끝난 뒤 승전국들이 독일의 장군들을 상대로 진행한 재판[41]에서 상당한 역할을 한 그 명령은 내 기갑집단에서는 결코 적용되지 않았다. 나는 당시 명령을 따르지 않겠다는 뜻을 집단군 최고사령관에게 당연히 보고했다.

그와 마찬가지로 악명이 높았던 이른바 '공산당 정치장교 명령'[42]도 내 기갑집단에서는 전혀 모르는 내용이었다. 중부집단군에서 이미 명령 하달 자체를 차단했던 것으로 보였다. 따라서 내 부대에서는

41 전후 뉘른베르크 전범재판에서 해당 명령이 전쟁범죄 항목에 포함되어 판결의 근거가 되었다.(편집부)

42 러시아 군 내 공산당 정치장교는 전쟁 포로로 다루지 말고 발견 즉시 총살하라는 명령. (역자)

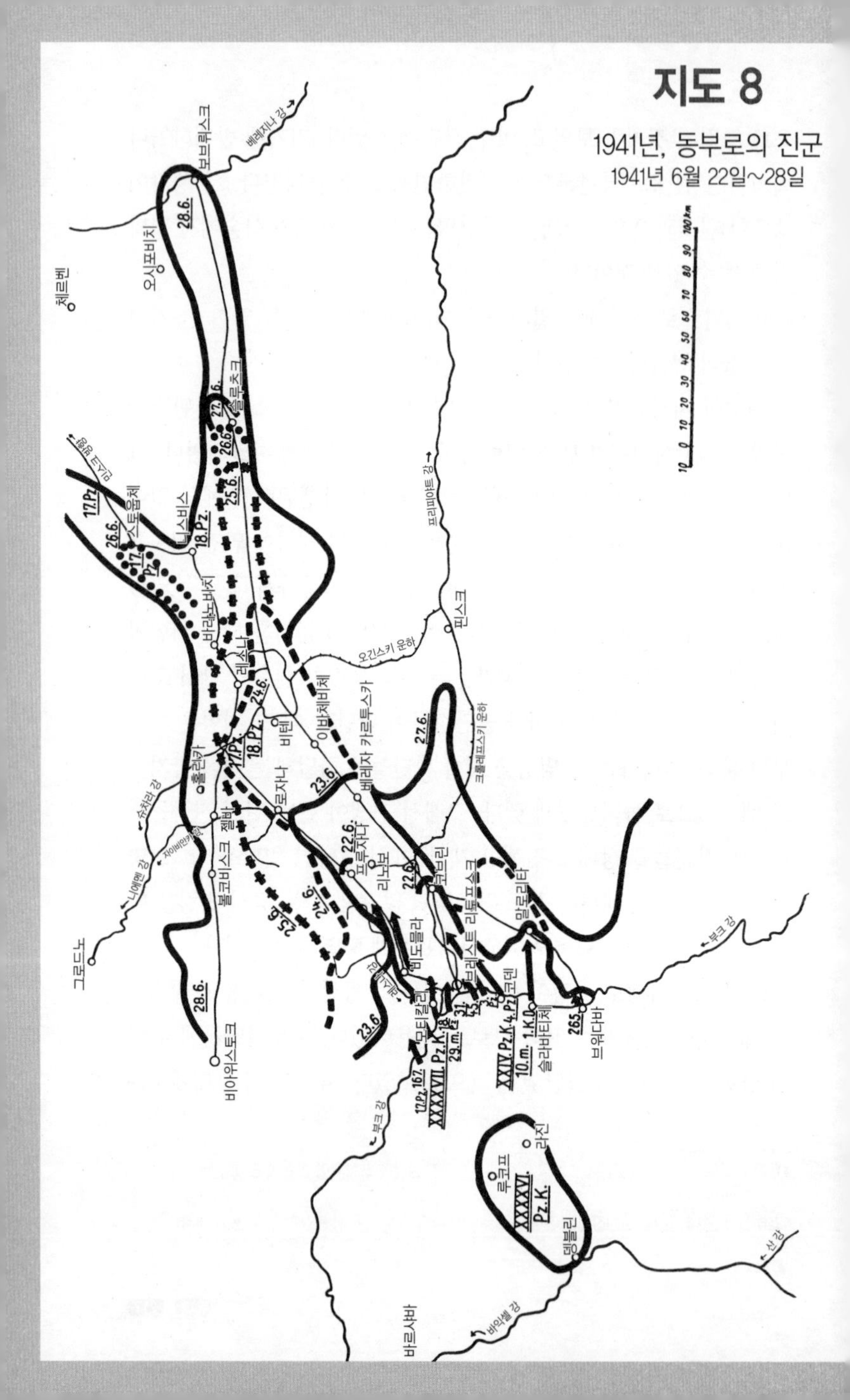

지도 8
1941년, 동부로의 진군
1941년 6월 22일~28일
보브루이스크
베레지나 강
오시포비치
체르벤
슬루츠크
스토웁체
네스비스
바라노비치
레스나
비텐
이바체비치
카르투스카
베레자
프루자니
리노보
코브린
브레스트 리토프스크
말로리타
브워다바
슬라바티체
코덴
비도믈라
모티칼리
로자나
젤바
볼코비스크
비아위스토크
그로드노
니에멘 강
슈차라 강
오긴스키 운하
핀스크
프리피아트 강
크롤레프스키 운하
부크 강
루코프
라진
데블린
바르샤바
산 강
XXXXVII. Pz.K.
XXIV. Pz.K.
XXXXVI. Pz.K.
17.Pz.
18.Pz.
28.6.
27.6.
26.6.
25.6.
24.6.
23.6.
22.6.

공산당 정치장교 명령이 적용된 적도 전혀 없었다.

지금 와서 돌이켜보면 그 두 가지 명령을 육군과 국방군 최고사령부에서 거부하지 않고 하달한 사실은 참으로 가슴 아픈 일이었다. 그랬다면 용감하게 싸운 죄 없는 병사들에게 쓰디쓴 고통을 안겨주지 않았을 테고, 독일의 명성에 커다란 치욕을 남기지도 않았을 것이다. 소련이 헤이그 협약에 가입했든 아니든, 그들이 제네바 조약을 인정하든 하지 않든 독일 군인들은 이들 국제 조약과 기독교 신앙의 계율에 따라 행동했어야 했다. 그런 혹독한 명령이 아니라도 전쟁은 적국 국민에게 엄청난 고통을 안겨주기 때문이다. 그들은 독일 국민들과 마찬가지로 전쟁 발발에 아무런 책임이 없었다.

첫 번째 작전들

지금부터 다루어질 사건들에 대해서는 때때로 정확한 시간까지도 서술했다. 그 서술은 소련 출정에 참가한 기갑집단의 사령관이 정신적으로나 육체적으로 얼마나 많은 것들을 감당해야 하는가를 보여주기 위해서였다.

히틀러가 지휘관들을 소집해 전쟁 이유를 설명한 다음날인 1941년 6월 15일, 나는 베를린에서 내 참모부가 있는 바르샤바로 날아갔다. 공격 개시일인 6월 22일까지 남은 며칠 동안 각 부대와 출발 장소들을 시찰했고, 협력 관계를 확실히 하기 위해서 이웃 부대들을 방문하면서 보냈다. 행군과 공격 준비는 순조롭게 이루어졌다. 6월 17일에는 아군의 제1선을 형성할 부크 강의 흐름을 탐색했고, 19일에는 나의 우측에 배치된 폰 마켄젠 장군의 3군단을 방문했다. 6월 20일과 21일에는 군단의 선두 대열에서 준비가 완료된 것을 확인했다. 소련 쪽을 면밀히 관찰한 결과 소련군은 독일의 의도를 전혀 눈치 채지 못했고, 아군의 시야에 들어오는 브레스트 요새의 앞마당에서 음악에 맞춰 소대별로 행진 연습을 하고 있었다. 부크 강을 따라 구축된 강가의 방어 진지도 비워 있었고, 지난 몇 주 사이 새로운 진지 구축 작업도 거의 진전되지 않고 있었다. 기습이 성공할 가능성은 매우 높았고, 이런 상황에서 한 시간으로 예정한 포병대의 준비 포격이 과연 필요할까 하는 의문이 생겼다. 다만 강을 건너는 순간 예상치 못한 소련군의 조치로 불필요한 피해가 발생할지도 모르기 때문에 예방 차원에서 예정대로 포격을 준비하도록 했다.

운명의 날인 1941년 6월 22일 나는 새벽 2시 10분에 보후카위 남쪽 관측탑에 자리한 기갑집단 전투지휘소로 향했다. 브레스트-리토프스크에서는 서쪽으로 15킬로미터 떨어진 지점이었다. 내가 그곳에 도착한 시간은 03시 10분이었고, 아직 어두웠다. 03시 15분 아군 포병대가 포격을 시작했고, 03시 45분에 슈투카의 첫 공격이 이루어졌다. 04시 15분에 17, 18기갑사단의 최선봉 대열이 부크 강 도하를 시작했고, 04시 45분에 18기갑사단의 첫 전차들이 강을 건넜다. 바다사자 작전을 위해 성능 실험이 이루어졌던 잠수 전차들로 수심 4미터까지는 건널 수 있었다.

나는 06시 50분 상륙 보트를 이용해 코오드노에서 부크 강을 건넜다. 장갑통신차 2대와 지프차와 오토바이 몇 대로 구성된 내 지휘대가 08시 30분까지 뒤를 이어 도하했다. 나는 처음에 18기갑사단 전차들의 뒤를 따라가다가 47기갑군단의 진군에 매우 중요한 레스나 교량 옆을 지났다. 그곳에는 소련군 초소 한 곳 이외에는 아무도 없었고, 소련 병사들은 내가 접근하는 모습을 보고 달아났다. 내 보좌 장교 두 명이 지시를 어기고 소련 병사들을 뒤쫓다가 둘 다 전사했다.

10시 25분 최선봉 기갑중대가 레스나에 당도해 다리를 건넜다. 사단장 네링 장군이 그 뒤를 이었다. 나는 오후까지 18기갑사단과 함께 진군하다가 16시 30분에 교량 지점이 있는 코오드노로 돌아갔고, 거기서 18시 30분에 내 전투지휘소로 이동했다.

기갑집단의 모든 전선에서 적을 기습하는 작전은 성공을 거두었다. 브레스트-리토프스크 남쪽의 부크 강 위 교량들은 온전한 상태로 24기갑군단의 수중에 들어갔고, 요새 북서쪽에서는 예정된 장소에 교량을 세우고 있었다. 그러나 소련군도 초기의 혼란에서 풀려난 뒤로는 끈질긴 저항에 돌입했다. 특히 중요한 브레스트 요새를 며칠 동안 굳세게 지킴으로써 부크 강과 무하비츠 강을 지나는 선로와 도로를 차단했다.

저녁에 기갑집단은 말로리타, 코브린, 브레스트-리토프스크, 프루자나에서 전투를 벌였다. 18기갑사단은 프루자나에서 첫 전차전을 치렀다.

6월 23일 04시 10분 나는 전투지휘소를 출발해 먼저 12군단으로 갔고, 슈로트 장군으로부터 브레스트-리토프스크 전투 과정에 대한 보고를 받았다. 다음으로는 브레스트-리토프스크에서 북북서로 23킬로미터 떨어진 빌데이키 마을에 있는 47기갑군단을 찾아갔다. 거기서 레멜젠 장군과 협의를 한 뒤 전체 상황을 알리기 위해서 내 전투지휘소와 전화를 연결했다. 곧이어 17기갑사단으로 이동해 08시에 사단에 도착했고, 소총여단의 지휘관인 리터 폰 베버 장군으로부터 폰 베버가 취한 조치들에 대한 설명을 들었다. 08시 30분에는 18기갑사단의 네링 장군을 만났고, 곧바로 레멜젠 장군을 다시 찾아갔다. 그 다음에는 먼저 이동한 기갑집단 전투지휘소를 찾아 프루자나로 향했다. 지휘참모부는 19시에 그곳에 도착했다.

24기갑군단은 이날 코브린-브레자 카르투스카를 잇는 도로를 따라 슬루츠크로 진군하면서 싸웠고, 군단 전투지휘소도 브레자 카르투스카로 이동했다.

나는 47기갑군단이 비아위스토크에서 남동쪽으로 돌아가는 소련군과 치열한 교전을 앞두고 있다는 인상을 받았다. 그래서 다음날은 다시 47기갑군단에 위치하기로 마음먹었다.

6월 24일 08시 25분 내 전투지휘소를 출발해 슬로님으로 향했다. 그사이 17기갑사단이 슬로님으로 밀고 들어가 있었다. 나는 중간에 로자나와 슬로님 사이에서 행군로를 집중적인 사격으로 장악하고 있는 소련군 보병부대와 맞닥뜨렸다. 17기갑사단의 한 포반과 오토바이에서 내린 소총수들이 길가에서 맞대응하고 있었지만 그다지 효과적인 공격은 아니었다. 나는 내 지휘차의 기관총 사수에게 공격을 지시해 적이 진지를 버리고 달아나게 한 뒤 그 길을 지날 수 있었다. 11시 30분 경 슬로님 서쪽 변두리에 자리 잡은 17기갑사단의 전투지휘소에 도착했고, 거기서 사단장인 폰 아르님 장군 이외에도 레멜젠 군단장을 만났다. 셋이서 상황에 대한 협의를 하고 있는데 내 뒤쪽에서 격렬한 포성과 기관총 소리가 들리기 시작했다. 불붙은 화물차 한 대가 비아위스토크 방향에서 오는 길의 시야를 가려 무슨 일인지 상황이 파악되지 않았다. 잠시 뒤 포연 사이로 주포와 기관총을 쏘면서 슬로님 방향으로 가려는 소련군 전차 두 대가 모습을 드러냈고, 아군의 4호 전차가 포를 쏘면서 그 뒤를 쫓고 있었다. 우리를 발견한 소련군 전차가 가까운 거리에서 우리 쪽으로 포를 발사하는 바람에 눈과 귀가 멀 정도였다. 전투 경험이 풍부한 우리는 즉시 바닥에 엎드렸다.

그러나 보충군[43] 지휘관이 내 부대로 파견해 아직 전쟁에 익숙하지 않았던 불쌍한 펠러 중령은 신속하게 엎드리지 못해서 상당히 심한 부상을 당했다. 대전차대대의 달머 체르베 중령도 심한 부상을 당해 며칠 뒤 전사했다. 소련군 전차들은 시내에서 아군에 제압되었다.

나는 슬로님의 전방 전투 지역을 시찰한 뒤 4호 전차를 타고 무인지대를 지나 18기갑사단으로 향했다. 18기갑사단은 바라노비치 방향으로 진군하고, 29차량화보병사단은 슬로님 방향으로 진군을 서두르라고 지시한 뒤 15시 30분에 다시 슬로님으로 돌아왔다. 거기서 다시 내 전투지휘소로 돌아가다가 중간에 뜻밖에 소련군 보병들을 만났다. 소련군은 화물차를 타고 슬로님 바로 근처까지 와서 막 차에서 내리는 중이었다. 나는 옆자리에 앉은 운전병에게 전속력으로 달리라고 지시했다. 소련군 병사들은 갑작스런 만남에 깜짝 놀라서 미처 사격할 틈이 없었다. 그럼에도 내 모습은 알아보았는지 얼마 뒤 소련의 신문에 내가 죽었다는 기사를 내보냈다. 그 때문에 나도 독일 라디오 방송을 통해 소련인들의 잘못을 바로잡지 않을 수 없었다.

20시 15분, 나는 다시 내 참모부에 돌아왔고, 거기서 내 부대의 우익 깊은 곳에서 격렬한 전투가 벌어지고 있다는 소식을 들었다. 6월 23일부터 53군단이 말로리타에서 소련군의 공격을 잘 막아내고 있던 곳이었다. 24기갑군단과 47기갑군단 사이에는 12군단의 일부 병력이 느슨하게 선을 연결한 반면, 기갑집단의 좌익은 비아위스토크 쪽에서 밀려오는 소련군의 강한 압박에 심각한 위협을 받고 있었다. 그래서 29차량화보병사단과 46기갑군단을 신속하게 이동시켜 좌익을 보

43 Ersatzheer: 1차 세계대전 때는 독일 육군, 2차 세계대전 때는 국방군의 한 부분으로 독일 본토에 주둔하면서 특히 장병들을 훈련하고, 신기술 장비를 요구하고 테스트하는 과제를 담당했다. 육군 일반국, 병기국, 행정국이 보충군에 속했고, 1944년에는 육군 인사국도 보충군에 속했다. (역자)

1941년 6월 22일 동틀 무렵

소련에서의 행군로

1941년 7월 11일, 코피스 부근 드네프르 강 위 교량 건설

1941년 7월 11일 시클로프 전투

강하도록 해야 했다.

다행히 나는 히틀러가 이날 벌써 불안해하면서 강력한 소련 병력이 어디선가 포위망을 뚫을 위험이 있다고 언급한 사실을 전혀 몰랐다. 히틀러는 기갑집단의 행군을 멈춘 뒤 비아위스토크 주변에 포진한 소련 병력 쪽으로 방향을 돌릴 생각이었다고 했다. 그런데 이번에는 육군 최고사령부가 지금까지의 작전을 강력하게 밀어붙였고, 나를 민스크로 진격하게 함으로써 포위망을 완성하도록 했다.

아군이 빌나와 코브노를 점령했다.

핀란드가 교전 없이 올란드 제도를 점령했고, 독일의 1산악군단 역시 교전 없이 니켈광산이 있는 페차모 지역을 차지했다.

6월 25일 새벽 나는 야전 병원의 부상자들을 방문했다. 전날 내 전투지휘소가 폭격을 받아 부상자가 발생했는데, 나는 전선에 가 있는 바람에 폭격을 피할 수 있었다. 병원 방문을 마치고 09시 40분에 12군단이 있는 리노보로 향했다. 프루자나에서 남쪽으로 9킬로미터 가량 떨어진 곳이었다. 거기서 군단의 상황을 확인한 뒤 다시 24기갑군단이 있는 자제츠네로 방향을 돌렸다. 슬로님에서 남쪽으로 37킬로미터 가량 떨어진 곳이었다. 거기서 프라이헤어 폰 가이르 장군과 협의를 마친 뒤 4기갑사단을 찾아갔고, 16시 30분에 다시 기갑집단 전투지휘소로 돌아왔다.

이날 소련군의 새로운 부대가 비아위스토크 주변에서 슬로님 방향으로 이동했는데, 그중에는 기갑부대도 있었다. 29차량화보병사단이 전투에 나서 슬로님으로 진격하는 소련군을 차단했다. 그 차단을 통해 17, 18기갑사단의 주력이 민스크 방향으로 자유롭게 이동할 수 있었고, 18기갑사단은 벌써 바라노비체 방향으로 진군 중이었다.

6월 26일 새벽 나는 47기갑군단의 전선으로 가서 바라노비체와 스토읍체로 진군하는 과정을 살펴보았다. 24기갑군단에는 북쪽에서 진군하는 아군을 지원하라고 지시했다.

07시 50분 17기갑사단에 도착해 즉시 스토읍체로 이동하라는 명령을 내렸다. 09시에는 사단장 외에도 군단장이 함께 있는 18기갑사단의 전투지휘소에 도착했다. 이곳 전투지휘소는 레스나 부근 슬로님-바라노비체를 잇는 길가에 있었는데, 사단의 최전선 병력이 위치한 곳에서는 약 5킬로미터 정도 뒤쪽이었다. 나는 여기서 24기갑군단을 무전으로 연결해 바라노비체 공격 지원을 다시 한 번 확인했다. 24기갑군단의 지원은 4기갑사단 병력을 통해 이루어졌으며, 이 병력 중 한 전투부대가 새벽 6시부터 북쪽으로 진군하고 있었다.

12시 30분 24기갑군단으로부터 슬루츠크를 점령했다는 보고가 들어왔다. 슬루츠크 점령은 지휘관과 부대의 탁월한 성과였다. 나는 군단장에게 그 성과를 치하하는 무전을 보낸 뒤 타르타크에 있는 18기갑사단의 선두 대열로 향했다. 이른 오후 호트 장군이 민스크 북쪽 30킬로미터 지점에 이르렀다는 소식이 들어왔다.

14시 30분 집단군에서 대부분의 병력을 이끌고 민스크로 진군하고, 24기갑군단으로는 보브뤼스크로 진군하라는 명령이 하달되었다. 나는 24기갑군단은 이미 보브뤼스크로 이동했고, 47기갑군단은 바라노비체를 지나 민스크를 공격하고 있다고 보고했다. 그런 다음 내 지휘참모부에 타르타크로 먼저 이동하라고 지시했다. 지휘참모부는 23시 30분에 타르타크에 당도했다.

오후가 지나는 동안 17기갑사단에서 상태가 좋은 도로를 통해 스토읍체로 진군하고 있다는 보고가 들어왔다. 17기갑사단은 저녁에 목적지에 도달했다. 안타깝게도 사단장인 폰 아르님 장군이 이날 전투에서 부상을 당해 리터 폰 베버 장군에게 지휘권을 넘겨야 했다.

기갑집단은 다시 4군 최고사령부 휘하로 들어가면서 비아위스토크 쪽에서 밀려오는 적들을 상대로 자드보제(슬로님에서 북쪽으로 9킬로미터)-홀린카-젤바-젤비안카 강 선을 차단하라는 명령을 받았다.

이날 46기갑군단이 최선봉대를 이끌고 타르타크에서 전투에 나섰고, 그때부터 24기갑군단과 47기갑군단 사이를 연결했다. 그로써 24기갑군단의 모든 병력은 보브뤼스크로 돌진하는 주요 임무에 주력하게 되었다.

북부집단군에서는 8기갑사단이 뒤나부르크와 그 일대 교량들을 점령했다.

6월 27일 17기갑사단이 민스크 남부 외곽 지대에 당도해 3기갑사단과 선을 연결했다. 3기갑사단은 6월 26일에 이미 소련군에 의해 심하게 파괴된 이 도시로 들어와 있었다. 그로써 비아위스토크 주변에 있다가 포위망을 빠져나가려고 애쓰던 소련군은 완전히 포위되었다. 포위망이 완성되기 직전 소규모 병력만이 동쪽으로 빠져나가는데 성공했다. 그로써 소련 원정에서 첫 번째 대승을 거두었다.[44]

내 생각으로 이제 앞으로의 작전을 위해서는 비아위스토크에 포위한 소련군을 기갑집단의 최소 병력과 보병에 맡기고, 나머지 기동력 있는 차량화부대들은 첫 작전 목표인 스몰렌스크-옐냐-로슬라블로 진군하도록 하는 것이 중요했다. 다음 며칠 동안 내가 취한 모든 조치들은 그 목표에 맞춰졌고, 그로써 이번 작전의 기본 명령들과도 일치했다. 나는 개별적인 전투 상황의 변화에 상관없이 그 작전을 흔들리지 않고 수행하는 것이 이번 출정의 성공에 결정적으로 중요하다고

---

44 본문에서 민스크 포위전 당시 소수의 소련군만이 탈출했다고 하나, 실제로는 소련군 67만여명 중 25만명이 탈출에 성공했다. 본문처럼 전투는 독일의 대승으로 끝났고, 포위망에 남은 42만여명의 소련군 중 29만명이 포로가 되었다. 하지만 포로 대부분은 독일군의 가혹행위로 사망했다.(편집부)

지도 9

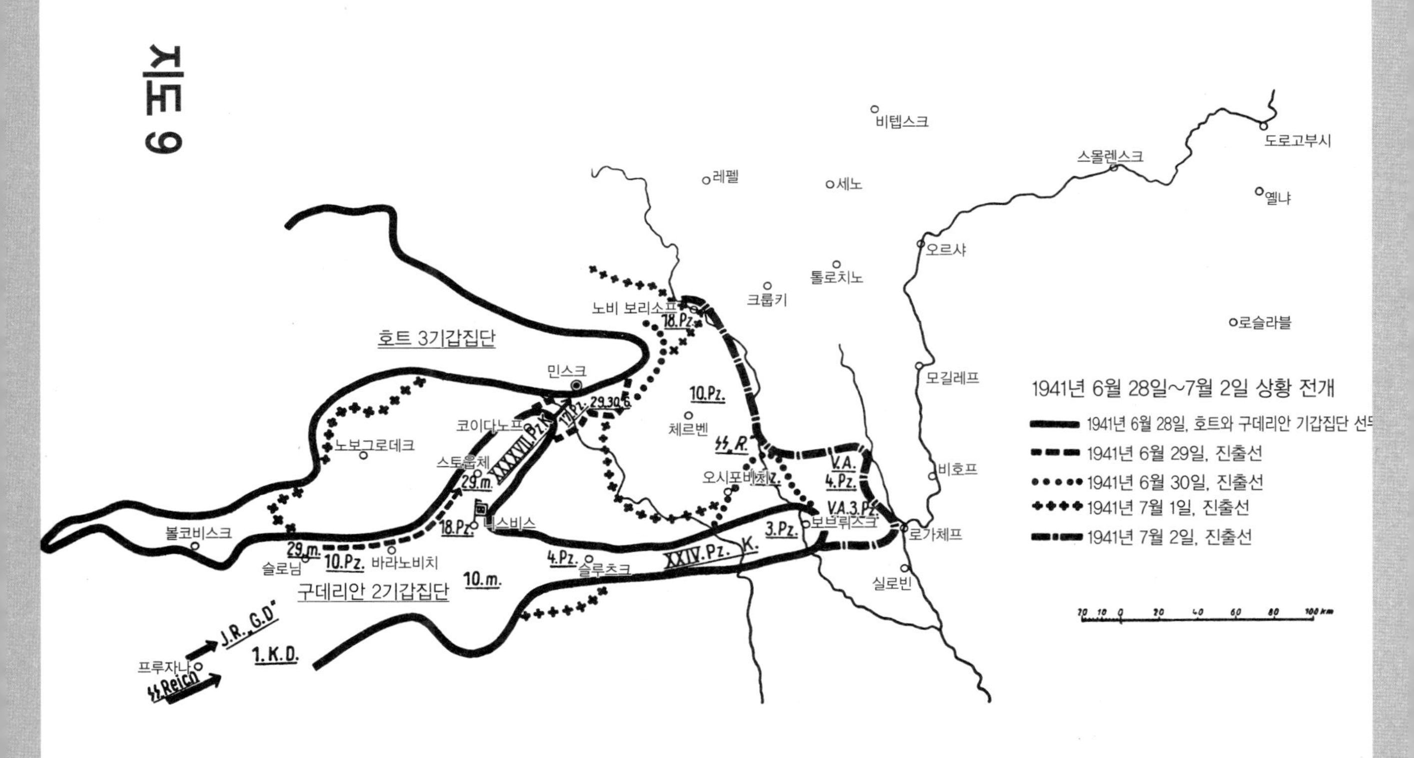
1941년 6월 28일~7월 2일 상황 전개
1941년 6월 28일, 호트와 구데리안 기갑집단
1941년 6월 29일, 진출선
1941년 6월 30일, 진출선
1941년 7월 1일, 진출선
1941년 7월 2일, 진출선
20 10 0 20 40 60 80 100 km
비텝스크
도로고부시
스몰렌스크
레펠
세노
옐냐
오르샤
톨로치노
크룹키
노비 보리소프
18.Pz.
로슬라블
호트 3기갑집단
민스크
모길레프
10.Pz.
17.Pz. 29.30.6.
코이다노프
체르벤
XXXXVII.Pz.K.
노보그로데크
스톨프체
비호프
V.A.
4.Pz.
29.m.
오시포비치
V.A.3.Pz.
18.Pz.
니스비스
보브루이스크
로가체프
볼코비스크
3.Pz.
29.m.
10.Pz.
바라노비치
XXIV.Pz.K.
4.Pz.
슬루츠크
슬로님
10.m.
실로빈
구데리안 2기갑집단
J.R. G.D.
1.K.D.
프루자나

생각했다. 물론 거기에 어느 정도 위험이 따른다는 사실은 나도 분명히 알고 있었다.

그런 생각을 하다 보니 6월 28일에도 다시 47기갑군단을 찾게 되었다. 가장 큰 위험에 직면한 부대와 가까이 있으면서 위급 상황이 발생했을 때 제때에 개입하기 위해서였다. 나는 스보야티체(니스비스에서 남서쪽으로 23킬로미터)에서 군단장을 만나 예하 사단들의 상황에 대해 보고 받았다. 또한 내 참모부를 무전으로 연결해 29차량화보병사단의 북쪽 진군을 서두르고, 노보그로데크-민스크, 노보그로데크-바라노비체-투르제츠로 이어진 길 위로 항공 정찰대를 투입하라고 명령했다. 그 다음에는 18기갑사단을 찾아갔다. 거기서는 한 행렬이 길을 잘못 드는 바람에 진군에 몇 가지 방해 요인이 생겼지만 별다른 부정적 여파 없이 해결되었다.

그사이 내 참모장 리벤슈타인이 소련군의 위협적인 돌파를 대비해 여러 군단의 사단들을 동원해 서쪽으로 코이다노프-피아세츠나(미르 북서쪽)-호로디슈체-폴론카를 잇는 차단선을 설치해 두었다. 차단선 설치는 나도 동의한 조치였다.

이날 24기갑군단은 보브뤼스크 코앞까지 진군했다. 군단 전투지휘소는 25일부터 필리포비체에 있었다.

기갑집단 전투지휘소는 6월 28일 니스비스로 이동해 소련 고위 참모부가 머물렀던 라지비우 가문의 성에 자리 잡았다. 성의 옛 설비들 중에서 남아 있는 것이라고는 맨 꼭대기 층에 있는 사진뿐이었다. 손님으로 이곳을 방문했던 빌헬름 1세와 사냥을 나가려는 일행의 모습을 찍은 사진이었다. 니스비스 주민들은 자신들의 해방을 기념하는 감사의 미사를 거행할 수 있게 해달라고 부탁했고, 나는 기꺼이 그 부탁을 들어주었다.

이날 3기갑사단은 보브뤼스크, 4기갑사단은 슬루츠크, 10차량화보병사단은 시니아프카, 1기병사단은 드로히친에 당도했다. 17기갑사단은 코이다노프, 18기갑사단은 니스비스, 29차량화보병사단은 젤비안카 지구에 이르렀다. 10기갑사단의 일부 병력은 젤비안카 지구, 사단의 나머지 병력은 시니아프카, SS 다스라이히 차량화보병사단은 베레자 카르투스카, 그로스도이칠란트 보병연대는 프루자나 북동부 지역에 도착했다.

호트 기갑집단은 7, 20기갑사단을 이끌고 민스크에 와 있었다. 우측 깊은 곳에 배치된 53군단이 말로리타 전투에서 승리하면서 우익에 도사리던 위험은 일단 제거되었다.

6월 29일 기갑집단의 모든 전선에서 전투가 계속되었다. 특히 젤비안카 지구의 전투는 격렬하게 타올랐고, 젤비안카 지구를 우려한 4군 최고사령부가 몇 군데 개입하고 나섰다. 내가 그 개입 사실을 전혀 몰랐기 때문에 그런 개입은 내 기갑집단에 매우 불리하게 작용했다.

북부집단군은 야콥슈타트와 리벤호프, 리가 남부와 뒤나 강 위를 지나는 그곳 철교를 장악했다.

6월 30일 나는 비행기로 3기갑집단을 찾아가 호트 장군과 앞으로 협조할 일들을 논의했다. 폰 바르제비슈 중령이 직접 전투기로 거대한 숲 지대인 푸스치자 날리보카 위를 지나 나를 그곳으로 데려다주었다. 4군은 소련군이 언제든 그 숲 지대로부터 밀고나올지 몰라 경계를 하고 있었다. 그러나 거기에는 소련군 병력이 많지 않아 별다른 위험이 없다는 인상을 받았다. 나는 호트와 내 예하의 18기갑사단과 그 우익이 보리소프로 진군해 그곳 베레지나 강을 지나는 교두보를 확보하기로 협의했다.

육군 최고사령부는 이날 전투부대를 동원해 드네프르 선까지 진격하라고 명령했다.

더불어 최고사령부는 집단군에 스몰렌스크 방향으로 작전을 이어가는 것이 매우 중요하다는 점을 언급했다. 그러면서 전투력이 강한 병력을 동원해 최대한 신속하게 로가체프, 모길레프, 오르샤 부근 드네프르 도하 지점과 베테브스크와 폴로츠크 부근 뒤낭 도하 지점을 점령하길 바란다고 했다.

다음날인 7월 1일 나는 비행기로 24기갑군단을 찾아갔다. 그 밖의 유일한 소통 수단이었던 무전으로 협의하기에는 너무 불충분했기 때문이다. 가이르가 판단한 소련군의 상태는 아군의 계획을 펼치기에 유리했다. 소련군은 주로 여러 부대에서 끌어 모은 병력으로 이루어졌고, 기차 운행도 드물었다. 전날 보브뤼스크 상공에서 벌어진 공중전은 소련군의 패배로 끝났다. 그런 패배를 당하고도 소련군은 늘 그랬던 것처럼 끈질기게 저항했다. 소련군의 전술, 특히 위장술은 좋았지만 지휘부는 아직 통일성이 없는 듯했다. 24기갑군단은 스비슬로치 부근 베레지나 강의 교량들을 점령했다. 09시 30분 전력을 강화한 1개 정찰대대가 베레지나 교두보에서 보브뤼스크 동쪽 모길레프로 이동했고, 3기갑사단이 동쪽으로 그 뒤를 따랐다. 프라이헤어 폰 가이르 장군은 그때그때 전개되는 상황에 따라 로가체프나 모길레프 중 어느 한 곳에 중점을 두기로 했다. 10시 55분 4기갑사단의 주력이 스비슬로치에서 동쪽으로 행군하기 시작했다. 연료 상태는 걱정할 필요가 없었고, 탄약과 군량, 의무대도 아무 이상이 없었다. 다행히 지금까지 피해 규모는 미미했다. 그러나 공병대의 교량 건설 병력은 부족했다. 묄더스 대령이 이끄는 공군과의 협력은 더없이 훌륭했다. 반면에 피비히 장군이 이끄는 근접지원비행대와의 연결은 신속하게 이루어지지 못했다. 1기병사단의 투입도 제 효과를 입증했다.

이날 항공 정찰대는 소련군이 스몰렌스크-오르샤-모길레프 지역에 새 병력을 집결시켰다는 사실을 확인했다. 보병이 도착할 때까지 기다리면서 3주를 허비하지 않고 드네프르 선을 점령하려면 서둘러야 했다.

그사이 비아위스토크 포위망을 에워싼 포위 전선에서는 격렬한 전투가 계속되었다. 71보병연대와 29차량화보병사단은 6월 26~30일에 만 3만 6천 명이라는 엄청난 수의 포로를 잡았다. 그 포로의 숫자가 소련군이 포위망을 돌파하기 위해 얼마나 막대한 병력을 투입했는지를 단적으로 보여주었다. 그런 사실에 깊이 우려한 4군 최고사령부는 포위선에 투입된 병력을 계속해서 더 치밀하게 배치하려고 했다. 그래서 내 명령으로 보리소프 방향으로 진격하려던 17기갑사단을 폰 클루게 원수가 움직이지 못하게 했다. 그사이 18기갑사단이 단독으로 보리소프에 당도해 베레지나 강 교두보를 확보했는데, 47기갑군단이 드네프르 방향으로 이동하려면 그곳을 반드시 지켜야 했다. 그 점이 걱정스러웠지만 4군 최고사령부의 명령을 17기갑사단에 하달할 수밖에 없었다.

7월 2일 나는 17기갑사단과 29차량화보병사단 사이를 연결해야 할 5기관총대대에서 포위망 전선의 상태를 확인했고, 상황을 적절하게 판단하기 위해서 장교들이 적군을 어떻게 파악하고 있는지 견해를 들었다. 그런 다음 레멜젠 장군에게 가서 레멜젠 장군과 그 자리에 함께 있던 29차량화보병사단의 지휘관에게 포위망을 굳게 지키라고 명령했다. 곧이어 17기갑사단이 있는 코이다노프로 향했다. 리터 폰 베버 장군은 적의 돌파 시도를 성공적으로 방어했다고 보고했다. 나는 거기서 다시 민스크 남동쪽 시닐로에 새로 차려진 기갑집단 전투지휘소로 향했다. 그런데 시닐로에 도착해 17기갑사단에 하달한 명

지도 10

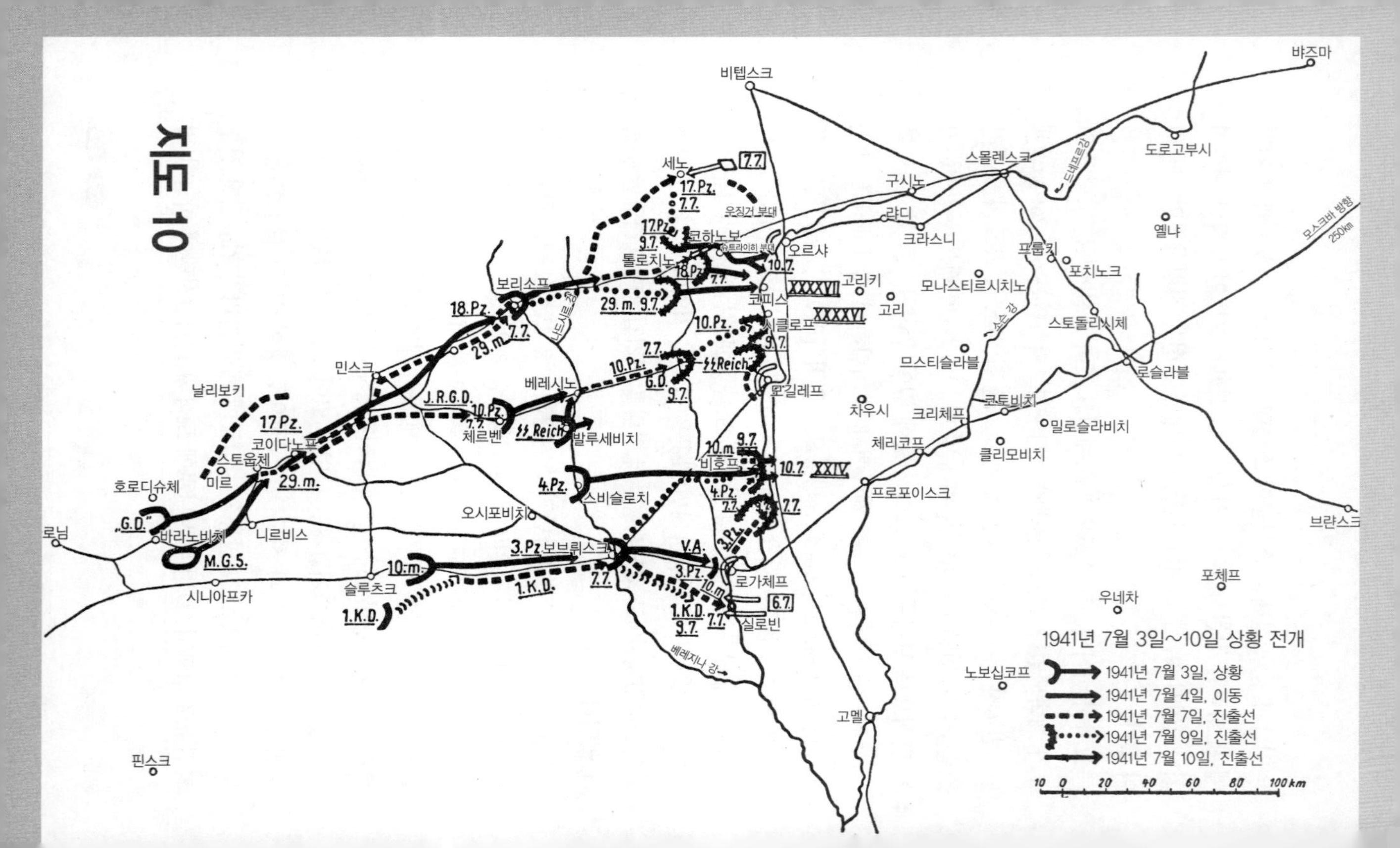

1941년 7월 3일~10일 상황 전개
1941년 7월 3일, 상황
1941년 7월 4일, 이동
1941년 7월 7일, 진출선
1941년 7월 9일, 진출선
1941년 7월 10일, 진출선
10 0 20 40 60 80 100 km
비텝스크
뱌즈마
도로고부시
스몰렌스크
드네프르강
모스크바 방향 250km
옐냐
구시노
랴디
크라스니
세노
우징거 부대
코하노보
슈트라이히 부대
오르샤
톨로치노
보리소프
코피스
고리키
고리
모나스티르시치노
프룹킨
포치노크
스토돌리시체
소즈 강
시클로프
모길레프
므스티슬라블
로슬라블
민스크
날리보키
베레시노
체르벤
발루세비치
차우시
크리체프
코토비치
밀로슬라비치
클리모비치
체리코프
코이다노프
스토웁체
미르
호로디슈체
로님
바라노비치
니르비스
비호프
스비슬로치
오시포비치
프로포이스크
브랸스크
보브루이스크
로가체프
슬루츠크
시니아프카
실로빈
베레지나 강
고멜
포체프
우네차
노보십코프
핀스크

령이 제대로 전달되지 않았다는 사실을 알게 되었다. 사단의 일부 병력이 포위망에 남아 있지 않고 이미 보리소프 방향으로 출발한 것이었다. 나는 그 사실을 즉시 4군 최고사령부에 보고했다. 되돌리기에는 이미 너무 늦은 상태였다. 나는 다음날 오전 8시 민스크에 있는 폰 클루게 원수의 사령부에 출두해 사건 경위를 밝히라는 명령을 받았다. 내가 자세한 경위를 밝히자 폰 클루게 원수는 원래는 나와 호트를 군사재판에 회부할 생각이었다고 말했다. 호트가 이끄는 부대에서도 똑같은 실수가 발생하는 바람에 나와 호트가 자신의 명령에 불복하는 것으로 받아들였다고 했다. 나는 그 점에 대해서 절대로 그렇지 않다며 폰 클루게 원수를 안심시켰다. 폰 클루게 원수를 만난 뒤에는 곧바로 47기갑군단이 있는 스몰레비체(민스크 북동쪽으로 35킬로미터)로 향했다. 그런데 거기서 군단 사령부를 만날 수 없었던 관계로 18기갑사단이 있는 보리소프로 방향을 돌렸다. 보리소프에서 베레지나 강 교두보를 시찰한 뒤 한 자리에 모인 사단 지휘관들과 이야기를 나누었다. 사단은 톨로치노로 선견대를 파견한 상태였다. 돌아가는 길에는 스몰레비체에 다시 들러 군단장과 17, 18기갑사단의 투입 문제를 상의했다. 그 와중에 내 지휘 전차의 무전병이 소련군 기갑부대와 공군이 보리소프의 베레지나 교두보를 공격한다는 소식을 알렸다. 47기갑군단에도 그 사실을 알렸다. 공격은 소련군의 막대한 피해로 끝났지만 18기갑사단에는 그 공격의 여파가 오래도록 남았다. 이 전투에서 처음으로 적의 T-34 전차가 등장했기 때문이다. 당시 아군에는 T-34 전차에 대응할 마땅한 포가 없었다.

7월 2일 기갑집단의 1기병사단은 슬루츠크 남쪽, 3기갑사단은 보브뤼스크, 선견대는 로가체프 전방, 4기갑사단은 스비슬로치, 10차량화보병사단은 슬루츠크 동쪽에 포진해 있었다. SS 다스 라이히 차량화보병사단은 베레지나 연안 발루세비치 북쪽, 10기갑사단은 체르벤, 그로스도이칠란트 보병연대는 바라노비체 북쪽에 포진했다. 18기갑사단은 보리소프, 17기갑사단은 코이다노프, 29차량화보병사단은 스토웁체, 5기관총대대는 바라노비체 남동쪽에 위치했다.

7월 3일 비아위스토크 포위망에 갇힌 소련군이 항복했다. 이제 내 모든 생각은 드네프르 방향으로의 이동에 집중되었다.

7월 4일 나는 46기갑군단을 찾아갔다. 처음에는 시닐로에서 스몰레비체-체르벤-슬로보드카를 지나 10기갑사단 전투지휘소로 갔다가 거기서 다시 SS 다스 라이히 차량화보병사단으로 향했다. 사단으로 가는 길에 군단장을 만났다. 군단장이 그로스도이칠란트 보병연대의 소재를 물었는데, 이 연대는 4군의 예비대로 아직도 바라노비체에 머물러 있었다. 나는 곧바로 SS 다스 라이히 차량화보병사단이 있는 레츠키로 향했다. 하우서 장군은 자신의 오토바이소총대대가 힘겨운 전투 끝에 브로데스(베레시노 남쪽으로 17킬로미터) 부근 베레지나 강을 지나는 교두보를 세웠다고 보고했다. 야크시지의 베레지나 교량은 폭파돼 차량 운행이 불가능했고, 공병대가 늪지로 된 진입로를 차가 지날 수 있게 만드는 작업 중이라고 했다. 나는 진입로에 가서 공병대가 열심히 작업하는 모습을 둘러보았다. 공병들은 7월 5일까지는 반드시 작업을 끝내겠다고 약속했다.

이날 24기갑군단이 로가체프 부근 드네프르에 도달해 베레지나를 지나는 또 다른 교두보를 쟁취했다. 기갑집단은 이날 1기병사단은 슬루츠크 동쪽, 3기갑사단은 로가체프 전방, 4기갑사단은 스타리 비호프, 10차량화보병사단은 보브뤼스크에 포진해 있었다. SS 다스 라이히 차량화보병사단은 발루세비치, 10기갑사단은 베레시노, 그로스도이칠란트 보병연대는 스토웁체 동쪽에 위치했다. 18기갑사단은 나차 지구 동쪽, 17기갑사단의 일부는 보리소프, 이 사단의 본대는 민스크, 29차량화보병사단은 코이다노프-스토웁체, 5기관총대대는 스토웁체 서쪽에 포진했다.

7월 6일 대규모 소련군 병력이 실로빈 부근 드네프르 강을 건너 24기갑군단의 우익을 공격했다. 10차량화보병사단이 공격해온 소련군을 물리쳤다. 항공 정찰대가 또 다른 적이 오렐-브랸스크 지역에서 고멜 방향으로 이동하고 있다고 보고했다. 오르샤 주변에도 새로운 소련군 사령부가 있는 것으로 예측되었다. 드네프르 강가에 새로운 방어 전선이 형성되고 있는 것으로 보였다. 소련군의 새로운 방어전선 형성은 급히 서두르라는 경고였다.

7월 7일까지 기갑집단 전투지휘소는 보리소프에, 24기갑군단은 보르트니키에 도달했다. 1기병사단은 보브뤼스크, 10차량화보병사단은 실로빈, 3기갑사단은 로가체프-노비 비호프, 4기갑사단은 스타리 비호프에 당도했다. 10기갑사단은 비알리니치, SS 다스라이히 차량화보병사단은 베레시노, 그로스도이칠란트 보병연대는 체르벤, 18기갑사단은 톨로치노, 17기갑사단은 세노, 29차량화보병사단은 보리소프에 위치했다.

17기갑사단은 세노에서 수많은 전차를 앞세운 강력한 적과의 격렬한 전투에 휘말렸다. 18기갑사단에서도 활발한 교전이 벌어졌다. 24기갑군단이 이미 드네프르에 도달했기 때문에 작전을 지속할지 여부를 즉시 결정해야 했다. 상급 지휘부에서 새로운 지시가 내려오지 않았으니 내 2기갑집단은 스몰렌스크-옐냐-로슬라블로 진군하라는 명령이 여전히 유효하다고 판단해야 했다. 그 명령을 수정해야 할 이유도 전혀 없었다. 그사이 히틀러와 육군 최고사령부의 견해가 완전히 갈렸다는 사실을 나는 당시 전혀 몰랐고, 훨씬 뒤에야 전모를 알게 되었다. 지금까지의 작전 수행에서 불거진 갈등과 알력을 이해하려면 먼저 그 무렵 독일 최고 지도부의 상황부터 살펴볼 필요가 있다.

히틀러는 스몰렌스크를 목표로 빠른 공세를 펼치라고 명령한 당사자가 자기 자신이라는 사실을 잊었다. 대신에 지난 공세 기간 동안 오직 비아위스토크 주변 포위만을 주시하고 있었다. 브라우히치 원수는 중부집단군에 자신의 다른 의견을 제시하지 못했다. 히틀러의 뜻을 알고 있었기 때문이다. 폰 보크 원수는 2, 3기갑집단을 폰 클루게 원수의 통솔 하에 둠으로써 자신은 직접적인 책임을 면하고 싶어 했다. 폰 클루게 원수는 히틀러의 공식적인 견해에 동조해 동쪽으로 계속 이동하기 전에 비아위스토크 포위망을 더욱 좁혀 들어가 소련이 항복할 때까지 기다리길 원했다. 폰 클루게 원수와는 달리 호트와 나는 동쪽으로 진군하라는 원래의 명령에 따라 기갑 병력을 이끌고 첫 번째 공격 목표지들을 향해 밀고나갔다. 앞에서도 말했듯이 나와 호트는 비아위스토크의 소련군을 최소한의 기갑 병력으로 묶어두고, 그 소련군을 생포하는 일은 우리를 뒤따르던 보병에 맡기고 싶었다. 육군 최고사령부는 내심 기갑집단 사령관들이 별도의 명령 없이, 심지어는 명령을 어기면서까지 원래의 공격 목표지로 밀고나가기를 기대했다. 그러면서도 집단군과 군 최고사령관들이 자신들이 원하는 결정을 내리도록 유도하지는 못했다.

그 결과 나는 2기갑집단에 비아위스토크 포위망에 최소 병력만 남긴 채 나머지 모든 부대를 이끌고 베레지나와 드네프르 강을 건너 적을 뒤쫓으라고 명령했다. 반면에 폰 클루게 원수는 정반대로 포위망에 참가한 모든 부대에 동쪽으로 이동 명령이 떨어질 때까지 위치를 지키라는 명령을 내렸다. 그러나 이 명령을 제때 전달받지 못한 일부

부대는 베레지나로 계속 진격했다. 다행히 베레지나 진격으로 인해 피해가 발생하지는 않았지만 달갑지 않은 긴장 관계와 갈등이 불거졌다.

드네프르 도하

7월 7일 나는 중대한 결정을 앞두고 있었다. 지금까지의 빠른 진군을 이어가 기갑 병력만으로 드네프르를 도하해 원래 출정 계획에 따라 최대한 빨리 첫 번째 목표지점에 도달해야 할 것인가? 아니면 강을 따라 방어선을 구축할 소련군의 조치를 고려해 진군을 중단한 채 강 주변 지역에서의 전투를 위해 보병이 올 때까지 기다려야 할 것인가?

이제 막 구축 단계에 있는 소련군 방어망의 일시적인 약점을 생각하면 즉시 공격을 개시해야 했다. 물론 로가체프, 모길레프, 오르샤 교두보에는 대규모 병력이 버티고 있어서 로가체프와 모길레프를 기습 점령하려는 시도는 실패로 돌아갔다. 소련군의 지원군이 오고 있다는 보고도 들어왔다. 고멜 주변으로는 대규모 병력이 집결해 있었고, 오르샤 북쪽과 세노의 병력은 상대적으로 규모가 적었다. 세노에서는 이미 격전이 벌어지고 있었다. 그러나 보병이 도착할 때까지는 약 14일이 걸려야 했고, 그때까지면 소련군 방어망은 훨씬 더 강력해질 것이 분명했다. 보병이 도착한다고 해도 아군 보병이 잘 조직된 소련군의 강안 방어망을 분쇄한 뒤 다시 기동전을 이끌 수 있을지는 의문이었다. 아군의 첫 번째 작전 목표에 도달하고, 1941년 가을까지 출정을 끝낼 수 있을지는 그보다 더 의문스러웠다.

나는 내가 얼마나 중대한 결정을 앞두고 있는지 잘 알았다. 드네프르 강을 건넌 뒤 3개 기갑군단 모두의 측방이 노출되면서 강력한 공격을 받을 수 있다는 위험도 충분히 예상했다. 그렇게 예상했음에도 나는 내게 주어진 임무의 중요성과 그 임무를 실현할 수 있다는 점만을 생각했고, 동시에 내 기갑집단의 불굴의 의지와 공격력을 확신했다. 그래서 즉시 공격을 개시해 드네프르 강을 건너고 스몰렌스크 방향으로 이동하라고 명령했다.

나는 그 일을 위해서 실로빈과 세노 부근에서 좌우 양익이 벌이는 전투를 중단하게 했고, 거기서는 적의 동태만 살피라고 지시했다.

강을 건너는 지역에는 소련군의 강력한 병력이 교두보를 지키고 있었다. 프라이헤어 폰 가이르 장군과의 협의 하에 24기갑군단은 스타리 비호프를 맡아 7월 10일에 공격을 개시하기로 정했다. 46기갑군단은 시클로프, 47기갑군단은 모길레프와 오르샤 사이의 코피스를 맡기로 하고, 공격 날짜는 7월 11일이었다. 모든 이동과 준비는 주도면밀하게 위장했고, 행군은 밤에만 이루어졌다. 집결지의 상공은 최전선 바로 뒤에 이착륙장을 설치한 용감한 묄더스 대령의 전투기들이 지켰다. 묄더스가 나타나는 곳이면 창공은 순식간에 깨끗하게 정리되었다.

7월 7일 나는 47기갑군단을 찾아가 드네프르 도하를 위한 계획을 구두로 설명했다. 중간에 노획한 소련군 장갑열차를 둘러보고는 군단 사령부가 있는 나차(보리소프 동쪽 30킬로미터)에 갔다가 거기서 다시 18기갑사단이 있는 톨로치노로 향했다. 18기갑사단은 소련 전차들을 상대로 전투를 벌이고 있었다. 나는 네링 장군에게 오르샤 서쪽 코하노보 주변 지역을 확보하고, 임박한 작전을 위해 코하노보의 소련군 교두보를 압박하는 것이 매우 중요하다는 점을 강조했다. 나는 또다시 훌륭한 모습을 보여준 18기갑사단의 공을 특별히 높이 샀다.

7월 8일에는 전날과 동일한 목적으로 46기갑군단을 찾아갔다. 군단 소속 SS 다스 라이히 차량화보병사단이 아직 드네프르 서쪽 강가에서 전투 중이었다.

7월 9일 계획된 작전을 앞두고 격렬한 언쟁이 벌어졌다. 처음에는 이른 아침에 폰 클루게 원수가 내 전투지휘소를 찾아와 현 상황과 내 의도를 물었다. 폰 클루게 원수는 드네프르를 도하한다는 내 결정에 전혀 동의하지 않았고, 작전을 당장 철회하고 보병을 기다리라고 요구했다. 나는 그 말에 충격을 받고 내가 취한 조치들을 열심히 변호했다. 이미 언급한 이유들을 설명한 뒤 모든 준비가 거의 끝난 상태로 준비하기 전으로 되돌리기는 불가능하다고 말했다. 24, 46기갑군단 병력의 상당 부분이 이미 출발 위치로 가 있으며, 적의 공군에 발각되어 공격당하지 않으려면 집결된 부대를 신속하게 이동시켜야 한다고 했다. 또한 나의 공격은 성공할 것이며, 이 작전으로 소련 출정을 올해 안에 결정짓기를 기대한다고 말했다. 폰 클루게 원수는 목표 의식이 투철한 내 설명에 강한 인상을 받은 눈치였다. 그러면서도 내키지 않은 듯 "장군의 작전은 언제나 아슬아슬하단 말이오!"라고 말하면서 내 계획을 승인했다.

폰 클루게 원수와의 격앙된 대화를 마친 뒤 나는 곧바로 47기갑군단으로 향했다. 47기갑군단은 어려운 상황에 처해 있어서 특별한 지원이 필요해 보였다. 12시 15분 크룹키에 위치한 레멜젠 장군의 전투지휘소에 도착했다. 레멜젠 장군은 18기갑사단과 대전차부대와 정찰부대로 구성된 슈트라이히 장군 휘하의 1개 전투부대가 코하노보 지역을 점령할 수 있을지 의문이라고 하면서 병사들이 너무 지쳐 있다고 말했다. 그러나 나는 내 명령을 고수했고, 18기갑사단이 그 임무를 완수한 뒤에는 남동쪽으로 방향을 바꿔 드네프르 강 쪽으로 진군하라고 지시했다. 17기갑사단도 세노에서 적을 물리친 뒤 역시 드네프르 강으로 방향을 돌리라고 했다. 나는 군단 전투지휘소에서 전선으로 향했다. 중간에 슈트라이히 장군을 만나 그에게 필요한 지시를 내렸다. 그 다음에는 네링을 만났는데, 그는 군단장과는 달리 자신들에게 할당된 집결지를 어려움 없이 점령할 수 있을 거라고 공언했다. 나는 연이어서 29차량화보병사단의 사단장을 만났고, 그 역시 코피스에 도달하라는 임무를 즉시 수행할 수 있다고 말했다. 나는 각 사단에 이날 밤 안으로 드네프르 강과 각 집결지에 도달해야 한다는 점을 다시 한 번 강조했다.

17기갑사단은 이날도 소련 기갑부대와 격렬한 전투를 치렀다. 이 용맹스런 사단은 적 전차 100대를 파괴하는 훌륭한 전과를 올렸다.

7월 9일 저녁 기갑집단 전투지휘소는 보리소프에 위치했다(7월 10일에 톨로치노로 옮겼다). 1기병사단은 측면을 지키며 보브뤼스크 남동쪽에 포진했고, 3기갑사단은 실로빈-로가체프-노비 비호프 지역에서 북쪽으로 집결해 있었으며, 4기갑사단은 스타리 비호프에, 10차량화보병사단은 스타리 비호프 부근 도하 지점에 있었다.

10기갑사단은 시클로프 남쪽, SS 다스 라이히 차량화보병사단은 파블로보에, 일부 병력은 우측을 지키기 위해 모길레프 남쪽에, 그로스도이칠란트 보병연대는 비알리니치에 위치했다.

18기갑사단은 톨로치노 남쪽, 17기갑사단은 자모샤 지역에, 29차량화보병사단은 톨로치노 남서쪽에서 코피스 방향으로 집결해 있었다.

내 기갑집단의 뒤를 따르던 보병은 이날 소규모 선견대로 보브뤼스크-스비슬로치-보리소프 선에 도달했으며, 주력은 슬루츠크-민스크 선에 당도했다.

호트는 비텝스크를, 회프너는 플레스카우를 점령했다.

7월 10일과 11일 내 기갑집단은 가벼운 피해만 입은 가운데 순조롭게 드네프르 강을 건넜다.

10일 정오 무렵 24기갑군단에서 스타리 비호프 부근에서 도하에 성공했다는 보고가 들어왔다. 그날 오후 나는 부대의 준비 상태와 전투력을 확인하기 위해 다시 한 번 47기갑군단으로 향했다. 슈트라이히 장군은 오르샤 서쪽에서 소련군 교두보와 대치하고 있는 자기 부대의 방어선에 도달해 있었다. 오르샤 북서쪽에는 우징거 대령이 이끄는 또 하나의 방어선이 형성되어 있었다. 29차량화보병사단의 정찰대대는 오른쪽으로 SS 다스 라이히 차량화보병사단과 선을 연결했다. 18기갑사단은 그들의 집결지에 와 있었다. 17기갑사단은 10시에 선견대와 함께 코하노보 부근 고속도로에 도달했다. 이 사단의 나머지 병력은 이미 오르샤 남서쪽 드네프르 강 서쪽 강가에서 전투를 벌이고 있었다. 29차량화보병사단도 정해진 지역에 도착해 있었다. 나는 사단장에게 드네프르 도하에 성공하자마자 스몰렌스크를 향한 신속한 진격이 얼마나 중요한 일인지를 다시 한 번 주지시켰다. 그렇게 해서 47기갑군단에서도 부대 집결과 도하 준비라는 어려운 과제가 성공적으로 완료되었고, 나는 확실한 기대감을 품고 다음날을 기다렸다.

드네프르 도하 이후의 진격을 위해 각 부대에 다음 임무를 할당했다.

먼저 24기갑군단은 프로포이스크-로슬라블 도로로 진격하도록 했다. 이 군단은 우측방에서는 실로빈-로가체프 방면으로부터 오는 소련군의 위협을 막고, 좌측방에서는 모길레프에 있는 소련군을 경계해야 했다.

46기갑군단은 고리키-포치노크를 지나 엘냐로 진격하면서 모길

상륙 보트로 코피스 부근 드네프르 도하(1941년 7월 11일)

코피스 부근 드네프르 강가에서 훗날 이탈리아군 참모총장이 되는 마라스 장군과 함께(1941년 7월 11일)

레프 방면으로부터 우측방을 지키라는 임무를 맡았다.

47기갑군단의 주요 목표지는 스몰렌스크였으며, 오르샤와 스몰렌스크 사이에 이르는 드네프르 강 선을 따라 좌측방을 경계하면서 오르샤 방면에서 오는 소련군의 공격도 막아야 했다. 그밖에도 오르샤에 있는 소련군은 드네프르 강 서쪽과 북서쪽에서 슈트라이히와 우징거 부대를 통해 감시하도록 했다.

7월 10일 저녁에는 베를린에서부터 알고 지내던 이탈리아 대사관 육군 무관인 마라스 장군이 내 참모부에 나타났다. 마라스 장군은 뷔르크너 해군 대령을 대동하고 왔다. 나는 두 사람에게 다음날로 예정된 드네프르 도하를 보기 위해서 코피스 부근 도하 지점에 함께 가자고 했다. 두 사람 외에도 저녁에는 히틀러의 공군 부관인 폰 벨로 중령이 내 기갑집단의 상황을 알아보기 위해서 나를 찾아왔다.

7월 11일 06시 10분 나는 두 손님을 동반한 채 쏟아지는 햇살을 받으며 톨로치노에 있던 내 전투지휘소를 출발했다. 톨로치노는 1812년에도 이미 나폴레옹 1세가 사령부를 차렸던 곳이기도 했다. 나는 코피스 부근 드네프르 강가로 가서 47기갑군단의 도하를 지켜보기로 했다. 드네프르 강으로 향하는 대열을 따라가는 길은 짙은 먼지로 뒤덮여 무척 힘들었다. 사람이나 무기나 엔진이나 먼지 때문에 몇 주일 동안 똑같은 고통을 겪어야 했다. 특히 전차의 실린더가 원활하게 작동하지 않아서 엔진의 성능이 현저하게 떨어졌다. 나는 코피스 부근 29차량화보병사단 전투지휘소에서 군단장과 사단장을 만나 상황에 대한 보고를 들었다. 15, 71연대는 벌써 강을 건너 코피스 동쪽 숲 가장자리에 도달했다. 우리는 15연대와 71연대가 소련군 2개 사단(소련군 66군단의 18, 54소총사단)에 맞서 진격하는 광경을 관찰했다. 사단 전투지휘소 주변은 적 포병의 가벼운 엄호 사격을 받았고, 지뢰도 매설되어 있었다. 예하 부대의 진군을 잘 관찰할 수 있었고, 우리가 서 있는 곳 바로 아래에서 교량을 건설하고 있는 모습도 잘 보였다. 이탈리아 무관이 떠난 뒤 나는군 부대의 전진 상황을 확인하기 위해서 상륙보트를 타고 강의 동쪽 강가로 건너갔다. 원래는 코피스에서 46기갑군단으로 갈 생각이었지만 아직은 시클로프로 향하는 안전한 육로가 확보되지 않아서 그 생각을 접어야 했다.

그러는 사이 17기갑사단은 오르샤 남쪽에서 너무나 강력한 적군과 마주쳤고, 사단이 동쪽 강가에 확보한 작은 교두보에서 계속 공격을 이어가는 것은 무의미해 보였다. 그 때문에 현장을 지휘하던 리히트 대령이 그 교두보에서 철수한다는 올바른 결정을 내렸다. 17기갑사단은 이제 29차량화보병사단의 뒤를 따라 코피스에서 강을 건너야 했다.

나는 내 전투지휘소로 돌아가는 길에 코하노보에서 폰 클루게 원수를 만나 그에게 지금까지 전개된 상황을 보고했다. 폰 클루게 원수는 내가 내린 명령들을 승인했고, 나는 그에게 드네프르 강으로 진군하는 보병군단의 선견대를 더 서두르게 해달라고 요청했다. 그래야 강력한 적군이 점령한 교두보들을 신속하게 차단할 수 있었다. 전투지휘소에 도착해서는 히틀러의 수석 부관인 슈문트 대령을 만나 기갑집단의 상황에 대해 협의했다.

나는 톨로치노에는 잠시 머물러 있다가 18시 15분에 다시 시클로프에 있는 46기갑군단으로 출발했다. 도로 상태는 열악했고, 교량들이 다시 가설되었다. 시클로프에 도착하니 21시 30분이었다. 10기갑사단의 교량 지점은 적의 강력한 포격과 반복되는 공습 때문에 47기갑군단 지역보다 강을 건너기가 더 어려웠다. SS 다스 라이히 차량화보병사단의 교량들도 적의 공습으로 손상된 상태였다. 교량들이 손상되었음에도 강을 건너 선견대가 이미 고리키로 향하고 있었다. 나는 소련군에게 가한 기습의 효과를 충분히 이용하려면 밤에도 계속 진군해야 한다는 점을 군단에 거듭 주지시켰다. 그런 다음 선견대가 출발했는지 확인하기 위해서 10기갑사단으로 향했다. 10기갑사단 방문은 꼭 필요한 일로 드러났는데, 실제로 내가 그곳에 도착했을 때 그 부대는 아직 출발하지 않은 상태였다.

나는 힘든 야간 운행을 마치고 7월 12일 새벽 4시 30분에 다시 톨로치노로 돌아왔다.

7월 11일 기갑집단의 사단들은 각각 다음의 지역에 도착했다.

1기병사단은 실로빈-로가체프, 4기갑사단과 10차량화보병사단은 드네프르 강 동쪽 스타리 비호프 부근과 그 북쪽 교두보, 3기갑사단은 러시아군 교두보에 맞서 측방을 지키면서 모길레프 남쪽에 도착했다.

20기갑사단과 그로스도이칠란트 보병연대는 시클로프 남쪽, SS 다스 라이히 사단은 시클로프 부근 드네프르 강 동쪽 교두보에 위치했다.

29차량화보병사단은 코피스 동쪽 드네프르 강 건너편 교두보, 18기갑사단은 코피스 서쪽, 17기갑사단은 오르샤 남서쪽에 이르렀다.

슈트라이히와 우징거 부대는 소련군 교두보에 맞서 오르샤 서쪽과 북서쪽을 지켰다.

뒤따르는 보병 주력은 슬루츠크 동쪽-민스크 동쪽 선에 이르렀고, 보병의 선견대는 베레지나에 당도했다. 호트는 비텝스크 부근에 와 있었다.

7월 12일에도 도하는 계속되었다. 나는 이날 항공편으로 24기갑군단을 찾아가 그곳에서 8시간 머물렀고, 그 뒤에 슈문트를 맞았다.

지도 11

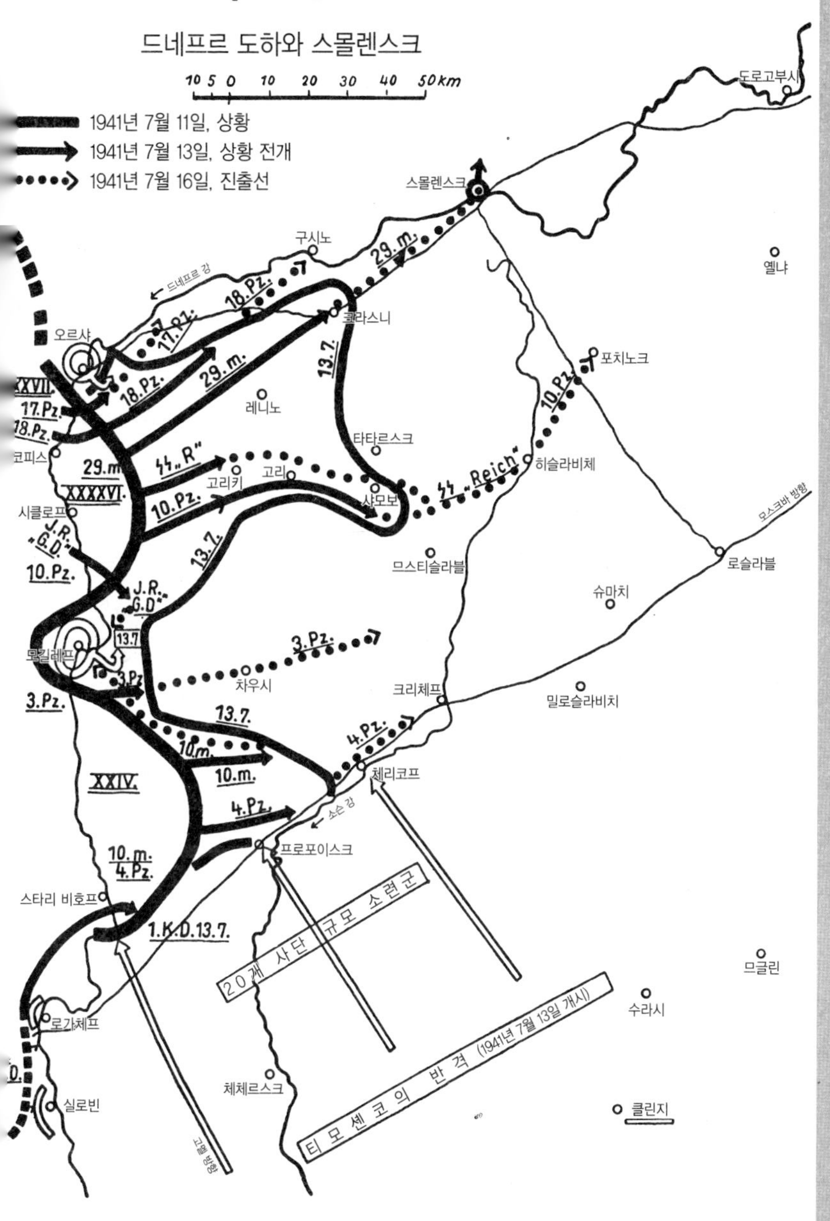

드네프르 도하와 스몰렌스크
10 5 0 10 20 30 40 50km
1941년 7월 11일, 상황
1941년 7월 13일, 상황 전개
1941년 7월 16일, 진출선
도로고부시
스몰렌스크
구시노
옐냐
드네프르 강
29.m.
18.Pz.
17.Pz.
크라스니
오르샤
13.7.
포치노크
XXVII.
17.Pz.
18.Pz.
29.m.
레니노
10.Pz.
타타르스크
코피스
29.m
ss„R"
고리
고리키
ss„Reich"
히슬라비체
XXXXVI.
10.Pz.
샤모보
모스크바 방향
시클로프
J.R. „G.D."
10.Pz.
13.7.
므스티슬라블
로슬라블
J.R. G.D
슈마치
13.7
3.Pz.
모길레프
3.Pz
차우시
크리체프
밀로슬라비치
3.Pz.
13.7.
10.m.
4.Pz.
10.m.
XXIV.
체리코프
4.Pz.
소슨 강
프로포이스크
10.m.
4.Pz.
20개 사단 규모 소련군
스타리 비호프
1.K.D.13.7.
므글린
로가체프
티모셴코의 반격 (1941년 7월 13일 개시)
수라시
체체르스크
실로빈
클린지
고멜 방향

육군 최고사령부는 이날까지도 소련군이 중부집단군 휘하 기갑집단에 맞서 계속 완강한 저항을 펼칠 수 있을지 퇴각할 것인지에 대해 명확한 판단을 내리지 못하고 있었다. 어쨌든 두 기갑집단이 스몰렌스크 서쪽 지역에 형성되는 전선을 돌파해 그곳에 출현하는 적의 병력을 분쇄하는데 최선을 다하기를 기대했다. 나아가서는 경우에 따라 3기갑집단의 병력 일부를 북동쪽으로 돌려 16군의 우익 앞에 포진한 소련군을 포위해 섬멸한다는 안도 고려되고 있었다.

스몰렌스크-옐냐-로슬라블

7월 13일 나는 내 전투지휘소를 드네프르 동쪽 강가의 시아호디(시클로프 남동쪽 6킬로미터)로 옮겼다. 이날 드네프르 강가에 위치한 17기갑사단을 방문했는데, 이 용감한 사단은 전쟁이 시작된 이후 지금까지 적 전차 502대를 격파했다. 나는 연이어 SS 다스 라이히 차량화보병사단의 일부 병력이 강을 건너는 모습을 지켜보면서 하우서 장군, 폰 비팅호프 장군과 이야기를 나누었다. SS 다스 라이히 사단은 진군을 서둘러야 했고, 스몰렌스크 남쪽 모나스티르슈치나 방향 정찰도 서두를 필요가 있었다. 항공 정찰대의 보고에 따르면 소련군이 고리키 남서쪽에서 드네프르 강 방향으로 돌파하려는 시도가 포착되었기 때문이다.

탁월한 지휘를 받고 있는 29차량화보병사단은 이날 스몰렌스크 18킬로미터 지점까지 접근했다.

나는 17시에 기갑집단의 새 전투지휘소에 도착했는데, 그곳은 전선 바로 부근에 있다는 이점이 있었다. 남쪽에서 들려오는 맹렬한 포격 소리는 모길레프 방면으로 내 기갑집단의 측방을 지켜야 하는 그로스도이칠란트 보병연대가 치열한 전투를 벌이고 있다는 사실을 짐작케 했다. 그날 밤 탄약이 다 떨어졌다며 도움을 요청하는 그로스도이칠란트 보병연대의 급보가 날아왔다. 아직 소련에서의 전쟁에 익숙하지 않은 이 연대는 새로운 탄약을 원했다. 그러나 새로 보급될 탄약은 없었다. 그로써 신경질적인 사격전이 중지되고 고요해졌다.

이날 육군 최고사령부에서는 처음으로 2기갑집단을 남쪽이나 남동쪽으로 돌린다는 계획이 등장했다. 드네스트르 강에 도달한 남부집단군의 상황 변화가 그 이유였다. 육군 최고사령부는 같은 날 롬멜을 통해 아프리카 전역을 이끄는 문제를 다루었다. 또한 리비아를 지나 수에즈 운하 방면으로 진격하는 작전과 터키와 시리아를 지나 수에즈 운하 방면으로 진격하는 작전 수행 문제도 다루면서, 코카서스에서 페르시아 만으로 진격하기 위한 작전 연구까지 시작했다.

7월 14일 나는 46기갑군단과 SS 다스 라이히 사단을 고리키 방향으로 이동시킨 뒤 나도 고리키로 향했다. 10기갑사단은 격렬한 전투를 치르면서 특히 포병 전력에 상당한 손실을 입은 뒤 고리키와 므스티슬라블에 당도했다. 반면 29차량화보병사단은 스몰렌스크 방향으로 순조롭게 전진했고, 18기갑사단은 드네프르 강을 건넌 뒤 29차량화보병사단의 좌측방을 방어하기 위해서 크라스니에서 북쪽과 북서쪽으로 이동했다.

24기갑군단은 볼코비치 방향으로 교두보를 확장했고, 1기병사단은 스타리 비호프로 뒤따랐다.

이날 육군 최고사령부에서는 동부 지역에 점령군으로 잔류시킬 부대의 병력 배치와 편성을 위한 첫 기초 자료 연구가 시작되었다. 기본 구상은 가장 중요한 공업 지역과 교통 중심지에 강력한 집단군을 주둔시켜 점령 임무를 수행하도록 하는 한편, 기동력 있는 부대를 파견해 비점령 지역에 새롭게 형성되는 모든 저항 시도를 신속하게 섬멸한다는 계획이었다. 그 계획과 관련해서 바르바로사 작전이 종료된 뒤 유럽에 있는 독일 육군의 병력 배치와 개편, 있을 수 있는 병력 감축 문제도 함께 다루어졌다.

이러한 일련의 계획 과정은 냉혹한 현실과는 지나치게 동떨어져 있었다. 지금 독일군에 시급한 문제는 바르바로사 작전의 신속하고 성공적인 완료였고, 그 일에만 전념하는 것이었다.

7월 15일 새벽 폰 클루게 원수가 내 전투지휘소를 찾아왔다. 나는 폰 클루게 원수를 만난 뒤 46기갑군단이 있는 고리키로 향했고, 거기서 다시 47기갑군단을 찾아 스비에로비치(크라스니 남서쪽 12킬로미터)로 이동했다. 29차량화보병사단은 스몰렌스크 남부 외곽에 도달했고, 18기갑사다은 크라스니 북쪽 드네프르 강에 도착했다. 소련군은 오르샤에서 스몰렌스크로 이어지는 고속도로로 4~5개 대열을 맞춰 철수 중이었다. 17기갑사단은 드네프르 강 동쪽 강가에서 오르샤 동부와 남부를 점령했다. 나는 17시에 네링을 찾아갔다. 네링은 18기갑사단이 구시노 부근에서 힘겨운 전투를 벌이고 있고, 도브린(오르샤 남동쪽 24킬로미터)에 있던 자신의 보급부대가 동쪽을 돌파해 포위망을 빠져나가려는 적의 공격으로 상당한 피해를 입었다고 보고했다. 나는 17시 40분 스몰렌스크 방향으로 계속 이동했다. 중간에 적의 전투기 공격을 받았지만 사상자는 없었다. 19시 15분 스몰렌스크 앞에서 19차량화보병사단의 작전 참모인 유능한 프란츠 소령을 만났다. 프란츠는 사단이 스몰렌스크에서 순조롭게 전진하고 있지만 제법 큰 피해를 보았다고 보고했다. 벌써부터 인원과 장비를 보충해달라는 요청이 합당한 상황이었다.

나는 23시에 그사이 고리키로 이동한 기갑집단 전투지휘소에 도착했다.

7월 16일 29차량화보병사단이 스몰렌스크를 점령했다. 그로써 이들은 정해진 작전 목표에 도달한 첫 부대가 되었다. 목표 달성은 매우 탁월한 성과였다. 사단장인 폰 볼텐슈테른 장군으로부터 말단 병사에 이르기까지 사단의 모든 대원이 용감한 군인으로서 자신들의 의무를 다했다.

7월 16일 내 기갑집단의 위치는 다음과 같았다.

1기병사단은 스타리 비호프 남동쪽, 4기갑사단은 체리코프와 크리체프 사이, 3기갑사단은 차우시와 몰리아티치 사이, 10차량화보병사단은 모길레프 남쪽에 포진했다.

10기갑사단은 히슬라비치와 포치노크 사이, SS 다스 라이히 사단은 그 뒤에, 그로스도이칠란트 보병연대는 모길레프 북쪽에 위치했다.

29차량화보병사단은 스몰렌스크, 18기갑사단은 크라스니-구시노 지역, 17기갑사단은 랴디-두브로프노 지역에 있었다.

보병의 선견대들이 드네프르 강에 도달했다. 선견대들은 보병사단들에 배치된 몇몇 차량화부대와 정찰대대들로 이루어져 있었다. 따라서 이 선견대들의 전투력은 미약했다.

7월 13일 이후 소련군은 맹렬한 반격에 나서고 있었다. 고멜 방면에서는 약 20개 사단이 내 기갑집단의 우측방으로 진군해 왔다. 그와 동시에 모길레프에서는 남쪽과 남동쪽에서, 오르샤에서는 남쪽으로 포위되어 있던 소련군 교두보들에서 포위망이 돌파당했다. 이 모든 작전은 티모셴코 원수의 지휘로 진행되고 있었다. 아군의 성공적인 드네프르 도하를 뒤늦게라도 좌절시키려는 의도가 분명했다.

7월 16일 또 다른 소련군 병력이 고멜과 클린지로 이동하고 있었

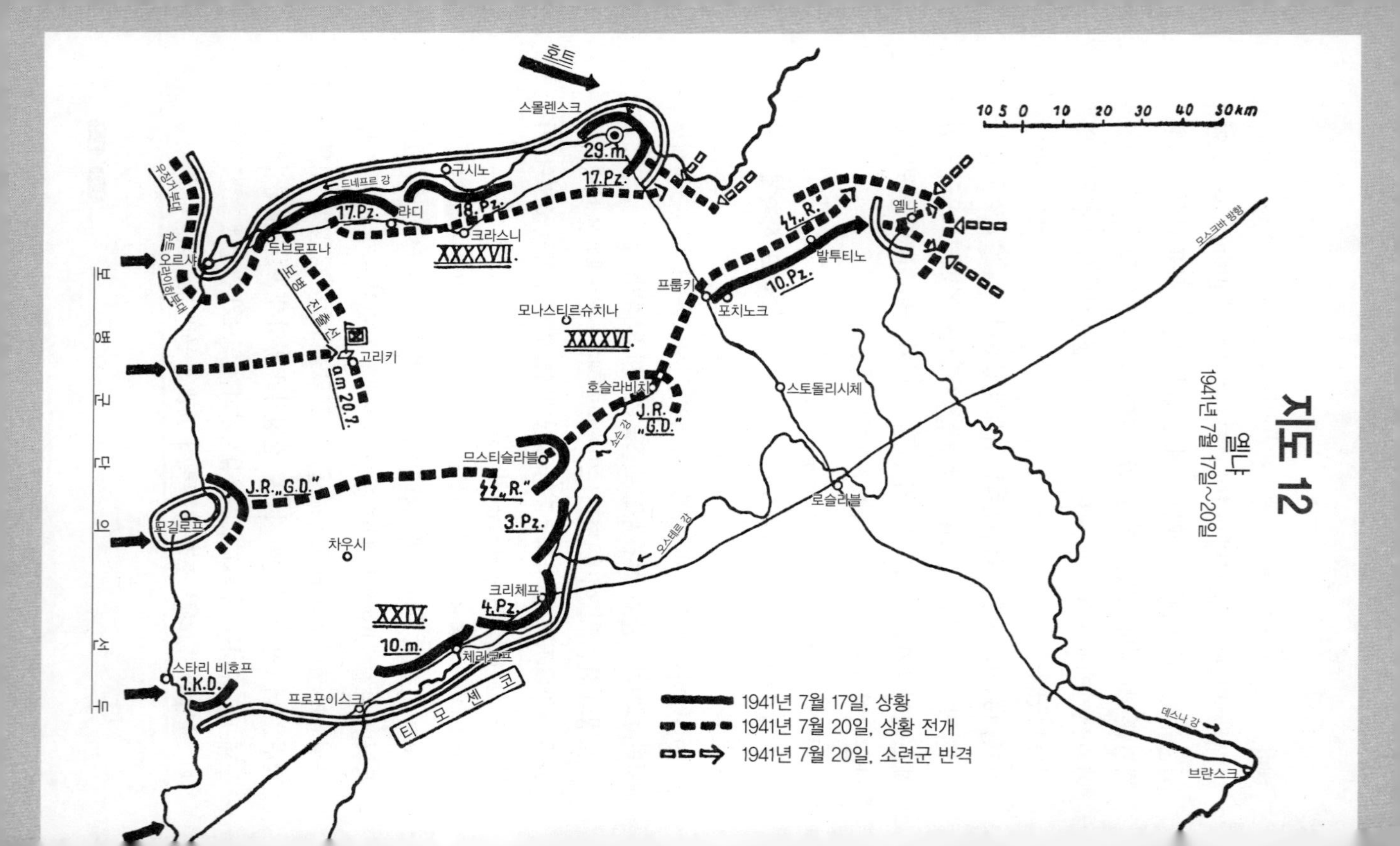

지도 12
옐냐
1941년 7월 17일~20일
10 5 0 10 20 30 40 50km
1941년 7월 17일, 상황
1941년 7월 20일, 상황 전개
1941년 7월 20일, 소련군 반격
호트
스몰렌스크
29.m.
17.Pz.
구시노
드네프르 강
18.Pz.
17.Pz.
랴디
크라스니
XXXXVII.
우징거부대
오르샤
두브로프나
보병 진출선
고리키
am 20.7.
모나스티르슈치나
XXXXVI.
프롭키
포치노크
10.Pz.
발투티노
옐냐
모스크바 방향
스토돌리시체
호슬라비치
J.R. "G.D."
므스티슬라블
J.R. "G.D."
모길료프
3.Pz.
로슬라블
오스테르 강
차우시
크리체프
4.Pz.
XXIV.
10.m.
체리코프
스타리 비호프
1.K.D.
프로포이스크
티 모 셴 코
데스나 강
브랸스크
보 병 군 단 의 선 두

고, 스몰렌스크 동쪽으로도 대규모 수송 차량이 관측되었다. 따라서 소련군의 반격이 계속되리라는 점을 염두에 두어야 했다. 그러나 이런 어려운 상황에도 불구하고 나는 내게 할당된 목표지에 신속하게 도달하겠다는 결심을 확고히 했다. 각 군단은 흔들리지 않고 진군을 이어갔다.

7월 17일 나는 비행기로 24기갑군단으로 날아가 드네프르 강 우익에서 소련군의 공격에 맞서 격렬하게 싸우고 있는 1기병사단을 방문했다.

이날 1기병사단은 스타리 비호프 남쪽, 10차량화보병사단은 체리코프 서쪽, 4기갑사단은 크리체프, 3기갑사단은 롭코비치에 당도했다.

10기갑사단은 포치노크와 엘냐 사이, SS 다스 라이히 사단은 므스티슬라블, 그로스도이칠란트 보병연대는 레코트카에 이르렀다.

29차량화보병사단은 스몰렌스크, 18기갑사단은 카틴-구시노에 도달했고, 17기갑사단은 랴디-두브로프노에 당도했다.

모길레프와 모길레프 동쪽, 오르샤 동쪽과 스몰렌스크 북쪽과 남쪽에 적의 대규모 병력이 등장했다. 호트는 스몰렌스크 북쪽 지역에 이르렀고, 내 기갑집단을 뒤따르는 보병들은 드네프르 강가에 당도했다.

남부집단군은 드네스트르 강을 건너 교두보를 설치했다. 나는 이날 호트와 리히트호펜과 함께 백엽기사철십자훈장을 수훈했고, 그로써 육군에서는 5번째로, 국방군에서는 24번째로 이 훈장을 받은 사람이 되었다.

7월 18일에는 47기갑군단과 함께 있었다. 17기갑사단은 오르샤 동쪽을 지키는 측위 임무에서 벗어나 스몰렌스크 남쪽 지역으로 이동했다. 남쪽에서 스몰렌스크로 진격해 오는 적군과 대적하기 위해서였다. 거기서 펼쳐진 전투에서 용맹스런 사단장 리터 폰 베버 장군이 치명상을 입었다.

다음 며칠 동안 46기갑군단은 공고하게 구축된 진지를 기반으로 완강하게 저항하는 소련군과 맞서 옐냐와 그 도시 주변을 점령했다. 군단의 우측방과 후방에서는 전투가 계속 이어졌다.

7월 20일 1기병사단은 스타리 비호프 남동쪽, 10차량화보병사단은 체리코프 서쪽, 4기갑사단은 체리코프-크리체프, 3기갑사단은 롭코비치에 도달했다. 10기갑사단은 옐냐, SS 다스 라이히 사단은 쿠시노, 그로스도이칠란트 보병연대는 히슬라비치 서쪽에 당도했다. 17기갑사단은 스몰렌스크 남쪽, 29차량화보병사단은 스몰렌스크, 18기갑사단은 구시노에 도착했다.

그사이 소련군의 반격은 24기갑군단과 스몰렌스크에서 계속되었고, 옐냐에서도 소련군의 새로운 공격이 펼쳐졌다. 뒤따르는 아군 보병들은 드네프르 강을 건넜다. 호트는 막 스몰렌스크 북동쪽으로 강력한 소련군 병력을 포위하는 중이었다. 포위를 위해서는 남쪽의 2기갑집단이 도로고부시 방향으로 이동해 호트를 지원해야 했다. 나는 호트를 돕고 싶은 열망이 컸고, 지원에 필요한 이동을 지시하기 위해서 7월 21일 46기갑군단으로 향했다. 스몰렌스크 남쪽과 서쪽 지역이 소련군의 포격을 받고 있었기 때문에 그 도시를 우회해 들판을 가로질러야 했다. 나는 정오 무렵 17기갑사단의 1개 연대가 남동쪽 측방을 지키고 있는 슬로보다에 도착했고, 잠시 뒤에는 스몰렌스크 남동쪽 45킬로미터 부근 키셀리에프카에 자리한 46기갑군단의 전투지휘소에 당도했다. 거기서 군단의 상황을 보고받은 뒤 로슬라블 북쪽으로 35킬로미터 지점인 바스코보 역 남쪽에 포진한 그로스도이칠란트 보병연대의 진지를 시찰했다. 그로스도이칠란트 보병연대는 아직은 소규모 병력이지만 포병을 보유한 소련군과 싸우고 있었다. 46기갑군단의 모든 병력이 적과 교전 중이어서 그 순간에는 병력을 이동할 수 없는 상태였다. 그래서 그로스도이칠란트 보병연대를 다음 며칠 동안은 드네프르 강 최상류 구시노 부근에서 철수시켜도 되는 18기갑사단과 교대하기로 결정했다. 46기갑군단에 호트를 강력하게 지원할 수 있는 여건을 마련해주기 위해서였다. 나는 46기갑군단의 전투지휘소에서 무전으로 필요한 명령을 내렸다. 46기갑군단의 가용한 모든 병력을 도로고부시 방향으로 투입하게 했고, 공군의 근접지원비행대 지휘관에게는 스파스 데멘스코예 방면에서 옐냐 남동쪽으로 막 시작되고 있는 소련군의 반격을 막도록 했다. 전투지휘소로 돌아가는 길에는 내 참모부로부터 여러 번 무전을 받았는데, 상급 사령부의 지시로 SS 다스 라이히 사단을 도로고부시 방면으로 긴급 투입해야 한다는 내용이었다. 그러나 그 순간에는 46기갑군단에 이미 내린 조치들 이외에는 더 이상 할 수 있는 일이 없었다. 돌아가는 길에 다시 한 번 잠시 들른 47기갑군단에서도 당분간은 기대할 수 있는 일이 없었다. 모든 것이 18기갑사단을 구시노 부근 측방 방호 임무에서 빠지게 한 뒤 그들을 즉시 북쪽으로 진군하게 할 수 있느냐에 달려 있었다. 그런데 바로 그 부분에서 폰 클루게 원수가 개입해 18기갑사단을 움직이지 못하게 했다. 드네프르 강을 따라 기갑집단의 좌측방이 안전하지 못하다는 염려 때문이었다. 폰 클루게 원수는 비아위스토크에서 그랬듯 이번에도 나에게 미리 알려주지 않은 상태에서 자신이 직접 개입했다. 그로 인해 도로고부시를 공격할 병력이 전혀 없게 되었다.

이날 저녁 스몰렌스크에서 소련군의 포격을 받는 바람에 내 용감한 오토바이 전령 횔리겔이 공중으로 휙 날아가 떨어졌다. 다행히 횔리겔은 부상을 입지 않았고, 나는 스몰렌스크 서쪽 호흘로보에 자리한 기갑집단 전투지휘소에 도착했다.

스몰렌스크는 도시 주변에서 벌어진 전투로 인한 피해를 거의 입지 않았다. 29차량화보병사단은 드네프르 강 남쪽에 위치한 구시가지를 정복한 뒤 7월 17일에 강을 건너 북쪽 강가에 놓인 시의 공업 지역을 점령했다. 호트와의 연결을 용이하게 하기 위해서였다. 그 며칠 동안 나는 한 진지를 방문하던 차에 스몰렌스크 대성당을 보게 되었다. 성당은 온전한 상태였다. 그런데 안으로 들어서는 순간 성당 입구와 왼쪽 절반이 신의 성전이 아닌 신을 모독하는 박물관처럼 바뀌어 있어서 깜짝 놀랐다. 문가에는 구걸하는 거지를 밀랍으로 만든 상이 하나 있었고, 안쪽에는 프롤레타리아를 학대하고 착취하는 모습을 보여주려는 듯 상당히 과장되게 표현한 부르주아 계급의 실물 크기 밀랍상들이 있었다. 그 밀랍상들은 전혀 아름답지 않았다. 성당의 오른쪽 절반은 종교 행사를 위해 사용하도록 내버려둔 상태였다. 은으로 만든 성물(聖物)들과 촛대를 감추려 했는데 내가 거기로 들어갈 때까지 미처 끝내지 못한 모양이었다. 어쨌든 촛대는 중앙에 수북이 쌓인 무더기 위에 놓여 있었다. 나는 그 귀한 물건들을 책임지고 관리할 수 있는 러시아인을 찾아오라고 지시했고, 곧 흰 수염이 수북하게 난 늙은 성당 관리인을 찾아냈다. 나는 통역을 통해 성당 관리인에게 귀한 물건들을 가져가 잘 보관하라고 위임했다. 벽에 걸려 있던 금으로 장식한 귀중한 목조 성화는 온전했다. 그 성당이 나중에 어떻게 되었는지는 모른다. 어쨌든 나는 당시 그 성당을 지키려고 노력했다.

7월 23일 스몰렌스크 남쪽 15킬로미터에 위치한 탈라시키노에서 리터 폰 베버 장군의 후임으로 17기갑사단의 지휘관이 된 리터 폰 토마 장군을 만났다. 폰 토마는 지휘관들 가운데 가장 연장자이자 경험이 많은 기갑장교 중 한 사람이었다. 제1차 세계대전과 스페인 내전에서도 확고부동한 침착함과 불굴의 용기로 유명했고, 이번에도 자신의 능력을 입증해 보였다. 폰 토마의 사단은 46, 47기갑군단 사이를 연결했고, 드네프르 강가에서 4군이 계속 염려하던 소련군의 남쪽 돌파 시도를 막았다. 46기갑군단의 전투지휘소는 옐냐 서쪽 11킬로미터 숲속에 있었다. 비팅호프 장군은 소련군이 상당 규모의 포병 지원 속에 남쪽과 동쪽, 북쪽에서 옐냐로 반격해오고 있다고 보고했다. 처음으로 탄약이 부족한 상황에 직면하면서 46기갑군단은 가장 중요한 목표에만 집중해 싸워야 했다. 비팅호프는 그로스도이칠란트 보병연대가 18기갑사단으로 교대되자마자 호트 집단을 지원하기 위해 도로고부시 방향으로 이동하기를 원했다. 지금까지 옐냐 북서쪽 우샤 지역을 지나 스비르콜루치에 방향으로 진군하려던 모든 시도는 실패했다. 아군 지도상에 '양호'하다고 표시된 글린카-클리미아티노 도로는 실제로는 없는 도로였다. 북쪽으로 가는 길은 늪지여서 차량 운행이 불가능했다. 모든 이동이 도보로 이루어지다보니 무척 힘들고 많은 시간이 소요되었다.

나는 다시 10기갑사단으로 향했다. 샬 장군은 지금까지 있었던 옐냐를 둘러싼 전투를 인상적으로 설명해주었다. 샬의 부대는 하루에 소련군 전차 50대를 격파하기도 했지만, 그 뒤 훌륭하게 구축된 소련군 진지에 발이 묶이는 바람에 꼼짝도 못했다고 했다. 그래서 차량의 3분의 1 가량을 잃은 것으로 추정한다고 했다. 탄약도 육로로 450킬로미터나 떨어진 곳에서 가져와야 하는 상황이었다.

마지막으로 나는 다시 한 번 옐냐 북쪽에 있는 SS 다스 라이히 사단으로 향했다. 사단은 전날 적군 1,100명을 사로잡았지만 옐냐와 도로고부시 사이에서 앞으로 나아가지 못하고 있었다. 소련군의 대규모 폭격으로 진군이 지연된 것이다. 나는 그곳 지형과 상황을 직접 살펴보기 위해서 용맹스런 클링겐베르크 SS대위가 이끄는 최선두 오토바이소총대로 향했다. 그 결과 도로고부시 방향으로 공격을 시작하기 전에 그로스도이칠란트 보병연대가 도착할 때까지 기다려야 한다는 확신을 얻었다.

23시 프룹키 남쪽 2킬로미터로 이전한 기갑집단 전투지휘소에 도착했다.

이후 며칠 동안 소련군의 대규모 공격은 전혀 수그러들 기세 없이 격렬하게 이어졌다. 소련군의 대규모 공격이 이어졌음에도 우익에서는 진전을 이룰 수 있었고, 그사이 중앙에는 18기갑사단과 반가운 증원 병력인 보병사단들이 처음으로 당도했다. 그러나 도로고부시 방향으로 치고 나가려는 시도는 완전히 실패했다.

지난 며칠 동안 수집한 정찰 결과에 따르면 소련군의 4개 군 사령부가 노브고로트-세베르스키-브랸스크 서쪽-옐냐-르셰즈-오스타시코프 선 동쪽에 출현할 것으로 예상되었다. 소련군은 그 선에 참호를 구축하고 있었다.

7월 25일까지 1기병사단은 노비 비호프 남동쪽 지역, 4기갑사단은 체르니코프-크리체프, 10차량화보병사단은 체리코프, 3기갑사단은 롭코비치에 도달했다. 263보병사단과 5기관총대대, 그로스도이칠란트 보병연대, 18기갑사단, 292보병사단은 프룹키 남쪽과 샤탈로프카 비행장에 도착했다. 이 비행장은 아군 근접지원비행대가 사용하고 있는 곳이라 러시아군 포병과 박격포 공격을 막아야 하는 곳이었다.

10기갑사단은 옐냐, SS 다스 라이히 사단은 옐냐 북쪽에 당도했고, 17기갑사단은 첸조보와 남쪽, 29차량화보병사단은 스몰렌스크 남쪽,

137보병사단은 스몰렌스크에 이르렀다.

적의 기병이 보브뤼스크 부근에 설치된 임시 수송로에 나타났다.

7월 26일 소련군이 옐냐 부근에서 계속 공격을 가해 왔다. 나는 둥글게 형성된 옐냐 돌출부 전선을 강화하고, 지금까지의 강행군과 전투로 지친 기갑부대들에 절실히 요구되는 휴식과 장비 점검 시간을 주기 위해서 268보병사단의 투입을 요구했다. 정오에는 3기갑사단으로 가서 기사철십자훈장을 받은 모델 사단장을 치하한 뒤 사단장에게서 사단의 상황을 보고받았다. 곧이어 4기갑사단으로 가서는 프라이헤어 폰 가이르 장군과 프라이헤어 폰 랑거만 장군을 만났다. 저녁 무렵 소련군이 137보병사단 구역인 드네프르 북쪽 강가의 스몰렌스크 교두보로 밀고 들어왔다는 보고가 들어왔다.

무선 감청에 따르면 고멜에 있는 소련군 21군, 로드냐의 13군, 로슬라블 남쪽에 위치한 4군 사이가 연계된 것으로 드러났다.

호트 기갑집단에서는 이날 북쪽에서부터 스몰렌스크 동쪽으로 포위망을 치는데 성공했다. 그로써 소련군 약 10개 사단의 나머지 병력이 3기갑집단 수중에 들어갔다. 내 후방 모길레프 주변에 아직 남아 있던 대규모 적은 섬멸되었다.

나는 전투지휘소로 돌아간 뒤 22시에 집단군으로부터 다음날 12시에 개최될 협의를 위해 오르샤 비행장으로 오라는 요구를 받았다. 지난 며칠 동안 전개된 상황에 대한 견해 차이가 불거졌기 때문에 그 해결을 위해서는 협의가 꼭 필요한 상황이었다. 4군은 스몰렌스크 지역의 위협을 매우 심각하게 여긴 반면, 내 기갑집단에서는 더 위협적인 적은 이제 로슬라블 남쪽과 옐냐 동쪽에 포진하고 있다고 판단했다. 그런데 스몰렌스크 서쪽 드네프르 강가에 병력을 묶어두는 바람에 지난 며칠간 로슬라블 지역에서 불필요한 위기와 손실이 초래되었다. 그 때문에 4군 최고사령관과 나의 관계가 원치 않게 날카로워졌다.

7월 27일 나는 참모장 프라이헤어 폰 리벤슈타인 중령을 대동해 항공기로 오르샤를 지나 집단군 참모부가 있는 보리소프로 향했다. 앞으로의 작전 수행을 위해 새 지시를 받고 내 휘하 부대의 상황을 보고하기 위해서였다. 나는 거기서 모스크바나 적어도 브랸스크 방향으로 진격하라는 지시를 기대했다. 그런데 뜻밖에도 히틀러가 2군과 나의 2기갑집단이 고멜 방면으로 진격해 그곳에 있는 소련군 8~10개 사단을 포위하라는 명령을 내렸다고 했다. 그 의도는 내 기갑집단이 남서쪽으로, 다시 말하면 독일 방향으로 돌아가는 것을 뜻했다. 게다가 히틀러는 대규모 포위 작전을 총참모본부의 잘못된 판단으로 여긴다고도 했다. 서부전선에서는 정당성이 입증된 작전이었지만, 여기서는 소규모 포위망을 구축해 활발하게 움직이는 소련군 병력을 섬멸하는 것이 더 중요하다는 것이었다. 그러나 협의에 참가한 모두의 생각은 히틀러와 달랐다. 그렇게 되면 소련은 새 부대를 편성하고 무한한 병력을 동원에 후방에 방어선을 구축할 시간을 계속 벌게 될 것이고, 그렇게 되면 이번 출정은 시급하게 필요한 속전속결을 결코 달성하지 못할 거라고 생각했다.

육군 최고사령부도 며칠 전에는 완전히 다른 태도였다. 이 주장을 뒷받침할 증거로 내가 접근할 수 있었던 근무 일지 기록을 제시하고자 한다. 1941년 7월 23일자 일지로, 그 내용은 다음과 같다.

> "앞으로의 작전 속개를 위한 결정은 진군 명령에 따른 첫 번째 작전 목표에 도달함으로써 작전 수행력이 있는 소련 육군의 대

부분이 섬멸되었다는 견해에서 출발한다. 또 다른 측면에서는 적이 대규모 예비대를 마구잡이로 투입해 적 스스로가 중요하게 여기는 방향에서 독일의 진격에 끈질기게 저항하리라는 점도 고려된다. 그와 관련해 적의 저항은 우크라이나, 모스크바 전방, 레닌그라드 전방에 집중될 것으로 예상된다.

육군 최고사령부의 의도는 아직까지 남아 있거나 새로 형성되는 적군을 물리치고, 볼가 강 서쪽 우크라이나에 있는 주요 공업 지역과 툴라-고리키-리빈스크-모스크바 지역, 레닌그라드 주변을 신속하게 점령함으로써 적이 재무장할 기회를 박탈한다는 것이다. 거기서 비롯되는 각 집단군의 임무와 전반적으로 예상되는 병력 배치 문제는 먼저 전신 통신문으로 확정해 보낸 뒤, 나중에 명령서에서 보다 상세하게 다룰 것이다."

이제 히틀러가 최종적으로 어떤 결정을 내리든 관계없이 2기갑집단은 우선 우측방에 있는 가장 위험한 적부터 청산해야 했다. 그래서 교통의 중심지인 로슬라블에서 동쪽과 남쪽이나 남서쪽으로 가는 길을 점령하기 위해서 로슬라블을 공격하겠다는 내 뜻을 집단군 최고사령관에게 설명했고, 거기에 필요한 병력을 달라고 부탁했다.

내 요구가 승인됨에 따라 2기갑집단 휘하에 들어온 병력은 다음과 같았다.

a) 로슬라블 공격에는 7, 23, 78, 197보병사단을 거느린 7군단과 263, 292, 137보병사단을 거느린 9군단이 추가 배치되었다.

b) 반원형으로 돌출한 옐냐 전선에 있는 기갑사단들의 휴식과 장비 수선을 위해 15, 268보병사단을 거느린 20군단이 할당되었다.

그사이 1기병사단은 2군 휘하로 들어갔다.

2기갑집단은 4군 통솔에서 벗어나 이제부터 '구데리안 군집단'[45]으로 불리게 되었다.

내 군집단은 로슬라블 쪽에서 예상되는 측방 위협을 제거하기 위해서 다음과 같이 공격을 시도했다.

24기갑군단은 10차량화보병사단과 7군단의 7보병사단을 이끌고 적이 점령하고 있는 클리모비치-밀로슬라비치 방면으로부터 우측 깊은 측방을 방호했다. 3, 4기갑사단은 로슬라블을 점령한 뒤 거기서부터 북쪽에서 오스테르 강과 데스나 강 사이로 투입된 9군단과 선을 연결하는 임무를 맡았다.

7군단은 23, 197보병사단을 이끌고 페트로비치-히슬라비치를 지나 3기갑사단과 합류한 뒤 로슬라블-스토돌리시체-스몰렌스크 도로로 진격해야 했다. 78보병사단은 2선에서 그 뒤를 따랐다.

9군단은 263보병사단을 이끌고 모스크바 국도와 오스테르 강 사이에서, 292보병사단으로는 오스테르 강과 데스나 사이에서 북에서 남으로 진격하면서 로슬라-예키모비치-모스크바 국도 왼쪽으로 중점을 두기로 했다. 군단의 좌측방은 스몰렌스크 방면에서 오는 137보병사단이 지키기로 했고, 47기갑군단의 일부 병력, 특히 포병을 통해해서 강화되었다.

24기갑군단과 7군단의 공격은 8월 1일로 정해졌고, 제때에 준비를 완료하지 못할 것으로 판단된 9군단은 8월 2일에 공격을 개시하기로 했다.

다음 며칠 동안은 공격에 필요한 준비를 하는데 전념했다. 특히 그

---

45 Armeegruppe: 군집단은 보통 1개 군 규모의 병력이 통합된 형태로 여러 개의 군을 포괄하는 집단군(Heeresgruppe)과는 다르다. 제1차 세계대전에서는 1개 군의 2~3개 군단이 1개 사령부의 통솔을 받았다. 제2차 세계대전에서는 2~3개 군(때로는 동맹국의 군을 포함)이 통합된 형태로 집단군 최고사령관이 아닌 참여한 군의 최고사령관 중 한 명이 이끌었고, 대개는 그 지휘관의 이름으로 불렸다.(역자)

때까지 소련과 전투를 치른 경험이 전무한 새로 배치된 보병군단에 내 공격 방법을 알려주는 일이 시급했다. 새로 배치된 보병군단은 전차와 긴밀히 협력하면서 전투를 치른 적이 없었기 때문에 어느 정도 의구심을 품고 있었다. 특히 9군단이 그런 경우였다. 9군단의 뛰어난 군단장인 가이어 장군은 과거 제국 국방부 병무국 시절 내 상관이었고, 뷔르츠부르크가 속해 있던 제5 군관구의 상관이기도 해서 개인적으로 아주 잘 알았다. 가이어 장군은 '칼처럼 예리한 이성'으로 유명했는데, 그 말은 루덴도르프 장군이 이미 제1차 세계대전 때 그를 칭찬하면서 한 말이었다. 가이어는 당연히 내 공격 방법의 약점을 바로 간파했고, 군단장들과의 회의에서 그 약점을 지적했다. 나는 내 전술에 대한 가이어의 의구심을 없애기 위해서 "이 공격은 수학입니다."라고 말했다. 그만큼 성공이 확실하다는 뜻이었다. 그러나 가이어 장군은 결코 거기에 수긍하지 않았다. 나는 이 모임이 열린 소련의 한 작은 학교 교실에서 나의 옛 상관을 상대로 어려운 싸움을 벌여야 했다. 가이어는 전장에 나가서야 내가 명령한 방법들이 옳았다는 사실을 깨달았고, 그 이후에는 불굴의 용기로 공격의 성공에 대단히 기여했다.

7월 29일 히틀러의 수석 부관 슈문트 대령이 백엽기사철십자훈장을 가져왔고, 그 일을 계기로 나의 작전 의도에 대해 논의했다. 슈문트는 히틀러가 다음의 3가지 목표를 추구한다고 말했다.

첫 번째 목표는 북동쪽, 즉 레닌그라드였다. 스웨덴으로부터의 물자 수송과 북부집단군의 보급을 위해 발트 해를 자유롭게 운항하려면 무슨 일이 있어도 레닌그라드를 점령해야 한다고 했다. 두 번째 목표는 산업 시설이 중요한 모스크바였다. 세 번째 목표는 남동쪽, 즉 우크라이나였다.

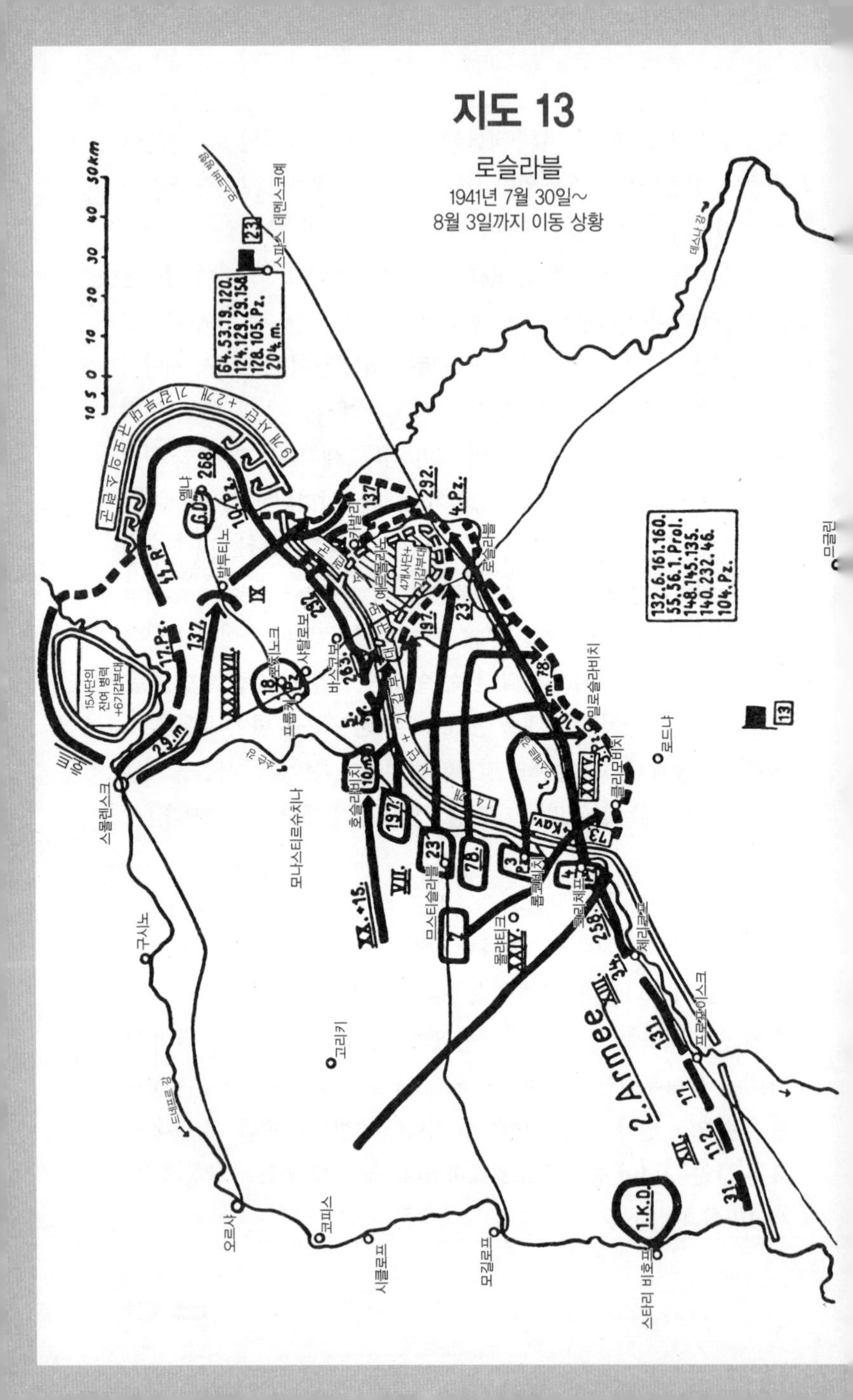
지도 13
로슬라블
1941년 7월 30일~
8월 3일까지 이동 상황
스몰렌스크
구사노
오르샤
코피스
시클로프
모길료프
스타리 비호프
고리키
모나스티르슈치나
호슬라비치
므스티슬라블
몰라티코
클리모비치
체리코프
프로포이스크
밀로슬라비치
로드나
로슬라블
옐냐
발투티노
사탈로보
포츠노크
바스코보
프루디키
스파스 데멘스코에
므글린
데스나 강
드네프르 강
15사단의 잔여 병력 +6기갑부대
4개사단+기갑부대
64.53.19.120.
124.129.29.158.
128.105.Pz.
204.m.
132.6.161.160.
55.56.1.Prol.
148.145.135.
140.232.46.
104.Pz.
2.Armee
1.K.D.
10.Pz.
17.Pz.
4.Pz.
292.
268
137.
263.
197.
23.
78.
29.m
10.m
5.
3.
31.
112.
17.
131.
258.
34.
G.D.
XXIV.
XIII.
XII.
VII.
IX
XX.+15.
XXXXVII.
XXXX.
Kav.

슈문트의 설명에 따르면 히틀러는 아직도 우크라이나 공격을 최종적으로 결정하지 않았다고 했다. 나는 슈문트에게 히틀러를 만나 소련의 심장부인 모스크바로 바로 진격하는 쪽에 동조해달라고 부탁했다. 또한 결정적인 승리를 얻지도 못하면서 내 군집단에 피해만 안겨줄 자잘한 공격은 지시하지 않게 해달라고 간곡하게 요청했다. 그밖에도 새로운 전차와 보충병 충원을 주저하지 말라고 부탁했다. 그렇지 않으면 이번 출정을 신속하게 끝낼 수 없다는 점을 강조했다.

7월 30일 13번에 걸친 소련군의 옐냐 공격을 물리쳤다.

7월 31일 육군 최고사령부에 파견한 연락 장교 폰 브레도 소령이 돌아와 다음의 기본 내용을 알려주었다. "10월 1일로 계획된 오네가호-볼가 강 선에는 더 이상 도달할 수 없을 것으로 간주된다. 반면에 레닌그라드-모스크바 선과 남쪽에는 분명히 도달할 수 있을 것으로 믿는다. 모든 작전이 최고위층에 의해 좌우되기 때문에 육군 최고사령부와 참모총장은 보람이 없는 임무를 맡고 있다. 앞으로의 작전 수행에 대한 최종 결정은 아직 내려지지 않았다."

다만 이제는 모든 것이 앞으로의 작전 수행에 대한 최종 결정에 달려 있었다. 심지어는 아군의 전선 앞쪽으로 둥글게 돌출한 옐냐 진지를 고수할지, 아니면 모스크바 방향으로 계속 진군할지 하는 개별적인 문제도 거기에 달려 있었다. 반원형의 이 옐냐 진지는 지속적으로 상당한 피해를 줄 위험을 내포하고 있었다. 여기서 발생하는 참호전을 위한 탄약 보급도 불충분했다. 보급 능력을 갖춘 철도 종착지에서 750킬로미터나 떨어져 있으니 그럴 수밖에 없었다. 철로는 이미 오르샤까지 독일 궤도에 맞춰 재가설되었지만, 아직은 수송 능력이 미약했다. 아직 독일 궤도에 맞추지 못한 구간에는 당장 사용할 소련 기관차들을 확보하지 못했다.

모델 장군(오른쪽)과의 상황 협의, 1941년 여름 동부전선의 3기갑사단에서

어쨌든 히틀러가 7월 27일 보리소프에서 열린 중부집단군 회의에서 알려진 내용과는 다른 결정을 내릴 희망이 아직은 남아 있었다.

8월 1일 24기갑군단과 7군단에서 로슬라블 공격을 시작했다. 아침 일찍 먼저 7군단으로 갔지만, 행군로를 따라 군단과 23보병사단의 전투지휘소를 찾을 수가 없었다. 나는 전투지휘소를 찾아 나섰다가 09시 경 23보병사단 소속 기병부대 선두에 이르렀다. 그 앞쪽에 전투지휘소가 있을 리는 없어서 거기서 정지한 뒤 기병들에게 그들이 지금까지 파악한 소련군의 상황을 보고하도록 했다. 기병들은 뜻하지 않은 내 방문에 무척 놀라워했다. 그 다음에는 프라이헤어 폰 비싱 중령이 이끄는 67보병연대가 내 옆을 지나 행군했는데, 폰 비싱 중령은 베를린 슐라흐텐제 호수 근처에서 다년간 나와 한 집에서 살았었다. 나를 알아본 병사들은 역시 기분 좋은 놀라움을 드러냈다. 거기서 다시

3기갑사단으로 가는 길에, 23보병사단은 행군로에서 우리 독일 공군의 오인폭격을 받아 상당한 손실이 발생했다. 첫 번째 폭탄은 내 차에서 50미터 전방에 떨어졌다. 부대의 명백한 식별 신호와 내 부대가 확보해 이용하고 있는 도로에 대한 명확한 지시를 했음에도 젊은 병사들의 훈련 부족과 전투 경험 부족이 이처럼 안타까운 사고를 일으켰다. 그러나 이 사고를 제외하면 23보병사단은 뚜렷한 저항에 부딪히지 않고 진군을 완료했다.

오후에는 호로니에보 남쪽, 오스테르 강 서쪽에 있는 3기갑사단의 최선봉대와 함께 있었다. 모델 장군이 오스테르 강의 교량들을 온전한 상태로 점령했고, 그 과정에서 소련군 1개 포대를 물리쳤다고 보고했다. 나는 현장에서 대대장들에게 그들이 거둔 성과를 치하했다.

저녁에는 다시 24기갑군단 전투지휘소를 찾아가 그날 있었던 전체 상황을 보고받은 뒤 새벽 2시에 내 전투지휘소로 돌아왔다. 이날 하루 차로 움직인 시간이 22시간이었다.

내 군집단은 공격의 주요 목표지인 로슬라블을 점령했다.

8월 2일 오전 나는 9군단으로 향했다. 292보병사단 509보병연대의 전투지휘소에서는 퇴각하는 소련군을 관찰할 수 있었다. 나는 부대를 남쪽으로 진군하게 했고, 거기에 반대하는 군단의 이의 제기에 퇴짜를 놓았다. 그런 다음 선견대와 함께 코사키로 이동하고 있는 507보병연대로 향했다. 마지막으로는 137보병사단의 각 연대와 사단 참모부를 찾아가 모스크바 국도에 최대한 빨리 도달하기 위해 밤에도 계속 진격하라고 지시했다. 그런 다음 22시 30분에 내 전투지휘소로 돌아왔다.

9군단이 8월 2일에 거둔 성과는 그다지 만족스럽지 않았다. 그 때문에 진군을 원활하게 진행시키고 공격을 성공적으로 마무리하기 위해서 8월 3일에도 9군단에 머물기로 결심했다. 나는 먼저 코발리 부근에 있는 292보병사단의 전투지휘소로 간 다음, 거기서 다시 507보병연대로 향했다. 가는 길에 군단장을 만나 상세하게 작전을 협의했다. 507보병연대에 도착해서는 최선봉에 선 중대와 도보로 함께 행군함으로써 긴 말하지 않고도 불필요하게 행군을 멈추는 일이 없도록 했다. 넓은 모스크바 국도를 3킬로미터 앞두고 망원경으로 관찰하니 로슬라블 북동쪽으로 전차들이 보였다. 나는 즉시 행군을 멈추게 한 뒤 보병 선봉대와 동행하던 돌격포에 아군을 위한 식별 신호인 백색 신호탄을 쏘라고 지시했다. 그러자 모스크바 국도 쪽에서도 동일한 신호탄으로 응답해 왔다. 그 전차들은 4기갑사단 35기갑연대 소속의 내 기갑부대원들이었다.

나는 차에 올라 내 기갑부대원들이 있는 곳으로 향했다. 그곳에 있던 마지막 소련군 병사들은 총을 버리고 달아났다. 35기갑연대 2중대원들은 모스크바 국도변에서 오스트리크 강 위 부서진 교량의 기둥과 나무판 위로 기어 올라가 나에게 인사를 건넸다. 그 중대는 바로 얼마 전까지 내 장남이 지휘했던 중대였다. 아들은 자기 중대원들의 마음을 얻고 있었고, 중대원들의 신뢰와 애정이 나에게 옮겨진 것이었다. 지금의 중대장 크라우제 중위는 자신이 겪은 일들을 들려주었고, 나는 모든 대원들에게 중대가 거둔 성과를 치하했다.

그로써 로슬라블 부근에 있는 소련군을 포위하는 일은 완료되었다. 소련군 3~4개 사단이 포위망 속에 갇힌 것이 분명했다. 이제는 소련군이 항복할 때까지 포위망을 지키는 것이 관건이었다. 그래서 30분 뒤 현장에 나타난 가이어 장군에게도 모스크바 국도를 지키는 것이 얼마나 중요한 일인지를 거듭 강조했다. 292보병사단은 포위망 서쪽을 전선으로 해서 봉쇄하고, 137보병사단은 데스나 강을 따라 동쪽을 전선으로 해서 지키도록 했다.

내 전투지휘소로 돌아가 보니 7군단에서는 벌써 포로 3,700명, 포 60문, 전차 90대, 장갑열차 1대를 노획한 상태였다.

그사이 옐냐 부근에서는 상당량의 탄약을 소모하는 치열한 전투가 계속되었다. 그래서 나의 마지막 예비대였던 군집단 전투지휘소 경비중대까지 그곳으로 보냈다.

8월 3일 4기갑사단은 로슬라블, 7보병사단과 3기갑사단은 클리모비치 서쪽, 10차량화보병사단은 히슬라비치, 78보병사단은 포네토프카, 23보병사단은 로슬라블, 197보병사단과 5기관총대대는 로슬라블 북쪽에 도달했다.

263보병사단은 프룹키 남쪽, 292보병사단은 코사키, 137보병사단은 데스나 강 동쪽 측방에 위치했다. 10기갑사단과 268보병사단, SS 다스 라이히 사단과 그로스도이칠란트 보병연대는 옐냐 주변, 17기갑사단은 옐냐 북쪽, 29차량화보병사단은 스몰렌스크 남쪽, 18기갑사단은 프룹키에 도착했다. 20군단 사령부는 막 당도했다.

8월 4일 새벽 소련 출정을 시작한 이후 처음으로 히틀러에게 상황을 설명하기 위해 집단군 사령부로 오라는 명령을 받았다. 나는 이번 전쟁의 결정적인 전환점 앞에 서 있었다.

모스크바냐 키예프냐

히틀러와의 회의는 노비 보리소프에 있는 중부집단군 사령부에서 열렸다. 히틀러와 슈문트, 폰 보크 원수, 호트와 나, 육군 최고사령부의 대표 자격으로 참석한 작전과장 호이징거 대령이 그 자리에 있었다. 모두 차례로 자기 의견을 설명할 기회를 얻었는데, 각자 히틀러와 단독으로 이야기를 했기 때문에 자기 앞 사람이 무슨 말을 했는지는 아무도 몰랐다. 집단군의 모든 장군은 하나같이 모스크바 공세를 계속 이어가는 것이 중요하다고 판단했다. 호트는 자신의 기갑집단이 공격을 시작할 수 있는 가장 빠른 시점을 8월 20일로 보고했고, 나는 8월 15일로 보고했다. 그런 다음 모두가 있는 자리에서 히틀러가 이야기를 시작했다. 히틀러는 자신의 첫 번째 목표를 레닌그라드 주변 공업 지대로 꼽았다. 그러면서 그 다음 목표가 모스크바가 될지 우크라이나가 될지 아직 최종적으로 결정하지 못했다고 했다. 히틀러의 마음은 우크라이나 방향으로 더 기울어지는 듯해 보였다. 히틀러는 이제 남부집단군에서도 성공의 기미가 보이기 시작했으니 앞으로의 전쟁 수행을 위해서는 우크라이나의 자원과 식량이 필요하다고 여겼다. 나아가서는 '루마니아 유전 지대를 두고 벌이는 전쟁에서 소비에트 연방의 항공모함' 역할을 하는 크림 반도를 제압해야 한다고 생각했다. 히틀러는 겨울이 오기 전까지 모스크바와 하르코프를 점령하길 기대했다. 그러나 전선의 장군들이 앞으로의 작전에서 가장 중요하다고 여긴 그 문제에 대해서는 이날 아무 것도 결정되지 않았다.

회의는 곧장 세부적인 문제들로 넘어갔다. 내 군집단의 상황에서 중요했던 문제는 옐냐 만곡부에서 철수하려는 요청이 거부된 점이었다. 옐냐가 장차 모스크바 방면으로 공격하기 위한 출발지로 필요할 수 있다는 점을 간과할 수 없다는 이유였다. 나는 그동안의 강행군으로 차량 엔진이 엄청난 먼지로 심하게 마모된 상태라 올해 안에 전차를 동원한 대규모 작전을 펼칠 생각이라면 교체가 시급하다는 점을 강조했다. 또한 파손된 전차를 새 전차로 보충하는 문제도 시급하다고 말했다. 히틀러는 잠시 이런저런 이야기를 하다가 동부전선 전체에 새 전차 엔진 300대를 보급하겠다고 약속했다. 내가 생각할 때는 턱없이 부족한 수량이었다. 새 전차는 히틀러가 새로 편성되는 부대를 위해 독일에 남겨두려 했기 때문에 전선에는 단 한 대도 보급되지 않았다. 나는 그 문제를 논의하면서 아군의 손실을 즉시 만회해야만 소련군 전차의 막대한 수적 우세에 그나마 대적할 수 있다며 히틀러에게 맞섰다. 그러자 히틀러는 이렇게 대답했다. "만일 장군이 쓴 책에서 언급했던 소련군의 전차 대수가 정말로 맞았다면 나는 아마 이 전쟁을 시작하지 않았을 것이오." 나는 1937년에 출간된 저서 「전차를 주목하라!」에서 당시 소련군이 보유한 전차를 1만 대로 제시했다. 당시 육군 참모총장이었던 베크 장군과 검열 당국이 거기에 이의를 제기하는 바람에 그 수량을 인쇄하기까지 꽤나 애를 먹어야 했다. 내가 수집한 정보에 따라 소련군 전차가 실제로는 1만 7천대였다는 사실을 입증할 수도 있었지만, 책을 출간하기 위해서 그나마 상당히 조심스럽게 제시한 수량이 1만대였다. 미봉책으로는 결코 다가올 위험을 타개하지 못한다. 그러나 히틀러는 물론이고 정치와 경제, 군사 분야의 영향력 있는 히틀러의 고문들은 반복해서 그런 잘못을 범했다. 냉엄한 현실 앞에 두 눈을 감아버린 결과는 치명적이었고, 독일은 이제 그 결과를 감당해야만 했다.

나는 돌아가는 비행기 안에서 어쨌든 모스크바 방향으로 공격에 나설 준비를 하기로 결심했다.

내 전투지휘소로 돌아오니 9군단이 포위망 남동쪽 가장자리, 예르몰리노 부근에서 소련군의 돌파를 염려해 모스크바 국도를 내주었고, 소련군이 8월 3일에 완료한 포위망을 뚫고 나올 위험이 있다는 보고가 들어와 있었다. 그 때문에 8월 5일 새벽에 서둘러 7군단으로 향했다. 거기서 모스크바 국도를 따라 가면서 남쪽에서부터 다시 포위

공격을 준비하는 기갑부대

스탈린 선에 소련군이 파놓은 대전차호

1941년 8월 5일, 로슬라블에서 찍은 사진.
왼쪽부터 크렙스 대령, 볼프 소위, 뷔징 소령, 크라우제 중위, 바르제비슈 중령

고로디시체 전투에 나서는 35기갑연대(1941년 9월 9일)

망을 닫기 위해서였다. 나는 그리로 가는 도중에 옐냐 투입이 결정된 15보병사단의 일부 병력을 만나 사단장에게 그곳 상황을 짧게 알려주었다. 그 뒤 197보병사단으로 갔다가 사단장 마이어 라빙겐 장군에게서 포위망이 이제 완전히 닫힌 상태가 아니고, 소련군이 포격을 가하며 모스크바 국도를 지배하고 있다는 보고를 받았다. 4기갑사단에서는 35연대의 기갑부대가 교대되었다는 소식을 들었다. 나는 즉시 24기갑군단에 무전을 보내 모스크바 국도를 지키라고 명령한 뒤 7군단으로 향했다. 이 군단은 이미 23보병사단의 정찰대대에 소련군의 포위망 돌파를 저지하라고 조치한 상태였다. 그러나 그 조치만으로는 부족하다고 생각해서 7군단 참모장이자 고슬라르 예거대대 시절부터 오랜 동지였던 한스 크렙스[46] 대령을 대동해 로슬라블로 향했다. 거기서 휴식처로 행군 중이던 크라우제 중위의 35기갑연대 2중대를 만났다. 중대장은 아직 소련군과 교전 중에 있었다. 2중대는 그날 아침까지 소련군의 돌파 시도에 맞서 싸우면서 적의 야포 여러 문을 파괴하고 포로 수백 명을 얻었고, 그런 다음 명령에 따라 철수하고 있었다. 나는 이 용감한 중대에 즉시 방향을 돌려 이전의 전선을 다시 점령하라고 지시했다. 그러고 나서 332보병연대 2대대를 오스트리크 교량 쪽으로 진군시켰고, 마지막으로 로슬라블에 투입할 수 있는 대공포부대에 출동 명령을 내리고는 나도 즉시 전선으로 향했다. 오스트리크 교량에 도착한 순간 약 100여 명의 소련군이 북쪽에서 교량 쪽으로 접근하고 있었다. 그 소련군들은 바로 격퇴되었다. 2기갑대대는 지난 며칠 사이 통행할 수 있게 복구된 교량을 건너가 소련군의 돌파를 막았다. 이 부대들을 통해 137보병사단과의 선이 연결된 직후 나

46 1945년 초에는 내 후임으로 육군 참모총장이 되었다.

는 7군단 전투지휘소로 돌아가 7군단 포병을 이끄는 오스트리아 출신의 뛰어난 마르티네크 장군에게 모스크바 국도의 가장 위험한 곳을 감시하도록 했다. 그런 다음 슈토르흐 정찰기를 타고 내 전투지휘소로 돌아와 9군단에 마르티네크 부대와 선을 연결하라고 지시했다.

내 참모부에는 모스크바 진격을 준비하라고 일렀다. 기갑군단은 모스크바 국도를 따라 우익에 배치하고, 보병군단들은 중앙과 좌익에서 진군하도록 했다. 공격의 중점을 우측에 두고 현재 소규모 병력만 배치된 모스크바 국도 양쪽의 소련 전선을 돌파한 다음, 스파스 데멘스코예를 지나 뱌즈마로 진격함으로써 호트 기갑집단의 진군과 모스크바 방면 진군을 원활하게 한다는 의도였다. 나는 이런 생각 때문에 8월 6일 날아온 육군 최고사령부의 요청을 들어주지 않았다. 육군 최고사령부는 내 군집단 전선의 훨씬 뒤쪽에 놓인 드네프르 강변에서 로가체프를 공격하는데 내 예하 기갑사단을 투입하고 싶어 했다. 이날 내 정찰대는 로슬라블 주변으로 제법 먼 지역까지 적이 거의 없다고 보고했다. 브랸스크 방향과 남쪽으로 45킬로미터까지 적은 전혀 보이지 않았다. 다음날 적이 없다는 보고가 사실로 확인되었다.

8월 8일까지 로슬라블 전투에서 거둔 성과는 다음과 같이 드러났다. 내 군집단은 포로 3만 8천 명과 전차 200대, 그와 비슷한 수의 포를 노획했다. 상당히 만족할 만한 성과였다.

그러나 모스크바를 공격하든 다른 작전을 계획하든 그 실행을 위해서는 먼저 한 가지 전제 조건이 더 충족되어야 했다. 크리체프 부근에 포진한 우측방 깊숙한 곳의 안전 조치였다. 2군이 로가체프를 공격하기 위해서도 그곳을 해결하는 것이 반드시 필요했다. 그 외에도 집단군은 기갑집단과 마찬가지로 기갑 병력을 2군으로 보내 장거리 행군(로슬라블-로가체프는 200킬로미터이고 왕복 400킬로미터 거리였다)으로 인

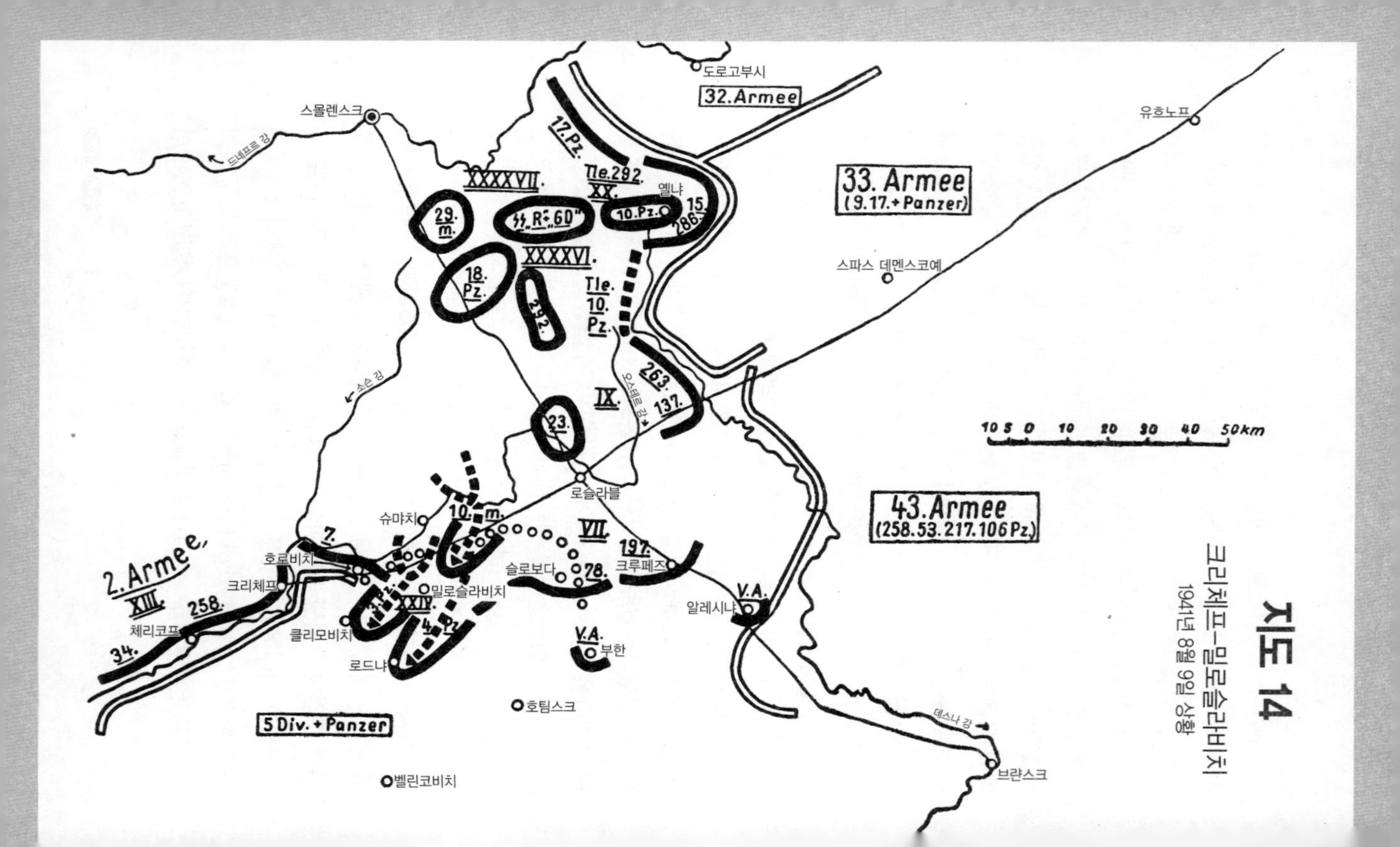
지도 14
크리체프–밀로슬라비치
1941년 8월 9일 상황
도로고부시
32.Armee
스몰렌스크
드네프르 강
유흐노프
33. Armee
(9.17.+Panzer)
17.Pz.
Tle.292.
XX.
옐냐
10.Pz.
15.
286.
XXXXVII.
29.
m.
SS„R+„60"
XXXXVI.
18.
Pz.
292.
Tle.
10.
Pz.
스파스 데멘스코예
소슨 강
263.
137.
오스테르 강
IX.
23.
10 5 0 10 20 30 40 50km
로슬라블
43.Armee
(258.53.217.106Pz.)
슈마치
10.m.
VII.
197.
2.Armee
7.
호로비치
크리체프
슬로보다
78.
크루페츠
밀로슬라비치
XXIV.
4.Pz.
V.A.
알레시냐
XIII.
258.
체리코프
34.
클리모비치
로드냐
V.A.
부한
호팀스크
5 Div.+Panzer
데스나 강
브랸스크
벨린코비치

해 장비가 소모되는 일이 없도록 하겠다고 약속했다. 양 참모부는 최대 목표를 모스크바로 계속 이동하는 것으로 보았다. 이런 분명한 인식에도 불구하고 집단군은 최고사령부의 압력을 받았는지 "일부 기갑부대를 프로포이스크 방향으로 파견"하라고 거듭 요구했다. 그러나 그런 모든 요구는 프라이헤어 폰 가이르 장군의 결심으로 해결되었다. 폰 가이르는 자기 부대의 우측방에 끊임없이 발생하는 위협을 크리체프 남쪽 밀로슬라비치에 있는 적을 공격함으로써 제거하려고 했다. 나는 폰 가이르의 결정에 동의했고, 집단군의 승인도 받았다. 집단군은 이제 프로포이스크로 기갑부대를 파견하라는 요구를 중단했다.

8월 8일에는 로슬라블 부근과 남쪽에 있는 군단과 사단들을 찾아갔고, 8월 9일에는 4기갑사단에서 24기갑군단의 공격에 참가했다. 35기갑연대와 12소총연대의 공격은 모범적으로 수행되었고, 슈나이더 대령이 이끄는 포병의 적절한 지원을 받았다.

지역 주민들의 태도는 호의적이었다. 전투 지역 인근 마을 여인들은 나무 접시에 빵과 버터, 달걀을 가져와서 내가 조금 먹을 때까지 계속 내밀었다. 안타깝지만 독일군에 대한 주민들의 친절한 태도는 독일 군정이 호의적으로 통제하는 동안에만 계속되었다. 점령 지역을 관할하던 제국 위원들은 짧은 시간 내에 주민들의 모든 호감을 앗아가 버렸고, 빨치산 활동의 토대를 만들었다.

8월 10일 육군 최고사령부의 예비대로 남아 있던 2기갑사단이 서부로, 즉 프랑스로 이동했는데, 나는 그 이유를 전혀 몰랐다.

지난 며칠 동안 2군의 고멜 진군은 발이 푹푹 빠지는 진흙탕 길 때문에 어려움을 겪어야 했다. 그래서 같은 지역을 뒤따르는 것이 달갑지 않았다.

8월 10일까지 7보병사단은 호토비치 남쪽에 이르렀고, 3, 4기갑사단은 밀로슬라비치 남서쪽을 공격하고 있었다. 10차량화보병사단은 밀로슬라비치에, 78보병사단은 선견대를 부한에 두고 슬로보다에, 197보병사단은 선견대를 알레시냐에 두고 오스트로바야에 위치했다.

29차량화보병사단은 로슬라블에 위치했고, 23보병사단은 로슬라블 북쪽에서 휴식 중이었다. 137, 263보병사단은 데스나 전선, 268, 292, 15보병사단은 옐냐 만곡부에 있었다.

10기갑사단은 옐냐 서쪽, 17기갑사단은 옐냐 북서쪽, 18기갑사단은 프룝키 동쪽, SS 다스 라이히 사단은 옐냐 북서쪽, 그로스도이칠란트 보병연대도 휴식을 위해 같은 곳에 위치했다.

지금까지 기갑집단에서 취한 모든 조치는 집단군이나 육군 최고사령부나 모스크바로 진격하는 작전을 가장 중요하게 여긴다는 생각을 참작했다. 8월 4일 노비 보리소프에서 열렸던 회의에서 아무런 결론도 내리지 못했지만 나는 히틀러도 내게는 지극히 당연하고 자명하게 보이는 그 의견에 동조하리라는 희망을 버리지 않았다. 그러다가 8월 11일 결국은 그 희망을 묻어버려야 했다. 육군 최고사령부가 로슬라블을 지나 뱌즈마 방향에 중점을 두고 공격하겠다는 내 계획을 거부했고, 그 계획은 이미 '폐기된' 계획이라고 했다. 그러나 육군 최고사령부도 더 나은 계획을 세우지는 못하면서 다음 며칠 동안 끊임없이 오락가락하는 지시만 내렸다. 그 때문에 하급 사령부가 앞을 내다보며 계획을 세우는 일까지도 불가능하게 만들었다. 8월 4일까지만 해도 내 공격 계획에 명백하게 동조했던 집단군은 계획 취소에 대해 별다른 불만이 없어 보였다. 안타깝게도 히틀러가 며칠 뒤 모스크바 공격에 동의했다는 사실을 나는 당시 모르고 있었다. 다만 히틀러의 동의는 그 전에 몇 가지 전제 조건이 충족되느냐에 달려 있었다.

어쨌든 육군 최고사령부는 히틀러가 동의한 그 짧은 순간을 제대로 이용하지 못했다. 그래서 며칠 뒤에는 다시 상황이 바뀌고 말았다.

8월 13일 나는 모스크바 국도 양 옆으로 로슬라블 동쪽 데스나 강가에 형성된 전선을 찾아갔다. 거기서 아군 부대가 곧 소련의 수도로 진격하게 되리라는 확실한 기대 속에서 '모스크바 행'이라고 곳곳에 세워둔 이정표와 표지판을 슬픈 마음으로 바라보았다. 내가 137보병사단의 선두 대열에서 만났던 병사들은 하나같이 동쪽으로의 이동이 곧 재개될 거라고 말했다.

8월 14일 24기갑군단이 크리체프 지역에서 벌인 전투가 성공적으로 마무리되었다. 소련군 3개 사단을 격퇴하면서 포로 1만 6천 명과 상당한 숫자의 포를 노획했다. 코스튜코비치도 점령했다.

내 공격 계획이 거부된 뒤 나는 끊임없이 피해만 야기할 뿐 이제는 필요 없어진 옐냐 만곡부를 포기하자고 제안했다. 그러나 집단군과 육군 최고사령부는 그 제안도 거부했다. "우리보다는 소련군의 상황이 훨씬 더 나쁘다"는 얼빠진 이유가 내 제안의 본질과 귀중한 인명 보호보다도 먼저였던 모양이다.

8월 15일 나는 24기갑군단의 성공을 고멜 방면으로 진군하는 쪽으로 이용하려는 내 상관들의 생각을 바꾸려고 애를 써야 했다. 내 생각에 그렇게 남서쪽으로 진군하는 것은 퇴각이나 다름없었다. 집단군은 그 목적으로 내 군집단의 1개 기갑사단을 빼내려고 하면서 1개 사단만으로는 적진을 관통하는 작전을 펼치지 못한다는 점을 전혀 고려하지 않았다. 집단군의 계획대로 하자면 24기갑군단 전체를 투입해 또 다른 병력으로 군단의 좌측방을 엄호하도록 했어야 했다. 게다가 24기갑군단은 6월 22일 이동을 시작한 이후 단 하루도 쉬지 못했기 때문에 전차 정비를 위해 휴식이 시급했다. 그런 이유를 들어 집

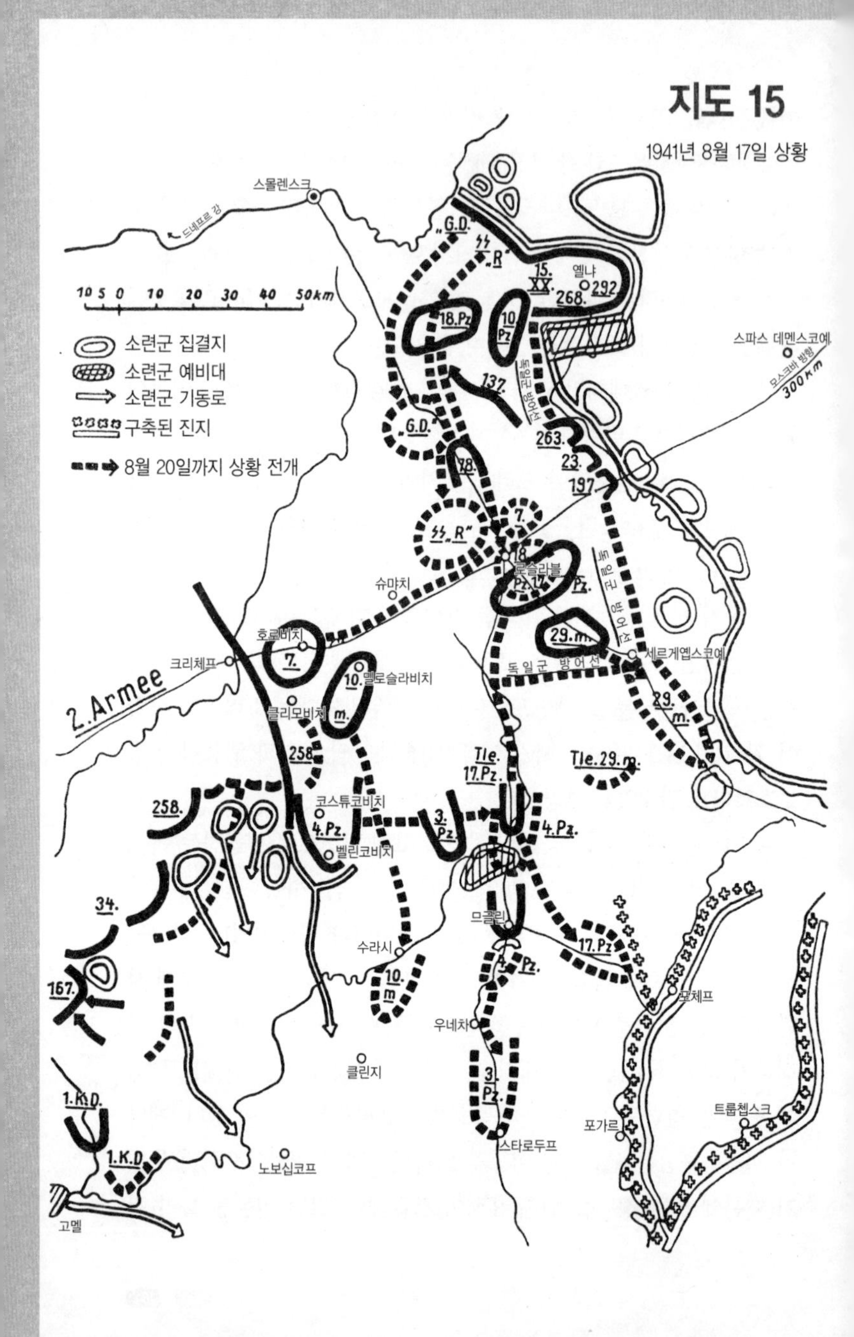
지도 15
1941년 8월 17일 상황
스몰렌스크
드네프르 강
10 5 0 10 20 30 40 50km
소련군 집결지
소련군 예비대
소련군 기동로
구축된 진지
8월 20일까지 상황 전개
"G.D."
SS "R"
15.
XX.
옐냐
292.
268.
18.Pz
10 Pz
137.
독일군 방어선
263.
23.
197.
"G.D."
78.
SS "R"
7.
18.
로슬라블
Pz.
29.m.
슈먀치
호르비치
크리체프
7.
2.Armee
10.
멜로슬라비치
클리모비치
m.
258.
258.
코스튜코비치
4.Pz.
3.Pz.
벨린코비치
Tle. 17.Pz.
4.Pz.
Tle.29.m.
29. m.
세르게옙스코예
스파스 데멘스코예
모스크바 방향 300km
34.
167.
므글린
수라시
10. m
17.Pz.
4.Pz.
포체프
우네차
클린지
3. Pz.
스타로두프
포가르
트룹첸스크
1.K.D.
1.K.D.
노보십코프
고멜

단군을 겨우 설득했는데, 30분 뒤 육군 최고사령부에서 1개 기갑사단을 고멜로 보내라는 명령이 내려왔다. 그래서 24기갑군단에 3, 4기갑사단을 선두에, 10차량화보병사단을 그 뒤에 배치해 남쪽으로 노보십코프와 스타로두프로 이동하라고 명령했다. 그래야 돌파에 성공한 뒤 우익 사단을 고멜 방향으로 돌릴 수 있었다.

8월 16일 3기갑사단이 도로 교차점인 므글린을 점령했다. 중부집단군은 12기갑사단과 18, 20차량화보병사단과 함께 39기갑군단을 북부집단군에 내주어야 했다.

나는 이후 며칠 동안의 전화 통화에서 드러난 중부집단군의 오락가락하는 의견을 무시했다. 8월 17일 24기갑군단의 우익은 강력한 저항에 부딪혀 발이 묶인 반면, 왼쪽에 포진한 10차량화보병사단과 3기갑사단은 철도 교차점인 우네차를 지나 순조롭게 전진했다. 그로써 고멜-브랸스크 간 철로가 차단되었고, 깊숙한 돌파구가 마련되었다. 이 상황을 어떻게 이용할 수 있을까? 2군이 내 우익을 발판으로 강력한 좌익을 동원해 고멜을 공격할 거라는 예상이 가능했다. 그런데 어찌된 영문인지 그런 일은 일어나지 않았다. 오히려 2군 주력은 좌익에서 북동쪽으로 24기갑군단의 전선에서 훨씬 뒤쪽을 따라 이동했고, 그 사이 24기갑군단은 스타로두프-우네차 지역에서 힘겨운 전투를 벌여야 했다. 나는 집단군에 연락해 2군 병력이 우선은 내 군집단 우측방에 있는 적이라도 공격하게 해달라고 요청했다. 그 요청은 받아들여졌다. 그런데 2군 최고사령부에 해당 명령을 받았는지 문의한 결과, 2군을 북동쪽으로 이동하라고 명령한 것이 집단군이었다는 사실이 드러났다. 8월 17일부터 적이 고멜에서 철수한다는 징후가 있었기 때문에 그 어느 때보다 단호한 행동이 필요했던 순간이었는데 말이다. 알고 보니 24기갑군단은 그날 벌써 우네차와 스타로두프 지역에 있는 소련군의 동쪽 길을 봉쇄하라는 명령을 받은 상태였다.

8월 19일 남부집단군에서 1기갑집단이 자포로제 부근에서 드네프르 강을 지나는 작은 교두보를 확보했다. 2군은 고멜을 점령했다. 내 기갑집단에서는 24기갑군단이 클린지-스타로두프 선을 지나 노보십코프로 밀고 나가라는 명령을 받았고, 47기갑군단은 24기갑군단의 동쪽 측방을 엄호하라는 지시를 받았다. 24기갑군단은 포체프에서 더 강력해진 소련군의 저항에 부딪혔다.

육군 최고사령관은 히틀러에게 8월 18일자로 앞으로 전개될 동부전선에서의 작전 수행에 대한 제안서를 제출했다.

8월 20일 24기갑군단이 수라시-클린지-스타로두프 선에서 소련군의 공격을 물리쳤다. 다만 적의 일부 병력은 우네차 남쪽에서 동쪽으로 돌파구를 냈다. 옐냐 공격은 격퇴되었다.

8월 20일 폰 보크 원수가 전화로 남쪽에서 2기갑집단의 좌익이 포진한 수도스트 강가에서 포체프로 향하던 진격을 이제 중지하라고 명령했다. 폰 보크는 자신이 원하는 모스크바 진격에 힘 있는 병력을 동원하기 위해서 로슬라블 부근에 있는 기갑집단의 모든 병력이 휴식을 취하기를 원했다. 그러면서 항상 서두르라고 재촉했는데 2군이 왜 더 빨리 진군하지 못했는지 모르겠다고 했다.

8월 21일 24기갑군단이 스타로두프 남쪽 40킬로미터에 위치란 코스토보브르를 점령했고, 47기갑군단은 포체프를 확보했다.

8월 22일 20, 9, 7군단에 대한 지휘권이 4군으로 넘어갔다. 기갑집단 전투지휘소는 예하 사단들의 다수 병력과 더 가까운 곳으로 가기 위해서 로슬라블 서쪽 슈먀치로 이동했다. 이날 19시 집단군에서 클린지-포체프 지역에서 전투 준비가 된 기갑부대를 이동시킬 수 있는지 문의해 왔다. 남쪽에 포진한 2군의 좌익에서 남부집단군의 6군과 협동 작전을 펼치기 위해서라고 했다. 기동부대를 2군의 공격에 가담시켜야 한다는 육군과 국방군 최고사령부의 명령이 있었던 것으로 드러났다. 나는 집단군에 기갑집단을 그런 식으로 활용하는 것은 근본적으로 잘못되었고, 기갑집단을 분할하는 것은 범죄나 다름없다고 설명했다.

나는 8월 23일 육군 참모총장이 참석하는 집단군 회의에 출두하라는 명령을 받았다. 그 자리에서 육군 참모총장은 히틀러가 레닌그라드 방향이나 모스크바 방향으로 작전을 수행하지 않고, 우선은 우크라이나와 크림 반도를 점령하기로 결심했다고 통보했다. 참모총장 할더 상급대장은 모스크바 방향으로 작전을 이어가려던 희망이 좌절되어 깊은 충격을 받은 눈치였다. 히틀러의 '변경할 수 없는 결심'을 그래도 바꿀 수 있는 방안이 없을지 오랫동안 논의되었다. 히틀러의 명령대로 이제 키예프로 이동한다면 동계 전투가 불가피하고, 그렇게 되면 육군 최고사령부가 어떻게든 피해야 할 온갖 어려움이 발생하리라는 것이 모두의 공통된 생각이었다. 나는 지금부터 나타나기 시작한 도로 문제와 보급 문제가 남쪽에서 펼쳐질 기갑부대의 작전을 가로막을 것이 분명하고, 아군 전차들이 다시 시작될 힘겨운 이동과 모스크바 방향으로의 동계 출정을 감당할 수 있을지 회의적이라고 말했다. 나아가서는 소련 출정을 시작한 이후 단 하루도 휴식과 장비 점검 시간을 갖지 못했던 24기갑군단의 상태를 지적했다. 할더 육군 참모총장은 이러한 논거들을 들어 히틀러의 결정에 다시 한 번 이의를 제기할 수 있는 계기를 마련했다. 폰 보크 원수도 내 뜻을 이해했다. 그래서 오랫동안 별다른 성과 없이 이런저런 논의가 오고간 뒤 나에게 할더 상급대장을 동행해 총통 사령부를 찾아가라고 제안했다. 전선 경험이 풍부한 장군으로서 여기서 거론된 이유들을 히틀러에게 직접 전달함으로써 육군 최고사령부의 마지막 조처를 지원하라는 것이었다. 이 제안은 받아들여졌다. 나는 늦은 오후에 출발해 어두워질 무렵 동프로이센 뢰첸 비행장에 도착했다.

나는 도착 직후 육군 최고사령관을 찾아갔다. 폰 브라우히치 원수는 다음과 같은 말로 나를 맞이했다. "나는 장군이 총통과 모스크바 문제를 거론하는 것을 허락하지 않겠소. 남쪽 출동 명령이 떨어졌으니 이제 남은 건 그것을 어떻게 수행할지 하는 방법상의 문제일 뿐이오. 그 밖의 모든 논의는 쓸데없는 짓이오." 나는 이런 상황에서는 히틀러와의 논쟁이 아무 소용도 없을 테니 되돌아가게 해달라고 요청했다. 그러나 폰 브라우히치 원수는 그것도 원치 않았다. 폰 브라우히치는 히틀러에게 가서 '모스크바는 언급하지 않으면서' 내 기갑집단의 상황을 알려주라고 명령했다.

결국 나는 히틀러를 만나러 갔다. 거기에는 카이텔, 요들, 슈문트를 포함해 다른 여러 사람들이 모여 있었지만, 안타깝게도 브라우히치나 할더를 포함해 육군 최고사령부를 대변할 사람은 한 명도 없었다. 나는 그 자리에서 내 기갑집단의 상황과 그들의 현재 상태, 그리고 전투 지형의 형태를 설명했다. 보고를 마치자 히틀러가 물었다. "지금까지 많은 성과를 이룬 장군의 병사들이 또 다른 힘든 과업을 감당할 수 있을 거라고 생각하오?"

"모든 병사들이 납득할 만한 큰 목표가 주어진다면 당연히 할 수 있습니다." 내가 대답하자 바로 히틀러가 말했다.

"장군은 물론 모스크바를 말하는 것이겠죠?"

"예, 그렇습니다. 총통께서 먼저 그 문제를 언급하셨으니 제가 생각하는 이유를 말씀드려도 되겠습니까?"

히틀러는 그렇게 하라고 했다. 나는 키예프가 아닌 모스크바 방향으로 진격하는 것에 찬성하는 모든 이유를 철저하고 설득력 있게 설명했다. 군사적인 관점에서는 지난 전투에서 상당한 타격을 입은 소련군의 병력을 완전히 격파해야 한다는 점이 중요하다고 강조했다. 또한 소련의 수도인 모스크바가 갖는 지리적 중요성도 아울러 설명했다. 모스크바는 파리와는 또 다른 의미에서 도로와 통신의 중심지이자 정치의 중심부이고, 중요한 공업 지역이기도 했다. 그래서 모스크바 함락이 소련 국민들뿐만 아니라 나머지 세계에 미치는 영향은 막대할 거라고 했다. 나는 모스크바 진격에 대한 기대감에 열광해 진격에 필요한 준비를 하고 있는 병사들의 분위기도 언급했다. 또한 결정적인 방향에서 적의 주력을 상대로 군사적으로 승리를 거두고 나면, 모스크바 교통망을 장악해 소련군이 북에서 남으로 이동하는 가능성을 차단하는 것보다도 더 빨리 우크라이나 공업 지역이 독일의 손에 들어올 거라고 설명했다.

나는 중부집단군의 병력은 현재 모스크바로 진군하기 위한 형태로 포진해 있고, 앞으로 계획된 작전을 펼치려면 남서쪽에서 키예프 방향으로, 즉 독일 방향으로 많은 시간을 들여 다시 이동해야 한다는 점을 고려해야 한다고 말했다. 그로써 모스크바로 진격하는 것과 똑같은 거리(로슬라블-로흐비자 = 450㎞)를 전력과 장비를 재차 소모하면서 되돌아가는 것이라고 강조했다. 나아가서는 이미 우네차까지 진군한 경험을 토대로 내게 할당된 진군 지역의 도로 상태와 우크라이나로 방향을 돌림으로써 날이 갈수록 더 커질 보급 문제도 거론했다. 마지막으로는 작전을 기대했던 대로 신속하게 끝내지 못하고 날씨가 좋지 않은 시기까지 오래 끌었을 때 발생하게 될 어려운 문제점들을 이야기했다. 그렇게 되면 올해 안에 모스크바를 최종 공격한다는 계획도 이미 너무 늦을 거라고 했다. 그러면서 다른 모든 고려 사항이 아

지도 16

1941년 8월 24일 상황
(총통회의)

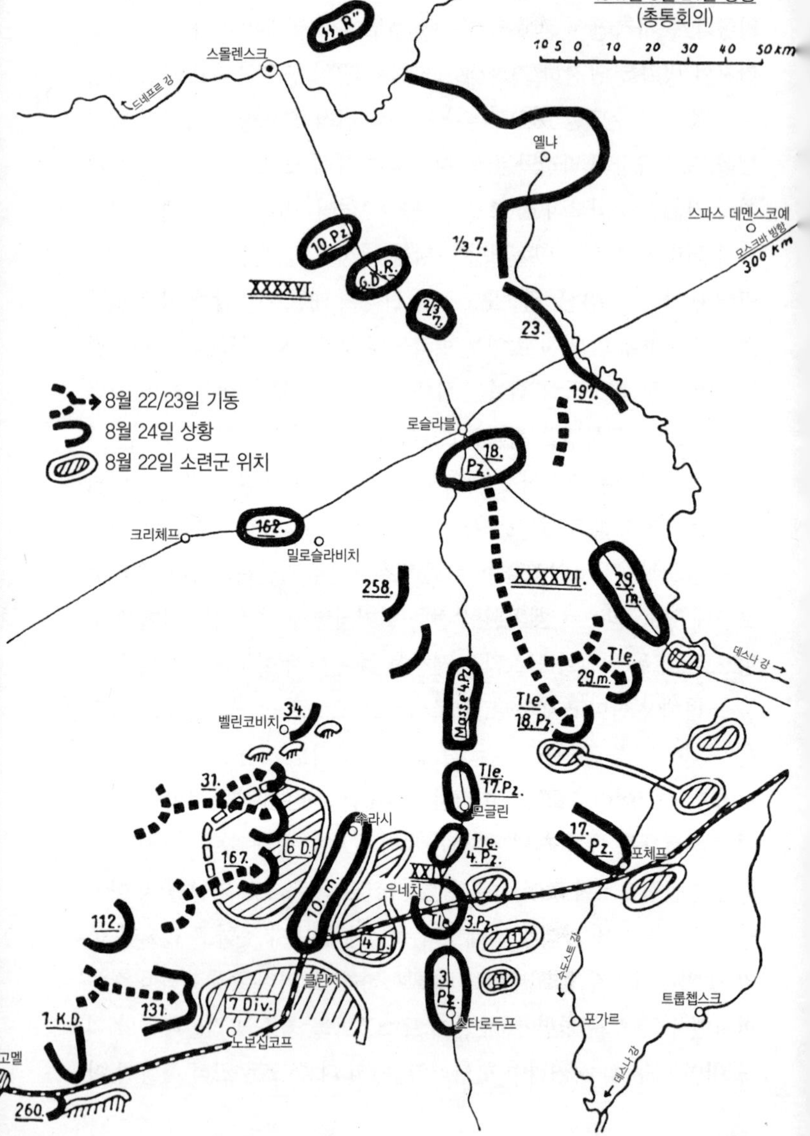

10 5 0 10 20 30 40 50 km

8월 22/23일 기동
8월 24일 상황
8월 22일 소련군 위치

SS„R"
스몰렌스크
드네프르 강
옐냐
스파스 데멘스코예
모스크바 방향 300 km
1/3 7.
10.Pz
G.D. R.
XXXXVI.
3/3 7.
23.
197.
로슬라블
18. Pz.
162.
크리체프
밀로슬라비치
258.
XXXXVII.
29. m.
데스나 강
Tle. 29.m.
Tle. 18.Pz.
Masse 4.Pz.
34.
벨린코비치
31.
Tle. 17.Pz.
므글린
수라시
6 D.
167.
10. m.
Tle. 4.Pz.
XXIV.
17. Pz.
포체프
우네차
112.
Tle 3.Pz.
4 D.
클린치
3. Pz.
131.
7 Div.
수도스트 강
트룹첸스크
1. K.D.
스타로두프
포가르
노보십코프
고멜
데스나 강
260.

무리 합당해 보여도 군사적 결정의 필연성을 최우선으로 생각해달라고 부탁했다. 그러면 다른 모든 것은 저절로 우리에게 들어올 거라고 했다.

히틀러는 중간에 한 번도 개입하지 않고 내 말을 끝까지 들어주었다. 그러고 나서는 자신이 그런 결정을 하게 된 이유를 상세하게 설명하기 시작했다. 히틀러는 우크라이나의 자원과 식량을 확보하는 것이 앞으로의 전쟁 수행에 반드시 필요하다고 했다. 그 견해와 관련해 '루마니아 유전 지대를 두고 벌이는 전쟁에서 소비에트 연방의 항공모함' 역할을 하는 크림 반도를 제압할 필요성에 대해서도 다시 한 번 언급했다. 나는 히틀러가 "우리 장군들은 전시 경제에 대해서는 아무것도 모르오."라고 말하는 것을 그때 처음 들었다. 히틀러의 설명은 당면한 전략적 목표인 키예프 공격을 즉각 수행하라는 엄명에서 정점을 이루었다. 나는 나중에도 자주 경험하게 될 광경을 이때 처음 목격했다. 그 자리에 있는 모든 사람이 히틀러가 말을 할 때마다 고개를 끄덕거렸고, 다른 생각을 말하는 사람은 나 혼자뿐이었다. 히틀러는 그 이상한 결정을 내리게 된 이유를 여러 번 설명했던 것 같았다. 폰 브라우히치 원수와 할더 상급대장이 이 회의에 동행하지 않았다는 점이 몹시 안타까웠다. 그들이 생각할 때도 이 회의의 결과에 아주 많은 것이, 어쩌면 전쟁의 결과까지도 좌우되었을 텐데 말이다. 나는 내 의견에 반대하는 국방군 최고사령부의 일치된 태도에 부딪혀 더 이상의 논쟁을 포기했다. 그때까지만 해도 모든 측근이 있는 곳에서 제국 통수권자와 언쟁을 벌여서는 안 된다고 생각했기 때문이다.

어쨌든 우크라이나 공격 결정이 재차 확인되었기에 이제는 그 작전을 최선으로 수행할 방법을 찾아야 했다. 그래서 히틀러에게 가을이 되기 전에 신속한 성공을 거두려면 그때까지 계획된 내 기갑집단의 분할을 취소하고 모든 기갑집단 병력을 새 작전에 투입하게 해달라고 청했다. 가을비가 내리면 도로가 없는 땅이 진흙탕으로 변해서 차량화부대의 이동이 마비될 거라는 이유를 들었다. 히틀러는 그 요청은 들어주겠다고 했다.

회의를 마치고 숙영지로 돌아오니 자정이 한참 지났다. 같은 날인 8월 23일 육군 최고사령부를 통해 다음과 같은 명령이 중부집단군에 하달되었다. "소련 5군의 최대한 많은 병력을 섬멸하고, 남부집단군에 최대한 신속하게 드네프르 도하 지점을 열어 준다. 그 목적으로 가능한 한 구데리안 상급대장이 이끄는 강력한 집단을 편성해 그 우익을 통해 체르니고프를 지나 밀고 나아간다." 히틀러 앞에서 진술할 때는 이 명령에 대해 전혀 들은 바가 없었다. 할더 상급대장도 23일에는 나에게 그 명령을 알려줄 기회가 없었다. 8월 24일 오전 나는 육군참모총장을 찾아가 히틀러의 마음을 바꾸려던 마지막 시도가 실패했다고 보고했다. 그 보고가 할더 상급대장이 전혀 예상하지 못한 소식은 아니라고 생각했다. 그런데 놀랍게도 할더는 심한 심리적 쇼크 상태를 드러내면서 나에게 부당하게 책임과 혐의를 돌렸다. 할더가 나중에 중부집단군에 전화해 나에 관해서 한 말과 그 참모부 소속 장교들이 전후 출판물에 기록한 완전히 잘못된 내용들은 할더 상급대장의 그런 심리 상태로 설명된다. 할더 상급대장은 특히 이제 결정된 작전을 처음부터 충분한 병력을 동원해 수행하려는 내 노력에 화를 냈다. 할더는 거기에 대해 조금도 이해하려 하지 않았고, 나중에는 그 노력을 방해하려고까지 했다. 우리는 서로 합의점에 이르지 못한 채 헤어졌다. 나는 8월 25일 우크라이나로 이동을 시작하라는 명령을 받아 내 기갑집단으로 돌아왔다.

8월 24일 24기갑군단은 노보십코프를 점령하고 우네차-스타로두프에서 적을 격퇴했다.

키예프 전투

임박한 작전의 기초가 된 히틀러의 1941년 8월 21일자 명령에서 가장 중요한 부분은 다음과 같았다.

“육군이 동부에서의 작전 수행을 위해 제출한 제안은 내 의도와 일치하지 않는다. 따라서 나는 다음과 같이 명령한다.

1. 겨울이 오기 전까지 도달해야 할 가장 중요한 목표는 모스코바 점령이 아닌 크림 반도와 도네츠 강 일대 공업 지역과 광산 지역의 점령이다. 코카서스 지역의 석유 공급을 차단하고 북부에서는 레닌그라드를 포위하고 핀란드와 연합하는 것이다.

2. 고멜-포체프 선에 도달함으로써 형성된 작전 상 매우 유리한 상황을 이용해 남부집단군과 중부집단군의 안쪽 양익을 즉시 작전에 집결시킨다. 집결한 부대들의 목표는 6군의 단독 공격으로 소련군 5군을 드네프르 강 뒤로 압박하는데 그치지 않고, 소련군 5군이 데스나-코노토프-술라 지구 선 뒤로 뚫고 나가기 전에 섬멸한다. 그러면 남부집단군이 중부 드네프르 강 동쪽으로 기반을 잡은 뒤 중앙과 좌익을 동원해 로스토프-하르코프 방향으로 지속적인 작전을 수행할 수 있도록 보장될 것이다.

3. 이를 위해 중부집단군은 이후의 작전을 고려하지 말고 최대한 많은 병력을 투입해 소련군 5군을 섬멸한다는 목표를 달성해야 한다. 그와 동시에 힘을 아낄 수 있는 위치에 포진한 중앙 전선으로 밀고 들어오는 소련군의 공격도 막을 수 있어야 한다.

4. 루마니아 유전 지대에서 석유를 안전하게 공급받기 위해서는 크

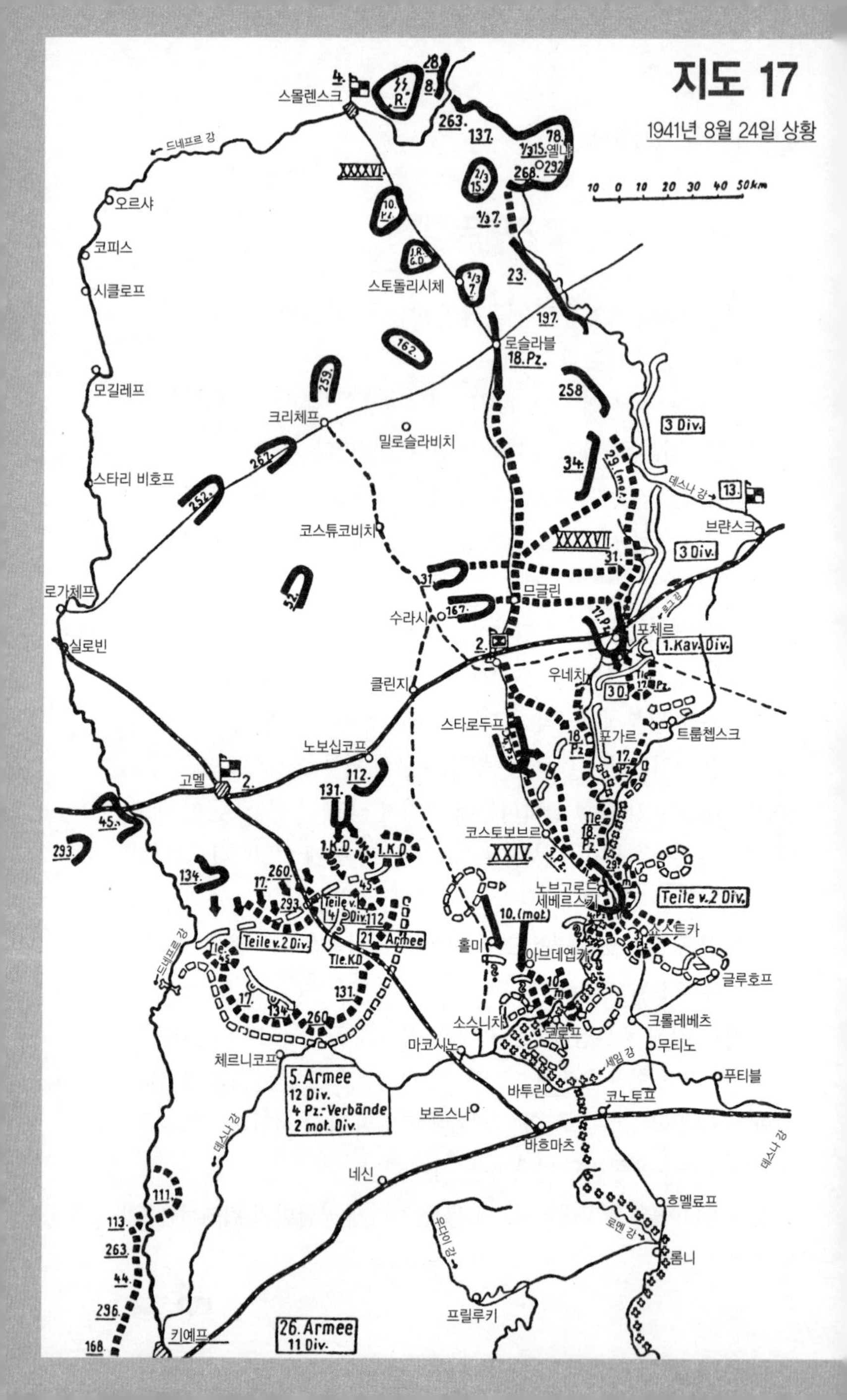

지도 17
1941년 8월 24일 상황
10 0 10 20 30 40 50km
스몰렌스크
드네프르 강
오르샤
코피스
시클로프
모길레프
스타리 비호프
로가체프
실로빈
고멜
옐냐
스토돌리시체
로슬라블
18.Pz.
크리체프
밀로슬라비치
코스튜코비치
XXXXVI
XXXXVII
XXIV
3 Div.
데스나 강
13.
브랸스크
므글린
수라시
포체르
1.Kav. Div.
우네차
클린지
스타로두프
포가르
트룹첸스크
노보십코프
코스토보브르
Teile v.2 Div.
노보고로드세베르스키
쇼스트카
10.(mot.)
홀미
아브데옙카
글루호프
소스니차
코로프
크롤레베츠
무티노
세임 강
마코시노
체르니코프
5. Armee
12 Div.
4 Pz.-Verbände
2 mot. Div.
Teile v.2 Div.
21. Armee
바투린
코노토프
푸티블
보르스나
바흐마치
네신
데스나 강
흐멜료프
로멘 강
롬니
우다이 강
프릴루키
키예프
26. Armee
11 Div.

림 반도 점령이 절대적으로 중요하다."

지난 8월 23일 내가 히틀러를 만났을 때만해도 알지 못했던 이 명령은 육군 최고사령부와 중부집단군에서 내 기갑집단에 내리는 모든 명령의 근거가 되었다. 내게는 46기갑군단을 내 기갑집단에서 제외시킨 결정이 가장 실망스런 일이었다. 히틀러의 약속이 있었지만 중부집단군은 이 군단을 4군 전선의 후방인 로슬라블-스몰렌스크 지역에 예비대로 두었다. 그 때문에 나는 처음부터 불충분하다고 판단한 24, 47기갑군단만으로 새로운 작전에 돌입해야 했다. 그 점에 대해 중부집단군에 항의했지만 받아들여지지 않았다.

내 첫 번째 공격 목표는 일단 코노토프로 정해졌다. 남부집단군과의 협력과 관련된 다른 지시들은 나중에 내린다고 했다.

현재 기갑집단의 배치 상황으로는 이미 우네차 주변 지역에 포진한 24기갑군단에 또다시 소련군을 돌파하고, 동시에 고멜에서 동쪽으로 빠져나가는 적에 맞서 기갑집단의 우측방을 지키라고 할 수밖에 없었다. 47기갑군단에는 유일하게 즉시 동원 가능한 17기갑사단을 통해 포체프 남쪽 수도스트 강 동쪽 강가에 위치한 상당한 규모의 소련군을 공격해 기갑집단의 좌측방을 지키라고 지시했다. 수도스트 강은 건조기에는 믿을 만한 장애물이 아니었다.

29차량화보병사단은 벌써부터 데스나 강과 수도스트 강 상류의 80킬로미터 지역을 엄호했다. 적은 아직도 스타로두프 동쪽으로 24기갑군단의 측방에 있는 수도스트 지구 서쪽 강가에 있었다. 29차량화보병사단을 보병으로 교대한 뒤 포체프에서 최초 공격 목표인 코노토프까지의 측방은 180킬로미터였다. 거기서 주요 작전이 시작되었고, 그로써 주요 위험도 바로 거기서 발생했다. 동쪽 측방에 위치한 소련군의 병력이 어느 정도인지는 제대로 파악되지 않았다. 어쨌든 측방 방호에 47기갑군단을 모두 동원해야 한다고 봐야 했다. 그밖에도 내 선봉부대의 전력에 상당한 차질이 생겼는데, 이는 24기갑군단이 끊임없이 이어진 힘겨운 전투와 행군을 치른 뒤 휴식과 재정비의 시간을 얻지도 못한 채 다시 새로운 작전에 투입되었기 때문이다.

8월 25일 24기갑군단은 10차량화보병사단으로는 홀미와 아브데옙카를 지나 데스나 강으로, 3기갑사단은 코스토보르-노브고로드 세베르스키 선을 지나 데스나 강으로 진군했다. 반면에 4기갑사단은 먼저 수도스트 서쪽 강가에서 적을 소탕한 다음 47기갑군단의 일부 병력과 교대한 뒤 3기갑사단을 뒤따라야 했다.

47기갑군단은 17기갑사단으로 포체프를 지나 트룹첸스크 방향으로 공격하기 위해서 수도스트 남쪽 강가로 진군했다. 그런 다음 데스나 강 왼쪽 강변으로 건너가 그 강을 따라 남서쪽으로 밀고 나가면서 24기갑군단이 그 넓은 강을 건너도록 도와야 했다. 24기갑군단의 나머지 병력은 아직도 로슬라블 지역에서 이동해 오고 있었다.

8월 25일 나는 아침 일찍 17기갑사단으로 향했다. 수도스트 강과 그 강의 남쪽 지류인 로그 강을 건너는 사단의 공격을 지켜보기 위해서였다. 상태가 좋지 않은 모래투성이의 길을 따라 가는 동안 여러 차량에 장애와 고장이 발생했다. 그래서 12시 30분에 벌써 므글린에 지휘 전차와 병력수송차, 오토바이를 보충해달라고 요구해야 했다. 이 문제는 매우 불길한 미래를 예고했다. 14시 30분, 나는 포체프 북쪽 5킬로미터 부근에 있는 17기갑사단의 전투지휘소에 도착했다. 아주 힘든 공격에 투입된 병력이 너무 부족하다는 생각이 들었다. 그로 인해 24기갑군단과 비교할 때 진격 속도도 더딜 수밖에 없었다. 나는 리터 폰 토마 사단장과 이어서 도착한 군단장에게 그 점을 지적했다. 그런 다음 소련군의 상태를 파악하기 위해 63소총연대의 전선으로 가서는 그들의 공격 일부를 도보로 함께 수행했다. 그날 밤은 포체프에서 보냈다.

8월 26일 새벽 부관 뷔징 소령을 대동해 로그 강 북쪽 강가에 위치한 포병 전방관측소를 찾아갔다. 소련군의 강변 방어 진지를 공격하는 아군 급강하폭격기의 효과를 확인하기 위해서였다. 폭탄은 정해진 곳에 제대로 떨어졌지만 실질적인 효과는 극히 적었다. 그래도 소련군을 참호에서 나오지 못하게 함으로써 아군이 손실 없이 강을 건너게 하는 심리적 효과는 있었다. 그런데 한 장교의 부주의한 행동 때문에 소련 관측병이 내가 있는 곳을 알아차리는 바람에 우리를 정확하게 조준한 박격포 공격을 받았다. 한 발이 가까운 곳에 떨어지면서 장교 다섯 명이 부상을 당했다. 내 옆에 앉아 있던 뷔징 소령도 부상을 당했는데, 기적처럼 나는 전혀 다치지 않았다.

나와 맞선 소련군은 269, 282사단이었다. 나는 부대가 로그 강을 건너 교량을 완성하는 모습까지 확인한 다음, 오후에 므글린을 지나 새 전투지휘소가 차려진 우네차로 향했다. 가는 길에 3기갑사단이 6기갑연대 소속 부흐터키르히 중위의 민첩한 공격으로 노브고로드 세베르스키 동쪽에서 700미터 길이의 데스나 교량을 온전한 상태로 점령했다는 뜻밖의 기쁜 소식을 받았다. 이 행복한 상황은 내가 다음 작전들을 펼치는데 상당한 도움이 될 것이 분명했다.

나는 자정 무렵에야 새 전투지휘소에 도착했다. 육군 최고사령부 제1 참모부장[47]이자 할더 상급대장의 작전 동료인 파울루스 장군이

47 Oberquartiermeister: 육군 총참모본부 내 여러 부서를 통솔했고, 세계대전 중에는 병참을 관리했다. 참모 부서가 증가함에 따라 각 부서를 감독하고 참모총장의 업무를 덜어주기 위한 직위로 도입되었다. 한 사람의 참모부장이 여러 부서를 관리했다.(역자)

상황을 알아보려고 오후부터 그곳에 와 있었다. 다만 파울루스에게는 결정권이 없었다. 내가 없는 동안 파울루스는 프라이헤어 폰 리벤슈타인 중령과 상황을 논의했다. 그런 다음 육군 최고사령부를 연결해 2군의 좌익 군단과 기갑집단에 대한 지휘권 통일이 요구되며, 1기병사단을 기갑집단 좌익에 투입해야 한다고 제안했다. 그러나 돌아온 것은 2군에 일부 병력을 귀속시키는 일은 현재로서는 전혀 고려하지 않고 있으며, 2군의 이동은 '오직 전술적으로만 판단'해야 한다는 이상한 답변이었다. 그래서 1기병사단은 우측에 중점을 둔 2군에 그대로 남았다. 기갑집단은 '다른 방향으로 돌아갔다가 이동했다'는 이유로 비난을 받았다. 그러나 데스나 강변의 소련군은 육군 최고사령부가 하는 생각처럼 좌측방 후방에 그대로 두고 있기에는 너무 강력했다. 그래서 남쪽으로 계속 진군하려면 그곳에 있는 소련군부터 물리쳐야 했다. 다음 날 아침 나는 파울루스에게 내 생각을 알려주려고 다시 한 번 그와 대화했다. 파울루스는 내 생각을 육군 참모총장에게 충실하게 전달했지만, 육군 최고사령부에 팽배한 나에 대한 적대감 때문에 별다른 영향을 주지 못했다.

8월 26일 저녁 2군 좌익은 노보십코프 바로 남쪽에 있었다. 2군과의 전투지경선은 클린지에서 홀미를 지나 소스니차(데스나 강변 마코시노 북동쪽)로 이어졌고, 4군과의 전투지경선은 수라시에서 우네차-포체프-브라소포로 이어졌다.

24기갑군단의 10차량화보병사단은 홀미와 아브데옙카에, 3기갑사단은 노브고로드 세베르스키 남쪽 데스나 강 교량 근처에 있었고, 4기갑사단은 스타로두프 남동쪽에서 소련군과 교전 중이었다.

47기갑군단에서는 17기갑사단이 포체프 남쪽 셈지 부근에서 교전 중이었고, 29차량화보병사단은 포체프와 슈콥카 사이에서 기갑집단의 좌측방을 지켰다. 12, 53군단의 보병사단들이 접근하면서 29차량화보병사단은 병력을 우익에 집결시켰다. 18기갑사단은 선봉대를 앞세워 북에서 진군하면서 로슬라블을 통과했다.

내 기갑집단의 이동 방향과 수직을 이루며 167보병사단이 서쪽에서 동쪽으로 므글린을 지났다. 31보병사단은 거기서 북쪽으로, 34보병사단은 클레트냐를, 52보병사단은 페렐라시를 지나 행군했다. 267, 252보병사단은 크리체프-체리코프-프로포이스크를 잇는 도로로 이동했다. 이 사단들은 모두 2군에 속했다. 키예프 공세가 시작되었을 때 이들 중 한 부대라도 남쪽에 투입했다면, 24기갑군단의 우익에서 반복적으로 발생한 위기를 막을 수 있었을 것이다.

8월 26 데스나 강가에 있는 2군 앞에서 소련군의 저항이 강해졌다. 나는 신속한 승리를 위해서 46기갑군단을 보내달라고 요청했다. 그러나 육군 최고사령부는 내 요청을 거부했다.

8월 29일 소련군이 공군의 지원을 받는 대규모 병력을 동원해 남쪽과 서쪽에서 24기갑군단을 공격했다. 그로 인해 군단은 3기갑사단과 10차량화보병사단으로 실행 중이던 아군의 공격을 중단하지 않을 수 없었다. 4기갑사단은 수도스트 강변 서쪽의 소련군을 소탕하는 임무를 마친 뒤 노브고로드 세베르스키를 지나 3기갑사단 쪽으로 이동했다. 나는 이날 처음에는 24기갑군단에서, 그 뒤에는 3, 4기갑사단에서 직접 상황을 확인했다. 그런 다음 24기갑군단에 8월 30일에는 우측방에 대한 위협을 제거하고, 8월 31일에는 남서쪽으로 공격하라는 명령을 내리기로 했다. 반면에 47기갑군단은 처음에는 수도스트 강 동쪽 강변에서, 나중에는 데스나 강 동쪽 강변에서 노브고로드 세베르스키 방향으로 공격을 이어가도록 했다. 나는 18시에 슈토르히 정찰기를 타고 내 전투지휘소로 돌아왔다. 기갑집단의 작전 참모인 바예를

라인 중령은 아프리카 전속이 결정돼 이번이 나와의 마지막 동행이었다. 볼프 소령이 바에를라인의 후임이 되었다.

8월 31일까지 데스나 강을 지나는 교두보가 상당히 확장되었고, 4기갑사단이 강을 건넜다. 10차량화보병사단은 데스나 강을 건너 코로프 북쪽에 이르렀지만 소련군의 강력한 반격에 부딪혀 다시 강을 건너 후퇴해야 했고, 우측방에서도 강력한 공격을 받았다. 사단의 최후 병력인 1개 제빵중대까지 투입한 뒤에야 간신히 우측방의 파국을 막을 수 있었다. 47기갑군단에서는 소련군 108기갑여단이, 9월 1일부터는 110기갑여단까지 가세해 투룹첼스크에서 서쪽과 북서쪽으로 공격을 시작하여, 용맹스런 아군 17기갑사단을 거세게 밀어붙였다. 29차량화보병사단은 24기갑군단이 구축한 북쪽 측방 교두보를 지키고 17기갑사단의 전진을 돕기 위해서 노브고도르 세베르스키 교량을 건너 북쪽으로 진군했다. 18기갑사단은 수도스트 강과 데스나 강이 합류하는 지점과 포체프 사이의 수도스트 강 지역에 포진한 4기갑사단을 교대했다. 이동을 시작한 8월 25일부터 지금까지 24기갑군단은 7,500명, 47기갑군단은 12,000명의 포로를 잡았다.

양 측방에 가해지는 소련군의 공격, 특히 10차량화보병사단의 전방에 가해지는 강력한 압박을 고려할 때, 기존의 병력만으로 공격을 계속할 수 있을지 의문이었다. 그래서 집단군에 46기갑군단을 돌려달라고 다시 요청했다 그러나 8월 30일에는 그로스도이칠란트 보병연대만 놓아주었고, 9월1일에는 1기병사단, 9월 2일에는 SS 다스 라이히 사단이 스몰렌스크에서부터 잇달아 풀려났다. 옐냐 남쪽에 위치한 23보병사단 구역에서는 소련군이 10킬로미터 깊숙한 곳까지 돌파구를 마련하는 바람에 10기갑사단이 투입되어 정면으로 역습에 나섰다. 그로스도이칠란트 보병연대는 노브고르드 세베르스키로, SS 다스 라이히 사단은 24기갑군단의 우익으로 방향을 돌렸다. 그로스도이칠란트 보병연대는 9월 2일 노브고르드 세베르스키의 교두보에 도착했고, SS 다스 라이히 사단은 9월 3일부터 24기갑군단의 우익에 포진했다.

9월 1일 병력을 찔끔찔끔 내주는 조치에 답답함을 느낀 나는 무전으로 집단군을 연결해 46기갑군단 전부와 현재 어디에도 투입되지 않은 7, 11기갑사단 및 14차량화보병사단을 추가로 보내 달라고 요청했다. 그 정도 병력을 동원하면 키예프 공격을 신속하게 완료할 수 있을 거라고 생각했다. 그 요청의 직접적인 결과로 SS 다스 라이히 사단이 집단군의 통제 하에서 벗어났다. 그런데 육군 최고사령부의 무선 감청반이 그 내용을 알게 되면서 큰 파장이 일었다. 9월 3일 육군 최고사령부 연락 장교인 나겔 중령이 히틀러에게 불려가 관련 내용을 진술해야 했고, 국방군 최고사령부가 나겔 중령에게 나로서는 퍽 안타까운 조치를 내렸다. 이 부분에 대해서는 나중에 언급하게 될 것이다.

9월 2일 1개 항공군 사령관인 케셀링 원수가 기갑집단과의 협의를 위해 찾아왔다. 케셀링 원수는 남부집단군이 분명 진척을 이루고 있고, 드네프르 강을 지나는 여러 개의 교두보도 확보했다는 소식을 전해주었다. 그러나 앞으로의 작전에 대해서는 분명한 의도가 없었다. 하르코프와 키예프 사이에서 의견이 분분했기 때문이다.

이날 모델 장군과 리터 폰 토마 장군이 가벼운 부상을 입었다.

9월 3일 나는 10차량화보병사단의 후방 병력과 전투에 투입된 제빵부대원들을 따라 아브데옙카 부근에 있는 SS 다스 라이히 사단의 오토바이소총대로 향했다. 소련군이 그곳 서쪽에 있었고, SS정찰대

지도 18

키예프 전투

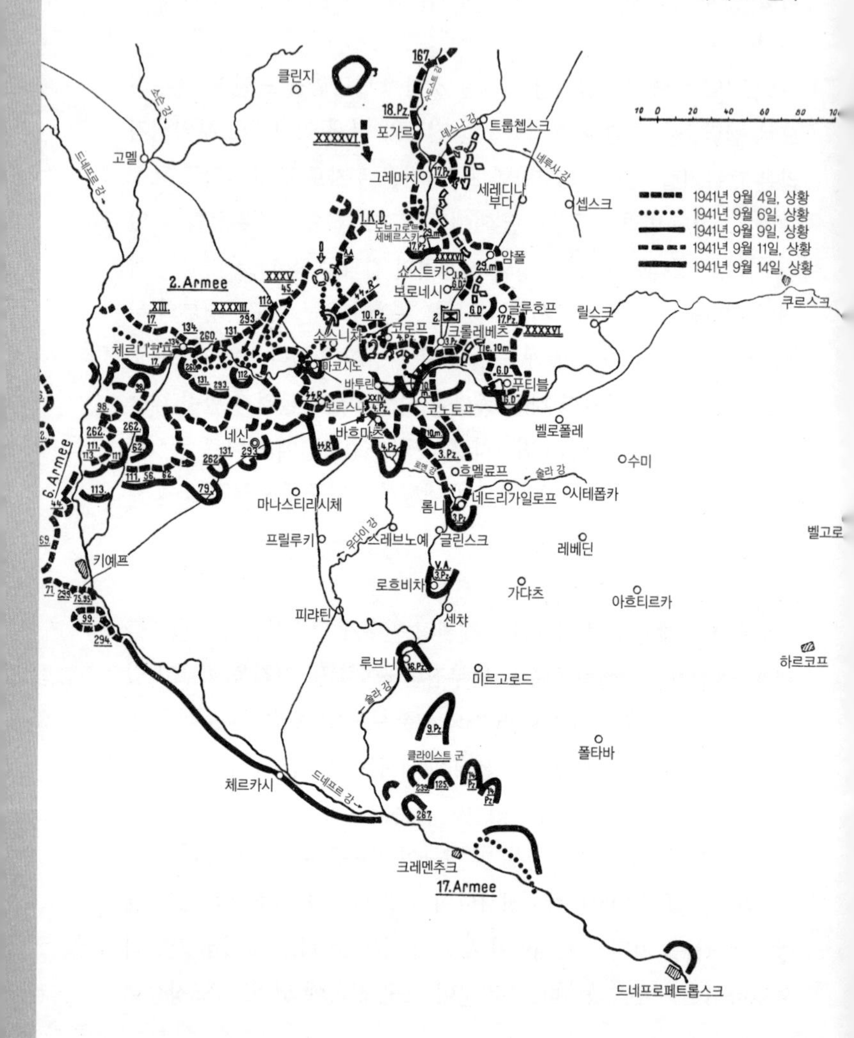

1941년 9월 4일, 상황
1941년 9월 6일, 상황
1941년 9월 9일, 상황
1941년 9월 11일, 상황
1941년 9월 14일, 상황
클린지
고멜
소스 강
드네프르 강
포가르
트룹첩스크
데스나 강
네루사 강
그레마치
세레디나 부다
셉스크
노브고로드 세베르스키
얌폴
쇼스트카
보로네시
글루호프
릴스크
쿠르스크
소스니차
코로프
크롤레베츠
체르니코프
마코시노
바투린
푸티블
보르스나
코노토프
바흐마치
네신
벨로폴례
수미
흐멜료프
술라 강
롬니
네드리가일로프
시테폽카
마나스티리시체
프릴루키
우다이 강
스레브노예
글린스크
레베딘
벨고로
키예프
로흐비차
가댜치
아흐티르카
피랴틴
센챠
하르코프
루브니
미르고로드
폴타바
클라이스트 군
체르카시
드네프르 강
크레멘추크
드네프로페트롭스크
2. Armee
6. Armee
17. Armee
XXXXVI.
XXXXVII.
XXXV.
XXXXIII.
XIII.
XXIV.
V.A.
1.K.D.
18.Pz.
17.Pz.
10.Pz.
4.Pz.
3.Pz.
16.Pz.
9.Pz.
14.Pz.
29.m.
10.m.
G.D.
167.

대가 그 소련군에 대응하러 나섰다. 처음에는 상당한 혼란이 빚어졌지만 사단장인 하우서 장군의 일사불란한 지휘 아래 사태는 곧 해결되었다. 나는 아브데옙카에서 하우서를 만나 9월 4일 소스니차 공격을 준비하라고 지시했고, 로슬라블에서 새로 도착한 5기관총대대를 그의 지휘 아래 배치했다.

정오에는 지난 며칠 동안 뼈아픈 손실을 당하며 치열한 전투를 치러야 했던 10차량화보병사단을 찾아갔다. 데스나 강 남쪽 강가에 4기갑사단이 투입되면서 10차량화보병사단의 부담이 그나마 조금 완화되었다. 무엇보다 소련군이 이미 관측된 강 도하 준비를 중단한 상태였다. 지난 며칠 동안 10차량화보병사단은 소련군 10기갑여단을 포함해 293, 24, 143, 42사단의 압도적으로 우세한 적과 대치했다. 나는 사단장 폰 뢰퍼 장군에게 이웃에 있는 SS 다스 라이히 사단의 상황과 임무를 알려주었고, 다음날 SS사단의 공격 시 10차량화보병사단의 우익을 공격에 합류시키라고 지시했다. 그런 다음 20보병연대 2대대가 확보한 데스나 강 남쪽 교두보를 찾아가 양호한 점령 상태를 확인했다. 이어서 며칠 전 교두보에서 밀려났다가 곧바로 재점령한 같은 연대의 1대대도 살펴보았다. 이 대대도 상태가 양호했다. 그래서 앞으로도 맡은바 임무를 충실히 수행할 거라고 믿는다는 말로 내 확신을 보여주었다.

내 참모부에서 1기병사단이 다시 내 기갑집단 휘하에 들어와 SS 다스 라이히 사단의 우익으로 이동하고 있다는 사실을 무전으로 알려왔다. 이에 다시 SS사단장을 찾아가 SS사단이 10차량화보병사단의 보급 설비들을 안전하게 지키도록 지시한 뒤 내 전투지휘소로 돌아갔다. 나는 전투지휘소에 도착해서 내가 지금까지 진격해온 방향에 위치한 보르스나와 코노토프가 나의 다음 공격 목표라는 사실을 알았다. 46기갑군단 사령부가 군단 병력 절반과 함께 다시 기갑집단 휘하에 들어왔다. 전선에 있던 두 군단이 각각 포로 2,500명을 잡았다고 보고했고, 후방을 지킬 목적으로 편성된 바허 공병대장의 부대도 1,200명을 포로로 잡았다. 24기갑군단은 점점 늘어지고 있는 남쪽 측방에 위험이 높아지고 있고, 쐐기꼴 대형의 선봉대에도 약점이 커지고 있다는 사실을 계속 알려왔다. 크롤레베츠가 내 수중에 들어왔다.

이날 육군 최고사령부의 연락 장교인 나겔 중령이 보리소프에 있는 집단군 회의에 참가했다. 그 자리에는 육군 최고사령관도 참석했다. 나겔은 거기서 현 상황에 대한 내 견해를 진술했다가 '큰 소리로 떠벌리는 선동가'라는 소리를 들었고, 그 즉시 교체되었다. 나는 러시아에 능통한데다 상황 판단이 뛰어난 이 장교가 자신의 임무에 충실하게 전선의 의견을 전달했다는 이유로 처벌을 받아야 했다는 사실이 매우 안타까웠다.

그러나 그 소식이 전부가 아니었다. 저녁에는 비가 내리기 시작하면서 짧은 시간 안에 도로가 진흙탕으로 변했고, 이동 중이던 SS 다스라이히 사단은 3분의 2가 발이 묶이게 된 것이다.

9월 4일은 4기갑사단의 전선에서 함께 보냈고, 거기서 프라이헤어 폰 가이르 장군도 만났다. 전날 잠시 내린 비로 길이 질퍽해져서 75킬로미터 거리를 지나는데 4시간 반이나 걸렸다. 4기갑사단은 막 코로프-크라스노폴리에 방향으로 공격하는 중이었다. 이 사단의 앞쪽에 있던 소련군은 지금까지 아군 전차를 상대로도 끈질기게 저항했다. 그러나 급강하폭격기가 투입된 이후 소련군의 본격적인 저항은 와해된 것으로 보였다. 프라이헤어 폰 가이르 장군은 노획한 문서를 통해 아군이 소스니차 방향으로 공격을 이어가는 것이 특히 유리할 거라는 인상을 얻었다고 했다. 그러면 소련군 13군과 21군 사이의 전투지경선을 만나게 되는데, 거기에 빈틈이 있을 가능성이 높다고 했다. 3기갑사단은 진척을 이루었다고 보고했다. 나는 3기갑사단을 찾으러 나가서 무티노와 슈파스코예를 지나 세임 강 지역으로 진군하는 3기갑사단을 만났다. 모델 장군도 소련군의 빈틈까지는 아니라도 약한 지점과 마주쳤다는 인상을 받았다고 했다. 나는 모델에게 세임 강을 건넌 다음 코노토프-벨로폴레 철로까지 진격해 그 선을 차단하라고 지시했다. 돌아가는 길에는 무전으로 내 참모부에 다음날 작전 명령을 내렸고, 참모부를 통해서는 히틀러가 기갑집단의 작전에 개입할 거라는 보고를 받았다.

집단군에서 전화를 걸어 국방군 최고사령부가 기갑집단의 작전, 무엇보다 47기갑군단의 데스나 강 동쪽 강변 투입에 불만을 표시했다고 알려왔다. 그러면서 상황에 대한 평가와 앞으로의 전망을 설명하라고 요구했다. 그러더니 그날 밤에 벌써 47기갑군단의 공격을 중단하고 군단을 데스나 강 서쪽 강변으로 건너가게 하라는 육군 최고사령부의 명령이 내려왔다. 모든 일이 나를 당혹스럽게 하는 매우 거친 방식으로 이루어졌다. 그 명령은 47기갑군단의 사기를 완전히 꺾어버렸다. 군단 사령부와 각 사단은 승리가 눈앞에 다가왔다고 믿고 있었다. 그런데 이제 군단을 철수시켜서 서쪽 강변에 재투입하려면 공격을 이어가는 것보다 더 많은 시간이 필요했다. 이 군단은 8월 25일부터 포 155문과 전차 120대, 포로 17,000명을 획득했고, 24기갑군단에서도 포로 13,000명을 잡았다. 그러나 군단의 공을 인정하는 발언은 한 마디도 없었다.

9월 5일 1기병사단이 포가르 방향으로 진로를 바꾸었고, 4군에 예속되었다. 나는 기동력이 있는 이 사단을 내 기갑집단 좌익에서 47기갑군단의 측위로 활용하고 싶었다. 그러나 수도스트 강 지역에 정지해 있는 측위로 배치해서, 이 사단의 기동성이 쓸모가 없어졌다.

이날 SS 다스 라이히 사단이 소스니차를 점령했다.

4군에 계속 피해가 발생하는 옐냐 만곡부에서 철수하라는 명령이 떨어졌다. 내가 지난 8월 적시에 부대를 철수시켜 피해를 막으려 했었지만 그때는 들어주지 않았었다.

9월 6일에는 다시 SS 다스 라이히 사단을 찾아갔다. 사단은 마코시노 부근 데스나 강을 지나는 철교를 공격하고 있었다. 나는 공격 중인 부대원들에게 공군을 지원해주려고 애썼다. 도로 상태가 좋지 않아 아직 사단 전체가 집결하지 못한 상태였기 때문이다. 그리로 가는 길에 사단 병사들을 만났는데, 일부는 행군 중이었고, 일부는 숲속에서 쉬고 있었다. 그 부대원들은 규율이 잘 잡혀 있다는 인상을 주었다. 다시 기갑집단과 함께한다는 기쁨이 그들에게 활기를 일으켰다. 오후에 그 철교를 점령하면서 데스나 강을 지나는 또 다른 도하 지점이 확보되었다. 내 지휘 차량대는 여러 번 적의 포격을 뚫고 지나야 했지만 피해를 입지는 않았다. 돌아가는 길에는 1기병사단을 만났고, 열악한 도로 상황 때문에 도보로 이동하는 SS사단의 일부 병력도 마주쳤다. 나는 사단 전투지휘소에 도착해 사단이 세임 강 서쪽 강가에서 공격을 시작할 수 있도록 데스나 강 교두보를 확대하라고 지시했다. 그 구역을 지나는 24기갑군단의 진군을 돕기 위해서였다.

9월 7일 3, 4기갑사단이 세임 강 남쪽 강가에 교두보를 구축했다. 집단군은 이날, 네신에 중점을 두고 네신-모나스티리시체 선으로 진격하라고 명령했다. 이 명령은 9월 8일 새벽 5시 25분 "새 진격 방향 보르스나-롬니, 중점은 우측"이라는 지시로 바뀌었다. 같은 날 나는 육군 최고사령관과 고멜에 있는 2군 최고사령부에서 10월 초로 계획된 새로운 모스크바 작전에 대해 협의했다. 그 일과는 별개로 폰 브라우히치 원수는 24기갑군단의 트룹첸스크 방향 전투를 다시 거론하면서 9월 1일 내가 무전으로 증원을 요청한 사실에 항의했다. 폰 브라우히치는 그 내용을 국방군 최고사령부가 감청했을 수 있다고 하면서 당시 내 기갑집단이 작전을 불필요하게 확대했다고 말했다. 나는 내 좌측방을 위협하는 강력한 적을 그대로 둘 수 없어서 물리쳐야 하는 상황이었다고 보고하면서 내가 취한 조치의 정당성을 주장했다. 나는 이날까지 포로 4만 명과 포 250문을 노획했다. 이날, 내 선봉대가 바흐마츠-코노토프 철로에 접근했다.

2군은 이날 체르니고프를 점령했고, 네신-보르스나로 진격하라는 명령을 받았다.

이날 나겔 중령이 내 참모부를 떠났고, 나겔의 후임인 폰 칼덴 소령이 도착했다. 폰 칼덴은 나겔과 잠시 일을 맡았던 벨로와 똑같은 분별력과 이해력으로 자기 임무를 수행했다.

북부집단군에서는 4기갑집단과 18군이 레닌그라드 외부 방어 진지에 대한 공격을 준비했다. 공격은 9월 9일 시작될 예정이었다.

9월 9일 24기갑군단이 세임 강을 건넜다. 나는 24기갑군단에서 이날의 전투에 참가했고, 고로디시체로 진격하는 33, 12소총연대를 주시했다. 급강하폭격기가 소총연대와 35기갑연대 선봉대의 공격을 지원했다. 그러나 모든 부대의 빈약한 전투력은 두 달 반에 걸친 힘겨운 전투와 전력 손실을 거치면서 휴식과 재정비의 시간이 절실하다는 점을 보여주었다. 안타깝지만 당분간은 그럴 수 없는 상황이었다. 늦은 오후 무렵 나는 24기갑군단 사령부에서 프라이헤어 폰 가이르 장군으로부터 SS사단도 공격하고 있고, 3기갑사단은 코노토프 방향으로 진격할 계획이라는 소식을 들었다. 포로들의 진술에 따르면 소련 40군이 13군과 21군 사이에 투입되었다고 했다. 탄약 보유고는 그럭

저럭 괜찮았지만, 연료는 빠듯했다.

저녁에는 슈토르히 정찰기로 전투지휘소가 있는 크롤레베츠로 돌아갔다. 그사이 집단군에서 1기병사단이 수도스트 강가에 남아있지 않고 더 북쪽으로 이동할 거라는 소식이 들어와 있었다. 따라서 18기갑사단은 내 기갑집단을 뒤따를 수 없게 되었다. 세임 강에서 거둔 성공을 활용하려면 새 병력이 필요했을 텐데 말이다. 저녁에는 24기갑군단이 바투린과 코노토프 사이에서 정말로 적 전선의 약한 지점을 발견했고, 3기갑사단의 선견대가 우리의 공격 목표인 롬니로 진격하고 있다는 반가운 소식을 받았다. 그로써 3기갑사단은 소련군의 후방에 도달했다. 이제는 이 성공을 신속하게 이용하는 것이 관건이었는데, 예하 부대들의 전투력 부족과 불량한 도로 상태, 무엇보다 이미 240킬로미터까지 깊이 들어간 남동쪽 측방 때문에 결코 쉽지 않은 일이었다. 나한테는 동원 가능한 예비대가 없었기 때문에 내가 직접 찾아가 3기갑사단의 진격에 무게를 실어주는 일 외에는 달리 방법이 없었다. 그래서 9월 10일 다시 전선으로 가기로 결심했다.

크센돕카에 도착하자 프라이헤어 폰 가이르 장군이 3기갑사단이 롬니를 점령하고 로멘 강을 건너는 교두보를 세웠다고 보고했다. 3기갑사단은 코노토프를 점령하지 않고 그대로 지나쳐갔다. 4기갑사단은 바흐마츠로, SS 다스 라이히 사단은 보르스나로 진격하고 있었다. 포로들의 진술로는 우크라이나에서 싸우는 소련군은 아직 방어할 힘은 남아있지만 공격력은 와해되었다고 했다. 나는 프라이헤어 폰 가이르 장군에게 아군의 보급이 이루어질 수 있도록 코노토프의 주요 철도역을 신속히 점령하라고 지시했다. 또한 4기갑사단은 바흐마츠에서 남쪽으로, SS 다스 라이히 사단은 보르스나에서 쿠스토브지로 투입하라고 명령했다. SS 다스 라이히 사단에는 2군과 선을 연결하라고 했다. 그런 다음 나는 3기갑사단으로 향했다.

나는 세임 강 교량 근처에서 적의 폭격을 받았고, 행군로에는 포병의 포격이 이어졌다. 비가 내려서 길은 점점 더 나빠졌고, 멈춰선 차량들로 꽉 막혀 있었다. 그래서 평상시보다 행군 시간이 훨씬 지연되었다. 포병의 견인 차량들이 트럭을 끌어야 했다.

나는 흐멜료프에서 3기갑사단 참모부에 내 거처를 마련하라고 일렀다. 그날 중에 내 전투지휘소로 돌아가기가 불가능한 상황이었다. 그런 다음 롬니로 향했다. 도시 북쪽의 로멘 강은 소련군이 설치한 대전차호와 철조망으로 보완된 강력한 방어 구역을 이루고 있었다. 소련군이 그 강력한 구역을 지키지 못한 것은 3기갑사단의 등장을 전혀 예상하지 못하고 있다가 기습적으로 돌파를 당했다는 사실을 보여주었다. 나는 롬니 바로 앞에서 모델 장군을 만났고, 그에게서 자세한 사항을 보고받았다. 도시는 점령했지만 아직 마을 곳곳에 낙오병들이 숨어 있기 때문에 장갑 차량을 타고서만 지날 수 있었다. 그래서 17시에 소탕 작전이 시작될 예정이었다. 나는 도시 북부에서 클레만 대령에게서 명령을 받고 있는 일단의 참모 장교들을 만났다. 그들은 특히 소련군의 공습으로 방해를 받았는데, 아군은 거기에 대항할 전투기를 출격시킬 수가 없었다. 소련군은 날씨가 좋은 지역에서 출발한 반면, 아군 비행장은 날씨가 나쁜 지역에 있어서 오늘처럼 비가 오는 날에는 출격이 불가능했다. 나와 일행들은 갑자기 비행기 3대의 기관총 공격을 받았지만, 폭탄은 다른 곳에 떨어졌다.

나는 롬니에서 내 참모부에 다음날을 위한 작전을 무전으로 지시했다. 그에 따라 그사이 당도한 46기갑군단은 17기갑사단과 그로스도이칠란트 보병연대를 이끌고 푸티블-실롭카(푸티블 남쪽 17㎞)로 이동했다. 모델 장군을 위해서는 강력한 전투기 엄호를 요청했다.

이날 바흐마츠를 점령했고, 그로스도이칠란트 보병연대는 푸티블에 도착했다. 나는 집단군으로부터 프릴루키 양쪽으로 우다 강 지역 공격 태세를 갖추라는 지시를 받았다.

남부집단군은 크레멘추크 부근에서 드네프르 도하를 준비했다. 남부집단군은 거기서부터 북쪽으로 진격해 롬니 부근에서 내 부대와 합류할 계획이었다.

밤새도록 비가 억수같이 쏟아졌다. 그래서 9월 11일에는 돌아가는 길이 몹시 힘들었다. 먼저 오토바이들이 망가졌다. 성능이 매우 뛰어난 내 사륜구동 지프차도 옴짝달싹 못했다. 아군 지휘 전차들과 포병대에서 빌린 견인 차량 한 대가 나를 다시 움직이게 만들었다. 내 부대는 시속 10킬로미터 속도로 진흙탕을 지나 기롭카로 진군했고, 거기서 아우되르슈 중령의 연대 참모부에 도착했다. 전화 연결에 문제가 생겨서 돌아가던 상황을 전혀 알 수 없던 차에 마침내 3기갑사단 오토바이소총대로부터 코노토프가 아군 수중에 들어왔다는 소식을 들었다. 그 뒤 기롭카 북쪽 6킬로미터 지점에서 10차량화보병사단의 정찰대대와 마주쳤다. 14시에는 코노토프에서 폰 뢰퍼 장군을 만나 그에게 롬니에서 일어난 일들을 알려주었고, 15시 30분에 24기갑군단에 도착했다. 거기서 SS 다스 라이히 사단이 보르스나를 점령했다는 소식을 들었다. 나는 24기갑군단에 우익으로는 모나스티리시체를 지나 롬니로, 좌익으로는 피랴틴을 지나 롬니로 진격하라고 지시했다. 46기갑군단에는 푸티블을 지나 남쪽으로 이동하라고 지시했다.

그런 다음 18시 30분 내 전투지휘소에 도착했다. 나는 10일에는 10시간 동안 165킬로미터, 11일에는 10시간 반 동안 130킬로미터를 이동했다. 질퍽거리는 도로 때문에 더 빠른 진군은 불가능했다. 이번 운행에서 허비한 시간은 이제부터 독일군 앞에 닥치게 될 어려움을 충분히 깨닫게 해주었다. 이런 진창길을 지나며 최전선 부대들의 상황까지 직접 경험한 사람만이 병력과 장비에 대한 요구를 이해할 수 있고, 전선의 상황을 정확하게 판단해 올바른 결과를 이끌어낼 수 있었다. 그러나 군 수뇌부는 그런 관점에서 아무런 경험이 없었고, 처음에는 전선의 보고도 전혀 믿으려 하지 않았다. 그 결과는 쓰디쓴 보복으로 돌아와 독일군에 막대한 희생과 피할 수도 있었던 여러 불행을 초래했다.

그날 저녁 집단군은 클라이스트 상급대장이 이끄는 1기갑집단이 진창길 때문에 목표에 이르지 못했다고 통보했다. 앞에서 언급한 도로 사정을 알고 있는 사람은 전혀 놀랄 일이 아니었다.

17기갑사단은 9월 10일 보로네시-글루호프에 이르러 9월 11일에 글루호프에 도달했다.

9월 12일 1기갑집단이 세메놉카를 지나 루브니로 진군하는 사이 3기갑사단은 로프비차로 진격해 로프비차 북쪽에 인접한 술라 교량을 확보했다. 열악한 도로 상황 때문에 어려움을 겪은 2군은 네신에 접근했다.

북부집단군에서는 소련군의 레닌그라드 방어 전선에 결정적인 돌파구를 마련한 것 같았다.

9월 13일 중부집단군이 수도스트 강 구역에서 여전히 나의 좌측방 후방을 경계하는 18기갑사단을 보병으로 교체해달라는 내 요구를 거부했다. 그런 결정을 내리기에는 너무 늦었다고 했다. 불분명한 동쪽 측방 상황과 그 방면에서 발생할 수 있는 위험 때문에 소규모라도 예비대가 시급하다는 상황은 전혀 고려되지 않았다.

1기갑집단이 루브니를 점령했다.

9월 14일 내 기갑집단이 전투지휘소를 코노토프로 옮겼다. 궂은 날씨가 이어졌고, 항공 정찰은 완전히 불가능했다. 지상 정찰대는 진창길에 막혀 꼼짝을 못했다. 측위로 정해진 46, 47기갑군단의 부대들은 거의 움직이지 못했다. 길게 늘어진 남동쪽 측방의 불확실성은 나날이 커졌다. 어쨌든 클라이스트 기갑집단과의 연결만이라도 확실히 해두기 위해서 나는 상황이 어렵지만 24기갑군단으로 가기로 마음먹었다. 그 길은 크롤로베츠-바투린-코노토프-롬니를 지나 로흐비차로 이어졌다. 중간에 미첸키(바투린 남동쪽 6㎞)에서 만난 프라이헤어 폰 가이르 장군은 소련군이 로흐비차 부근에서 정체해 있는 것으로 보이니 그사이 클라이스트 집단과 벌어진 틈을 신속히 메우는 것이 중요하다고 보고했다. 가이르 장군은 그 일을 위해서 자신의 사단에 술라 강 구역으로 진격해 그곳을 차단하라고 명령했다. 로흐비차 남쪽 11킬로미터 지점인 센차 부근에는 소련군의 대규모 병력이 집결해 있는 것으로 파악되었다. 롬니를 지나는데 거기서는 나들이옷을 입은 사람들이 평화롭게 오가는 모습이 보였다. 롬니는 내가 지금까지 보았던 도시들 중에서는 포체프와 코노토프 다음으로 잘 보존되어 있었다. 나는 땅거미가 질 무렵 로흐비차에 와 있는 모델 장군을 만났다. 모델은 그때까지 1개 연대만을 그리로 데려온 상태였고, 나머지 병력은 훨씬 뒤에서 여전히 진창길과 씨름하고 있는 중이었다. 모델은 소련군의 대규모 병력이 주로 보급부대로 구성되어 있고, 일부만 전투 장비를 갖추고 있다고 보고했다. 또한 관측된 소련군 전차는 퇴각을 엄호할 목적으로 정비 보급소에서 끌고나온 전차들이라고 했다. 키예프를 에워싸는 거대한 포위 지역 내에는 21, 5, 37, 26, 38군 등 5개 군의 일부 병력이 있는 것으로 예측되었다.

푸티블 남쪽과 얌폴 부근에서 아군 남동 측방을 공격한 소련군을 격퇴했다.

나는 뷔징과 칼덴과 함께 로흐비차의 학교 건물에서 밤을 보냈고, 무전으로 리벤슈타인에게 연락해 3기갑사단의 후방이 로흐비차로 이동할 수 있도록 10차량화보병사단을 최대한 빨리 롬니로 진격하게 하라고 지시했다. 학교 건물은 목적에 맞게 설비를 갖춘 견고한 건물이었고, 소련에 있는 대부분의 학교들처럼 전체적으로 상태가 아주 좋았다. 학교와 병원, 고아원, 체육 시설에는 상당히 공을 들인 것 같았다. 그런 시설들은 깨끗하게 정돈되어 있었다. 물론 어디나 그렇듯이 예외는 있었다.

9월 15일 이른 아침 나는 프랑크 소령이 지휘하는 3기갑사단의 선봉대를 찾아갔다. 이 선봉대는 전날 로흐비차 남쪽에서 소련군을 서쪽으로 몰아냈고, 밤에는 소련군의 소총수들이 탄 트럭 15대를 공격해 일부는 사살하고 일부는 포로로 잡았다. 루브니 부근에 있는 프랑크의 관측소에서는 주변 지형을 훤히 내다볼 수 있었고, 소련군 보급대가 서쪽에서 동쪽으로 행군하는 모습도 볼 수 있었다. 소련군 보급대는 아군의 포격으로 행군을 멈췄다. 나는 3소총연대 2대대에서 모델 장군을 만나 그의 계획을 들었다. 이어서 3기갑사단의 여러 부대와 만났고, 6기갑연대 지휘관인 문첼 중령을 만나 상황을 보고받았다. 문첼은 그날 자신의 연대 전체에서 4호 전차 1대, 3호 전차 3대, 2호 전차 6대 등 총 10대의 전차만 동원했다. 그 숫자는 문첼의 부대에 휴식과 정비가 얼마나 시급한지를 보여주는 충격적인 숫자였다. 또한 용감한 병사들이 자신들에게 주어진 목표를 달성하기 위해서 사력을 다했다는 것을 보여주는 증거이기도 했다.

나는 리벤슈타인에게 무전을 연결해 24기갑군단에 다음의 지시를 내리라고 했다. SS 다스 라이히 사단은 남쪽으로 쿠스토브지와 페레볼로치노에 사이에 있는 우다이 강 구역까지 보내고, 4기갑사단은 스레브노예-베레숍카로 이동시키라고 했다. 10차량화보병사단은 롬니 서쪽 글린스크로 진격하게 했다. 그런 다음 나는 롬니 남쪽에서 슈토르히 정찰기를 타고 기갑집단 사령부로 돌아갔다.

17기갑사단은 이날 푸티블 방향으로 이동했다. 저녁에는 코노토프에서 리벤슈타인을 만났다. 그는 그사이 비행기로 집단군에 가서 모스크바 방향 진격에서 내가 맡게 될 새로운 임무를 전달받고 돌아와 있었다. 그 새로운 작전은 '티모셴코 집단군에서 전투력이 강한 마지막 병력을 섬멸'하기 위함이었고, 독일 육군의 4분의 3이 그 목적에 투입될 거라고 했다. 리벤슈타인은 다시 18기갑사단을 복귀시켜 달라고 요청했지만, 폰 보크 원수는 그 요청을 거부했다. 자신이 할더 상급대장에게 남쪽에서의 일과 새로운 작전 준비 중에서 무엇이 더 중요하냐고 물었을 때 할더 상급대장이 새로운 작전 준비라고 대답했기 때문이라고 했다.

9월 16일, 전방 전투지휘소를 롬니로 옮겼다. 소련군 포위 작전은 진척을 이루었다. 나는 클라이스트 기갑집단과 선을 연결했고, SS 다스 라이히 사단은 프릴루키를 점령했다. 2군은 새로운 작전을 위해 전선에서 철수했다. 롬니는 1708년 12월 폴타바 전투가 벌어지기 전 스웨덴 왕 카를 12세의 사령부가 며칠 동안 있던 곳이었다.

9월 17일 나는 스레브노예에 있는 4기갑사단을 방문했다. 4기갑사단과 그 우측에 투입된 SS 다스 라이히 사단 사이에는 아직 선이 확실하게 연결되지 않았다. 그래서 SS 다스 라이히 사단으로 가보기로 했다. 길은 무인 지대로 이어져 있었다. 길 양쪽 숲에는 소련군이 야영한 흔적이 곳곳에 선명하게 남아 있었다. 나는 페레볼로치노예 바로 앞에서 우리 일행 쪽을 겨냥하고 있는 위협적인 포신 2개를 발견했다. 우리는 매우 긴장된 몇 분이 흐른 뒤에야 그 포를 운용하던 포반은 달아나고 가까운 건초더미 뒤에 포차만 남겨졌다는 사실을 확인할 수 있었다. 마을 중앙에 이르러서는 우다이 강 도하 지점을 쟁취하기 위해 싸우고 있는 SS 다스 라이히 사단의 오토바이소총대와 만났다. 거기서 다시 우다이 강가에 위치한 쿠스토브지로 계속 갔는데, SS 다스 라이히 사단의 다른 병력은 그곳에서 싸우고 있었다. 비트리히 대령이 전투 경과를 보고했다. 그런 다음 이바니차-야로셉카로 이어지는 무인 지대를 지나 롬니까지 100킬로미터에 이르는 귀로에 올랐다. 도로 상태가 너무 엉망이라서 아침 무렵에야 겨우 내 전투지휘소에 도착했다.

9월 17일 나는 클라이스트 기갑집단과 3기갑사단을 25차량화보병사단으로 교대하기로 약속했다. 용맹스런 3기갑사단에 드디어 차량을 점검하고 수리할 시간을 주기 위해서였다.

이날 내 동쪽 측방에서 공세를 취하려는 소련군의 노력이 가시화되었다. 그래서 10차량화보병사단과 그로스도이칠란트 보병연대는 코노토프 지역에서 치열하게 전투를 벌여야 했다. 노브고로드 세베르스키 부근에 있는 아군의 데스나 강 교두보 앞에서도 소련군의 공세가 강화되었다. 동쪽에서 키예프 방향으로 이어지는 소련군 철도는 아군의 폭격으로 여러 차례 끊어졌지만, 소련군은 굉장히 민첩하게 그 철도를 복구했다. 그래서 지나치게 늘어진 측방에 머지않아 소련군의 새 병력이 등장할 것으로 예측되었다.

북부집단군 지역에서는 예전에 자르스코예 셀로로 불렸던 데츠코예 셀로를 점령한 뒤 레닌그라드 공격이 중단되었다. 그래서 레닌그라드에 투입되었던 기갑사단들의 주력은 중부집단군에서 활용할 목적으로 남쪽으로 이동하기 시작했다(4기갑집단 참모부, 41, 56, 57군단 사령부, 3차량화보병사단, 6, 20, 1기갑사단).

지도 19

롬니-푸티블에서의 위기

1941년 9월 18일 상황

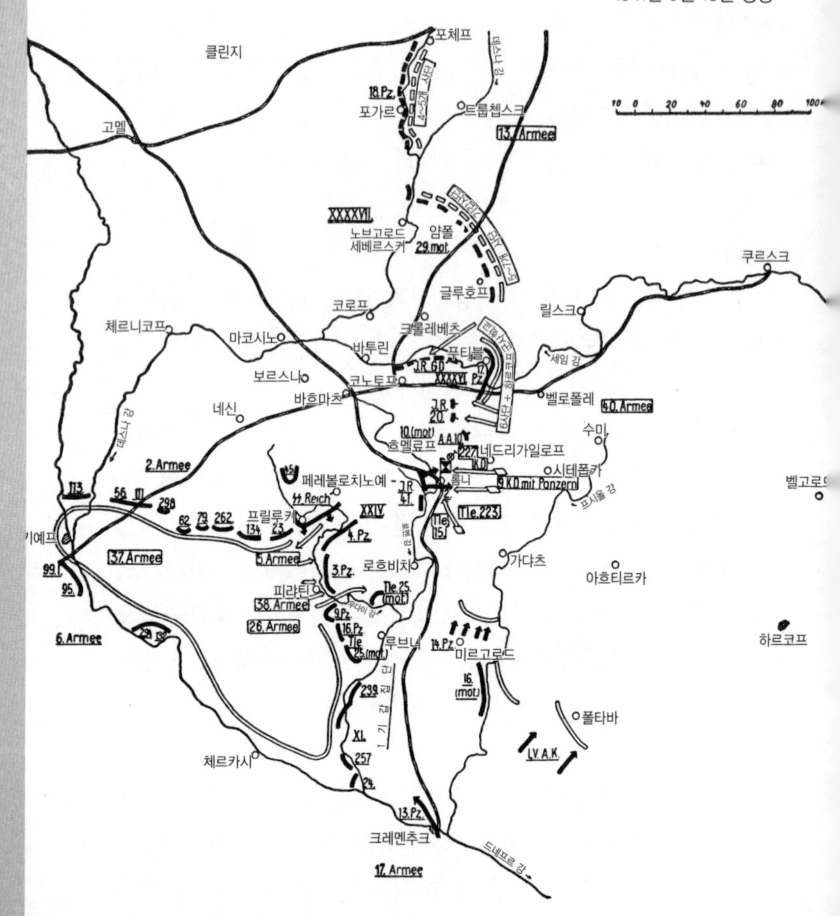

9월 18일 롬니 부근에서 위기가 닥쳤다. 이른 아침부터 동쪽 측방에서 들려오던 전투 소리는 오전이 지나면서 점점 더 커졌다. 새로 투입된 소련군 병력(소련군 9기병사단과 전차를 거느린 또 다른 사단)이 3개 행렬을 이루어 동쪽에서 롬니로 진격해 도시 외곽 800미터 부근까지 접근해왔다. 나는 롬니 외곽에 있는 교도소의 높은 감시탑들 중 한 곳에서 소련군의 공격을 뚜렷하게 관찰할 수 있었다. 24기갑군단이 접근해오는 소련군을 막기로 했다. 가용 병력은 10차량화보병사단의 2개 대대와 몇몇 대공포대였다. 아군 항공 정찰대는 우세한 적을 상대로 어려운 상황에 있었다. 직접 비행에 나섰던 폰 바르제비슈 중령은 소련군 전투기들의 공격을 간신히 모면했다. 롬니에 상당한 규모의 공습이 가해졌지만 내 부대원들은 도시와 내 전방 전투지휘소를 끝내 지켜냈다. 그러나 소련군은 하르코프-수미 구간으로 병력을 수송해 수미와 슈랍카에서 하차시키는 일을 계속 이어갔다. 24기갑군단으로 소련군을 막기 위해서 SS 다스 라이히 사단과 4기갑사단의 일부 병력을 포위 전선에서 철수시켜 코노토프와 푸티블로 이동시켰다. 롬니의 위험한 상황을 고려해 나는 9월 19일 기갑집단 전투지휘소를 코노토프로 다시 옮겼다. 프라이헤어 폰 가이르 장군은 다음과 같은 무전을 보내 우리가 전투지휘소 이동 결정을 쉽게 내릴 수 있게 도와주려 애썼다. “기갑집단이 전투지휘소를 롬니에서 철수시킨다고 해도 병사들은 그 결정을 비겁하다고 여기지 않습니다.” 그밖에도 코노토프에 있으면 오렐-브랸스크 방향으로 진격하는 새 작전을 위해서도 더 유리했다. 24기갑군단은 동쪽에서 새로 접근하고 있는 소련군에 대한 공격을 잠시 미루기를 원했다. 병력을 집결해 단번에 공격에 나서기 위해서였다. 안타깝지만 나는 충분히 이해할 수 있는 그 요청을 받아들일 수가 없었다. SS 다스 라이히 사단과 합동 작전을 펼칠 수 있

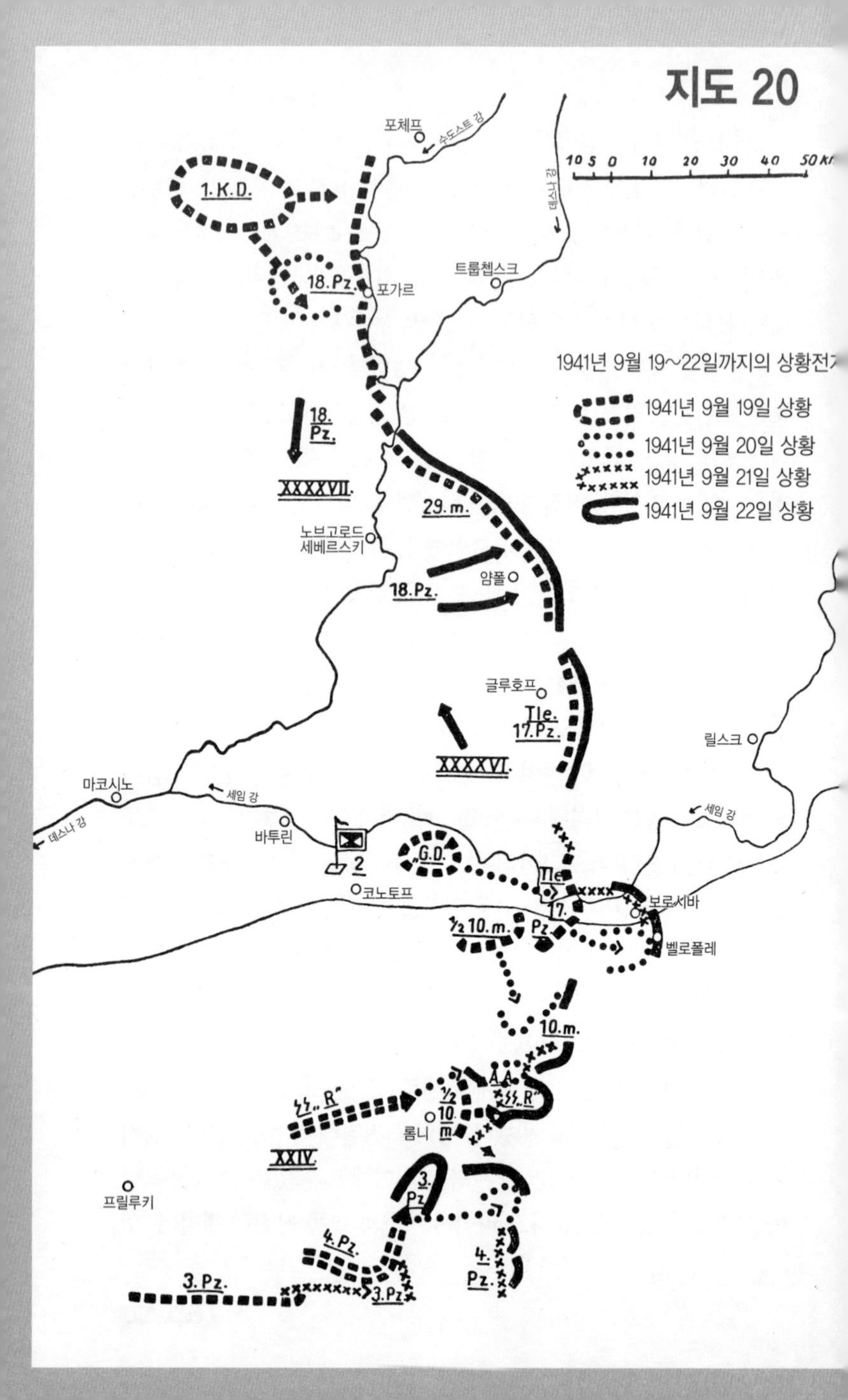

지도 20
포체프
수도스트 강
데스나 강
10 5 0 10 20 30 40 50
1. K.D.
18. Pz.
포가르
트룹첸스크
1941년 9월 19~22일까지의 상황전개
1941년 9월 19일 상황
1941년 9월 20일 상황
1941년 9월 21일 상황
1941년 9월 22일 상황
18. Pz.
XXXXVII.
29. m.
노브고로드
세베르스키
18. Pz.
얌폴
글루호프
Tle.
17. Pz.
릴스크
XXXXVI.
마코시노
세임 강
데스나 강
바투린
2
G.D.
세임 강
Tle.
17.
코노토프
보로시바
1/2 10. m.
Pz.
벨로폴레
10. m.
A.A.
SS. „R"
SS. „R"
1/2
10.
m
롬니
XXIV.
3.
Pz.
프릴루키
4. Pz.
4.
Pz.
3. Pz.
3. Pz.

는 기간이 겨우 며칠뿐이었기 때문이다. SS 다스 라이히 사단은 곧 46기갑군단 휘하에서 그로스도이칠란트 보병연대와 함께 4기갑집단이 있는 로슬라블 지역으로 이동해야 했다. 그 밖에도 세레디나 부다 부근에서 하차한 소련군의 새 병력과 수미를 지나 북쪽으로 향하는 또 다른 병력 수송을 고려할 때 나는 한시라도 서둘러야 했다.

이날 키예프가 아군 수중에 들어왔다. 1기갑집단의 48기갑군단은 고로디슈체와 벨룹소카를 점령했다.

9월 20일 동쪽에 있는 적을 상대로 별다른 성공을 거두지 못했다. 그러나 소련의 5군 사령부와 대치한 3기갑사단의 포위망과 소련군의 일부가 돌파한 것으로 보이는 훨씬 남쪽의 25차량화보병사단 구역에서는 전투가 계속되었다.

9월 13일부터 지금까지 내 기갑집단은 포로 3만 명을 잡았다.

9월 20일 나는 46기갑군단을 찾아갔다. 폰 비팅호프 장군은 지난 며칠 동안 군단이 글루호프에서 남쪽으로 밀고 나가는 동안 겪어야 했던 여러 어려움을 토로했다. 소련군 측에서는 특히 하르코프 군사학교 생도들이 교관들의 지휘 아래 용감하게 싸웠다고 했다. 곳곳에 매설된 지뢰가 있는데다가 날씨까지 나빠서 진군은 더 늦어졌다. 푸티블, 실롭카, 벨로폴레에서는 아직도 치열한 전투가 벌어지고 있었다. 나는 실롭카 동쪽에서 회른라인 대령의 지휘 아래 용감하게 싸우고 있는 그로스도이칠란트 보병연대를 찾아갔다. 벨로폴레가 독일의 수중에 들어왔다.

9월 21일 글루호프 부근에서 소련군의 압박이 거세졌다. 도시 북쪽에 소련군이 집결해 있다는 보고가 들어왔다. 네드리가일로프 방향으로 아군의 공격이 시작되었다.

키예프 전투가 시작된 이후 1기갑집단은 4만 3천 명, 6군은 6만 3천

지도 21

1941년 9월 23일 상황

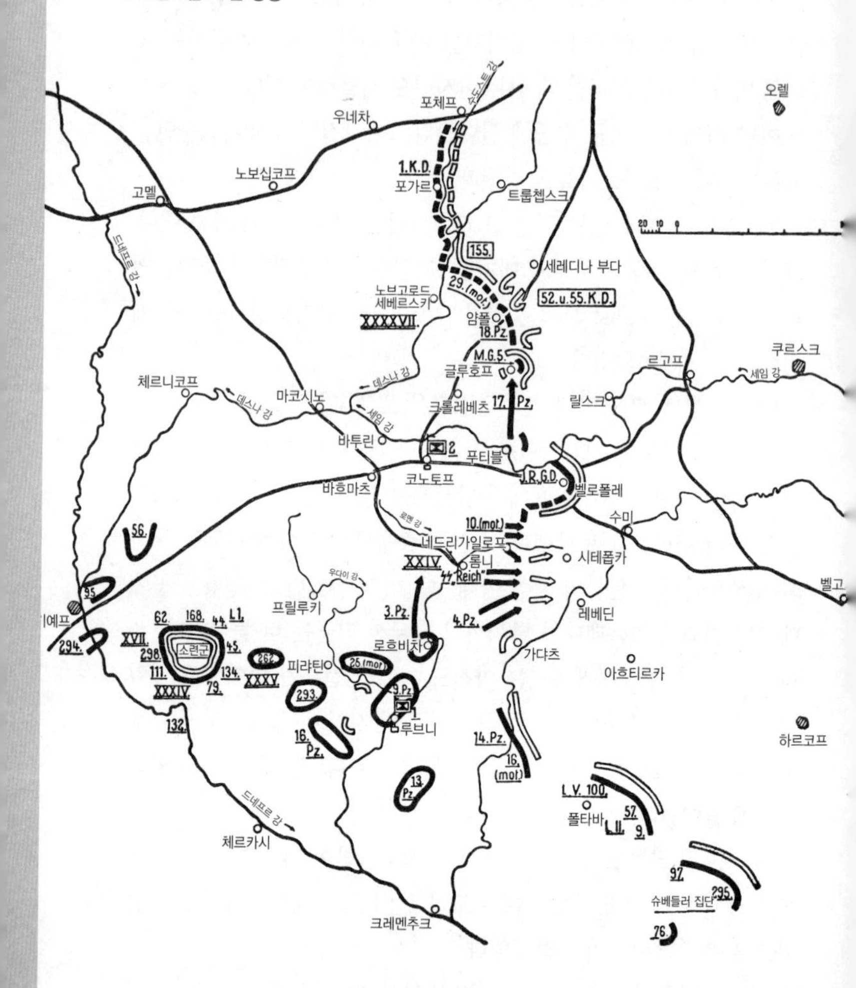

명의 포로를 잡았다.

9월 22일 나는 소련군의 위협이 강한 지역의 안전 대책을 점검하기 위해서 푸티블을 지나 릴스크 방향 전선으로 향했다. 뱌센카에서 폰 아르님 장군이 다시 이끄는 17기갑사단 참모부를 만났다. 폰 아르님은 스토웁체에서 당한 부상에서 회복하고 돌아와 며칠 전 리터 폰 토마 장군과 교대했다. 소련군은 동쪽과 북동쪽에서 글루호프와 홀롭코보를 공격해 방어하는 아군을 부분적으로 포위했다. 17기갑사단의 전선 앞에도 새로 도착한 소련군 2개 사단이 포진한 사실이 확인되었다. 나는 46기갑군단 전투지휘소로 돌아가는 길에 소련군의 집중 사격을 받았지만 다행히 피해는 전혀 없었다. 나는 새로 임무를 맡아 4기갑집단의 전선으로 떠나는 폰 비팅호프 장군에게 진심어린 감사의 말로 작별을 고했다. 그런 다음 17기갑사단을 내 기갑집단 휘하에 두었고, 그로스도이칠란트 보병연대는 17기갑사단에 배속시켰다. 나는 17기갑사단에 글루호프에 있는 소련군을 섬멸하라고 지시했고, 17기갑사단은 그 명령을 이행했다.

키예프 주변에서 잡은 포로는 총 29만 명으로 불어났다.

9월 23일부터 새로운 작전을 위한 재편성이 시작되었다. 2기갑집단의 중점은 글루호프 지역과 그 북쪽이었다.

4기갑사단과 SS 다스 라이히 사단의 공격으로 카믈리차에 있던 소련군은 동쪽으로 밀려났다. 그러나 브랸스크-르고프 구간의 빈번한 이동 상황은 소련의 또 다른 증원군이 접근하고 있음을 암시했다.

9월 24일 새로운 공세를 앞두고 최종 회의에 참석하기 위해 비행기로 스몰렌스크에 있는 중부집단군 참모부로 날아갔다. 그 자리에는 육군 최고사령관과 참모총장도 있었다. 회의에서는 집단군의 주요 공세는 10월 2일에 시작하고, 가장 바깥쪽 우익에 있는 내 2기갑집단은 9월 30일에 공격을 개시하기로 결정했다. 그 시간 간격은 나의 요청으로 이루어졌다. 앞으로 2기갑집단이 나아갈 공격 지역에는 단단하게 포장된 도로가 없었기 때문에 날씨가 좋은 짧은 기간을 최대한 이용하기 위해서였다. 그래야 진창길로 바뀌는 시기가 되기 전에 최소한 오렐 부근의 포장된 도로에 당도한 다음, 오렐에서 브랸스크로 길을 연결하여 보급 상황의 안전을 보장할 수 있었다. 그밖에도 중부집단군의 다른 군들이 공격을 개시하기 이틀 전에 전투기를 투입할 수 있어야 공군의 강력한 지원을 받을 수 있으리라는 계산도 깔려 있었다.

그때까지 남아 있는 며칠 동안은 키예프 부근 포위전을 완료하고, 다음 작전을 위해 내 군단을 집결시켜야 했다. 또한 지난 수개월 동안의 힘든 행군과 전투로 지친 병사들을 쉬게 하고 장비를 점검할 수 있도록 해야 했다. 용맹스런 내 부대에 할애할 수 있는 시간은 겨우 사나흘뿐이었지만, 그 짧은 휴식 시간마저도 모든 부대가 누리지는 못했다.

며칠 동안 소련군은 새로 충원된 병력으로 글루호프 동쪽과 노브고로드 세베르스키 교두보를 거세게 공격했다. 9월 25일에는 벨로폴레와 글루호프, 얌폴을 공격해 왔지만 아군에 의해 격퇴되었다. 그 과정에서 내 기갑집단은 수많은 포로를 잡았다.

이날 북부집단군은 남아 있는 병력으로는 레닌그라드 공격을 계속 이어갈 수 없다고 육군 최고사령부에 보고했다.

9월 26일까지 키예프 포위 전투는 성공적으로 마무리되었다. 소련군이 항복했고, 66만 5천 명이 포로로 잡혔다. 소련의 남서전선 최고사령관과 그의 참모장은 마지막 몇 번의 전투에서 돌파를 시도하다 전사했고, 5군 최고사령관은 아군의 포로가 되었다. 나는 포로가 된 5

군 사령관에게 몇 가지 질문을 던지며 흥미로운 대화를 나누었다.

나는 먼저 이렇게 물었다. "내 기갑부대가 당신의 후방으로 진군한 사실을 언제 알았소?" 그러자 5군 사령관은 "9월 8일 경"이라고 대답했다. 나는 두 번째 질문을 던졌다. "왜 그때 키예프를 철수하지 않았소?" 그러자 5군 사령관은 이렇게 대답했다. "우리는 전선군으로부터 그 지역을 비우고 동쪽으로 철수하라는 명령을 받았고, 이미 철수하고 있던 중이었소. 그런데 그 반대 명령이 다시 하달돼 우리는 다시 전선에 나서 어떤 상황에서도 키예프를 지켜야 했소."

그 반대 명령의 수행은 소련의 키예프 전선군을 전멸시키는 결과를 초래했다. 당시 나는 그런 개입에 무척 놀라워했었다. 소련군은 그런 형태의 개입을 다시는 반복하지 않았다. 그러나 불행하게도 독일 자신이 그와 비슷한 개입으로 매우 불쾌한 일들을 겪어야 했다.

키예프 전투는 의심할 바 없이 위대한 전술적 성공을 의미했다. 그러나 그런 전술적인 성공이 전략적으로도 커다란 효과를 발휘할 수 있을지는 아직 의문이었다. 모든 것은 우리 독일군이 겨울이 시작되기 전, 땅이 질퍽거리는 시기가 오기 전에 결정적인 성과를 얻을 수 있는가에 달려 있었다. 레닌그라드를 좁혀가며 포위하기로 계획한 공격은 이미 포기할 수밖에 없었다. 그러나 육군 최고사령부는 내심 소련군이 남부집단군 앞에서 완강하게 저항할 수 있는 견고한 방어 전선을 더는 구축하지 못하기를 기대했다. 또한 겨울이 오기 전에 남부집단군으로 도네츠 분지를 점령하고 돈 강에 도달하길 바랐다.

그러나 결정적인 목표는 병력이 강화된 중부집단군을 통해 모스크바를 공격하는 것이었다. 그렇게 할 시간은 과연 있을까?

오렐-브랸스크 전투

모스크바 공격의 필연적인 전단계인 오렐-브랸스크 공격을 위해 2기갑집단은 다음과 같이 재편성되었다.

먼저 46기갑군단은 SS 다스 라이히 사단과 그로스도이칠란트 보병연대와 함께 로슬라블 방향의 4기갑집단에 내주었다. 1기병사단은 다시 2기갑집단의 지휘 아래 들어왔다. 그밖에 2기갑집단에 배치된 부대는 다음과 같다.

• 켐프 기갑 대장이 지휘하는 9기갑사단과 16, 25차량화보병사단을 거느린 48기갑군단

• 메츠 장군이 지휘하는 45, 134보병사단을 거느린 34군단 사령부

• 켐페 장군이 지휘하는 293, 262, 296, 95보병사단을 거느린 35군단 사령부

나는 글루호프를 지나 오렐을 공격하는데 중점을 두어 거기에 24기갑군단을 투입하기로 결정했다. 24기갑군단의 우측에는 48기갑군단을 배치해 푸티블을 지나게 했고, 좌측에는 쇼스트카에서부터 47기갑군단을 배치했다. 34군단 사령부는 우측방을 방어하고 35군단 사령부와 1기병사단은 좌측방을 지키면서 사다리꼴 대형으로 기갑군단들의 뒤를 따르도록 했다.

48기갑군단에는 집결지인 푸티블까지 오는 길에 수미와 네드리가일로프를 지나면서 그 지역에 있는 소련군을 공격하도록 했다. 그 공격을 통해서 주공 부대가 공격에 나서기 전에 우측방의 안전을 확보하려는 생각이었다. 그러나 나의 이런 대담한 생각은 키예프 전장 밖에 있던 소련군의 저항력을 과소평가한 것이었다. 나중에 기술하겠지만 48기갑군단은 대적한 소련군을 격파하지 못하고 전투를 중단한

채 그로스도이칠란트 보병연대의 전선 후방을 따라 집결지에 도달해야 했다. 그 전투 중단으로 25차량화보병사단이 어려움에 빠지면서 여러 대의 차량을 잃었다. 나는 리벤슈타인의 조언에 따라 처음부터 전선 후방으로 행군하라고 명령했어야 했다. 다만 그렇게 하기 위해서는 34군단 사령부의 보병부대가 더 빨리 도착했어야 했다. 그러나 보병부대의 도착은 최소한 5일 안에나 가능한 일이었다.

나는 드디어 내 기갑사단들의 전력을 보충할 전차 100대를 새로 받기로 했다. 그런데 그 중 50대는 오르샤로 잘못 가는 바람에 너무 늦게 당도했다. 연료도 필요한 만큼 충분한 양이 아니었다.

전체 작전에 투입되는 병력은 로슬라블 지역에 가장 대규모로 집결해 있었다. 공격이 시작될 무렵 로슬라블 전선 후방에는 1기갑사단과 SS 다스 라이히 사단, 3차량화보병사단, 그로스도이칠란트 보병연대가 포진해 있었다. 그전까지 예비대로 남겨졌던 2, 5기갑사단도 로슬라블 전선 후방에 위치해 있었다. 이처럼 공격 정면에 기갑 병력을 집중 배치하는 것이 올바른 결정이었는지는 의문스러웠다. 나는 46기갑군단을 2기갑집단에 남겨두는 쪽이 더 나아 보였다. 또한 예비대로 충분한 휴식을 취했던 2개 기갑사단도 정면 공격보다는 측방 돌격에 투입하는 편이 더 좋았을 거라고 생각했다.

9월 27일 48기갑군단의 상태를 직접 확인하려고 그 군단을 찾아갔다. 롬니에 있는 군단사령부에서 잠시 대화를 나눈 다음, 후비츠키 장군이 지휘하는 9기갑사단이 있는 크라스나야(네드리가일로프 남동쪽 10km)로 갔다가 거기서 네드리가일로프를 지나 돌아왔다.

9월 28일과 29일 곧바로 푸티블로 진격하려던 48기갑군단의 시도가 실패했다는 사실이 분명해졌다. 그래서 그때까지 48기갑군단이 있던 지역에서 시도하던 공격은 중단되었다. 다만 소련군이 아군의 실

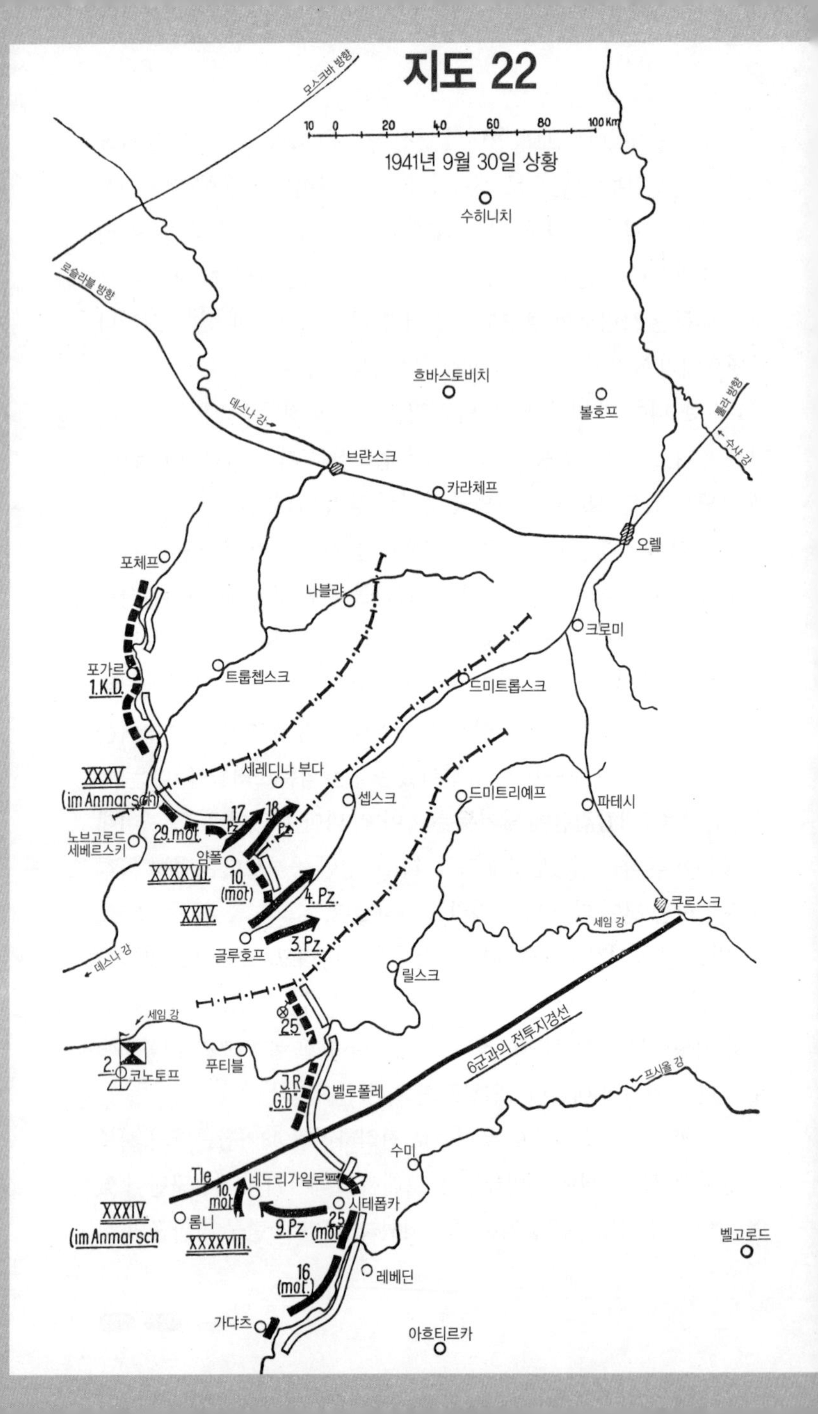
지도 22
10 0 20 40 60 80 100 Km
1941년 9월 30일 상황
모스크바 방향
로슬라블 방향
수히니치
호바스토비치
볼호프
툴라 방향
수사 강
데스나 강
브랸스크
카라체프
오렐
포체프
나블랴
크로미
포가르
1.K.D.
트룹첩스크
드미트롭스크
XXXV
(im Anmarsch)
세레디나 부다
셉스크
드미트리예프
파테시
29.mot.
17. Pz.
18. Pz.
노브고로드 세베르스키
얌폴
XXXXVII.
10. (mot)
4. Pz.
XXIV.
3. Pz.
글루호프
쿠르스크
세임 강
데스나 강
릴스크
세임 강
25
2.
코노토프
푸티블
6군과의 전투지경선
J.R. G.D.
벨로폴레
프시올 강
수미
Tle
네드리가일로프
10. mot
시테폽카
XXXIV.
(im Anmarsch
롬니
9. Pz.
25 (mot)
XXXXVIII.
벨고로드
16 (mot.)
레베딘
가댜츠
아흐티르카

제 공격 방향을 알지 못했기 때문에 시테폽카에서의 공격은 적어도 소련군을 속이는 데는 성공한 듯했다. 48기갑군단은 아직 기존의 위치에 있던 그로스도이칠란트 보병연대의 안전한 방어망 뒤에서 북쪽으로 이동했다.

9월 30일 공격이 시작되었다. 48기갑군단은 9기갑사단을 선봉으로 해서 가댜츠-시테폽카 지역에서 네드리가일로프를 지나 푸티블 방향으로 진격했다. 25, 16차량화보병사단은 34군단 사령부의 보병으로 교대된 후 그 뒤를 따랐다.

24기갑군단은 3, 4기갑사단을 선두로, 10차량화보병사단은 그 뒤를 따르며 글루호프에서 셉스크-오렐을 잇는 도로를 따라 남동쪽으로 나아갔다.

47기갑군단은 17, 18기갑사단을 이끌고 얌폴에서 우익과 함께 셉스크로 진격했고, 29차량화보병사단은 왼쪽 뒤에서 사다리꼴 대형으로 세레디나 부다로 뒤따르기로 했다.

두 군단 사령부의 측방 방호를 맡은 부대는 일부는 코스토보브르를 지나, 일부는 롬니를 지나 접근 중이었다. 1기병사단은 포가르 양측 수도스트 강 구역의 서쪽 강변에 포진했다. 내 공격은 소련군에게 불의의 일격을 가했다. 특히 24기갑군단이 히넬 고지까지 순조롭게 전진했고, 47기갑군단은 슈랍카를 점령하고 북동쪽으로 계속 밀고 나갔다.

9월 30일 새벽 나는 새로운 전투지휘소가 설치된 글루호프로 향했다. 거기서 켐프 장군에게 24기갑군단의 동쪽 측방을 지키기 위해 푸티블 주변 지역에 곧 병력을 배치하라고 지시했다. 켐프는 시테폽카 부근 전투에서 소련군이 119보병연대의 2개 대대를 기습해 대대의 차량이 노획 당했다고 알려 왔다. 소련군 중(重)전차 부대의 공격이었다고 했다. 불쾌한 손실이었다. 9기갑사단의 일부 병력은 그 상황을 복구하기 위해서 다시 한 번 방향을 돌려야 했다. 프라이헤어 폰 가이르 장군은 날씨가 좋지 않아서 급강하폭격기가 이륙할 수 없다는 소식을 전했다. 그러면서 자신이 상대하고 있는 병력은 소련군의 후위뿐인 듯하다고 알렸다. 반면에 레멜젠 장군은 소련군이 완전히 기습을 당했다고 보고했다.

집단군에는 그로스도이칠란트 보병연대의 철수가 지연되고 있다는 사실을 알렸다. 켐프 군단이 강력한 소련군의 공격을 받아 34군단 사령부의 선두 부대가 10월 1일 저녁에나 그로스도이칠란트 보병연대를 교대할 수 있었기 때문이다. 보병사단의 주력이 도착하기까지는 아직 4일은 더 걸릴 것으로 보였다.

글루호프 주민들이 자신들의 예배당을 다시 이용할 수 있게 해달라고 요청했다. 나는 기꺼이 그렇게 하라고 했다.

10월 1일 24기갑군단이 셉스크를 점령했다. 그로써 소련군의 전선이 돌파되었다. 연료가 남아 있는 한 진격은 힘차게 이어졌다. 나는 글루호프에서 에스만을 지나 4기갑사단이 있는 셉스크로 향했다. 행군로를 따라서 소련군의 각종 차량이 부서진 채 놓여 있었다. 그 부서진 차량들은 소련군이 내게 완전히 기습을 당했다는 증거였다. 나는 행군로 근처에 있는 한 풍차 언덕에서 프라이헤어 폰 가이르 장군과 프라이헤어 폰 랑거만 장군을 만났다. 4기갑사단의 주력 대부분은 이미 셉스크에 당도해 있었다. 셉스크의 지형은 치열한 전투의 흔적을 보여주었다. 곳곳에 죽거나 부상당한 소련군이 보였고, 도로에서 풍차 언덕까지 짧은 거리를 가는 동안 나와 내 일행은 높게 자란 풀숲에 숨어 있던 부상당하지 않은 소련군 14명을 포로로 잡았다. 포로들 중에는 아직 셉스크로 전화를 연결해 통화하고 있던 장교도 한 명 있었다. 이미 아군 수중에 들어온 셉스크 북쪽 4킬로미터 지점에서 나는 4기갑사단의 용맹스런 기갑여단장인 에버바흐 대령을 만났다. 에버바흐에게 드미트롭스크까지 계속 진격할 수 있냐고 묻자 그는 할 수 있다고 대답했다. 그전에 장군들이 잘못 알고 연료가 부족해 진군을 중단해야 한다고 보고했지만, 나는 계속 진군하라고 명령했다. 에버바흐와 이야기를 하는 동안 소련군은 내 부대가 진군하는 도로와 셉스크에 여러 차례 폭격을 가했다. 나는 승리를 거둔 기갑부대의 최선봉대까지 가서 폰 융겐펠트 소령의 지휘를 받는 병사들에게 그들의 용맹스런 행위를 치하했다. 돌아오는 길에 군단장에게 진격을 계속하라는 명령을 알렸다. 이날 24기갑군단의 선봉대가 진군한 거리는 무려 135킬로미터였다.

내 우측에 있는 6군의 선견대는 가댜츠 부근에 도착했고, 또 다른 병력은 나와 17군 사이의 간격을 메우려고 미르고로드로 진격 중이었다.

10월 2일 나는 맹렬한 공격을 이어갔다. 그로써 완전한 돌파를 이루었고, 소련의 13군을 북동쪽으로 격퇴했다. 나는 10차량화보병사단과 그 사단에 속한 트라우트 대령 휘하의 41보병연대를 찾아갔다. 공격을 시작한 며칠 동안 내 기갑집단의 손실은 다행히 미미했다. 그러나 이 출정을 시작한 이후의 모든 손실을 생각한다면, 심각한 수치였다. 각 부대는 어느 정도 충원을 받았다. 그러나 충원된 부대원들이 비록 열심히 싸운다고는 해도 이전 병사들의 전투 경험과 강인함을 대신하지는 못했다.

4기갑사단이 크로미를 쟁취하면서 오렐로 향하는 포장된 도로에 이르렀다.

중부집단군은 이날 아침부터 좋은 날씨 덕에 전 지역에서 성공적으로 공격에 임했다. 내 좌측에 있는 2군은 소련군의 끈질긴 저항에도 불구하고 수도스트-데스나 강 진지를 돌파했다.

10월 3일 4기갑사단이 오렐에 당도했다. 그로써 내 부대는 포장된 도로에 이르렀고, 앞으로 아군의 작전을 위한 토대가 되어야 할 중요한 철도와 도로 교차점을 점령했다. 독일 기갑부대가 진입할 때까지도 전동차가 그대로 운행되고 있을 정도로 이번 도시 점령은 소련군에 대해 완벽한 기습이었던 것으로 드러났다. 그래서 소련군이 치밀하게 준비했던 산업 설비 철수도 미처 완료되지 못한 상태였다. 공장에서 역에 이르는 거리 주변에는 곳곳에 기계들을 비롯해 각종 공구와 원자재를 담은 상자들이 놓여 있었다.

47기갑군단은 브랸스크로 진군하라는 명령을 받았다.

내 우측에 포진한 6군은 우익으로는 하르코프로, 좌익으로는 수미와 벨고로드를 지나는 방향으로 투입되었다. 6군의 투입은 내 우측방의 안전에 매우 중요했다. 4기갑집단은 소련군을 돌파해 뱌즈마 서쪽에 위치한 소련군을 포위하기 위해서 모살스크-스파스 데멘스코예로 진격했다. 3기갑집단은 홀름 부근에서 드네프르 상류를 지나는 교두보를 확보했다.

10월 4일 24기갑군단의 선두 병력이 툴라로 향하는 도로변에 위치한 모인을 점령했다. 3, 18기갑사단은 카라체프로 진격하는 중이었고, 17기갑사단은 네루사 강을 건너는 교두보를 구축해 북쪽으로 계속 진군하는 길을 열었다.

내 좌측에 포진한 병력은 볼바 강을 건너 수히니치-옐냐 철도 노선에 이르렀다. 3기갑집단은 벨로이를 점령했다. 집단군의 후방 지역에서 처음으로 빨치산 활동이 눈에 띄기 시작했다.

나는 다음 날 47기갑군단을 찾아갈 생각이었다. 그래서 내 지휘 차

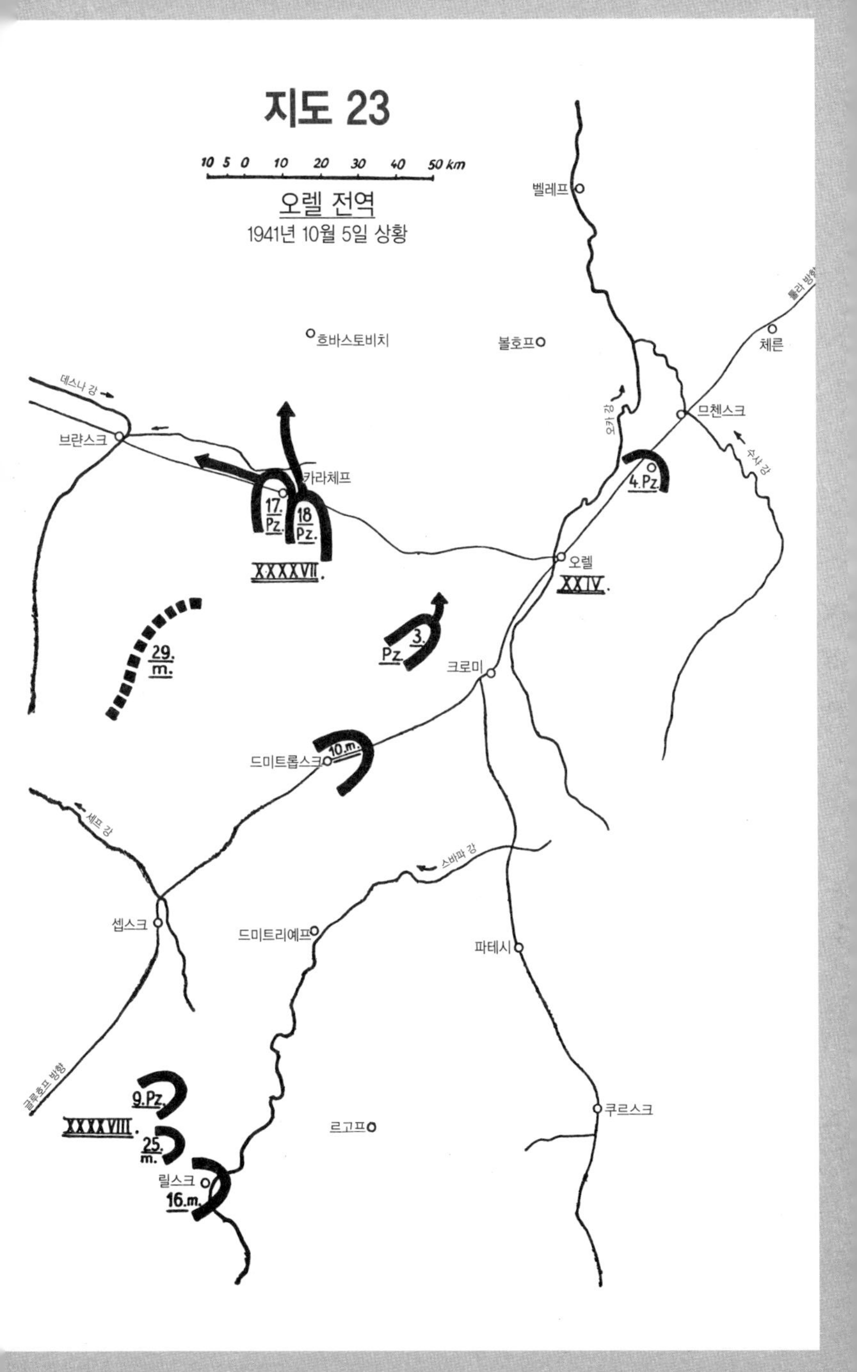
지도 23
10 5 0 10 20 30 40 50 km
오렐 전역
1941년 10월 5일 상황
벨레프
흐바스토비치
볼호프
체른
데스나 강
브랸스크
오카 강
므첸스크
수사 강
카라체프
17. Pz.
18 Pz.
4. Pz.
XXXXVII.
오렐
XXIV.
29. m.
Pz. 3.
크로미
10. m.
드미트롭스크
세프 강
스바파 강
셉스크
드미트리예프
파테시
글루호프 방향
9. Pz.
XXXXVIII.
25. m.
릴스크
16. m.
르고프
쿠르스크

량대를 먼저 드미트롭스크로 보내 그곳 슈토르히 이착륙장에서 나를 기다리라고 지시했다. 나는 그런 식으로 상태가 열악한 도로를 장시간 운행하는 일을 피했고, 10월 5일 10시 30분 레멜젠 장군의 전투지휘소에 도착했다. 18기갑사단은 오렐-브랸스크 도로를 지나는 북쪽으로 투입되었고, 17기갑사단에는 브랸스크를 기습 점령하라는 지시를 내렸다. 그런 다음 레멜젠 장군의 로바노보 전투지휘소에서 슈토르히 정찰기를 타고 24기갑군단의 전투지휘소가 있는 드미트롭스크로 날아갔다. 프라이헤어 폰 가이르 장군이 연료 보급 상태가 좋지 않다는 고충을 토로했다. 앞으로의 이동 과정은 연료 보급을 어떻게 조절하느냐에 결정적으로 달려 있었다. 안타깝지만 아군이 노획한 연료는 얼마 없었다. 그러나 오렐 비행장이 아군의 수중에 들어왔기 때문에 2항공군 지휘관에게 500㎥[48] 분량의 연료를 공수해달라고 긴급 요청했다. 그밖에도 이날은 소련 공군의 활발한 활동을 뚜렷이 관찰할 수 있었다. 내가 아군 예거 전투기 20대가 막 착륙한 셉스크 비행장에 뒤이어 착륙한 직후 소련군의 폭격이 시작되었고, 잠시 뒤에는 전투지휘소에도 폭격이 이어져 내 주변에서 유리창 파편이 사방으로 튀었다. 그 후 나는 3기갑사단의 행군로로 향했다. 나는 거기서도 3~6대로 이루어진 소련군 편대의 폭격을 받았지만, 상당히 높은 곳에서 가해진 폭격이라 별다른 효과는 없었다. 항공군이 10월 6일에는 전투기 지원을 강화하겠다고 약속해서 상황이 나아질 것으로 기대할 수 있었다.

이날 2기갑집단은 2기갑군으로 명칭이 바뀌었다.

25차량화보병사단은 셉스크로 이동해 내 기갑군의 지휘를 받으라

48 약 50만ℓ (편집부)

는 명령을 받았다. 48기갑군단이 릴스크를 점령하고, 24기갑군단은 수샤 강을 건너 오렐 북쪽으로 교두보를 확장했으며, 47기갑군단은 카라체프를 점령했다.

내 우측 병력은 10월 6일 프시올 강변에 내 기갑군이 확보한 안전선에 도달하기를 원했다. 내 좌측에서는 43, 13군단이 수히니치로 진격했다. 유흐노프가 독일 수중에 들어왔다.

10월 6일, 전투지휘소가 셉스크로 이동했다. 4기갑사단은 므첸스크 남쪽에서 소련군 기갑부대의 공격을 받아 고통스런 시간을 겪었다. 소련군 T-34 전차의 우세가 처음으로 극명하게 드러났다. 4기갑사단의 피해는 상당했다. 툴라로 신속하게 진격한다는 계획은 잠시 중단되어야 했다.

그에 반해 17기갑사단이 브랸스크와 데스나 강을 지나는 그곳 교두보를 차지해 앞으로 데스나 강 서쪽으로 진군하는 2군과의 연결이 확실해졌다는 기쁜 소식도 있었다. 내 부대의 보급이 오렐-브랸스크 간 도로와 철도를 연결할 수 있는가에 결정적으로 좌우되었기 때문이다. 데스나 강과 수도스트 강 사이 지역에서 싸우던 적군이 포위되었다. 보르시체프 북쪽으로 나블랴 강을 지나는 교두보가 확보되었다.

노출된 측방이 아직까지는 잠잠하다는 점도 매우 다행스러웠다. 거기서는 켐프 군단이 천천히 늪지대를 지나 드미트리예프로 나아가고 있었고, 메츠 장군이 이끄는 34군단 사령부는 릴스크로 가는 중이었다.

남부집단군의 1기갑군은 아조프 해로 진군하라는 명령을 받았다. 나의 우측 군은 시테폽카로 진군할 계획이었다. 그로써 지금까지 거

소련의 전형적인 도시 풍경: 오카 강변 오렐

소련의 겨울은 이런 모습으로 시작된다: 드미트롭스크(1941년 10월 5일)

1941년 모스크바 앞 야간 전투

기에 묶여 있던 25차량화보병사단의 일부 병력이 풀려나 켐프 군단을 뒤따라 푸티블로 진군할 수 있게 되었다. 나의 좌측 군이 시스드라를 점령했고, 내 2기갑군과의 협력을 위해 브랸스크 방향으로 이동하라는 명령을 받았다.

10월 6일 밤에서 7일 새벽 사이 첫눈이 내렸다. 눈은 오래 쌓여 있지도 않았는데 도로를 순식간에 진창으로 만들어버렸다. 그 때문에 우리 차량들은 달팽이처럼 느린 속도로 엔진을 과열시키면서 지날 수밖에 없었다. 우리는 전에도 이미 요구한 적이 있었던 겨울 장비를 다시 요청했다. 그러나 제때에 공급할 테니 불필요한 독촉은 하지 말라는 답변만 들었다. 그 뒤에도 여러 차례 독촉했지만 해가 다 가도록 겨울 장비는 전선에 지급되지 않았다.

48기갑군단은 도보로 질퍽거리는 길을 지나 드미트리예프로 이동했다. 소련군의 브랸스크 반격은 실패로 돌아갔다. 29차량화보병사단은 레브나 강 하구에 도달했다.

우리 우측 군은 시테폽카로 접근 중이었고, 좌측 군은 서쪽의 53군단을 브랸스크로 이동하라고 지시했다. 그로써 47기갑군단의 상황이 나아지고, 로슬라블-브랸스크-오렐로 이어지는 보급로가 열리기를 기대했다. 2군은 훨씬 북쪽에 있는 수히니치와 메숍스크를 점령했다. 뱌즈마 부근에서는 4군과 9군이 소련군 약 45개 부대를 포위했고, 10기갑사단이 뱌즈마를 점령했다.

육군 최고사령부는 유리하게 전개된 상황을 근거로 모스크바 공격 작전을 계속 이어갈 수 있다고 생각했다. 소련군이 모스크바 서쪽에 다시 한 번 체계적인 방어 진지를 구축하는 것을 막으려는 의도였다. 그래서 우리 2기갑군을 툴라를 지나 콜롬나와 세르푸호프 사이의 오카 강 도하 지점으로 보낸다는 방안을 떠올렸다. 그러나 그곳은 우리에게는 너무 멀었다. 그래서 모스크바 주변 북쪽으로 가는 3기갑집단에 맡겨야 했다. 육군 최고사령관의 그런 계획은 중부집단군에서 전적인 동의를 얻었다.

10월 8일 나는 슈토르히 정찰기를 타고 도로라고 할 수 없는 도로 위를 날아 셉스크에서 드미트롭스크를 지나 오렐로 향했고, 먼저 보낸 내 지휘 차량대를 만났다. 도로 위의 상황은 크로미까지 몹시 우울했고, 크로미에서 오렐까지는 단단하게 포장된 도로였다. 다만 그 길에도 벌써 폭격으로 인한 구덩이가 하나 있었다. 프라이헤어 폰 가이르 장군은 4기갑사단 전방에 포진한 소련군의 병력이 강화되었다고 보고했다. 1개 기갑여단과 1개 보병사단이 새로 투입된 사실을 확인했다고 했다. 3기갑사단은 볼호프를 점령하라는 명령을 받고 북쪽으로 진군했다. 4기갑사단은 10월 9일 므첸스크를 점령하라는 명령을 받았다. 소련군 기갑부대의 활동, 무엇보다 소련군 기갑부대의 변화된 전술에 대한 보고가 상당히 우려스러웠다. 당시 T-34 전차에 대적한 우리의 대전차 무기는 아주 유리한 상황에서만 효과가 있었다. 4호 전차의 단포신 75㎜ 포는 T-34 전차를 뒤에서 공격할 때만 엔진 상부의 격자무늬 판 사이로 명중시켜 격파할 수 있었다. 정면에서 명중시킬 수 있는 거리로 접근하기 위해서는 숙련된 솜씨가 필요했다. 소련군 소총수들은 정면에서 우리를 공격했고, 전차는 집단으로 우리의 측면을 공격했다. 소련군도 그 동안의 전투 경험으로 뭔가 배운 것이다. 힘들고 어려워진 전투는 서서히 우리 장교들과 병사들에게 영향을 미쳤다. 프라이헤어 폰 가이르 장군은 모든 종류의 동복을 최대한 빨리 공급해달라고 재차 요청했다. 무엇보다 장화와 셔츠, 양말이 부족하다고 했다. 동복 및 장비의 보급 지연은 매우 심각한 상황이었다. 나는 즉시 4기갑사단을 찾아가 상황을 직접 살펴보기로 했다.

이윽고 10월 6일과 7일 전투가 벌어진 전장에 도착했고, 전선에서 경계를 서는 전투부대 지휘관으로부터 당시의 교전 과정을 보고받았다. 현장에는 양측의 부서진 전차들이 그대로 있었다. 소련군의 피해 규모는 우리보다 훨씬 적었다.

나는 오렐로 돌아와 에버바흐 대령을 만나 그에게서도 지난 전투에 관한 이야기를 들었다. 그런 다음 다시 프라이헤어 폰 가이르 장군과 4기갑사단의 프라이헤어 폰 랑거만 사단장을 만났다. 지금까지의 힘들었던 출정 기간 중 처음으로 에버바흐는 지쳐 보였다. 육체적인 것이 아닌 정신적인 충격 때문이었다. 우리의 가장 뛰어난 장교들이 지난 며칠 동안의 전투에 그토록 강한 영향을 받았다는 사실이 무척 놀라웠다.

현장의 지쳐보이는 모습은 육군과 중부집단군 최고사령부에서 느끼는 기분 좋은 분위기와는 얼마나 대조적인 모습이었던가! 여기서 나중에는 거의 극복할 수 없을 정도로 커진 견해 차이가 분명히 드러났다. 특히 우리 2기갑군은 당시 승리에 취한 상급자들의 생각을 전혀 몰랐다.

저녁에 35군단 사령부가 시셈카 북쪽-셉스크 서쪽 지역에서 소련군의 압박이 강해졌다는 소식을 알렸다. 그 사실에서 브랸스크 남쪽에 포위된 소련군이 동쪽으로 돌파를 시도할 거라는 예상이 가능했다. 나는 아직도 변함없이 수도스트 서쪽 강변에 포진한 1기병사단을 연결해 그 지역에서 눈에 띄는 소련군의 변화가 없었는지 물었다. 별다른 변동 사항이 없었다고 했다. 그런 보고가 있었지만 나는 사단에 공격 명령을 내려 수도스트 동쪽 강변을 점령하라고 했다. 그 과정에서 소련군이 여전히 위치를 지키고 있는지 철수 중인지가 드러날 것이기 때문이었다. 1기병사단은 곧 교두보 한 곳을 확보했다.

그날 저녁 집단군에서 전화를 걸어와 35군단 사령부를 2군의 지휘 아래 둠으로써 우리의 좌측방에 대한 걱정을 덜어주려 한다고 통보했다. 그러나 데스나 강 남동쪽 트룹쳅스크 포위 전선에서는 1개 사령부만 지휘할 수 있기 때문에 나는 거기에 반대했다. 집단군은 34군단 사령부를 6군의 지휘 아래에서 쿠르스크를 점령하게 함으로써 우리의 우측방에 대한 우려도 제거할 계획이라고 했다. 그러나 육군이나 국방군 최고사령부에서 나왔을 것으로 보이는 그 제안 역시 현재로서는 실행이 불가능해 보였다. 그렇게 되면 우리의 우측방 방호는 전혀 할 수가 없었다. 이날 드미트리예프를 점령했지만, 열악한 도로 상태가 48기갑군단 후방 병력의 진군을 방해해 위기를 더 연장시켰다.

10월 9일 시셈카 부근에서 전날 예상되었던 소련군의 돌파가 시도되었다. 293보병사단이 우익에서 맹공을 받아 시셈카와 실린카를 지나 뒤로 밀려났다. 기갑군의 예비대로 쓰일 25차량화보병사단이 아직 도착하지 않아서 일단은 10차량화보병사단의 41보병연대가 29차량화보병사단과 293보병사단 사이의 간격을 메워야 했다. 중부집단군의 명령으로 쿠르스크와 리브니로 투입된 48기갑군단은 이제 가용한 모든 병력을 이끌고 셉스크로 이동하라는 명령을 받았다. 12시에 25차량화보병사단의 클뢰스너 장군이 셉스크에 도착해 29차량화보병사단과 293보병사단 사이에서 싸우고 있던 모든 부대의 지휘권을 넘겨받았다. 셉스크에서 격전이 벌어지는 동안 1기병사단의 대부분 병력은 뚜렷한 저항에 부딪히지 않고 수도스트 강을 건너 트룹쳅스크로 진격했다. 이 사단은 소련군의 속임수에 넘어가는 바람에 지연된 일을 이제 만회하려고 했다. 이날 트룹쳅스크-셉스크, 트룹쳅스크-오렐, 트룹쳅스크-카라체프 도로를 따라 소련군의 압박이 매우 거셌지만, 소련군의 소수 병력만이 세레디나 부다-셉스크 도로를 지나 빠져나갈 수 있었다. 소련 13군 참모부는 아쉽게도 탈출한 소수에 포함된 모양이었다.

눈발이 마구 날리는 가운데 기갑군 전투지휘소가 드미트롭스크로 이동했다. 날씨 때문에 도로 상태는 점점 더 나빠졌다. 수많은 차량이 이른바 '롤반'[49] 도로에 멈춰 선 채 꼼짝을 못했다.

그 모든 상황에도 불구하고 내 기갑군은 이날 볼호프를 점령했다. 18기갑사단은 2군(43군단)과 협력해 브랸스크 북쪽에서 싸우는 소련군을 포위했다.

그 일과 동시에 동부전선의 남쪽 날개에 포진한 병력은 타간로크와 로스토프로 진격할 준비에 돌입했다. 내 기갑군과 이웃한 6군의 선봉대는 아흐티르카와 수미로 접근하는 중이었다.

내 기갑군의 좌측에서는 모스크바 방향으로 우르가 강을 건너 그샤츠크를 점령했다.

10월 10일 집단군의 새 명령이 하달되었다. 쿠르스크 점령, 트룹첩스크 포위망 소탕, 브랸스크 북동쪽으로 형성되는 포위망 완결, 툴라 진격이었다. 이 모든 일은 당연히 즉각 수행되어야 했다. 리벤슈타인은 집단군의 상급 사령부에서 하달된 것이 분명한 이 요구들이 얼마나 긴급한 일인지 문의했다. 그러나 우리는 거기에 대해 아무런 대답도 듣지 못했다.

다음 몇 주는 완전히 진창길로 뒤덮인 시기였다. 차륜 차량은 무한궤도 차량의 도움을 받아야만 움직일 수 있었다. 그로 인해 그런 용도로 제작되지 않은 무한궤도 차량의 부담이 커지면서 마모가 심해졌

---

49 Rollbahn: 제2차 세계대전 때 독일군이 소련의 주요 장거리 도로를 일컫는 말로 사용했다. 특히 서유럽과 모스크바를 잇는 브레스트-민스크-모스크바 간 도로를 그렇게 불렀다.(역자)

다. 차량을 견인하는데 필요한 체인과 연결기가 부족해서 비행기에서 멈춰 있는 차량에 밧줄 뭉치를 투하해야 했다. 이제부터 수백 대의 차량과 거기에 탑승한 병사들을 위한 물자 보급도 몇 주 동안 항공편으로 이루어져야 했다. 월동 준비는 어차피 턱없이 부족한 상태였다. 8주 전부터 줄기차게 요구한 엔진 냉각수용 부동제는 겨우 소량만 당도했고, 병사들의 동복도 마찬가지였다. 특히 동복 부족은 이어지는 힘겨운 몇 달 동안 병사들에게 쉽게 예방할 수 있었을 큰 어려움과 고통을 안겨주었다.

29차량화보병사단과 293보병사단 근처에서는 소련군의 돌파 시도가 계속되었다. 4기갑사단은 므첸스크로 밀고 들어가는데 성공했다.

우리 우측에서 6군이 수미를 점령했고, 좌측에서는 13군단이 칼루가 서쪽에서 우그라 강을 건넜다. 거기서도 기상 악화가 가져온 불리한 작용이 드러나기 시작했다.

10월 11일 소련군은 나블랴 강 양쪽에서 트룹첸스크 포위망을 뚫고 나오려고 시도했다. 29차량화보병사단과 25차량화보병사단 사이에 틈이 벌어지면서 소련군이 밀고 들어왔지만 5기관총대대에 의해 가까스로 다시 메워졌다. 그와 동시에 24기갑군단에서는 오렐 북동쪽 므첸스크에서 격렬한 국지전이 전개되었다. 4기갑사단이 므첸스크로 밀고 들어갔지만 진창길 때문에 신속하게 지원을 받을 수가 없었다. 소련군에서 수많은 T-34 전차가 등장해 독일 기갑부대에 대규모 피해를 안겼다. 그때까지 우리 전차가 점하고 있던 장비의 우위가 당분간 역전되었고, 신속하고 결정적인 승리에 대한 전망도 사라졌다. 나는 우리에게는 새로운 이 상황에 대한 보고서를 작성해 집단군에 보냈다. 보고서에는 우리 4호 전차에 대한 소련군 T-34 전차의 장점들을 명확하게 서술한 뒤 앞으로 제작될 우리 전차가 갖춰야 할 요소들을 명기했다. 그러면서 육군 병기국과 군수국, 전차 설계가와 생산 공장 대표들로 구성되어야 할 위원회를 구성해 즉시 내 전선으로 파견해달라고 요구했다. 위원회가 현장에 와서 전장에서 파괴된 전차들을 직접 살펴본 뒤 새 전차 제작에 필요한 조건들을 협의해야 했기 때문이다. 또한 T-34 전차의 장갑을 격파할 수 있는 중(重)대전차포의 신속한 생산도 요구했다. 이 위원회는 11월 20일 우리 2기갑군에 도착했다.

10월 11일 히틀러의 명령으로 상대적으로 빈틈이 많은 18기갑사단의 전선을 강화하기 위해 카라체프-흐바스토비치 도로변의 브랸스크 북동쪽에 그로스도이칠란트 보병연대를 투입한다는 사실이 우리 기갑군에 통보되었다. 나아가서는 재편성이 계획되고 있다고 했다. 그 계획에 따르면 2군이 우리 우측에 배치되어 34, 35군단 사령부를 지휘하고, 우리는 그 대신에 2군의 일부 병력을 받을 예정이라고 했다. 그 계획을 듣고 북동쪽으로 계속 이동하려는 의도를 예상할 수 있었다.

포위망을 좁히기 위한 전투는 계속되었다.

동부전선의 남쪽 날개 진영에서 벌어진 아조프 해 전투는 독일의 승리로 끝났다. 포로 10만 명, 전차 212대, 포 672문을 노획했다. 군 수뇌부는 소련군 6, 12, 9, 18군을 섬멸했다고 예측하면서 이제는 돈 강 하류로 진격할 전제 조건이 갖춰졌다고 생각했다. SS 아돌프 히틀러 부대는 타간로크 북서쪽 20킬로미터 지점에 위치했다. 반면에 하르코프 남쪽에 위치한 17군과 수미 부근에 있는 6군의 전진은 더 느려졌다. 여기서는 전차대를 보유한 소련군 새 병력이 도하 지점 곳곳에서 우리 군을 수세에 몰아넣었다. 그 상황은 우리 기갑군의 우익에 좋지 않은 영향을 미쳤다. 11군이 크림 반도 점령을 위해 남쪽으로 회군

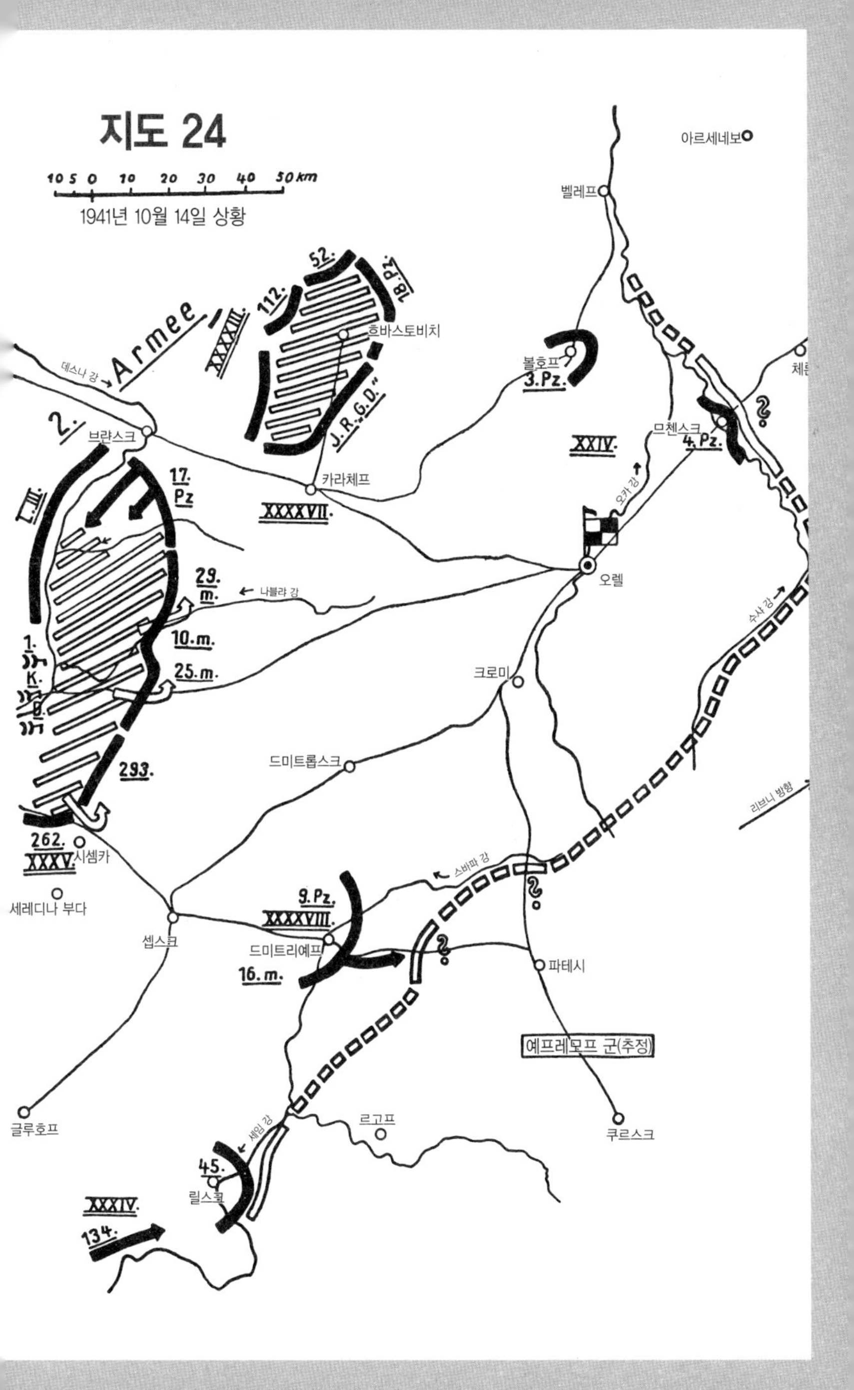
지도 24
10 5 0 10 20 30 40 50 km
1941년 10월 14일 상황
아르세네보
벨레프
Armee
2.
XXXXIII.
112.
52.
18. Pz.
호바스토비치
볼호프
3. Pz.
체른
J. R. „G. D."
데스나 강
브랸스크
므첸스크
4. Pz.
XXIV.
카라체프
XXXXVII.
17. Pz
오카 강
오렐
29. m.
나블랴 강
10. m.
25. m.
크로미
수사 강
드미트롭스크
293.
리브니 방향
262.
XXXV.
시셈카
세레디나 부다
스바파 강
9. Pz.
XXXXVIII.
셉스크
드미트리예프
16. m.
파테시
예프레모프 군(추정)
글루호프
세임 강
르고프
쿠르스크
45.
릴스크
XXXIV.
134.

했기 때문에 남부집단군의 공격은 부채꼴로 펼쳐졌다.

중부집단군의 북쪽에서는 눈보라 때문에 진군이 느려졌다. 3기갑군은 포고렐로예 부근의 볼가 강 상류에 이르렀다.

눈은 10월 12일에도 계속 내렸다. 우리는 모든 길이 끔찍한 진창으로 변한 드미트롭스크 마을에 갇혀 꼼짝 못하고 있으면서 육군 최고사령부에서 재편성에 관한 지시가 내려오기를 기다렸다. 브랸스크 남쪽의 큰 포위망과 북쪽의 작은 포위망은 모두 완결되었지만, 모든 부대가 진창에 발이 묶여 꼼짝도 못했다. 이동 초기에 수미를 지나 신속하게 단단한 도로에 선착하기를 바랐던 48기갑군단도 이제는 힘겹게 파테시로 나아가고 있었다. 므첸스크 부근에서는 새로 투입된 소련군과의 전투가 계속 이어졌다. 35군단 사령부의 보병대는 트룹쳅스크 포위망의 숲 지역을 소탕하라는 명령을 받았다.

우리뿐만 아니라 남부집단군도 이제 1기갑군을 제외하고는 모두 진창에 갇혔다. 6군은 하르코프 북서쪽 보고두호프를 점령했다. 우리 북쪽에서는 13군단이 칼루가를 점령했다. 3기갑집단은 스타리차를 점령한 뒤 칼리닌 방향으로 계속 나아갔다.

육군 최고사령부가 모스크바 차단을 위한 명령을 내렸지만 우리한테는 도달되지 않았다.

10월 13일 소련군이 나블랴 강과 보르체보 사이에서 계속 돌파를 시도했다. 47기갑군단은 24기갑군단의 3기갑사단과 10차량화보병사단의 일부 병력에 의해 전력을 보강해야 했다. 아군이 전력을 보강했지만 부대들이 제대로 움직이지 못하는 바람에 약 5천 명으로 이루어진 소련군이 드미트롭스크 지역까지 뚫고 나가 드미트롭스크에 집결했다.

3기갑집단은 칼리닌으로 밀고 들어갔고, 9군은 르셰프 서단에 당도했다.

10월 14일, 나는 기갑군 사령부를 오렐로 옮겨 오렐의 소련군 건물에서 좋은 숙소를 찾았다. 다음 며칠 동안 양측의 움직임은 거의 없었다. 24기갑군단은 3, 4기갑사단을 이끌고 므첸스크와 므첸스크 북쪽 진창에서 힘겹게 수샤 강을 건너 공격할 태세를 갖췄다. 반면에 47기갑군단은 포위전을 완료한 뒤 오렐-카라체프-브랸스크 길을 따라 집결해 정렬했다. 그로스도이칠란트 보병연대는 24기갑군단 휘하에 들어와 므첸스크로 이동했다. 48기갑군단은 포장된 도로를 통해 크로미를 지나 이동해온 18기갑사단 일부 병력의 지원을 받아 파테시 공격을 준비했다. 48기갑군단은 바로 이어서 북서쪽에서부터 쿠르스크를 공격할 태세를 갖춰야 했다. 그 사이 34군단 사령부는 서쪽에서 쿠르스크로 진격하기로 했다. 쿠르스크 지역에 포진한 예프레모프 장군 휘하의 강력한 소련군 전투부대를 격파함으로써 내 우측방에 상존하던 위험을 제거하려는 의도였다.

6군은 소련군의 거센 저항을 뚫고 아흐티르카를 점령했다. 그밖에 남부집단군의 진군은 진창에 막혀 꼼짝도 못했다.

중부집단군의 공격도 날씨 때문에 고전을 면치 못했다. 보롭스크에서 모스크바 전방 80킬로미터에 이르는 구역이 57군단의 수중에 들어갔다.

10월 15일 6군이 수미 동쪽 크라스노폴리에를 점령했다.

10월 16일 므첸스크 진격을 준비하기 위해서 4기갑사단을 찾아갔다.

루마니아 군이 이날 오데사를 점령했다. 46기갑군단은 모자이스크로 접근 중이었다.

10월 17일 브랸스크 북쪽에 포위된 소련군이 항복했다. 나는 2군과 협력해 포로 5만 명과 포 400문을 노획했으며, 소련 50군의 대부분 병력을 섬멸했다. 파테시 부근에서는 소련군의 역습이 있었다.

10월 18일 11군의 크림 반도 공격이 시작되었다. 1기갑군은 타간로크를 정복한 뒤 스탈리노로 진격했다. 6군은 그라이보론을 점령했다.

2기갑군의 북쪽에서 19기갑사단이 말로야로슬라베츠를 점령했다. 모자이스크도 아군 수중에 들어왔다.

10월 19일 1기갑군이 로스토프로 진격할 준비에 들어가 스탈리노로 진군했다. 17군과 6군은 하르코프와 벨고로드 방향에서 승리를 거두었다. 그러나 날씨가 좋지 않아서 적을 추격하는 일이 쉽지 않았다. 중부집단군에서도 상황은 마찬가지였다. 43군단이 리흐빈을 점령했다. 이 군단은 24시간 동안 2기갑군의 지휘를 받았다.

10월 20일 트룹첸스크에 포위된 소련군이 항복했다. 이날은 전 집단군이 진창 때문에 발이 묶여 버렸다.

1기갑군이 스탈리노에 진입했다. 6군은 하르코프에 접근해 21일 진창을 뚫고 도시 서단까지 밀고 들어갔다.

10월 22일 므첸스크를 지나는 24기갑군단의 공격은 포와 전차의 부족으로 실패했다. 그래서 23일 므첸스크 북서쪽 3기갑사단 지역에서 가용한 모든 전차를 동원한 2차 공격이 시도되었다. 이번에는 성공을 거두었다. 10월 24일에는 패배한 소련군을 추격하는 과정에서 체른을 점령했다. 나는 이 두 번의 공격에 참가해 질퍽한 바닥과 소련군이 매설한 넓은 지뢰 지대로 인해 야기되는 어려움들을 직접 확인했다.

10월 22일 18기갑사단이 파테시를 점령했다.

10월 24일 6군이 소련군이 이미 철수한 하르코프와 벨고로드를 차지했다. 내 좌측에서는 오카 강변의 벨레프가 43군단의 수중에 들어갔다.

10월 25일 나는 체른으로 향하는 그로스도이칠란트 보병연대의 진군과 체른 북쪽에서 벌어진 에버바흐 부대의 전투를 현장에서 관찰했다.

브랸스크 부근 전투는 10월 25일자로 종결되었다고 볼 수 있었다. 이날 앞에서 예고한 대로 중부집단군 우익에 포진한 여러 군의 재편성이 단행되었다. 그동안 2기갑군의 지휘를 받았던 34, 35군단 사령부와 25차량화보병사단을 제외한 48기갑군단이 2군으로 넘어갔다. 1기병사단은 동프로이센으로 복귀해 거기서 24기갑사단으로 재편성될 예정이었다. 대신 2기갑군은 31, 131보병사단을 거느린 하인리치 장군 휘하의 43군단과 112, 167보병사단을 거느린 바이젠베르거 장군 휘하의 53군단을 받았다. 나중에 296보병사단이 추가되었고, 25차량화보병사단도 2기갑군에 남았다.

이제 2기갑군은 툴라로 진격하라는 임무를 받았고, 새로 편성된 2군은 동쪽에 투입되었다. 그로써 다시 각각 다른 방향에서 진격하게 되었다.

승리로 끝난 브랸스크와 뱌즈마 전투로 중부집단군은 또다시 크나큰 전술적 성공을 거두었다. 이제 중부집단군이 이 전술적 승리를 앞으로의 작전에 활용할 수 있을 만큼 충분한 공격력을 보유하고 있을지에 대한 여부가 이 전쟁이 아군 수뇌부에 제기한 가장 중대한 문제였다.

툴라와 모스크바 진격

2기갑군은 이제 툴라로 진격했다. 내 기갑군이 이동해야 할 유일한

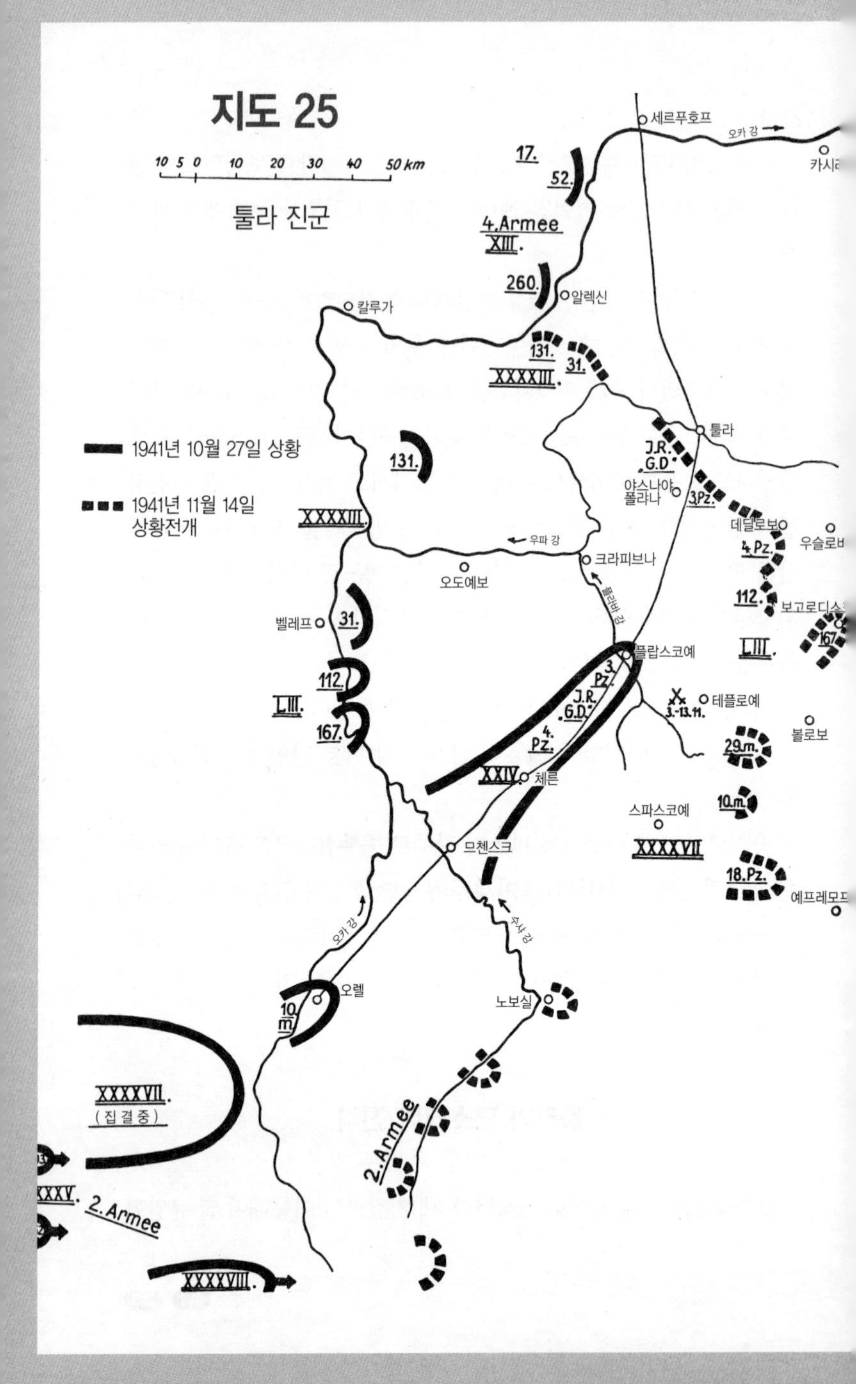
지도 25
10 5 0 10 20 30 40 50 km
툴라 진군
1941년 10월 27일 상황
1941년 11월 14일
상황전개
세르푸호프
오카 강
카시라
17.
52.
4.Armee
XIII.
260.
알렉신
칼루가
131.
31.
XXXXIII.
툴라
J.R.
G.D.
131.
야스나야
폴랴나
3.Pz.
XXXXIII.
데딜로보
우슬로바
4.Pz.
우파 강
크라피브나
오도예보
112.
보고로디스크
플라바 강
벨레프
31.
플랍스코예
167.
LIII.
112.
3.
Pz.
LIII.
J.R.
G.D.
테플로예
3.-13.11.
볼로보
167.
4.
Pz.
29.m.
XXIV.
체른
10.m.
스파스코예
XXXXVII
므첸스크
18.Pz.
예프레모프
수샤 강
오카 강
오렐
10.
m.
노보실
XXXXVII.
(집결중)
2.Armee
XXXV.
2.Armee
XXXXVIII.

오렐-툴라 도로는 무거운 차량과 전차가 지나갈 만한 길이 전혀 아니어서 며칠 뒤 무너져버렸다. 게다가 파괴 전문가인 소련군은 자신들이 철수하는 길에 있는 모든 교량을 폭파했고, 적절한 곳에는 도로 양편으로 넓은 구역에 지뢰를 매설해 놓았다. 부대를 위해 얼마 되지 않는 보급품이라도 받으려면 수 킬로미터에 이르는 통나무 길을 설치해야 했다. 행군하는 부대의 전투력은 병사들의 수보다는 연료를 보급할 가능성이 있는가에 더 좌우되었다. 그 때문에 아직 사용할 수 있는 전차 대부분은 24기갑군단에 의해 에버바흐 대령의 지휘 아래 통합되었고, 그로스도이칠란트 보병연대와 함께 전위를 이루어 툴라 방향으로 이동을 시작했다. 10월 26일 53군단이 오카 강에 도달했고, 43군단은 벨레프 부근에서 31보병사단의 오카 강 교두보를 확대했다. 내 우측 군은 48기갑군단을 쿠르스크로 방향을 돌렸다. 좌측에 있는 4군 앞에서는 소련군의 역습으로 아군이 수세에 몰렸다.

10월 27과 28일 나는 에버바흐 부대의 진군에 동참했다. 국방군 최고사령부는 27일 소련군이 동쪽에서 들어오고 있다는 소식을 듣고는 내 기갑군을 보로네시 방향으로 돌리는 방안을 논의했다. 그러나 보로네시로 가는 도로는 없었다. 어쨌든 그런 작전의 전제 조건으로라도 일단 툴라를 먼저 점령해야 했다. 나는 리벤슈타인에게 부탁해 최고사령부의 상관들에게 그 점을 잘 설명하라고 했다. 10월 27일은 체른에 있는 빈대가 우글거리는 버려진 어린이 병원에서 밤을 보냈다. 내 선봉대는 플랍스코예 지역에 이르렀다. 53, 43군단은 오카 강 교두보를 확장했다. 4군은 소련군의 거센 공격을 물리쳤다.

10월 28일 리벤슈타인에게서 국방군 최고사령부가 내 기갑군을 보로네시 방향으로 돌리는 방안을 포기했다는 보고를 받았다. 따라서 툴라 방향으로 진군이 계속되었다. 연료가 부족한 관계로 에버바흐는 그로스도이칠란트 보병연대의 1개 대대를 전차 위에 탑승하게 했다. 내 부대는 툴라 남쪽 30킬로미터 지점인 피사레보까지 접근했다. 43군단의 정찰대는 오도예보에 이르렀다. 나는 그날 밤을 다시 체른에서 보내고 다음날 아침 슈토르히를 타고 나의 기갑군 사령부로 돌아왔다.

10월 28일 나는 세르푸호프 동쪽 오카 강 교량을 '기동대대로 점령'하기를 바라는 히틀러의 지시를 들었다. 그러나 내 기갑군의 진격은 보급 상황에 달려 있었다. 완전히 붕괴된 오렐-툴라 도로에서 차량들은 최고 속도 20킬로미터를 어쩌다 한번 정도 낼 수 있을 뿐이었다. 따라서 '기동대대'는 더 이상 없었다. '기동대대'는 히틀러의 환상이었다.

이날 1기갑군은 미우스 강 도하 지점, 17군은 도네츠 강 도하 지점을 각각 확보했다.

10월 29일 기갑부대의 선봉대가 툴라 4킬로미터 부근까지 접근했다. 그러나 기습으로 도시를 점령하려던 시도는 소련군의 강력한 대전차포와 대공포에 막혀 실패했고, 내 기갑군은 상당수의 전차와 장교들을 잃었다.

언제나 객관적이고 냉정하게 상황을 판단하는 43군단의 하인리치 장군이 나를 찾아와 자기 부대의 열악한 보급 상태를 알렸다. 무엇보다 10월 20일부터 빵 보급이 전혀 없었다고 했다.

53군단은 10월 30일까지 서쪽에서 오렐-툴라 도로에 이르렀다. 이 군단은 10월 19일 브랸스크 포위전을 끝낸 뒤 바이젠베르거 장군의 지휘 아래 167보병사단으로는 볼호프-고르바체보를, 112보병사단으로는 벨레프-아르세네보-자레보를 지나 이동해 왔다. 그 행군 동안 엉망진창이 된 도로 때문에 고초를 겪어야 했고, 모든 차량, 특히 중(重)포들을 끌어올 수 없었다. 군단의 차량화부대는 도로 상태가 그나마 단단한 오렐-므첸스크로 우회해야 했다. 10월 27일부터 동쪽에서 소련군의 병력 수송이 관측되고 있다는 보고 때문에 나는 53군단을 예피판-스탈리노고르스크 선을 막는 우측방 방호에 투입하기로 했다.

그사이 오렐-툴라 간 도로가 엉망으로 변해 에버바흐 전투부대를 뒤따르며 툴라 근방에 도착한 3기갑사단은 공군을 통해 보급을 받아야 했다.

툴라에서는 정면 공격이 불가능했기 때문에 프라이헤어 폰 가이르 장군이 동쪽으로 도시를 우회해 진격하자고 제안했다. 나는 그 제안에 동의해 데딜로보 방향으로 공격을 이어가 샤트 강을 건너는 도하 지점을 점령하라고 지시했다. 프라이헤어 폰 가이르 장군은 이제 땅이 얼 때까지는 차량화부대를 활용할 가능성이 없다는 의견을 피력했다. 폰 가이르의 의견은 전적으로 옳았다. 이제는 작전 지역을 얻기가 무척 어려웠고, 그마저도 온갖 장비를 소모하면서 아주 천천히, 그리고 간신히 얻을 수 있었다. 이런 상황에서 므첸스크-툴라로 이어지는 철도 복구는 굉장히 중요한 의미가 있었다. 그러나 막대한 노력에도 불구하고 작업은 좀처럼 진척되지 못했다. 기관차가 부족했기 때문에 나는 임시변통할 수단을 궁리하다가 궤도차를 공급해달라고 제안했다. 그러나 단 한 대도 받지 못했다.

11월 1일 24기갑군단이 데딜로보 서쪽까지 이르렀다.

11월 2일 53군단의 선봉대는 테플로예에 접근했다가 뜻밖에 소련군과 마주쳤다. 그들은 2개 기병사단과 5개 소총사단, 1개 전차여단으로 구성된 강력한 병력으로 예프레모프-툴라 도로를 따라 진군하는 중이었다. 툴라 외곽에서 꼼짝 못하게 된 24기갑군단 소속 부대들의 측방과 후방을 공격하려는 의도가 분명했다. 53군단이 소련군 때문에 놀랐던 것처럼 그 소련군도 53군단의 출현에 무척 놀란 듯했다. 이후 테플로예 지역에서는 11월 3일부터 11월 13일까지 계속 전투가 벌어졌다. 53군단은 에버바흐 기갑여단의 지원을 받아 마침내 적을 물리쳤고, 포로 3천 명 이상을 놓치고 상당수의 포를 잃긴 했지만 소련군을 예프레모프로 밀어냈다. 11월 3일 밤부터 땅이 얼면서 부대의 이동은 한결 쉬워졌지만, 이제는 병사들에게 고통을 안기기 시작한 추위가 닥쳤다. 그사이 카라체프에서 이동해온 17기갑사단의 비장갑 부대는 므첸스크-체른 지역과 그 동쪽에 위치한 기갑군의 측방 뒤에 투입되었다. 공병과 건설대대, 제국노동봉사대는 오렐-툴라 도로 복구에 여념이 없었다.

48기갑사단은 그 며칠 사이에 쿠르스크를 점령했다.

11월 5일 나는 폰 보크 원수의 짧은 방문을 받았다. 집단군은 11월 4일 소련군이 보로네시와 스탈리노고르스크 사이의 돈 강 서쪽 지역에서 조직적으로 퇴각했다고 판단했고, 그런 견해를 육군 최고사령부에도 보고했다. 그러나 2기갑군 지역에서 일어난 사건들을 통해 그 생각이 틀렸다는 사실이 드러났다. 오히려 소련군은 테플로예 부근에서 공격을 가해왔다.

11월 6일 나는 비행기를 타고 전선으로 날아갔다. 비행하는 동안 내가 받은 인상은 다음의 편지에 잘 나타나 있다.

"병사들에게는 고통이고, 우리의 임무를 생각할 때도 참으로 애석한 일이라오. 적은 시간을 벌었고, 우리의 계획은 아직 실행 못한 채 겨울이 점점 더 깊어가고 있으니 말이오. 그래서 기분이 몹시 울적하오. 아무리 최선을 다해도 자연의 위력 앞에는 무용지물이오. 결정적인 타격을 가할 유일한 기회는 점점 더 사라지고 있는데, 그 기회가 다시 오기나 할지 모르겠구려. 앞으로의 일이 어떻게 될지는 오직 신만이 아시겠지. 희망을 품고 용기를 잃어서는 안 되겠지만 지금으로서는 그저 혹독한 시련으로 다가온다오."

"조만간 좀 더 즐거운 소식을 전할 수 있기를 바라오. 내 문제 자체로는 이렇게 한탄할 일이 없는데도 지금은 기분이 좋을 수가 없구려."

11월 7일 내 기갑군에서 처음으로 추위로 인한 심각한 피해가 발생했다. 1기갑군이 11월 5일부터 돈 강 연안의 로스토프를 공격하고 있다는 소식이 전해졌다.

11월 8일 53군단이 테플로예 부근에서 진척을 이루었다. 24기갑군단은 툴라 방면에서 가한 소련군의 공격을 물리쳤다.

11월 9일 툴라 동쪽과 서쪽에서도 소련군의 공격 의도가 분명히 드러났다. 그에 따라 24기갑군단이 에버바흐 기갑여단을 53군단에 넘기고 방어로 전환했다. 17기갑사단은 기갑부대가 빠진 상태로 24기갑군단에 예속되어 플랍스코예로 뒤따라 이동했다. 체른 동쪽에서 새로운 적이 출현했기 때문에 므첸스크-체른 지역에 있던 17기갑사단은 측방을 지키던 47기갑군단의 다른 병력으로 대체되었다. 그 시기 툴라 주변의 긴박한 상황은 4기갑사단이 병력이 약한 4개 소총대대만으로 데딜로보 서쪽으로 35킬로미터에 이르는 지역을 책임져야 했다는 점에서 잘 드러난다. 53군단과 툴라 부근에서 전투중인 3기갑사단 사이에 선을 연결하기 위해서였다.

11월 12일 기온이 영하 15도로 떨어졌고 13일에는 영하 22도로 떨어졌다. 그날 오르샤에서 육군 참모총장이 주재하는 중부집단군 사령관들의 회의가 열렸고, '1941년 추계 공세를 위한 명령'이 하달되었다. 그 명령에 따르면 내 2기갑군의 목표는 오렐에서 약 600킬로미터 떨어진 고리키였다(예전에 니즈니 노브고로드로 불렸다). 리벤슈타인은 현재의 상황에서 나의 기갑군은 베네프까지만 갈 수 있다고 즉각 항의했다. 지금이 5월도 아니고, 있는 곳이 프랑스도 아니었으니 말이다. 나는 내 참모장의 의견에 전적으로 동의했고, 중부집단군 최고사령관에게 먼저 서면으로 나의 기갑군이 그 명령을 수행할 수 없는 상황이라고 보고했다. 그 보고서를 쓸 때는 내가 11월 13일과 14일 53군단과 24기갑군단의 전선으로 가는 도중에 받은 인상이 중요한 토대가 되었다.

11월 13일 나는 오렐에서 슈토르히 정찰기를 타고 출발했다. 그러나 체른 북쪽에서 눈보라를 만나는 바람에 체른 야전비행장에 착륙할 수밖에 없었다. 거기서부터 영하 22도의 추위에 자동차로 바이젠베르거 장군의 전투지휘소가 있는 플랍스코예로 이동했다. 그날은 테플로예 전투의 마지막 날이었고, 바이젠베르거 장군은 자신이 겪은 일들을 보고했다. 나는 바이젠베르거에게 볼로보-스탈리노고르스크 방향으로 진격하라고 지시했다. 또한 18기갑사단이 예프레모프로 후퇴한 소련군과 대치 중인 바이젠베르거의 우측방을 지키러 올 때까지는 에버바흐 기갑여단을 바이젠베르거의 지휘 아래 두겠다고 약속했다. 보병의 전투력은 중대 당 약 50명으로 줄었다. 동복 부족으로 나타나는 현상도 점점 확연해졌다.

24기갑군단에서는 빙판이 큰 골칫거리가 되었다. 무한궤도의 미끄럼방지 기구가 없는 전차들이 땅이 얼어붙은 비탈을 오를 수가 없었던 것이다. 그 때문에 프라이헤어 폰 가이르 장군은 11월 19일 이전 공격 개시를 불가능하다고 여겼다. 그렇게 하려면 에버바흐 기갑여단과 4일치 연료가 필요하다고 했다. 그러나 폰 가이르에게 남아있는 연료는 하루치뿐이었다. 나는 53군단의 이동과 보조를 맞추고 소련군이 볼로보-데딜로보에 새로운 전선을 구축하지 못하게 하려면 11월 17일에 이동을 시작해야 한다고 판단했다. 그밖에도 43군단이 툴라 서쪽에서 공격을 받는 상황이라 지원이 필요했다. 우측방은 18기갑사단과 10, 29차량화보병사단을 보유한 47기갑군단이 지켜야 했다.

나는 플랍스코예에서 밤을 보냈다.

11월 14일 오전에는 167보병사단을 방문해 일단의 장교들과 병사들과 이야기를 나누었다. 부대의 보급 상태는 매우 열악했다. 흰색 위장복과 구두약, 속옷, 무엇보다 두툼한 직물로 만든 바지가 없었다. 병사들 대부분이 영하 22도의 날씨에 삼베로 만든 바지를 입고 있었다. 양말과 장화 보급도 시급했다. 정오에 찾아간 112보병사단의 상황도 마찬가지였다. 아군 병사들이 소련군의 외투와 털모자를 빼앗아 쓰고 있어서 국가 표지를 보아야 그 병사들이 독일군이라는 사실을 알 수 있었다. 기갑군이 보유하고 있던 모든 옷가지는 즉시 전선으로 보냈다. 그러나 막대한 수요를 충당하기에는 턱없이 부족했다.

에버바흐의 위풍당당하던 기갑여단에 남은 전차는 이제 약 50대뿐이었다. 3개 사단의 전차는 원래 600대는 되어야 했다. 무한궤도에 장착할 미끄럼방지 기구가 아직 도착하지 않아서 빙판이 큰 어려움을 야기했다. 추위 때문에 전차의 조준경이 흐려졌는데 그것을 방지할 연고도 아직 도착하지 않았다. 전차 엔진에 시동을 걸려면 엔진 아래쪽에 불을 피워야 했다. 연료가 일부 얼어서 기름이 엉겨 붙었다. 이 부대에서도 따뜻한 동복과 부동제가 부족했다.

43군단이 전투에서 많은 손실을 입었다고 보고해 왔다.

나는 이날 밤도 플랍스코예에서 보냈다.

11월 15일 소련군이 43군단에 대한 공격을 재개했다.

11월 16일에는 하인리치 장군이 나를 찾아와 추위로 인한 피해와 동복 부족, 병사들의 몸에 이가 퍼진 상황을 보고했다.

11월 17일 나는 우슬로바야 부근에 시베리아 부대가 출현했고, 랴잔-콜롬나 구간에 더 많은 병력이 도착했다는 정보를 입수했다. 112보병사단은 새로 도착한 시베리아 부대와의 전투에 휩쓸렸다. 데딜로바 방향에서도 소련군의 전차가 동시에 밀고 들어가자 전력이 약화된 이 사단은 그 공격을 감당하지 못했다. 사단의 능력을 판단하기 전에 각 연대가 이미 동상으로 400명을 잃었고, 추위 때문에 기관총을 더 이상 쓸 수 없었으며, 아군의 37㎜ 대전차포는 소련군의 T-34 전차에 무용지물이었다는 사실을 고려해야 한다. 그로 인해 병사들이 극도의 공포에 휩싸였고, 그 공포는 보고로디스크에까지 영향을 미쳤다. 지금까지의 소련 출정 기간에 처음으로 나타난 공황은 보병의 전투력이 이제 다했고, 강한 압박을 더는 감당하지 못하리라는 심각한 경고였다. 어쨌든 53군단은 167보병사단을 우슬로바야로 방향을 돌리게 함으로써 자체 힘만으로 112보병사단의 상황을 복구했다.

그 사이 기갑군의 깊은 측방은 47기갑군단의 예하 부대들이 방어했다.

"우리는 혹독한 추위와 보잘것없는 숙소를 견디며 우리의 최종 목표지에 아주 조금씩 다가가고 있소. 철도를 통한 보급의 어려움은 끊임없이 커지고 있지만 말이오. 보급의 어려움이 우리를 힘들게 하는 가장 큰 요인인데, 연료가 없으면 차량이 움직일 수 없기 때문이오. 그 문제만 아니었다면 우리는 지금쯤 목표에 훨씬 더 가까이 다가갔을 거요. 그런 어려움 속에서도, 우리 용감한 병사들은 차례로 이점을 획득했고, 놀라운 인내심을 발휘하며 모든 역경을 헤쳐 나가고 있소. 우리 병사들이 이처럼 훌륭한 군인이라는 사실에 더없이 감사할 따름이오."

(1941년 11월 17일자 편지 중에서)

동계 작전이 계속되는 동안 우리 독일군은 본국과 다른 독일군 부대는 물론 소련 주민들에게도 식량을 공급해야 했다. 1941년 가을에는 수확량이 풍부해서 시골 곳곳에 빵을 만들 곡물이 충분했다. 도축용 가축도 부족함이 없었다. 그러나 철도 상황이 형편없어서 2기갑군에서는 많은 양을 독일로 보낼 수가 없었다. 내 기갑군에 필요한 양은 확보했고, 다음으로 여러 도시, 특히 오렐에 있는 소련 주민들이 1942년 3월 31일까지 먹을 양도 오렐 자치 당국에 이미 넘겨주었다. 현지 주민들을 안심시키기 위해서 오렐 곳곳에 벽보를 붙여 그 사실을 알렸다. 소련 정부는 이 비옥한 흑토 지대에 누렇게 익은 수확물을 저장하는 거대한 곡물 저장고들을 설치해 두었다. 소련군이 퇴각하면서 그 가운데 일부를 파괴하긴 했지만 일부는 온전했다. 또한 이미 불타고 있는 여러 저장고에서도 상당히 많은 양을 건질 수 있었고, 적어도 주민들에게 도움이 되었다.

오렐에서는 소련군이 철수시키지 못한 기계들을 보유한 몇몇 공장이 다시 가동에 들어갔다. 군에 필요한 물건을 충당하고 주민들에게 일자리와 식량을 제공하기 위한 조치였다. 양철 공장 한 곳과 신발 생산에 쓰이는 가죽과 펠트를 가공하는 작업장들이었다.

당시 소련 주민들의 분위기는 내가 오렐에서 만난 늙은 황제파 장군의 말이 특징적으로 보여주었다. 그 늙은 옛 러시아 장군은 이렇게 말했다. "당신들이 만일 20년 전에 왔다면, 우리는 열광적으로 당신들을 환영했을 것이오. 그러나 지금은 너무 늦었소. 우리는 이제 막 부흥하기 시작했는데 당신들이 와서 우리를 20년 뒤로 던져버리는 바람에 처음부터 다시 시작해야 할 판이오. 이제 우리는 소련을 위해 싸우고 있고, 그 점에서 우리는 하나가 되어 있소."

11월 18일 2기갑군은 11월 13일 오렐에서 하달된 명령에 따라 다음과 같이 공격을 개시했다.

47기갑군단의 18기갑사단은 공장 지역인 예프레모프를 공격했다. 11월 20일 치열한 시가전 끝에 그곳을 점령했고 소련군의 강력한 반격에 맞서 끝까지 지켜냈다.

10차량화보병사단은 예피판-미하일로프를 공격했고, 29차량화보병사단은 스파스코예-그레먀치로 진격하면서 랴잔-콜롬나 지역에 새로 투입된 소련군으로부터 기갑군의 동쪽 측방을 방어하는 임무를 맡았다.

25차량화보병사단은 아직까지도 국방군 최고사령부의 지시로 탈곡 작업에 투입된 상태였고, 그 일이 끝나는 대로 군단의 예비대로 뒤따를 예정이었다.

53군단에서 167보병사단은 스탈리노고르스크를 지나 베네프로 진격했다. 112보병사단은 스탈리노고르스크 지역으로 이동했다. 병력이 부족한 관계로 카라체프 지역에서 이동해 오고 있는 집단군 예비대의 56보병사단에 의해 교대될 때까지 거기에 남아 있다가 돈 강을 건너는 교두보를 점령하기로 했다.

24기갑군단은 17, 3, 4기갑사단과 그로스도이칠란트 보병연대, 남쪽에서 이동해 오고 있는 296보병사단을 이끌고 툴라를 양쪽에서 포위하면서 공격하는 임무를 맡았다. 17기갑사단의 1개 전투부대는 24

기갑군단과 53군단의 전선 앞에서 카시라로 진격해 그곳 오카 강 교량을 쟁취하고, 모스크바 지역에서 소련군 증원 부대의 접근을 막도록 했다.

43군단은 31, 131보병사단을 이끌고 리흐빈과 칼루가를 지나 우파 강과 오카 강 사이로 진군해 그 지역의 소련군을 소탕한 다음, 툴라와 알렉신 사이에서 2기갑군과 4군 사이의 선을 연결하는 임무를 맡았다.

내 2기갑군의 우측방 뒤에 포진한 2군은 오렐 동쪽에서 동쪽으로 진군하라는 명령을 받았다. 그 때문에 2군의 지원은 기대할 수 없게 되었다. 어쨌든 2군은 옐레츠-예프레모프 서쪽에서 소련군의 참호 구축 작업을 확인했고, 그 확인된 정보를 토대로 소련군이 돈 강 뒤로 철수할 거라는 기대는 버렸다.

2기갑군의 좌측에서는 4군이 알렉신 북쪽에서 오카 강을 건넌 다음 세르푸호프 방향으로 공격하기로 했다. 4군은 약 36개 사단을 거느렸다.

4군과는 달리 2기갑군은 전력이 상당히 약화되어 12개 반 규모의 사단만 거느리고 있었다. 보병은 여전히 겨울 장비가 없는 상태라 이동이 거의 불가능했다. 보병들은 하루에 기껏해야 5킬로미터에서 10킬로미터를 이동했다. 그래서 보병들이 부여받은 임무를 수행할 수 있을지가 의문이었다.

11월 18일 공군의 효과적인 지원 덕분에 47기갑군단이 예피판을 점령했고, 11월 19일 볼로호보에 도착한 24기갑군단은 데딜로보를 점령했다. 11월 21일 우슬로바야가 53군단의 수중에 떨어졌고, 11월 24일에는 24기갑군단이 베네프를 점령하고 소련군 전차 50대를 격파했다. 43군단은 서서히 우파 강 쪽으로 진군했다. 이렇게 이동이 진행되는 가운데 11월 21일부터 108기갑여단, 299소총사단, 31기병사단, 그 밖에 여러 부대를 거느린 강력한 소련군 50군이 47기갑군단의 선두 부대들 앞에 새로 나타났다. 그로써 상황은 다시 심각해졌다.

남부집단군에서는 11월 19일 1기갑군이 힘겨운 노력 끝에 진창길과 빙판을 헤치고 나가 돈 강 연안에 있는 로스토프 북단에 이르러 격렬한 전투를 벌였다. 11월 21일 마침내 로스토프가 완전히 1기갑군의 수중에 떨어졌다. 돈 강을 건너는 교량들은 소련군에 의해 파괴되었다. 기갑군은 곧 반격이 이어질 것으로 예상해 수세로 전환했다. 11월 20일 2군의 48기갑군단이 팀을 점령했지만 11월 23일부터 이미 소련군의 반격에 몰렸다.

"매서운 추위, 비참한 숙소, 부족한 동복, 인력과 물자의 높은 손실, 형편없는 연료 보급이 전쟁 수행을 고통으로 만들고 있습니다. 이 상태가 오래 지속될수록 내가 감당해야 할 엄청난 책임감의 무게가 나를 짓누릅니다. 아무리 그럴 듯한 말로도 그 무게를 덜어주지는 못할 겁니다.

전선의 상황을 분명하게 파악하기 위해서 나는 또다시 사흘 동안 전선을 다녀왔습니다. 이제 전투 상황만 허락된다면 일요일에는 아직 아무것도 알려지지 않은 가까운 앞날의 계획을 듣기 위해서 집단군을 찾아갈 생각입니다. 사람들이 무슨 생각을 하는지 나는 잘 모릅니다. 우리가 내년 초까지 어떻게 다시 정상을 회복해야 할지도 모르겠습니다."

(1941년 11월 21일자 편지에서)

11월 23일 오후 중부집단군 최고사령관을 직접 찾아가 이행할 수 없게 된 명령을 변경해달라고 부탁하기로 결심했다. 나는 폰 보크 원수에게 2기갑군이 처한 상황의 심각성을 설명했고, 완전히 녹초가 된 병사들, 특히 보병들의 상태와 겨울 장비 부족, 보급의 중단, 전차와 포의 부족 등에 대해 상세히 진술했다. 나아가서는 멀리 동쪽의 랴잔-콜롬나 지역에 새로 투입된 소련군으로 인해 방어준비가 불충분한 내 기갑군 동쪽 깊은 측방에 발생하는 위험에 대해서도 언급했다. 폰 보크 원수는 내가 그전에 보고한 내용들도 육군 최고사령부에 이미 그대로 전달했으며, 육군 최고사령부에서도 전선의 실제 상황을 정확히 알고 있다고 대답했다. 그러더니 육군 최고사령관에게 전화를 걸었고, 나에게도 헤드폰을 하나 건네면서 대화를 함께 들으라고 했다. 폰 보크 원수는 내가 보고한 상황을 반복해서 전달한 뒤 육군 최고사령관에게 내 임무의 변경과 공격 취소, 겨울을 나기에 적합한 방어진지로의 전환을 허락해달라고 요청했다.

그러나 육군 최고사령관은 자기 마음대로 결정할 수 있는 형편이 아닌 듯했다. 육군 최고사령관의 대답은 중요한 문제들을 비켜갔고, 내 제안을 거부하고 공격을 계속하라고 명령했다. 그래서 적어도 내가 도달할 수 있고, 방어가 가능한 전선 안에 있는 너무 멀지 않은 목표를 정해달라고 재차 요청했다. 그러자 육군 최고사령관은 마침내 미하일로프-자라이스크 선을 제시하면서 랴잔-콜롬나 철도를 철저하게 파괴하는 일이 중요하다고 했다.

집단군에 다녀온 결과는 만족스럽지 못했다. 같은 날 나는 내 참모부에 있던 육군 최고사령부의 연락 장교인 폰 칼덴 중령을 육군 참모총장에게 파견해 내 기갑군의 상황을 보고하도록 했다. 그 역시 공격 중단을 요청하기로 했지만 아무 성과 없이 돌아왔다. 육군 최고사령관과 참모총장의 거부적인 태도를 볼 때, 히틀러뿐만 아니라 그들도 공세를 이어가기를 바란다는 사실을 유추할 수 있었다. 어쨌든 이제는 중요한 위치에 있는 군 부서에서도 내 기갑군이 극도로 불안정한 상황에 처해 있다는 사실을 알았다. 따라서 나는 그들이 히틀러에게도 상황을 제대로 알렸을 거라고 생각했다.

11월 24일 10차량화보병사단이 미하일로프를 점령했다. 29차량화보병사단은 예피판을 지나 북쪽으로 40킬로미터 지역을 확보했다. 11월 25일에는 17기갑사단의 전방 전투부대가 카시라에 접근했다. 내 우측에 포진한 군은 리브니를 점령했다.

11월 26일 53군단이 돈 강에 도달해 이바노제로 부근에서 167보병사단과 강을 건넜고, 이바노제로 북동쪽 돈스코이에서 그곳에 포진한 시베리아 부대를 공격했다. 용맹스런 이 사단은 포 42문과 약간의 차량을 노획하고 포로 4천 명을 잡았다. 47기갑군단의 29차량화보병사단은 동쪽에서부터 같은 소련군 부대를 향해 진격해 그들을 포위했다.

나는 이날 53군단에서 하루를 보내고, 11월 27일에는 47기갑군단 사령부를 거쳐 29차량화보병사단으로 가기로 결심했다. 다음날 아침 예피판에서 레멜젠 장군을 만나 지난 밤사이 29차량화보병사단에 위기가 발생했다는 소식을 들었다. 시베리아 239소총사단의 대부분 병력이 포와 차량은 남겨둔 채 동쪽으로 뚫고 나갔다고 했다. 29차량화보병사단의 엷은 포위 전선은 그 돌파를 막지 못한 채 상당한 피해를 입었다. 나는 사단 참모부를 거쳐 가장 심한 타격을 받은 71보병연대로 향했다. 처음에는 정찰과 경계 임무 소홀이 그러한 불행을 야기했을 거라고 생각했다, 그러나 현장에 있던 대대장과 중대장들의 보고는 병사들이 자신들의 임무를 다했음에도 단지 적의 수적인 우세에 압도당했다는 사실을 분명하게 보여주었다. 군복을 완전히 갖춰 입고 손에 무기를 든 채 쓰러져 있는 수많은 병사들의 시신이 내가 들은 내용의 냉혹한 진실을 입증했다. 나는 완전히 풀이 죽은 병사들의 사기를 북돋우고 불행을 떨쳐내게 하려고 애썼다. 시베리아 부대는 비록 중화기와 차량은 두고 갔어도 포위망을 뚫고 나가는데 성공했고, 내 기갑군은 더이상 그들을 막을 힘이 없었다. 그것이 이날의 우울한 결과였다. 29차량화보병사단의 오토바이소총부대가 곧 추격에 나섰지만 아무런 성과도 얻지 못했다.

나는 4기갑사단의 정찰대대로 갔다가 이어서 33소총연대를 찾아갔고, 그날 밤을 보내기 위해서 24기갑군단으로 향했다. 이 겨울, 독일군에 불행을 안긴 끝없이 광활한 눈 덮인 벌판과 울퉁불퉁한 벌판 위로 휘몰아치는 매서운 바람을 경험한 사람. 매일매일 전선의 무인지대를 지나며 변변한 동복도 없이 굶주림에 시달리는 병사들의 너무도 엷어진 방어선을 마주한 사람. 반대로 겨울을 위해 완전무장을 갖추고 영양 상태도 좋은 생생한 시베리아 병사들을 본 사람. 그런 사람만이 앞으로 일어날 심각한 일들을 올바르게 판단할 수 있다.

당시 육군 최고사령부 소속으로 기갑부대 담당관이었던 발크 대령이 그 길을 나와 동행했다. 나는 발크에게 직접 본 대로 육군 최고사령관에게 전해달라고 부탁했다.

내 기갑군의 가장 시급한 과제는 툴라 점령이었다. 교통의 요지이자 비행장이 있는 이곳을 차지하지 않고는 북쪽이든 동쪽이든 가장 가까운 목표지로 진격하는 작전은 계속될 수 없었다. 나는 이번 공격의 어려움을 분명히 알고 있었기에 그 준비를 위해 군단장들을 방문했다. 나는 이중 포위 작전으로 이 도시를 함락시키려 했다. 24기갑군단은 북에서 동으로, 43군단은 서쪽에서부터 공격하기로 했다. 그 작전이 진행되는 동안 53군단은 모스크바 방면으로 북쪽 측방을 방호하고, 47기갑군단은 시베리아에서 도착하는 적군 쪽으로 확장된 동쪽 측방을 지키기로 했다. 47기갑군단의 10차량화보병사단은 11월 27일 미하일로프에 도착한 뒤 명령대로 랴잔-콜롬나 철도로 폭파부대를 파견했다. 그러나 소련군의 저항이 너무나 막강해서 목표를 완성하지 못했다. 18기갑사단의 포들은 예프레모프로 행군하던 중에 추위 때문에 대부분 고장이 났다. 11월 29일 10차량화보병사단에 대한 소련군의 압도적인 공격이 처음으로 효력을 발휘했다. 그 때문에 스코핀에서 철수해야만 했다.

24기갑군단의 공격력도 수개월 동안 이어진 전투로 상당히 약화된 상태였다. 군단 포병대에 남아 있는 포는 겨우 11문에 불과했다.

11월 27일 동부전선의 남쪽에서 우세한 병력의 소련군이 로스토프 공격을 시작했다. 내 우측에 포진한 2군 앞쪽으로 소련군의 병력이 강화되었다. 내 기갑군의 좌익에서는 43군단이 툴라-알렉신 도로에 이르렀다. 그러나 즉시 반격에 나선 강력한 소련군을 만났다.

4군에서는 2기갑사단이 모스크바 북서쪽 22킬로미터에 위치한 크라스나야 폴랴나에 도달했다.

11월 28일 소련군이 다시 로스토프로 밀고 들어왔다. 1기갑군은 철수를 고려해야 할 상황이었다.

43군에서는 별다른 진전을 보이지 못했다. 이날 집단군은 육군과 국방군 최고사령부에서 결정한 멀리 있는 목표를 포기했고, 일단은 '툴라에서의 전투 승리'를 명령했다.

11월 30일 국방군 최고사령부는 툴라 공격에 병력을 충분히 집결시켰는지에 대해 의구심을 피력했다. 그 병력을 보강하려면 47기갑군단에서 측방을 지키는 병력을 줄이는 수밖에는 없었다. 그러나 동쪽에서 나날이 증가하고 있는 소련군의 위협을 고려할 때, 그러한 조치

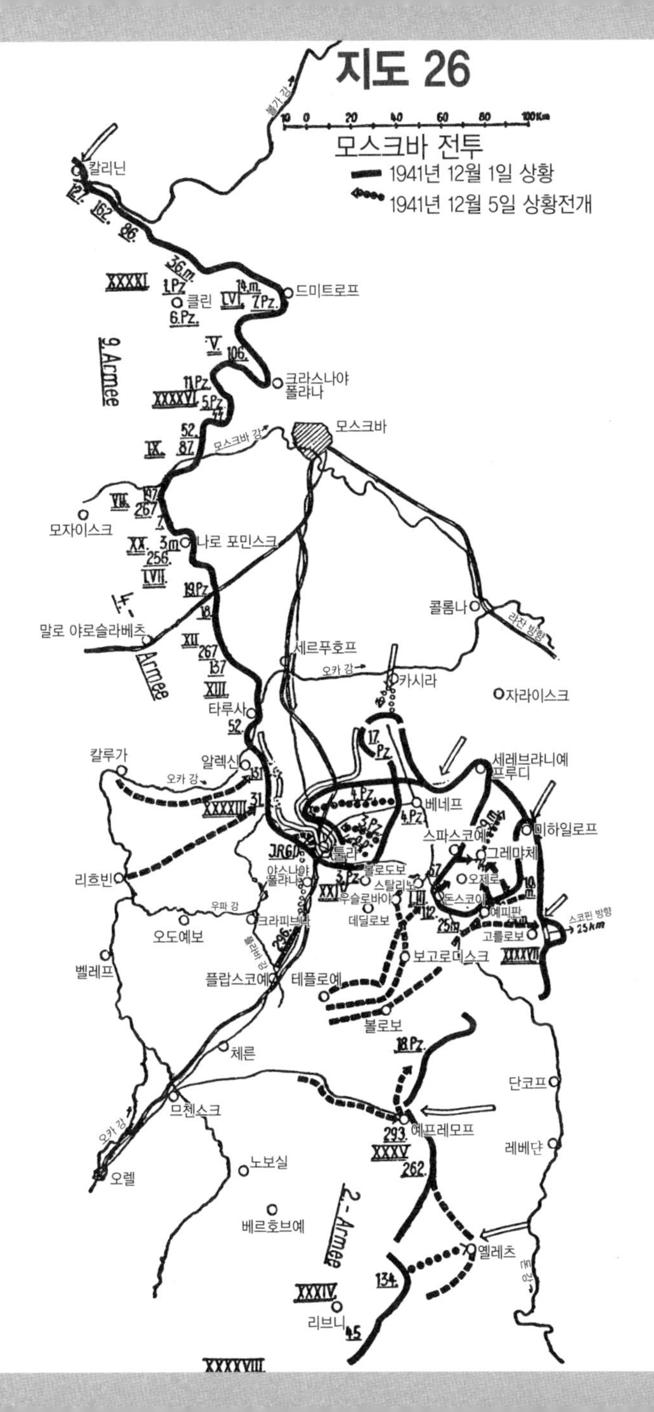

지도 26
모스크바 전투
1941년 12월 1일 상황
1941년 12월 5일 상황전개
볼가 강
칼리닌
드미트로프
클린
크라스나야
폴랴나
모스크바
모스크바 강
모자이스크
나로 포민스크
말로 야로슬라베츠
콜롬나
랴잔 방향
세르푸호프
오카 강
카시라
자라이스크
타루사
칼루가
알렉신
세레브랴니예
프루디
베네프
미하일로프
스파스코예
그레먀체
툴라
볼로도보
야스나야
폴랴나
스탈리노
오제로
돈스코이
우슬로바야
예피판
리흐빈
우파 강
오도예보
크라피브나
데딜로보
고를로보
스코핀 방향
25km
보고로디스크
벨레프
플랍스코예
테플로예
볼로보
체른
단코프
므첸스크
예프레모프
레베댜
오렐
노보실
베르호브예
옐레츠
리브니
9. Armee
2. Armee
XXXXI
XXXXVI
XXXXIII
XXXV
XXXIV
XXXXVIII
XXXXVII

는 위험 부담이 너무 컸다. 그런데 바로 그날 독일의 동부전선 최남단 날개 쪽에서 독일군의 전체 상황을 명확히 보여주는 중대한 사건이 일어났다. 남부집단군이 로스토프에서 철수한 것이다. 그 일로 남부집단군 최고사령관이던 룬트슈테트 원수가 다음날 폰 라이헤나우 원수로 교체되었다. 그 철수는 최초의 경종이었다. 그러나 히틀러와 국방군 최고사령부는 물론이고 육군 최고사령부도 그 경고에 귀를 기울이지 않았다.

1941년 6월 22일부터 동부전선에서 발생한 전체 사망자는 벌써 74만 3천 명에 달했다. 이는 독일군의 평균적인 전체 병력 350만 명의 23퍼센트에 해당하는 수치였다.

같은 날 카시라 부근에 있던 내 기갑군의 북쪽 측방 정면에서 소련군의 병력이 강화되었다. 모스크바 서쪽에 펼쳐진 소련군의 중앙 전선에서 위험에 처한 측방으로 병력을 이동한 것으로 보였다.

지난여름에 함께 싸웠던 묄더스 대령이 전사했다는 소식도 들었다. 독일에서 가장 뛰어난 군인 중 한 명을 잃었다는 슬픔에 몹시 침울했다.

발칸 반도에 게릴라전이 증가하면서 그 지역에 점점 더 많은 병력 투입이 요구되었다.

남부집단군의 신임 사령관인 폰 라이헤나우 원수도 로스토프 철수와 1기갑군의 전선을 미우스 강 지역 뒤로 옮기는 일이 불가피하다고 여겼다. 따라서 룬트슈테트 해임은 24시간 만에 불필요했던 일로 드러났다.

그 사이 내 2기갑군은 나와 동시에 진격을 계획하고 있던 4군과 협력해 12월 2일에 공격을 개시할 수 있도록 준비했다. 그러나 12월 1일 4군이 12월 4일에나 공격에 나서게 되리라는 소식을 들었다. 나는 4

군과 동시에 행동하고 296보병사단 도착할 때까지 기다리기 위해서 내 기갑군의 공격도 연기하고 싶었다. 그러나 24기갑군단이 병력을 집결한 상태로 마냥 대기하고 있을 수는 없다고 해서 12월 2일 이 군단과 함께 공격에 나서기로 결심했다.

내 2기갑군은 톨스토이 백작의 영지인 야스나야 폴랴나에 전방 전투지휘소를 설치했다. 나는 12월 2일 전방 전투지휘소를 찾아갔다. 야스나야 폴랴나는 툴라 남쪽 7킬로미터 지점에 자리 잡은 그로스도이칠란트 보병연대의 전투지휘소 바로 뒤쪽에 있었다. 톨스토이의 영지는 저택 두 채로 이루어졌는데, 하나는 '성'이고 다른 하나는 '박물관'으로 모두 19세기 후기 양식으로 지어진 건물이었다. 축사를 비롯한 작업장도 몇 군데 있었다. 나는 성을 톨스토이 가족 전용으로 남기고 내 숙소는 박물관에 마련하게 했다. 톨스토이가 소유했던 가구와 책들은 방 두 곳에 한데 모아놓고는 방문을 잠가 두었다. 나는 거친 나무판으로 직접 만든 단순한 가구로 만족했고, 근처 숲에서 가져온 나무로 난방을 했다. 따라서 단 한 점의 가구도 땔감으로 쓰지 않았고, 그 어떤 책이나 문건에도 일체 손대지 않았다. 전후에 소련군이 주장한 정반대의 내용들은 사실이 아니다. 나는 톨스토이의 묘지도 직접 찾아갔었다. 묘지는 잘 보존된 상태였다. 단 한 명의 독일 병사도 톨스토이의 묘지를 훼손하지 않았고, 내 기갑군이 영지를 떠날 때까지도 온전히 남아 있었다. 안타깝게도 증오로 가득했던 전후에 소련은 독일의 만행을 증명한다며 진실을 왜곡하고 날조하는 선동과 선전을 서슴지 않았다. 그러나 내가 말한 내용이 옳다는 사실을 입증할 증인들은 아직도 많이 살아 있다. 반면에 소련군이 자신들의 가장 위대한 작가의 묘지 주변에 지뢰를 매설한 일은 사실이었다.

12월 2일 3, 4기갑사단과 그로스도이칠란트 보병연대는 최전방에 있는 소련군의 진지를 돌파했다. 소련군은 기습을 받아 깜짝 놀랐다. 공격은 12월 3일 심한 눈보라 속에서도 계속되었다. 길은 얼어붙었고, 이동은 더 어려워졌다. 4기갑사단이 모스크바-툴라 철도를 폭파하고 포 6문을 노획했으며, 마침내 툴라-세르푸호프에 도달했다. 그러나 그와 함께 4기갑사단의 전투력과 연료도 소진되었다. 소련군은 북쪽으로 빠져나갔지만 상황은 여전히 긴박했다.

12월 4일 정찰대가 툴라-세르푸호프 도로로 밀고 들어간 선봉대의 남과 북쪽에 소련군의 대규모 병력이 포진해 있다고 보고했다. 3기갑사단 지역에서는 툴라 동쪽 숲 지대에서 치열한 전투가 벌어졌다. 이날은 별다른 진척이 없었다.

툴라 부근의 전체 상황에서는 43군단이 그 도시를 포위하고 그 북쪽에 있는 4기갑사단과 선을 연결할 수 있을 만큼 충분한 공격력을 보유하고 있는가 하는 문제가 결정적이었다. 나아가서는 4군이 최소한 소련군이 툴라 방향으로 병력을 철수하지 못하게 압박을 가할 수 있는가도 중요했다.

12월 3일 병사들의 상태를 직접 살펴보기 위해서 그랴스노보에 있는 43군단으로 향했다. 12월 4일 새벽에는 31보병사단의 전투지휘소를 찾아갔고, 거기서 다시 17보병연대와 그 연대의 3예거대대로 향했다. 내가 군 경력을 시작했던 고슬라르 예거대대로, 1920~22년 그 대대의 11중대를 지휘했었다. 나는 3예거대대 중대장들과 병사들이 임박한 임무를 수행할 만한 전투력이 있을지 오랫동안 신중하게 협의했다. 장교들은 여러 가지 우려를 분명하게 언급하면서도 병사들의 전투력에 대해서는 긍정적으로 대답했다. "우리도 이제는 적을 그들의 진지 밖으로 몰아내고 싶습니다." 43군단의 다른 부대도 나의 옛 고슬라르 예거대대와 같은 적극성을 품고 있을지는 미지수였다. 어꿨든 나는 여기서 받은 인상으로 다시 한 번 공격을 감행하기로 했다.

전방 전투지휘소로 돌아가는 길은 끝이 없었고, 수북이 쌓인 눈과 빙판이 된 비탈길 때문에 위험했다. 결국 내 지휘 전차도 빗물에 씻기어 바닥에 깊은 고랑이 형성된 골짜기로 굴러들어가게 되었는데, 어둠 속에서는 그런 골짜기에서 빠져나갈 수 있는 방법이 없었다. 다행히 반대편 비탈에서 내 사령부의 통신 차량 한 대를 만났고, 그 차가 나를 그날 밤 안으로 야스나야 폴랴나로 데려다주었다.

12월 4일 43군단이 공격 개시를 위한 대열을 갖췄다. 슈테머만 장군이 지휘하는 296보병사단은 툴라 방향으로 힘겨운 행군을 이어갔다. 그러나 이날은 더 이상 공격에 나설 수가 없었다. 기온은 영하 35도로 떨어졌다. 항공 정찰대는 소련군의 대규모 병력이 카시라에서 남쪽으로 진군하고 있다고 보고했다. 소련군 전투기의 강력한 엄호 때문에 보다 상세한 내용은 알 수가 없었다.

12월 5일 43군단이 공격을 시도했다. 그러나 처음에 31보병사단에서 몇 번의 성공을 거둔 이후로는 더 이상 진전이 없었다. 296보병사단은 어둠이 내린 뒤에야 완전히 기진맥진한 상태로 우파에 이르렀다. 나는 296보병사단 예하부대 중 1개 연대를 직접 둘러보았다. 29차량화보병사단 지역에서는 소련군이 베네프 북동쪽에서 전차를 앞세워 공격해 왔다. 24기갑군단 부대들이 위치한 툴라 북쪽의 측방과 후방에 대한 위험은 더 커졌다. 24기갑군단은 영하 50도의 혹한 속에서 거의 움직이지 못했다. 그래서 과연 공격을 계속할 필요가 있을지 심사숙고하지 않을 수 없었다. 그 공격은 4군도 동시에 공격에 나서 성공적으로 마무리할 수 있을 때만 소용이 있었다. 그러나 그럴 만한 상황이 아니었고, 오히려 그와는 정반대였다. 오카 강변에서 4군의 협력은 2개 중대의 돌격 작전으로 한정되었고, 2개 중대는 임무를 수행한 뒤 자신들의 원래 위치로 복귀했다. 그 작전은 43군단과 대치하고 있는 소련군에게 아무런 영향도 주지 못했다. 오히려 4군이 수세로 전환했다.

측방과 후방에 대한 위협이 증가했고 비정상적인 추위로 부대는 거의 움직이지 못했다. 12월 5일 밤 나는 이런 상황을 고려해 이번 전쟁에서 처음으로 지원을 받지 못하는 단독 공격을 중단하고, 멀리 돈강 상류–샤트–우파 강 선까지 밀고 들어간 병력을 철수하기로 결심했다. 지금까지 전쟁을 치르는 동안 이번처럼 힘든 결정은 없었다. 참모장 리벤슈타인과 가장 나이가 많은 군단장인 프라이헤어 폰 가이르 장군도 나와 같은 생각이었지만, 두 사람의 동의가 결정을 내려야 하는 나의 어려움을 덜어주지는 못했다.

그날 밤 나는 폰 보크 원수에게 전화해 내 결정을 알렸다. 그러자 폰 보크 원수는 대뜸 이렇게 물었다. "장군의 전투지휘소는 어디에 있소?" 원수는 내가 전투 현장에서 너무 멀리 떨어진 오렐에 있다고 생각한 듯했다. 그러나 기갑 부대장들은 결코 그런 잘못을 범하지 않았다. 나는 전투 상황과 병사들의 상태를 정확하게 판단할 수 있을 만큼 항상 부대원들과 가까운 곳에 있었다.

상황은 내 2기갑군에서만 그렇게 심각한 것이 아니었다. 12월 5일 밤 회프너가 이끄는 4기갑군과 모스크바 북쪽으로 크렘린 35킬로미터 부근까지 접근한 라인하르트의 3기갑군도 공격을 중단해야 했다. 코앞에 다가온 거대한 목표에 도달할 힘이 부족했기 때문이다. 9군이 포진한 지역에서는 칼리닌 양쪽에서 소련군이 공세로 전환하기까지 했다.

우리 독일군의 모스크바 공격은 실패했다. 그로써 용맹스런 독일 병사들의 모든 희생과 노력도 물거품이 되고 말았다. 아군은 불길한 패배를 당했고, 이 패배는 이후 몇 주 동안 최고 지도부의 완고함 때문에 치명적으로 작용했다. 모든 보고에도 불구하고 멀리 동프로이센에 위치한 국방군과 육군 최고사령부는 동계 전투를 치르는 자기 군대의 실제 상황을 정확히 파악하지 못했다. 그러한 무지는 반복적인 과도한 요구로 이어졌다.

유리한 지형에 구축된 진지로 제때에 퇴각하는 것이 힘을 아끼는 최선의 방법으로 보였다. 그래야 상황을 재정비해 봄까지 안정화시킬 수 있었다. 내 2기갑군 지역에서는 지난 10월에 부분적으로 방어 진지를 구축한 수샤-오카 강 진지가 안성맞춤이었다. 그러나 히틀러는 퇴각을 허용하려 하지 않았다. 히틀러의 완고함 외에도 당시의 외교 정책이 그 기간의 결정에 중대한 역할을 했는지는 나로서는 모르는 일이었다. 다만 12월 8일 일본이 전쟁에 참가했고, 12월 11일 독일이 미국에 선전 포고를 했기 때문에 그랬을 것으로 생각하고 싶다.

독일의 군인들은 당시 히틀러가 미국에 선전포고를 했는데 일본이 왜 바로 소련에 선전 포고를 하지 않았는지를 의아하게 생각했다. 그로 인해 소련군은 극동 지역에 있는 병력을 자유롭게 동원할 수 있었다. 소련군은 전례가 없을 정도로 빠른 속도와 빠른 간격으로 독일군과 싸우는 전선에 투입되었다. 그런 이상한 정책은 전선의 군인들의 어려움을 덜어주지 못했고, 오히려 헤아릴 수 없을 정도로 엄청난 부담을 더하는 결과를 낳았다. 그 부담은 고스란히 병사들의 몫이 되었다.

전쟁은 이제 그야말로 '전면전'이 되었다. 지구상에서 가장 거대한 땅에 잠재된 경제적, 군사적 힘이 독일과 독일의 허약한 동맹국에 맞서 하나로 뭉쳤다.

이쯤에서 끝내고 다시 툴라로 돌아가 보자. 이어진 며칠 동안 소련군은 24기갑군단 부근에서 조직적으로 퇴각했다. 반면에 53군단은 카시라에서 강한 압박을 받았고, 47기갑군단에서는 10차량화보병사단이 12월 7일 밤 소련군의 기습을 받아 막대한 피해를 입은 가운데 미하일로프를 빼앗겼다. 내 우측에서는 2군이 옐레츠를 잃었다. 소련군은 계속해서 리브니로 밀고 들어가 예프레모프 앞에서 병력을 강화했다.

당시의 내 생각은 12월 8일에 쓴 한 편지에서 엿볼 수 있다.

"우리는 슬픈 현실에 직면해 있습니다. 최고 지도부는 활의 시위를 너무 팽팽하게 잡아당겼고, 군의 전력 저하에 대한 보고를 믿으려 하지 않았으며, 혹독한 겨울에 대비하지 못한 채 영하 35도까지 내려가는 소련의 매서운 추위에 충격을 받은 병사들에게 계속 새로운 요구를 해왔습니다. 병사들은 이제 모스크바 공격을 성공적으로 수행할 힘이 더는 없습니다. 그래서 12월 5일 저녁 나는 무거운 마음으로 가망이 없어진 전투를 중단하고, 남은 병력으로 그나마 지킬 수 있으리라고 믿는 비교적 짧은 전선으로 후퇴하기로 결정했습니다. 소련군이 맹렬하게 밀어닥치고 있어서 우리는 앞으로도 갖가지 불행한 사태를 대비하고 있어야 합니다. 우리의 손실, 그중에서도 질병과 동상으로 인한 손실이 심각한 상태인데, 비록 그 병사들 중 일부가 잠시 휴식을 취한 뒤 부대로 복귀한다고 해도 현재로서는 우리가 할 수 있는 일이 전혀 없습니다. 동해로 인한 차량과 포의 손실도 이미 우려 수준을 뛰어넘었습니다. 우리는 임시로 판예 말[50]이 끄는 썰매를 이용하고 있지만 당연히 그 썰매로는 많은 것을 할 수 없는 형편입니다. 다행히 우리에게는 아직 운행할 수 있는 전차들이 있습니다. 다만 이 추위에 앞으로 얼마나 더 오래 이용할 수 있을지는 신만이 아시겠지요.

로스토프에서 시작된 불행은 이미 불길한 조짐이었습니다. 그런 조짐이 있었지만 거기서 공격이 계속되었습니다. 11월 23일 내가 집단군을 찾아갔지만 아무런 성과도 해결된 일도 없었고, 별다른 계획 없이 연일 똑같은 상황이 이어졌습니다. 그러다가 내 북측에 위치한 군이 붕괴했고, 남측 군은 어차피 전력이 강한 상태가 아니었습니다. 그러니 나로서도 결국에는 다른 선택의 여지가 없었습니다. 나 혼자서, 그것도 영하 35도의 날씨에 동부전선 전체를 격파할 수는 없으니 말입니다.

발크에게 현 상황에 대한 내 판단을 육군 최고사령관에게 전해 달라고 부탁했습니다. 그러나 발크가 전했는지는 모릅니다.

어제는 공군의 리히트호펜 원수가 나를 찾아왔습니다. 우리는 단 둘이서 긴 대화를 나누었고, 전체 상황을 바라보는 우리의 의견이 일치한다는 사실을 확인했습니다. 이어서 나와 같은 장소에서 우측의 군을 지휘하는 슈미트 장군과도 협의했습니다. 그 역시 나와 같은 생각이었습니다. 어쨌든 내 생각이 나 혼자만의 생각이 아니라는 사실은 분명했지만 그런 사실은 아무 의미가 없었습니다. 거기에 대해 묻는 사람이 없었으니 말입니다. (…) 그렇게 눈부셨던 전투 상황을 두 달 만에 이렇게 (…) 형편없이 망쳐버릴

---

50 Panjepferd: 동유럽에서 주로 농사에 사용되는 말로 몸집은 중간 크기에 매우 강인하다. (역자)

수 있으리라고는 나 자신도 생각하지 못했습니다. 만일 제때에 결정을 내려 전투를 중단하고 방어에 적합한 전선을 골라서 겨울을 지낼 준비를 했다면, 위험한 일은 일어나지 않았을 겁니다. 그래서 지난 몇 달 동안의 모든 일이 도무지 믿기질 않습니다. (…) 내게는 나보다는 우리 독일이 훨씬 더 중요합니다. 그래서 걱정입니다."

12월 9일 소련군이 2군 지역인 리브니 부근에서 전과를 확대해 45보병사단의 일부를 포위했다. 내 2기갑군에서는 47기갑군단이 남서쪽으로 퇴각했고, 24기갑군단은 툴라에서 밀고 들어온 소련군을 물리쳤다.

12월 10일 나는 히틀러의 수석 부관인 슈문트와 육군 인사국장인 보데빈 카이텔에게 서면으로 내 기갑군의 상황을 보고했다. 그쪽에서 쓸데없는 환상을 품지 않도록 하기 위해서였다. 그날 나는 아내에게도 편지를 보냈다.

"내 편지(앞에서 언급한 두 통의 편지)가 제때에 올바르게 전달되었기만을 바라고 있소. 지금이라도 분명한 인식과 단호한 의지만 있으면 아직 많은 것을 구할 수 있고 도움이 될 수 있기 때문이라오. 우리는 적과 그들의 광활한 땅, 기후의 위험 요소를 과소평가했고, 이제 그로 인해 보복을 당하고 있소. 적어도 내가 12월 5일 전투 중단을 지시한 일은 잘한 결정이었던 것 같소. 그렇지 않았다면 파국을 면치 못했을 것이오."

12월 10일 카스토르나야와 옐레츠 부근에서 소련군의 증원된 새 병력이 관측되었다. 2군 지역에서는 소련군이 돌파구를 확장해 리브니-체르노바 도로를 지났다. 내 2기갑군에서는 10차량화보병사단이 예피판을 지켜냈고, 53군단과 24기갑군단은 돈-샤트-우파 강 선에 이르렀다. 그 며칠 사이 296보병사단과 31보병사단 사이에 기분 나쁜 간격이 생겼다.

12월 11일 내 우측에 있는 군단들이 계속 서쪽으로 물러났다. 예프레모프가 위험해졌고, 결국 12월 12일 예프레모프를 포기해야 했다.

43군단 구역에 생긴 틈을 막기 위해서 4군이 137보병사단을 보내야 했다. 그러나 거리가 너무 먼데다 날씨도 좋지 않아서 그 사단이 도착하기까지는 아직 한동안은 더 걸려야 했다. 그래서 12월 12일 가용한 모든 기동 병력을 모아 위기에 빠진 내 우측 군을 지원해야 했다.

12월 13일 2군의 철수는 계속되었다. 이런 상황에서 스탈리노고르스크-샤트-우파 선을 지키려는 내 2기갑군의 의도는 실현 불가능했다. 더욱이 112보병사단은 새로 투입된 소련군의 공격을 막을 힘이 더는 없었다. 따라서 플라바 구역 뒤로 계속 후퇴해야 했다. 내 좌측에 있는 4군에서도 특히 3, 4기갑집단에서는 진지를 지킬 수가 없었다.

12월 14일 로슬라블에서 육군 최고사령관 폰 브라우히치 원수를 만났다. 폰 클루게 원수도 그 자리에 있었다. 나는 이 회동에 참석하기 위해서 눈보라를 헤치며 차로 22시간을 달려와야 했다. 나는 육군 최고사령관에게 내 기갑군의 상황을 상세하게 보고했고, 수샤 강과 오카 강 선으로 군을 철수하게 해달라고 요청해 허락을 받았다. 그 일대는 지난 10월의 전투에서 한동안 아군의 전방 전선을 형성했던 곳으로 그 뒤로 진지가 어느 정도 강화되어 있었다. 이 기회에 약 40킬로미터에 이르는 24기갑군단과 43군단 사이의 간격을 메우는 문제도 논의되었다. 4군은 그 목적으로 137보병사단을 2기갑군에 넘기기로 했다. 그러나 폰 클루게 원수는 일단 사단장의 지휘 아래 4개 대대만 이동시켰다. 나는 그 정도 병력으로는 턱없이 부족하니 사단의 나머지 절반도 즉시 보내달라고 요청했다. 독일군의 벌어진 틈을 복구하기 위해 시작된 이 사단의 전투에서 용감한 베르크만 장군이 전사했고, 그 불길한 틈은 끝내 메워지지 않았다.

로슬라블 회동의 결과는 다음의 명령이었다. "2군은 2기갑군 사령관의 지휘를 받는다. 양 군은 쿠르스크 전방-오렐 전방-플랍스코예-알렉신 선, 필요한 경우에는 오카 강 진지를 지킨다." 나는 육군 최고사령관이 그와 같은 결정을 당연히 히틀러에게도 보고할 거라고 생각했다. 그러나 나중의 일들을 보면 육군 최고사령관이 그렇게 하지 않았을 거라는 의구심이 들게 했다.

이날 2군 지역에서는 12월 13일에 시작된 소련군의 돌파가 리브니를 지나 오렐 방향으로까지 영향을 미쳤다. 소련군의 돌파로 45보병사단이 포위되었고 부분적으로는 섬멸을 당한 부대도 있었다. 빙판이 된 길은 일체의 이동을 어렵게 했고, 소련군의 포화보다 동상으로 인한 사상자가 더 많이 발생했다. 우측에 포진한 2군의 293보병사단이 예프레모프에서 철수함에 따라 47기갑군단도 물러나지 않을 수 없었다.

12월 16일 나의 긴급 요청으로 나와 가까운 곳에 머물던 슈문트가 오렐 비행장으로 찾아와 30분 정도 대화를 나누었다. 나는 상황의 심각성을 알린 뒤 총통에게도 그 사실을 전해달라고 부탁했다. 그래서 그날 밤 히틀러가 전화해 내가 슈문트에게 전달한 제안에 대한 답을 줄 것으로 예상하고 있었다. 나는 슈문트와의 대화를 통해서 육군 최고사령부에 변화가 있고, 폰 브라우히치 원수의 퇴진이 임박한 사실도 알았다. 그날 밤 나는 이렇게 적었다.

"밤이면 잠을 이루지 못한 채 내가 할 수 있는 일이 무엇일지 고민했다. 이 무지막지한 추위에 무방비로 밖에서 지내야 하는 가엾은 우리 병사들. 이 상황은 끔찍하고 도저히 상상할 수 없었다. 전선에 와본 적이 전혀 없는 육군과 국방군 최고사령부에서는 이런 상황에 대해 아무것도 모른다. 그들은 항상 수행할 수도 없는 명령만 내리면서 우리의 모든 요청과 제안을 거부한다."

그날 밤 기대하고 있던 히틀러의 전화가 왔다. 히틀러는 계속 버티라고 요구하면서 후퇴를 불허했다. 그러면서 내가 잘못 들은 것이 아니라면, 항공편으로 겨우 500명을 증원해주겠다고 약속했다. 연결 상태가 매우 좋지 않아서 히틀러의 전화는 여러 번 반복되었다. 그러나 내 기갑군의 후퇴는 로슬라블에서 폰 브라우히치 원수와 가졌던 협의를 근거로 이미 진행 중이었고, 당장 중단하기는 불가능했다.

12월 17일 병사들의 상태를 확인하고 상황을 논의하기 위해서 다시 24, 47기갑군단과 53군단의 군단장들을 찾아갔다. 세 장군은 모두 기존의 병력으로는 오카 강 동쪽을 지속적으로 방어할 수 없다는 의견이었다. 그러면서 새 병력의 투입으로 방어를 강화할 때까지 기존의 전투력을 어떻게 유지하느냐가 관건이라고 했다. 세 장군은 병사들이 적군을 완전히 오판하고 되지도 않을 공격을 명령한 군 수뇌부에게 의구심을 품기 시작했다고 보고했다. "우리가 이동할 수 있고 전투력이 예전과 같은 수준이었다면, 아이들 장난처럼 쉬운 문제였을 겁니다. 그러나 길이 얼어붙어서 좀처럼 이동할 수가 없습니다. 게다가 소련군은 겨울을 대비해 완전한 무장을 갖추고 있지만 우리는 전혀 그렇지 못합니다."

2군은 이날 소련군이 노보실을 돌파할까봐 염려했다.

나는 이런 상황을 고려해 집단군의 승인을 받아 총통 사령부를 찾아가기로 결심했다. 서면 보고서도 전화상의 설명도 아무런 소용이 없었기 때문에 히틀러에게 내 기갑군이 처한 상황을 직접 보고할 작정이었다. 면담 날짜는 12월 20일로 정해졌다. 폰 보크 원수는 그날까지 병가를 냈고, 중부집단군의 지휘권은 폰 클루게 원수가 잡았다.

12월 18일 2군은 팀-리브니-베르호브예 선을 방어하고 이후 며칠 안에 2기갑군의 우익과 연계해 볼샤야 레카-수샤 선으로 돌아가라는 명령을 받았다. 2기갑군은 모길키-베르흐 선과 플라비-소로첸카-추니나-코스미나 선으로 후퇴해야 했다.

43군단은 4군의 지휘 아래 들어갔다.

12월 19일 47기갑군단과 53군단이 플라바 진지로 이동했다. 나는 47기갑군단을 오제르키-포디시니옵케 북서쪽 선으로 되돌리고, 24기갑군단을 군의 예비대로 오렐 주변 지역에 집결시키기로 결정했다. 그 군단에 잠시 휴식을 주어 작전에 필요한 기동력을 갖도록 하기 위해서였다.

4군은 우익에 소련군의 강력한 공격을 받아 곳곳에서 뒤로 밀려났다.

첫 번째 직위 해제

"수도사여, 수도사여, 그대 힘든 길을 가는구려!"[51] 내가 히틀러를 찾아가겠다는 결심을 알리자 동료들은 나의 상황에 빗대어 그렇게

51 면죄부 판매에 반대하는 반박문을 붙여 교황에게 파문당한 마르틴 루터는 보름스에서 열리는 신성로마제국 의회에 참가해 그의 주장을 철회하라는 요구를 받았다. 루터는 위험을 무릅쓰고 의회에 참석해 신념을 지켰고 결국 제국에서도 추방당했다. 인용문은 루터를 지지했던 신성로마제국의 군인 게오르크 폰 프룬츠베르크가 보름스 제국 의회에 참석한 루터에게 했다고 전해지는 말이다. (역자)

말했다. 히틀러에게 나와 같은 생각을 품게 하기란 결코 쉽지 않으리라는 점은 나도 분명히 알았다. 그러나 당시만 해도 전선의 상황에 정통한 장군에게서 합리적인 설명을 들으면, 히틀러가 거기에 귀를 기울이게 될 거라고 굳게 믿고 있었다. 나는 오렐 북쪽의 차디찬 겨울 전선에서 쾌적하고 난방이 잘된 총통 사령부가 위치한 동프로이센에 이르는 장거리 비행 내내 그러한 믿음을 잃지 않았다.

1941년 12월 20일 15시 30분, 내가 탄 비행기가 라스텐부르크 비행장에 착륙했다. 약 5시간 정도 지속된 히틀러와의 대화는 각각 30분씩, 두 번 중단되었다. 한번은 저녁 식사를 위해서였고, 다른 한번은 히틀러가 항상 관람하는 「도이체 보헨샤우」[52] 상영 때문이었다.

18시 경 히틀러는 카이텔과 슈문트, 다른 몇몇 장교들이 있는 자리에서 나를 맞이했다. 그 전날인 12월 19일 히틀러는 폰 브라우히치 원수를 해임한 뒤 스스로 육군 최고사령관에 올랐는데, 현직 육군 최고사령관이 주관한 이 자리에 육군 참모총장도 육군 최고사령부의 다른 대표도 참석하지 않았다. 덕분에 이번에도 나는 1941년 8월 23일처럼 국방군 최고사령부를 상대로 혼자가 되었다. 히틀러가 인사를 하려고 내게 다가왔을 때, 나는 히틀러의 눈에서 처음으로 적의에 찬 딱딱한 눈빛을 보며 놀랐다. 그 눈빛 때문에 히틀러가 다른 누군가를 통해 나에 대해 좋지 않은 선입견을 얻었다는 확신을 품게 되었다. 작은 방안의 어두침침한 불빛은 불쾌한 인상을 더 강하게 했다.

그 자리는 2기갑군과 2군의 작전 상황에 대한 내 설명으로 시작되었다. 나는 양 군을 수샤 강-오카 강 진지로 단계적으로 철수시키려

52 Die deutsche Wochenschau(독일 주간 뉴스): 1940~45년 제3제국 영화관에서 영화 상영 전에 보여준 한주간의 뉴스였다. 주로 2차 세계대전의 전황 보도와 나치 이데올로기를 선전하는 도구였다.(역자)

는 의도를 언급했다. 앞에서 말했듯이 12월 14일 로슬라블에서 이미 폰 브라우히치 원수에게도 설명한 계획이었고, 승인도 받은 상황이었다. 나는 히틀러가 거기에 대해 이미 알고 있을 거라고 확신했다. 그래서 히틀러가 "아니, 그렇게는 안 되오!"라고 격하게 소리쳤을 때 놀라움은 더 컸다. 나는 철수가 이미 진행되고 있고, 앞서 말한 수샤 강-오카 강 진지 앞쪽으로는 장기적으로 머물 수 있는 적합한 진지가 없다고 말했다. 군을 지키고 겨울을 보낼 장기적인 진지 확보를 중요하게 생각한다면, 다른 선택의 여지가 없다는 점을 강조했다.

그러자 히틀러가 말했다. "그렇다면 땅을 파고 들어가서 한 치의 땅이라도 지켜야 하오!" 나는 이렇게 대답했다. "땅이 1~1,5미터 깊이까지 얼어 있어서 팔 수 있는 곳이 거의 없습니다. 게다가 아군이 가지고 있는 빈약한 참호 도구로는 땅을 파지도 못합니다."

"그럼 중(重)곡사포로 폭발 구덩이를 만들면 되잖소. 1차 세계대전 때 우리 독일 제국군은 플랑드르에서 그렇게 했소."

"1차 세계대전 때 플랑드르에 있던 사단들은 4~6킬로미터 전선을 담당했고, 전선을 방어하기 위해 비교적 충분한 탄약을 갖춘 중야전곡사포 2~3개 대대를 보유했습니다. 그러나 저의 사단들은 20~40킬로미터까지 뻗은 전선을 방어해야 하고, 각 사단이 보유한 중곡사포는 겨우 4문에 포탄도 약 50발밖에 없습니다. 그런데 폭발 구덩이를 만들기 위해서 이 포탄을 모두 사용한다고 해도, 세숫대야 크기로 파인 50개의 작은 구덩이와 그 주변의 검은 그을음만 생길 뿐 큼지막한 폭탄 구덩이는 결코 얻을 수 없습니다. 플랑드르에서는 아군이 지금 겪고 있는 것처럼 혹독한 추위는 없었습니다. 그 외에도 포탄은 소련군을 막는데 사용하기도 빠듯합니다. 당장 전화선을 가설하기 위한 말뚝조차 땅에 박기가 힘듭니다. 그 말뚝을 박기 위해서도 폭약으로 구멍을 내야 합니다. 그런데 진지를 건설할 수 있을 정도로 많은 양의 폭약을 어디서 구한단 말입니까?"

히틀러는 아군의 현재 위치를 고수하라는 명령을 고집했다. 그래서 나는 이렇게 말했다. "그러면 그 결과는 부적합한 지형에서 참호전으로 넘어가는 것을 뜻합니다. 1차 세계대전 때 서부전선에서 그랬던 것처럼 말입니다. 그러면 결정적인 승리를 거두지도 못하면서 그때와 똑같은 물량전과 막대한 희생을 치르게 될 겁니다. 이번 겨울에도 아군은 그런 전술 때문에 우리의 장교들과 하사관들, 그리고 그들을 대체할 보충병들의 피를 희생할 것입니다. 그런데 그 희생은 아무 소용이 없을 뿐 아니라 대체할 수도 없을 것입니다."

"장군은 프리드리히 대왕의 근위병들이 기꺼이 죽었을 거라고 생각하오? 그들도 살기를 원했소. 그렇지만 대왕이 그들의 희생을 요구한 것은 정당했소. 나 역시 모든 독일 병사에게 그들의 목숨을 바치라고 요구할 권리가 있다고 생각하오."

"독일 병사들은 전쟁에서 조국을 위해 목숨을 바쳐야 한다는 사실을 모두 알고 있고, 지금까지 그 희생을 감당할 각오가 되어 있다는 사실을 분명하게 보여주었습니다. 그러나 그런 희생은 그럴 만한 가치가 있을 때만 요구해야 합니다. 그런데 저에게 내린 지시는 얻을 수 있는 성과에 비해 턱없이 많은 손실을 초래할 것입니다. 아군 병사들은 제가 제안한 수샤 강-오카 강 진지로 철수해야만 지난 가을 전투에서 구축해 놓은 진지에서 혹독한 날씨로부터 보호를 받을 수 있습니다. 아군이 입은 그 많은 피해는 적 때문이 아니었습니다. 전선의 아군이 적의 총탄에 잃은 병사보다 무시무시한 추위로 잃은 병사가 두 배나 많습니다. 그 점을 생각해주시기 바랍니다. 동상 환자들로 가득한 야전 병원을 본 사람이라면 그 뜻을 알 수 있을 것입니다."

"장군이 전력을 다하고 있고 병사들과 많은 시간을 보내고 있다는 사실은 나도 잘 알고 있고, 그 점을 높이 사오. 하지만 장군은 사건 현장을 너무 가까운 곳에서 보고 있소. 그래서 병사들의 고통에 너무 많은 영향을 받았소. 장군은 그들에 대한 연민이 너무 크오. 그러니 좀 더 뒤로 물러나야 하오. 모든 일은 거리를 두고 봐야 보다 분명하게 보이는 법이오."

"제 임무는 당연히 가능한 한 병사들의 고통을 덜어주는 것입니다. 하지만 그러기가 너무 어렵습니다. 병사들은 지금도 동복을 받지 못했고, 보병들 대부분은 아직도 삼베로 된 바지를 입고 있습니다. 장화, 속옷, 장갑, 방한모도 전혀 없거나 아주 보잘것없는 상태입니다."

그러자 히틀러가 발끈해서 소리쳤다. "그렇지 않소. 병참감은 동복을 이미 배정했다고 보고했소."

"물론 배정은 했겠지만 전선에는 아직 도착하지 않았습니다. 저는 보급품이 어디까지 왔는지 상세하게 추적해봤습니다. 현재는 바르샤바 역에 당도해 있는데, 기관차 부족과 선로 차단으로 지난 몇 주 전부터 더 이상 수송되지 못하고 있습니다. 저와 전선의 장군들이 지난 9월과 10월에 제기한 요구는 냉정하게 거절당했고, 지금은 너무 늦었습니다."

히틀러는 즉시 병참감을 호출했고, 병참감은 내 진술이 사실이라고 시인해야 했다. 괴벨스가 추진한 '1941년 크리스마스 군복 보내기 운동'은 이 대화의 결과였다. 그러나 그 성과물도 1941/42년 겨울에 병사들의 수중에 들어오지는 않았다.

다음으로는 전투력과 식량 보급에 대한 문제가 논의되었다. 진창길과 엄청난 추위로 많은 차량을 잃었기 때문에 전투부대에서나 보급부대에서나 보급품 수송을 위한 차량이 부족했다. 또한 고장 난 차량을 대체할 차량을 지급받지 못해서 현지에 있는 수단으로 자구책을 마련해야 했다. 그 자구책은 주로 적재 능력이 극히 제한된 판예 마차와 썰매였다. 부족한 화물차를 대체하려면 그런 종류의 달구지가 수없이 필요했고, 그것들을 이용하려면 상당수의 인원도 필요했다. 히틀러는 이제 자신의 생각에 너무 방만하게 구성된 보급부대와 각 부대의 보급부대를 가차 없이 줄이고 전선에 더 많은 소총수를 보내라고 요구했다. 그 요구는 이미 보급에 위험을 초래하지 않는 선에서 당연히 취해진 조치였다. 그 이상은 다른 보급 수단, 특히 철도의 개선을 통해서나 가능한 일이었다. 그러나 그 간단한 사실을 히틀러에게 이해시키는 일은 무척 어려웠다.

그런 다음 숙소에 관한 대화가 이어졌다. 몇 주 전 베를린에서는 육군 최고사령부가 다가오는 겨울, 병사들에게 공급할 계획이었던 장비들을 선보인 전시회가 열렸다. 폰 브라우히치 원수가 히틀러를 직접 안내하기도 했다. 전시회는 아주 훌륭했고, 도이체 보헨샤우에서도 볼 수 있었다. 그러나 병사들은 그 멋진 장비들 중 어느 하나도 받지 못했다. 끊임없이 이어진 기동전 때문에 진지 구축은 불가능했고, 현지에서 구할 수 있는 장비도 매우 적었다. 전선에 있는 독일 군인들의 숙소는 비참했다. 히틀러는 그런 점에 대해서도 아무것도 몰랐다. 나와 히틀러가 그 부분을 이야기할 때는 군수부 장관 토트 박사도 자리에 있었다. 토트는 건전하고 인간적인 감성을 지닌 사려 깊은 사람이었다. 그래서 전선의 상황에 대한 내 이야기에 깊은 영향을 받았는지 히틀러에게 막 선보이려고 했던 참호용 난로 2개를 나에게 선물로 주었다. 군용으로 제작된 그 난로는 현지에서 구할 수 있는 자재로 직접 만들 수 있었다. 그 난로가 장시간의 대화에서 얻은 그나마 긍정적인 성과였다.

저녁 식사를 하는 동안 나는 히틀러의 옆자리에 앉았고, 그 기회를 이용해 전선 생활에 대한 세부적인 이야기들을 들려주었다. 그러나 그 이야기의 효과는 내 기대와는 달랐다. 히틀러와 그의 측근들은 내가 과장하고 있다고 믿는 듯했다.

그래서 저녁 식사가 끝나고 논의가 재개되었을 때, 나는 이번 전쟁을 전선에서 경험한 참모 장교들을 국방군과 육군 최고사령부로 옮겨달라고 제안했다. "저는 국방군 최고사령부의 반응에서 저와 전선의 장군들이 올린 보고가 제대로 이해되지 못하고 있고, 그에 따라 총통께도 올바르게 전달되지 않았다는 인상을 받았습니다. 따라서 실전 경험이 있는 장교들을 국방군과 육군 최고사령부로 옮겨야 한다고 생각합니다. 참모부를 교체하십시오. 여기 양 참모본부에 있는 장교들은 전쟁이 시작된 이후, 다시 말하면 2년이 넘도록 전선을 경험한 적이 없는 사람들입니다. 이 전쟁은 1차 세계대전과는 너무 달라서 당시 전선에서 활동했다고 해도 이번 전쟁에는 별다른 도움을 주지 못합니다."

나는 이 제안으로 벌집을 쑤신 꼴이 되었다. 히틀러가 격분해서 말했다. "지금 상황에서 내 측근들을 바꿀 수는 없소."

"총통의 개인 부관들을 바꾸시라는 말이 아닙니다. 문제는 그것이 아닙니다. 그보다는 참모본부의 요직에 이번 전쟁에 경험이 있는 장교, 특히 동계 전투의 경험이 있는 장교들을 배치하는 일이 더 중요합니다."

그러나 이 요청도 단칼에 거절당했다. 나와 히틀러의 대화는 대실패로 끝났다. 내가 회의실을 나올 때 히틀러가 카이텔에게 이렇게 말했다. "나는 저 사람을 믿을 수가 없소!" 그로써 나와 히틀러의 사이는 다시는 회복될 수 없이 단절되었다.

다음 날 아침 나는 전선으로 돌아가는 비행기에 오르기 전 국방군 지휘 참모장인 요들 장군에게 전화를 걸어 현재의 전략은 견딜 수 없는 인명 피해만 초래할 거라는 사실을 다시 강조했다. 또한 소련군이 퇴각한 후방의 진지에서 상황을 안정시키기 위해서는 예비대가 즉시 필요하다고 말했다. 이 전화도 별다른 효과는 없었다.

12월 21일 나는 요들과의 통화를 끝내고 오렐로 돌아왔다. 히틀러의 명령에 따라 내 기갑군의 좌측 경계는 시스드라 강의 오카 강 합류점으로 옮겨졌다. 이 이동으로 내 기갑군의 책임 구역은 달갑지 않은 범위로 확대되었다. 이날은 히틀러의 의도를 반영한 일을 준비하고 나머지 시간은 명령하달로 보냈다.

12월 22일 나는 명령이 제대로 수행되고 있는지 확인하기 위해서 47기갑군단의 각 사단을 방문했다. 먼저 군단 사령부에서 잠시 이야기를 나눈 뒤 체른에 있는 10차량화보병사단을 찾아가 사단장 폰 뢰퍼 장군을 만났다. 나는 폰 뢰퍼에게 명령의 목적과 히틀러가 그런 명령을 내린 이유를 설명해주었다. 이어서 오후에는 같은 목적으로 17, 18기갑사단을 찾아갔다. 추위 속에 이어진 일정을 마치고 자정 무렵에야 다시 오렐로 돌아왔다. 그로써 최소한 가장 중요한 지휘관들은 히틀러의 명령으로 변화된 상황을 나에게 직접 들어 상세히 알게 되었다. 그래서 안심하고 다가올 일을 기다릴 수 있다고 생각했다.

12월 23일 다른 군단장들의 상황 보고가 이어졌다. 53군단은 이제 167보병사단도 막대한 손실을 입었다고 보고했다. 296보병사단은 벨레프로 후퇴했다. 53군단의 방어력은 아주 미약하다고 판단되었다. 53군단의 좌익과 43군단 사이에는 여전히 큰 틈이 벌어져 있었지만, 통행이 불가능한 지대에서 길을 벗어나면 거의 움직일 수 없는 병력으로는 그 틈을 메울 수가 없었다. 그래서 3, 4기갑사단을 툴라-오렐 국도를 따라 오렐로 철수시키기로 결심했다. 거기서 3일간 휴식을 취하게 한 다음 24기갑군단의 지휘 아래 카라체프-브랸스크를 지나 북쪽으로, 오카 강을 건너 밀고 들어오는 소련군의 측방을 공격하도록 하기 위해서였다. 그러나 적이 2군 전선 깊숙한 곳으로 밀고 들어오는 바람에 두 사단의 일부 병력을 새로 발생한 위험 지역으로 돌리지 않을 수 없었고, 리흐빈 방향으로 집결하는 일도 지연되었다. 24기갑군단의 기동력이 없는 병력은 오렐 치안군으로 통합되었다.

12월 24일에는 야전 병원들에서 열린 성탄절 축제를 둘러보았다. 나는 몇몇 용감한 병사들에게 작은 기쁨을 선사할 수 있었다. 그러나 울적한 날이었다. 저녁에 혼자 일하면서 보내고 있는데, 리벤슈타인, 뷔징, 칼덴이 찾아와 따뜻한 전우애 속에서 한동안 말동무가 되어 주었다.

이날 2군이 리브니를 잃었다. 소련군은 리흐빈 북쪽으로 오카 강을 건넜다. 육군 최고사령부의 명령으로 4기갑사단은 적을 저지하기 위해 벨레프로 이동했다. 그로 인해 내가 계획했던 24기갑군단의 일제 반격은 부분 공격으로 와해될 위기에 처했다.

12월 24일 밤사이 10차량화보병사단이 소련군의 포위 공격으로 체른을 잃었다. 10차량화보병사단의 좌측에서 싸우던 53군단의 일부 병력이 견디지 못하고 소련군의 돌파를 허용하는 바람에 소련군은 예상 외로 큰 전과를 올렸다. 10차량화보병사단의 일부가 체른에서 포위당한 것이다. 나는 이 불행한 사태를 즉시 집단군에 보고했다. 그러자 폰 클루게 원수는 내가 이날 밤이 아니라 최소한 24시간 전에 체른에서 철수하라는 명령을 내렸어야 한다며 격한 어조로 나를 비난했다. 그러나 실상은 그 반대였다. 앞에서 언급한 대로 나는 현 위치를 지키라는 히틀러의 명령을 직접 전달했다. 그래서 나도 화를 내며 폰 클루게 원수가 나에게 퍼부었던 부당한 비난에 반박했다.

12월 25일 10차량화보병사단의 포위되었던 병력이 포위망을 돌파하는데 성공해 수백 명의 포로를 데리고 아군 전선에 도착했다. 나는 수샤-오카 진지로 이동하라고 명령했다. 저녁에는 폰 클루게 원수와 또 다시 심한 언쟁이 벌어졌다. 폰 클루게 원수는 내가 잘못된 업무 보고를 했다고 비난하더니 "총통께 장군에 대해 보고하겠소."라고 하면서 수화기를 내려놓았다. 너무 지나친 처사였다. 나는 집단군 참모장에게 이런 식의 대우를 받으면서는 더 이상 내 기갑군을 계속 지휘할 수 없으니 지휘권을 거두어달라고 말했다. 그런 다음 그 결심을 즉시 전보로 알렸다. 그러나 폰 클루게 원수가 나보다 먼저 육군 최고사령부에 나를 교체해달라고 요청했고, 히틀러가 그 요청을 수락해 나는 12월 26일 오전 육군 최고사령부 예비역 장교단으로 전속되었다. 2군 사령관 루돌프 슈미트 장군이 내 후임이 되었다.

12월 26일 나는 내 참모부에 작별을 고했고, 병사들에게도 짤막한 일일명령을 하달했다. 나는 12월 27일에 전선을 떠나 그날 밤을 로슬라블에서 보냈다. 28일에는 민스크에서, 29일에는 바르샤바에서, 30일에는 포젠에서 밤을 보내고 마지막 날인 31일 베를린에 도착했다.

내가 병사들에게 보낸 마지막 일일명령 때문에 폰 클루게 원수와 내 참모부 사이에 다시갈등이 빚어졌다. 일일명령에 상관에 대한 비판이 담겨 있을 것을 걱정한 폰 클루게 원수가 명령 교부를 방해하려 했기 때문이다. 명령서의 내용은 당연히 아무런 문제가 없었고, 리벤슈타인은 병사들이 최소한 내 작별 인사를 받을 수 있게 조치했다.

내 작별 명령은 다음과 같았다.

2기갑군 최고사령관 1941년 12월 26일 기갑군 사령부
군 일일명령

2기갑군 장병들이여!

총통 겸 국방군 최고사령관은 오늘 날짜로 나의 지휘권을 거두었다.

그대들과 작별을 고하는 이 순간, 나는 우리 조국의 위대함과 우리 군의 승리를 위해 함께 싸웠던 지난 6개월의 전투를 떠올린다. 또한 깊은 경외심으로 독일을 위해 희생하고 목숨을 바친 모든 이들을 생각한다. 그 긴 시간 동안 그대들이 언제나 새롭게 보여주었던 충성과 헌신과 진정한 전우애에 진심으로 감사한다. 우리는 좋을 때나 힘들 때나 무조건 하나였고, 그대들을 보살피고 그대들을 위해 나설 수 있었던 것이 내게는 큰 기쁨이었다.

잘 있어라!

그대들은 지금까지 그래왔듯이 용맹스럽게 싸워, 겨울의 모진 고난과 적의 우세에도 굴하지 않고 승리할 것이다. 내 마음은 언제나 힘든 길을 걷는 그대들과 함께할 것이다.

그대들은 독일을 위해 그 길을 가라!

하일 히틀러!

구데리안(서명)

08 해임 이후

Außer Dienst

나에게 가해진 부당한 처우는 당연히 나를 무척 격분시켰다. 그래서 1942년 1월 초 베를린에서 군사 법원의 조사를 신청했다. 폰 클루게 원수의 비난을 반박하고 내 행위의 이유를 명백하게 밝히기 위해서였다. 그러나 내 신청은 히틀러에 의해 기각되었고, 기각 조치에 대한 이유는 듣지 못했다. 진상을 밝히려는 뜻이 없는 것이 분명했다. 내가 부당한 조치를 당했다는 사실은 모두가 분명히 인식하고 있었다. 내가 오렐에서 출발하기 직전 히틀러의 지시로 슈문트 대령이 진상을 확인하러 왔었다. 슈문트는 리벤슈타인과 전선에 있던 많은 장군들을 통해 진실을 알았고, 총통 사령부의 요직에 있는 사람들에게도 다음과 같은 말로 그 내용을 알렸다. "그 사람은 부당한 일을 당했습니다. 군 전체가 구데리안을 편들고, 구데리안에게 의존하고 있습니다. 우리는 이 일을 다시 바로잡을 수 있는 방법을 생각해야 합니다." 이상주의자인 슈문트의 솔직한 노력은 의심의 여지가 없었다. 그러나 슈문트는 자신의 좋은 뜻을 관철하지는 못했다. 다른 사람들의 입김이 작용했기 때문이다.

결국 나는 아무 하는 일도 없이 베를린에 있게 되었고, 독일 병사들은 계속 힘든 길을 가야만 했다. 나의 일거수일투족은 감시 받았고 그래서 처음 몇 달 동안은 완전히 은둔 생활을 하면서 집 밖으로는 거의 나가지도 않았다. 간간이 방문객 몇 명만 맞이했다. 처음으로 나를 찾아온 사람 중 하나가 SS장인 제프 디트리히였다. 디트리히는 제국 수상관저에서 전화를 걸어 나를 보러오겠다는 말했다. 나중에 '저 위에 있는 사람들'에게 그들이 나를 부당하게 대우했고, 자신은 그들과 생각이 다르다는 점을 보이기 위해서 일부러 그렇게 했다고 설명했다. 디트리히는 히틀러에게도 자신의 생각을 숨기지 않았다.

육군 지휘관들에 대한 인사 조치는 폰 룬트슈테트 원수와 나를 교체하는 것으로 끝나지 않았다. 그때까지 능력이 입증된 많은 장군들이 별다른 이유도 없이, 또는 속이 뻔히 들여다보이는 구실로 직위에서 물러났다. 가이어, 푀르스터, 회프너 장군도 거기에 포함되었다. 리터 폰 레프 원수와 퀴블러 장군은 스스로 물러났다. 슈트라우스 상급대장은 병가를 냈다.

이와 같은 '숙청'은 상당한 저항 속에서 단행되었다. 특히 회프너 상급대장에 대한 조치와 그 결과는 주목할 만 했다. 히틀러는 회프너 상급대장을 직위 해제하면서 군복과 훈장을 착용할 권리까지 박탈하고, 연금과 관사 지급도 거부했다. 회프너는 법에 위배되는 그 명령을 인정하지 않았고, 국방군과 육군 최고사령부의 법무관들도 히틀러에게 그런 명령은 부당하니 회프너에 대한 징계 절차를 재고해야 한다고 용기 있게 말했다. 그대로 였다면 그 징계 절차는 분명 회프너에게 유리하게 끝났을 것이다. 그런데 회프너는 더 나아가 직속상관이던 폰 클루게 원수에게 전화를 걸었고, '아마추어 같은 지휘'에 화를 냈다. 그러자 클루게는 그 말을 히틀러에게 전달했다. 히틀러는 불같이 화를 냈다. 그 분노의 결과가 입법과 행정, 사법 영역의 마지막 걸림돌을 제거시키는 법률이었고, 제국 의회는 1942년 4월 26일 만장일치로 그 법[53]을 통과시켰다. 그 법의 통과는 1933년 3월 23일, 전권위임

53 총통 아돌프 히틀러의 권한에 독일 최고재판관 권한을 추가하여·사실상 완전한 사법권을 부여하는 법. 해당 법안의 통과로 히틀러가 내리는 판결은 법적으로도 최종 판결이 되었으며 이 법을

법의 통과로 시작된 일련의 과정에 쐐기를 박았다. 독일의 독재자에게 무한한 권력을 행사할 법적 토대를 마련해주었다. 그로써 독일은 현대적인 법치국가가 되기를 중단했다. 군인들은 그 두 법이 통과되는데 관여하지 않았다. 단지 그 불행한 결과만을 감당해야 했다.

지난 몇 개월 동안 일어난 불쾌한 일들은 발병 초기였던 내 심장병 증세를 악화시켰다. 나는 의사의 권유에 따라 1942년 3월 말 4주간의 요양을 위해 아내와 함께 바덴바일러로 가기로 결심했다. 아름다운 시골에서 만끽하는 평화로운 봄 풍경과 요양지의 온천욕은 소련에서의 힘겨운 생활에 지친 내 심장과 영혼을 진정시켜 주었다. 그러나 베를린으로 돌아오자마자 사랑하는 아내가 악성 패혈증으로 몇 개월 동안 거동을 못하는 바람에 나에게 다시 큰 걱정거리를 안겨주었다. 이 일을 제외하고도 수많은 방문객과 귀찮은 질문을 해오는 사람들 때문에 베를린에서의 생활은 무척 불편해졌다. 그래서 제국 수도의 번잡한 분위기에서 벗어나기 위해 남부의 보덴제나 오스트리아 잘츠카머구트에 작은 집을 한 채 구입하기로 마음먹었다. 9월 말 나는 보충군 사령관이었던 프롬 장군에게 그 일에 필요한 휴가를 신청했고, 프롬은 자기를 찾아와달라고 부탁했다. 며칠 전에는 아프리카에 있는 롬멜에게서 전보를 받았다. 자신은 건강이 나빠져 독일로 돌아가야 하는 상황이니 내가 그 자리를 대신할 수 있게 해달라고 히틀러에게 제안했다고 했다. 그러나 히틀러는 그 제안을 거부했다. 프롬 장군은 내가 다시 임용될 가능성이 있는지 물었고, 나는 그렇지 않다고 대답했다. 내가 잘츠카머구트에 다녀오던 날 프롬이 다시 전화를 걸어와 자신을 찾아와달라고 부탁했다. 프롬은 전날 슈문트와 이야기를

마지막으로 입법, 사법, 행정의 모든 권력이 총통에게 집중되었다.(편집부)

나누었는데, 나의 재임용 소식은 아직 없다고 했다. 그런데 총통이 내가 남부 독일에 집을 사려 한다는 소식을 들었다고 하면서 총통은 내가 바르테가우나 서프로이센 출신이니 남부 독일이 아닌 그곳에 정착하기를 바란다고 했다. 백엽기사철십자훈장을 받은 사람에게는 포상을 할 계획인데, 우선은 영지를 준다고 했다. 나는 고향에서 적당한 곳을 물색하고 싶었다. 어쨌든 그 소식을 듣고 난 뒤로는 군복을 벗어두고 평범한 민간인 생활로 돌아갈 준비에 전념할 수 있었다.

그러나 일단은 그 계획을 진행할 수가 없었다. 1942년 가을 심장병이 급격히 악화되었기 때문이다. 11월 말 나는 완전히 탈진해 쓰러졌고, 며칠을 혼수상태로 보냈다. 그러다가 베를린 최초이자 뛰어난 심장 전문가 중 한 사람이었던 폰 도마루스 교수의 적절한 치료 덕분에 천천히 회복할 수 있었다. 크리스마스 무렵에는 몇 시간 정도 움직일 수가 있었고, 1월에도 서서히 차도를 보여 2월 말에는 바르테가우에 있는 농장을 골라 농부로서 새 삶을 시작하고 싶을 만큼 좋아졌다. 그러나 그런 일은 일어나지 않았다.

1942년 동부전선의 독일군은 6월 28일에서 8월 말까지 이루어진 공격에서 다시 한 번 성공을 거두었다. 남쪽 날개 쪽(클라이스트)에서 코카서스 산맥에 도달했고, 거기서 북쪽으로 진격한 6군(파울루스)은 볼가 강변의 스탈린그라드까지 나아갔다. 그러나 이번에도 작전은 괴팍스러웠다. 각 군에 할당된 목표는 1941/42년 동계 전투의 온갖 고초로 약화된 병력 상태가 전혀 고려되지 않았다는 사실을 보여주었다. 히틀러는 1941년 8월과 마찬가지로 적의 군사력이 무너지기도 전에 경제적, 이념적 목표를 추구했다. 카스피 해 유전 점령, 볼가 강 선박 운행 차단, 스탈린그라드 산업 시설 마비라는 작전들의 사유는 군사적인 관점에서는 도저히 이해할 수 없었다.

나는 그 일들을 신문과 라디오방송을 통해, 그리고 동료들이 때때로 전해주는 소식으로만 들을 수 있었다. 그러나 그 소식만으로도 독일의 상황이 상당히 악화되었고, 스탈린그라드 대참사를 겪은 1943년 1월 말부터는 연합군[54]이 개입하지 않더라도 전황이 매우 위험하다는 사실을 알수 있었다. 연합군에 의한 제2 전선은 1942년 8월 19일 영국군의 디에프 상륙 시도로 이미 예고되었다.

1942년 11월 연합군이 북아프리카에 상륙[55]했다. 그로써 그 지역에서 싸우던 아군 병사들의 상황이 위태로워졌다.

9월 25일 히틀러는 육군 참모총장 할더 상급대장을 해임하고 차이츨러 장군을 그 자리에 앉혔다. 이 변화를 기회로 총참모본부의 인사권이 참모총장의 권한에서 벗어나 히틀러에 직속된 육군 인사국으로 넘어갔다. 이 결정적인 조치로 참모총장은 총참모본부를 통솔하는 영역에서 참모총장의 마지막 권한 중 하나를 빼앗겼다. 차이츨러는 거기에 항의했지만 아무 소용이 없었다. 히틀러는 할더를 교체함으로써 육군 지도부에 대한 화해할 수 없을 정도로 깊은 불신을 가지고 있었지만 1939년 가을에는 실행하지 못했던 숙청을 마침내 완수했다. 지난 3년 동안 서로 생각이 다르고 서로를 깊이 불신했던 세 남자가 자신들의 내적인 신념을 거스르고 함께 일했었다. 이제는 달라질까? 히틀러는 브라우히치와 할더와의 관계와는 달리 차이츨러에게는 더 많은 신뢰를 보이게 될까? 이제 히틀러는 전문가들의 조언을

---

54 구데리안이 이 회고록 안에서 특정한 연합군은 소련군을 제외한 서방 연합국, 즉 영연방과 미군, 그리고 서구로 망명한 나라들의 군대들을 뜻한다. (편집부)

55 연합군의 횃불 작전을 말함. 1942년 11월 미군을 주축으로 영국군, 자유 프랑스군이 프랑스령 북아프리카 식민지(모로코)에 상륙하하는데 성공하여 북아프리카에서 추축군을 몰아내는 계기가 된다. (편집부)

따를까? 독일 민족의 운명은 이런 질문들의 대답에 달려 있었다.

어쨌든 새 참모총장에 오른 차이츨러는 열성적으로 자신의 일에 착수했다. 히틀러에게도 자신의 의견을 솔직하게 대변했고, 자신의 신념을 위해 싸웠다. 차이츨러는 히틀러에게 다섯 번이나 직위에서 물러나겠다고 했고, 히틀러는 그때마다 거부했다. 그러다가 차이츨러에 대한 불신이 커지면서 히틀러는 결국 그를 교체했다. 차이츨러는 히틀러를 상대로 자신의 뜻을 관철시킬 수 없었다.

차이츨러가 참모총장의 직위에 있는 동안 동부전선에서 일어난 여러 가지 사건의 경과는 지도 27[56], 28[57]이 보여준다.

---

56 본문 443페이지.(편집부)

57 본문 478페이지.(편집부)

09 전차 개발 (1942. 1 ~ 1943. 2)

Die Entwicklung der Panzerwaffe vom Januar 1942 bis zum Februar 1943

1941년 12월, 육군 최고사령관 직을 겸임한 히틀러는 육군의 무기 발전에 강한 관심을 보이기 시작했다. 그 중에서 특히 기갑부대에 관심을 쏟았다. 아래 기술한 내용들은 군수부 장관 알베르트 슈페어와 함께 일했던 전 군수국장 카를 사우어의 기록을 부분적으로 참조했다. 기갑 무기 체계의 발전에 대한 히틀러의 열의와 종잡을 수 없는 성격을 함께 보여준다는 점에서 꽤 흥미로운 내용들이다.

앞에서 이미 언급했던 것처럼 1941년 11월 주요 설계가들과 산업 대표들, 육군 병기국 장교들이 내 기갑군을 찾아왔었다. 우세한 T-34 전차와의 교전을 현장에서 직접 경험하면서 소련군에 대한 기술적 우위를 되찾을 수 있는 방안을 찾기 위해서였다. 전선에 있던 장교들은 독일 기갑부대가 이례적으로 불리한 상황을 최대한 빨리 개선하기 위해 소련군의 T-34 전차를 모방하길 바랐다. 그러나 설계가들은 거기에 동의하지 않았다. 단순히 발명가들의 자존심 때문이 아니었고, T-34 전차의 본질적인 구성 요소들, 특히 알루미늄 디젤 엔진을 빠른 시간 안에 제작하기가 불가능했기 때문이다. 강철 합금 문제에서도 독일은 재료가 부족해서 소련에 비해 불리했다. 그래서 그전에 이미 시작한 약 60톤급 '티거' 전차 제작을 완료하고, 그 외에도 '티거'보다 가벼운 35~45톤급 '판터'[58] 전차를 개발하는 해결책이 제시되

58 티거(Tiger)는 호랑이, 판터(Panther)는 흑표범을 뜻한다.(역자)

었다. 1942년 1월 23일 이런 계획안이 히틀러에게 제출되었다. 히틀러는 이 설명회에서 독일의 전차 생산 능력을 매월 600대로 늘리라고 지시했다. 1940년 5월 독일의 생산 능력은 모든 종류의 전차를 포함해도 매월 125대였다. 지난 2년 동안 가장 중요한 전투 무기를 생산하는 산업 능력이 놀라울 정도로 지지부진 상태였다는 점을 알 수 있었다. 이는 히틀러나 총참모본부나 전쟁 수행에서 전차의 중요성을 충분히 인식하지 못했다는 증거이기도 했다. 1939~1941년에 거둔 기갑부대의 눈부신 승리도 그들의 인식을 변화시키는 데는 아무런 영향을 주지 못했다.

1942년 1월 23일에 열린 회의에서는 전차의 기술적인 발전과 전술·전략적 활용에서 매번 장애 요인으로 등장한 히틀러의 생각이 드러났다. 히틀러는 장갑 관통력을 높인 포병의 새 성형작약탄이 장차 전차의 가치를 현저하게 떨어뜨릴 거라고 생각했다. 만일 이런 추세가 현실이 된다면, 자주포 생산을 늘려 거기에 대응할 수 있다고 믿었고, 거기에 전차의 차대를 사용하려고 했다. 그래서 1942년 1월 23일에 열린 회의에서 자신의 말대로 발전시키라고 요구했다.

1942년 2월 8일 군수부 장관이던 토트 박사가 비행기 사고로 사망하고, 슈페어가 토트의 후임이 되었다.

3월에 크루프 사와 포르셰 박사에게 100톤급 전차를 설계하라는 주문이 들어갔다. 이 전차 개발은 1943년 봄에 시제품이 생산될 수 있을 정도로 박차를 가하라는 지시도 함께 떨어졌다. 전차 개발을 서두르려면 더 많은 설계자가 필요했기 때문에 그들을 얻기 위해 자동차 공장의 일상적인 개발 활동은 중단되었다. 1942년 3월 19일 슈페어는 10월까지는 포르셰가 생산하는 티거 60대와 헨셸 사의 티거 25대가 완성될 것이고, 1943년 3월까지는 티거 135대가 추가되어 총 220대를 보유하게 될 거라고 히틀러에게 보고했다. 그 전차들을 과연 모두 활용할 수나 있을까?

4월에 히틀러는 티거와 판터 전차에 탑재할 88㎜와 75㎜ 전차포 설계를 요구했다. 헨셸과 포르셰가 만든 첫 티거 시제품이 소개되었다.

그 달에 히틀러는 몰타 점령을 생각하고 있었던 것이 분명했다. 몰타 요새를 공격하기 위해 80㎜ 두께의 전면 장갑을 한 4호 전차 12대를 요구했기 때문이다. 그러나 꼭 필요했던 그 작전에 대한 이야기는 더 이상 들리지 않았다.

1942년 5월 히틀러는 만(MAN) 사가 제시한 판터 설계도를 승인했고, 최중량급 전차 수송을 위한 궤도 차량을 생산하라고 주문했다. 돌격포 생산은 매월 100대, 3호 전차 생산은 매월 190대로 증가시키라고 했다.

1942년 6월 히틀러는 장갑의 두께가 충분한지 우려를 표했다. 그래서 4호 전차와 돌격포의 전면 장갑을 80㎜로 강화하라고 명령했고, 1943년 봄에는 신형 판터 전차의 전면 장갑도 80㎜는 충분하지 않다고 말했다. 그래서 판터 전차의 장갑을 100㎜로 강화할 수 있는지 연구하라고 지시했고, 최소한 수직 부분은 모두 100㎜로 강화하라고 요구했다. 또한 티거 전차의 전면 장갑을 120㎜로 강화할 수 있을지도 연구하라고 했다.

1942년 6월 23일에 열린 회의에서는 1943년 5월의 생산량을 다음과 같이 어림잡았다.

- 구형 2호 전차 차대를 기초로 한 정찰장갑차 131대

- 판터 전차 250대
- 티거 전차 285대

히틀러는 이 계획을 매우 흡족해했다. 히틀러는 전차를 위한 공랭식 디젤 엔진이 신속하게 개발되기를 원했는데, 이는 1932년에 루츠 장군이 이미 요구했던 내용이었다. 그러나 공기 냉각 방식의 엔진은 크루프 사가 제작한 소형 1호 전차에만 장착되었었다. 히틀러는 계속해서 전차 제작의 근본적인 문제들에 관심을 보였고, 전차 제작에서 가장 중요한 것은 강력한 무장이고, 두 번째가 빠른 속도, 세 번째가 중(重)장갑이라는 전문가들의 원칙에 동의했다. 그러나 히틀러의 가슴엔 두 영혼이 깃들어 있어서 나중에는 그래도 중장갑이 반드시 필요하다고 주장했다. 히틀러의 환상은 거대한 전차를 꿈꾸었고, 그에 따라서 그로테와 하커는 무게가 1천 톤에 이르는 거대 전차를 설계하라는 명령을 받았다. 이미 제작 과정에 들어간 포르셰 티거의 바닥 장갑은 100㎜로 하라는 명령이 하달되었고, 주포는 150㎜ L37이나 100㎜ L70포 가운데 하나를 선택적으로 탑재하는 것으로 예정되었다. 포르셰 박사는 1943년 5월 12일까지 자신의 이름을 딴 첫 전차[59]를 제공하겠다고 약속했다.

1942년 7월 8일 레닌그라드에 투입할 최초의 티거 중대를 신속하게 편성하라는 명령이 떨어졌다. 그런데 보름 뒤인 7월 23일 히틀러는 마음을 바꿔 티거 전차를 늦어도 9월까지 프랑스에 투입할 준비를 하라고 요구했다. 히틀러는 당시에 이미 연합군의 대규모 상륙을 염려하고 있었던 모양이다.

59 여기서 말하는 포르셰 티거는 페르디난트(후일 엘러판트) 중구축전차를 뜻한다. 포르셰 박사는 자신의 이름인 페르디난트(Ferdinand)를 이 전차에 붙였다.(편집부)

히틀러는 구형인 3호 전차 개선을 위해 주포를 75mm L24포로 바꾸라고 명령했다. 히틀러는 전차 생산량 증가를 굉장히 중요시했다. 그러나 7월 23일 회의에서는 전차 차대에 자주포를 설치하는 문제가 다시 중요하게 논의되었다. 자주포 생산을 늘리면 전차 생산은 필연적으로 줄어들 수밖에 없는데도 말이다.

1942년 8월 히틀러는 티거 전차에 장포신 88mm포를 설치하는데 드는 시간이 얼마나 걸리는지 조사하라고 지시했다. 그 포는 200mm 장갑을 관통할 수 있어야 했다. 또 재정비에 들어간 4호 전차에도 전차의 공격력을 높일 수 있도록 장포신 포를 설치하라고 명령했다.

1942년 9월 새로운 생산 계획안이 작성되었고, 그에 따라 1944년 봄까지 완성되어야 할 전차 수는 다음과 같았다.

- 레오파르트[60] 전차(정찰용 경전차) 150대
- 판터 600대
- 티거 50대 = 전차 총계 800대
- 돌격포 300대
- 경자주포 150대
- 중(重)자주포 130대
- 최중량 자주포 20대 = 전차 차대에 탑재한 포 600대

히틀러는 전차 생산에 최대한 피해를 주지 않으려고 자주포는 정련하지 않은 철강으로 생산하라고 명령했다. 그런 명령을 했지만 생산의 중점은 상당 부분 전차에서 포로 넘어갔다. 다시 말하면 공격에

60 Leopard: 표범을 뜻한다.(역자)

서 방어로, 그것도 불충분한 수단에 의한 방어로 넘어가버렸다. 당시에도 이미 군에서는 2호 전차와 체코제 38t 전차의 차대에 설치한 자주포가 충분한 효과를 발휘하지 못한다는 불평이 제기되었기 때문이다.

포르셰의 티거 전차에 대해 논의하는 자리에서 히틀러는 이 전차가 전동 모터와 공랭식 엔진 때문에 아프리카에 투입하기에 특히 적합하지만, 50킬로미터에 불과한 행동반경은 불충분하니 150킬로미터로 넓혀야 한다고 말했다. 히틀러의 두 번째 요구는 명백히 타당했다. 다만 그 문제는 처음 설계 때 이미 시정되었어야 하는 문제였다.

9월에 열린 논의는 스탈린그라드와 그 주변에서 벌어진 힘겨운 전투의 영향 아래 진행되었다. 이 회의에서는 돌격포를 개선하기 위한 방법이 논의되었다. 논의 결과 장포신의 75mm L70포를 탑재하고, 전면 장갑을 100mm로 강화하기로 했다. 돌격포나 4호 전차에는 중(重)보병포를 설치하기로 했다. 또한 당시 제작되고 있었던 포르셰 티거는 부분적으로 돌격포로 변경해 포탑을 제거하고, 전면 장갑 200mm에 장포신의 88mm포를 탑재하기로 결정했다. 이 전차에는 210mm 박격포를 설치하는 방안도 논의되었다. 당시 아군 전차는 분명 시가전을 위한 무기는 아니었다. 그렇지만 생산이 진행되고 있는데 끊임없이 설계를 변경해 갖가지 형태의 전차를 만들어내고, 그보다 더 많은 부품들을 생산하는 것은 결코 적절한 방법이 아니었다. 그로 인해 전장에서 전차를 수리하는 일이 도저히 해결할 수 없는 골칫거리가 되었다.

1942년 9월 티거 전차가 처음으로 실전에 투입되었다. 1차 세계대전의 경험에 따르면, 새 무기를 투입할 때는 그 무기가 대량 생산할 가치가 있음이 확실해 대량으로 생산하여 단번에 대거 투입할 수 있을 때까지 인내심을 가져야 한다는 것이었다. 1차 세계대전에서도 프랑스와 영국이 전차를 조기에 소규모로 투입함으로써 충분히 기대할 수 있었던 대성공의 기회를 날려버린 적이 있었다. 군사전문가들은 그 잘못을 확인하고 비판을 가했다. 나도 그 점에 대해 자주 언급했고 글을 쓴 적도 있었다. 히틀러도 그 사실을 알고 있었다. 그래도 히틀러는 자신의 야심작을 시험해보고 싶어 안달했다. 그래서 지극히 부차적인 임무에 티거 전차를 투입하라고 명령했다. 제한된 지역에 공격을 가하는 임무였는데, 하필이면 전차 운행에 전혀 적합하지 않은 레닌그라드 부근의 늪지가 많은 숲이었다. 거기서는 중(重)전차들이 숲속 길을 따라 일렬로만 이동할 수 있었고, 그로써 길가에 포진하고 있는 적 대전차포의 포신 앞으로 나아가는 꼴이었다. 그 결과 쓸데없이 막대한 손실을 입었을 뿐만 아니라 비밀 무기를 드러냄으로써 앞으로의 기습적인 운용도 불가능해졌다. 부적합한 지형으로 인해 공격마저 실패로 돌아가자 실망은 그만큼 더 컸다.

10월에는 돌격포 생산 증가로 인해 전차 생산에 계속 차질이 빚어졌다. 4호 전차 차대에는 장포신 75mm L70포를, 판터 전차 차대에는 장포신 88mm L71포를 탑재하라는 명령이 떨어진 것이다. 나아가서는 4호 전차 차대에 중보병포 40~60개도 설치되었다. 히틀러는 거기서 그치지 않고 4호 전차 차대에 단포신 박격포를 설치하고 지뢰발사기로 무장하는 것도 고려했다. 이 모든 설계 실험이 꽤 흥미로울 수는 있었지만, 결과적으로는 당시 독일이 보유한 전차 중 유일하게 쓸모가 있던 4호 전차의 생산을 줄이는 결과를 초래했다. 그래서 그 달에는 처음으로 겨우 100대 밖에 생산되지 못했다. 그러나 그것이 전부가 아니었다. 군수부 장관 쪽에서 이미 계획된 레오파르트 전차 외에도 정찰용으로 판터 전차 생산을 제안했다. 다행히 이 제안은 실현되지 않았다.

전차 제작 분야에서 빚어진 이런 오류와는 달리, 히틀러는 티거 전차에 탄속이 느린 대구경포보다는 빠른 탄속에 안정된 탄도를 가진 장포신 88㎜ 포를 탑재하는 것이 더 중요하다고 정확히 지적했다. 전차포의 일차적인 목적은 적의 전차에 맞서 싸우는 것이고, 다른 모든 부수적 관심사는 그런 주목적에 종속되어야 하기 때문이다.

11월 히틀러는 티거 전차 생산량을 매월 13대에서 25대로 늘릴 것을 요구했다. 히틀러의 요구대로 실행되어 11월에 생산된 전차는 25대였다. 돌격포 생산량은 처음으로 100대에 이르렀다.

1942년 12월 초 전차 투입에 관한 문제로 새로 논의가 진행되었다. 전문가들은 히틀러에게 티거의 분산 투입은 상당히 불리하다는 점을 언급했다. 그러자 히틀러는 동부전선은 분산 투입이 적합하지만 아프리카는 집중적으로 투입해야 한다는 견해를 피력했다. 히틀러가 무슨 근거를 대면서 그런 납득할 수 없는 견해를 주장했는지에 대해서는 아쉽게도 들은 바가 없다.

이제 3호 전차 제작이 완전히 중단되면서 그 생산 능력은 돌격포 쪽으로 넘어갔다. 1943년 6월까지 돌격포 생산량을 매달 220대로 증가하되, 그 중 24대는 경야전곡사포로 무장하기로 했다. 이 포는 처음 발사할 때 날아가는 속도가 느리고 곡사탄도가 매우 높아서 보병들의 전투를 고려해 설치되었지만, 그로 인해 적 전차에 대한 방어력을 약화시켰다.

히틀러는 포르셰와 뮐러 박사(크루프 사)의 설명을 듣는 자리에서 1943년 여름까지 100톤짜리 모이셴[61] 전차의 시제품이 완성되기를 바란다고 말했다. 그러더니 크루프 사에 그 전차를 매달 5대씩 지속해

61 Mäuschen: 생쥐를 뜻하는 단어 마우스(Maus)의 축소형으로 친근하게 표현하는 애칭이다.(역자)

서 생산하라고 요구했다.

끊임없이 이어진 설계 변경으로 전차 유형이 계속 늘어나면서 부품 조달의 어려움을 호소하는 보고가 들어오기 시작했다.

1943년 1월에는 장갑과 포 탑재, 거대 전차에 관한 논의가 이어졌다. 구형 4호 전차는 전면에 100㎜의 비스듬한 경사 장갑을 사용하고, 판터 전차의 전면에도 100㎜ 장갑을 사용하라는 명령이 하달되었다. 정찰용 경전차인 레오파르트는 생산에 들어가기 전에 취소되었다. 이 전차의 '장갑과 무장이 1944년에 나타날 것으로 예상되는 조건들에 부합하지 않기' 때문이었다.

티거 전차에는 장포신 88㎜ 포를 탑재하고, 전면 장갑은 150㎜, 측면 장갑은 80㎜로 하라는 결정이 내려졌다. 포르셰의 모이셴도 생산이 결정되었고, 월간 생산량은 10대로 상향 조정되었다. 그러나 히틀러와 그 측근들의 환상에서 나온 이 거대 전차는 아직 목제 모형으로도 존재하지 않았다. 그럼에도 불구하고 1943년 말까지 128㎜ 포 탑재와 대량 생산이 결정되었고, 거기서 더 나아가 150㎜ 포 탑재를 연구하라는 명령도 하달되었다.

히틀러는 시가전을 위해 포르셰의 티거 차대로 람티거[62] 3대를 제작하라고 명령했다. 람티거는 완성되지 않았지만, 탁상공론에 빠진 전략가의 공상에서 나온 이 최신 작품의 고상한 전투 방식을 한번 상상해 보라. 시가전에 투입될 이 거대 전차에 충분한 양의 연료를 보급하기 위해서 연료 트레일러와 추가 연료통 제작도 결정되었다. 히틀러는 전차를 위한 다중연막발사기 제작도 명령했고, 포병 관측과 기갑부대를 지원하기 위한 최적의 항공기는 헬리콥터라고도 주장했다.

---

62 Rammtiger: 차체 상부의 앞쪽에 뾰족한 삼각뿔 모양의 충각(Ramm)을 설치해 건물을 들이받아 파괴하기 위한 전차. (역자)

1943년 1월 22일 '전차 제작에 참여하는 모든 이에게' 고하는 히틀러의 호소문과 전차 생산을 늘리기 위해 슈페어 장관에게 전권을 위임한 사실은 독일 기갑부대 전투력 저하에 대한 우려가 높아지고 있다는 사실을 보여주었다. 반면에 뛰어난 T-34 전차는 변함없이 대량 생산되어 소련군의 전투력은 계속 증가했다.

그런 사실을 알면서도 히틀러는 2월 초 4호 전차 차대에 자주포인 후멜(중야전곡사포)과 호르니세(88㎜ 포)[63]를 제작하라고 명령했다. 또한 2호 전차의 모든 생산을 경야전곡사포를 위한 자주포로, 체코제 38t 전차의 모든 생산은 대전차포 Pak 40을 탑재한 자주포로 전환시켰다. 나아가서는 포르셰의 티거 전차인 '페르디난트' 90대를 최대한 빨리 완성하라고 명령했다. 그밖에도 소련군 보병의 대전차포 공격을 막기 위해서 4호 전차와 판터, 돌격포에 이른바 '쉬르첸'[64]를 설치하도록 했다. 이는 전차 외벽에 느슨하게 늘어뜨린 장갑 철판으로 차체의 수직 부분과 주행 장치를 보호하기 위한 것이었다.

결국 점점 더 어려워지는 기갑부대의 상황[65]을 논의하기 위해 총참모본부가 개입했고, 티거와 아직 대량 생산에 들어가지 않은 판터를 제외한 모든 전차 제작을 포기하라고 요구했다. 히틀러는 그 제안에 즉시 동의했고, 군수부에서도 그로 인한 생산의 단순화를 환영했다. 그러나 이런 방식의 혁신은 4호 전차의 생산 중단으로 독일 육군의 전력 증강이 당분간은 매월 25대의 티거 전차로 제한된다는 점을 생각하지 못했다. 그 결정이 단시간 내에 독일 육군을 전멸시키는 결과

63 후멜(Hummel)은 꿀벌과에 속하는 뒤영벌이고, 호르니세(Hornisse)는 말벌을 뜻한다. (역자)

64 쉬르첸(Schürzen)은 앞치마를 뜻하는 쉬르체(Schürze)의 복수형.(역자)

65 동부전선에서 독일 기갑부대의 누적된 손실에 대한 복구는 늦어지고 여러 시험무기들이 투입되면서 보급에 난맥이 벌어진데 반해, 소련군은 주력전차 T-34를 집중 생산하여 빠르게 전력을 증강하고 있었다.(편집부)

를 초래했다고 생각한다. 이제 소련은 서방 연합군의 지원 없이도 전쟁을 승리로 이끌어 유럽을 석권할 수 있으며, 지구상의 어떤 세력도 소련을 막을 수 없으리라. 그렇게 되면 유럽 문제는 근본적으로 단순화되고, 우리는 진정한 민주주의가 무엇인지 그때 비로소 알게 될 것이 분명했다.

당시 상황이 대단히 위태로웠던 까닭에 기갑부대 내부와 히틀러의 군사 측근들 중 몇몇 통찰력 있는 사람들이 마지막 순간에 이 위험한 혼돈을 막을 수 있는 누군가를 찾아 나섰다. 그들은 히틀러에게 내가 전쟁 전에 쓴 저작물을 제출해 읽어보도록 했다. 그런 다음에는 히틀러에게 나를 불러들이라고 제안했다. 결국 그들은 나에 대한 히틀러의 불신을 어느 정도 누그러뜨렸고, 히틀러는 최소한 내가 하는 말을 들어는 보겠다며 그들의 제안에 동의했다. 1943년 2월 17일 나는 전혀 예상하지 못한 상태에서 육군 인사국의 전화를 받았다. 히틀러와의 회담을 위해 총통 사령부가 있는 비니차로 오라는 소식이었다.

10 기갑 총감 시절

Generalinspekteur der Panzertruppen

총감 임명과 첫 번째 조치들

1943년 2월 17일 육군 인사국에서 전화가 왔다는 연락을 받았을 때만 해도 나는 내 앞에 다가온 일이 무엇일지 짐작도 못했다. 몇 주 전에도 심장병에서 회복한 뒤 전체 상황과 여러 사람에 관한 안부를 물으러 인사국장 보데빈 카이텔[66]을 찾아간 적이 있었다. 그때 인사국장에게 들은 바로는 재임용을 떠올린 만한 내용이 전혀 없었고, 오히려 반대였다. 그런데 이제 카이텔의 보좌관 리나르츠 장군은 즉시 비니차로 가서 총통을 접견하라고 알렸다. 소환 이유는 리나르츠도 모른다고 했다. 크나큰 위기로 인해 히틀러가 이런 조치를 취했을 거라는 점은 분명했다. 스탈린그라드 패전과 1개 야전군 전체의 수치스러운 항복, 국가적인 불행을 초래한 막대한 손실, 섬멸당한 파울루스의 6군과 연결된 전선을 지킬 수단이 없었던 동맹국들의 중대한 패배. 이 모든 일들은 심각한 위기로 이어졌고, 그로 인해 육군과 국민들의 분위기는 깊이 가라앉았다.

군사적 재앙에 국내외 정치적인 타격도 겹쳤다.

아프리카에 상륙한 서부 연합국은 신속하게 진격해왔다. 1943년 1

---

66 보데빈 클라우스 에두아르트 카이텔(1888. 12. 25 ~ 1953. 7. 29): 국방군 최고사령부 총장 빌헬름 카이텔의 동생. 슈문트의 뒤를 이어 인사국장을 역임한 후, 국방군 최고사령부 보충군 국장임무를 수행하다 미군의 포로가 되었다.

월 14일부터 24일까지 루스벨트와 처칠이 카사블랑카 회담을 진행하면서 아프리카 전장의 중요성은 눈에 띄게 커졌다. 독일의 처지에서 이 회담의 가장 중요한 결과는 추축국에 대한 무조건적인 항복 요구였다. 이 강압적 요구에 독일 국민 특히 육군이 받은 영향은 매우 컸다. 특히 군인들은 그때부터 연합국이 독일 민족을 절멸시키려는 의지로 가득하다는 사실을 더는 의심하지 않게 되었다. 또한 당시 연합국은 자신들의 싸움은 히틀러와 나치즘을 제거하기 위한 목적이라고 선전했지만, 단지 그 뿐만이 아니라 유능하고 성실해서 달갑지 않은 경제적 경쟁자인 독일을 겨냥하고 있다는 사실도 분명했다.

카사블랑카에서 그런 강압적인 요구 조건들에 합의했던 당사자들은 그 후로도 계속 자신이 한 일을 자랑했다. 1945년 1월 5일 윈스턴 처칠은 하원에서 다음과 같이 연설했다.

"미국 대통령은 우리의 생존과 자유가 걸린 모든 사실들을 신중하고, 냉정하고, 철저하게 충분히 숙고한 뒤 전시 내각의 대표인 내 생각에 전적으로 동의했고, 카사블랑카 회담에서 우리의 모든 적의 무조건적이고 완전한 항복 각서를 받아야 한다고 결정했습니다. 우리가 어떤 타협도 없이 무조건 항복을 주장한다고 해서 그 주장이 우리가 든 승리의 무기를 전 민족에 대한 부당하고 잔인한 대우로 더럽힌다는 뜻은 아닙니다."

연설 직전인 1944년 12월 14일 윈스턴 처칠은 소련에 할당하기로 한 쾨니히스베르크를 제외한 동프로이센을 폴란드에 주기로 약속했다. 단치히와 발트 해 연안 200마일, '독일을 희생해 그들의 국경을 서쪽으로 확장'할 자유를 보장했다. 처칠의 말을 글자 그대로 인용하자면 그는 이렇게 말했다.

"수백만 명이 동에서 서로, 또는 북으로 이주할 것이고 독일인은 추방할 예정이다. 바로 그런 제안이 나왔기 때문이다. 폴란드가 서쪽과 북쪽에 얻게 될 지역에서는 독일인의 완전한 추방이 이루어질 것이다. 연합국은 더이상 민족의 혼합을 원치 않기 때문이다."

동부 독일 주민들에 대한 이러한 대우는 잔인한 일이 아닌가? 부당한 일이 아닌가? 당시 영국 하원이 처칠의 의견에 동의하지 않았는지 처칠은 1945년 1월 18일 다시 한 번 자신의 주장을 변증했다.

"우리가 상대해야 할 지독한 적에 대해 우리는 어떤 행동을 취해야 할까요? 무조건 항복을 요구해야 할까요, 아니면 적과 평화 협상을 체결해 몇 년 뒤에는 또다시 전쟁을 일으킬 수 있는 가능성을 주어야 할까요? 무조건 항복의 원칙은 미국 대통령과 내가 카사블랑카 회담에서 선언한 원칙입니다. 그 선언이 내가 거기서 해야 할 일이었고, 지금까지 이 나라를 위해 해야 할 일이었습니다. 나는 우리의 행동이 옳았다고 확신합니다. 비록 지금은 우리에게 유리하게 결정된 많은 일들이 당시에는 아직 불분명한 상태였지만 말입니다. 그런데 우리가 아직 약했던 시기에 했던 그 선언을 강한 시기에 도달한 이 시점에서 바꿔야 할까요? 우리에게는 무조건 항복의 원칙을 버려야 할 그 어떤 이유도 분명 없습니다. 독일이나 일본과 어떤 식으로든 무조건 항복을 제한할 협상에 임해야 할 이유는 전혀 없습니다."

지금의 윈스턴 처칠은 당시 자신이 올바르게 행동했는가에 대해 더는 예전처럼 확신하지 못했다. 처칠이나 외무 장관 베빈은 당시의 요구와는 분명 거리를 두었다. 1945년 2월에 열린 얄타 회담의 결과도 완화시키고 싶어 했다. 거기에는 이렇게 적혀 있다.

"연합국의 목표는 독일과 독일 국민을 파괴하는 것이 아니다. 그러나 나치즘과 군국주의가 근절된 뒤에야 비로소 독일은 바람직한 삶을 영위하고 국제 공동체에서 자리를 차지할 희망을 얻게 될 것이다."[67]

이제는 드디어 그 희망이 있는 걸까?

내 글이 중단된 시점인 1943년 2월부터 이미 중립국들은 장차 유럽에서 일어날 일들을 서부 연합국 내각보다 더 분명하게 인식했다. 1943년 2월 21일 스페인의 프랑코 총통이 영국 대사 새뮤얼 호어 경에게 문서를 하나 건네주었는데, 거기에는 이렇게 적혀 있었다.

"전쟁의 경과가 결정적으로 변하지 않는다면, 소련군은 독일 영토로 깊숙이 밀고 들어갈 것입니다. 소련군이 독일을 점령하면 유럽과 영국에 상당한 위협이 되지 않을까요? 공산화된 독일은 자기들의 군사 기밀과 군수 산업을 소련에 넘길 것입니다. 독일 기술자들과 전문가들은 소련이 대서양에서 태평양에 이르는 거대 제국을 세울 수 있게 해줄 것입니다.

67 모든 인용문은 키싱의 1945년 문서집에서 발췌했다.

나는 이렇게 묻고 싶습니다. 전쟁으로 피폐해지고 피를 흘린 다양한 인종과 민족이 뒤섞여 사는 중부 유럽에서 스탈린의 야심을 막을 수 있는 세력이 존재할까요? 아니, 전혀 없습니다. 우리는 그 모든 나라가 시기가 언제가 되던 공산주의의 지배 아래 놓이게 되리라고 확신할 수 있습니다. 그 때문에 우리는 상황을 매우 심각하다고 여기고 있고, 영국이 이 상황을 신중하게 헤아리기를 바랍니다. 소련이 독일을 점령한다면 그 누구도 소련의 진군을 막을 수는 없을 것이기 때문입니다. 독일이 존립하지 못하게 된다면 우리가 존립하게 만들어야 합니다. 독일의 자리를 라트비아, 폴란드, 체코, 루마니아 동맹으로 대체할 수 있다는 믿음은 우스운 일입니다. 그런 국가 동맹은 곧 소련의 지배에 놓이게 될 것입니다."

새뮤얼 호어 경은 1943년 2월 25일 정부의 위임과 승인 아래 다음과 같이 대답했다.

"전쟁이 끝난 뒤 소련이 유럽에 대한 위험이 될 거라는 이론은 받아들일 수 없습니다. 전쟁이 끝난 뒤 소련이 서부 유럽에 반대하는 정치 활동을 시작할 거라는 생각 역시 받아들이지 못합니다. 공산주의가 우리 대륙을 위협하는 가장 큰 위험이고, 소련의 승리는 유럽 전역에 공산주의의 확산을 불러올 거라고 말씀하셨습니다. 그러나 우리 생각은 전혀 다릅니다. 이 전쟁이 끝난 뒤 한 나라가 완전히 자기 힘만으로 유럽을 지배할 수 있을까요? 소련은 자국의 재건에 전념할 것이고, 그 과정에서 상당 부분 미국과 영국의 도움에 의존할 것입니다. 소련은 승리를 위한 이 전쟁에서 결코 주도적인 위치를 차지하지 못합니다. 군사적 노력은 완전히 동등하고, 연합국은 공동으로 승리를 쟁취할 것입니다. 전쟁이 끝난 뒤에는 미국과 영국의 대규모 군대가 유럽 대륙을 점령할 것입니다. 점령군은 최고의 군인들로 구성될 것이고, 소련군처럼 기진맥진하고 지친 상태가 아닐 것입니다.

나는 영국이 유럽에서 가장 강력한 군사력을 갖게 될 거라고 감히 예언합니다. 그러면 유럽에 대한 영국의 영향력은 나폴레옹이 몰락했던 시기처럼 막강해질 겁니다. 군사력에 기초한 우리의 영향력은 전 유럽에 미칠 테고, 우리는 유럽의 재건에 동참할 것입니다."[68]

이상이 중립을 지킨 프랑코 총통 치하의 스페인에서 영국을 대변했던 새뮤얼 호어 경의 답변이었다. 새뮤얼 호어 경의 어조는 자신감에 차 있었다. 히틀러는 외교 협상에 대한 본능적인 거부감 속에서 서부 연합국과는 결코 어떤 합의에도 이를 수 없다는 사실을 정확히 간파하고 있었다. 히틀러와 독일 민족의 운명이 백척간두에 서 있었다.

독일 국내 정치에서는 해군 제독 에리히 레더와 경제 장관 샤흐트의 해임으로 새로운 긴장 국면이 나타났다. 어쩐지 기존 질서가 위협을 받고 있다는 인상이었다.

1943년 2월 18일 나는 이런 일련의 사태로 인한 압박감 속에서 베케 중위의 호위를 받으며 동프로이센의 라스텐부르크로 향하는 기차에 올랐다. 라스텐부르크에서는 비행기로 갈아타고 이동할 예정이

68 이상 인용문은 프라이헤어 폰 슈타우펜베르크의 유럽 편지 중에서, 1950년

었다. 기차 안에서 기갑 병과의 오랜 전우인 켐프 장군을 만나 작년에 진행된 작전들에 관한 여러 가지 이야기를 들었다. 라스텐부르크에 도착해서는 카이텔의 부관인 바이스 소령의 영접을 받았다. 다만 그 역시 내 여행의 목적에 대해서는 정확한 내용을 모르고 있었다. 나는 켐프 장군과 차량수송부대 감찰부 시절과 전쟁 전 2기갑사단 시절에 함께 일했던 오랜 동료인 샤를 드 볼리외와 함께 비니차로 향했다. 19일 오후 비니차에 도착해서는 '예거회에'[69]라고 불리던 군 객사에서 묵었다.

2월 20일 오전 히틀러 수석 부관인 슈문트 장군이 찾아왔다. 히틀러의 의도와 그 실현 가능성에 대해 상세하게 논의하기 위해서였다. 슈문트는 소련군의 우세가 커지면서 독일 기갑부대의 상황이 극도로 악화되어 더는 혁신을 미룰 수 없는 상태에 이르렀다고 설명했다. 또한 총참모본부와 군수부의 견해가 심하게 대립하고 있으며, 무엇보다 기갑부대 자체가 지도부에 대한 신뢰를 잃고 자신들의 병과에 대해 전문적인 식견을 가진 사람의 강력한 지휘를 요구한다고 했다. 그 때문에 히틀러가 기갑부대에 대한 감독을 나에게 맡기기로 결심했다고 한다. 슈문트는 히틀러의 요구를 수행하는 과정에서 내가 제안하고 싶은 사항이 무엇인지 물었다. 나는 독일 민족과 병과가 겪고 있는 위기를 생각할 때 히틀러의 부름에 응할 준비가 되어 있다고 대답했다. 다만 특정한 전제 조건들이 충족되어야만 성공적인 활동을 펼칠 수 있다는 점을 분명히 했다. 더욱이 최근에 위중한 질병에서 겨우 회복한 상태라 쓸데없는 권한 다툼에 내 힘을 소모하고 싶지 않다고 했다. 예전의 직책에서 항상 그런 식의 갈등을 겪어야 했기 때문이다.

69 Jägerhöhe: '사냥꾼의 언덕'이라는 뜻이다.(역자)

따라서 육군 참모총장이나 보충군 사령관에 예속되지 않고, 히틀러 직속으로 일하게 해달라고 요구했다. 나아가서는 육군 병기국과 군수부의 전차 장비 개발에도 영향력을 행사할 권한을 달라고 했다. 그럴 권한이 없으면 기갑부대의 전투력 회복은 생각할 수 없었다. 마지막으로 공군과 무장친위대에 소속된 기갑부대의 조직과 교육에도 육군 기갑부대에 대한 것과 똑같은 영향력을 가져야 한다고 말했다. 물론 보충군 기갑부대와 학교들도 당연히 내 지휘 아래 들어와야 했다.

나는 슈문트에게 이와 같은 기본 방침을 총통에게 알린 뒤 총통이 그 방침을 수락한 경우에만 나를 불러달라고 부탁했다. 그 경우가 아니라면 나를 재임용하려는 계획을 포기하고 베를린으로 돌려보내는 것이 나을 거라고 말했다. 슈문트와의 대화는 2시간 동안 진행되었다.

슈문트가 총통 사령부로 돌아가고 얼마 지나지 않아 15시 15분에 히틀러를 만나러 오라는 전화가 왔다. 나는 제 시각에 히틀러를 찾아갔다. 히틀러는 처음에 슈문트가 있는 자리에서 나를 맞이했지만 곧바로 자신의 집무실로 자리를 옮겨 단둘이 이야기를 나누었다. 암울했던 1941년 12월 20일 이후 히틀러를 처음 만났다. 히틀러는 14개월이 지나는 동안 부쩍 늙은 것 같았다. 그때처럼 자신감에 차 있는 모습이 아니었고, 더듬거리는 말투에 왼손은 떨기까지 했다. 히틀러의 책상 위에는 내 책들이 놓여 있었다. 히틀러가 말을 꺼냈다. “나와 장군의 길은 1941년에 갈라졌소. 당시 여러 가지 오해가 있었고, 그 점을 무척 애석하게 생각하오.” 나는 히틀러가 원활한 활동에 필요한 전제 조건들을 만들어준다면 기꺼이 일할 준비가 되어 있다고 대답했다. 히틀러는 나를 기갑 총감에 임명할 생각이며, 슈문트를 통해 그 문제에 대한 내 생각을 전해 들었다고 했다. 히틀러는 내 의견에 동의했고, 그 의견을 토대로 업무 규정을 작성해 제출하라고 요구했다. 또한 전쟁 전 기갑부대에 관해서 쓴 내 글들을 다시 읽었는데, 내가 그때부터 이미 발전 과정을 정확히 예견했다는 사실을 알게 되었다고 말했다. 그러면서 이제는 내 생각을 행동으로 옮겨달라고 했다.

히틀러는 현재의 전황으로 화제를 옮겼다. 히틀러는 스탈린그라드 전투와 이어진 동부전선에서의 후퇴로 독일이 겪게 된 군사적, 정치적, 정신적 타격을 분명히 알고 있었고, 끝까지 버티면서 전황을 회복하겠다는 결심을 피력했다. 일과 관련된 이야기를 나눈 히틀러와의 첫 만남은 약 45분 뒤인 16시 경에 끝났다.

나는 히틀러의 집무실에서 나와 육군 참모총장인 차이츨러 장군을 찾아갔다. 전반적인 군 상황을 알아보기 위해서였다. 그 뒤에는 모스크바 주재 육군 무관이었던 쾨스트링 장군, 비니차 야전사령관인 폰 프리엔 장군, 15보병사단의 부셴하겐 사단장과 저녁을 함께 보냈다. 그들은 모두 내가 잘 아는 장교들로, 내가 없었던 제법 긴 시간 동안 일어난 여러 가지 일들을 알려주었다. 프리엔이 들려준 소련 내 독일 행정 당국에 관한 이야기는 상당히 불쾌했다. 독일의 통치 방식, 특히 제국 자치정부 위원인 코흐의 방식은 우크라이나인들을 독일의 친구에서 적으로 만들어버렸다. 안타깝지만 군부에는 그러한 음모에 대항할 힘이 없었다. 그런 정책들은 군의 협력 없이, 보통은 군이 모르는 사이에 군의 뜻과는 무관하게 당과 행정 당국을 거쳐 집행되었다. 군인들에게는 갖가지 부당한 개입에 관한 소문만이 들려왔다.

2월 21일 나는 요들, 차이츨러, 슈문트, 히틀러의 부관 중 한 명인 엥겔 대령과 새로운 업무 규정의 기본 특징을 협의하는 일로 하루를 보냈다.

2월 22일에는 비행기를 타고 라스텐부르크로 향했다. 비니차의 전방 총통 사령부와는 멀리 떨어져 있는 카이텔 원수를 만나 업무 규정을 완성하기 위해서였다. 그 일을 위해서 2월 23일에는 보충군 사령관인 프롬 상급대장도 합류했다. 며칠 동안 업무 규정이 완성되었고, 2월 28일 히틀러의 동의와 서명을 받았다. 이 업무 규정은 앞으로 몇 년 동안 이어질 내 활동에 중요한 의미가 있는 까닭에 그 내용을 여기에 그대로 옮겨 적고자 한다.

기갑 총감을 위한 업무 규정

1. 기갑 총감은 전쟁에서 결정적인 현 상황에 맞게 기갑부대를 발전시킬 책임이 있다. 기갑 총감은 내(히틀러) 직속이다. 1개 군사령관 급의 지휘권을 소유하며 기갑부대[70]의 최고 상관이다.
2. 기갑 총감은 육군 참모총장과 협력하여 기갑부대와 육군의 대규모 기동부대를 조직하고 훈련할 책임이 있다.
   그밖에도 내 명령에 따라 공군과 무장친위대에 소속된 기갑부대의 조직과 훈련을 지시할 권한을 갖는다. 기본적인 결정은 내가 내린다.
   기갑 총감은 기갑 병과의 기술적인 발전과 생산 계획에 대한 요구를 나에게 알려 군수부 장관과의 긴밀한 공조 속에서 결정할 수 있도록 해야 한다.
3. 기갑 총감은 기갑 병과의 최고 상관으로서 기갑부대의 보충대에 대한 지휘권도 갖는다. 기갑 총감은 온전히 유용한 인원과 장갑 차량을 야전군에 지속적으로 공급할 책임이 있으며, 그것이 개별 차량이든 부대의 충원이나 재편성이든 상관없다.
   전차와 장갑 차량을 야전군과 보충군에 할당하는 것도 내 지시에 따른 기갑 총감의 임무이다.

70 이 업무 규정에서 말하는 '기갑부대'는 전차부대, 기갑척탄부대, 차량화보병부대, 기갑정찰부대, 대전차부대와 중(重)돌격포부대를 포함한다.

4. 기갑 총감은 자신이 받은 명령에 따라 기갑부대와 기동부대의 새로운 편성과 충원을 계획적이고 시의 적절하게 수행해야 한다. 이를 위해 육군 총참모본부와 협력하여 야전군의 전차를 잃은 기갑병들을 적절한 곳에 배치한다.
5. 기갑 총감은 기갑부대의 전투 수행, 무장, 훈련, 조직을 위해 전쟁의 경험을 분석하고 평가해야 한다. 이를 위해 국방군과 무장친위대의 모든 기갑부대를 방문하고 시찰할 권한을 갖는다.
   야전군의 기갑부대는 모든 종류의 전쟁 경험을 기갑 총감에게 즉시 보고한다. 기갑 총감은 자신이 인지하고 경험한 내용들을 군수부 장관을 포함한 모든 해당 부서에 알려야 한다.
   기갑 총감은 기갑부대에 대한 모든 규정을 작성하는 일을 주도한다. 이때 부대 지휘와 다른 병과와의 협력과 관련된 규정들은 육군 참모총장의 동의를 얻어 발행한다.
6. 기갑 총감은 기갑 병과의 최고 상관으로서 아래 부대들을 상시 지휘한다.
   a) 특수 군사령부 아래 통합된 기동부대(기병부대와 오토바이부대의 보충대는 제외)
   b) 야전군과 보충군의 기동부대(기병부대와 오토바이부대의 교육 시설은 제외)를 위한 학교와 거기에 부속된 교육부대
7. 기갑 총감은 권한 안에서 육군의 모든 부서에 구속력 있는 지시를 내릴 수 있다. 모든 부서는 기갑 총감이 필요하다고 한 자료를 제공해야 한다.

1943년 2월 28일, 총통 사령부

총통 아돌프 히틀러(서명)

이 업무 규정은 육군 최고사령부 내의 '다른 병과 총감들', 즉 다른 병과의 최고 책임자들에게 부여된 권한을 훨씬 뛰어넘는 여러 가지

권한을 포함하고 있었다. 기존의 병과 총감들은 육군 참모총장의 지휘 아래 있었고, 부대를 시찰할 때마다 육군 참모총장의 승인을 얻어야 했다. 보충군과 학교에도 아무런 영향력을 행사하지 못했고, 어떤 규정도 발행할 수 없었다. 그러니 이 불쌍한 사람들이 할 수 있는 일도 제한될 수밖에 없었다. 그때까지 각 병과 책임자들이 의미있는 성과를 전혀 이루지 못한 이유도 여기에 있었다. 경험이 많은 일선 장교들은 그 자리로 가려 하지 않았고, 어쩔 수 없이 자리를 맡는 경우라도 온갖 수단을 동원해 자신들이 뭔가 할 수 있는 일선으로 복귀하려고 애를 썼다. 어쨌든 기갑부대만큼은 내가 총감에 임명되자 상황이 바뀌었다. 그래서 총참모본부와 참모총장, 육군 최고사령부가 내 임무 규정을 달갑지 않게 생각하고, 자신들의 신성한 권리에 대한 침해로 받아들이는 것도 놀랍지 않았다. 나는 그쪽에서 오는 갖가지 어려움과 방해를 견뎌야 했는데, 그들은 전후에도 계속 사실을 왜곡하는 일까지 마다하지 않았다. 어쨌든 이런 식의 개혁으로 대세를 바꾸지는 못했지만, 기갑부대는 쓰디쓴 최후에 이르기까지 시대에 뒤지지 않고 자신의 임무를 철저하게 수행한 병과가 될 수 있었다.

그런데 업무 규정이 라스텐부르크에서 비니차에 있는 히틀러의 책상으로 전달되는 과정에서 한 가지 중대한 오류가 몰래 끼어들었다. 나는 1항의 각주에서 '기갑부대'의 개념을 설명하면서 그때까지 포병에 속해 있던 돌격포를 포함시켰다. 거기에는 그만한 이유가 있었는데, 돌격포 생산이 전차 생산의 상당 부분을 차지하고 있었던 것이다. 반면에 돌격포는 그렇게 많이 생산했지만 대전차 방어 성능은 생산량 수준에 미치지 못했다. 탑재된 포의 대전차 능력이 불충분했기 때문이다. 직무상 대전차 방어를 담당한 대전차포들의 성능은 그보다 훨씬 떨어졌다. 이 대전차포들은 여전히 반궤도 차량에 견인되는 관통력이 약한 포로 적의 전차를 상대했고, 사실상 쓸모가 없었다. 나는 그 부분을 바꿀 계획이었다. 그런데 누군가 나도 모르게 주석에 슬쩍 집어넣은 '중(重)'이라는 단어로 인해 중(重)돌격포만 기갑 총감에게 내어 주는 것으로 제한이 생겼다. 중돌격포는 이제 막 개발 단계에 있었고 티거와 판터 차대를 기본으로 대전차포가 탑재될 예정이었다. 그로써 나는 첫 보고회 자리에서부터 나 개인뿐만 아니라 육군의 대전차 방어 능력과 육군 전체를 상대로 누군가 어리석은 잘못을 범했다는 사실을 깨달아야 했다.

업무 규정이 형식적인 행정절차를 거치는 동안 나는 내 참모부를 구성해 일에 착수할 준비를 하기 위해서 베를린으로 향했다. 사무실은 전쟁 전 내가 기동부대장이던 시절에 지냈던 벤틀러 거리에 있는 옛 건물로 정했다. 참모장으로는 전선 경험이 풍부한 장교이자 열혈 기갑병인 토말레 대령을 뽑았다. 토말레는 열성적으로 자신의 새로운 임무에 착수했고, 파국에 이르기까지 변함없는 충실함으로 임무에 헌신했다. 나는 내 참모부에서 가장 중요한 이 자리를 뽑으면서 무엇보다 개인적으로나 전문적으로나 그 일에 적합한 인물인가를 중시했다. 조직과 운용 분야를 담당할 총참모본부 출신 장교 두 명도 선발했는데, 심한 부상으로 전선 근무에 매진할 수 없게 된 프라이어 중령과 젊고 활력이 넘치는 카우프만 소령이 그들이었다. 카우프만 소령은 나중에 프라이헤어 폰 벨바르트 소령으로 교체되었다. 부관은 중상을 입었던 막스 추 발데크 중령이었다. 기갑부대의 모든 분야에는 일선 경험이 풍부한 장교들 중 한 명을 담당자로 임명했다. 보통은 중상을 입어서 한동안 휴식이 필요한 나이가 든 장교들이었다. 이들이 부상에서 회복해 사무실의 먼지를 전선의 신선한 바람과 바꾸길 바라면 때때로 담당자가 교체되기도 했다. 이러한 교대 체계를 통해서 기갑 총감부는 전선과 활발하고도 밀접한 관계를 유지했다. 보충군에는 국내를 담당하는 기갑감이 임명되었는데, 베를린에 거주하던 에버바흐 장군이 한동안 그 직무를 맡았다. 그의 참모장 볼브링커 대령은 보충군 사령관이 통솔하는 육군 일반국 내 기갑부대 부서인 6감실의 기갑감을 겸임했다. 이는 공통된 관심사에 한해 내 조치와 보충군의 조치를 조정할 목적으로 프롬 장군과 협의해 도입한 규정이었으며, 전쟁이 끝날 때까지 원활하게 지속되었다. 기갑부대의 모든 학교는 한 명의 지휘관이 통솔했고, 중상을 입은 폰 하우엔실트 장군이 오랫동안 그 직무를 수행했다. 마지막으로 나는 내 참모부에 소수의 파견 장교를 배치했다. 아직 전선 근무를 할 수는 없지만 국내 근무는 할 수 있을 만큼 부상에서 회복한 장교들로, 이들에게는 전쟁 경험들을 수집해 평가하고 전선에서 발생한 특별한 사건들을 조사하는 일을 맡길 계획이었다.

교범 담당 부서는 1938년에 처음 만난 오스트리아 기갑대대 지휘관을 지낸 타이스 대령이 맡았다. 타이스는 전쟁이 끝날 때까지 교범 담당 부서를 이끌었고, 그밖에도 전쟁사와 관련된 자료 수집으로 큰 공을 남겼다.

나는 베를린에서 내가 앞으로 함께 일하게 될 여러 군 부서를 찾아갔다. 그 중에서도 전쟁 전부터 잘 알았고 높이 평가하고 있었던 제국항공부의 밀히 원수를 만났다. 밀히는 당시 유력 인물들의 성격과 특징을 상세하게 알려주어 내게 큰 도움을 주었다. 밀히는 나치스의 수많은 고위 관료들 중에서 극소수만이 히틀러에게 영향을 미칠 수 있는 중요한 인물들이라고 말하며, 내게 그 인물들을 찾아가라고 권했다. 그 인물들은 괴벨스와 힘러, 그리고 군수부 장관이라 어차피 찾아가야 할 슈페어였다.

나는 밀히의 제안에 따라 3월 6일에 취임 인사차 괴벨스 박사를 찾아갔고, 내가 기갑 총감이라는 새 직위를 맡게 되었다는 사실을 알렸다. 괴벨스 박사는 상당히 우호적으로 나를 맞이했고, 나와 박사는 곧 독일의 정치와 군사 상황에 대해 장시간 대화를 나누었다. 괴벨스 박사는 분명 히틀러의 측근들 가운데 가장 영리한 인물 중 하나였다. 괴벨스 박사는 현 상황을 개선하는데 협력해 줄 것 같았다. 그 때문에 전선의 상황과 용병에 꼭 필요한 일들에 대해 괴벨스의 이해를 얻는 일이 중요하다고 생각했다. 처음으로 대화를 나누게 된 이 자리에서 괴벨스는 말이 통하는 사람이라는 생각이 들었다. 그래서 나는 괴벨스에게 아군의 잘못된 조직과 그보다 더 나쁜 군 수뇌부의 인적 구성 문제를 언급했다. 또한 국방군 최고사령부, 국방군 지휘참모부, 육군 최고사령부, 공군, 해군, 무장친위대, 군수부 장관으로 이루어진 서로 다른 주무 기관의 병존 때문에 지휘에 혼선이 빚어졌다는 점을 생각해보라고 부탁했다. 나아가서는 직속 부서가 점점 더 증가함에 따라 총통이 그 복잡한 기관을 지속적으로 통제하기는 어렵다는 점을 생각해야 한다고 말했다. 나는 마지막으로 총통은 훈련 받은 참모 장교가 아니니 전략적으로 지휘할 줄 알고, 그 임무를 카이텔 원수보다 더 잘 수행할 수 있는 누군가를 국방군 참모총장에 임명하는 편이 더 나을 수 있다는 점을 언급했다. 그러면서 이 모든 내용을 적절한 방식으로 히틀러에게 전해달라고 부탁했다. 지금까지의 경험으로 볼 때 히틀러가 절대적인 신뢰를 보이지 않는 장군들보다는 히틀러 자신이 신뢰하는 측근들 중 군인이 아닌 사람이 이 중요한 내용을 건의하는 것이 더 효과적일 거라고 생각했기 때문이다. 괴벨스 박사는 매우 민감하고 어려운 문제라고 말했다. 하지만 적절한 기회가 생기면 그 이야기를 꺼내 히틀러가 군 수뇌부를 보다 효과적으로 조직할 수 있도록 애를 써보겠다고 약속했다.

나는 비슷한 시기에 슈페어도 찾아갔다. 슈페어는 전우애에 가까운 솔직한 태도로 나를 맞이했다. 그 이후로 나는 합리적이고 꾸밈없는 성품의 이 남자와 가장 원만하게 함께 일했다. 슈페어는 건전한 상식의 토대 위에서 생각하고 결정을 내렸고, 병적인 개인의 야망을 좇거나 소관과 관할을 따지는 편협한 태도를 보이지도 않았다. 물론 슈페어는 그때까지도 여전히 히틀러에게 푹 빠져 있었지만, 그래도 체계의 오류와 결함을 인식하고 문제를 바로잡으려고 노력하는 독자적인 판단력을 갖추고 있었다.

나는 독일의 전차 생산 현황을 파악하기 위해서 곧 슈판다우에 위치한 알케트(Alkett) 회사와 베를린 마리엔펠데에 있던 다임러 벤츠 사를 방문했다.

마지막으로는 1943년과 예상 가능한 선에서 1944년까지 대비한 기갑사단과 기갑척탄병사단의 새 전시 편성을 구상했다. 현대적인 무장과 전투 방식을 통해 전투력을 향상시키는 동시에 인원과 물자는 절약하는 것이 목표였다. 내가 3월 9일 히틀러 앞에서 하게 될 첫 보고회도 그 작업에 토대를 두었다. 나는 첫 보고회를 위해 토말레 대령을 대동하고 비니차로 갔다. 비니차에 도착한 시각이 16시였는데, 기갑총감이 된 나의 첫 등장을 보려고 많은 사람이 모여 있었다. 나는 그 많은 사람들을 보고 적잖이 놀랐다. 극소수의 청중이 있는 자리에서 내 계획을 설명하고 싶었기 때문이다. 내가 발표하려는 내용의 요지를 항목별로 적어 히틀러의 부관에게 통보한 일이 잘못이었다. 그로 인해 국방군 최고사령부 전원과 육군 참모총장, 총참모본부의 몇몇 주무부서장, 보병과 포병의 병과 장군, 마지막으로 수석 부관 슈문트까지 이 내용에 관심을 가진 모두가 참석하게 된 것이다. 그들은 모두 내 계획의 특정 부분들을 비난했다. 특히 돌격포를 기갑 총감의 지휘 아래 두고, 보병사단의 대전차대대를 반궤도 차량에 견인되는 성능이 떨어지는 포에서 돌격포로 재무장한다는 계획을 비난했다. 나로서는 전혀 예상하지 못했던 격렬한 반대로 인해 첫 보고회 자리가 4시간이나 걸렸다. 나는 기진맥진한 상태로 회의실을 나온 뒤 의식을 잃고 바닥에 쓰러졌다. 다행히 의식을 잃은 후, 짧은 시간만에 다시 깨어났기 때문에 쓰러진 사실을 아는 사람은 아무도 없었다.

다행히 내가 발표하는 동안 내용을 잊지 않기 위해서 각 항목별로 요지를 작성해 가져간 보고회 자료가 아직 남아 있다. 그 내용은 첫 보고회 이후 히틀러와 함께하게 될 수많은 논의를 특징적으로 보여주기 때문에 여기에 그대로 옮겨 적고자 한다.

보고회 자료

1. 1943년도 과제는 제한된 목표를 공격하기 위해 완전한 전투력을 갖춘 일정한 수의 기갑사단 편성이다.
   우리 독일군은 1944년을 위해 대규모 공격 능력을 갖춰야 한다. 기갑사단은 보유한 전차 수가 나머지 무기와 차량과의 비교에서 적절한 비율을 유지할 때만 완전한 전투력을 갖출 수 있다. 이런 관점에서 독일 기갑사단은 약 400대의 전차를 보유하고, 4개 기갑대대 편제로 정해졌다. 그런데 전차 대수가 400대 이하로 현저하게 줄어든다면, 그 조직(인원과 차량 수)은 결코 진정한 추진력을 가질 수 없다. 안타깝게도 독일에는 현재 이런 의미에서 완전한 전투력을 갖춘 기갑사단이 더이상 없다.
   그러나 올해와 내년 전투의 성공 여부는 그런 기갑사단의 재창설에 달려 있다. 육군이 이 과제를 성공적으로 해결한다면, 해군의 잠수함대와 공군과 협력하여 이 전쟁을 승리할 것이다. 그러나 실패한다면 지상전은 길고 힘든 싸움이 되어 수많은 손실을 야기할 것이다. (리델 하트의 논문 참조-아쉽지만 이 자료는 분실했다.)

따라서 모든 특수한 이해관계를 따지지 말고 즉시 완전한 전투력을 갖춘 기갑사단을 창설하는 것이 중요하며, 불완전하게 무장한 많은 사단보다는 강력한 전투력을 갖춘 소수의 사단이 더 낫다. 전자는 효율성은 떨어지면서도 상당히 많은 양의 차륜 차량과 연료, 인원을 소비하고, 지휘와 보급에 부담을 주며, 도로를 정체시킨다.

2. 이와 같은 전략적 목표를 달성하기 위해서 1943년도에는 다음의 전시 편성을 제안한다(도표 1: 안타깝지만 분실되었다).

   이를 위해 전차 장비와 관련해서는 다음 사항을 언급한다.

   현재 아군의 주력 전차는 전적으로 4호 전차에 의존한다. 동부전선과 아프리카에 지속적으로 보충해야 할 전차와 훈련용 전차의 수요를 고려해 매달 1개 대대를 새로 창설하거나 완전히 충원할 수 있다. 나아가서 1943년에는 판터와 티거로 무장한 제한된 수의 기갑대대 편성을 고려할 수 있다. 다만 판터의 경우 7월이나 8월 이전에는 전선 배치가 어려울 전망이다.

   그런 상황이므로 충원되는 기갑사단이 어느 정도나마 완전한 전투력을 갖추기 위해서는 비교적 많은 수가 생산되고 있는 경돌격포를 활용할 필요가 있다.

   공장의 전차 생산량이 기갑사단의 수요를 충당할 때까지는 매달 1개 기갑대대를 경돌격포로 무장해 편성한 뒤 기갑사단에 편입하는 것이 불가피하다고 생각한다.

   나아가서는 판터와 티거의 생산량에는 피해를 주지 않으면서 4호 전차를 1944/45년에도 계속 서둘러 생산해야 한다.

3. 1944년도를 위해서는 도표 2(역시 분실되었다)에 따른 전시 편성을 제안한다. 도표 1과 비교할 때 기갑부대와 관련해서만 기갑연대를 4개 대대로 이

루어진 1개 여단으로 충원한다는 내용이 포함되어 있다.

4. 전시 편성에서 제안한 전차 대수는 4호 전차와 판터, 티거의 생산 증가를 통해, 또한 수량이 충족될 때까지는 4호 전차의 차대에 75㎜ L48 포를 탑재한 경돌격포를 생산해 달성할 수 있다.

   각 전차의 수명을 더 연장하는 토대가 마련되어야만 필요한 전차 대수를 확보할 수 있다. 이를 위해서는 다음 사항이 필요하다.

   a) 새로운 전차(판터)의 완성
   b) 전차 승무원의 철저한 훈련(전차 조립과 개인 및 부대 훈련 참가)
   c) 훈련부대에 충분한 교육용 장비 할당(부록 참조: 분실됨). 전선에서의 경험을 기록한 후베 장군의 편지(분실됨).
   d) 훈련의 지속성과 훈련에 필요한 시간 보장(새로 편성된 부대를 훈련 중에 주둔지와 공장 근처에서 이동시키지 않는다.)

5. 전투 승리를 쟁취하기 위해서 반드시 필요한 사항은 적을 상대로 적절한 지형에서 결정적인 공간에 모든 기갑 병력을 집중적으로 투입하고, 준비한 물량과 새로운 장비를 기습적으로 투입하는 일이다.

   이를 위해서는 다음 사항이 필요하다.

   a) 부수적인 전투 지역에는 신형 전차를 배치하지 않고, 이들 전선에 대한 배치는 노획한 전차로 제한한다.
   b) 모든 기갑부대(티거, 판터, 4호 전차, 그리고 당분간은 경돌격포 일부까지 포함)를 전문적인 지휘가 가능한 기갑사단과 군단으로 통합한다.
   c) 공격에 투입하기 전에 지형 상태를 고려한다.
   d) 새로운 장비(현 시점에서 티거, 판터, 중돌격포)는 충분한 수량을 확보해 결정적인 기습 투입의 성공이 보장될 때까지는 투입을 유보한다. 새로운 장비를 너무 일찍 투입하면 그 다음해에는 벌써 적의 효과적인 방어를 감당해야 하는 상황이 되고, 아군은 거기에 그렇게 빨리 대응할 수 없게

된다.

e) 새로운 부대의 편성은 단념한다. 오래된 기갑사단과 차량화사단 조직은 잘 훈련된 인원과 기존 장비를 갖추고 있어서 충원에 꼭 필요한 지원 수단을 갖고 있다. 따라서 새로 편성된 부대가 결코 그들과 같을 수는 없다.

기갑사단을 순전히 방어에만 지속적으로 투입하고 있는 현재의 상황은 소모적이다. 그런 투입은 기갑사단의 재정비와 더 나아가 공격 준비를 지연시킨다. 따라서 기존의 많은 기갑사단을 재정비하기 위해서 즉시 전선에서 철수시키는 것이 중요하다.

6. 대전차 방어는 점점 더 돌격포의 주요 임무가 될 것이다. 다른 모든 대전차 무기가 적의 새 장비에 그다지 효과적이지 못하거나 너무 많은 손실을 입었기 때문이다.

따라서 주요 전선에 있는 모든 사단은 일정 정도 돌격포로 무장하는 것이 필요하다. 반면에 부차적인 전선에서는 상급 지휘부의 예비대에만 돌격포를 보급하고, 각 사단은 우선 대전차자주포[71]로 무장한다. 인원과 물자를 절약하기 위해서는 돌격포대대와 대전차대대를 점진적으로 통합하는 것이 불가피하다.

새로운 중돌격포는 주요 전선과 특수 임무에만 투입되어야 한다. 이들은 일차적으로는 대전차포이다.

75㎜ L70 돌격포의 효과는 아직 시험되지 않았다.

7. 기갑정찰대대는 기갑사단의 천덕꾸러기 신세가 되었다. 이 부대는 아프리카에서는 그 중요성이 분명하게 확인되었지만 동부전선에서는 현재 별다른 의미가 없다. 그러나 그렇다고 해서 착각해서는 안 된다. 아군이 원하는 대로 1944년에 다시 대규모 공격을 할 수 있으려면 능력 있는 지상 정찰대도 반

---

71 Panzerjäger(판처예거)는 대전차부대를 나타내는 말이기도 하다.(역자)

드시 필요하다.

이를 위해서는 다음 사항이 필요하다.

a) 충분한 수량의 1톤 하프트랙 차대로 만든 경장갑 기갑척탄병 수송차[72](현재까지 제작 중이지만 곧 출고될 것이다.)

b) 충분한 장갑과 무장을 갖춘 상태로 상당히 빠른 속도(시속 60-70㎞)를 낼 수있는 정찰장갑차

현재 이런 차량은 더 이상 제작되지 않고 있다. 나는 슈페어 장관과 협의해 이 문제를 조사하고 필요한 사항을 제안할 수 있는 권한을 요청한다.

8. 기갑척탄병을 위해서는 3톤 하프트랙 차대를 이용한 병력수송차[73]를 어떤 변경 없이 대량으로 생산하는 것이 가장 중요하다.

   기갑공병과 기갑통신대에 필요한 차량도 이 차량들로 충당해야 한다.

9. 기갑사단과 차량화사단의 포병은 이제 지난 10년 동안 원했던 자주포를 상당수 확보하게 될 것이다. 그 편성은 부록에 따로 기술했다(분실됨). 포병 관측병에게는 최신형 전차가 지급될 수 없다.

10. 기본적인 결정을 위해 다음 사항을 요청한다.

    a) 총통 사령부에 소재를 둔 총감 참모부 편성과 베를린에 사무실을 둔 국내부대 기갑감 참모부 편성에 대한 승인

    b) 전시 편성의 승인

    c) 기갑 총감의 전체 돌격포 부대 통솔

    d) 육군과 무장친위대가 계획하는 기갑사단과 차량화사단의 신규 편성 포기와 이들 사단과 헤르만 괴링 사단[74]을 새로운 전시 편성으로 재편성

---

72 경장갑 보병수송차인 Sd.Kfz.(= Sonderkraftfahrzerg: 특수 차량) 250을 의미한다.(역자)

73 중(中)장갑 보병수송차인 Sd.Kfz. 251을 의미한다.(역자)

74 여기서 말하는 헤르만 괴링 사단은 헤르만 괴링 공수기갑 사단으로 공군 참모총장 괴링이 창설한 공군소속 기갑사단이다. 물론 현대의 공수기갑 부대들과는 달리 공수능력은 없는 단순한 기갑사단이나, 공군 소속이기 때문에 공수기갑 사단이라는 명칭으로 불렸다.(편집부)

e) 1944년~45년도를 위한 4호 전차 생산 승인

f) 가능한 한 기존의 구성 요소에 토대를 둔 새 정찰장갑차 제작

g) 75㎜ L70 포를 탑재한 경돌격포 제작의 필요성에 대한 재검토. 경우에 따라서는 75㎜ L48 포를 탑재한 경돌격포와 보병 전차로 대체함으로써 그 계획을 포기할지 여부

보고회에서는 위에서 열거한 모든 사항에 대해 열띤 논의가 벌어졌다. 모든 항목이 적어도 이론적으로는 인정을 받았지만 돌격포를 기갑 총감의 지휘 아래 둔다는 내용은 예외였다. 그 문제가 제기되자 회의장 전체가 분노로 들끓었다. 슈페어를 제외한 모든 참석자가 거기에 반대했다. 포병의 반대는 당연했지만 히틀러의 수석 부관도 돌격포는 포병이 기사철십자훈장을 받을 수 있는 유일한 무기라는 근거를 들어 반대했다. 히틀러는 마지막에 동정하는 눈빛으로 나를 보면서 이렇게 말했다. "장군도 보다시피 모두가 장군에게 반대하고 있소. 그러니 나도 찬성할 수 없소." 그 결정의 결과는 치명적이었다. 이제 돌격포는 독립된 병과로 남았고, 대전차대대는 계속해서 트랙터가 견인하는 불충분한 포를 보유한 상태였으며, 보병사단은 효과적인 대전차 방어 수단을 갖지 못하게 되었다. 히틀러가 그 잘못을 깨닫기까지는 9개월이나 걸렸고, 전쟁이 끝날 때까지도 그처럼 긴요했던 방어 무기를 모든 사단에 보급할 수 없었다. 그밖에도 안타깝고 불행한 일이지만 승인을 받은 제안마저도 끊임없는 혼선이 발생해 실행에 방해를 받았다. 나는 무엇보다 최고사령부가 기동 예비대를 운용할 수 있게 하려고 기갑사단을 제때에 철수해 재정비를 하자고 수차례 간곡하게 요청했다. 아군 수뇌부는 참담한 패전에 이를 때까지도 강력한 전투력을 갖춘 전략적 기동 예비대의 결정적 중요성을 끝내

이해하지 못했으므로, 패배에 상당한 책임이 있다. 히틀러의 군사 고문들도 그 책임을 함께 나눠야 하는데, 이들은 예비대를 창설하려는 내 노력을 지원하지는 않고 방해만 했다.

3월 10일 나는 베를린으로 돌아가 일에 착수했다. 3월 12일에는 뷘스도르프 전차 학교를 시찰했고, 3월 17일에는 티거 전차를 포함해 판터 전차의 주요 부분과 대전차포 43(Pak 43 88㎜)을 생산하는 카셀 소재 헨셀 공장을 방문했다. 3월 18일에는 원격조종 전차의 실험을 담당한 아이제나흐 소재 300기갑대대와 같은 곳에 위치한 기갑부대 하사관학교를 시찰했다. 3월 19일에는 히틀러 앞에서 선보이는 열차포 '구스타프'와 '페르디난트' 전차, '쉬르첸'을 부착한 4호 전차를 보기 위해서 뤼겐발데로 갔다.

페르디난트 전차는 포르셰 박사가 설계한 티거 전차로, 전동 모터를 장착했고 돌격포처럼 고정된 포탑에 88㎜ L70 포를 설치했다. 페르디난트는 장포신포 이외에는 다른 무기가 없기 때문에 근접전에서는 저항력이 없었다. 그래서 강한 장갑과 뛰어난 포를 가졌지만 근접전이 약점이었다. 나는 비록 전술적인 관점에서는 히틀러가 총애하던 포르셰의 이 작품에 대한 열광에 동조할 수는 없었지만, 어차피 90대나 생산된 마당이니 어떤 식으로든 활용할 방법을 찾아야 했다. 결국 페르디난트 티거 90대로 1개 기갑연대가 편성되었고, 이 연대는 각각 45대의 전차를 보유한 2개 대대를 거느렸다.

'쉬르첸'은 3호 전차와 4호 전차, 돌격포의 몸통에 느슨하게 늘어뜨린 장갑판이었다. 상대적으로 얇은 이 차량들의 수직 장갑판을 관통하는 소련군 대전차 소총의 공격을 막기 위해 개발된 것인데, 그 유용성이 입증되었다.

'구스타프'는 거대한 800㎜ 열차포로서 2개의 선로 위에서만 움직

기갑 총감 시절, 훈련에 참가해 훈련하는 부대의 교신을 함께 듣고 있다

일 수 있었다. 이 거포는 나와 전혀 상관이 없었기 때문에 장전과 사격 시범이 끝나고 가려고 하는데 히틀러가 갑자기 나를 불렀다. "한번 들어보시오, 장군! 뮐러 박사(크루프 사)가 방금 '구스타프'로 전차도 쏠 수 있다고 했소. 장군 생각은 어떠시오?" 나는 처음에 잠시 당황해 구스타프가 대량 생산되는 모습을 그려보았다. 그러나 곧 정신을 차리고 대답했다. "전차를 쏠 수는 있겠지만 결코 맞출 수는 없을 겁니다!" 그러자 뮐러 박사가 열심히 항변했다. 하지만 포를 장전할 때마다 45분이나 걸리는 포로 어떻게 전차를 상대하려 한단 말인가? 뮐러 박사에게 가장 짧은 사정거리를 묻자 박사 역시 자신의 주장이 틀렸다는 점을 인정해야만 했다.

3월 22일 나는 '헤르만 괴링' 공수기갑 사단의 지휘관 파울 콘라트 장군과 이 부대의 합리적인 재조직을 논의했다. 당시 전선에서 활동한 단 1개 사단의 병력이 3만 4천명에 달했기 때문이다. 그 인원 중 상당수는 네덜란드에서 놀고 있었다. 1943년 상황에서도 아군의 보충 형편으로는 저정도 병력을 놀리는 일이 이미 감당할 수 없는 상황이었다.

마지막으로 3월 말에는 지금까지 종합된 경험을 토대로 기갑척탄병의 새 편성을 확정했다.

괴르델러 박사의 방문

전문적인 작업에 전적으로 몰입해 지내던 이 시기에 오랜 지인인 라베나우 장군이 나와 이야기하고 싶다는 괴르델러 박사를 데려왔다. 괴르델러 박사는 히틀러가 제국 수상과 국방군 최고사령관으로서의 임무를 제대로 감당하지 못하니 히틀러의 권한을 제한해야 한다고 말했다. 그러면서 자신이 구상한 정부의 기본 강령과 개혁 프로그램을 상세하게 설명했다. 괴르델러 박사의 높은 이상주의가 담겨 있고, 바람직한 사회적 보완책이 마련된 내용들이었다. 다만 괴르델러 박사의 교조적인 태도가 그런 문제의 해결을 어렵게 하리라는 생각은 들었다. 게다가 박사는 자신의 계획 성공을 뒷받침할 외국의 지원을 확보하지 못했다고 했다. 이미 오래전부터 외국과 접촉을 시도했지만 냉담한 반응을 받았음이 분명했다. 연합국은 괴르델러 박사의 계획이 성공한다 하더라도 '무조건 항복'에 대한 요구를 철회할 생각이 없었다.

나는 괴르델러 박사에게 히틀러의 권한 제한을 어떤 식으로 구상하고 있는지 물었다. 박사는 히틀러에게 명목상의 제국 원수 지위는 허용하되, 오버잘츠베르크나 다른 안전한 곳에 억류할 계획이라고 대답했다. 박사가 계획한 체제 변화가 처음부터 실패하지 않으려면 나치스 지도자들을 제거해야 할 텐데 그 제거는 어떤 방식으로 할 거냐고 다시 물었다. 그러자 나치스 지도자들을 제거하는 일은 국방군의 소임이라고 대답했다. 그러나 박사는 아직까지 현역 지휘관 중 누구도 자신의 계획에 끌어들이지 못한 상태였다. 그래서 내가 전선을 방문할 때 자신의 계획을 타진해본 뒤 거기에 동참할 각오가 된 장군들이 있으면 알려달라고 요청했다. 이 계획을 추진하는 사람이 누구냐고 묻자 박사는 베크 상급대장이라고 대답했다. 나는 베크 상급대장의 우유부단한 성격을 누구보다 잘 알고 있었는데, 그런 사람이 이런 계획에 연루되어 있다는 사실에 무척 놀랐다. 베크 상급대장은 쿠데타에는 가장 어울리지 않은 유형이었다. 베크는 결코 결단을 내리지 못할 것이고, 군에서도 공감을 얻지 못할, 존재감이 희미한 인물이었다. 베크는 철학자 유형이었지 혁명가는 아니었다.

나치스 체제의 결함과 폐단, 그리고 히틀러 개인이 범한 과오는 당시 내가 볼 때도 이미 분명하게 드러났고, 그 문제를 제거하려고 노력해야 했다. 그러나 스탈린그라드 대참사와 소련을 포함해 무조건 항복을 요구하는 연합국으로 인해 위기에 처한 이 상황에서는 제국과 민족을 파국으로 이끌지 않을 방법부터 찾아야 했다. 그것이 제국을 구할 수 있다는 희망을 품을 때 가장 큰 책임과 어려움이 따르는 부분이었다. 나는 괴르델러 박사의 계획이 독일의 전체 관심사에 해를 끼칠 뿐 아니라 실행이 불가능하다고 판단했고, 거기에 동참할 뜻이 없다고 거절했다. 전체 육군과 마찬가지로 나 역시 군기에 대한 맹세를 지켜야 한다고 생각했다. 그래서 괴르델러 박사에게 그 계획을 중단하라고 요청했다.

괴르델러 박사는 동참할 뜻은 없어도 자신이 원하는 정보는 알려달라고 부탁했다. 나는 그 부탁은 들어주기로 했다. 나뿐만이 아니라 다른 장군들도 나와 같은 생각이라는 증거를 보임으로써 이상적인 생각을 가진 이 남자가 불행한 길을 걷지 않기를 바라는 마음 때문이었다. 나는 4월에 괴르델러 박사를 다시 만나 그의 계획에 동참하려는 장군이 아무도 없다고 전했다. 내가 의중을 떠본 인물들은 자신들이 한 충성 서약과 전선의 심각한 상황을 이유로 괴르델러 박사의 계획에 동참하기를 거부했다. 나는 괴르델러 박사에게 그의 뜻을 포기하라고 다시 한 번 권했다.

괴르델러 박사는 나와 이야기를 나누는 동안 암살 계획에 대해서는 분명하게 선을 그었고, 마지막으로 나와 박사 사이에 오간 대화 내용을 비밀로 해달라고 부탁했다. 1947년 변호사 파비안 폰 슐라브렌도르프가 쓴 「히틀러에 반대한 장교들」이라는 책이 나올 때까지 나는 박사와의 약속을 지켰다. 그런데 그 책을 보면 괴르델러 박사나 폰 라베나우 장군 중 한 사람이 서로의 약속을 지키지 않았던 모양이다. 책에서 슐라브렌도르프가 나에 관해 언급한 내용은 사실과 다르다.

나는 1943년 4월 이후 괴르델러 박사를 다시 만난 적이 없었고 박사의 계획에 대해서도 더는 아무것도 듣지 못했다.

그 이야기는 이쯤에서 끝내고 다시 내 업무로 돌아가자.

성채 작전

3월 29일 나는 폰 만슈타인 원수를 만나기 위해 남부집단군이 있는 자포로제로 향했다. 거기서는 마침 작전에 기갑부대를 적절하게 투입해 하르코프를 탈환하는 대성공을 거두었다. 만슈타인과 협의한 주요 내용도 그 전투에서 얻은 경험, 특히 그로스도이칠란트와 총통경호대 SS 아돌프 히틀러(LSSAH 사단) 소속 티거 전차부대의 투입에서 얻은 결과였다. 나는 만슈타인의 사령부에서 나의 오랜 친구인 4기갑군 최고사령관 호트를 만나 그의 경험담도 함께 들었다. 히틀러가 만슈타인처럼 유능하고 군인다운 인물을 자기 곁에 두지 않는 상황이 얼마나 애석한 일인지를 다시 한 번 깨달았다. 두 사람은 너무 달랐다. 히틀러는 군 문제에 전문 지식이 없는 아마추어지만 상상력이 풍부하고 의지가 강한 인간이었다. 반면에 만슈타인은 뛰어난 군인 자질에 냉철한 판단력을 지녔고, 독일군 총참모본부의 훈련까지 거친 독일 최고의 전략가였다. 나는 나중에 육군 참모총장의 직무를 맡았을 때 히틀러에게 카이텔 대신 만슈타인을 국방군 최고사령부 총장에 임명하라고 여러 번 제안했지만 그때마다 소용이 없었다. 카이텔은 분명 히틀러에게 편한 존재였다. 카이텔은 히틀러가 말하기도 전에 그의 생각을 미리 읽어 그대로 실행하려고 애를 썼다. 반면에 만슈타인은 불편한 존재였다. 분명한 자기 생각을 품고 있었고, 그 생각을 그대로 말하는 인물이었다. 나의 반복된 제안에 히틀러도 결국 이렇게 말했다. "만슈타인은 아마 총참모본부가 배출한 가장 뛰어난 인물일 거요. 그러나 만슈타인은 원기 왕성하고 잘 갖춰진 사단으로만 작전을 펼칠 뿐, 지금 독일에 남아 있는 패잔병들로는 작전을 수행하지 못할 것이오. 만슈타인에게 작전 능력이 있는 새 부대를 만들어줄 수 없는 형편이니 그의 임명은 무의미하오." 히틀러는 단지 그렇게 하고 싶지 않아서 그런 말도 안 되는 핑계를 댔을 뿐이다.

나는 항공편으로 켐프 장군의 사령부가 위치한 폴타바로 갔고, 거기서 다시 그로스도이칠란트 보병사단(3월 30일)과 SS 아돌프 히틀러 기갑사단, 크노벨스도르프 장군의 군단(3월 31일)으로 갔다. 내가 그 부대들을 방문한 일차적인 목적은 티거 전차와 관련된 최근 경험담을 듣기 위함이었다. 그래야 그 전차의 전술적, 기술적 능력을 분명히 파악해 앞으로 티거 부대를 편성하기 위한 결론을 이끌어낼 수 있었다. 4월 1일 자포로제에 있는 만슈타인을 방문하는 것을 끝으로 기갑 총감으로서 방문한 첫 번째 전선 시찰을 마쳤다.

첫 번째 전선 방문의 결과는 슈페어 장관과 나눈 티거와 판터 전차 생산 증가 논의에 반영되었다. 4월 11일 히틀러가 머물던 오버잘츠베르크의 베르히테스가덴에서 열린 회의도 그 방문 결과를 보고하기 위한 자리였다. 나는 그 기회에 베르히테스가덴을 처음 가보았다. 히틀러의 별장 '베르크호프' 안에서 회의 참석자들이 드나드는 곳에는 다른 방으로 들어가는 문들이 없었다. 단지 널찍한 회의실만이 인상적이었다. 전망이 좋은 창이 하나 있었고, 값비싼 벽걸이 양탄자들과 안젤름 포이어바흐[75]의 아름다운 그림을 포함한 그림 몇 점이 걸려 있었으며, 벽난로 앞에는 바닥을 높게 한 장소가 있었다. 히틀러는 저녁 보고가 끝나면 여기서 자신의 측근과 군과 당의 부관들, 여비서들과 저녁 시간을 보냈다. 나는 한 번도 그 모임에 참석한 적이 없었다.

같은 날 나는 무장친위대의 기갑부대 편성을 육군의 편성과 보조를 맞추기 위해서 힘러를 찾아갔다. 그러나 내 노력은 부분적인 성과만 올렸다. 무엇보다 힘러는 새 편성을 하지 말라는 내 간절한 요청을 거부했다. 히틀러는 3월 9일에 있었던 내 보고회 자리에서는 부대의 새 편성이 불리하다는 점에 동의했었다. 그러나 무장친위대와 관련된 일에서는 국방군을 속이고 힘러와 한패였다. 히틀러는 전적으로 신뢰하지 않았던 육군과는 별개로 자신에게 더 큰 신뢰를 약속하는 개인 군대를 항상 원했다. 육군이 옛 프로이센-독일 전통에 대한 의무감에서 더는 히틀러 자신를 따르지 않을 때라도 자신을 위해서라면 무슨 일이든 각오가 되어 있는 친위대를 만들려고 했다. 그러나 히틀러와 힘러의 불화는 전후에 무장친위대를 매우 곤란한 상황에 빠뜨렸다. 히틀러가 나머지 나치 친위대(SS), 특히 보안대(SD)가 저지른 잘못들을 들어 무장친위대까지 비난했기 때문이다. 히틀러는 보충병 선발과 인원, 무기와 장비 보급에서 전쟁 중에도 계속 무장친위대에 특혜를 주었다. 그런 조치는 당연히 육군의 다른 부대로부터 곱지 않은 시선을 받았다. 그런 곱지못한 시선을 받았어도 전선에서는 전우애의 감정이 그 모든 것을 극복했다면, 입고 있는 군복의 색깔에 상관하지 않는 독일 군인들의 사심 없는 태도를 보여준다고 할 수 있다.

4월 12일 나는 공군 참모총장 예쇼네크 상급대장을 방문했다. 에쇼

75 19세기 독일의 화가인 파울 요한 안젤름 리터 폰 포이어바흐(1829~80)를 말한다. 후기 인상파 화가로 이름이 높다.(편집부)

네크는 모든 것을 포기한 사람처럼 지쳐 보였다. 나와 예쇼네크는 공군과 기갑부대 양 병과에 공통된 문제를 협의했지만 솔직한 대화를 나누지 못했고, 그러다보니 인간적인 접근은 전혀 이루어지지 않았다. 예쇼네크는 4개월 뒤인 1943년 8월 공군의 실패를 문책하는 히틀러와 괴링의 비난에 상심해 스스로 목숨을 끊었다. 그로써 예쇼네크는 동료였던 우데트 상급대장의 전철을 밟았는데, 우데트는 전쟁의 불가피성과 아무것도 하지 않는 괴링의 무능함 사이에서 고민하다가 1941년 11월 절망적인 길을 선택했다. 공군 최고사령관 괴링은 업무 외적인 일로 너무 바빠서 그와의 만남은 성사되지 않았다.

4월 13일 나는 베를린으로 돌아와서 슈문트와 장시간 대화를 나누었다. 이제 희망이 없어진 아프리카에서 수많은 기갑병들, 그중에서도 꼭 필요한 다년간 훈련된 지휘관들과 기술자들을 데려오는데 힘을 실어달라고 부탁하기 위해서였다. 그러나 내가 슈문트를 설득하지 못했거나 슈문트가 히틀러에게 내 뜻을 강력하게 전달하지 않은 듯했다. 다음 보고 자리에서는 내가 직접 히틀러에게 그 일을 요청했지만 아무 효과가 없었다. 사람들이 자주 경험하듯이 위신과 관계된 문제가 합리적인 판단을 이길 때가 많다. 당시 텅 빈 채로 이탈리아로 날아간 수많은 비행기들은 그 귀중한 사람들을 실어와 독일 본토와 전선에 있는 부대의 편성과 재정비에 도움을 줄 수 있었을 것이다. 5월 29일 오버잘츠베르크에서 보고회가 다시 열렸고, 편성과 장비에 관한 문제는 이날 불레, 카이텔, 슈페어와의 협의로 해결될 수 있었다.

그 사이에도 아프리카에는 여전히 부대가 투입되었고, 최신 티거 대대도 거기서 무의미하게 혹사당했다. 거기에 반대하는 모든 항의는 고려되지 않았고, 나중에 시칠리아 섬 방어에서도 마찬가지였다.

내가 티거를 본토로 철수시키려 할 때 괴링이 개입했다. "티거가 메시나 해협을 건너 뛸 수는 없지 않습니까? 그 점을 아셔야지요, 구데리안 상급대장!" 나는 이렇게 대답했다. "당신이 메시나 해협 상공의 지배권을 실질적으로 장악한다면, 티거는 그쪽으로 들어갈 때와 똑같은 방법으로 시칠리아에서 나올 수 있습니다." 그러자 괴링은 아무 말도 하지 않았지만, 티거는 결국 시칠리아에 남겨졌다.

4월 30일 나는 베르히테스가덴에서 비행기로 파리로 날아갔다. 서부집단군 최고사령관인 폰 룬트슈테트 원수에게 취임 인사를 하고, 서부전선에 있는 기갑부대를 시찰한 뒤 연합국의 상륙하는 전차를 막아야 할 대서양 방벽의 방어력을 확인하기 위해서였다. 나는 81군단 사령부가 있는 루앙에서 프랑스 원정 당시의 전우였던 쿤첸 장군을 만나 해안 방어에 관한 문제를 논의했고, 이브토에서는 노획한 프랑스 전차로 무장한 100기갑연대를 방문할 수 있었다. 그런데 거기서 뮌헨으로 오라는 히틀러의 전보를 받았다.

나는 5월 2일 뮌헨에 도착했다. 다음날인 5월 3일에 첫 회의가 열렸고, 5월 4일에 열린 두 번째 회의에는 그사이 베를린에서 새 자료를 가져온 토말레 참모장도 참석했다. 이날의 회의 참석자는 국방군 최고사령부, 육군 참모총장과 그의 주요 참모들, 남부집단군 최고사령관 폰 만슈타인, 중부집단군 최고사령관 폰 클루게, 9군 최고사령관 모델, 슈페어 장관과 기타 몇 명이었다. 회의 주제는 동부전선의 중부집단군과 남부집단군이 조만간, 다시 말해 올 여름 안에 공세를 취할 수 있을 것인가 하는 매우 중대한 문제였다. 이 문제는 육군 참모총장인 차이츨러 장군이 제안한 작전 계획에 따라 제기되었다. 차이츨러는 쿠르스크 부근에 서쪽으로 튀어나온 소련군의 돌출 진지를 이중으로 포위해 소련군 사단을 물리치고, 이 공격으로 소련 육군의 공격력을 결정적으로 약화시켜 독일 지휘부가 동부전선에서 보다 유리한 위치를 차지할 수 있기를 기대했다. 지난 4월에도 이미 같은 문제를 열심히 논의했지만, 당시에는 스탈린그라드에서 입은 막대한 타격과 연이은 남부집단군 절반의 패배로 대규모 공세는 생각도 못하는 상황이었다. 그러나 이제 육군 참모총장은 결정적인 성공을 보장하리라고 믿는 새로운 티거와 판터를 투입해 주도권을 되찾고 싶어 했다.

히틀러는 약 45분간에 걸친 연설로 이날 회의를 시작했다. 히틀러는 동부전선의 상황을 객관적으로 기술한 다음, 육군 참모총장의 제안과 거기에 반대하는 모델 장군의 반론을 거론했다. 모델은 항공사진을 포함한 상세한 관측 결과를 토대로 아군의 양 집단군이 공격할 바로 그 구역에 소련군이 주도면밀하게 조직한 깊은 방어진을 구축해 두었다는 사실을 증명했다. 소련군은 그 시점에 이미 그들의 기동병력 대부분을 전방 진지에서 철수시켰고, 우리 독일군이 전제한 공격 도식에 따라 협공이 예상되는 지점에 전례 없이 강력한 포병과 대전차부대를 배치한 상태였다. 모델은 이런 사실들을 근거로 소련군이 아군의 공격을 예상하고 있으니 아예 공격을 포기하거나 그렇지 않으면 다른 전술로 공격해야만 성공할 수 있다는 올바른 판단을 내렸다. 히틀러가 모델의 의견을 전달하는 태도를 보면, 히틀러가 모델의 의견에 강한 영향을 받아 차이츨러의 공격 제안에 대해 확고한 결심을 하지 않았다는 사실이 분명히 드러났다. 히틀러는 폰 만슈타인 원수에게 차이츨러의 제안에 대한 의견을 표명해달라고 요청했다. 만슈타인은 히틀러와 대면했을 때 자주 그랬던 것처럼 상태가 그다지 좋지 않았다. 만슈타인은 4월에 공격이 이루어졌다면 성공할 가능성이 높았겠지만 지금은 성공 여부가 회의적이며, 공격을 수행하려면 완전한 전투력을 갖춘 2개 보병사단이 더 필요하다고 말했다. 히틀러는 그런 사단은 준비되지 않았으니 만슈타인이 현재 보유한 병력으로 꾸려나가야 한다고 대답했다. 그러면서 만슈타인에게 다시 같은 질문을 던졌지만 분명한 대답을 듣지 못했다. 히틀러는 다음으로 폰 클루게 원수에게 질문했고, 폰 클루게는 차이츨러의 제안에 찬성한다고 분명하게 말했다. 나는 발언을 요청해 그 공격이 무의미하다고 말했다. 참모총장의 제안에 따라 공격을 한다면 분명 막대한 전차 손실이 발생하여 이제 막 재정비를 완료한 동부전선 병력이 다시 와해될 거라고 했다. 또한 아군은 1943년에 동부전선 병력을 다시 한 번 재정비할 여력이 없는 상태이고, 이제는 오히려 새 전차를 서부전선에 배치하는 방안을 고려해야 한다고 말했다. 그래야 1944년에 분명히 예상되는 연합군의 상륙에 기동 예비대로 대처할 수 있을 거라고 했다. 그밖에도 육군 참모총장이 굉장히 큰 기대를 거는 판터는 새로운 장비에서 드러나는 초기 결함이 아직 많고, 공격 시작 전까지 그 결함을 모두 개선하기란 불가능하다는 점도 지적했다. 슈페어는 산업의 관점에서 내 주장을 지지했다. 그러나 이날 회의에서 차이츨러의 제안에 분명하게 반대를 표명한 사람은 우리 둘뿐이었다. 공격을 찬성하는 사람들의 견해에 아직 완전히 확신을 얻지 못한 히틀러는 최종 결정을 내리지 않았다.

뮌헨에서 열린 이날 회의에서 나는 군사 문제를 제외하고 한 가지 개인적인 일을 경험했다. 이날 1941년 12월에 있었던 여러 가지 사건 이후로는 처음으로 폰 클루게 원수를 다시 만났다. 인사를 나눌 때 보여준 폰 클루게의 비우호적인 태도는 지난날의 모든 상처를 다시 일깨웠다. 나는 폰 클루게를 아주 냉담하게 대했다. 회의가 끝난 뒤 폰 클루게 원수가 나를 옆방으로 부르더니 내 냉담한 태도에 대한 해명을 요구했다. 나는 폰 클루게에 대해 품고 있는 반감을 이야기했다.

특히 그사이 모든 상황이 밝혀졌으니 1941년 12월의 행동에 대해 내게 사과해야 한다고 말했다. 그러나 폰 클루게 원수와 나는 아무 성과 없이 헤어졌다.

그런데 얼마 뒤 슈문트가 베를린에서 나를 찾아와 폰 클루게 원수가 히틀러에게 보낸 편지를 읽어주었는데, 내게 결투를 신청한 내용이었다. 폰 클루게 원수는 결투가 금지되어 있고, 히틀러가 전시에 장군들이 결투를 벌이는 짓을 결코 용납하지 않으리라는 사실을 정확히 알고 있었다. 그런데도 폰 클루게는 히틀러를 결투의 입회인으로 선택했다.

슈문트는 히틀러를 대신해 총통은 결투를 바라지 않고, 나아가서는 적절한 형태로 이 문제가 해결되기를 바란다고 말했다. 나는 히틀러의 뜻에 따라 폰 클루게 원수에게 편지를 써서 내가 뮌헨에서 보인 태도로 마음을 상하게 한 점에 대해 유감을 표명했다. 그러나 폰 클루게가 1941년에 내게 가한 중대한 모욕에 대해 아직 사과하지 않았기 때문에 나로서는 어쩔 수 없었다고 했다.

4월에는 내 제안에 따라서 판터의 대량 생산이 확실하게 보장될 때까지 4호 전차를 계속 생산하기로 결정되었다. 그로써 전차 생산량이 매달 1955대로 증가할 예정이었다. 전차의 주요 생산지인 카셀, 프리드리히스하펜, 슈바인푸르트에는 현재의 대공 방어를 더 강화하기로 했다. 그밖에도 나는 5월 4일 뮌헨에서 진행된 회의에서 이들 생산지의 대체 생산지 건립을 제안했다. 그러나 슈페어의 수석 보좌관이었던 사우르의 반대에 부딪혔다. 사우르는 연합군의 비행기가 공군의 생산지 파괴에만 집중하고 있다고 주장했다. 그 생산지를 파괴한 뒤에는 전차 생산지가 다음 목표가 되리라는 사실을 믿으려 하지 않았다.

5월 10일 히틀러가 베를린에 왔다. 나는 판터 생산과 관련된 협의를 위해 제국 수상관저로 오라는 소환을 받았다. 공장에서 원래 정해진 기한을 지킬 수 없었기 때문이다. 그에 대한 보상으로 생산량을 늘려서 5월 31일까지 예정된 250대보다 훨씬 많은 324대를 생산하라는 결정이 내려졌다. 회의가 끝난 뒤 나는 히틀러의 손을 꼭 잡고는 솔직한 생각을 말해달라고 부탁했다. 히틀러는 그렇게 하겠다고 대답했다. 나는 지금도 헤쳐 나가야 할 어려움이 얼마나 많은지 그 역시 잘 알 테니 동부전선의 공격을 포기하라고 간청했다. 대규모 병력 투입은 소용이 없을 것이고, 서부전선의 방어 준비에 상당한 차질이 생길 거라고 말했다. 그러고는 다음의 질문으로 내 말을 마쳤다. "총통께서는 왜 올해 안에 동부전선을 공격하려는 겁니까?" 그러자 카이텔이 대화에 끼어들었다. "우리는 정치적인 이유 때문에 공격을 해야 하오." 나는 이렇게 대답했다. "쿠르스크가 어디에 있는지 사람들이 알기나 할까요? 세상은 우리가 쿠르스크를 점령했는지 그렇지 않은지에 아무 관심이 없습니다. 다시 한 번 여쭙고 싶습니다. 대체 무엇을 위해서 올해 안에 동부전선에서 공격하려는 겁니까?" 그러자 히틀러는 정확히 이렇게 말했다. "당신이 전적으로 옳소. 나도 이 공격을 생각할 때마다 속이 편치는 않소." 나는 이렇게 대답했다. "그러면 총통께서는 상황을 제대로 느끼고 계신 겁니다. 그러니 거기서 손을 떼십시오!" 히틀러는 자기가 아직 어떤 결정을 내리지는 않았다고 확언했고, 대화는 끝났다. 지금은 운명을 달리한 카이텔 원수 이외에도 내 참모장 토말레와 군수부의 사우르가 이 대화 현장에 있었다.

다음날 나는 기차를 타고 내 참모부가 임시 설치된 뢰첸으로 가서 그곳에 마련된 나와 참모부의 거처를 둘러보았다. 5월 13일에는 슈페어를 만나 협의했고, 오후에는 히틀러와의 회의에 참석했다. 5월 14

일 '마우스' 전차의 목제 모형이 히틀러에게 소개되었다. 포르셰 박사와 크루프 사가 설계한 150㎜ 포로 무장될 전차였다. 총 무게는 175톤으로 정해졌지만, 항상 있었던 히틀러의 추가 변경을 감안하면 실제로는 200톤에 이를 것으로 예상해야 했다. 그러나 소개된 모형에는 근접전을 위한 기관총도 하나 없었고, 나는 그 이유로 이 전차를 거부했다. 포르셰의 티거 전차 페르디난트를 근접전에서 쓸모없게 만들어 보병과의 협력을 불가능하게 한 것과 똑같은 실수였다. 나를 제외한 모두가 '거대 전차'가 될 것이 분명한 '마우스'를 매우 훌륭하다고 생각하는 바람에 격렬한 논의가 벌어졌다. 이 자리에서는 '마우스' 이외에도 포마크(Vomag) 사에서 4호 전차 차대로 만든 대전차자주포의 잘 만들어진 목제 모형도 소개되었다. 전체 높이가 겨우 1,7미터여서 실질적으로 자연 지형의 경계에 딱 맞았다. 그밖에도 중보병포를 탑재한 돌격전차(Sturmpanzer)와 37㎜ 2연장 대공포가 달린 대공전차(Flakpanzer) 모형도 선보였다.

모형 소개가 끝난 뒤 나는 베를린으로 돌아갔다.

5월 24일과 25일에는 브루크 안 데어 라이타에 주둔한 654기갑대대를 시찰했다. 앞에서 언급한 포르셰 티거로 무장한 대대였다. 다음에는 판터와 대전차포를 생산하는 린츠의 니벨룽겐 공장을 방문했고, 거기서 5월 26일 기갑부대의 대대장 양성 학교를 시찰하기 위해 항공편으로 파리로 향했다. 5월 27일에는 아미앵에 주둔한 216기갑대대를 방문했고, 28일에는 베르사유에 있는 중대장 교육 과정을 둘러보았으며, 낭트에 주둔한 14, 16기갑사단의 지휘관들을 만났다. 마지막으로 4월 29일에 생 나제르 요새를 찾아가 대서양 방벽의 방어 계획을 살펴보았다. 30일에 베를린으로 돌아갔다가 31일에는 인스브루크로 가서 슈페어를 만났고, 6월 1일에는 그라펜뵈어로 가서 51, 52기갑대대를 시찰한 뒤 그날 다시 베를린으로 돌아갔다.

그 동안 국방군 최고사령부는 1기갑사단을 그리스 펠로폰네소스 반도로 보내 영국군의 상륙을 경계한다는 해괴한 계획을 세웠다. 이 사단은 막 충원을 끝내고 갓 완성된 새 판터 전차로 무장한 대대를 거느리고 있어서 아군의 가장 강력한 예비대였다. 그런데 그런 부대를 이제 쓸데없는 곳에 투입하려는 것이었다. 나는 격분해서 항의했지만 카이텔의 기괴한 논거에 묻혀 버렸다. 내가 그리스에는 1개 산악사단을 투입하는 편이 훨씬 적합하다고 제안하자, 카이텔은 산악사단에 필요한 건초와 곡물을 공급하려면 수송 공간을 너무 많이 차지한다고 주장했다. 거기에 대해 뭐라고 할 말이 없었지만, 그래도 내가 책임을 지기로 하고 판터 수송만은 막았다. 비행기에서 그리스 지형을 살펴보라고 파견한 전차 장교는 곧 산지의 길과 교량이 좁아서 넓은 무한궤도가 장착된 판터는 지날 수 없다는 소식을 가져왔다. 나는 이 논거를 기초로 내가 취한 조치에 대해 히틀러의 뒤늦은 승인을 받았다. 아군은 곧 동부전선에서 1기갑사단의 부재를 뼈아프게 느껴야 했다.

6월 15일 나는 다시 골칫거리인 판터 제작 상황을 살펴보았다. 최종 감속 장치가 정상이 아니었고 조준경에서도 결함이 나타났다. 그래서 다음 날 히틀러에게 판터를 동부전선에 투입하기 어렵다는 뜻을 밝혔다. 아직 실전에 배치할 만한 상태가 아니었기 때문이다.

그 무렵 뮌헨 '피어 야레스차이텐'[76] 호텔에서 롬멜 원수를 만나 아프리카 전장에 대한 이야기를 들었다. 저녁에는 다시 베를린으로 돌

76 Vier Jahreszeiten: 사계절을 뜻한다.(역자)

아가 18일에 위터보크에서 포병 무기를 시찰했고, 같은 날 히틀러에게 보고하기 위해서 항공편으로 베르히테스가덴[77]으로 향했다. 중간에 그라펜뵈어에 잠시 착륙해 판터로 무장한 51, 52기갑대대의 결함을 조사한 뒤 히틀러에게 그 점을 보고했다. 아직 완전하지 않은 전차의 기술적인 결함들 외에도 전차병과 전차 지휘관들이 새 전차의 조작법을 충분히 익히지 못한 상태였고, 부분적으로는 전투 경험도 풍부하지 않았다. 그러나 이런 모든 미심쩍은 점들에도 불구하고 히틀러와 육군 참모총장은 끝내 '성채'라는 암호로 동부전선에서 불행한 공세를 시작했다.

북아프리카 전장은 5월 12일 튀니스에서 남아있던 독일군과 이탈리아군이 항복하면서 최종적으로 패배했다. 7월 10일 연합군이 시칠리아에 상륙했고, 25일에는 무솔리니가 파면되고 체포되었다. 바돌리오 원수가 수상이 되었다. 그로써 추축 동맹에서 이탈리아의 탈퇴는 시간문제였다.

남쪽에서 일어난 이런 사건들이 전쟁을 시시각각 독일 땅으로 끌어오고 있는 와중에 히틀러는 장비와 실행에서 모두 불충분한 동부전선 공세를 시작했다. 벨고로드 주변 지역에서는 남부집단군의 10개 기갑사단과 1개 기갑척탄병사단, 7개 보병사단이 공격에 나섰고, 오렐 서쪽 지역에서는 북부집단군의 7개 기갑사단과 2개 기갑척탄병사단, 9개 보병사단이 공격을 시작했다. 독일 육군이 충당할 수 있는 모든 공격력이 이 작전에 투입되었다. 그래서 히틀러 자신도 이 공격은 절대 실패하면 안 되고, 원래의 출발 지점으로 돌아가는 것조차 이미 아군의 패배를 의미한다고 말했다. 히틀러가 어떤 경로로 결국 공

77 바이에른 주 남부 오스트리아 접경지대로, 히틀러의 별장 베르크호프가 이 지역에 있다.(편집부)

지도 27

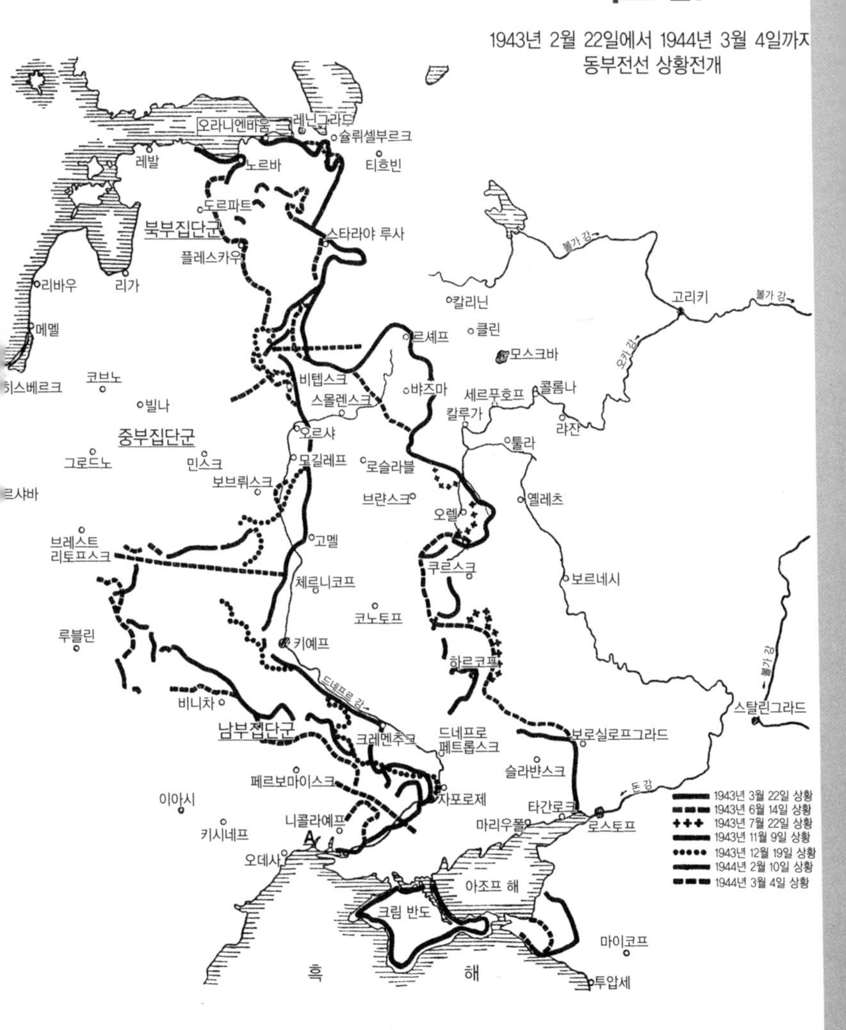
1943년 2월 22일에서 1944년 3월 4일까지
동부전선 상황전개
오라니엔바움
레닌그라드
슐뤼셀부르크
티흐빈
레발
노르바
도르파트
북부집단군
스타라야 루사
플레스카우
리바우
리가
칼리닌
고리키
볼가 강
메멜
르셰프
클린
모스크바
오카 강
코브노
비텝스크
뱌즈마
세르푸호프
콜롬나
빌나
스몰렌스크
칼루가
랴잔
중부집단군
오르샤
툴라
그로드노
민스크
모길레프
로슬라블
보브뤼스크
브랸스크
옐레츠
오렐
브레스트 리토프스크
고멜
쿠르스크
체릉니코프
보르네시
코노토프
루블린
키예프
하르코프
드네프르 강
비니차
스탈린그라드
남부집단군
크레멘추크
드네프로 페트롭스크
보로실로프그라드
슬라뱐스크
페르보마이스크
자포로제
돈 강
이아시
니콜라예프
타간로크
키시네프
마리우폴
로스토프
오데사
아조프 해
크림 반도
마이코프
흑
해
투압세
1943년 3월 22일 상황
1943년 6월 14일 상황
1943년 7월 22일 상황
1943년 11월 9일 상황
1943년 12월 19일 상황
1944년 2월 10일 상황
1944년 3월 4일 상황

격을 결심하게 되었는지는 밝혀지지 않았다. 아마 육군 참모총장의 독촉이 결정적인 역할을 했을 것으로 짐작되었다.

7월 5일 이전의 수많은 사례를 통해 잘 알려져 소련군도 충분히 예상할 수 있는 방식으로 공격이 시작되었다. 히틀러는 셉스크를 지나 소련군 쐐기꼴 대형의 맨 앞부분을 공격하거나 하르코프에서 남동쪽으로 소련군 정면을 돌파하는 두 가지 반대 제안을 포기했다. 앞쪽으로 튀어나온 소련군 진지의 돌출부를 팀 방향에서 이중으로 포위해 파괴함으로써 동부전선에서 주도권을 회복하겠다는 차이츨러의 계획 때문이었다.

나는 7월 10일에서 15일까지 두 집단군의 공격 전선을 찾아갔다. 먼저 남부집단군으로 갔다가 곧이어 북부집단군으로 이동해 현장에 있는 전차 지휘관들과 대화를 나누었고, 공격이 진행되는 과정, 아군의 공격 방법과 장비의 결함에 대해 알게 되었다. 판터가 아직 실전에 배치할 상태가 아니라는 내 우려는 현실이 되고 말았다. 모델이 지휘하는 군에 투입된 포르셰 티거 90대도 주포의 탄약 수량이 너무 부족해서 근접전의 요구를 충족시킬 수가 없었다. 이 전차에는 기관총이 전혀 없어서 소련군의 보병 전투 지대로 진입한 뒤에는 그야말로 대포로 참새를 쏘아야 하는 상황이 되는 바람에 단점은 더 커졌다. 포르셰 티거 전차는 소련군의 소총수 진지나 기관총 진지를 진압하거나 완전히 무력화시키지 못해서 아군의 보병이 그 뒤를 따를 수가 없었다. 그래서 소련군 포병 진지에 도달했을 때는 그들뿐이었다. 바이틀링 사단의 보병은 용감무쌍한 행동과 전례 없는 희생에도 불구하고 전차의 성공을 이용할 수가 없었다. 모델의 공격은 약 10킬로미터를 진군한 뒤에는 더 이상 나아가지 못했다. 남부집단군에서는 더 큰 성공을 거두었지만 돌출 진지를 차단하거나 소련군을 항복하게 할 정도는 아니었다. 7월 15일 소련군은 아군이 공세에 나서느라 방어가 약화된 오렐 방향으로 반격을 시작했고, 아군은 8월 4일 그 도시에서 철수해야 했다. 벨고로드도 소련군에게 넘어갔다.

그날까지 오렐 북동쪽의 수샤-오카 진지는 모든 공격을 굳세게 막아냈다. 그곳은 1941년 12월에 내가 2기갑군을 위해 선택해 그들을 이끌고 갔던 진지였다. 이 진지 때문에 나와 히틀러 사이에 불화가 생겼고, 그 불화가 빌미가 되어 폰 클루게 원수가 나를 해임했었다.

아군은 '성채' 작전의 실패로 결정적인 패배를 당했다. 그토록 많은 노력을 기울여 재정비한 기갑부대는 막대한 인명 피해와 장비 손실로 장시간 운용할 수 없게 되었다. 내년 봄에 예상되는 연합군의 위협적인 서부전선 상륙을 막아야 하는 상황을 감안할 때, 동부전선 방어를 위해 기갑부대를 제때에 재정비할 수 있을지 의문이었다. 소련군은 당연히 그들의 성공을 이용했고, 동부전선은 더 이상 조용할 날이 없었다. 이제 주도권은 궁극적으로 적에게 넘어갔다.

1943년 중후반기의 쟁점들

7월 15일 나는 프랑스로 가서 프랑스 주둔 기갑부대들을 시찰했다. 7월 말에는 파더보른 부근 제네 훈련장에 있는 티거 부대를 방문했다. 나는 거기서 동프로이센으로 오라는 히틀러의 전보를 받았다. 그러나 동프로이센에 도착해 첫날 회의에 참석한 직후 병이 들고 말았다. 소련에서 이질에 감염되었는데, 처음에는 대수롭지 않아서 나았다고 생각했다가 결국 병석에 눕고 말았다. 어느 정도 움직일 수 있게 되었을 때 완전한 회복을 위해 베를린으로 갔지만 상태가 악화돼 8월 초에 수술을 받아야 했고, 8월 말까지 병석에서 꼼짝도 못했다.

그런데 수술 직전 폰 클루게 원수의 작전 참모였던 트레스코프 장군이 나를 찾아왔다. 클루게 원수의 지시를 받고 왔다고 했다. 트레스코프는 내가 먼저 손을 내밀었다면 폰 클루게 원수도 나와 화해했을 거라고 말했다. 그러더니 폰 클루게 원수는 히틀러가 가진 국방군 최고사령관으로서의 권한을 제한하는 일을 나와 함께 도모하고 싶어 한다고 했다. 그러나 폰 클루게 원수의 변덕스러운 성격을 누구보다 잘 아는 내가 그 일에 관여할 수는 없었다. 그래서 폰 트레스코프 장군의 제안을 거부했다[78].

내 상태는 더디게 호전되었다. 게다가 1943년 8월에 시작된 연합군의 베를린 공습 강화는 회복에 필요한 안정을 불가능하게 했다. 그래서 아내와 함께 슈페어의 제안을 따르기로 했다. 슈페어는 우리 부부에게 아름다운 산지 오버외스터라이히에 있는 정부 소유 객사에 요양소를 마련해 주었다. 9월 3일 오버외스터라이히에 막 도착했는데, 바로 다음날 베를린의 내 집이 폭격으로 대부분 무너져 더는 거주할 수 없게 되었다는 연락을 받았다. 남아 있던 우리 물건들은 뷘스도르프 병영 지하실에 보관해 두었다고 했다. 그 소식에 매우 충격을 받았다. 1942년 가을 정부가 증여하기로 한 토지가 이제 할당된다는 전보를 받았을 때, 나와 아내는 오버외스터라이로 이주하는 문제를 의논했다. 내 집이 파괴되었다는 소식을 들은 슈문트가 그런 대안을 마련한 것이다. 당시 상황에서는 슈문트가 좋은 뜻으로 마련한 그 제안을 받아들일 수밖에 없었다. 1943년 10월 아내는 호엔잘차 지구에 위치한 다이펜호프로 이주했고, 1945년 1월 20일 소련군이 들어올 때까지 다이펜호프에서 거주했다.

---

78 히틀러의 권한 제한 문제에 대한 내 노력은 앞에서 이미 기술한 바 있다

그사이 내가 없는 틈을 이용해 4호 전차 생산을 돌격포 생산으로 전환하려는 시도가 진행되었다. 대서양 방벽과 다른 방어 설비를 건설한 공병대인 토트 조직[79]이 콘크리트 벙커 위에 전차 포탑을 올리자고 제안한 결과였다. 그 제안은 독일의 부족한 생산 능력을 생각할 때 전차의 기동 운영에 막대한 타격을 가할, 완전한 몰이해를 보여주는 제안이었다.

나는 요양 휴가에서 복귀하자마자 다시 대공전차 문제에 착수했다. 히틀러는 37㎜ 2연장포 생산을 승인했다. 반면에 4호 전차 차대에 설치해 임시로 생산한 20㎜ 4연장포는 이번에도 반대했다. 그래서 이 중요한 방어 무기의 생산은 또다시 지연되었다.

1943년 10월 20일 히틀러가 지켜보는 가운데 아리스 훈련장에서 티거 2 전차의 목제 모형이 소개되었다. 나중에 연합군이 '쾨니히스 티거(킹 타이거)'라고 부른 전차로 티거 전차 중에서는 가장 성공한 신형 전차였다. 포마크 사의 대전차자주포와 판터 차대로 만든 구축전차 야크트판터(Jagdpanther) 목제 모형, 티거 2 차대에 128㎜ 포를 탑재한 구축전차 야크트티거(Jagdtiger)의 철제 모형도 소개되었다. 또한 티거 차대에 380㎜ 박격포를 탑재한 전차 모형과 선로 위로 수송할 수 있는 3호 전차 모형, 그밖에 경장갑과 중(重)장갑으로 무장한 다양한 장갑열차(Panzerdraisinen) 모형도 선보였다.

10월 22일 카셀의 헨셸 공장이 대규모 폭격을 받아 생산이 일시적으로 중단되었다. 이제야 내가 지난봄에 곧 있을 공습에 대비해 대체 생산지를 마련해야 한다고 한 제안이 옳았음이 드러났다. 나는 곧 카셀 공장으로 가서 대부분 집을 잃고 많은 동료 직원들의 죽음과 부상

79 슈페어 이전 군수부 장관인 프리츠 토트가 만든 군수부 직할 건설조직. 전쟁 전에는 아우토반 등을 건설했으며 전쟁 중에는 대서양 방벽, 서부 방벽 건설을 주도했다.(편집부)

을 슬퍼하는 공장 노동자들을 만나 그들을 위로했다. 폭격으로 무너진 공장의 넓은 조립 작업장에서 노동자들에게 연설할 기회가 생겼는데, 나는 그 자리에서 당시에 일반적이던 모든 미사여구를 쓰지 않았다. 그런 말들은 이런 심각한 상황에서는 이중으로 부적절했을 것이다. 노동자들은 내 말을 아주 따뜻하게 받아들였고, 나와 노동자들은 서로를 잘 이해했다. 나중에도 공장 직원들의 다정한 인사를 받으면서 그 사실을 종종 확인했다. 그들의 인사는 항상 나를 더 기쁘게 했다.

그 폭격에 이어 11월 26일에는 베를린에 있는 알케트, 라인메탈 보르지히(Rheinmetall-Borsig), 비마크(Wimag), 독일 무기탄약공장(Deutsche Waffen-und Munitionsfabriken)에 대한 공격이 뒤따랐다.

12월 7일 체코제 38t 전차의 모든 생산량을 경대전차자주포 생산으로 바꾼다는 결정이 내려졌다. 구형 38t 전차를 토대로 경사 장갑판을 부착하고 무반동포와 총신이 굽은 기관총을 각각 1개씩 탑재한 매우 성공적인 장비였다. 이 대전차자주포는 보병사단의 대전차대대를 위한 장비로 예정되었고, 그로써 내가 3월 9일에 요구한 제안이 마침내 이루어진 것이다.

날로 증가하는 소련군 전차에 마땅히 대항할 방법이 없어서 보병의 피해는 자꾸만 늘어났다. 그러자 어느 날 저녁 상황을 보고받던 히틀러는 불같이 화를 냈고, 보병사단에 충분한 대전차무기를 승인하지 않은 자기 자신에 대해 격렬한 장탄식을 늘어놓았다. 나는 우연히 그 자리에 참석해 있었는데, 히틀러가 탄식을 늘어놓는 동안 그의 맞은편에 서서는 나도 모르게 히틀러를 약간 비꼬는 표정을 지었던 것 같았다. 히틀러는 갑자기 탄식을 멈추고는 말없이 나를 보다가 이렇게 말했다. "장군이 옳았소. 장군이 9개월 전에 이미 말했는데 안타깝게도 내가 그 말을 따르지 않았소." 나는 드디어 내 뜻을 관철시킬 수 있었지만 이제는 너무 늦었다. 1945년 소련군이 동계 공세를 시작할 때까지 아군 대전차중대의 3분의 1만이 새로운 무기를 갖출 수 있었다.

이상이 1943년 말까지 진행된 전차 기술의 발전 과정이다. 1943년 중후반의 작전 상황은 계속해서 아군에 불리하게 전개되었다.

아군의 불행한 쿠르스크 공세가 중단되었을 때, 동부전선은 아조프 해 연안의 타간로크에서 보로실로그라드 서쪽을 지나 도네츠 강으로 뻗어 그 강을 따라 하르코프 남쪽 만곡부로 이어졌다. 거기서 벨고로드-수미-릴스크-셉스크-디미트롭스크-트로스나-므첸스크(오렐 북동쪽)-시스드라-스파스 데멘스코예-도로고부시-벨리시-벨리키예 루키 서쪽도 포함되었다. 마지막으로 일멘 호수를 지나 볼호프를 따라 추도바 북동쪽으로 슐뤼셀부르크-레닌그라드 남쪽-핀란드 만 연안의 오라니엔바움 남쪽 선으로 형성되었다.

이제 소련군의 공격은 그 전선을 향했고, 우선 A집단군, 남부집단군, 중부집단군에 공격을 집중했다. 7월 16일에서 24일까지 이어진 소련군의 스탈리노 방향 공격은 실패로 돌아갔다. 그에 반해 52개 소총부대와 10개 기갑군단을 동원한 공격에서는 소련군이 하르코프와 폴타바 방향으로 아군 전선 깊숙이 밀고 들어왔다. 돌파는 저지되었지만 8월 20일에 하르코프가 그들에게 넘어갔다. 소련군은 8월 24일 타간로크-보로실로그라드 선에서 새로운 공세를 시작해 돌파에 성공했다. 그로 인해 아군 전선은 9월 8일까지 마리우폴-스탈리노 서쪽-슬라뱐스크 서쪽 선으로 물러나야 했다. 9월 중순까지 도네츠 강 전선도 포기했다. 그달 말에는 소련군이 멜리토폴-자포로제 전방과 거기서부터 드네프르 강 연안의 프리피야트 하구까지 접근했다.

중부집단군에서는 7월 11일 쿠르스크 북쪽에서 소련군의 반격이 시작되었고, 소련군은 8월 5일에 오렐을 정복했다. 8월 26일에서 9월 4일 사이에는 코노토프-네신 방향으로 깊이 밀고 들어와 그 다음 며칠 동안 점유 지역을 확대해나갔다. 9월 말에는 프리피야트 하구의 드네프르 강에 도달했다. 전선은 여기서부터 고멜을 지나 드네프르 동쪽에서 북쪽으로 벨리시까지 이어졌다.

소련군은 10월 후반기에 드네프로페트롭스크와 크레멘추크 사이에서 드네프르 강을 건넜다. 10월 말 자포로제 남쪽의 독일 전선이 무너졌고, 11월 중순까지 드네프르 강 너머로 밀려났다. 두 개의 교두보는 여전히 건재했는데, 큰 교두보는 니코폴 부근에, 더 작은 교두보는 헤르손 부근 남쪽에 있었다. 그보다 훨씬 북쪽에서 소련군은 11월 3일에서 13일 사이에 키예프를 차지한 뒤 지토미르까지 밀고 나왔다.

히틀러는 반격을 결정했다. 히틀러의 나쁜 습관에 따라 이 공격은 충분하지 않은 병력으로 시도될 상황이었다. 그 때문에 육군 참모총장과의 협의 아래 1943년 11월 9일 전차 문제에 대한 보고회 자리를 빌려 히틀러에게 한 가지 제안을 했다. 분산된 반격은 그만두고 키예프 남쪽에 포진한 모든 기갑사단을 집결시켜 베르디체프를 지나 키예프 방향으로 반격하자는 내용이었다. 반격을 위해 쇠르너 장군이 지키는 니코폴 교두보의 기갑사단과 헤르손 부근 드네프르 강을 지키는 클라이스트 집단군의 기갑사단들도 끌어오자고 제안했다. 나는 히틀러에게 '분산하지 말고 집중하라'는 내 오랜 원칙을 말했다. 히틀러는 그 원칙을 알기는 했지만 결코 거기에 따라 행동하지는 않았다. 내가 쓴 짤막한 제안서는 주의를 끌었지만, 현장 지휘관들의 반대에 부딪혀 히틀러가 내 제안을 받아들이지 않았다. 베르디체프 부근에서 불충분한 병력으로 시작된 반격은 12월에 힘겨운 동계 전투를 치른 뒤에는 중단되어 버렸다. 그로써 키예프 탈환과 드네프르 강 전선 확보는 실패했다. 1943년 12월 24일 소련군이 다시 공격을 시작해 독일 전선을 베르디체프를 지나 비니차 앞까지 밀어냈다.

히틀러의 공격 전술을 특징적으로 보여주는 사례가 25기갑사단의 투입이었다. 그러나 그 대목을 말하기 전에 우선 몇 가지 내용을 되돌아볼 필요가 있다.

스탈린그라드 참사 이후 나는 부상이나 질병, 또는 다른 이유에서 포로가 되지 않은 얼마 안 되는 대원들로 동부전선에서 패한 기갑사단들을 재편성했다. 또한 아프리카에서 패한 뒤 거기서 살아남은 대원들로도 부대를 재편성했다. 21기갑사단은 노획된 장비로 무장한 점령군 부대를 기반으로 프랑스에서 탄생했다. 25기갑사단은 같은 방법으로 노르웨이에서 창설되었다. 이 사단은 폰 셸 장군의 지휘 아래 있었다. 셸은 내가 1927~30년 제국 국방부에서 차량을 통한 병력 수송 문제를 연구할 때 만난 동료였다. 셸은 헨리 포드의 나라에서 차량화 문제를 연구하라는 임무를 받아 몇 년 동안 미국에 파견되었다가 수많은 자극을 받고 돌아왔다. 전쟁 직전에는 육군 일반국에 속한 6감실에서 차량수송부대를 담당해 육군 차량화 분야의 전문가가 되었다. 히틀러가 그 문제에 워낙 큰 관심을 보였기 때문에 두 사람은 필연적으로 자주 만났다. 셸은 영리하고, 목적의식이 뚜렷하고, 언변이 유창했다. 그래서 전차 종류의 단순화, 대량 생산, 기타 여러 문제에 대한 자신의 생각을 히틀러에게 설득력 있게 전달할 줄 알았다. 그 결과 독일에서는 보기 드물게 제국 교통부 차관에 임명되어 제국 차량 수송 체계의 발전을 담당했다. 그러나 그 활동을 하는 동안 곧 기존의 생산 방법을 버리지 않으려는 산업계와 산업 관련 당 부서의 반대에 부딪혔다. 그들의 보이지 않는 입김은 셸에 대한 히틀러의 신뢰를 무너뜨렸고, 결국 히틀러는 셸을 해임했다. 셸은 노르웨이로 전속되었고, 그곳은 잠잠해서 무공을 세울 수도 없는 곳이었다. 그러나 활동적이고 지칠 줄 모르는 열정의 소유자인 셸은 빈약한 노르웨이 점령군 부대를 곧 쓸모 있는 부대로 탈바꿈시켰다. 나는 병력을 보충해 기갑사단으로 만들려는 셸의 노력을 지원한 뒤 그 부대를 프랑스로 옮기게 했다. 성채 작전이 실패한 뒤 동부전선에 필요한 병력을 프랑스에서 빼가는 바람에 프랑스 점령군은 보충이 필요할 정도로 약화된 상태였다. 이 신생 부대를 지금까지 사용하던 노획 장비 대신 새로운 무기로 재무장해야 하는 것은 당연했다. 게다가 그런 장비들을 다루는 법을 가르치고 부대를 훈련하는 일은 더 시급했다. 신생 부대는 동부전선에서의 경험을 배워야 했고, 우선은 그들의 교육 수준에 적합한 임무부터 수행해 보아야 했다.

그런데 무슨 일이 벌어졌던가? 1943년 10월 초 이 사단은 히틀러의 명령으로 얼마 전에 보급 받은 차량 600대 이상을 동부전선 투입이 결정된 새로 편성된 14기갑사단에 넘겨주어야 했다. 국방군과 육군 최고사령부가 25기갑사단은 아직 프랑스에 더 남을 테니 성능이 떨어지는 프랑스 장비로도 충분하다고 주장했기 때문이다. 차량들을 내줌으로써 우선은 사단의 보급에 차질이 생겼고, 그때부터는 서부전선에서의 운용만 가능해졌다. 당시 이 사단의 기갑정찰대는 장갑병력수송차로 재무장하는 단계에 있었다. 공병대는 새 차량을 보급받았고, 146기갑척탄병연대의 1대대도 새 장갑 병력수송차를 보급 받았다. 9기갑연대는 아직 장비를 완비하지 못한 상태였다. 91포병연대는 노획한 폴란드군 포에서 독일 경야전곡사포와 100㎜포로 재무장해야 했다. 대공포대대에는 1개 포병 중대가 부족했고, 대전차대대에도 돌격포로 무장한 1개 중대가 부족했다. 통신 장비도 불완전했다. 이처럼 모든 면에서 아직 부족한 점들은 이미 알려져 있었고, 프랑스에서 차분하게 부족한 점을 보완하기로 예정되어 있었다.

그런 상황이었지만, 10월 중순 이 사단을 동부전선으로 옮기라는 명령이 떨어졌다. 나는 즉시 히틀러에게 이의를 제기했고, 내가 다시 한 번 그 사단을 시찰하고 올 때까지 기다려달라고 부탁했다. 사단의 능력을 정확하게 파악해 준비가 되지 않은 상태에서 동부전선의 어려운 전투에 투입하지 않도록 하기 위해서였다. 나는 즉시 프랑스로 가서 부대를 시찰하고 셸 장군을 포함한 지휘관들과 상황을 상세하게 논의했다. 그 결과 이 사단이 새로운 장비로 무장하고 임시변통으로라도 훈련을 받으려면 최소한 4주는 필요하다는 결론을 얻었다. 나는 이런 결과를 전보로 보고했지만 내 보고는 출발을 명령하는 다른 보고와 엇갈렸다. 히틀러와 국방군 및 육군 최고사령부는 사단의 보고는 물론 그들을 관할하는 기갑 총감의 보고도 전혀 고려하지 않았다. 결국 이 사단의 동부전선 수송은 10월 29일로 최종 확정되었다.

그러나 사단이 아직 준비되지 않은 상태라는 점만이 문제는 아니었다. 동부전선으로의 수송 과정도 사단의 계획이나 전선의 상황과 맞지 않았다. 그밖에도 수송 과정이 중간에 여러 차례 변경되었다. 대전차대대는 전 수송 과정 동안 개별적인 포 단위로 분산되었다. 나는 사단의 전투력을 강화하기 위해서 새로 편성된 509티거대대를 배치했었다. 다만 이 대대의 장비도 아직 완성되지 않은 상태였다. 게다가 바로 그 시점에 지휘관 교체 명령까지 떨어졌다. 그래서 부대가 이동할 당시 전임 지휘관은 이미 떠났는데 새 지휘관은 아직 도착하지 않은 상태였다.

지도 27a

25기갑사단의 전투

1943년 11월

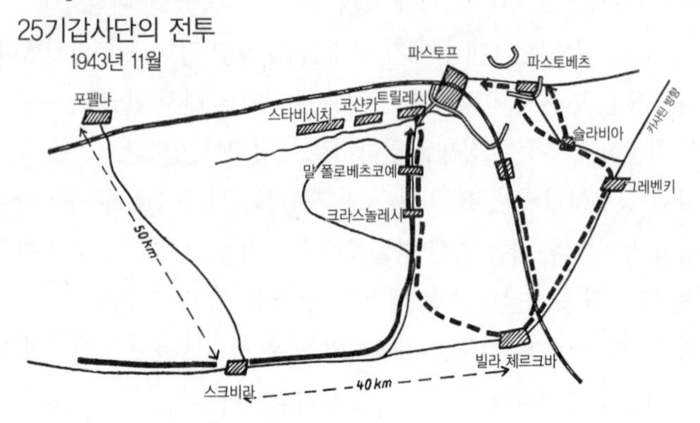

25기갑사단은 이처럼 성급하게 남부집단군으로 수송되었다. 남부집단군은 사단의 바퀴 차량 부대를 베르디체프-코사틴에 하역시켰고, 궤도 차량 부대는 키로보그라드-노보 우크라이인카 지역에 내리게 했다. 그런데 사단은 포의 견인 차량과 장갑 병력수송차를 바퀴 차량이나 궤도 차량 중 어느 쪽으로 편입시켜야 할지도 몰랐다. 두 하역 지역은 약 3일 행군 거리 정도 떨어져 있었다. 사단의 작전 참모는 먼저 수송된 인원과 함께 베르디체프를 지나 노보 우크라이인카로 갔고, 사단장은 도착 보고를 위해 집단군 사령부가 있는 비니차로 향했다. 베르디체프에서는 하역 담당 장교 한 명이 하역과 바퀴 차량으로 무장한 부대의 집결을 총괄하기로 했고, 11월 6일에 집결지로 행군하기로 정해져 있었다. 수송된 부대들 사이에는 아직 전화가 연결되지 않았다. 그래서 위에서 명령이 떨어지면 명령을 받은 측에서 차량으로 이동해 다른 부대로 전달해야 하는 상황이었다.

11월 5일 키예프 부근에서 소련군이 깊숙이 밀고 들어왔다. 11월 6일 남부집단군은 다음과 같은 요지의 명령을 내렸다. “25기갑사단은

4기갑군의 지휘 아래 들어간다. 가용한 바퀴 차량을 동원해 11월 6일 중으로 빌라 체르크바 이동해 빌라 체르크바-파스토프 지역에 집결한다. 집결하는 동안의 안전은 스스로 책임진다. 궤도 차량 부대는 키로보그라드 지역에서 다시 이동한다."

집단군은 사단의 상태를 잘 알고 있었다.

16시에 사단장은 명령 하달을 위해서 그때까지 도착한 지휘관들을 집합시켰다. 각 연대장과 대대장이 가진 지도의 축척은 30만분의 1에 불과했다.

이 시점에 사단장이 보유한 부대는 다음과 같았다.

- 146기갑척탄병연대: 연대 참모부, 2개 대대 참모부(일부), 각 대대의 2개 중대
- 147기갑척탄병연대: 위와 동일
- 9기갑연대: 연대 참모부, 2대대 참모부, 여러 중대의 일부 병력, 4호 전차 30대와 티거 전차 15대
- 91기갑포병연대: 연대참모부, 1대대 참모부와 1, 2 포병 중대, 포를 가지지 않은 3대대 병력
- 대전차대대: 참모부와 통합된 1개 중대
- 기갑통신대대: 거의 완전한 상태였지만 지휘관이 먼저 수송된 인원에 포함
- 공병대대: 경공병대와 교량가설대를 제외한 전원
- 대공포대대: 참모부와 1개 포대

사단장이 직접 거느린 병력이라고는 부관과 보좌 장교 두 명, 차량 몇 대와 오토바이 전령병 몇 명이 전부였다.

사단장은 긴급한 상황을 고려해 각 부대의 행군 준비 상태와 사단의 출발 지점에서 떨어진 거리에 따라 여러 집단으로 나누어 행군하기로 결정했다. 카사틴-스크비라를 지나 빌라 체르크바 서쪽 구역이 도착 예정지였다. 그는 그 지역을 지키면서 사단의 나머지 부대가 집결하기를 기다리겠다는 생각이었다. 그러나 차량으로 명령을 전달하려면 상당한 시간이 필요했기 때문에 11월 6일 22시 전에는 행군을 시작할 수 없다고 판단했다. 통신 장비는 여전히 없는데다가 우선은 통신 금지 명령이 내려진 상태였다.

지휘관들이 각자의 부대로 돌아간 뒤 전화선 연결이 성사된 4기갑군에서 명령이 내려왔다. "25기갑사단은 반드시 사수해야 할 파스토프로 신속하게 이동한다. 25기갑사단장이 파스토프 전투를 지휘한다. 사단장은 그곳에 있는 2개 향토방위군 보병대대와 1개 휴가복귀병대대, 저녁에 도착할 예정인 SS 다스 라이히 기갑척탄병사단의 1개 연대를 지휘한다." 행군 경로는 코사틴-스크비라-포펠냐-파스토프로 정해졌다. 그러나 빨치산에 의한 교량 폭파로 그 행로를 따를 수가 없었고, 대신에 스크비라 동쪽의 야지를 선택해야 했다.

사단장은 첫 행군 집단의 선두에서 이동하기로 결심했다. 행군은 정확하게 출발했고 처음에는 순조롭게 진행되었다. 그러나 야심한 시각에 거의 대부분이 공군 소속인 퇴각 중인 부대와 뒤섞이면서 상당한 정체가 야기되었고, 사단장이 강력하게 개입해야 했다. 게다가 그때까지 좋았던 날씨도 악화되면서 비가 내리기 시작했다. 비는 다음날에도 줄기차게 내려서 길을 엉망진창으로 만들어버렸다. 궤도 차량들은 계속 전진했지만 바퀴 차량들은 길을 상당히 멀리 우회해야 했다. 그 때문에 행군 집단들 사이가 벌어지면서 연결이 끊어지고 말았다.

11월 7일 12시 경 되돌아오는 병사들을 통해 소련군이 이미 파스토프로 밀고 들어온 사실이 확인되었다. 사단장은 파스토프 공격을 개시하려고 자신의 보좌 장교들 중 한 명과 서둘러 전방으로 향했다. 사단장은 중간에 여러 차례 소련군의 총격을 받았기 때문에 장갑 병력수송차에 탔고, 사단장의 보좌 장교는 다른 병력수송차를 타고 선두에 섰다. 이런 상황에서 사단장은 소련군 T-34 전차를 공격했다. 중(重)보병포 4대를 이끌고 사단장을 뒤따르던 146기갑척탄병연대의 9중대는 소련군의 공격을 받자 공포에 빠져 버렸다. 사단장은 자기 쪽으로 다가오고 있는 146연대의 2대대를 향해 나아갔다. 그런데 이 대대 역시 후퇴하려는 중이었다. 사단장은 대대를 멈추게 해 질서를 바로잡은 다음 그들을 트릴리시로 이끌었고, 병사들이 다시 공포에 빠져 우왕좌왕하지 않도록 그들과 함께 있었다. 날이 어두워졌을 때는 병사들에게 참호를 파도록 했다. 그날 밤 소련군 전차들이 어둠 속에서 우연히 2대대가 있는 곳으로 들어왔다가 그들 일부를 무력화시켰다. 이에 사단장은 자신을 둘러싼 소련군 전차들을 뚫고 밤에 파스토프 방향으로 나아가기로 결심했다. 파스토프로 앞서 간 다른 병력과 선을 연결하기 위해서였다. 각 1개 중대가 이 소규모 전투 집단의 전방과 후방에서 도보로 나아갔고, 차량과 중화기는 가운데에 포진했다. 사단장은 선두에서 나아갔다. 그는 치열한 전투를 치르며 11월 8일 새벽 4시 소련군 전차의 포위망에서 빠져나왔고, 14시 경 빌라 체르크바에 있는 47기갑군단의 전투지휘소에 도착했다. 그의 사단은 이때부터 47기갑군단의 지휘 아래 들어갔다.

그 사이 프라이헤어 폰 베흐마르 대령이 이끄는 사단의 다른 병력은 그레벤키-슬라비아를 지나 파스토프로 이동했다. 폰 셸 사단장은 11월 9일 새벽 그들이 있는 곳으로 향했다. 소련군이 파스토프 동쪽에 위치한 파스토베츠 마을을 강력하게 점령하고 있다는 사실이 밝혀져, 그곳을 공격해야만 했다. 사단장이 직접 공격을 지휘해 정오 무렵 마을을 점령했고, 그런 다음 파스토프 공격을 이어갔다. 그 과정에서 소련군은 상당한 피해를 입었다. 11월 10일에는 파스토프 동쪽 외곽 지대까지 밀고 들어갔지만, 그곳과 그 남쪽에서 압도적인 적을 만나는 바람에 슬라비아를 소탕하는 것으로 만족해야 했다. 어쨌든 적도 더는 진격하지 못했다.

25기갑사단은 준비가 안 된 상태였고, 병력이 분산된 채로 매우 어려운 상황에 빠졌다. 그래서 폰 셸 장군의 헌신적인 노력에도 불구하고 성공을 거두기는 어려웠다. 사단은 소련군에게 막대한 피해를 입혔지만, 그들도 상당한 손실을 입었다. 전투 경험이 부족한 신생 부대는 처음에 동부전선 동계 전투의 갖가지 어려운 상황에 익숙하지 않은 상태에서 극도의 공포와 혼란에 빠졌다. 현지의 상급 지휘부(집단군, 군, 기갑군단)는 순간의 급박한 상황 때문에 사단을 그런 식으로 즉시 투입하지 않을 수 없었다. 그러나 최고 지휘부는 신생 부대를 더 신중하고 효과적으로 투입하지 않았다는 비난을 받아 마땅하다.

그 뒤 1943년 12월 24일에서 30일까지 벌어진 전투에서 불쌍한 25기갑사단은 또다시 불행한 상황에 빠졌고, 40킬로미터 넓이의 전선에서 우세한 적군의 공격을 받았다. 사단이 입은 피해는 그 규모가 너무 막대해서 거의 완전한 재편성이 필요한 상황이었다. 히틀러와 육군 최고사령부는 사단을 해체하려고 했다. 나는 당시 해체를 막았다. 그런 운명이 사단의 잘못은 아니었기 때문이다. 폰 셸 장군은 중병에 걸려 전선을 떠나야 했다. 셸은 몇 개월 동안 대단한 열정과 능력을 쏟아 부어 재건한 사단이 부당하게 몰락한 사실에 몹시 괴로워했다. 히틀러의 불신 때문에 폰 셸은 다시 지휘권을 얻지 못했다. 그 때문에 셸의 추진력과 뛰어난 조직력, 훈련 능력도 쓰이지 못했다.

1943년 말 푸틀로스 훈련장: 기갑 총감 참모장 토말레 장군의 무기 설명

나는 적어도 서부전선을 위해 뭔가 준비해야 한다는 생각에 모든 학교의 교육부대를 통합해 1개 기갑교육사단을 창설했고, 프랑스에서 훈련시켰다. 이 사단에는 새 장비를 제공하고 엄선된 장교들을 배치했다. 지휘관은 나의 옛 작전 참모였던 바예를라인 장군이었다. 히틀러는 12월에 이 사단의 편성을 승인하면서 이렇게 말했다. "내가 전혀 생각하지 못했던 뜻밖의 지원입니다."

전선에서는 그 사이 거의 끊이지 않고 격전이 벌어졌다. 중부집단군에서는 소련군이 프리피야트 강과 베레지나 강 사이의 레치차로 밀고 들어왔다. 비텝스크와 네벨을 쟁취하려는 치열한 전투가 벌어졌다. 고멜과 포로포이스크가 소련군에게 넘어갔지만 모길레프와 오르샤 동쪽으로 드네프르 강 동쪽 강변에 있는 교두보 하나는 아직 건재했다.

동쪽으로 공세를 재개할 가능성이 완전히 배제된 상황에서 드네프르 강 교두보를 고수하는 것이 무슨 의미가 있는가에 대한 문제 제기는 당연했다. 히틀러는 니코폴 부근에 매장된 망간을 노획하고 싶어 했다. 망간 확보는 전시 경제적인 측면에서는 하나의 이유가 되겠지만, 내가 볼 때는 근거가 빈약했고 작전상으로도 해로웠다. 나머지 모든 사항을 고려할 때 넓은 드네프르 강까지 물러나 주로 기갑사단들로 구성한 예비대를 분리한 다음, 이 병력으로 기동전을 벌이는 '작전 수행'이 더 나았을 것이다. 그러나 히틀러는 '작전 수행'이라는 말을 들으면 불쾌해했다. 히틀러는 장군들이 작전 수행이라는 말을 항상 후퇴로만 이해한다고 여겼다. 그래서 나와 장군들에게 불리한 곳에서도 위치를 고수해야 한다고 광적인 고집을 부렸다.

겨울 동안의 힘겨운 전투에서 발생한 막대한 피해는 육군 최고사령부를 완전히 옭아맸다. 그들은 서부전선과 1944년 봄에 확실시되는 그곳 침공에 대비해 병력을 준비할 생각을 전혀 못했다. 그 때문에 나는 기갑사단들을 제때에 전선에서 철수시켜 재정비할 필요성을 거듭 주장하는 것을 내 책임으로 여겼다. 국방군 최고사령부는 곧 가장 중요한 전장이 될 서부전선에 지대한 관심을 드러내야 마땅했지만, 나는 국방군 최고사령부로부터 아무런 지원도 받지 못했다. 그래서 서부전선을 위해 병력을 준비하는 일이 자꾸 지연되었다. 그러던 어느 날 나는 차이츨러가 있는 자리에서 히틀러에게 그 문제를 다시 한 번 설명했다. 관건은 1개 기갑사단을 전선에서 빼오는 문제였다. 차이츨러는 분명 그렇게 하라는 명령을 내렸다고 말했다. 나는 육군 최고사령부의 명령이 전선의 이기적인 장군들에게 빠져나갈 구멍을 만들어 주었기 때문에 차이츨러에게 반박해야 했다. 내가 그와 관련된 점들을 언급하자 참모총장이 격분해서 항변했다. 그러나 1개 사단을 철수하라는 육군 최고사령부의 명령은 다음과 같았다. "10 기갑사단은 전투 상황이 허락하는 한 최대한 신속하게 전선에서 철수할 것이다. 그러나 다른 통보가 있을 때까지 전투 집단들은 일단 전선을 지킨다. 철수를 시작할 때는 반드시 보고한다." 여기서 육군 최고사령부가 명시한 '다른 통보가 있을 때까지'라는 표현은 약자로 표시되었는데, 그것이 일종의 규칙이 될 정도로 자주 사용했다는 사실을 알 수 있다. 그런 명령으로 인해 해당 사단을 내주어야 하는 집단군이나 군의 사령관도 전투 상황이 허락하지 않아 내줄 수 없다고 일단 보고했다. 그러면 상황이 허락할 때까지 때로는 몇 주가 걸리기도 했다. 게다가 전선에 남는 병력은 당연히 해당 사단에서 가장 전투력이 강한 기갑부대와 기갑척탄병부대로, 재정비가 가장 필요한 부대들이었다. 그래서 실제로는 거의 완전하게 갖춰진 보급대가 처음에 철수했고, 그 다음에는 기껏해야 사단 참모부와 여전히 상당한 병력을 갖춘 포병대가 뒤따랐다. 결국 가장 중요한 부대는 그대로 전선에 남게 되니 나는 주요 임무에 착수할 수가 없었다. 차이츨러가 내게 무척 화를 냈지만, 서부전선의 이해관계를 더 이상 등한시할 수는 없는 상황이었다.

1944년 6월 6일 연합군의 공격이 시작될 때까지 아쉬운 대로 10개 기갑사단과 기갑척탄병사단을 서부전선에 집결시키고, 어느 정도까지 충원해서 훈련을 시킬 수 있었다. 이 부분에 대해서는 나중에 다시 언급할 것이다. 나는 이들 부대를 포함해 독일에서 프랑스로 옮겨진 보충부대 병력으로 구성된 3개 예비기갑사단을 능력이 입증된, 내 오랜 병과 전우인 프라이헤어 폰 가이르 장군에게 맡겨 훈련을 받게 했다. 히틀러는 여러 차례 논의를 거친 뒤에도 폰 가이르 장군에게 여전히 일선 지휘를 맡기고 싶어 하지 않았다. 가이르는 자신의 직위를 '서부 기갑대장'으로 칭했다. 폰 가이르는 지역적으로나 작전상으로는 서부전선 최고사령관인 폰 룬트슈테트 원수의 지휘 아래 있었지만, 기갑부대 내에서의 활동과 관련해서는 내 명령을 받았다. 나와 폰 가이르의 공동 작업은 이번에도 서로에 대한 신뢰 속에서 이루어졌고, 군에도 유익했다고 생각한다.

다사다난했던 1943년에 일어난 일들 중에는 언급할 만한 몇몇 만남이 더 있었다. 앞에서도 이미 언급했듯이 나는 취임 인사차 괴벨스를 방문해서 군 최고 지휘권의 부적절한 적용에 대한 문제를 지적했고, 히틀러를 만나 그 문제의 재조정을 추진해달라고 부탁했다. 또한 필요한 권한을 부여한 국방군 참모총장을 임명해 군사 작전 지휘에 대한 히틀러의 개인적인 영향력을 줄여야 한다는 점도 거론했다. 괴벨스는 당시 그 문제가 매우 어렵고 미묘하다고 말하면서도 적절한 기회가 오면 힘을 써보겠다고 약속했었다. 1943년 6월 말 괴벨스가 잠시 동프로이센에 머물 때 나는 다시 한 번 괴벨스를 찾아가 처음 만났을 때 나눈 대화를 상기시켰다. 괴벨스는 즉시 그 주제를 꺼내 이야기를 시작했고, 전시 상황의 점진적인 악화를 인정하면서 이렇게 말했다. "소련군이 베를린에 도착했을 때, 아내와 자식이 잔인무도한 소련군의 손에 들어가지 않게 나 스스로 그들을 독살해야 한다는 것만 생각하면, 장군이 제기한 문제가 항상 악몽처럼 나를 짓누릅니다." 괴벨스는 지금까지의 방식대로 전쟁이 속행되었을 때 어떤 결과가 초래될지 분명히 알고 있었지만, 자신의 인식을 행동으로 옮기지는 못했다. 괴벨스는 내가 지적한 내용들을 히틀러에게 말해 히틀러의 생각을 바꿔보려는 시도를 감히 하지 못했다.

그래서 다음 차례로 힘러의 의중을 살펴보려고 했다. 그러나 도무지 알 수 없는 힘러의 태도 때문에 히틀러의 권한 제한 문제를 힘러와 의논하려는 생각은 접을 수밖에 없었다.

11월에는 요들을 찾아갔다. 나는 요들에게 국방군 참모총장이 실질적으로 작전을 지휘하고, 히틀러는 본연의 활동 영역인 정치와 작전의 총지휘로 제한하는 최고 지휘권의 재편성을 제안했다. 내가 이러한 제안을 하게 된 근거를 상세하게 설명하자 요들이 짧게 대답했다. “아돌프 히틀러보다 더 나은 최고사령관이 있습니까?” 요들의 표정은 전혀 바뀌지 않았고, 그의 태도는 단호한 거부를 드러냈다. 이런 상황에서 나는 결국 내 제안을 철회하고 방을 나왔다.

1944년 1월 히틀러가 나를 아침 식사에 초대했다. “누가 쇠오리를 보냈는데 장군도 알다시피 나는 채식주의자요. 나와 아침 식사를 하면서 그 고기를 먹지 않겠소?” 나와 히틀러는 창문으로 들어오는 약간의 빛이 전부인 작은 방의 둥근 식탁에 앉아 단둘이 아침을 먹었다. 히틀러의 목양견인 블론디만 우리와 함께 방에 있었다. 히틀러는 블론디에게 마른 빵조각 몇 개를 주었다. 우리를 시중드는 하인 링게는 말없이 조용히 왔다가 다시 나갔다. 그래서 미묘한 문제들을 이야기할 드문 기회가 왔다. 일상적인 몇 마디가 오고간 뒤 대화는 전황으로 옮겨갔다. 나는 올 봄으로 예상되는 연합군의 서부전선 상륙에 관한 이야기를 꺼낸 뒤 지금까지 동원 가능한 예비대가 부족하다는 점을 지적했다. 그러면서 더 많은 병력을 확보하려면 일단 동부전선에 보다 강력한 방어력을 구축해야 한다고 강조했다. 그런데 훌륭한 야전 요새를 구축하거나 후방 방어 지대를 설치해 전선의 뒤를 강화할 생각을 하지 않는 것이 놀랍다고 말했다. 나는 특히 예전의 독일-소련 국경 요새를 복구하는 것이 방어에는 더 좋은 기회를 제공할 수 있다는 의견을 피력했다. 아무것도 할 수 없는 마지막 순간에 이름만 정당화하려고 무방비로 드러나 있는 곳을 ‘보루를 갖춘 지점’이라고 부르는 일은 없어야 한다고 했다. 그러나 이 말들은 곧 벌집을 들쑤신 꼴이 되었다.

“나를 믿으시오! 나는 역사상 최고의 요새 건축가요. 나는 서부 방벽과 대서양 방벽을 설치했고, 여기저기에 수많은 콘크리트 방벽을 세웠소. 요새 건설이 무엇인지 잘 안단 말이오. 그러나 동부전선으로 보낼 노동력과 물자, 수송 수단이 부족하오. 철도는 지금도 전선에 필요한 보급품을 보내기에도 부족한 실정이오. 이런 상황에서 열차에 건설 자재를 실어 전선으로 운송할 수는 없소." 히틀러는 그 수치를 일일이 기억하고 있었고, 항상 그랬던 것처럼 그 순간에는 반박할 수 없는 정확한 수치를 들이대면서 사람을 당황하게 했다. 그렇지만 나는 열심히 반박했다. 나는 철도의 어려운 상황이 브레스트-리토프스크 동쪽에서 시작된다는 사실을 알고 있었다. 그래서 내가 제안한 요새 구축은 물자를 전선으로 수송할 필요 없이 부크 강과 니에멘 강 선까지만 수송하면 되고, 거기까지 수송할 철도 능력은 충분하며, 국내 건축 자재와 노동력도 부족하지 않다는 점을 히틀러에게 주지시키려 노력했다. 또한 두 곳의 전선을 이끌 때는 최소한 한 곳의 전선을 일시 중단하고 다른 전선이 안정될 때까지 그 상태를 유지할 수 있어야 승리에 대한 희망도 있다는 점을 강조했다. 그러면서 서부전선에 그처럼 훌륭한 방벽을 준비했다면 동부전선에도 똑같은 준비를 하지 않을 이유가 없다고 말했다. 그러자 궁지에 몰린 히틀러는 동부전선에 있는 장군들이 후방에 보루를 갖춘 진지나 요새를 짓게 하면 철수만 생각한다는 주장을 반복했다. 그 무엇으로도 히틀러의 그 선입견을 바꿀 수가 없었다.

그로써 대화는 장군들과 최고 지휘권 문제로 넘어갔다. 군 지휘권을 집중시키고 히틀러의 직접적인 영향력을 제한하려는 내 제안은 간접적인 방법으로는 성공하지 못했다. 그래서 이제는 히틀러에게 최고 지휘권 문제를 직접 제안하는 것이 내 의무라고 생각했다. 나는 지금처럼 국방군 지휘참모부와 육군 최고사령부, 공군, 해군, 무장친위대로 뒤섞인 지휘 체계 혼선을 없애고 전체 작전을 지금보다 훨씬 성공적으로 이끌기 위해 히틀러가 신뢰하는 장군을 국방군 참모총장으로 임명하라고 제안했다. 그러나 그 시도는 완전히 실패했다. 히틀러는 카이텔 원수와 헤어지는 것을 거부했다. 의심이 많은 히틀러는 자신의 권한을 제한하려 한다는 사실을 즉시 간파했다. 결국 아무 성과도 얻지 못했다. 히틀러가 신뢰하는 장군이 있기는 할까? 나는 히틀러와의 대화를 마친 뒤 그런 장군은 없다는 결론을 내렸다.

결국 모든 것이 예전 그대로였다. 한 치의 땅이라도 더 얻으려는 싸움은 계속되었다. 적절한 시점에 철수했다가 절망적으로 변한 상황을 되돌리려는 시도는 결코 실현되지 못했다. 히틀러는 그 뒤에도 여러 번 시무룩한 눈빛으로 이렇게 말했다. "지난 2년 동안 왜 모든 일이 실패만 하는지 도통 모르겠소." 나는 매번 "방법을 바꾸십시오."라고 말했지만 히틀러는 그 대답을 듣지 않았다.

결전의 해

1944년 1월 중순 소련군이 동부전선에서 거센 공격을 시작했다. 키로보그라드에서는 처음에 소련군을 막아냈다. 1월 24일과 26일에는 체르카시 서쪽에 앞으로 튀어나온 독일군 진지에 대한 협공이 시작되었고, 1월 30일에는 크리보이로크 동쪽의 또 다른 돌출 진지가 공격을 받았다. 두 공격은 모두 성공했다. 소련군의 우세는 압도적이었다. '남부우크라이나' 집단군은 34개 소총부대와 11개 기갑부대, '북부우크라이나' 집단군은 67개 소총부대와 52개 기갑부대의 공격을 받았다.

2월 중후반에는 전선이 비교적 조용했다. 그러다가 3월 3, 4, 5일에 소련군이 다시 공격해와 독일 전선을 부크 강 선과 강 건너로 밀어냈다.

중부집단군은 3월 말까지 전선을 대부분 지켜냈다.

4월에는 남부에서 세바스토폴을 제외한 크림 반도를 잃었다. 소련군이 부크 강을 건너왔고, 프루트 강과 세레트 강 상류도 건넜다. 체르노비츠가 소련군의 수중에 들어갔다. 그러나 소련군의 마지막 대규모 반격은 실패했지만 아군은 5월에 결국 세바스토폴마저 잃었다. 전선은 8월까지 다시 잠잠해졌다.

1월에는 북부집단군 앞에서도 소련군의 공격이 가해졌다. 적은 처음에 일멘 호수 북쪽과 레닌그라드의 남서쪽에서만 약간의 전과를 올렸다. 그러나 1월 21일부터는 강력한 병력으로 공격을 퍼부어 독일 전선을 루가 강 뒤로 밀어냈고, 2월에는 다시 나르바 강 뒤로 밀어냈다. 독일군은 3월 말까지 벨리카야 강과 플레스카우(프스코프) 호수, 페이푸스 호수로 밀려났고, 거기서 전선을 겨우 지탱했다.

동부전선은 6월 22일까지 짧은 휴지기에 들어갔다. 동계 전투의 병력 소모는 상당히 컸다. 더 이상 동원할 예비대도 없었다. 그 외에 남은 모든 병력은 대서양 방벽 뒤에 배치되었다. 대서양 방벽은 실제 방벽이 아니고, 적을 위협하기 위한 실속 없는 가짜 방벽에 불과했다.

그 무렵 나는 히틀러의 지시로 달갑지 않은 특수 임무를 맡았다. 히틀러는 항상 그랬듯이 지난 동계 전투 동안 벌어진 갖가지 후퇴와 항복에 대한 책임을 떠안을 속죄양을 찾았다. 그중에서도 히틀러는 예네케 상급대장에게 크림 반도를 빼앗긴 책임을 물었다. 당 고위 간부들의 몇몇 발언이 예네케에 대한 의심을 더욱 증폭시켰다. 나는 예네케 사건을 조사하라는 지시와 함께 크림 반도 실패를 책임질 제물을 찾아야 한다는 단서도 받았다. 당시 히틀러의 상태를 고려할 때는 시간을 좀 끌면서 조사하는 방법이 최선일 것 같았다. 그래서 나는 아주 철저하게 그 일을 조사했고, 어떤 식으로든 그 사건에 관계된 사람들, 특히 당 고위 간부들을 모두 조사했다. 예네케는 때때로 나의 더딘 조사 방법에 불만을 제기했다. 그러나 나는 신속하게 조사해 그 결과를 부적절한 시기에 보고하기보다 그렇게 천천히 진행한 것이 결국 예네케의 무죄 판결을 받아내는 데 더 많이 기여했다고 확신한다.

이미 언급했듯이 나는 1943년부터 이미 서부전선 방어 문제에 골몰해 있었다. 해가 바뀔 무렵에는 그 문제에 대한 생각이 점점 더 많은 자리를 차지했다. 나는 2월에 부대를 시찰하고 폰 룬트슈테트 원수와 프라이헤어 폰 가이르 장군을 만나기 위해서 프랑스로 갔다. 우리는 연합국 함대와 공군이 우세해서 방어가 쉽지 않다는 데 의견이 일치했다. 특히 연합국 공군의 우세는 아군의 모든 이동에 불리하게 작용할 것이 분명했다. 그래서 일단은 밤에만 신속하고 집중적으로 이동이 이루어져야 했다. 우리는 무엇보다 기갑사단과 기갑척탄병사단 예비대를 충분히 준비시키고, 이들을 가능한 한 대서양 방벽에서 멀리 떨어진 곳에 배치하는 것이 중요하다고 생각했다. 그래야 공격전선이 형성된 뒤에도 이들을 이동시킬 수 있고, 도로망과 강 도하 지점(잠수교와 부교(浮橋)) 건설 준비를 통해서도 이동이 수월해지기 때문이었다.

부대를 시찰하는 동안에도 이미 연합군의 공중 우세가 얼마나 막강한지를 알 수 있었다. 연합군 공군 부대는 아군 병사들의 훈련장 상공에서 훈련 비행을 했다. 그래서 언제 갑자기 훈련장에 폭탄 세례를 퍼부을지 전혀 안심할 수 없는 상황이었다.

나는 총통 사령부로 돌아간 뒤 국방군 최고사령부가 내린 서부전선 전투 지침과 동원 가능한 예비대에 관한 정보를 알아보았다. 그 결과 가장 중요한 예비기갑사단들이 해안과 너무 가까운 곳에 배치되었다는 사실이 드러났다. 이런 배치 상황에서는 연합군이 예상되는 지점과는 다른 곳으로 상륙했을 때 예비기갑사단들을 신속하게 빼내거나 이동하는 것이 어려웠다. 나는 히틀러와 회의를 하는 자리에서 그 오류를 지적한 뒤 차량화부대의 다른 배치를 제안했다. 그러자 히틀러가 대답했다. "지금의 배치 상태는 롬멜 원수의 제안을 토대로 한 것이오. 나는 현장에서 지휘하는 원수의 의견을 들어보지도 않고 그와 다른 명령을 내릴 수 없소. 그러니 장군이 다시 프랑스로 가서 롬멜 원수와 그 문제를 다시 한 번 논의하시오."

나는 4월에 다시 프랑스로 갔다. 연합국 공군은 더 활기차게 활동했고 작전상의 폭격도 이미 시작했다. 그 때문에 내가 그곳을 시찰하러 가고 며칠 지나지 않아서 캉 드 마이에 있던 전차 창고가 완전히 파괴되었다. 다행히 프라이헤어 폰 가이르 장군의 신중함 덕분에 부대와 장비는 이미 창고에서 멀리 떨어진 마을과 숲으로 옮겨진 상태였고, 별다른 피해도 입지 않았다.

나는 폰 룬트슈테트 원수와 그의 참모부 장교들과 예비대 배치에 관한 문제를 다시 한 번 논의했다. 그런 다음 폰 가이르 장군을 대동하고 히틀러의 지시대로 라 로슈 기용으로 롬멜 원수를 만나러 갔다. 나와 롬멜 원수는 전쟁 전부터 서로 알고 있었다. 롬멜은 고슬라르 예거대대 지휘관이었고, 나는 고슬라르 출신으로 그 부대와는 항상 깊은 전우애로 묶여 있었다. 그러다가 우리는 폴란드 원정에서 만났다. 1939년 9월 폴란드 회랑 전투가 끝나고 히틀러가 내 군단을 방문했을 때였다. 롬멜은 당시 총통 사령부의 지휘관이었다. 롬멜은 기갑부대로 옮겨 1940년 프랑스에서 7기갑사단을 훌륭하게 지휘했고, 그 뒤에는 아프리카에서 기갑군을 지휘하면서 전쟁에서의 명성을 쌓았다.

롬멜은 개방적이고 솔직한 성품을 지닌 용감한 군인이었을 뿐만 아니라 탁월한 재능을 가진 지휘관이기도 했다. 롬멜은 활력이 넘치는 데다 감각이 예민해서 극도로 어려운 상황에서도 항상 탈출구를 찾아냈다. 자신의 병사들을 아꼈으며, 마땅히 받을 만한 명성을 누렸다. 우리는 지난 몇 년 동안 서로의 경험을 자주 교환했고, 누구보다 서로를 잘 이해했다. 롬멜은 병 때문에 고향으로 돌아와야 했던 1942년 9월 나와 히틀러의 사이가 나쁘다는 사실을 알면서도 나를 자신의 아프리카 대리인으로 임명해달라고 히틀러에게 요청했었다. 그 요청은 당시 즉시 거절당했다. 내게는 다행스런 일이었다. 바로 직후 이집트의 엘 알라메인에서 벌어진 전투가 아군의 패배로 끝났는데, 내가 전투를 이끌었어도 슈투메 장군이나 그의 후임이 된 롬멜이 경험한 패배를 피할 수는 없었을 것이다.

롬멜은 아프리카에서 겪은 비극적인 경험들을 통해 연합군의 공군이 압도적으로 우세하다는 확신을 갖게 되었고, 그 때문에 대규모 병력 이동을 아예 불가능하다고 여겼다. 롬멜은 기갑사단과 기갑척탄병사단이 야간에 이동할 수 있다는 가능성조차 더는 믿지 않았다. 그런 생각은 1943년 이탈리아에서 겪은 일들로 더 확고해졌다. 그 때문에 기동 예비대를 대서양 전선 뒤로 배치하는 문제를 논의하는 자리에서도 롬멜은 그 병력의 기동성을 활용해 그에 맞게 배치하자는 프라이헤어 폰 가이르 장군의 제안을 반대했다. 나는 그 회의의 부정적인 결과를 이미 알고 있었다. 그래서 기갑 병력을 해안에서 멀리 배치하자는 말을 꺼냈을 때 롬멜이 보인 매우 격하고 단호한 거절에도 놀라지 않았다. 롬멜은 그 제안을 분명하게 거절했다. 그러면서 내가 동부전선에서 싸웠기 때문에 아프리카와 이탈리아에서 경험한 일들을 모를 테고, 그 점에서는 자신이 나보다 우위에 있으니 자신의 확신이 틀렸다는 의견을 받아들이고 싶지 않다고 했다. 롬멜의 이런 태도 때문에 차량화 예비대의 배치 문제에 대한 논쟁은 아무 성과가 없었다. 나는 롬멜의 명백한 반대에 부딪히는 바람에 그를 설득하려는 시도를 포기했다. 대신에 룬트슈테트와 히틀러에게 롬멜과는 다른 내 의견을 다시 한 번 진술하기로 결심했다. 나는 서부전선에 현재 있는 기갑사단과 기갑척탄병사단 이외에 더 많은 병력을 보낼 수 없다는 사실도 분명히 알았다. 다만 봄에 동부전선으로 보낸 9, 10SS기갑사단만은 서유럽 침공이 시작되면 다시 서부전선에 복귀하기로 되어 있었다. 그래서 롬멜에게도 그 이상의 약속은 해줄 수 없었다. 서부 최고사령관의 서부전선 총지휘는 국방군 최고사령부의 예비대를 그에게 내주고, 롬멜 집단군을 완전히 지휘할 권한을 부여하는 경우에만 수월해질 수 있었다. 그러나 두 가지 일 모두 일어나지 않았다.

프랑스에서 B집단군의 지휘권을 맡은 이후 롬멜은 자신의 구역에 있는 대서양 방벽의 방어력을 강화하기 위해 상당히 많은 노력을 기울였다. 해안을 주요 전선으로 본다는 지침에 따라 해안 앞쪽의 방어를 위해서는 수중 장애물들을 설치했고, 해안 뒤쪽으로 공군의 착륙이 예상되는 지형에 '롬멜의 아스파라거스'라고 불리는 말뚝 장애물들을 설치했다. 그밖에도 광범위한 지대에 지뢰를 매설해 두었다. 롬멜의 지휘 아래 있는 모든 병사는 훈련에 필요한 시간을 제외한 모든 시간을 방어 진지 구축 작업에 쏟아 부었다. B집단군은 활기차게 움직였다. 그러나 그 모든 노력을 전적으로 인정한다고 해도, 롬멜이 기동예비대의 문제를 전혀 이해하지 못했다는 점은 유감스러운 일이 아닐 수 없었다. 해군과 공군의 절대적인 열세를 고려할 때 유일한 기회는 기동 병력을 동원한 대규모 지상 작전이었다. 그러나 롬멜은 대규모 지상 작전을 불가능하다고 여겼다. 그래서 전혀 시도하지도 않았거나 하지 못하게 했다. 게다가 적어도 내가 방문했던 시기에 롬멜은 연합군이 상륙할 장소를 예단하고 있었다. 롬멜은 영국과 미국이 솜 강 하구 북쪽에 상륙할 거라고 몇 번이나 확언하면서 다른 모든 가능성을 배제했다. 그러면서 대규모 병력을 동원한 매우 어려운 상륙작전에서는 연합군이 보급 문제 때문에라도 분명 자신들이 승선한 항구에서 가장 가까운 곳을 상륙지로 선택할 거라는 근거를 내세웠다. 솜 강 북쪽 지역에서는 공군을 통해 상륙을 지원하기가 더 수월하다는 점도 롬멜의 생각을 강화시켰다. 롬멜은 당시 이 문제에서도 다른 모든 이의를 받아들이지 않았다.

이런 모든 문제에 대한 롬멜의 생각은 비록 그 이유는 달랐지만 히틀러의 생각과 일치했다. 히틀러는 1914년~1918년의 참호전을 경험한 사람으로 기동전을 결코 이해하지 못했다. 롬멜은 연합군의 공중우세 때문에 기동전을 더 이상 할 수 없다고 여겼다. 그래서 히틀러가 최근의 전선 경험을 가진 롬멜의 의견을 근거로 차량화부대의 재배치에 대한 서부군 최고사령관과 내 제안을 거부한 것이 그리 놀라운 일은 아니었다.

연합군의 상륙 작전이 시작된 1944년 6월 6일 프랑스에 주둔한 아군 부대는 다음과 같았다.

-보병 48개 사단: 이 가운데 38개 사단은 전선에, 10개 사단은 전선 후방에 위치했다. 후방 사단들 중 5개 사단은 스헬데 강과 솜 강 사이에, 2개 사단은 솜 강과 센 강 사이에, 나머지 3개 사단은 브르타뉴에 포진했다.

-10개 기갑사단과 기갑척탄병사단: 이들의 각 위치는 다음과 같았다.

1SS기갑사단 '아돌프 히틀러'는 베벨로(벨기에) 지역

2기갑사단은 아미앵-아브빌 지역
116기갑사단은 루앙 동쪽(센 강 북쪽)
12SS기갑사단 '히틀러 유겐트'는 리지외(센 강 남쪽)
21기갑사단은 캉 지역
기갑교육사단은 르 망-오를레앙-샤르트르 지역
17SS기갑척탄병사단은 소뮈르-니오르-푸아티에 지역
11기갑사단은 보르도 지역
2SS기갑사단 '다스 라이히'는 몽토방-툴루즈 지역
9기갑사단은 아비뇽-님-아를 지역

성공적인 방어에 대한 모든 희망은 뒤에 언급한 10개 기갑사단과 기갑척탄병사단에 걸려 있었다. 힘든 노력 끝에 이 사단들을 어느 정도 재충전하고 훈련시킬 수 있었기 때문이다.

이 사단들 가운데 2, 116, 21기갑사단은 롬멜의 지휘 아래 있었고, 기갑교육사단과 1, 12SS기갑사단, 17SS기갑척탄병사단은 국방군 최고사령부의 예비대로 결정되었다. 9, 11기갑사단과 2SS기갑사단은 지중해 해안으로 예상되는 상륙에 대비해 남부 프랑스에 배치되었다.

병력의 이와 같은 분산 배치는 대규모 방어 성공을 처음부터 불가능하게 만들었다. 그러나 그런 점을 제외하고도 사태의 추이는 최악으로 아군에 불리했다. 먼저 연합국이 상륙하던 날 롬멜은 히틀러와의 회담을 위해 독일에 있었다. 히틀러는 평소 습관대로 늦게 잠자리에 들어갔기 때문에 침공에 대한 첫 보고가 도착한 6월 6일에도 히틀러를 깨울 수가 없었다. 히틀러를 대신해 작전을 지휘한 요들은 3개 기갑사단에 이르는 국방군 최고사령부의 예비대를 즉시 투입하라는 결정을 내리지 못했다. 연합군의 노르망디 상륙이 주요 작전인지 기만책인지를 확신하지 못했기 때문이다. 국방군 최고사령부도 지중해 상륙 문제를 명확히 파악할 수 없었던 탓에 남부 프랑스에 배치된 기갑사단들을 즉각 이동시키지 못했다. 연합군의 침공 전선에 있던 21기갑사단은 폰 가이르의 장군의 훈련 지침과는 반대로 반격을 시작할 때 롬멜의 승인을 받아야 했다. 그 때문에 가장 적합한 시기에 영국 공수부대를 공격할 기회를 놓쳤다. 롬멜은 실제로 116기갑사단을 해안 쪽에 더 가깝게 디에프로 이동시켰고, 7월 중순까지 디에프에 남아 있게 했다. 기갑부대의 활용에 대해 잘 모르는 많은 고위 지휘관들의 무지, 특히 기갑교육사단의 경우 연합군의 공군이 활동하는 낮에 이동하라고 내린 명령, 우세한 연합군 해군의 함포가 포진하고 있는 지역에서 정면 반격에 나서게 한 점. 이 모든 요인이 연합군의 침공에 맞서 유일하게 전투력을 갖춘 기갑부대를 초기에 무너뜨렸다. 기갑부대는 막대한 피해를 입었지만 동부전선의 붕괴 위험 때문에 이제는 그 손실을 만회할 수도 없는 상태였다. 6월 22일 이후 드러나기 시작한 동부전선의 완전한 붕괴 위험은 그사이 서부전선 때문에 소홀했던 동부전선에 절대적인 병력 보충을 요구했다.

히틀러와 국방군 최고사령부가 프라이헤어 폰 가이르 장군과 기갑총감인 나의 제안을 받아들였다면 침공을 막기가 훨씬 더 쉬웠을 것이다. 나와 폰 가이르는 서부전선의 모든 기갑사단과 기갑척탄병사단을 파리 북쪽과 남쪽 2개 집단으로 나눈 다음, 야간 이동을 통해 실제 침공 전선을 주도면밀하게 준비하자고 요구했었다.

그러나 최종적으로 내린 배치 명령도 보다 뚜렷한 목표에 따라 지휘했다면 훨씬 더 좋은 결과를 얻을 수 있었을 것이다. 연합군의 침공이 시작되고 2주 뒤인 6월 16일에도 116기갑사단은 아브빌과 디에프 해안 사이에 있었고, 11기갑사단은 보르도 부근, 9기갑사단은 아비뇽 부근에 있었으며, SS기갑사단 '다스 라이히'는 남프랑스에서 게릴라와 싸웠다. 반면에 그사이 동부전선에서 이동해온 9, 10SS기갑사단으로 병력이 증강된 나머지 사단들은 연합군 함포와 대치하는 힘겨운 정면 전투를 치르며 병력을 소모하고 있었다. 이 기갑사단들을 제외하면 그날 7개 보병사단도 센 강 북쪽 연안에 배치되어 있었는데, 이들은 연합군의 상륙을 기다리면서 하는 일 없이 보냈다. 연합군은 그곳으로 상륙하지도 않았다.

세부 사항들 중에서 언급할 만한 내용은 다음과 같다.

6월 7일 프라이헤어 폰 가이르 장군이 처음에는 7군 사령부의 지휘 아래, 나중에는 B집단군 지휘 아래 캉 지역의 지휘권을 맡았다. 12SS기갑사단과 기갑교육사단은 이미 교전 중에 있던 21기갑사단의 좌측에 투입되었다. 6월 10일 프라이헤어 폰 가이르 장군이 반격에 나서려고 했지만, 연합군의 공습으로 서부 기갑군 참모부가 무력화되었다. 그 때문에 지휘권이 1SS기갑군단으로 넘어갔다. 여러 날이 지연되는 가운데 SS 총통경호대 아돌프 히틀러와 2기갑사단이 분산 투입되었다. 6월 28일 재구성된 서부 기갑군이 1, 2SS기갑군단과 86, 47기갑군단의 지휘권을 다시 인수했다. 병력을 총집결해 공격하자는 폰 가이르 장군의 제안은 공격의 성공을 믿지 않는 롬멜에 의해 거부되었다. 예비대를 뒤늦게 분할 투입하는데 다른 정치적 이유가 고려되었는지는 불분명했다[80].

6월 28일 7군 사령관 돌만 상급대장이 전사했고, 하우서 상급대장

80 한스 슈파이델(Hans Speidel)의 저서 「침공 1944년」 참조. Rainer Wunderlich Verlag, Hermann Leins, Tübingen und Stuttgart, 71쪽: "정치적인 고려에서도 롬멜 원수는 믿을 수 있는 기갑부대를 앞으로의 일을 위해서 남겨두는 편이 바람직하다고 생각했다." 1950년 아일랜드 잡지 『An Cosantoir(지키는 자)』 1호에 실린 프라이헤어 폰 가이르의 「월계관 없는 침공」 참조: "2기갑사단(SS부대가 아닌 육군)은 롬멜에 의해 한동안 후방에 남겨졌는데, 히틀러를 암살하려던 '7월 20일 모의'에 대한 기대 속에서 어떤 위급 상황에서도 동원할 수 있는 '믿을 만한' 육군 사단을 보유하고 있기를 바랐기 때문이다. 비록 전선의 상황은 2기갑사단을 미군 1사단과 대치한 전장의 서부 구역으로 투입해야 했지만, 롬멜은 7월 중순까지 116기갑사단을 예비대로 남겨두었다." 나중에는 이런 대목도 있다. "그(롬멜)의 거부는 아마 정치적인 이유 때문이었을 것이다."

이 돌만의 후임이 되었다.

6월 29일 오버잘츠베르크의 히틀러 별장에서 서부전선 지휘관들의 회의가 열렸다. 이 자리에는 폰 룬트슈테트, 슈페를레, 롬멜 원수가 참석했다. 이날이 내가 롬멜을 마지막으로 본 날이었다. 지난 4월 라 로슈 기용의 사령부에서 만났을 때처럼 롬멜은 이번에도 연합군의 공중 우세 때문에 기동 방어를 불가능하게 여긴다는 인상을 받았다. 이날 회의에서는 무엇보다 전투기 부대의 강화 문제가 다루어졌다. 괴링은 슈페를레가 필요한 조종사들만 제공해준다면 전투기 800대를 보급하겠다고 약속했다. 그러나 슈페를레가 보유한 조종사는 내 기억으로는 500명뿐이었고, 그 때문에 슈페를레는 히틀러의 분노를 야기했다. 이날의 암울한 결과는 그 직후에 단행된 룬트슈테트, 가이르, 슈페를레의 해임으로 나타났다. 룬트슈테트는 폰 클루게 원수로 교체되었다. 폰 클루게는 지난 몇 주 전부터 총통 사령부에 머물며 전체 상황을 살펴보면서 만일의 사태에 즉시 나설 준비를 하고 있었다. 폰 클루게 원수는 당시 히틀러에게는 언제든 환영받는 인물이었다.

그러나 7월 6일 새로 출범한 서부군 최고사령부도 일의 경과를 전혀 바꾸지 못했다. 폰 클루게 원수는 총통 사령부를 지배하는 낙관주의의 영향 속에서 프랑스로 갔고, 그 때문에 처음에는 롬멜과 충돌했다. 그러나 곧 상황을 보다 냉정하게 판단하는 롬멜의 주장에 동의하지 않을 수 없었다.

폰 클루게 원수는 부지런한 군인이었고 소규모 전술에서는 탁월함을 보였다. 그러나 기갑부대를 기동 작전에 활용하는 문제에 대해서는 아무것도 몰랐다. 내가 경험한 바로는 기갑부대 지휘에 대한 폰 클루게의 영향력은 오히려 방해만 되었다. 폰 클루게는 병력을 분산시키는 데는 전문가였다. 그래서 서부전선의 작전 지휘는 문제의 근원을 포착해 아직 이동 가능한 나머지 기갑부대를 동원해 기동전에 나서는 대신, 겉으로 드러나는 그때그때 상황에만 대처하는 방식으로 이루어졌다. 그리 놀라운 일도 아니었다. 연합군의 함포가 우세한 지역에서 연합군 정면을 향해 이루어진 반격 와중에 남아 있는 기동력은 와해되고 말았다.

7월 11일 캉이 연합군에게 넘어갔다. 7월 17일 롬멜이 전선에서 돌아오던 길에 영국 전투기의 폭격을 받았다. 운전수는 중상을 입었고, 롬멜은 차에서 튕겨져 나가면서 두개골 골절과 다른 부상을 당해 병원으로 실려 갔다. 그로써 가장 강력한 인물이 서부전선을 떠나게 되었다.

이날 연합군의 침투 전선은 캉 남단을 따라 오른 강 하구에서 코몽-생 로-르세 해안으로 이어졌다.

노르망디 전선에서 서부 연합군의 돌격대가 교두보를 확보하고 돌파를 시도하면서 극도로 긴장된 상황이 전개되는 동안, 동부전선에서는 가까운 시일 내에 거대한 파국을 불러올 일들이 일어났다.

1944년 6월 22일 소련군은 부슈 원수가 지휘하는 중부집단군의 모든 전선에서 146개 소총사단과 43개 기갑사단을 동원해 공격에 나서 완승을 거두었다. 소련군은 7월 3일까지 프리피야트 습지 북단과 바라노비체-몰로데츠노-코지아니 선에 도달했다. 거기서부터 멈추지 않고 북부집단군 지역으로 계속 진격해 들어가 7월 중순에는 핀스크-프루자나-볼코비스크-그로드노-코브노-뒤나부르크-플레스카우 선까지 도달했다. 소련군은 바르샤바 부근 바익셀 강 방향과 리가 방향에 중점을 두고 도저히 멈출 수 없을 듯 도도하게 밀고 들어왔다.

7월 13일부터는 A집단군 지역으로도 공격을 확대해 프셰미실-산 강 전선-바익셀 강변의 푸와비 방향으로 지역을 획득했다. 이 공격으로 중부집단군이 괴멸되었다. 약 25개 사단을 전부 잃었다.

이 충격적인 사건의 여파로 7월 중순 히틀러는 총통 사령부를 오버잘츠베르크에서 동프로이센으로 옮겼다. 어떤 식으로든 동원 가능한 모든 병력이 붕괴되고 있는 전선에 투입되었다. A집단군 최고사령관 모델 원수가 부슈 원수를 대신해 중부집단군의 지휘도 맡게 되었는데, 정확히 말하자면 중부집단군이 있었던 텅 빈 지역에 대한 지휘권이었다. 모델 원수가 이중 역할을 지속적으로 수행할 수는 없었기 때문에 하르페 상급대장이 A집단군 최고사령관에 임명되었다. 모델은 1941년 3기갑사단을 지휘하던 시절부터 나와는 잘 아는 사이였다. 나는 1941년 소련 출정을 기술할 때 모델의 성격을 이미 충분히 묘사했었다. 모델은 대담하고 지칠 줄 모르는 군인으로서 전선 경험이 풍부했고, 자기 개인의 위험을 무릅쓰고 언제나 전력을 다하기 때문에 병사들의 신뢰도 두터웠다. 반면에 나태하거나 무능한 부하들에게는 달갑지 않은 지휘관이었다. 모델은 자신의 뜻을 단호하게 관철시켰다. 그래서 동부전선 중앙에 방어선을 재구축하는 극히 어려운 임무를 수행하는 데는 적임자였다. 하르페는 베스트팔렌 출신의 기갑 장교로서 침착하고, 믿음직스럽고, 용감하고, 결단력이 있었고, 냉철한 이성과 명확한 통찰력의 소유자였다. 하르페 역시 그에게 주어진 임무에 적합한 인물이었다. 동부전선의 재확립은 무엇보다 이 두 장군의 탁월한 행동과 지휘력 덕분이었다. 다만 그렇게 되기까지는 어느 정도 시간이 필요했다. 게다가 독일 본토를 방어하려는 모든 노력을 물거품으로 만들 뻔한 예기치 못한 사건이 일어났다.

지도 28

중부집단군 붕괴

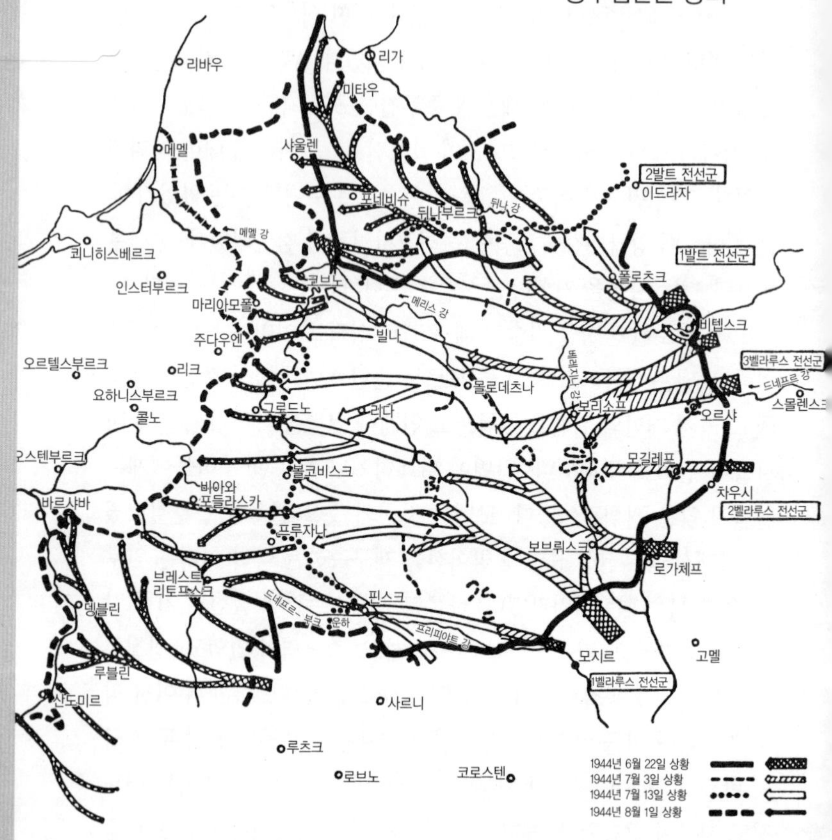

11 1944년 7월 20일 사건과 그 결과

Der 20. Juli 1944 und seine Folgen

소련군의 승리와 예비대의 부족으로 바로 다음 돌파 전선에 놓인 동프로이센이 위험에 직면했다. 1944년 7월 17일 나는 기갑교육부대의 상관으로서 전투력이 있는 모든 부대를 베를린 부근 뷘스도르프와 크람프니츠에서 동프로이센의 뢰첸 요새 지역으로 옮기라고 지시했다.

7월 18일 오후 전부터 알고 있던 한 공군 장군이 찾아와 면담을 요청했다. 그는 새로 임명된 서부군 최고사령관인 폰 클루게 원수가 히틀러 모르게 서부 연합국과 휴전을 맺으려 하고 있고, 그 목적으로 곧 연합국과의 협상에 나설 계획이라고 말했다. 나는 그 소식을 듣고 몽둥이로 머리를 얻어맞은 기분이었다. 클루게의 그러한 행동과 그 행동이 비틀거리는 동부전선과 전 독일의 운명에 미치게 될 영향이 눈앞에 생생하게 떠올랐다. 동부전선과 서부전선의 방어는 즉시 와해되어, 소련군은 멈추지 않고 물밀듯이 밀고 들어올 것이다. 그 순간까지도 나는 적의 편에 선 독일 장군이 제국의 원수에 반대해 그런 결정을 내리게 되리라고는 상상도 못했다. 나는 내가 들은 말을 도저히 믿을 수 없어서 그 정보의 출처를 알려달라고 요구했다. 그러나 그 공군 장군은 내 요구를 거부했다. 또한 그처럼 충격적인 소식을 내게 알려주는 이유와 그가 바라는 것이 무엇인지도 말하지 않았다. 그 계획이 가까운 장래에 실행될 예정이냐고 묻자 그는 그렇지 않다고 대답했다. 다행히 내가 들은 이 이상한 정보를 어떻게 받아들여야 할지 차분히 생각해볼 시간은 있었다. 내 사령부에서는 연일 계속되는 회의와 방문으로 조용히 생각할 시간을 얻기가 어려웠다. 그래서 7월 19일 부대 시찰을 이유로 알렌슈타인과 토른, 호엔잘차로 가기로 마음먹었고, 가는 동안 어떤 결정을 내려야 할지 심사숙고하기로 했다. 만일 정보의 출처도 모르면서 내가 들은 이야기를 히틀러에게 보고한다면, 폰 클루게 원수에게 중대하고도 잘못된 혐의를 씌우는 부당한 일을 저지르게 될 것이다. 그러면 폰 클루게 원수와 그가 지휘하는 서부전선에 매우 좋지 않은 영향을 줄 것이 분명했다. 반면에 그 정보를 나 혼자만 간직하고 있다가 사실로 드러난다면, 그것이 불러올 나쁜 결과들에 대한 책임은 내게도 해당되는 일일 것이다. 이런 상황에서 올바른 길을 찾기란 매우 어려웠다.

7월 19일 오전 나는 알렌슈타인에 있는 대전차부대를 시찰했다. 부대를 시찰하고 있는데 참모장 토말레 장군이 전화를 걸어와 기갑교육부대를 베를린에서 동프로이센으로 이동하라는 명령을 3일만 연기해달라고 요청했다. 베를린에 있는 육군 일반국의 올브리히트 국장이 토말레에게 전화해 명령 연기를 부탁했다고 했다. 다음날인 1944년 7월 20일에 베를린 주변에서 보충부대와 교육부대의 '발키리'[81] 훈련이 실시되는데, 기갑교육부대가 참가하지 않으면 훈련이 개최될 수 없다는 말이었다. '발키리'는 적의 공중 착륙이나 내부 소요를 막기 위해 실시하는 훈련을 위장할 목적으로 붙여진 암호명이었다. 적어도 내게 알려진 그 단어의 의미는 그랬다. 토말레는 동프로이센의 현재 상황이 위험하지 않다고 나를 안심시키면서 아직 2~3일은 시간이 있다고 확언했다. 나는 속으로는 내키지 않았지만 교육부대의 훈

81 Valkyrie: 독일어로는 발퀴레(Walküre). 북유럽 신화의 주신 오딘을 섬기는 전쟁의 처녀들로 전쟁에서 죽은 용사들을 천상으로 인도한다.(역자)

련 참여를 승인했다.

그날 오후 토른에 있는 보충부대들을 시찰한 뒤 7월 20일 오전에는 호엔잘차에 있는 대전차부대로 향했다. 그날 저녁은 다이펜호프에 있는 집에서 보냈다. 저녁에 잠시 들에 나갔는데, 19시 경 오토바이 전령이 총통 사령부에서 전화가 왔다는 급한 전갈을 갖고 그곳으로 찾아왔다. 집으로 돌아가니 가족들이 라디오 방송에서 히틀러 암살 시도를 보도했다고 알려주었다. 자정 무렵에야 토말레와 전화가 연결되었고, 토말레를 통해서 간략하게 암살 시도 사실과 암살자의 이름을 알게 되었다. 또한 히틀러가 차이츨러를 해임하고 나를 참모총장으로 임명할 계획이니 다음날 총통 사령부로 출두하라고 명령했다는 소식도 들었다. 7월 21일 08시에 나를 동프로이센으로 데려갈 비행기가 호엔잘차에 대기하고 있을 거라고 했다.

1944년 7월 20일 내 활동에 대해 알려진 그 밖의 모든 내용은 순전히 꾸며낸 말들이다. 나는 암살 시도에 대해 전혀 몰랐고, 그 누구하고도 그 일에 관해 이야기한 적이 없었다. 7월 20일 자정 무렵 토말레 장군과 나눈 통화가 유일했다.

지금 내 수중에 있는 토말레 장군의 선서에 따른 진술서를 보면, 내가 육군 참모총장에 임명되기까지 일어난 과정은 다음과 같았다.

1944년 7월 20일 18시 경 토말레 장군은 자기 사무실에 있다가 내 소재를 묻는 바이체네거 중령의 전화를 받았다. 바이체네거는 요들 상급대장의 국방군 지휘참모부 소속 참모 장교였다. 토말레는 내가 있는 곳을 알려주었다. 이어서 토말레는 즉시 총통 사령부로 가서 히틀러에게 출두하라는 명령을 받았다. 토말레는 19시 경 총통 사령부에 도착했다. 히틀러는 자신의 부관인 폰 벨로 대령이 있는 자리에서 토말레를 맞이했다. 히틀러는 우선 내가 있는 곳이 어디이고 건강 상태는 양호한지 다시 물었다. 토말레가 내 근황을 알려주자 히틀러는 자신은 원래 불레 장군을 육군 참모총장으로 임명할 생각이었다고 말했다. 그런데 불레는 암살 사건으로 부상을 당한데다 부상에서 회복하기까지 시간이 얼마나 걸릴지 알 수 없는 상황이었다. 그래서 불레 대신 나에게 임시로 육군 참모총장 직을 맡기기로 결심했다고 했다. 토말레는 다음 날 아침 내가 히틀러에게 출두할 수 있도록 즉시 연락을 취하라는 명령을 받았다.

이런 사실로 볼 때 히틀러는 원래 자신과 한동안 갈등 관계에 있던 나를 차이츨러의 후임으로 앉힐 생각은 전혀 없었다. 그다지 부러워할 만한 직위가 아닌 그 자리에 내정된 후보가 암살 기도 여파로 낙마하자 대신 나를 선택했을 뿐이었다. 따라서 전후에 히틀러의 적들이 내가 참모총장에 임명된 사실로부터 이끌어낸 모든 결론은 전혀 근거가 없다. 그 내용들은 꾸며냈거나 악의적인 중상모략이다. 그런 유언비어를 퍼뜨린 사람들도 1944년 7월에 동부전선 문제를 해결하려고 자발적으로 나서는 일이 결코 매력적이지 않다는 사실을 잘 알았을 것이다. 역사적 의미가 있는 거창한 이름을 가진 그 자리에서 해야 할 일은 주로 동부전선 문제였다.

물론 왜 그렇게 어려운 직책을 받아들였는지에 대해 자주 질문을 받았다. 그 질문에는 간단하게 대답할 수 있다. 그렇게 하라는 명령을 받았기 때문이다. 앞으로의 일들을 기술하는 동안에도 드러나겠지만, 당시 동부전선은 깊은 낭떠러지 끝에 다다라 있었고 수백만 독일 군인들과 주민들을 거기서 구해내야 했다. 동부전선의 군인들과 내 고향인 동부 독일을 구하려고 애쓰지 않았다면, 나는 스스로를 비열한 인간이자 겁쟁이로 여겼을 것이다. 그러나 나는 끝내 동부 독일을 구하지 못하고 실패했다. 그 사실은 죽는 날까지 내 삶의 불행이자 고

뇌로 남을 것이다. 동부 독일과 거기 살았던 착실하고, 정직하고, 용감한 사람들의 운명을 나보다 더 고통스럽게 느낄 사람은 없을 것이다. 나 역시 프로이센 출신이었으니 말이다.

1944년 7월 21일 나는 비행기로 호엔잘차에서 뢰첸으로 향했다. 그곳에 도착하자마자 토말레를 만나 전날 있었던 히틀러와의 대화와 암살 시도 과정에 대한 이야기를 들었다. 그 다음에는 카이텔 원수와 요들 상급대장, 중상을 입은 슈문트 대신 히틀러의 수석 부관을 맡은 육군 인사국장 부르크도르프 장군을 만났다. 그들과 육군 총참모본부의 인사 문제에 관해 협의하기 위해서였다. 특히 육군 최고사령부의 참모부는 모든 부서를 거의 완전히 새로운 인물로 대체해야 했다. 그때까지 자리에 있던 인물들 중 일부는 암살 사건으로 부상을 당했다. 작전과장 호이징거 장군과 그의 수석 보좌 브란트 대령이 그 경우였다. 다른 일부는 음모에 연루된 혐의를 받고 있거나 이미 체포되었다. 또 다른 일부는 지금까지의 활동 경력을 볼 때 나와 함께 일하기에 적합하지 않은 인물들이거나 전선 경험이 전혀 없어서 교체가 필요한 경우였다. 나는 이 회합에 들어가기 전에 내 업무 인수를 위해서 16시에 육군 최고사령부의 막사에 도착한다고 통보했다.

국방군 최고사령부 장교들과의 협의를 마친 뒤에는 정오 무렵 히틀러를 찾아갔다. 히틀러는 상당히 지치고 피곤한 인상을 주었다. 한쪽 귀에서는 피가 약간 흘렀고, 오른쪽 팔은 거의 움직이지 못해서 팔걸이 붕대로 고정시켜 놓은 상태였다. 그러나 나를 맞이하는 태도로 보면 정신적으로는 놀랍도록 침착했다. 히틀러는 내게 육군 참모총장의 직무를 임시로 맡기면서 얼마 전부터 전임자였던 차이츨러와는 더 이상 의견이 맞지 않았다고 설명했다. 차이츨러는 다섯 번이나 자신의 해임을 요청했는데, 전시에는 있을 수 없는 일이라고 했다. 그러면서 중책을 맡은 장군들은 전선에 있는 장군들보다 그럴 권리가 더 없다고 말했다. 전선에 있는 장군들도 신상에 무슨 일이 일어나지 않는 한 사임하거나 군을 떠날 수는 없다고 했다. 히틀러는 내게도 사표 제출을 정식으로 금지시켰다.

대화는 인사 문제로 옮겨갔다. 육군 최고사령부의 인사 문제는 내 뜻대로 승인되었다. 그런 다음 가장 중요한 전선 지휘권에 대한 문제가 거론되었다. 나는 새로 임명된 서부군 최고사령관은 대규모 기갑부대를 통솔할 적임자가 아니니 폰 클루게를 다른 자리에 활용하자고 제안했다. 그러자 히틀러가 끼어들었다. “게다가 암살 모의도 미리 알고 있었소!” 그러나 카이텔과 요들, 부르크도르프는 폰 클루게 원수가 독일이 가진 ‘가장 뛰어난 일꾼’이기 때문에 폰 클루게가 음모를 알고 있었다고 해도 그만두게 할 수는 없다고 했다. 그로써 폰 클루게를 눈에 띄지 않게 서부전선에서 떠나게 하려는 내 시도는 실패했다. 폰 클루게 원수의 태도에 대해서는 히틀러가 나보다 훨씬 더 잘 알고 있다고 생각해 더 이상의 시도는 단념했다.

업무에 대한 협의에 이어 히틀러가 몇 가지 개인적인 소견을 밝혔다. 히틀러는 내 목숨이 위협을 받고 있어서 비밀야전경찰을 통해 내 신변을 경호하게 했다고 말했다. 비밀야전경찰이 내 숙소와 차량들을 철저하게 조사했지만 의심스러운 것은 전혀 발견되지 않았다. 그러나 나는 군인이 된 이후 처음으로 내 숙소와 사무실 건물을 부상에서 회복중인 기갑병들에게 경호하도록 했다. 그 기갑병들은 내가 해임될 때까지 자신들의 임무를 성실하게 수행했고, 때때로 다른 병사들로 교체되었다.

내가 심장병을 앓았다는 사실을 알고 있던 히틀러는 자신의 주치의인 모렐에게 진료를 받은 뒤 그에게 주사를 맞으라고 권했다. 나는 히틀러의 권고대로 진찰을 받았다. 그러나 베를린에 있던 내 주치의와 상담한 뒤 주사는 거절했다. 히틀러의 예를 보면 모렐의 진료를 받고 싶지는 않았다[82].

히틀러는 암살 기도로 오른팔에 심한 타박상을 입었다. 양쪽 귀의 고막이 파열되었고, 오른쪽 귀의 유스타키오관이 손상되었다. 히틀러는 외적인 부상에서 매우 신속하게 회복했다. 왼쪽 팔다리가 누구나 알아볼 수 있을 만큼 심하게 떨리는 증세는 전부터 있었고, 이번 암살 기도와는 무관했다. 암살 기도는 히틀러의 육체보다는 정신에 더 중대한 영향을 미쳤다. 성격상 다른 사람들, 특히 총참모본부와 장군들을 믿지 못하는 뿌리 깊은 불신은 이제 깊은 증오로 바뀌었다. 보이지 않게 도덕관을 바꾸어버린 히틀러의 질병은 엄격함을 잔인함으로, 허세 부리는 경향을 부정직성으로 바꾸어 놓았다. 히틀러는 종종 자기도 모르게 거짓말을 했고, 다른 사람들이 자신을 속인다고 생각했다. 히틀러는 더 이상 아무도 믿지 않았다. 그와 협의하는 일은 전에도 충분히 어려웠지만 이제는 점점 고통으로 변했고, 그 고통은 달이 갈수록 더 커졌다. 히틀러는 때때로 자제력을 잃었고, 언사는 점점 더 거칠어졌다. 예의바르고 정중한 슈문트가 거친 부르크도르프로 교체된 뒤로는 히틀러의 측근들 중에 그의 균형을 잡아줄 사람이 아무도 없었다.

히틀러를 만나고 난 뒤 나는 이미 자주 묘사된 바 있는 전날의 암살 기도 현장인 '상황실'을 잠시 둘러보았다. 그런 다음 육군 최고사령부 내에서 참모총장에게 할당되어 이제부터 내 일터가 될 사무실

---

82 전후 총통벙커에서 근무했던 사람들의 증언 및 사학자들의 연구에 의하면 히틀러의 주치의인 모렐 박사가 히틀러에게 처방한 약에는 마약성분이 함유되어 있었다는 주장도 있다.(편집부)

막사로 향했다. 막사는 텅 비어 있었고, 나를 맞이하는 사람이 아무도 없었다. 모든 공간을 둘러보다가 마지막 방에서 자고 있던 릴이라는 병장을 만났고, 그에게 장교를 찾아오라고 명령했다. 잠시 뒤 릴 병장은 프라이탁 폰 로링호벤 소령을 데려왔다. 폰 로링호벤은 기갑부대 시절부터 알고 있었던 인물이었고, 내가 기갑군을 지휘하던 1941년에는 내 보좌 장교들 중 한 명이었다. 나는 프라이탁에게 내 부관 업무를 맡아달라고 요청했다. 그런 다음 전선의 상황을 알아보기 위해서 각 집단군으로 전화를 걸려고 했다. 참모총장 사무실에는 3대의 전화기가 있었는데 아직 각각의 용도를 모르는 상태였다. 그래서 첫 번째 전화기를 들었다. 어떤 여자 목소리가 대답을 했는데, 내 이름을 말하자 여자는 놀라서 소리를 지르며 수화기를 내려놓았다. 여자 교환수들을 진정시켜 내가 원하는 곳을 연결하기까지는 한동안 시간이 걸려야 했다.

1944년 7월 20일까지 전개된 상황은 앞장에서 이미 서술한 대로 충격적이었다. 뭔가 도움이 되기 위해서는 일단 육군 최고사령부부터 제대로 가동되어야 했다. 동부전선의 중심부인 육군 최고사령부는 절망적인 상태였다. 내 전임자는 육군 최고사령부를 베를린 부근 초센에 있는 마이바흐 기지로 옮길 계획이었다. 그래서 병참감과 그의 모든 조직, 국방군과 육군 수송과장, 그밖에 다른 중요한 부서들 대부분이 이미 마이바흐 기지에 가 있었다. 통신망도 상당 부분 이미 옮겨진 상태였다. 그래서 동프로이센에서 전선으로 전화를 연결하기가 매우 어려웠고, 육군 최고사령부의 책임인 전체 육군의 보급도 어렵게 진행되었다. 이런 상황에서 내린 내 첫 번째 결정은 육군 최고사령부의 소재지에 관한 결정이었다. 나는 그 장소를 히틀러와 국방군 최고사령부도 있는 동프로이센으로 정했다. 이미 초센으로 이동한 부서들은 즉각 원래 자리로 복귀해야 했다.

육군 최고사령부의 질서 회복을 위해 취한 다음 조치는 각 직위에 적합한 인물을 임명하는 일이었다. 나는 당시 쇠르너 장군의 참모장이던 벵크 장군을 작전과장으로 임명했다가 벵크의 직위를 곧 육군 최고사령부 지휘참모장으로 확대했다. 그런 다음 전체 작전 기구를 한 곳에 집중시키기 위해서 작전과와 조직편성과 이외에도 '동부 외국군' 정보과도 벵크의 지휘 아래 두었다. 작전과는 폰 보닌 대령에게 맡겼고, 조직편성과에는 벤틀란트 중령을 임명했다. 동부 외국군 정보과는 능력이 입증된 겔렌 대령이 맡았다. 병참감에는 자살로 생을 마감한 바그너 장군 후임으로 토페 대령이 임명되었다. 육군 최고사령부 포병감에는 프랑스와 소련에서 내 포병 고문이었던 베를린 장군이 임명되었고, 국방군과 육군 통신과장에는 1940년~41년 전쟁에서 내 오랜 통신 지휘관이었던 프라운 장군이 임명되었다. 이들이 모두 동프로이센에 도착할 때까지 며칠이 걸려야 했고, 모두가 새 업무에 익숙해질 때까지는 더 많은 시간이 걸렸다. 이전의 육군 최고사령부 내 주요 직책에 있던 사람들 중에는 국방군과 육군 수송과장이었던 유능한 게르케 장군만이 유일하게 유임되었다.

처음 몇 주 동안의 활동은 육군 최고사령부를 제대로 굴러가게 하는 문제에만 집중되었다. 그밖에 다른 문제를 생각할 시간은 전혀 없었다. 지금 사람들에게 중요하게 생각되는 일들이 당시의 내게는 안중에도 없었다. 절박한 업무 때문에 전선에서 일어나는 일 이외에는 다른 일상에 관심을 가질 여유가 없었다. 나의 새 부하들과 나는 전선을 구하기 위해서 한밤중까지 일했다.

7월 20일의 암살 기도는 실제로 어떤 영향을 미쳤을까?

암살 대상이었던 히틀러는 단지 가벼운 부상만 입었다. 그렇지 않아도 최상의 상태는 아니었던 히틀러의 육체적인 상태는 더 약해졌다. 히틀러의 정신적인 균형은 영원히 파괴되어 그의 내부에 잠들어 있던 모든 사악한 영혼이 깨어났다. 히틀러는 이제 어떤 심리적 압박이나 가책도 느끼지 않았다.

그 암살 기도가 독일의 통치 기구에 실질적 타격을 가할 계획이었다면, 나치스 정권의 가장 중요한 인물들을 제거했어야 했다. 그러나 암살 현장에는 그들 중 누구도 없었다. 핵심 인물들인 힘러, 괴링, 괴벨스, 보어만을 제거하려는 계획은 전혀 준비되지도 않았던 것이다. 암살을 모의한 사람들은 암살이 성공했을 경우 자신들의 정치적 계획을 실행하기 위한 어떤 대책도 마련하지 않았다. 암살을 결행한 슈타우펜베르크도 그런 약점을 분명히 알고 있었다. 슈타우펜베르크는 사건 며칠 전 오버잘츠베르크에서 힘러와 괴링이 현장에 없는 것을 확인하고는 자신의 계획을 이미 포기한 적이 있었다. 그런데 7월 20일 슈타우펜베르크는 완전한 정치적 성공을 거두기 위한 조건들이 갖춰지지 않았는데도 암살 계획을 실행했다. 그 이유는 나도 모른다. 어쩌면 괴르델러 박사에 대한 체포 명령이 그를 행동에 나서게 했을지 모른다.

만일 암살이 성공해 히틀러가 죽은 경우라도 암살을 모의한 사람들이 권력을 장악하기 위해서는 권력 장악에 필요한 군대가 확보되었어야 했다. 그러나 암살음모자들은 단 1개의 중대도 보유하고 있지 않았다. 그 때문에 슈타우펜베르크가 자신의 암살 기도가 성공했다는 잘못된 소식과 함께 동프로이센에서 베를린에 도착했을 때 베를린조차 장악할 수가 없었다. 발키리 훈련에 참가했던 부대의 장병들은 무슨 일이 일어났는지도 전혀 몰랐다. 그것으로 공모자라는 의미에서도 암살음모자들이 실패했다는 것을 설명해준다. 나는 전혀 다른 이유에서 기갑교육부대의 이동을 연기하도록 승인해주었지만, 이 상황도 그들의 성공에는 아무런 도움이 되지 못했다. 공모자들이 그 부대와 지휘관들에게 자신들의 계획을 감히 알리지도 못했기 때문이다.

암살 성공을 위한 외교적인 전제 조건도 전혀 없었다. 공모자들과 연합국의 유력 정치인들과의 관계는 빈약했다. 연합국 유력 정치인들 중 어느 누구도 공모자들에게 최소한의 호의조차 베풀지 않았다. 따라서 암살이 성공했다고 해도 제국의 운명이 지금보다 조금도 낫지 않았을 거라고 말하더라도 지나치지 않다. 연합국이 히틀러와 나치즘만 제거할 생각이 아니었기 때문이다.

암살 기도의 첫 번째 희생자는 육군 최고사령부 작전과의 브란트 대령과 공군 참모총장 코르텐 장군, 히틀러의 수석 부관 슈문트 장군, 속기사 베르거였다. 이 사람들 이외에도 국방군과 육군 최고사령부의 직원들이 부상을 당했다. 모두 불필요한 희생이었다.

그 다음 희생자는 공모에 가담했거나 공모를 알고 있던 사람들과 그 가족들이었다. 처형된 사람들 중에는 극소수만이 공모에 적극 가담했고, 대부분은 그 일에 대한 이야기를 조금 들었을 뿐이었다. 그들은 전우애 때문에 자신들이 들은 소문이나 우연히 들은 말에 대해 입을 다물었다가 비참한 죽음으로 대가를 치러야 했다. 주요 가담자들이 가장 먼저 죽음을 맞이했다. 베크 상급대장과 바그너 병참감, 폰 트레스코프 장군, 프라이탁 폰 로링호벤 대령과 다른 사람들은 스스로 목숨을 끊었다. 슈타우펜베르크와 올브리히트, 메르츠 폰 크비른하임, 폰 헤프텐이 프롬의 즉결재판에 의해 총살당했다.

히틀러는 이 사건의 모든 피고들을 한 곳의 공동 법정에서, 즉 민족재판소에서 판결하라고 지시했다. 이는 군인들이 제국 군사 법원이 아니라 민간인 판사들로 이루어진 특별재판소에서 판결을 받는 것이었고, 일반적인 군 형법과 집행 규정이 아닌 히틀러의 증오와 복수심에 의한 특별 명령을 따르는 것이었다. 그러나 독재 치하에서는 그런 명령을 막을 법적 수단이 없었다.

암살 모의에 가담했거나 미리 알고 있었다는 혐의를 받은 군인들을 민족재판소로 회부하려면 먼저 용의자들을 국방군에서 해임해야 했다. 그 일은 히틀러가 설치하도록 한 특별 위원회인 '에렌호프[83]'의 조사를 근거로 시행하기로 결정되었다. 폰 룬트슈테트 원수가 위원장에, 카이텔과 슈로트, 크리벨, 키르히하임과 내가 위원으로 임명되었다. 나는 기갑 총감의 직책에 육군 참모총장의 새로운 임무까지 수행해야 하는 데서 비롯된 과중한 업무를 이유로 달갑지 않은 그 일을 피하고 싶었지만 내 요청은 받아들여지지 않았다. 다만 내가 다른 업무 때문에 위원회에 참석하지 못하는 경우 키르히하임 장군을 내 대리인으로 해도 된다는 허락을 받았다. 나는 처음에 그 심리 과정에 전혀 참석하지 않았다. 그런데 히틀러의 지시를 받은 카이텔이 찾아와 최소한 이따금은 위원회에 참석해야 한다고 요구했다. 그래서 좋든 싫든 그 경악스런 심리에 두세 번 참석해야 했다. 내가 거기서 들은 내용들은 몹시 슬프고 충격적이었다.

위원회의 조사를 위한 예비 조사는 칼텐브루너와 게슈타포의 SS집단지도자인 뮐러에 의해 진행되었다. 칼텐브루너는 오스트리아 출신의 법률가였고, 뮐러는 바이에른 주의 공무원이었다. 두 사람 모두 장교단에 대해서는 전혀 몰랐다. 뮐러의 경우는 증오와 열등감이 뒤섞

---

83 Ehrenhof: 단어의 뜻은 '명예의 마당(뜰)'이다. 히틀러 암살 미수 사건 조사를 위해 원수들과 장군들로 구성된 위원회로 1944년 8월 2일 히틀러의 총통 명령으로 설치되었다. (역자)

인 감정으로 장교단을 대했고, 그밖에도 성격이 냉정하고 야심이 강한 인물이었다. 그 두 사람 이외에도 육군 인사국장인 부르크도르프 장군과 그의 수석 보좌관인 마이젤 장군이 그 자리에 참석했다. 인사국장은 히틀러의 지시로 조서를 작성하고 전체 과정을 관찰했다. 예비 조사의 자료는 주로 피고들의 자술서였으며, 대부분이 거의 이해할 수 없을 정도로 솔직한 자백을 담고 있었다. 그 행동은 장교들이 자신들과 똑같은 명예 관념을 가진 동료들로 구성된 명예 재판정에서 진술할 때 보이는 태도였다. 그러나 그 불행한 군인들은 게슈타포의 조사관들이 자신들과는 전혀 다르게 생각하는 사람들이라는 점을 깨닫지 못한 듯했다. 그 때문에 자술서에는 당사자들에 관계된 내용뿐만이 아니라 다른 사람들의 이름과 행동, 또는 그들이 행하지 않은 일들까지 포함되어 있었다. 이 자술서에 이름이 거론된 사람은 모조리 체포되어 심문을 받았다. 그런 방법으로 게슈타포는 곧 암살 공모의 규모와 가담자들을 거의 빈틈없이 색출해 냈다. 그러나 그뿐이 아니었다. 너무 솔직한 자백 때문에 때로는 자술서를 쓴 당사자를 무죄로 판결하거나 관여하지 않았다고 주장하기가 불가능할 정도였다. 나는 간혹 그 자리에 참석할 때마다 어떻게든 구할 수 있는 사람이 있으면 구해 보려고 열심히 노력했다. 안타깝게도 내 그런 노력이 성공한 경우는 소수에 불과했다. 다른 참석자들, 특히 키르히하임과 슈로트, 크리벨도 나와 같은 생각으로 행동했고, 폰 룬트슈테트 원수는 항상 그런 노력을 지원했다.

에렌호프 특별 위원회의 임무는 단지 예비 조사의 결과에 따라 피고를 공범이나 비밀 공유자로 민족재판소에 회부할지 여부를 판단하는 일이었다. 재판에 회부되기로 결정되면, 관할 인사국은 해당 인물을 국방군에서 축출하라고 건의했다. 그로써 군사 법원의 관할권은 없어졌다. 위원회의 조사는 제출된 자료만을 토대로 이루어졌고, 피고에 대한 심문은 허용되지 않았다.

이 우울한 조사가 진행되는 동안 사람들은 크나큰 양심의 갈등에 빠졌다. 아직 알려지지 않았거나 체포된 다른 전우를 불행에 빠뜨리지 않으려면 말 한마디도 신중하게 생각해야 했다.

민족재판소의 사형 판결은 교수형으로 집행되었다. 이는 독일 형법, 특히 군 형법에서는 적용하지 않았던 사형 방식이었다. 그때까지 사형 선고를 받은 군인들은 총살되었다. 교수형에 의한 사형 집행은 오스트리아에서 들여온 방법이었다. 그런데 불행하게도 지금도 여전히 시행되고 있다.

쿠데타를 실행하는 사람은 실패했을 때 반역죄로 죽음을 면치 못한다는 사실을 염두에 두어야 한다. 그러나 1944년 7월 20일 사건으로 처형당한 사람들 중에서 그런 생각을 했던 사람이 과연 몇이나 되었을까? 아마 극소수였을 것이다. 그러나 히틀러에게는 그런 논거가 전혀 통하지 않았다. 그래서 7월 20일 직전에 쿠데타가 계획되고 있다는 말은 들었지만, 자신이 들은 내용의 영향력을 바로 인식하지 못해서 즉각 보고하지 않은 장교들도 유죄 판결을 받았다. 사건과는 전혀 무관했던 사람들도 단지 전우를 도우려고 하다가 죽음의 소용돌이에 휘말렸다. 가장 충격적인 예가 하이스터만 폰 칠베르크 장군이었다. 폰 칠베르크는 예전에 교통부대 총감과 사단장을 지냈고 내가 무척 존경하던 치슈비츠 장군의 사위였다. 칠베르크는 1944년 7월 20일 동부전선에서 1개 사단을 지휘하고 있었다. 칠베르크의 수석 참모가 쿤 소령이었는데, 예전에 슈티프 장군 밑에서 육군 최고사령부 조직편성과에서 근무했던 쿤 소령은 암살 모의를 알고 있었다. 칠베르크는 쿤을 즉시 체포해 삼엄한 감시 아래 베를린으로 보내라는 전보를 받았다. 그러나 칠베르크는 쿤 소령이 혼자서 차를 몰고 새 전투지휘소로 가도록 허락했다. 쿤 소령에게 기회를 주고 싶었기 때문이다. 그런데 쿤 소령은 칠베르크의 예상대로 자살하지 않고 적진으로 넘어갔다. 이 일로 체포 후 군사 법원에 회부된 칠베르크는 가벼운 판결을 받았다. 그런데 얼마 뒤 히틀러가 그 판결 사실을 알게 되었다. 히틀러는 사형 판결을 목적으로 재조사를 명령했다. 쿤이 육군 최고사령부 조직편성과에서 근무했기 때문에 극비 사항들을 알고 있을 테고, 그런 쿤이 적진으로 넘어간 사실이 작전에 상당히 불리하게 작용할 거라는 이유에서였다. 칠베르크는 결국 1945년 2월에 총살당했다. 내 불행한 옛 상관의 마음씨 좋은 둘째 사위인 고트셰 장군도 다른 이유에서 똑같은 운명을 겪어야 했다. 고트셰 장군은 독일이 이 전쟁을 더 이상 이길 수 없을 거라고 발언한 사실이 알려져 총살당했다.

사형 선고를 받은 사람들의 운명도 이처럼 슬픈 일이었지만, 뒤에 남겨진 사람들의 운명은 거의 더 나빴다고 할 수 있다. 그들은 연좌제에 묶여 극도로 궁핍한 삶과 정신적 고통을 감내해야 했다. 그러나 그들을 도와주거나 고통을 덜어줄 수 있는 방법은 극히 적었다.

어느 관점으로 보나 암살시도의 결과는 끔찍했다. 나는 어떤 형태의 살인도 반대하는 사람이다. 우리 독일인들이 믿는 기독교도 살인하지 말라는 명백한 계율을 제시한다. 따라서 나는 암살 결의에 찬성할 수 없다. 종교적인 이유를 배제하더라도 국내외 정치 상황도 쿠데타 성공에 필요한 전제 조건이 전혀 주어지지 않았다. 준비는 불충분했고, 가장 중요한 역할을 할 인물들의 선택도 이해할 수 없었다. 원래 쿠데타를 추진한 사람은 괴르델러 박사였는데, 그는 암살하지 않고도 쿠데타를 실행할 수 있다고 믿는 이상주의자였다. 괴르델러 박사와 그의 공모자들은 분명 민족을 위해 최선의 길을 선택했다는 생각으로 충만했을 것이다. 괴르델러 박사는 주요 인물들을 선택해 그들의 명단을 작성했는데, 그 명단이 박사의 부주의로 게슈타포의 수중에 들어가고 말았다. 국가 원수에 내정된 베크 상급대장의 성격에 대해서는 앞에서도 이미 여러 번 언급했다. 7월 20일에 보여준 베크의 태도는 내 견해가 옳았음을 확인해 주었다. 폰 비츨레벤 원수는 환자였다. 폰 비츨레벤은 히틀러를 맹렬히 증오했지만, 그처럼 긴장된 상황에서 군사 쿠데타를 실행할 만한 결단력은 없는 사람이었다. 회프너 상급대장은 물론 전선의 용맹스런 군인이었다. 그러나 회프너가 7월 20일 사건의 영향력을 온전히 인식하고 있었을지는 의문이다. 올브리히트 장군은 유능한 장교였고, 자신의 업무 영역을 제대로 통제할 줄 알았다. 그러나 올브리히트에게는 쿠데타를 실행하는데 필요한 지휘권과 병력이 없었다. 암살을 시도한 1944년 7월 20일까지 그 계획은 몇 년 동안 계속 논의되었다. 그래서 거기에 대해 아는 사람들의 수도 끊임없이 늘어났다. 그러니 게슈타포가 결국 공모자들의 다양한 집단 가운데 어느 한 곳에서 낌새를 알아챘고, 대대적인 체포의 물결이 눈앞에 다가왔다는 사실이 놀라운 일은 아니었다. 그러한 체포 위협은 충동적인 슈타우펜베르크에게 다른 공모자들은 하지 못할 암살 실행을 결심하게 했을 것이다. 암살 시도는 실패했다. 게다가 암살자는 자신이 가져간 폭탄의 효과를 완전히 잘못 알고 경솔하게 행동했다. 보충군 사령관 프롬 상급대장의 역할은 불투명했다. 그러나 프롬 역시 결국에는 불행한 암살 시도의 희생자가 되었다. 프랑스 군정 지휘관 하인리히 폰 슈튈프나겔 장군은 처참한 죽음을 당했다. 나는 위대한 이상주의자였던 폰 슈튈프나겔을 잘 알고 지냈고 파리에 갈 때마다 그를 찾아갔었다. 그러나 가장 끔찍했던 소식은 롬멜 원수의 최후였다. 나는 포로가 되고나서야 롬멜의 죽음에 대한 진실을 알게 되었다. 그러고 나자 비로소 내가 겪었던 당시의 전체 비극이 완전히 실감이 났다.

물론 암살이 성공했다면 무슨 일이 일어났을까를 묻는 질문은 계속 제기되었다. 그러나 아무도 대답할 수 없을 것이다. 다만 한 가지는 분명해 보인다. 당시 독일 국민 상당수는 여전히 아돌프 히틀러를 믿었고, 암살자들이 어쩌면 전쟁을 무사히 끝낼 수도 있었을 유일한 남자를 제거했다고 확신했을 거라는 점이다. 그래서 우선 장교단과 장군들, 총참모본부로 가장 먼저 비난의 화살이 날아들어, 전쟁 중에는 물론이고 전쟁 이후에도 계속되었을 것이다. 국민들은 생사를 다투는 전쟁의 와중에 충성 맹세를 깨뜨리고 국가 원수를 살해함으로써 위험에 처한 국가를 지도자도 없게 만들었다며 군인들을 증오하고 경멸했을 것이다. 히틀러를 암살했다는 이유로 독일이 패망한 뒤 연합국이 독일을 더 낫게 취급했을 가능성도 희박해 보인다.

이제 사람들은 그러면 무슨 일이 일어났어야 했느냐고 물을 것이다. 거기에 대해서는 단지 이렇게만 말할 수 있다. 히틀러 체제에 반대한 저항에 대해서는 많은 이야기들이 있었고 저서도 많이 나왔다. 그러나 히틀러 근처에 가까이 갈 수 있었던 사람들 가운데 아직 살아 있는 사람들, 연설하고 글을 쓴 사람들 중에서 단 한 번이라도 히틀러에게 직접 저항해본 사람이 누구인가? 단 한 번이라도 히틀러에게 반대 의견을 말하고, 독재자의 면전에서 자기 의견을 끝까지 주장해본 사람이 과연 있었던가? 그런 일이 일어났어야 했다. 내가 히틀러가 참석한 전황 보고와 수많은 군사적, 기술적, 정치적 회의를 경험한 몇 개월 동안 히틀러의 말에 반박한 사람은 극히 적었고, 그들 중에서도 극소수만이 아직 살아 있다. 나는 무대 뒤에서만 자기는 히틀러와 생각이 다르다고 은밀하게 속삭이면서 다른 사람들만 부추기려 한 사람들을 '저항운동가'라고 부르는 일에 반대한다. 여기서 생각이 갈린다. 히틀러와 의견이 다른 사람은 기회가 있을 때마다 그 의견을 히틀러에게 솔직하게 말했어야 했다. 그러한 반대 의견의 제시는 전쟁 발발 전에 더욱 중요했다. 히틀러의 정책이 분명 전쟁을 야기할 것이고, 전쟁이 우리 독일 민족에 불행을 안길 테니 히틀러의 정책을 막아야 한다고 생각한 사람이라면, 전쟁이 일어나기 전에 그 사실을 히틀러와 독일 국민에게 명확하게 말할 기회를 찾았어야 했다. 국내에서 불가능하면 외국에서라도 그렇게 했어야 했다. 그러나 당시 책임 있는 자리에 있던 사람들이 그렇게 행동했던가?

나는 두 번의 힘든 전쟁에서 독일 군인들을 경험했고, 2차 세계대전 때는 그들을 지휘하는 영광을 얻었다. 독일 군인들은 죽을 때까지 충성스럽게 싸웠고 패전의 위협 속에서도 자신들의 맹세를 끝까지 지켰다. 그처럼 독일 군인들은 언제나 충성스러울 것이다. 오직 이런 충성심과 희생을 마다하지 않는 용기에서, 무언의 영웅 정신에서 굳건하고 건강한 민족과 국가의 재탄생이 실현될 수 있다. 이제 신이 굽어 살피어 독일의 젊은 세대가 그런 고귀한 토대 위에서 새로운 독일을, 다른 나라들이 예전처럼 존중하는 독일을 평화 속에서 재건하기를 기원한다.

12 육군 참모총장 시절

Chef des Generalstabes

이제 다시 심각한 전쟁 상황으로 돌아가도록 하자.

육군 최고사령부의 총참모본부가 업무 수행 능력을 갖추게 된 뒤에도 모든 일은 아주 더디게만 진행되었다. 히틀러가 모든 세부 사항들까지 일일이 자기가 승인하면서 참모총장의 명령 권한을 조금도 허용하려 하지 않았기 때문이다. 그래서 나는 근본적으로 중요한 문제가 아닌 모든 일에 대해서는 동부전선 집단군에게 지시를 내릴 권한을 달라고 요구했다. 나아가서는 총참모본부 전체와 관련된 문제에 대해서 육군의 모든 총참모본부 장교들에게 지시를 내릴 권한도 달라고 요청했다. 그러나 히틀러는 두 가지 요청을 모두 거부했다. 히틀러의 거부에는 카이텔과 요들이 관여했다. 거부 답변은 카이텔이 직접 썼다. 내 항의에 대해 요들은 이렇게 말했다. "총참모본부는 원래 해체되었어야 합니다!" 진홍색 휘장(총참모본부)을 대표하는 가장 영향력 있는 인물들이 자기들이 앉은 가지를 스스로 잘라낸다면, 전체 기관에는 더 이상 아무런 도움이 될 수 없었다. 내 요청을 거부한 결과는 즉시 일련의 중대한 규율 위반으로 나타났다. 나는 위반 당사자들을 육군 최고사령부의 참모부로 전속시킬 수밖에 없었다. 참모부에 대해서만큼은 제한적이나마 내게 징계권이 있었기 때문이다. 나는 지나치게 자의식이 강한 젊은 장교들을 육군 최고사령부로 보내 몇 주일 동안 자신들의 태도를 돌아보도록 했다. 간혹 히틀러에게도 내가 시도한 이런 임시 방안을 보고했는데, 히틀러는 무척 놀라워하면서 나를 보기만 할 뿐 아무 말도 하지 않았다.

참모총장으로서의 활동을 시작한 처음 며칠 사이 나는 히틀러에게 독대를 요청했다. 히틀러는 이렇게 물었다. "업무와 관련된 일입니까, 개인적인 일입니까?" 당연히 업무와 관련된 일이었고, 단둘이 이야기를 나누어야 분명하게 토의할 수 있는 문제였다. 그런 문제는 한 사람만 더 끼어도 이미 논의될 수 없었고, 히틀러도 그 사실을 잘 알고 있었다. 그 때문에 히틀러는 내 요청을 거부했고, 업무와 관련된 나와의 모든 대화에 카이텔 원수와 속기사 두 명을 항상 배석하도록 했다. 그로 인해 나는 통수권자에게 통수권자의 권위를 손상시키지 않으면서 내 의견을 솔직하게 말할 수 있는 기회를 거의 얻지 못했다. 매우 불리한 이 규정에도 카이텔 원수가 개입되어 있었다. 카이텔 원수는 중요한 문제를 제때에 알지 못하게 되고 점점 뒤로 밀려나게 될까봐 두려워했다. 그래서 나 역시 전임자와 마찬가지로 제한된 상황에서 내 임무를 수행할 수밖에 없었다. 그런 제한된 상황은 당시의 분위기와 대립을 완화시키는 데 도움이 되지 못했다.

내가 참모총장의 일을 떠맡을 수밖에 없었던 1944년 7월 21일 동부전선의 상황은 매우 좋지 않았다.

당시 아군의 가장 전투력이 높은 부대는 남부우크라이나 집단군으로 보였다. 이 집단군은 독일 6군과 8군 및 루마니아 군으로 이루어졌고, 헝가리 군의 일부 병력도 이 집단군의 지휘를 받았다. 이들의 전선은 흑해로 흘러들어가는 드네스트르 강어귀에서 강을 따라 키시네프 동쪽으로 뻗어 있었다. 북쪽으로는 이아시와 남쪽으로는 팔티체니를 따라 프루트 강과 세레트 강을 지나 북서쪽으로 세레트 강의 수원지 방향으로 이어졌다. 남부우크라이나 집단군은 3월과 4월의 춘계 전투 이후 이아시 북쪽에서 소련군의 공격을 물리쳐야 했고, 이어서 몇몇 사단을 예비대로 골라낼 수 있었다. 그 무렵 이 집단군은 히틀러의 각별한 신임을 받았던 쇠르너 장군이 지휘했다.

남부우크라이나 집단군과 연결된 군이 북부우크라이나 집단군이었다. 이 집단군은 1944년 7월 12일까지 상당히 성공적으로 전선을 방어하고 있었다. 이들의 전선은 세레트 강 상류의 라다우츠 지역에서 델라틴 동쪽으로 부차츠-타르노폴-예지에르나-베레스테츠코를 지나 코벨 남쪽 지역으로 형성되었다. 그러나 7월 13일 소련군이 공격에 나서 집단군 전선 3곳을 돌파했고, 7월 21일까지 렘베르크, 프셰미실 북쪽의 산 강 만곡부, 토마슈프, 홀름, 루블린을 점령했다. 가장 멀리까지 밀고 들어온 소련군의 양익은 바익셀 강변의 풀라비-부크 강변의 브레스트 리토프스크 선에 도달했다.

이 상황도 가히 심상치 않았다면, 중부집단군의 상황은 1944년 6월 22일 이후 더 이상 나빠질 수 없을 만큼 최악이었다. 6월 22일에서 7월 3일 사이 소련군은 프리피야트 강과 베레지나 강 사이에서, 로가체프와 차우시 부근에서, 오르샤 북쪽과 비템스크 양쪽에서 독일 전선을 돌파했다. 아군은 25개 사단이 전멸하면서 다비드그로데크-바라노비체-몰로데츠노-코지아니-폴로츠크 북쪽의 뒤나 강 선으로 밀려났다. 소련군은 그 뒤로 며칠 동안 자신들이 거둔 대대적인 성공을 충분히 활용해 핀스크를 비롯해 프루자나-볼코비스크-그로드노 동쪽 니멘 강 -코브노-뒤나부르그 동쪽의 뒤나 강-이드리자 선을 확보했다. 그로써 중부집단군뿐만 아니라 북부집단군까지 붕괴 위기에 휩쓸려 들어갔다. 소련군은 7월 21일까지 거의 막힘없이 산도미르에서 바르샤바까지 이어진 바익셀 강 선을 밀고 들어와 셰들체-비엘스크 포들라스키-비아위스토크-그로드노-코브노를 지났다. 무엇보다 기분 나쁜 상황은 파네비지스를 지나 샤울렌과 미타우로 진격해

왔다는 사실이었다. 소련군은 미타우 북쪽에서 리가 만 연안에 이르렀고, 그것을 통해 북부집단군을 나머지 전선과 분리시켰다.

북부집단군은 우익을 포진시킨 폴로츠크 북쪽에서부터 이드리자-오스트루프-플레스카우-페이푸스 호수-나르바를 지나 핀란드만 연안으로 이어지는 전선을 유지했다. 그러다가 중부집단군이 전멸하면서 1944년 7월 21일까지 우익을 미타우-뒤나부르그-플레스카우 선으로 철수시켜야 했다. 그러나 거기서도 전선을 유지하지는 못했다.

나는 전임자로부터 조직이 와해된 참모부뿐만 아니라 완전한 붕괴 직전에 처한 전선까지 넘겨받았다. 육군 최고사령부에 남은 예비대는 더 이상 없었다. 즉각 동원할 수 있는 유일한 병력은 남부우크라이나 집단군 후방의 루마니아에 주둔해 있었다. 그래서 철도 지도만 봐도 그들을 수송하기까지 시간이 제법 걸린다는 사실을 알 수 있었다. 보충군에서 동원할 수 있는 그나마 얼마 안 되는 병력도 이미 대부분이 괴멸한 중부집단군으로 수송되는 중이었다.

나는 남부우크라이나 집단군 사령관인 쇠르너 장군과 협의를 시도했다. 쇠르너의 참모장이었던 벵크 장군이 내 밑에서 육군 최고사령부 지휘참모장을 맡았고 루마니아의 상황도 잘 알았다. 나와 쇠르너 장군은 루마니아에서 동원할 수 있는 모든 사단을 이송시켜 남부집단군과 북부집단군 사이를 연결하자고 히틀러에게 제안했다. 우리의 제안에 따라 그곳에 있던 병력은 즉시 이송에 들어갔다. 그밖에도 히틀러는 남부우크라이나(쇠르너) 집단군과 북부(프리스너) 집단군의 사령관을 서로 교체하라고 명령했다. 교체 명령과 동시에 남부우크라이나 집단군 사령관에게는 독립적인 작전 수행 권한을 허용했는데, 이는 지금까지 히틀러의 지휘 방식을 볼 때 매우 이례적인 일이었다. 이

지도 29

발트해 연안국 상황

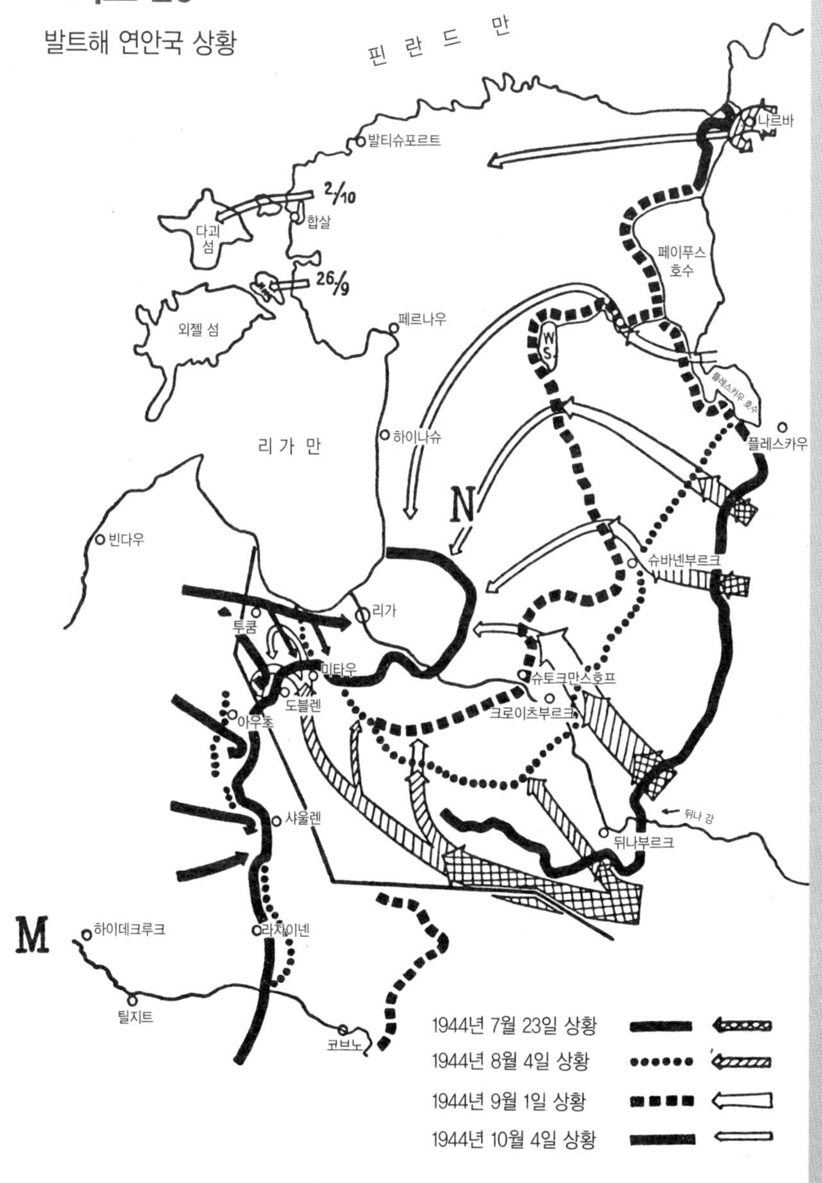

강력한 조치 덕분에 소련군의 공격을 도블렌-투쿰-미타우 지역에서 멈추게 할 수 있었다. 이제 내 의도는 두 집단군을 연결하는데 그치지 않고, 전선의 극단적인 단축을 위해 발트 주변 지역에서 철수하는 것이었다. 광범위한 지역에 진을 치고 있는 북부집단군을 파멸시키지 않으려면 어차피 필요한 작전이었다. 그에 따라 쇠르너 장군은 철수 계획안을 제시하라는 명령을 받았다. 쇠르너는 3~4주 안에 철수를 완료하고 싶어 했다. 그러나 그럴 만한 시간이 없었다. 집단군 병력을 전투 능력을 갖춘 상태로 소련군 보다 먼저 동프로이센으로 이동시키려면 더 신속한 행동이 필요했다. 나는 에스토니아와 라트비아 철수를 7일 내로 완료하고, 리가를 중심으로 교두보를 확보하며, 모든 차량화부대와 기갑부대를 샤울렌 서쪽으로 집결시키라고 명령했다. 내가 예상한 소련군의 다음 공격 목표가 바로 그곳이었다. 쿠어란트에서 중부집단군과 연결해 북부집단군의 진열을 재정비하려면, 거기서 공격을 막아야 했다.

1944년 9월 16일에서 9월 26일까지 계속된 아군의 공격으로 두 집단군 사이의 전선이 연결되었다. 슈트라흐비츠 대령과 그가 지휘하는 기갑 전투단의 용맹스러운 전투 덕분이었다. 이제 모든 일은 이 유리한 상황을 즉각적으로 이용하는 것에 달려 있었다. 그러나 북부집단군은 거기서 실패했다. 쇠르너는 소련군이 샤울렌 서쪽에서 다시 공격하기보다는 미타우에서 공격할 거라고 판단했다. 그래서 히틀러가 서명한 명령을 따르지 않고 자신의 기갑부대를 미타우 부근에 대기시켰다. 명령대로 이행하라는 내 요구는 받아들여지지 않았다. 쇠르너가 히틀러의 승인 아래 그렇게 행동했는지 여부는 나도 모른다. 쇠르너는 당시 히틀러와 직통으로 연락할 수 있는 상황이었다. 어쨌든 1944년 10월 샤울렌 서쪽의 엷은 전선은 다시 돌파되었고, 소련군은 메멜과 리바우 사이로 발트 해에 도달했다. 북부집단군은 해안을 따라 선을 연결하려던 시도가 실패한 뒤 고립되었고, 나머지 동부전선과의 연결이 모두 끊기면서 바다를 통해서만 보급을 받아야 하는 상황에 처했다.

히틀러와 나 사이에는 독일을 지키기 위해 꼭 필요한 이 귀중한 부대를 불러들이는 문제를 놓고 격렬한 싸움이 시작되었다. 그 싸움은 분위기를 얼어붙게 만들었고 성공도 거두지 못했다.

드넓게 펼쳐진 전선의 좌익에서 중요한 이동과 치열한 전투가 벌어지는 동안, 또한 모델 원수가 자신을 내던지는 솔선수범으로 바르샤바 동쪽에서 중부집단군의 전선을 다시 안정시키는 동안, 1944년 8월 1일 바르샤바에서 폴란드 군의 반란이 일어났다. 부르 코모로프스키가 이끈 이 반란은 아군 전선의 바로 뒤에 극히 위험한 분쟁 지역을 만들어 놓았다. 폰 포어만 장군이 이끄는 9군 전선과의 연결도 끊겨 버렸다. 이제 소련과 반란을 일으킨 폴란드가 곧 합동 작전에 나설 가능성을 배제할 수 없는 상황이었다. 나는 바르샤바를 육군의 작전 지역으로 포함시켜 달라고 요청했다. 그러나 야심에 찬 프랑크 총독과 SS제국지도자 힘러가 히틀러에게 영향력을 행사하는 바람에 바르샤바는 육군의 작전 지역에 편입되지 않고 총독 관할로 남게 되었다. 바르샤바는 전선 바로 뒤에 위치해 있었고, 나중에는 심지어 전선 안에 놓여 있었는데도 그랬다. SS제국지도자 힘러에게는 반란 진압 과제가 맡겨졌는데, 힘러는 그 일에 SS집단지도자인 폰 뎀 바흐 첼레프스키와 SS부대, 그리고 경찰부대 일부를 투입했다. 몇 주일 동안 이어진 바르샤바 전투는 매우 혹독하게 전개되었다. 여기 투입된 SS부대가 무장친위대는 아니었는데, 그들 가운데 일부는 규율을 제대로 지키지 않았다. 전쟁 포로들로 구성된 카민스키 여단은 대부분이 폴란

지도 30

봉쇄당한 북부집단군

1944년 10월 5~25일

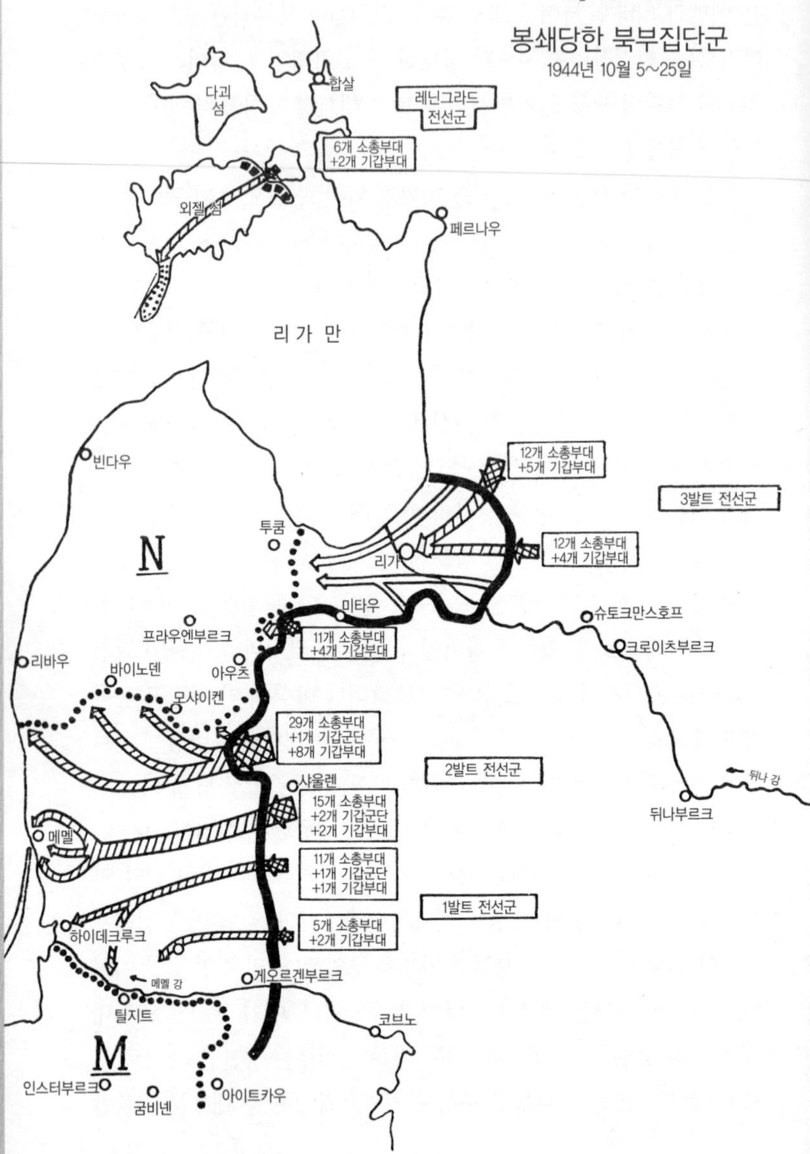

드를 좋지 않게 생각하는 소련 출신이었다. 디를레방거 여단은 집행유예 상태에 있던 독일 죄수들로 이루어진 부대였다. 이런 미심쩍은 부대가 목숨을 걸고 필사적으로 싸우는 시가전에 엮이게 되자 그 부대원들의 도덕관념은 완전히 사라졌다. 폰 뎀 바흐조차 나에게 무장에 관한 이야기를 하는 동안 자신이 통제할 수 없었던 부하들의 무법행위에 대해 보고했다. 그 이야기들은 너무나 끔찍했다. 나는 그날 저녁 히틀러에게 그 사실을 즉시 보고한 뒤 두 여단을 동부전선에 축출하라고 요구했다. 히틀러는 처음에 내 요구를 들으려 하지 않았다. 그러나 힘러와 히틀러 사이의 연락원인 SS여단장 페겔라인조차 이렇게 말했다. "맞습니다, 총통 각하, 저들은 정말로 불한당들입니다!" 그러자 히틀러도 내 요구를 들어주는 수밖에 달리 방법이 없었다. 폰 뎀 바흐는 만일을 위해 카민스키를 총살시켰고, 그로써 문제의 소지가 있는 증인을 제거해버렸다.

반란은 1944년 10월 2일에야 비로소 진압되었다. 반란군은 항복하려는 뜻을 보였다. 나는 무의미한 싸움을 단축하기 위해서 히틀러에게 국제법에 따라 반란군들에게 전쟁 포로의 대우를 보장하자고 권유했다. 히틀러는 내 조언을 수락했다. 모델을 대신해 중부집단군 사령관에 임명된 라인하르트 상급대장은 8월 15일 그와 같은 취지의 명령을 받았다. 육군은 그 지시에 따라 행동했다.

항상 그렇듯이 반란을 일으킨 자들과의 싸움에서는 조직화된 전투원과 거기에 관여하지 않은 시민들을 구분하기가 어려웠다. 부르 코모로프스키 장군도 그 점에 대해 이렇게 썼다.

"우리 지휘관들은 이번 전투에서 군인들을 일반 시민들과 구분할 수가 없었다. 우리 대원들은 제복을 입지 않았고, 우리는 시민들이 백색과 적색으로 된 완장을 두르는 행동을 막을 수는 없었다. 향토군의 군인들과 마찬가지로 시민들 역시 독일군의 무기를 사용했고, 그로 인해 탄약을 무분별하게 소모하는 문제를 일으켰다. 시민들은 단 한 명의 독일 군인에게도 총탄 세례를 퍼부었고 수류탄을 사용했다. 내가 초기에 받았던 모든 보고는 막대한 탄약 소모를 호소하는 내용들이었다.[84]"

그밖에도 폴란드인들은 아군 보급 창고를 노획해 독일 군복을 착용했다. 그 때문에 독일 측이 느끼는 불확실함이 커지면서 전투 방식이 무자비해지는 경향도 더 커졌다. 페겔라인이나 힘러를 통해 바르샤바 사태를 규칙적으로 보고 받았던 히틀러도 분노에 휩싸여 전투 수행과 바르샤바 처리 문제에 혹독한 명령을 내렸다. 히틀러의 분노는 1944년 10월 11일 크라카우에 있는 프랑크 총독에게 보낸 '동부 상급 SS지도자 및 경찰 지도자 정보부' 명령서에 그대로 표현되었다.

"새로운 폴란드 정책: 상급집단지도자 폰 뎀 바흐는 바르샤바를 평정하라는 임무를 맡았다. 그 임무는 요새 구축이라는 군사 계획에 어긋나지 않는 한 전쟁이 치러지는 중에 바르샤바를 완전히 파괴하라는 뜻이다. 바르샤바를 파괴하기 전에 모든 원자재와 직물, 가구를 거기서 옮기도록 한다. 주요 과제는 민간 행정 당국에 할당된다.[85]"

---

84 1946년 2월 『리더스 다이제스트 The Reader's Digest』에 실린 부르 코모로프스키의 「굽히지 않는 자들 The Unconquerables」 중에서.

85 1946년 2월 23일자 뉘른베르크 『이자르 통신 Isar Post』 중에서

나는 SS를 통해 내려진 이 명령에 대해 당시에는 전혀 몰랐고, 1946년 뉘른베르크 교도소에 있으면서 처음으로 알았다. 당시 바르샤바를 완전히 파괴하려 한다는 소문이 사령부에 나돌았고, 바르샤바에 대해 불같이 화를 내던 히틀러의 분노도 직접 목격했었다. 나는 바르샤바를 반드시 그대로 보존해야 한다고 강조했다. 히틀러의 명령으로 그 도시는 요새지로 공표된 상태였고, 그에 따라 독일군이 거기 묵어야 했기 때문이다. 바르샤바를 지나는 바익셀 강이 당시 이미 전선의 전방을 형성하고 있었던 까닭에 건물들을 보존하는 일은 더욱 중요했다.

1943년과 1944년에 반복된 반란으로 바르샤바는 이미 어느 정도 파괴된 상태였다. 그러다가 1944년 가을부터 소련군의 공격이 시작된 1945년 1월까지 벌어진 전투로 이 불행한 도시는 완전히 파괴되고 말았다.

반란군이 항복한 뒤 포로가 된 사람들은 SS로 넘겨졌다. 부르 코모로프스키는 페겔라인의 지인으로 국제 운동 경기 대회에서 여러 번 만난 사이였다. 페겔라인은 부르 코모로프스키를 돌봐주었다.

바르샤바에서 반란이 일어난 사실을 안 소련군이 왜 반란군을 돕지 않았고, 심지어는 바익셀 강 전선에서 공격을 중단하기까지 했는지에 대해 여러 차례 의문이 제기되었다. 반란을 일으킨 세력은 분명 런던에 정부를 둔 폴란드 망명자들에 속했고, 런던 망명정부로부터 지시를 받았다. 그 망명자들은 서구를 지향하는 보수적인 폴란드 세력을 대표했다. 소련은 이들이 반란에 성공해 바르샤바를 정복하고 세력을 강화하는 일에 관심이 없었다고 추측할 수 있다. 어쩌면 소련은 루블린 강제수용소에서 풀려난 폴란드인 지지자들에게 그런 매력적인 주장을 심어주고 싶었는지도 모른다. 그러나 그 문제는 과거 연합국들 사이에 해결할 일이었다. 독일에는 소련군이 당시 바익셀 강을 건너오지 않아서 잠시 숨 고를 시간이 주어졌다는 사실만이 중요했다.

어쨌든 1944년 7월 25일 뎅블린에서 철교로 바익셀 강을 건너려던 소련의 16기갑군단은 전차 30대를 잃고 도하에 실패했다. 아군은 정확한 시간에 그 철교를 폭파할 수 있었다. 덕분에 소련군의 또 다른 기갑부대들도 바르샤바 북쪽에서 더 이상 진격하지 못했다. 아군은 바르샤바 반란을 방해하려는 소련군의 의도 때문이 아니라 아군의 방어가 소련군을 멈추게 했다고만 생각했다.

8월 2일 '폴란드 자유민주군'[86]의 폴란드 1군이 풀라비-뎅블린 지역에서 3개 사단을 이끌고 바익셀 강을 건너 공격해왔다. 폴란드 1군은 상당한 피해를 입었지만, 교두보를 형성해 소련의 지원군이 도착할 때까지 그곳을 지켰다.

소련군은 마그누셰프에서도 바익셀 교두보를 확보했다. 바익셀 교두보로 강을 건넌 병력은 강변 도로를 따라 바르샤바로 진격하라는 명령을 받았지만 필리차 강변에서 제지되었다.

어쨌든 독일 9군은 8월 8일, 그때까지 거의 줄곧 뒤쫓기만 하던 상황에서 벗어나 기습으로 바르샤바를 점령하려던 소련군의 시도가 폴란드 폭동에도 불구하고 아군의 방어로 실패했다고 여겼다. 또한 소련군의 관점에서 볼 때는 폴란드 폭동이 너무 일찍 시작되었다고 판단했다. 9군은 1944년 7월 26일부터 8월 8일까지 포로 603명과 귀순병 41명을 확보하고 전차 337대를 파괴했으며, 야포 70문과 대전차포 80문, 박격포 27문, 기관총 116정을 노획했다고 보고했다. 한 달 동안 계

86 지그문트 베를링 장군이 소련의 지원을 받아 창설한 친소 폴란드군. 영국에 있던 폴란드 망명정부와는 별개로 활동했으며, 전후 폴란드 인민군의 모태가 된다.(편집부)

속된 퇴각 중에 거둔 상당한 전과였다.

지금까지는 동부전선에서나 서부전선에서나 육상 방어 시설을 구축하기 위한 조치가 전혀 없었다. 히틀러가 서부전선에서는 대서양 방벽을 믿을 수 있다고 여겼고, 동부전선에서는 견고한 방어 시설이 존재하면 장군들이 전선을 열심히 방어하지는 않고 이른 시기에 쉽게 후퇴하려 들 거라고 생각했기 때문이다. 그러나 이제 상황이 악화되면서 독일이 지금까지 동부전선에서 확보한 지역들을 상당 부분 빼앗겼고, 전선은 우려할 정도로 독일 국경에 가까워졌다. 따라서 어느 한 곳에서 입은 작은 타격이 곧바로 전선 전체에 영향을 주지 않게 하려면 반드시 무슨 대책을 마련해야 했다. 내가 지난 1월에 이미 히틀러에게 보고했던 것처럼, 우선은 과거의 동부 지역 국경 방어 시설을 재건하는 일이 가장 중요했다. 그런 다음 이 방어 시설들 사이의 가장 중요한 연결 지점과 주요 강들 중심의 방어선을 강화해야 했다. 그래서 육군 최고사령부의 공병 장군인 야콥 장군과 함께 방어 시설 건설 계획을 작성했다.

나는 방어 시설과 관련된 모든 문제를 다루기 위해서 내 전임자가 해체한 총참모본부의 요새 건설과를 틸로 중령 휘하에 다시 설치하라고 명령했다. 그런 다음 야콥 장군과 내가 작성한 계획안을 내 책임 아래 모든 해당 부서에 배포했다. 이어서 사안의 중대성과 긴박성 때문에 사후승인을 요청할 수밖에 없었다는 보고와 함께 히틀러에게도 제출했다. 히틀러는 썩 내켜하지 않으면서 계획안을 승인했다. 물론 이런 진행 방식이 자주 적용될 수는 없었다. 어쨌든 그로써 요새 건설이 시작되었다. 토목 공사는 상당 부분 자발적인 동참자들에 의해 이루어졌다. 주로 여성과 어린이, 노인들이었는데, 이들이 본국에서 내줄 수 있는 유일한 노동력이었다. 히틀러 유겐트가 이 일에 특히 많은 공을 세웠다. 곧 날씨가 나빠지기 시작했지만 요새 건설에 참여한 모든 성실한 독일인들은 사랑하는 조국을 조금이나마 지키고, 힘겨운 방어전을 치르는 병사들을 도울 수 있다는 희망으로 열심히 일했다. 나중에 나와 그 성실한 독일인들이 걸었던 모든 희망이 수포로 돌아간 것은 그들의 책임이나 그릇된 원칙 때문이 아니었고, 요새에 배치할 수비군과 무기가 부족했기 때문이다. 조기에 찾아온 서부전선의 위기로 인해 동부전선에 투입될 병력과 무기가 모두 서부전선에 투입된 결과였다. 동부전선에는 서부전선에서 사용할 수 없는 나머지만 남겨졌다. 나는 이 자리를 빌려 당시 헌신적이고 성실하게 도움을 준 모든 이들에게 진심어린 감사의 마음을 전하고 싶다. 그래도 당시 건설된 요새들은 오랫동안 제 역할을 다했다. 훗날 쾨니히스베르크, 단치히, 글로가우, 브레슬라우 방어에 정당한 평가가 내려지길 바란다. 당시 그 요새들이 건설되지 않았다면 소련군의 진격이 얼마나 더 빠르게 진행되었을지, 얼마나 많은 독일 지역이 소련군에게 유린당했을지 모를 일이다.

소련군의 포위 공격을 버텨내려면 아군이 건설하는 요새에 수비대와 무기, 식량이 필요하다는 사실은 분명했다. 따라서 나는 더 이상 야전 근무는 불가능하지만, 적절한 지원 속에서는 고정된 방어 시설 근무가 가능한 병역 의무자들을 모아 요새부대를 창설하라고 지시했다. 우선 요새보병대대 1백 개와 포병대 1백 개가 편성되었다. 요새기관총부대와 대전차부대, 공병부대와 통신부대가 뒤이어 편성될 예정이었다. 그러나 첫 번째 부대들조차 복무 준비가 미처 완료되지 않은 상태에서 80%가 서부전선으로 보내졌다. 나는 강력하게 항의했지만 아무 소용이 없었다. 나중에야 무슨 일이 일어났는지 알게 되었고, 더 이상 변경할 수도 없는 처지였다. 결국 준비되지 않은 부대들은 서부

1944년 여름: 동프로이센에서 보루 구축 작업에 투입된 히틀러 유겐트 방문

전선에서 붕괴의 소용돌이에 휘말려 들어가 힘 한번 제대로 써보지 못하고 몰락했다. 동부전선에는 훌륭한 진지와 보루들이 텅 빈 채로 남았고, 나중에 퇴각하는 야전군 부대에도 애초에 기대했던 뒷받침이 되지 못했다.

요새부대를 편성할 때도 그랬지만 무장을 갖추는 문제에서도 같은 일이 일어났다. 창고에 보관된 노획된 포들을 내 임의대로 사용할 수 있게 해달라고 요청하자, 카이텔과 요들은 거의 비웃는 듯한 태도로 그 요청을 거부했다. 독일에는 놀리고 있는 노획된 포가 전혀 없다고 했다. 국방군 최고사령부의 육군 과장인 불레 장군은 아직 수천 문의 포와 다른 중화기들이 무기고에 보관되어 있다고 말했다. 몇 년 전부터 매달 기름칠을 해서 관리하고 있으며 사용하지 않았다고 했다. 나는 그 무기들을 동부 방어 시설과 가장 중요한 진지에 배치하고 포반을 훈련하라고 명령했다. 그런데 요들이 중간에 개입해 구경 50㎜ 이상인 모든 포와 포 당 50발 이상의 포탄을 서부전선으로 보내도록 지시했다. 그러나 그 조치도 서부전선에는 너무 늦게 도착했다. 동부전선에 그런 조치가 취해졌다면 매우 귀중한 도움이 되었을 것이다. 50㎜와 37㎜ 대전차포는 이미 1941년부터 소련군의 T-34 전차를 상대로 아무런 효과가 없었고, 동부전선이야말로 적의 전차를 상대로 싸울 수 있는 대구경포가 절실한 상황이었다.

식량은 약 3개월을 충당할 수 있도록 준비하라고 지시했다. 통신소가 설치되었고, 연료 저장고도 준비되었다. 나는 방어 시설들을 둘러보러 갈 때마다 그곳에서 진행되는 작업을 현장에서 직접 감독했다. 방어 시설을 위한 내 노력은 수많은 동료들, 특히 슈트라우스 상급대장의 사심 없는 지원을 받았다. 그들은 질병이나 히틀러의 엄명으로 예전의 직위에서 밀려난 상태였지만, 과거의 직위에 개의치 않고 선뜻 나서주었다. 몇몇 관구의 지도자들도 열심히 도왔다. 때로 과도한 열성으로 마찰이 빚어진 경우도 있었지만 도움이 되고자 했던 관구 지도자들의 선의만큼은 인정해야 한다.

요새부대에 대한 지휘권을 상당 부분 빼앗긴 뒤, 나는 오래전 호이징거 장군이 이끌던 육군 최고사령부 작전과에서 제안한 한 가지 방안을 심사숙고했다. 위험에 처한 동부 지역에 국민군을 창설하자는 내용이었는데, 당시 히틀러는 그 제안을 거부했었다. 나는 야전 근무가 가능했지만 전쟁 수행 상의 중요한 직업 때문에 군복무에서 제외된 병역 의무자들을 모아 장교들의 지휘 아래 동부 지역 국민군을 편성하는 방법을 생각했다. 국민군은 소련군의 돌파가 성공했을 때만 투입하는 조건으로 정하면 될 듯했다. 나는 이 계획을 히틀러에게 제시했고, 믿을 만한 사람들로 구성되었다는 전제 아래 돌격대에 부대

창설 임무를 맡기자고 제안했다. 말이 통하고 국방군에 호의적인 돌격대 참모장인 셰프만에게서 협력하겠다는 약속도 미리 받아두었다. 히틀러는 처음에 내 제안을 승인했다가 다음날 다른 결정을 내렸다고 통보했다. 돌격대가 아닌 당에, 다시 말하면 제국지도자인 보어만에게 맡겨 부대를 창설하고 '국민돌격대'라는 명칭을 부여하겠다고 했다. 보어만은 처음에 아무 일도 하지 않다가 내가 여러 번 경고한 뒤에야 국경 지역만이 아닌 모든 지역의 관구 지도자들에게 그 조치를 실행하라고 지시했다. 그로 인해 국민돌격대의 규모가 지나치게 확대되어 배치할 훈련된 지휘관도 지급할 무기도 없었다. 게다가 당은 훈련된 지휘관보다는 열성 당원을 책임 있는 자리에 앉히려 했다. 그래서 내 오랜 전우였던 비터스하임 장군은 일개 병사였던 반면, 자격도 없는 당의 한 간부는 비터스하임의 중대를 지휘했다. 이런 상황에서 희생을 각오한 용감한 국민돌격대원들은 지금까지 경험하지 못한 무기 사용법을 배우는 대신에 쓸데없이 독일 경례(히틀러 경례) 연습만 열심히 했다. 국민돌격대도 그들의 큰 이상주의와 희생정신이 제대로 인정받지 못했다. 나는 국민돌격대원들에게도 이 자리를 통해 감사의 마음을 표하고 싶다.

거의 필사적이었던 이 모든 조치들은 꼭 필요한 일이었다. 보충군에 의해 독일 본토에서 편성된 전투부대는 마지막 한 명까지 동부전선 방어가 아닌 서부전선의 공세에 투입되어야 했기 때문이다. 8월과 9월 서부전선은 버팀목을 잃었고, 적합한 후방 진지나 요새 부족으로 서부 방벽[87]까지 후퇴해야 했다. 그러나 서부 방벽은 그곳에 있던 무장의 대부분이 대서양 방벽으로 옮겨지는 바람에 더 이상 완전한 방

---

87 독일의 서쪽 국경을 따라 약 630㎞에 걸쳐 분포된 군사 방어선으로, 연합국에서는 지크프리트 선으로 불렀다.(역자)

어 체계가 갖춰진 곳이 아니었다. 아군은 너무 갑작스럽게 철수했고, 연합군은 지나치게 무모할 정도로 그 뒤를 쫓았다. 그래서 예비대만 있었다면 성공적인 반격에 나설 수 있는 상황들이 반복적으로 전개되었다. 히틀러는 그런 상황이 발생해 기회를 이용하라고 명령했다가 그럴 병력이 없다는 사실이 드러날 때마다 분노를 터뜨렸다. 그 때문에 히틀러는 9월 마지막 심혈을 기울이기 위해서 독일에 있는 모든 병력을 동원하기로 결정했다. 1944년 7월 20일의 암살 미수 사건 이후 보충군은 SS제국지도자인 힘러의 지휘 아래 있었다. 힘러는 스스로를 '최고사령관'으로 칭했고, 그 자신과 히틀러가 생각하던 '정치군인들', 특히 '정치 장교들'을 조직하기 시작했다. 새로 편성된 부대에는 국민척탄병사단, 국민포병군단 등의 이름이 붙여졌다. 그 부대의 장교단은 이상주의자였던 슈문트의 이상적이지 못한 후임자였던 부르크도르프의 육군 인사국이 선발했다. 선발된 장교단은 다른 평범한 육군 부대로 전속될 수 없었다. '국가사회주의 지휘 장교[88]'도 활성화되었다. 그런데 이들 중 일부가 동부전선에서 곧바로 보어만에게 보고하는데 열을 올렸고, 육군을 맹렬하게 증오한 보어만은 자기가 들은 첩보 내용을 히틀러에게 제공했다. 나는 그 일이 너무 지나치다고 판단해 그런 종류의 개입을 당장 금지시켰다. 물의를 일으킨 당사자들은 처벌을 받았다. 물론 이와 같은 불화는 국민돌격대 계획의 지연과 함께 총통 사령부의 분위기를 누그러뜨리지 못했다.

히틀러는 마지막으로 끌어 모은 이 병력으로 11월 중 적당한 때 공세를 취하려 했다. 히틀러의 목표는 연합군을 격파해 대서양으로 밀어 넣는다는 것이었다. 마지막 병력으로 편성된 새 부대들은 이 거대

88 Nationalsozialistischer Führungsoffizier(NCFO): 국방군에서 선발한 장교들로 병사들에게 국가사회주의 이념을 심어주고 감독하는 역할을 했다.(역자)

한 계획에 투입될 예정이었다. 이 부분에 대해서는 나중에 다시 언급하게 될 것이다.

암살 미수 사건과 동부전선의 붕괴로 아직 충격이 가시지 않은 1944년 8월 5일, 루마니아의 통치자인 안토네스쿠 원수가 히틀러를 만나기 위해 동프로이센을 방문했다. 나는 안토네스쿠 원수에게 동부전선의 상황을 설명하라는 지시를 받았다. 그 자리에는 히틀러와 카이텔을 비롯해 그런 자리에 통상 참석하는 장교들 이외에도 외무부 장관 리벤트로프와 그의 보좌관들이 함께했다. 내 진술은 외무부 통역과장인 슈미트 대사를 통해 프랑스어로 통역[89]하기로 했다. 슈미트 대사는 즐겁게 대화를 나눌 만한 매우 다정한 남자였다. 뿐만 아니라 내가 지금까지 만난 최고의 통역관으로, 자신이 통역할 상대의 생각을 정확히 읽어내는 능력이 뛰어났다. 슈미트 대사는 지난 수십 년 동안 갖가지 분야의 수많은 어려운 회담에 참석했었다. 다만 군사적인 상황에 대한 통역은 아직 한 번도 해본 적이 없었다. 그래서 몇 마디 말을 통역한 직후부터 슈미트가 군사 분야의 전문용어를 잘 모른다는 사실이 드러났다. 그래서 내가 직접 프랑스어로 설명하는 편이 더 간단해 보였다. 다행히 안토네스쿠 원수는 내 말을 잘 이해했다.

이 자리에서 안토네스쿠는 독일의 어려운 상황을 전적으로 이해했고, 우선 중부집단군의 전선을 복구한 다음 중부집단군과 북부집단군 사이를 새롭게 연결해야 할 필요성에 공감을 표시했다. 그런 다음 동맹국의 전체 이해관계를 위해 필요하다면, 몰도바를 비우고 갈라츠(갈라치)-포크샤니-카르파티아 산맥 선으로 철수하라는 제안을 했다. 나는 안토네스쿠의 관대한 제안을 즉시 히틀러에게 통역해 주었

89 루마니아의 이온 안토네스쿠 원수는 1920~26년까지 6년간 프랑스 주재무관으로 근무한 덕에 프랑스어에 능숙하여 외교를 위한 자리에서는 프랑스어를 사용했다.(편집부)

고, 나중에 그 점을 다시 상기시켰다. 히틀러는 안토네쿠스의 제안을 고맙게 받아들였고, 나중에 다시 언급하겠지만 그 제안에서 여러 가지 결론을 이끌어냈다.

다음날 오전 안토네쿠스는 나와 단둘이 이야기하고 싶다며 볼프스샨체[90]에 있는 자신의 숙소로 나를 초대했다. 대화는 매우 유익했다. 이 루마니아 원수는 훌륭한 군인이었을 뿐만 아니고, 자기 나라의 전반적인 문제와 교통과 경제 관계, 정치적으로 필요한 사항들을 정확히 알고 있었다. 그가 말하는 모든 내용이 믿음직스러웠고, 그 말들은 당시 독일에서는 익숙하지 않았던 더할 나위 없는 상냥함과 정중함으로 표현되었다. 안토네스쿠는 곧 암살에 대해 이야기하기 시작했고, 그 사건에 대한 충격을 감추지 않았다. "나는 우리 장군들 누구에게나 내 머리를 마음대로 맡길 수 있습니다. 우리나라에서는 장교들이 그런 쿠데타에 가담하는 일은 상상도 할 수 없지요!" 당시 나는 안토네스쿠의 엄중한 비난에 아무런 대답도 할 수 없었다. 그러나 14일 뒤 안토네스쿠는 전혀 다른 상황에 처하게 되었고, 그와 함께한 독일인들도 마찬가지였다.

안토네스쿠 원수를 수행했던 사람들 중에는 루마니아 외무부 장관이었던 미하이 안토네스쿠도 있었다. 이 사람은 능수능란하지만 전혀 호감이 가지 않는 인상이었다. 루마니아 외무부 장관의 친절함은 뭔가 치근거리는 느낌을 주었다. 독일 측에서는 폰 킬링거 공사와 루마니아에 있던 한젠 장군이 함께 왔다. 나는 그 두 사람의 생각을 자세히 들었다. 두 사람은 안토네스쿠를 별로 중요하게 여기지 않았고,

90 Wolfsschanze: 히틀러의 여러 총통사령부들 중 한 곳으로 늑대의 보루라는 뜻이다. 히틀러가 주로 개인적인 편지를 주고받을 때 아돌프라는 이름에 빗대어 사용하던 '볼프'라는 가명에 따라 직접 붙인 이름이다.(역자)

독일 측에서 지원해야 할 인물은 젊은 왕이라고 판단했다. 그로써 그들은 중대한 오류를 범했고, 독일 군사 당국이 상황을 안전하다고 생각하게 하여, 배신의 기미를 포착한 얼마 안 되는 정보까지 믿지 못하게 만들었다.

1944년 7월 말 쇠르너의 뒤를 이어 남부우크라이나 집단군 사령관에 임명된 프리스너 상급대장은 안토네스쿠의 견해에 동조했다. 그래서 안토네스쿠가 총통 사령부를 방문하고 돌아간 직후 히틀러에게 갈라츠-포크샤니-카르파티아 산맥 선으로 전선을 후퇴하자고 제안했다. 히틀러는 예외적으로 그 제안을 받아들이기는 했지만, 소련군의 공격 의도에 대한 명백한 징후가 드러나기 전까지는 최종 명령을 내리지 않겠다고 했다. 그때까지는 현재의 전선을 계속 유지해야 했다. 그 뒤 총통 사령부가 루마니아 상황에 대해 보고받은 정보들은 모순투성이였고, 대부분이 루마니아에 주재한 독일 관리들의 체면을 반영해 독일에 유리한 내용들이었다. 다만 외무부 장관 리벤트로프는 자신의 공사가 보낸 보고를 믿지 않으면서 1개 기갑사단을 부쿠레슈티로 이동시켜야 한다고 생각했고, 히틀러에게 부대 이동을 요청했다. 나는 그 자리에 함께 있었고, 리벤트로프의 요청이 정당하다고 판단했다. 그러나 동부전선의 사단들 중에서 동원 가능한 사단은 전혀 없었다. 그러기에는 동부전선의 전체 상황이 너무 심각했다. 그래서 나는 세르비아의 게릴라 소탕전에 투입된 4SS경찰사단을 더 긴급한 이 과제를 위해 루마니아로 이동시키자고 제안했다. 이 사단은 차량화부대였으므로 루마니아의 수도까지 신속하게 도달할 수 있었다. 그러나 요들은 그 사단을 빼내올 수 없다고 했다. 당시 왈라키아는 국방군 최고사령부가 지휘하는 전장이라 동부전선에 포함되지 않았고, 요들이 관할하는 곳이었는데도 말이다. 히틀러는 결정을 보류했고, 결국 아

지도 31

루마니아 상실

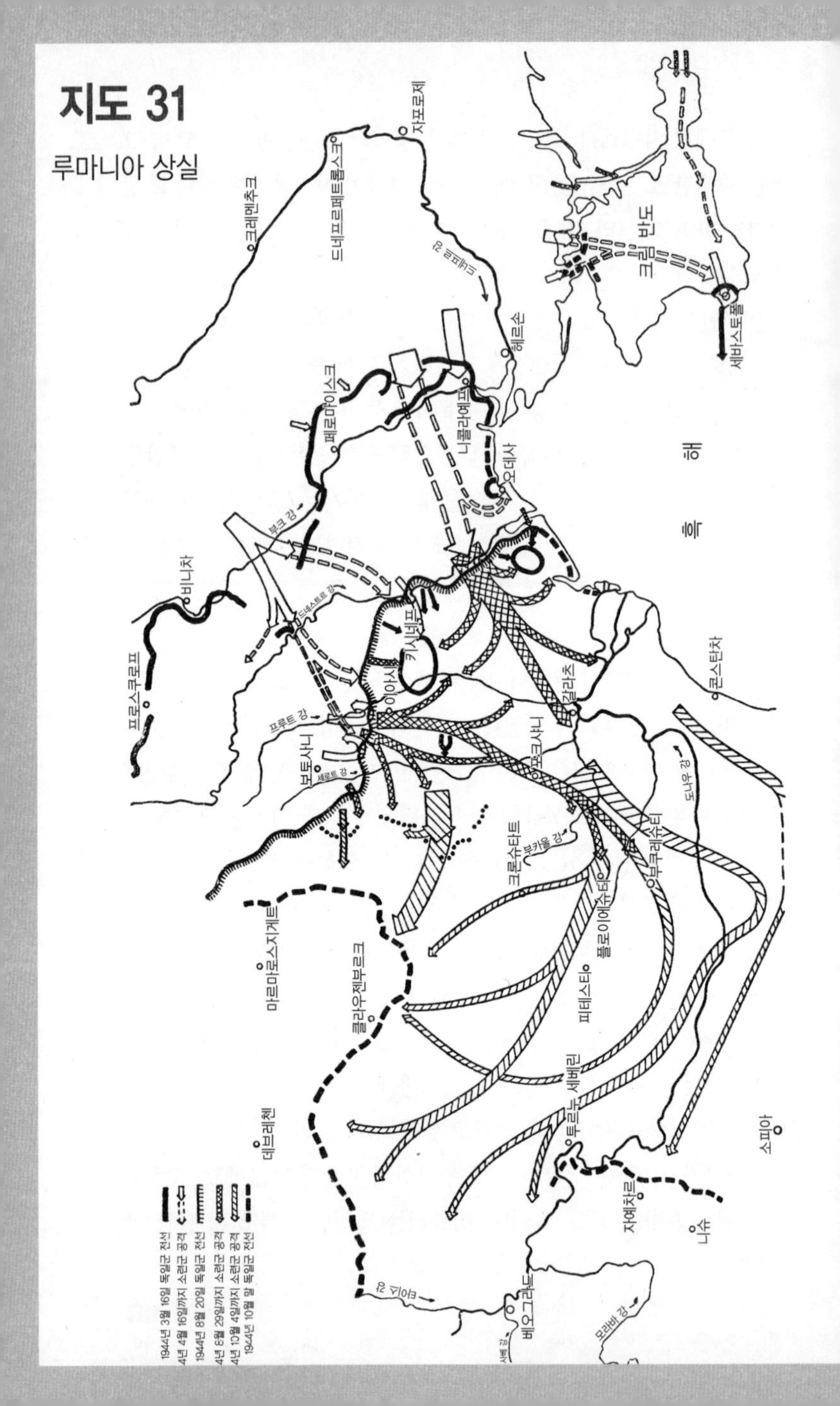

자포로제
드네프로페트롭스크
크레멘추크
드네프르 강
헤르손
크림 반도
세바스토폴
페르보마이스크
니콜라예프
오데사
흑해
부크 강
비니차
드네스트르 강
키시네프
이아시
프루트 강
프로스쿠로프
보토샤니
세레트 강
포크샤니
갈라츠
콘스탄차
도나우 강
크론슈타트
부쿠레슈티
플로이에슈티
피테스티
마르마로스지게트
클라우젠부르크
데브레첸
투르누 세베린
소피아
자예차르
니슈
베오그라드
모라바 강
사베 강
1944년 3월 16일 독일군 전선
4년 4월 16일까지 소련군 공격
1944년 8월 20일 독일군 전선
4년 8월 29일까지 소련군 공격
4년 10월 4일까지 소련군 공격
1944년 10월 말 독일군 전선

무런 조치도 취해지지 않았다.

루마니아뿐만 아니라 불가리아의 상황도 위험했다. 나는 독일 장비를 사용하는 불가리아 기갑부대의 교육을 위해 불가리아에 파견된 폰 융겐펠트 대령으로부터 암담하지만 정확한 상황을 보고받았다. 불가리아 군의 분위기가 좋지 않고 행동이 수상하다는 내용이었다. 그래서 그 내용을 즉시 히틀러에게 보고했지만 히틀러는 보고를 믿지 않았다. 오히려 불가리아는 볼셰비즘을 깊이 증오해서 자발적으로는 결코 소련군 편에서 싸우지 않을 거라고 확신했다. 그래서 독일 전차를 더 이상 불가리아로 보내지 말고 이미 보낸 전차도 회수해야 한다는 내 요청은 거부되었고, 강제로라도 회수하려던 시도도 요들에 의해 수포로 돌아갔다.

1944년 8월 20일 소련군이 남부우크라이나 집단군 전선을 공격하기 시작했다. 그 공격은 루마니아 군대가 포진했던 구역에서 성공했다. 뿐만 아니라 루마니아 군대가 적진으로 넘어가 어제의 동맹군인 독일군에 총부리를 겨누었다. 독일 지휘부와 부대에서는 전혀 생각지도 못했던 배신이었다. 히틀러가 집단군에 퇴각에 대한 전권을 즉각 위임했지만, 집단군에서는 곳곳에서 전선을 고수하면서 단계적으로 싸우면서 후퇴하려고 시도했다. 그러나 완전한 붕괴와 전멸을 피하려면 즉각적인 퇴각과 도나우 교량의 신속한 확보가 더 시급한 상황이었다. 그런데 그 일이 미루어지면서 루마니아 군이 아군보다 먼저 강의 도하 지점들을 차단한 뒤 아군 부대들을 소련군에 내맡겨버렸다. 그로 인해 16개 사단이 전멸했다. 이는 그렇지 않아도 어려운 우리의 상황에서 돌이킬 수 없는 치명적인 손실이었다. 독일의 병사들은 비참한 최후에 이르기까지 충직하게 싸웠고, 그들의 군인으로서의 명예에는 한 치의 오점도 없었으며, 그들이 감당해야 했던 힘겨운 운명에 아무런 책임이 없었다. 소련군이 공격하기 전에 갈라츠-포크샤니-카르파티아 산맥 선으로 후퇴해 소련군의 계획에 선수를 치고, 루마니아 군이 없어도 유지할 수 있도록 전선을 단축했다면, 그런 불행을 조금이라도 덜 수 있었을 것이다. 물론 그렇게 하기 위해서는 정치 상황과 루마니아 지도자들의 처지에 대한 정확한 인식이 필요했을 것이다. 안토네스쿠 자신도 자기 조직의 가치에 대해 크게 착각했고, 그 오류의 대가를 죽음으로 치러야 했다. 안됐지만 장군들과 장교들에 대한 안토네스쿠의 신뢰는 근거가 없었다. 독일 지휘부 역시 어느 정도 그 신뢰의 영향을 받았다가 기만을 당했다. 그로 인해 몇 주 안에 루마니아 전체가 소련에 넘어갔다. 9월 1일 소련군이 부쿠레슈티로 밀고 들어왔다. 1943년 8월 28일, 보리스 왕이 의문의 죽음을 맞았던 불가리아도 동맹을 탈퇴하고 9월 8일 소련으로 넘어갔다. 독일은 불가리아에 제공한 4호 전차 88대와 돌격포 50대를 잃었다. 볼셰비키에 반대하는 불가리아 사단이 최소한 2개는 있을 거라는 히틀러의 희망도 착각이었다. 불가리아에 있던 독일 장병들은 무장해제를 당한 뒤 포로가 되었다. 불가리아도 소련군에 합류해 그때부터 독일을 상대로 싸웠다.

이제는 히틀러도 발칸 반도를 더 이상 방어할 수 없다는 사실을 분명히 깨달았다. 그래서 단계적으로 서서히 철수하라는 명령을 내렸다. 그러나 독일 본토 방어를 위한 병력을 확보하기 위해서는 그 이동이 너무 느렸다.

1944년 9월 19일, 핀란드가 영국, 소련과 휴전을 체결했다. 핀란드의 휴전은 독일과의 관계 단절을 초래했다. 1944년 8월 20일 카이텔 원수가 핀란드의 만네르하임 원수를 방문한 일도 아무 성과가 없었다. 핀란드는 9월 3일에 이미 휴전을 요청했다.

이런 일련의 사태 이후 동맹에 대한 헝가리의 방침이 흔들리는 것은 당연했다. 헝가리 왕국의 섭정 호르티 제독은 정치적 강요에 의해 어쩔 수 없이 히틀러와 협력하고 있었을 뿐, 히틀러와의 협력을 어차피 진심으로 원하지 않았다. 신중하고 유보적인 호르티의 태도는 1938년 베를린을 방문했을 때부터 이미 드러났다. 전쟁 동안에도 독일이 원하는 조치들을 얻어내기 위해서는 히틀러가 여러 차례 강한 압박을 가해야 했다. 1944년 8월 말 히틀러는 내게 부다페스트로 가서 호르티 섭정에게 편지를 전달하고 호르티의 태도를 살펴보라고 명령했다. 나는 부다페스트 성에서 관례에 따라 정중한 대우를 받았다. 섭정과 내가 자리에 앉은 뒤 섭정이 처음 꺼낸 말은 다음과 같았다. "보세요, 동지, 정치에서는 항상 여러 가지 방책을 준비하고 있어야 합니다." 나는 그 뜻을 충분히 알고 있었다. 영리하고 노련한 이 정치인은 여러 가지 방책을 준비하고 있었거나 최소한 준비되어 있다고 믿었다. 호르티 제독은 헝가리의 인구 문제에 대해 매우 친근한 태도로 오랫동안 나와 이야기를 나누었다. 헝가리는 지난 수백 년 동안 다양한 민족이 뒤섞여 살아갈 수밖에 없는 나라였다. 호르티는 헝가리가 오래전부터 폴란드와 맺어온 긴밀한 관계를 강조했고, 히틀러가 그 부분을 충분히 고려하지 않았다고 말했다. 그러면서 바르샤바 지역에서 전투 중인 헝가리 기병사단을 곧 돌려보내달라고 부탁했다. 나는 그 점에서는 호르티의 부탁을 들어줄 수가 있었다. 아군은 아직 폴란드 지역에서 싸우고 있는 헝가리 군대를 본국으로 철수시키는 중이었다. 그러나 호르티 섭정의 태도에서는 확실한 인상을 얻을 수가 없었고, 히틀러에게도 그 점을 보고했다. 헝가리 뵈뢰시 참모총장의 모든 그럴듯한 말들도 내가 받은 인상을 바꾸지는 못했다.

소련군은 8월 말까지 부쿠레슈티 성문 앞에 이르렀고 트란실바니아로 밀고 들어왔다. 전쟁은 이제 헝가리 국경까지 와 있었다. 나의 부다페스트 방문도 그런 상황 속에서 이루어졌다.

동부전선에서 그처럼 힘겨운 상황이 전개되는 동안 서부전선에서도 아군은 피비린내 나는 방어전을 치르며 막대한 손실을 입었다. 7월 17일 롬멜 원수가 영국 전투기의 폭격으로 부상을 당했다. 그 때문에 폰 클루게 원수가 롬멜을 대신해 서부전선의 모든 작전을 지휘하는 임무까지 떠맡았다. 그날 서부전선의 아군 전선은 캉 남단을 따라 오른 강 하구에서 코몽-생 로-르세 해안으로 이어졌다. 7월 30일에는 미군이 아브랑슈에서 아군 전선을 돌파했다. 그로부터 몇 주 뒤인 8월 15일 독일 서부군의 주력인 31개 사단은 생사를 건 전투를 치렀다. 그 병력의 3분의 2에 해당하는 20개 사단은 팔레즈 부근에서 포위망에 갇히는 상황에 처했다. 연합군의 기갑부대와 차량화부대를 앞세워 오를레앙으로 진격해 샤르트르를 지나 파리로 진격했다. 노르망디와 브르타뉴는 대서양 방벽 요새 한 곳만 제외하고는 모두 잃었고, 독일군 5개 사단이 거기서 포위되었다. 미군은 소규모 병력으로 툴롱과 칸 사이의 지중해 연안에 상륙했다. 연합군을 방어하기로 한 11기갑사단은 론 강의 서쪽 강변인 나르본 부근에 주둔해 있었다. 나머지 독일 사단은 다음의 위치에 포진해 있었다.

-네덜란드에 2개 반 사단

-스헬데 강과 센 강 사이의 영국해협에 7개 사단

-채널제도에 1개 사단

-루아르 강과 피레네 산맥 사이의 해안에 2개 사단

-지중해 연안에 7개 반 사단

-이탈리아 국경의 알프스 전선에 1개 사단

파리로 향하는 연합군의 공격을 막을 병력은 겨우 사단 2개 반뿐이었다. 새로 충원된 병력에서 2개 SS사단은 벨기에로 보내졌고, 3개 보병사단은 쾰른과 코블렌츠를 지나 프랑스로 향했다.

이제는 국방군 지휘참모부도 후방 진지의 중요성을 심사숙고하기 시작했고, 상황도에 표기된 센 강 진지와 솜 강-마른 강 진지를 확인했다. 그러나 그 진지들은 지도상에만 기록되어 있었을 뿐이다.

히틀러는 이제 폰 클루게 원수를 모델로 교체하기로 결심했다. 다만 모델의 지휘권은 주요 침공 전선으로 한정하고, 서부전선 전체에 대한 지휘는 다시 폰 룬트슈테트 원수에게 맡겼다.

1944년 8월 15일은 총통 사령부에서 격렬한 논쟁이 벌어진 날이었다. 나는 서부전선의 전황에 대해 보고받은 내용을 근거로 기갑부대의 상황을 히틀러에게 설명했고, 그 과정에서 이렇게 말했다. "기갑부대의 용맹함만으로는 국방군의 다른 병력인 공군과 해군이 없는 상황을 만회할 수는 없습니다." 그러자 히틀러의 분노가 폭발했다. 히틀러는 나에게 옆방으로 따라오라고 요구했다. 옆 방에서 큰 소리로 논쟁이 계속되자 부관들 중 한 명인 폰 암스베르크 소령이 들어와 이렇게 말했다. "두 분이 너무 큰 소리로 말씀하셔서 그 내용이 밖에도 다 들립니다. 창문을 닫아도 되겠습니까?"

히틀러는 폰 클루게 원수가 전선으로 갔다가 복귀하지 않았다는 소식에 몹시 절망했다. 폰 클루게 원수가 연합군과 접촉했다고 추측한 것이다. 그래서 폰 클루게 원수에게 총통 사령부에 출두해 전말을 보고하라고 명령했다. 그러나 폰 클루게 원수는 독일로 오는 도중에 음독자살을 했다.

1944년 8월 25일, 파리를 다시 빼앗겼다.

히틀러와 국방군 지휘참모부는 앞으로의 작전 수행에 대한 중대한 결정을 앞두고 있었다. 이제는 독일 본토를 방어하기 위해 중점을 어디에 두어야 할지를 명확하게 판단해야 했다.

히틀러나 그의 군사 고문들이나 끝까지 방어해야 한다는 사실에는 의심의 여지가 없었다. 적들 전체와의 협상, 또는 서부전선이나 동부전선 적과의 개별적인 협상은 연합국들이 공통적으로 제기한 무조건 항복 요구로 처음부터 무의미했다. 철저한 방어에만 주력한다면 비교적 긴 시간 동안 적을 막을 수는 있을 것이다. 아무리 그래도 독일에 유리한 결말을 기대하기는 어려웠다.

방어의 중점을 동부로 옮긴다면, 동부의 전선을 견고하게 해서 소련군의 계속된 진격을 막을 수 있을 것이다. 전쟁 수행과 식량 공급을 위해 중요한 상부 슐레지엔과 폴란드의 광대한 지역도 독일 수중에 남을 것이다. 다만 이러면 서부전선이 그대로 방치되어 얼마 뒤에는 압도적으로 우세한 연합국에 무너질 수밖에 없었다. 히틀러는 소련을 불리하게 내버려두면서 서부 연합국과 단독 강화를 맺을 생각이 없었기 때문에 이 해결책을 거부했다.

반면에 방어의 중점을 서부전선으로 옮기면, 가용한 병력을 제때에 투입해 연합국이 라인 강에 도달하거나 건너기 전에 연합군에 강력한 타격을 가할 수 있다는 것이 히틀러의 생각이었다.

이 해결책을 위한 전제 조건은 다음과 같았다.

1. 서부전선에서 제한된 목표에 대한 공세를 완료한 뒤, 서부에 투입되었던 병력이 동부전선으로 이동할 때까지 동부전선을 강화하고 굳게 지켜야 한다.

2. 최대한 이른 시기에 그 공세를 결정해야 한다. 그래야 소련군의 공격 시작이 예상되는 혹한기가 닥치기 전에 동부전선을 위한 예비대

를 확보할 수 있다.

3. 이 계획을 실질적으로 이끌 공격 부대를 신속하게 준비해야 한다.

4. 공격을 시작하기 전까지 서부전선에서 시간을 벌기 위해 성공적인 전투를 수행해야 한다.

히틀러와 국방군 최고사령부는 11월 중순까지는 확실히 공격을 시작할 수 있고, 12월 중순에 강력한 예비대를 동부전선으로 보낼 수 있을 거라고 믿었다. 가을 날씨가 온화해 혹한기가 늦어지면서 소련군의 동계 공세도 새해 이후에야 시작될 것으로 전망했다. 히틀러와 국방군 최고사령부는 이런 전제들 속에서 동부전선에 대한 내 걱정을 무시해도 된다고 생각했다.

동부전선의 책임자인 내가 이런 일련의 과정을 크게 우려하면서 지켜본 것은 당연했다. 어쨌든 중점은 서부전선으로 결정되었고, 그 계획의 첫 번째 전제 조건인 동부전선을 강화하는 것이 내 임무였다.

나는 이미 언급했던 후방의 방어 시설과 진지를 구축하는 일 이외에도 모든 수단을 동원해 전선에 진지를 구축하도록 했다. 기갑사단과 기갑척탄병사단은 12월까지 전선에서 완전히 철수시켰고, 4개 집단으로 나누어 기동 예비대로 대기시킨 뒤 힘이 닿는 대로 병력을 재정비했다. 다만 동부전선에서는 보병의 전력이 약했기 때문에 1개 보병사단만 철수시킨 뒤 크라카우 지역에 예비대로 대기시켰다.

또한 지난 하계 전투에서 소련군이 차지한 바익셀 강의 교두보를 제거하거나 최소한 좁히는 일도 중요했다. 그래야 소련군의 공격 시작을 지연시키거나 어렵게 만들 수 있었다.

마지막으로 전선 단축과 예비대 확보를 위해서는 발트 해 연안국에서 철수해야 했는데, 육로를 이용해서 철수하려는 시도는 이미 실패했기 때문에 해로를 이용해야 했다.

안타깝지만 내가 구상한 동부전선 강화 계획들이 모든 면에서 실현되지는 못했다. 진지 구축은 성공적으로 계속되었지만, 서부전선 상황의 급격한 악화로 인해 그러한 진지와 방어 시설을 위해 필요한 병력과 장비가 서부 공격 전선으로 보내졌다. 그로 인해 구축된 방어 시설의 가치는 제한적일 수밖에 없었다. 뿐만 아니라 소련군의 대규모 공격이 시작되기 전에 병력을 이동시켜야 할 이른바 '대(大)전선'을 겨우 2-4킬로미터 간격으로 구축하라는 히틀러의 명령 때문에 더욱 빛을 잃었다. 동부전선의 집단군 사령관들과 나는 정상적인 주전선에서 약 20킬로미터 뒤에 대전선을 구축해야 한다고 제안했었다.

바익셀 강에서는 소련군의 교두보 하나를 제거하고 나머지 교두보들을 좁히는데 성공했다. 그러나 여러 사단이 서부전선으로 이송되고 4기갑군을 이끌던 정력적인 발크 장군도 서부전선으로 전속되면서 이 결정적인 지점에서 더 이상 성공을 거두지 못했다. 그 때문에 소련군의 교두보들, 특히 바라노프 교두보는 위험 지대로 계속 남았다.

그러나 독일에 특히 불리했던 상황은 북부집단군을 쿠어란트에 계속 묶어둠으로써 전선을 단축시키지 못했다는 사실이었다. 히틀러는 일부는 정치적인 이유에서, 일부는 해군 최고사령관인 되니츠 제독의 의견을 근거로 쿠어란트에서 철수해 북부집단군으로 강력한 예비대를 만들자는 내 제안을 계속 거부했다. 그 조치로 스웨덴의 중립적인 태도에 영향을 주거나 단치히 만에 있는 잠수함(U보트) 훈련 지역에 피해를 줄까봐 걱정했기 때문이다. 그밖에도 히틀러는 동부전선 북쪽의 발트 해 연안국을 고수하면, 소련군 사단이 훨씬 중요한 다른 지역으로 이동하는 것을 막을 수 있다고 믿었다. 쿠어란트에서 반복

1944년 가을 육군 참모총장 시절 벵크 중장과의 상황 회의 장면

된 소련군의 공세는 히틀러의 그러한 생각을 더욱 강화시켰다.

히틀러와 국방군 지휘참모부는 그와 동일하거나 비슷한 이유로 발칸 반도와 노르웨이에서 신속하게 철수하고 이탈리아 전선을 단축하라는 모든 제안을 거부했다.

그러나 동부전선 계획만 대부분 실현되지 못한 것이 아니다. 서부전선의 상황은 훨씬 더 불행하게 전개되었다.

1940년부터 서부 방벽을 포함한 다른 방어 시설 구축을 소홀히 하고, 모든 구축 작업을 대서양 방벽에만 집중한 결과는 이제 가장 엄중한 보복으로 돌아왔다. 동부에서 1944년 가을에 간신히 편성된, 기껏 3류 정도에 불과한 얼마 안 되는 병력이 서부전선에 투입되었다. 그러나 그 지원은 충분하지 않았고, 프랑스의 후방 지역이 무너졌기 때문에 무장을 갖추지 못한 방어 시설들은 아무 쓸모가 없었다. 후방 방어 시설의 붕괴는 기동력이 거의 없는 아군을 기동전으로 내몰았다. 폭격에 무너진 도로망과 연합군의 공군이 지배하는 탁 트인 벌판으로 말이다. 기갑부대가 아직 있을 때는 노르망디에서 참호전을 수행했었다. 그런데 차량화 병력이 힘을 소진한 이제 와서 전에는 거부했던 기동전을 치러야 했던 것이다. 미군의 무모한 지휘로 인해 때때로 유리한 기회가 제공될 때도 있었지만 아군은 그 기회를 이용할 수 없었다. 미군의 남쪽 날개를 공격하면서 진격하려던 원래의 의도는 포기해야만 했다. 그러나 무엇보다 최악의 상황은 11월 중순으로 예정된 공격 시점이 12월 중순으로 지연된 사실이었다. 그로써 적절한 시기에 예비대를 동부로 이동시켜 약화된 동부전선을 지킨다는 전망은 불투명해졌다.

서부전선의 공세에 참가할 병력을 준비시키는 일은 제때에 이루어지지 못했다. 서부전선에서 시간을 벌기 위해 벌인 전투도 성공적으로 흘러가지 못했다. 상황이 이처럼 좋지 않은데도 히틀러와 국방군 최고사령부는 일단 결정한 서부 공격 계획을 끈질기게 고집했다. 그들은 자신들의 의도를 철저히 비밀로 했다. 그래서 연합군은 완전히 기습을 당했다. 다만 아군의 각 참모부와 부대에도 비밀을 엄수하는 바람에 공격을 위한 보급, 특히 연료 보급에 많은 어려움이 따랐다.

동부전선에서의 여러 가지 작전

서부전선이 대서양 방벽에서 서부 방벽으로 밀려나는 동안 동부전선에서는 치열한 전투가 계속되었다. 동부전선의 남쪽에서는 소련군의 진격을 더 이상 막을 수가 없었다. 소련군의 공격은 짧은 휴지기를 두고 루마니아 전역과 불가리아, 마지막으로 헝가리의 가장 큰 부분을 휩쓸었다. 프리스너 상급대장이 이끄는 남부우크라이나 집단군이 헝가리에서 전투를 벌였다. 이 집단군은 9월 25일 이제 맞지 않게 된 우크라이나라는 이름을 버리고 남부집단군으로 바꾸었다. 데브레첸에서 아군의 반격으로 소련군의 공세를 일시적으로 중단시킨 치열한 전투가 벌어졌지만, 10월에 트란실바니아가 완전히 소련군 수중으로 들어갔다. 프라이헤어 폰 바익스 원수가 이끄는 남동부군에서도 10월에 벨그라드를 빼앗겼다. 발칸 전선이 바로 동부전선으로 넘어가는 데도 불구하고 그 지역에 대한 지휘권은 육군 최고사령부가 아닌 국방군 최고사령부에 있었다. 드라우 강 하구와 바야 사이의 도나우 강변에 위치한 작은 마을이 육군과 국방군 최고사령부가 지휘하는 지역들 간의 경계였는데, 이는 완전히 쓸데없는 짓이었다. 소련군은 두 지휘참모부 사이의 전투지경선 남쪽으로 남동부군 사령관 지역에서 도나우 강을 건넜는데, 폰 바익스 원수는 훨씬 더 남쪽에 있는 취약한 전선에 주의를 기울이고 있었다. 10월 29일 소련군은 부다페스트 코앞까지 밀고 들어왔고, 11월 24일에는 모하치에서 도나우 강을 건넜다. 그 시각 아군은 모라바 강의 계곡이 이미 소련군의 수중에 들어가 있는데도 아직 살로니키(테살로니키)와 두라초에 있었다. 발칸 반도를 지배하는 게릴라전으로 인해 그 지역에서 철수하는 일은 점점 더 어려워졌다. 11월 30일 소련군이 드라우 강 북쪽 페치 부근에서 남동부군 사령관의 전선을 돌파해 플라텐(벌러턴) 호수까지 밀고 들어왔고, 남부집단군의 도나우 방어를 돌파했다. 소련군은 12월 5일까지 부다페스트 남쪽까지 접근했다. 아군은 같은 날 부다페스트 북쪽에서 강을 건너 바츠까지 밀고 들어온 소련군을 간신히 그란 동쪽에 묶어둘 수 있었다. 소련군은 훨씬 북동쪽에서 미스코크를 점령한 뒤 카사우 남쪽까지 들어왔다. 발칸 반도 철수는 포드고리차-우지체 선까지 이루어졌고, 북쪽으로 계속되었다.

12월 21일 소련군이 다시 공격을 시작해 1944년 성탄절에 부다페스트를 포위했다. 소련군은 플라텐 호수-슈툴바이센부르크-코모론 서쪽과 도나우 북쪽 그란 강까지 도달했다. 거기서부터 전선은 헝가리 국경과 대략 일치했다. 전투는 양쪽에서 매우 격렬하게 전개되었고, 손실은 막대했다.

하르페 상급대장이 이끄는 북부우크라이나 집단군에서는 소련군이 7월 말 공세를 지속해 바르샤바 근처 바익셀 강에 도달했다. 거기서 멀리 떨어진 남쪽에서는 산 강과 비스워카 강 사이에서 맹렬한 전투가 벌어졌다. 북부우크라이나 집단군도 9월에 A집단군으로 이름을 바꾸었다. A집단군은 카르파티아 산맥에 포진한 하인리치 상급대장이 이끄는 1기갑군, 카르파티아 산맥과 바익셀 강 사이에 위치한 슐츠 장군의 17군, 바익셀 강변에 위치한 발크 장군의 4기갑군으로 이루어졌다. 4기갑군은 나중에 그래저 장군이 지휘했다. 소련군은 8월 1일 바익셀 강을 건너는 교두보 몇 개를 확보했다. 가장 중요한 교두보는 바라노프에 있었고, 풀라비와 마르누셰프, 또 다른 제4 지점에 그보다 작은 규모의 교두보가 있었다. 산악 지대에서는 소련군의 진격이 자연히 훨씬 더뎠고 성과도 적었다. 그러나 바라노프 교두보에서는 8월 5일부터 9일까지 매우 위태로운 상황이 전개되었다. 여기서는 소련군이 며칠 동안 돌파 직전까지 공세를 퍼부었다. 그럼에도 파국을 막을 수 있었던 이유는 발크 장군의 지칠 줄 모르는 추진력과 탁월한 지휘력 덕분이었다. 발크는 몇 주간 벌어진 치열한 전투에서 규모가 큰 바라노프 교두보를 현저하게 축소시켰고, 작은 교두보 하나를 완전히 제거했으며, 풀라비에서도 기반을 확보했다. 그러자 소련군은 공격의 중점을 산맥 쪽으로 전환했다. 소련군은 사노크와 야스

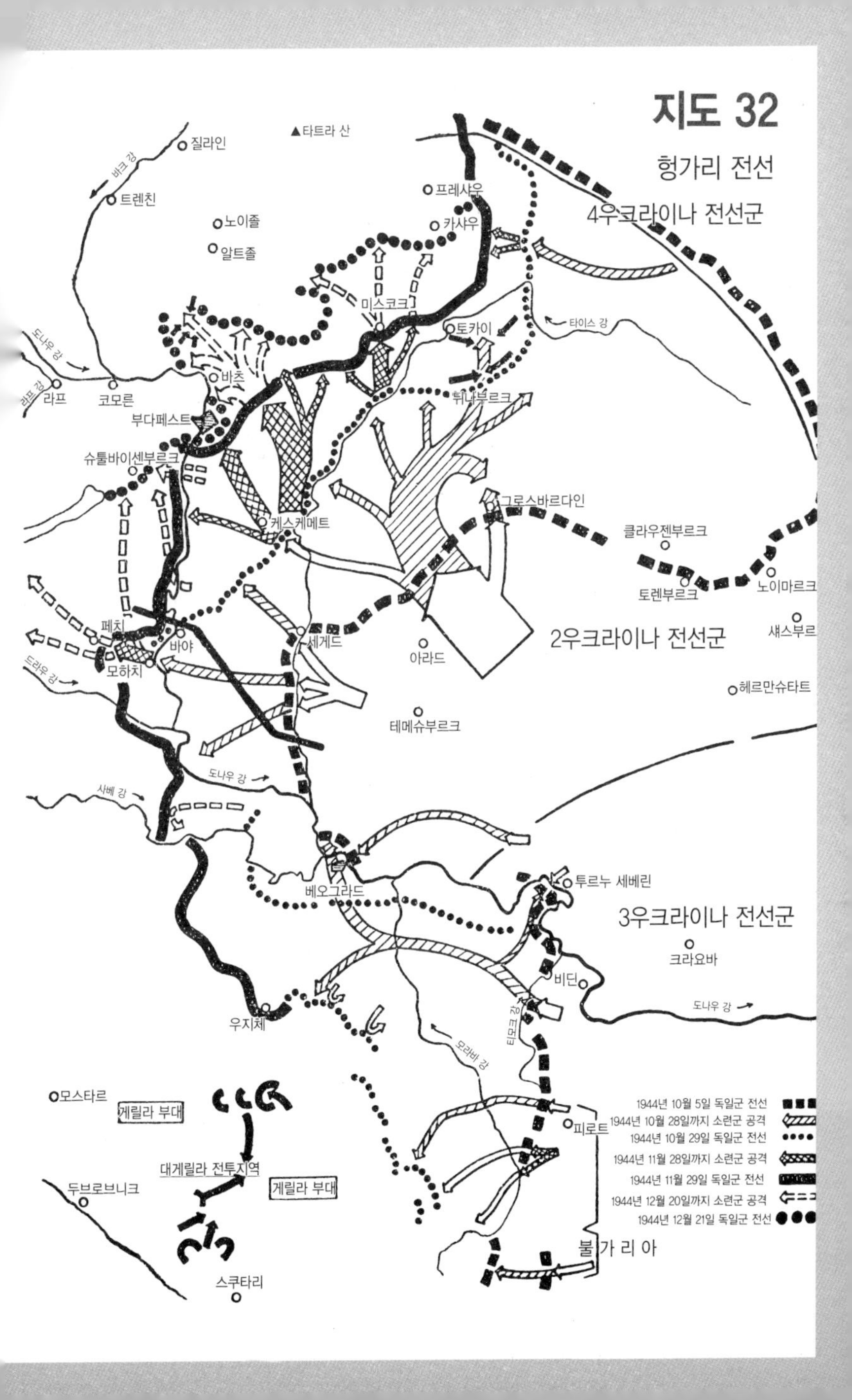
지도 32
헝가리 전선
4우크라이나 전선군
2우크라이나 전선군
3우크라이나 전선군
타트라 산
질라인
트렌친
바크 강
노이졸
알트졸
프레샤우
카샤우
미스코크
토카이
타이스 강
도나우 강
라프 강
라프
코모른
바츠
부다페스트
뉘나부르크
슈툴바이센부르크
케스케메트
그로스바르다인
클라우젠부르크
토렌부르크
노이마르크
페치
바야
모하치
세게드
아라드
샤스부르
드라우 강
헤르만슈타트
테메슈부르크
도나우 강
사베 강
베오그라드
투르누 세베린
크라요바
비딘
도나우 강
티모크 강
우지체
모라바 강
모스타르
게릴라 부대
대게릴라 전투지역
게릴라 부대
두브로브니크
피로트
불가리아
스쿠타리
1944년 10월 5일 독일군 전선
1944년 10월 28일까지 소련군 공격
1944년 10월 29일 독일군 전선
1944년 11월 28일까지 소련군 공격
1944년 11월 29일 독일군 전선
1944년 12월 20일까지 소련군 공격
1944년 12월 21일 독일군 전선

워에서 아군 진지로 밀고 들어왔지만 결정적인 돌파를 이루지는 못했다. 아군은 동부 베스키디 산맥을 계속 고수했지만, 나중에 헝가리에서 발생한 일들로 인해 1기갑군은 카샤우-야스워 선까지 물러날 수밖에 없었다. 해가 바뀔 무렵 A집단군의 전선은 슬로바키아 국경을 따라 카샤우 동쪽으로 형성되었고, 거기서부터 야스워-데비차 서쪽-스타슈프 서쪽-오파투프 남쪽-산 강 하구 북쪽으로 바익셀 강을 지나 바르샤바(앞에서 언급된 교두보를 제외한)까지 이어졌다.

중부집단군은 폰 포어만 장군이 이끄는 9군과 바이스 상급대장의 2군, 호스바흐 장군의 4군, 라인하르트 상급대장이 지휘하다가 8월 15일부터 라우스 상급대장에게 지휘권이 넘어간 3기갑군으로 이루어졌다. 모델 원수가 이 집단군을 지휘하다가 8월 15일 서부전선으로 전속된 뒤 라인하르트 상급대장이 지휘권을 넘겨받았다. 소련군은 8월에 바르샤바 바로 앞까지 접근한 다음, 거기서 다시 오스트루프-수다우엔(수바우키)-동프로이센 국경-샤울렌 서쪽-미타우 서쪽 선에 이르렀다. 9월에는 바르샤바 북동쪽으로 나레프 강변까지 밀고 들어왔고, 10월에는 오스텐부르그 양쪽으로 나레프 강을 건너는 교두보를 구축했다. 10월 5일에서 19일 사이에는 앞에서 언급했던 대로 샤울렌 서쪽의 아군 전선을 돌파해 북부집단군과 중부집단군을 완전히 갈라놓았다. 중부집단군은 10월 19일 좌익을 메멜 강으로 철수시켰고, 10월 22일에는 메멜 강 북쪽 강변에 구축했던 틸지트와 라그니트 교두보를 철수했다. 10월 16일에서 26일 사이에는 소련군이 볼프스부르크-굼비넨-골다프에서 동프로이센을 공격했다. 아군은 격전 속에서 소련군의 공격을 중단시켰고, 부분적으로는 소련군을 뒤로 조금 밀어냈다. 당시 점령된 지역에서 발생한 일들은 나중에 소련군이 승리할 경우 독일 민족에게 닥칠 일을 미리 맛보게 했다.

앞에서 서술한 바와 같이 북부집단군은 9월 14일에서 26일 사이에 리가 지역의 교두보로 되돌아가 거기서부터 신속하게 중부집단군과 선을 연결하려고 했다. 그러나 그 계획은 집단군 사령관 쇠르너 상급대장의 이견으로 차질이 빚어졌다. 쇠르너는 자신의 기갑 병력을 샤울렌 서쪽으로 이끌어가지 않고 리가-미타우 지역에 묶어 두었다. 그로 인해 소련군이 샤울렌에서 돌파에 성공해 쇠르너의 집단군을 나머지 주력과 궁극적으로 갈라놓았다. 16군과 18군으로 이루어진 북부집단군은 처음에는 26개 사단 병력이었고, 여러 번의 병력 이송 뒤에도 최종적으로는 여전히 16개 사단을 보유하고 있었다. 북부집단군은 제국의 방어에 꼭 필요했던 병력이었다. 10월 7일에서 16일 사이에 리가에서 철수한 뒤 북부집단군의 전선은 그해 말까지 거의 변동이 없었고, 리바우 남쪽 해안에서 프레쿨린-프라우엔부르크 남쪽-투쿰 동쪽을 지나 리가 만 해안으로 형성되었다.

카르파티아 산맥과 발트 해 사이에 넓게 펼쳐진 전선은 대체로 지속성을 유지했다. 그에 따라서 전선을 강화하고 기갑사단과 기갑척탄병사단을 기동 예비대로 제외시킬 수가 있었다. 물론 겨우 12개 사단에 불과한 이 병력은 1,200킬로미터에 이르는 방대한 전선과 소련군의 막대한 병력을 생각할 때 극히 미미한 예비대였다.

그사이 동부전선에서 진행된 진지 구축 작업은 전투가 없는 동안 빈틈이 많은 아군의 긴 전선을 충분히 강화해 주었다. 전선 지휘관들과 나는 최근에 치른 전투에서 얻은 경험들을 반영하려고 노력했지만 히틀러의 반대를 극복해야 했다. 전선 지휘관들이 제시한 가장 중요한 요구 사항 중 하나는 일반적인 상황에 적용되는 주전선을 대규모 전투를 겨냥한 대전선과 분리시키는 것이었다. 전선 지휘관들은 주전선의 약 20킬로미터 뒤에 대규모 전투를 위한 진지를 구축한 다음, 대전선을 철저하게 위장해 수비대를 배치하기를 원했다. 나아가서는 적의 예비 포격이 시작되기 전에 후위만 남겨두고 전투부대의 대부분을 대전선으로 철수시킬 권한을 달라고 했다. 그로써 적의 예비 포격을 무의미하게 만들고, 공들여 준비한 적의 진격을 수포로 돌아가게 하며, 잘 준비된 전선에서 적의 돌격을 막아내자는 의견이었다. 전선 지휘관들의 요구는 분명 전적으로 타당했다. 나는 그 요구를 받아들인 뒤 히틀러에게 보고했다. 그러나 히틀러는 불같이 화를 내면서 전투도 하지 않고 20킬로미터에 이르는 지형을 내줄 수 없다고 거부했다. 그러면서 주전선 뒤 2-4킬로미터에 대전선을 설치하라고 명령했다. 히틀러는 1차 세계대전에 대한 기억에만 집착해 이런 가당찮은 않은 명령을 내렸다. 그 어떤 논거로도 히틀러의 생각은 바뀌지 않았다. 1945년 1월 소련군의 돌파가 성공하고, 내 제안을 거부한 히틀러의 강력한 명령으로 예비대가 전선에 너무 가까운 곳에 배치되었을 때, 히틀러의 과오는 아군에 막대한 피해를 안겼다. 주전선과 대전선, 예비대가 한꺼번에 소련군의 첫 돌파의 소용돌이에 휘말리면서 동시에 무너진 것이다. 그러자 히틀러는 방어 진지를 구축한 사람들에게 분노를 터뜨렸고, 내가 거기에 항의하자 내게도 화를 냈다. 히틀러는 대전선의 설치 상황을 논의한 1944년 가을 회의의 속기록을 가져오라고 하더니 자신은 항상 20킬로미터 간격을 찬성했다고 주장했다. "대체 어떤 멍청이가 그런 어리석은 명령을 내렸단 말이오?" 나는 그 명령을 내린 사람은 바로 총통이었다고 지적했다. 담당자가 속기록을 가져와 낭독하기 시작했다. 그러나 몇 문장이 끝나자 히틀러는 낭독을 중단시켰다. 그보다 더 명백한 시인은 없었다. 그러나 히틀러가 이제 와서 자신의 과오를 시인한들 무슨 소용이 있을까. 소련군은 이미 돌파에 성공했다.

히틀러의 전술에 대해서는 나중에 소련군의 대공세를 기록할 때 다시 언급하게 될 것이다. 히틀러는 여전히 자신이야말로 총통 사령부에서는 유일하게 전선을 경험한 진짜 군인이라고 믿었다. 물론 히틀러의 대다수 군사 고문들을 보면 맞는 말이기도 했다. 히틀러는 또 리벤트로프와 괴링을 선두로 한 고위 당직자들의 아첨으로 자신이 군 최고사령관이라는 망상에 빠져 있었다. 그래서 어떤 조언도 받아들이지 않았다. "장군이 날 가르칠 필요는 없소! 나는 지난 5년 동안 전장에 있는 독일 육군을 지휘했고, 그 시간 동안 총참모본부의 그 누구도 경험할 수 없는 수많은 일들을 경험했소. 나는 클라우제비츠와 몰트케를 연구했고, 슐리펜의 모든 행군 계획도 읽었소. 내가 장군보다 상황을 더 잘 안단 말이오!" 내가 히틀러에게 현재 필요한 조건들을 알려주려 할 때마다 그가 내게 던진 숱한 질책들 가운데 하나였다.

독일 자체의 문제로 인한 걱정을 차치하더라도 헝가리의 전투력과 동맹국에 대한 신뢰도 걱정스러웠다. 나는 앞에서 호르티 섭정이 히틀러를 대하는 태도에 대해 이미 언급했다. 그러한 태도는 헝가리의 관점에서는 당연할 수 있어도 독일의 관점에서는 신뢰하기가 어려웠다. 헝가리 섭정은 영국 세력과의 제휴를 기대했고, 항공로로 영국과 접촉하기를 원했다. 그런 시도를 한 것이 호르티였는지, 영국과 미국이 그렇게 하려고 했는지는 나도 모른다[91]. 그러나 헝가리 군 고위 장교 몇몇이 소련군에게 넘어갔다는 사실은 알고 있었다. 10월 15일 베를린 주재 육군 무관이었을 때 알았던 미클로시 장군과 헝가리 참모총장 뵈뢰시가 소련군으로 넘어갔다. 뵈뢰시는 바로 직전 동프로이센에서 나를 찾아와 동맹국에 대한 신뢰를 약속했으며, 자동차도 선

91 에리히 코르트(Erich Kordt)가 저서 「망상과 현실 Wahn und Wirklichkeit」에서 밝힌 견해는 나도 알고 있다.

물로 받았다. 뵈뢰시는 내 소유였던 메르세데스를 타고 며칠 뒤 소련군으로 넘어갔다. 헝가리는 더 이상 믿을 수 없었다. 히틀러는 호르티 정권을 무너뜨리고 그 자리에 샬라시를 앉혔다. 샬라시는 능력도 없고 추진력도 별로 없는 헝가리 파시스트였다. 이 일은 1944년 10월 16일에 일어났다. 그러나 헝가리의 상태는 정권을 바꿨어도 전혀 나아지지 않았고, 얼마 안 되는 상호간의 신뢰와 호감만 없애버렸다.

처음에는 전적으로 독일 편이었던 슬로바키아에서도 오래전부터 빨치산 활동이 활발하게 이루어졌다. 빨치산 활동으로 인해 철도 왕래는 점점 더 위험해졌다. 독일 열차는 강제로 세워져 승객들이 조사를 받았고, 독일 군인들과 특히 장교들이 살해되었다. 그런 빨치산의 행동은 독일 측의 혹독한 대응 조치를 초래했다. 그로 인해 증오와 살인이 나라 전체로 퍼졌고, 다른 곳에서도 그런 일들이 많아졌다. 당시 전쟁을 수행하던 강대국들이 태동시킨 빨치산은 국제법에 어긋나는 전투 방식을 동원했고, 그에 대한 대응 조치를 취하게 만들었다. 이 대응 조치는 나중에 뉘른베르크에서 국제법에 어긋나는 범죄 행위로 비난을 받았다. 연합국이 독일로 진입했을 때는 독일보다 훨씬 더 가혹한 형벌 규정을 시행했는데도 말이다. 무장이 해제되고 완전히 지쳐버린 독일에서는 그러한 규정을 적용할 이유가 없었다는 사실은 또 다른 문제였다.

당시의 전체적인 상황을 온전히 파악하려면 이탈리아도 잠시 살펴봐야 할 것이다. 1944년 7월 4일 연합군이 로마에 입성했다. 남부군 최고사령관 케셀링 원수는 우세한 연합군을 상대로 치열한 전투를 치르며 로마 북쪽의 아펜니노 산맥을 끈질기게 지켰다. 20개 사단 이상이 이 방어전에 묶여 있었다. 무솔리니에게 충성하던 이탈리아군은 미미한 전투력 때문에 믿을 만하지 못했고, 리비에라 강변에만 투입되었다. 독일 전선의 후방에서는 극렬한 빨치산 전쟁이 한창이었다. 그 전쟁은 이탈리아 측의 잔혹한 행위로 시작되었고, 집단군의 보급과 통신 수단을 완전히 포기하지 않으려는 독일의 가혹한 대응 조치를 초래했다. 정전 뒤 승전국들의 군사 법원는 그 상황을 공정한 잣대로 판결하지 않고 아주 이상하게 판결했다.

아르덴 공세

12월 초 히틀러는 자신의 사령부를 동프로이센에서 독일 중부 기센 근처에 있는 치겐부르크로 옮겼다. 이제 마지막 결정적인 공격이 시작될 서부전선과 더 가까운 곳으로 가기 위해서였다.

지난 몇 개월 동안 끌어 모은 독일 육군의 모든 병력은 아이펠 지역을 출발해 리에주 남쪽 마스 강 방향으로 비교적 얕게 형성된 연합군 전선을 돌파해 나가기로 했다. 그런 다음 브뤼셀과 안트베르펜 방향에서 마스 강을 건너 돌파 지역 북쪽에 위치한 연합군을 포위 섬멸한다는 목표로 전략적 돌파를 완성한다는 계획이었다. 히틀러는 그 공격이 성공하면 연합군을 지속적으로 약화시킬 수 있고, 연합군의 약화를 통해 강력한 병력을 동부전선으로 이동시켜 겨울에 예상되는 소련군의 공세에 대응할 시간을 줄 거라고 생각했다. 히틀러는 그런 방식으로 시간을 얻어 전면적인 승리를 원하는 연합국의 희망을 무너뜨리고, 그것을 통해 연합국이 무조건 항복에 대한 요구를 버리고 평화 협상 체결 쪽으로 마음을 돌리기를 바랐다.

그러나 날씨가 악화되고 새 병력 편성 준비가 지연되면서 원래는 11월 중순으로 예정된 공격은 다시 연기되었고, 12월 16일에야 겨우 시작될 수 있었다.

이 공격을 위해 2개 기갑군이 편성되었다. 폰 만토이펠 장군이 이끄는 5기갑군과 SS상급대장 제프 디트리히가 이끄는 6기갑군이었다. 가장 좋은 장비를 갖춘 무장친위대가 포진한 6기갑군의 우익이 공격을 이끌기로 했고, 5기갑군은 중앙에 포진하기로 했다. 브란덴베르거 장군이 이끄는 7군이 공격군의 좌측방을 방호하기로 했지만, 그 어려운 임무를 수행하는데 필요한 기동 병력은 부족했다.

서부군 최고사령관 폰 룬트슈테트 원수와 B집단군 최고사령관 모델 원수는 공격 범위를 제한하기를 원했다. 현재 보유한 병력으로는 히틀러가 계획한 광범위한 작전을 성공적으로 수행하기에 충분하지 않았기 때문이다. 그래서 마스 강 동쪽으로 공격을 제한해 강 동쪽 아헨과 리에주 사이에 위치한 연합군을 공격하기를 원했다. 그러나 히틀러는 두 원수의 제안을 거부하고 더 광범위한 자신의 구상을 고집했다.

12월 16일 공격이 시작되었고, 폰 만토이펠 장군의 5기갑군에서 적진 깊숙이 밀고 들어가는데 성공했다. 최전방 기갑부대인 116기갑사단과 2기갑사단은 마스 강 바로 근처까지 접근했고, 2기갑사단의 일부 병력은 강에 도달해 있었다. 반면에 6기갑군은 별다른 성과를 올리지 못했다. 6기갑군은 비좁고 얼어붙은 산악 도로에 막혀 좀처럼 빠져나오지 못하다가 후방 병력을 너무 늦게 5기갑군 지역으로 투입했다. 그로 인해 5기갑군이 거둔 초기의 성공을 제때 신속하게 이용하지 못했고, 모든 대규모 작전의 전제 조건인 기동성을 잃게 만들었다. 7군도 어려운 상황에 빠지는 바람에 폰 만토이펠 장군의 기갑군이 일부 병력을 즉시 남쪽으로 돌려 위험에 처한 측방을 강화해야 했다. 그로써 대규모 돌파는 더 이상 불가능해졌다. 12월 22일에 이미 공격 목표를 제한해야 한다는 사실이 분명해졌다. 큰 틀에서 생각하는 지휘관이라면 이때 이미 병력이 도착하기만을 학수고대하는 동부전선을 떠올렸어야 했다. 동부전선의 존립은 이미 전반적으로 실패한 서부전선 공격을 제때에 중단하는 일에 달려 있었다. 그러나 히틀러뿐만 아니라 국방군 최고사령부, 특히 국방군 지휘참모부는 운명이 걸린 그 중요한 며칠 동안 서부전선만 생각했다. 전쟁 말기 아군 지도부의 전체 비극은 이번 아르덴 공세 실패의 예에서 다시 한 번 드러났다.

분별력 있는 군인이라면 12월 24일에 아르덴 공세가 궁극적으로 실패했다는 사실을 누구나 분명히 알 수 있었다. 너무 늦지 않으려면 키를 즉각 동쪽으로 돌려야 했다.

동부전선 방어 준비

나는 초센의 마이바흐 기지로 옮긴 내 사령부에서 뜨거운 염원을 담아 서부전선의 공격 과정을 주시했고, 독일 민족을 위해 공격의 완전한 성공을 기원했다. 그러나 12월 23일, 대규모 성공이 더는 불가능하다는 사실이 분명해졌다. 나는 총통 사령부를 찾아가기로 결심했다. 이제 불필요한 병력 소모를 중단하고 서부전선에 필요 없어진 모든 병력을 즉시 동부전선으로 이동시켜야 한다고 요구하기 위해서였다.

그사이 소련군의 공세가 임박했음을 알리는 정보가 구체화되었다. 주요 병력의 집결지도 확인되었다. 소련군의 주요 공격 집단은 다음과 같았다.

1. 바라노프 교두보에서는 60개 소총부대와 8개 기갑군단, 1개 기병군단, 또 다른 6개 기갑부대가 공격 태세를 갖추었다.

2. 바르샤바 북쪽에는 54개 소총부대와 6개 기갑군단, 1개 기병군단, 또 다른 9개 기갑부대가 집결했다.

3. 동프로이센 국경에 집결한 병력은 54개 소총부대와 2개 기갑군단, 또 다른 9개 기갑부대였다.

그밖에도 야스워 남쪽에는 15개 소총부대와 2개 기갑부대, 풀라비에는 11개 소총부대와 1개 기병군단 및 1개 전차군단, 바르샤바 남쪽에는 31개 소총부대와 5개 기갑군단 및 또 다른 3개 기갑부대가 포진해 있었다.

내 사령부는 소련군의 공격 시작을 1945년 1월 12일로 예상했다. 소련군은 아군에 대해 보병이 11 : 1, 전차는 7 : 1, 포병은 20 : 1로 우세했다. 소련군의 규모를 전체적으로 계산하면 육군은 15 : 1, 공군은 20 : 1로 우세했는데, 이는 결코 과장이 아니었다. 나는 독일 군인에 대한 과소평가를 정말 싫어한다. 독일의 병사들은 뛰어난 군인들이고, 5배 정도 우세한 적을 상대로는 주저 없이 공격에 투입될 수 있었다. 실제로 적절한 지휘 아래서는 그 정도 우세를 병사들은 우수한 자질로 만회해 승리를 거두기도 했다. 그러나 독일의 병사들은 지난 5년 동안 끊임없이 우세한 적을 상대로 힘겨운 전투를 치러 왔고, 이제는 식량과 무기 보급은 감소하고 승리에 대한 희망도 꺼져가고 있었다. 이런 상황에서 병사들이 감당해야 할 부담은 실로 어마어마했다. 군 수뇌부, 무엇보다 히틀러는 병사들에게서 그 엄청난 부담을 덜어주거나 최소한 견뎌낼 수는 있게 해주려고 수단과 방법을 가리지 말고 최선을 다했어야 했다.

나는 아군 병사들이 감당해야 할 과제가 도대체 인간이 실현할 수나 있는 일이지 묻지 않을 수 없었다. 그 물음은 소련 출정을 시작한 이후, 아니 이미 1940년 몰로토프가 베를린을 방문했을 때부터 줄곧 나를 압박했다. 이제 그 과제는 죽느냐 사느냐를 결정하는 문제가 되었다.

수많은 독일 남자들이 기꺼이 소련군과 맞서 싸웠다. 소련군이 쳐들어왔을 때 참혹한 일을 겪게 될 독일 동부를 지키기 위해서였다. 지난번 소련군이 잠시 동프로이센을 침입했을 때 독일의 운명이 어떻게 될지 이미 보여주지 않았던가! 독일 군인들도 나처럼 그 사실을 정확히 알고 있었다. 또한 나처럼 동부 독일 출신들이라면 수백 년을 통해 가꿔온 문화유산이 위험에 처하게 된다는 사실도 잘 알았다. 지난 700년 동안 독일이 쌓아온 일과 독일의 싸움, 독일이 이룩한 성과가, 고향이 위태로웠다. 이런 앞날을 생각할 때 무조건 항복에 대한 요구는 잔인했고, 인류에 대한 범죄였다. 또한 군인들에게는 평화에 대한 다른 가능성이 완전히 사라지기 전에는 결코 받아들이고 싶지 않고, 받아들일 수도 없는 치욕이었다.

평화에 대한 다른 가능성은 임박한 소련군의 공세를 어떤 식으로든, 어디서든 중단시켜야만 만들어질 수 있었다. 그러기 위해서는 군을 서부에서 동부로 즉각 이동시켜야 했다. 리츠만슈타트-호엔잘차에서 강력한 예비대를 형성해 돌파해오는 소련군을 기동전으로 맞서야 했다. 기동전은 오랜 전쟁과 그로 인해 나타난 심한 피로 상태에도 불구하고 독일 지휘부와 병사들이 여전히 소련군보다 우위에 있는 전투 방식이었기 때문이다.

나는 이런 심사숙고를 토대로 동부에서 끝까지 전투를 치를 용의가 있었다. 그러나 우선은 전선에서의 전투에 필요한 병력을 얻기 위해서 히틀러와의 전투부터 치러야 했다. 나는 12월 24일 기센으로 출발했고, 상황을 설명하기 위해서 총통 사령부로 향했다.

그 자리에는 히틀러 이외에도 늘 그렇듯이 카이텔 원수와 요들 상급대장, 부르크도르프 장군, 그밖에 일단의 젊은 장교들이 참석했다. 나는 앞에서 기술했던 적의 배치 상황과 병력 비교를 설명했다. 내 지휘 아래 있는 '동부 외국군' 정보과는 모범적이고 전적으로 신뢰할 만했다. 나는 그 책임자인 겔렌 장군을 오랫동안 충분히 알아왔기 때문에 겔렌과 그의 동료들, 그의 일처리 방식과 그 결과들을 제대로 판단할 수 있었다. 겔렌의 예측은 사실로 드러났다. 그것은 역사적인 사실이다. 그러나 히틀러는 문제를 다르게 보았다. 히틀러는 동부 외국군의 보고를 기만이라고 말했다. 그러면서 소련군 소총부대는 기껏해야 7천 명이고, 기갑부대는 전차를 갖고 있지 않다고 주장했다. 히틀러는 이렇게 소리 질렀다. "그 보고는 칭기즈칸 이후 최대 속임수요! 그런 어리석은 소리를 누가 했단 말이요?" 암살 미수 사건 이후 끝없이 허세를 부리는 것은 히틀러 자신이었다. 히틀러는 포병군단을 편성하게 했는데, 그 포병군단의 실제 병력은 여단 규모에 불과했다. 기갑여단도 실제로는 연대 규모인 2개 대대로 편성하게 했고, 대전차여단들은 겨우 1개 대대로 이루어졌다. 히틀러는 그런 식으로 육군 조직에 혼란만 야기했을 뿐, 적에게 아군의 실제 약점을 감추지는 못했다. 히틀러는 점점 더 이상하게 변한 정신 상태 속에서 적이 '포템킨 마을[92]'로 아군을 착각하게 하려는 목적이지 진지하게 공격하려는 것은 아니라고 믿었다. 나는 내 이런 주장에 대한 증거를 그날 저녁 식사 자리에서 얻을 수 있었다. 힘러가 내 옆자리에 앉았는데, 힘러는 당시 보충군 최고사령관이자 라인 강 선 방어와 탈주병들을 잡기 위한 조직인 상부 라인 집단군 최고사령관이었고, 내무부 장관이자 독일 경찰총장, 나아가서는 SS제국지도자였다. 힘러는 당시 자신의 중

92 제정러시아 시대에 외부에 내보이기 위해 포템킨 지역에서 만든 가짜 마을로, 실질적인 내용 없이 전시 효과만 노리는 행정을 대변하는 말이 되었다.(역자)

요성을 매우 명확하게 의식하고 있었다. 히틀러처럼 자신도 군사적 판단력이 뛰어나며, 당연히 자신의 판단력이 장군들보다 더 낫다고 생각했다. "친애하는 구데리안 상급대장, 나는 소련군이 공격할 거라고는 믿지 않소이다. 그 모든 정보는 단지 엄청난 속임수일 뿐이오. 당신의 동부 외국군 정보과[93]가 제시한 수치는 터무니없이 과장된 것이오. 당신은 생각이 너무 많아요. 나는 동부에서는 아무 일도 일어나지 않을 거라고 확신하오." 이런 단순함을 상대로는 그 어떤 근거도 통하지 않았다.

방어의 중점을 동부로 옮기는 의견에 반대하는 요들의 저항은 훨씬 더 위험했다. 요들은 서부에서 다시 주도권을 얻었다고 믿었고, 그 잡았다고 믿은 주도권을 놓치고 싶어 하지 않았다. 요들은 아르덴 공세가 진척되지 못하고 있다는 사실을 알고는 있었지만, 그 공세로 연합군이 작전상 불리해졌다고 판단했다. 그래서 연합군이 전혀 모르고 예상도 못하는 다른 곳들을 다시 공격해 부분적 성공을 거둘 수 있다고 믿었고, 그런 부분적 성공들이 결국은 서부전선의 연합군들을 꼼짝 못하게 만들기를 기대했다. 요들은 그 목적으로 엘자스 로트링겐 북쪽 경계 지역에 대한 공격에 나섰다. 아군은 비치 양 방향에서 남쪽으로 사베른을 향해 진격하기로 했다. 1945년 1월 1일에 시작된 그 공격은 처음에는 성공을 거두었다. 다만 공격 목표인 사베른과 스트라스부르는 여전히 아주 멀리 있었다. 자기 생각에만 사로잡혀 있던 요들은 내가 아르덴과 상부 라인 지역의 병력을 이송하자고 요구하자 거세게 반발했다. "방금 회복한 주도권을 잃어서는 안 됩니다."

---

93 육군 최고사령부 안에 설치된 정보참모부로, 동부전선에서 활동하는 외국군에 대한 정보를 전담하는 부서이다. 적국인 소련군은 물론, 동맹군도 포함해서 정보를 총괄한다. 서부전선을 담당하는 정보과도 존재한다.(편집부)

요들은 그 논거를 반복해서 들이댔다. 히틀러는 기꺼이 요들의 논거를 따랐고, 이렇게 말했다. "동부에서는 아직 작전 지역들을 포기할 수도 있지만 서부에서는 절대 그럴 수 없소." 나는 루르 공업 지대는 연합군의 폭격으로 이미 폐쇄되었고, 연합군의 우세한 공군력에 의해 아군의 수송 수단도 파괴되었으며, 사태가 좋아지기보다는 점점 더 나빠질 거라고 말했다. 그에 반해 동부의 상부 슐레지엔 공업 지대는 아직 온전하게 가동될 수 있고, 독일 군수 산업의 중점은 이미 동부에 놓여 있으며, 상부 슐레지엔을 잃으면 몇 주 안에 전쟁에서 패배할 거라고 강조했다. 그러나 그 모든 말도 아무 소용이 없었다. 나는 퇴짜를 맞았고, 지극히 비기독교적인 주변[94] 상황 속에서 심각하고도 슬픈 성탄 전야를 보냈다. 그날 저녁에 당도한 부다페스트 포위 소식까지 더해져 분위기는 나아지지 않았다. 나는 동부전선은 스스로 자구책을 마련해야 한다는 지시만 받고 물러나야 했다. 다시 한 번 쿠어란트 철수를 요구하고, 핀란드에 있다가 이제 노르웨이에서 돌아오고 있는 부대들만이라도 동부로 보내달라고 요청했다가 또다시 실망해야 했다. 노르웨이에서 돌아오는 그 부대들은 포게젠 전투에 투입될 예정이었다. 그들이 산악부대라 포게젠 산맥에 특히 적합했던 것이다. 나는 비치와 사베른 사이의 포게젠 전투 지역을 소위 시절부터 잘 알고 있었다. 비치는 내가 견습사관으로, 나중에는 소위로 임관해 근무한 첫 주둔지였다. 그러나 1개 산악사단이 그곳에 투입된다고 해서 근본적인 변화를 이끌어낼 수는 없었다.

나는 12월 25일 성탄절에 기차를 타고 초센으로 돌아갔다. 내가 기차를 타고 가는 동안 히틀러는 나도 모르게 2개 SS사단을 보유한 길

94 공산주의는 종교를 탄압했다고 알려졌기 때문에 소련군에 포위당한 현 상황을 그렇게 표현한 말이다.(편집부)

레 SS군단에 바르샤바 북쪽에서 부다페스트로 이동해 포위된 부다페스트를 해방시키라고 명령했다. 그 군단은 라인하르트 집단군의 예비대로서 전선 후방에 집결해 있었다. 라인하르트는 그렇지 않아도 지나치게 확장된 자신의 전선을 약화시킨 무책임한 조치에 절망했고, 나 또한 마찬가지 심정이었다. 아무리 항의를 해도 소용이 없었다. 히틀러에게는 동부 독일의 방어보다 부다페스트 구조가 더 중요했다. 그 불행한 조치를 취소해 달라고 요청하자 히틀러는 대외 정책상의 이유를 들어 거부했다. 소련군을 막기 위해 준비한 예비대는 기갑사단과 기갑척탄병사단 14개 반 규모였는데, 그중 2개 사단이 부차 전선으로 보내졌다. 이제 약 1200킬로미터에 달하는 전선에 남은 예비대는 고작 12개 반 사단뿐이었다.

나는 내 사령부로 돌아온 뒤 겔렌과 소련군의 상황을 다시 검토했고, 아군이 아직 취할 수 있는 조치가 남아 있는지 겔렌, 그리고 벵크와 논의했다. 우리는 서부에서 모든 공격을 중단하고 전쟁의 중점을 즉각 동부로 전환해야만 소련군의 대규모 공격을 막을 가능성이 조금이나마 남아 있다는 결론에 도달했다. 그래서 그해 마지막 날 유일하게 가능한 결정을 요구하기 위해서 다시 한 번 치겐베르크로 가기로 결심했다. 이번에는 지난번보다 더 신중하게 준비하기로 마음먹었다. 그래서 치겐베르크에 도착해 먼저 폰 룬트슈테트 원수와 그의 참모장인 베스트팔 장군을 찾아갔다. 나는 두 사람에게 동부전선의 상황과 내 생각을 설명한 뒤 도움을 청했다. 종종 그래왔듯이 폰 룬트슈테트 원수와 그의 참모장은 다른 전선에 꼭 필요한 일들에 대해 전적인 이해를 표명했다. 두 사람은 서부전선에 있는 3개 사단과 이탈리아에 있는 1개 사단을 알려주었다. 이 부대들은 즉시 동원할 수 있는 부대로 철도 근처에 집결해 있으며, 히틀러의 승인만 떨어지면 곧바로 이송될 수 있다고 했다. 만일을 대비해 그들 부대에는 비상을 걸어놓았다. 나는 야전수송과장에게도 통보해 열차를 준비시켰다. 나는 그처럼 미약한 사전 준비를 갖추고 히틀러에게 보고를 하러 갔다. 그러나 거기서는 성탄 전야 때와 마찬가지였다. 요들은 자유롭게 빼낼 수 있는 병력이 전혀 없고, 서부전선에 있는 병력으로는 주도권을 지켜야 한다고 말했다. 나는 이번에는 서부군 최고사령관에게서 들은 내용을 근거로 요들에게 반박했다. 요들은 몹시 불쾌해 했다. 내가 히틀러에게 현재 자유롭게 이동할 수 있는 사단을 거론하자 요들이 화를 내면서 그 사실을 어디서 알았냐고 물었다. 그래서 요들이 관할하는 전선의 최고사령관에게서 들었다고 하자 요들은 기분 나빠하며 입을 다물었다. 더 이상 뭐라고 반박할 말이 없었던 것이다. 그래서 나는 그 4개 사단을 확보하게 되었지만 딱 그뿐이었고 더는 없었다. 이 4개 사단을 시작으로 지속적으로 증원되야 마땅하겠지만, 당분간은 이 4개 사단이 국방군 최고사령부와 지휘참모부가 동부전선에 내주기로 한 전부였다. 그런데 한심할 정도로 얼마 안 되는 이 지원군조차 히틀러가 헝가리로 보내버렸다.

새해 첫날 아침 나는 다시 한 번 히틀러를 만나러 갔고, 발크의 6군에 배속된 길레의 SS군단이 이날 저녁 부다페스트 해방을 위한 공격에 나설 거라고 보고했다. 히틀러는 이 공격에 큰 기대를 걸고 있었다. 그러나 준비 시간이 너무 짧았던 데다가 지휘관들이나 병사들이나 이전과 같은 활력이 없었기 때문에 나는 회의적이었다. 실제로 그 공격은 초기의 성공에도 불구하고 더 이상 밀고 나가지 못했다.

총통 사령부를 찾아간 성과는 이번에도 빈약했다. 나는 초센에서 다시 심사숙고하면서 모든 상황을 재검토했고, 헝가리와 갈리치아를 찾아가 그 전선 사령관들과 직접 협의하기로 결심했다. 병력을 지원받을 방법을 모색하고 앞으로 전개될 아군의 상황을 보다 분명하게 판단하기 위해서였다. 나는 1945년 1월 5일에서 8일 사이에 프리스너의 후임으로 남부집단군을 이끄는 뵐러 장군을 찾아갔다. 이어서 발크 장군과 길레 SS대장을 만나 헝가리에서의 작전 전개 과정을 논의했고, 그 장군들에게서 부다페스트 해방 공격이 정체에 빠진 이유를 들었다. 1월 1일 야간 전투에서 얻은 성과를 즉시 이용해 그날 밤사이에 가차 없이 돌파구를 마련하지 못한 것이 공격 실패의 주요 원인이었던 듯했다. 독일에는 이제 1940년에 보유했던 것과 같은 수준의 지휘관들과 군대가 없었다. 그렇지 않았다면 여기서 성공을 거두고, 병력을 아껴 도나우 강 전선을 한동안 안정시킬 수 있었을 것이다.

나는 하르페 장군을 만나기 위해서 헝가리에서 크라카우로 향했다. 하르페와 그의 유능한 참모장 폰 크실란더 장군은 소련군을 방어하기 위한 방책을 매우 명확하고 논리정연하게 개진했다. 하르페는 1월 12일에 예상되는 소련군의 공격이 시작되기 직전에 아직 아군 수중에 있는 바익셀 강변을 포기하고, 전선이 훨씬 짧은 약 20킬로미터 뒤쪽의 후방 진지로 후퇴하자고 제안했다. 그 과정에서 몇 개 사단은 전선에서 철수시켜 예비대로 만들자고 했다. 하르페의 생각은 근거가 확실했고 합당했지만 히틀러의 승인을 얻을 전망은 거의 없었다. 하르페는 올곧은 남자였다. 그래서 그 제안이 비록 자신에게 좋지 않은 결과를 안겨준다고 해도 히틀러에게 보고해 주기를 바랐다. 하르페의 집단군이 방어를 위해 취한 조치들은 적절했고, 아군이 가진 수단으로 행할 수 있는 모든 것을 포괄했다.

마지막으로 나는 라인하르트와 전화를 연결했다. 라인하르트는 하르페와 비슷한 내용을 제안했다. 나레프 선을 포기하고 전선이 더 짧은 동프로이센 국경 진지로 후퇴한 다음 몇 개 사단을 예비대로 돌린다는 내용이었다. 그러나 나는 라인하르트에게도 히틀러의 승인을 얻어내리라는 희망을 줄 수가 없었다.

이제 각 집단군의 가장 큰 걱정거리가 무엇인지를 알게 되었기에 마지막 순간에 다시 한 번 히틀러를 찾아가기로 결심했다. 동부전선을 주요 전선으로 만들고, 서부전선의 병력을 동부전선으로 이동해야 한다는 점을 거듭 강조할 작정이었다. 나아가서는 전선을 후방 진지로 옮기려는 집단군들의 요청도 대변해야 했다. 다른 방법으로는 제때에 예비대를 확보할 수가 없었기 때문이다.

1945년 1월 9일 나는 다시 치겐베르크에 도착했고, 이번에는 절대 물러서지 않고 히틀러에게 히틀러 자신의 의무를 분명히 각인시키겠다고 단단히 마음먹었다. 히틀러와의 회담은 평상시와 다름없이 같은 사람들이 배석한 자리에서 열렸고, 이번에는 기갑 총감실 참모장인 토말레 장군도 함께 자리했다.

겔렌은 소련군의 상황을 분석한 자료를 치밀하게 준비했고, 병력 비교 상황을 구체적으로 보여주는 지도와 도표까지 첨부했다. 내가 그 문서를 제시하자 히틀러는 미친 듯이 화를 내면서 '완전히 허무맹랑한' 내용이라고 일축했고, 그 문서를 작성한 사람을 당장 정신 병원에 감금하라고 요구했다. 그래서 나도 같이 화를 내면서 히틀러에게 말했다. "이 문서는 저의 가장 유능한 총참모본부 장교들 중 한 명인 겔렌 장군이 작성했습니다. 이 문서의 내용이 제 생각과 같지 않았다면 총통께 보고하지도 않았을 겁니다. 총통께서 겔렌 장군을 정신 병원에 보내라고 하신다면, 저도 함께 가두십시오!" 나는 겔렌 장군을 교체하라는 히틀러의 요구를 단호하게 거부했다. 그러자 히틀러의 분노는 수그러들었다. 하지만 회담의 군사적 성과는 없었다. 히틀러는 예상했던 대로 장군들이 작전이라는 이름 아래 항상 후방 진지로 후퇴하는 것만 생각한다고 욕하면서 하르페와 라인하르트의 제안을 거부했다. 모든 것이 극히 불만족스러운 상황이었다.

넓게 펼쳐진 동부전선에서 가장 위협받는 지역의 후방에 강력한 예비대를 배치하려던 모든 노력은 히틀러와 요들의 몰이해에 부딪혀 좌절했다. 국방군 최고사령부에는 소련군의 대규모 공격이 임박했다는 총참모본부의 정확한 정보가 단지 거창한 속임수일 수 있다는 막연한 희망이 팽배했다. 그들은 자기들이 바라는 모습만을 믿으려 하면서 위험이 임박한 현실을 직시하지 않고 눈을 감아 버렸다. 그저 미봉책을 내놓는 데만 급급했다. 회의를 끝내면서 히틀러는 나를 위로한다고 이렇게 말했다. "동부전선이 지금처럼 많은 예비대를 보유했던 적은 결코 없었소. 모두 장군의 공이오. 그 점에 대해 장군의 노고를 치하하오." 나는 이렇게 대답했다. "지금 동부전선은 카드로 쌓은 집이나 마찬가지입니다. 전선이 단 한 곳만 뚫려도 무너질 겁니다. 사단 12개 반 규모의 예비대는 그처럼 광대하게 펼쳐진 전선을 충당하기에는 너무나 적은 병력입니다."

동부전선의 각 예비대가 배치된 상황은 다음과 같았다.

–17기갑사단은 핑추프 지역
–16기갑사단은 키엘체 남쪽
–20기갑척탄병사단은 비에르조니크와 오스트로비츠 지역
–10기갑척탄병사단(전투부대만)은 카미에나 지역
–19기갑사단은 라돔 지역
–25기갑사단은 모기엘니차 지역
–7기갑사단은 치헤나우 지역

–그로스도이칠란트 기갑척탄병사단은 호르젤레 지역

–18기갑척탄병사단은 요하니스부르크 동쪽

–23보병사단(투입 준비가 되지 않은 상태)은 니콜라이켄 지역

–10자전거예거여단은 젠스부르그 지역

–새로 편성된 브란덴부르크 기갑척탄병사단의 일부 병력은 드렝푸르트 남쪽, 헤르만 괴링 기갑군단의 헤르만 괴링 1공수기갑사단은 굼비넨 서쪽, 헤르만 괴링 2공수기갑척탄병사단은 굼비넨 남동쪽 동프로이센 전선

–5기갑사단은 브라이텐슈타인 지역

–24기갑사단은 헝가리에서 라스텐부르크로 이동 중이었다.

히틀러는 이번에도 "동부전선은 스스로 자구책을 마련해야 하고, 현재 보유한 병력만으로 꾸려나가야 하오."라고 말했다. 나는 그 지시에 상처만 받은 채 무척 심난한 마음으로 초센의 내 사령부로 돌아왔다. 총참모본부가 예상하는 소련군의 공격이 현실이 될 경우 동부전선이 현재 보유한 병력만으로 꾸려나가지 못한다는 사실은 히틀러와 요들도 정확히 알고 있었다. 나아가서는 예비대를 동부로 보내기로 신속한 결정을 내렸어도 연합군의 공중 우세와 그로 인한 수송 지연 때문에 예비대가 너무 늦게 도착하리라는 사실도 잘 알았다. 두 사람이 동부와는 멀리 떨어진 지방 출신이라는 사실이 그런 몰이해에 얼마나 영향을 주었는지는 불확실하다. 다만 나는 마지막 회담에서 그 때문이 아닐까 하는 인상을 받았다. 나와 같은 프로이센 출신에게는 힘겹게 싸워 지켜내고, 지난 수백 년의 노력으로 기독교와 서구 문화가 정착된 고향과 관련된 문제였다. 독일 동부는 우리 선조들의 뼈가 묻히고 우리가 사랑한 땅이었다. 우리는 동쪽에서 밀고 들어오는

소련군의 공격이 성공하면 그 땅을 영영 잃게 된다는 사실을 알고 있었다. 골다프와 네머스도르프에서 일어난 일을 보면서 동부 주민들에게 닥칠 최악의 사태를 걱정했다. 그러나 나의 그런 염려도 공감을 얻지 못했다. 전선에서는 위험 지역에 있는 주민들을 소개하자고 요청했지만 요지부동이었다. 히틀러는 전선의 요청을 장군들 사이에 지배적인 패배주의의 다른 표현일 뿐이라고 생각했고, 패배주의가 여론에 끼칠 영향을 두려워했다. 히틀러의 그런 생각은 관구 지도자들, 특히 동프로이센에 있는 코흐의 영향으로 더 강화되었다. 코흐가 장군들에 대한 중상모략을 일삼았기 때문이다. 집단군들의 작전 지역은 전선 바로 뒤 10킬로미터까지의 좁은 지역으로 제한되었다. 그래서 중포병대의 경우는 관구 지도자들의 관할 구역인 이른바 '근거지'에 주둔하게 되었는데, 거기서는 민간 당국, 즉 당과의 마찰을 빚지 않고서는 진지를 구축할 수도, 나무 한 그루를 벨 수도 없었다.

소련군의 공격

1945년 1월 12일 바라노프 교두보에 있던 소련군 돌격부대가 주도면밀하게 준비한 공격을 시작했다. 1월 11일에 이미 공격이 임박했음을 알리는 징후들이 속속 드러났다. 포로들은 10일 밤에 전차병들을 위한 숙영지를 마련했다고 진술했다. 아군이 감청한 한 통신에서는 "이상 무! 증원군 도착!"이라는 사실을 보고했다. 1944년 12월 17일부터 바라노프 교두보에 배치된 포는 719문으로 증가했고, 박격포는 268문으로 증가했다. 포로들은 플라비 교두보에 대해 이렇게 진술했다. "공격 임박. 제1 선은 형벌부대. 전차 40대가 지원하는 공격. 주전선 뒤 2~3킬로미터 숲에 전차 30~40대 위치. 1월 8일 밤에 지뢰 제거." 항공 정찰대는 바익셀 강 교두보로 병력이 이동했다고 보고했다. 또 다른 포로들의 진술로는 공격 전선의 매 킬로미터마다 박격포와 대전차포, 다연장포를 포함해 포 300문이 배치되었다고 했다. 마그누셰푸 교두보에는 포병 진지 60곳이 새로 설치되었다는 보고가 들어왔다.

오스텐부르크 지역의 나레프 전선과 바르샤바 북쪽, 동프로이센에서 들어온 보고도 비슷한 내용들이었다. 동프로이센에서 소련군의 주요 공격 지점은 에벤로데-빌룬 호수와 슐로스베르크 동쪽지역이었다.

아군이 새해에 공세를 취한 헝가리와 쿠어란트에서만 아직은 며칠 내에 대규모 공격이 시작될 것 같지는 않았다. 그러나 그것은 단지 잠깐의 숨고르기일 뿐이었다.

1월 12일 바라노프에서 첫 번째 공격이 시작되었다. 소련군 14개 소총사단과 2개 독립 기갑군단, 1개 군의 일부 병력이 공격에 투입되었다. 이 지역에 집결된 기갑부대의 대부분은 이날 공격에서 후방에 남아 있었다. 첫 공격의 성공에서 가장 유리한 돌격 방향이 정해지면 그때 투입한다는 의도였다. 소련군은 충분한 물자 덕분에 그런 전술을 펼칠 수가 있었다.

소련군은 돌파에 성공해 아군 진지 깊숙이 밀고 들어왔다.

이날 소련군의 공격 부대가 훨씬 북쪽에 놓인 풀라비와 마그누셰프의 바익셀 교두보에 합류하는 모습이 관측되었다. 동원된 차량의 수만 수천 대에 달했다. 거기서도 공격이 임박했다는 신호였다. 바르샤바 북쪽과 동프로이센에서도 똑같은 현상이 전개되었다. 그곳에는 지뢰 지대가 만들어졌고, 전선 바로 뒤쪽에 기갑부대가 배치된 사실이 확인되었다.

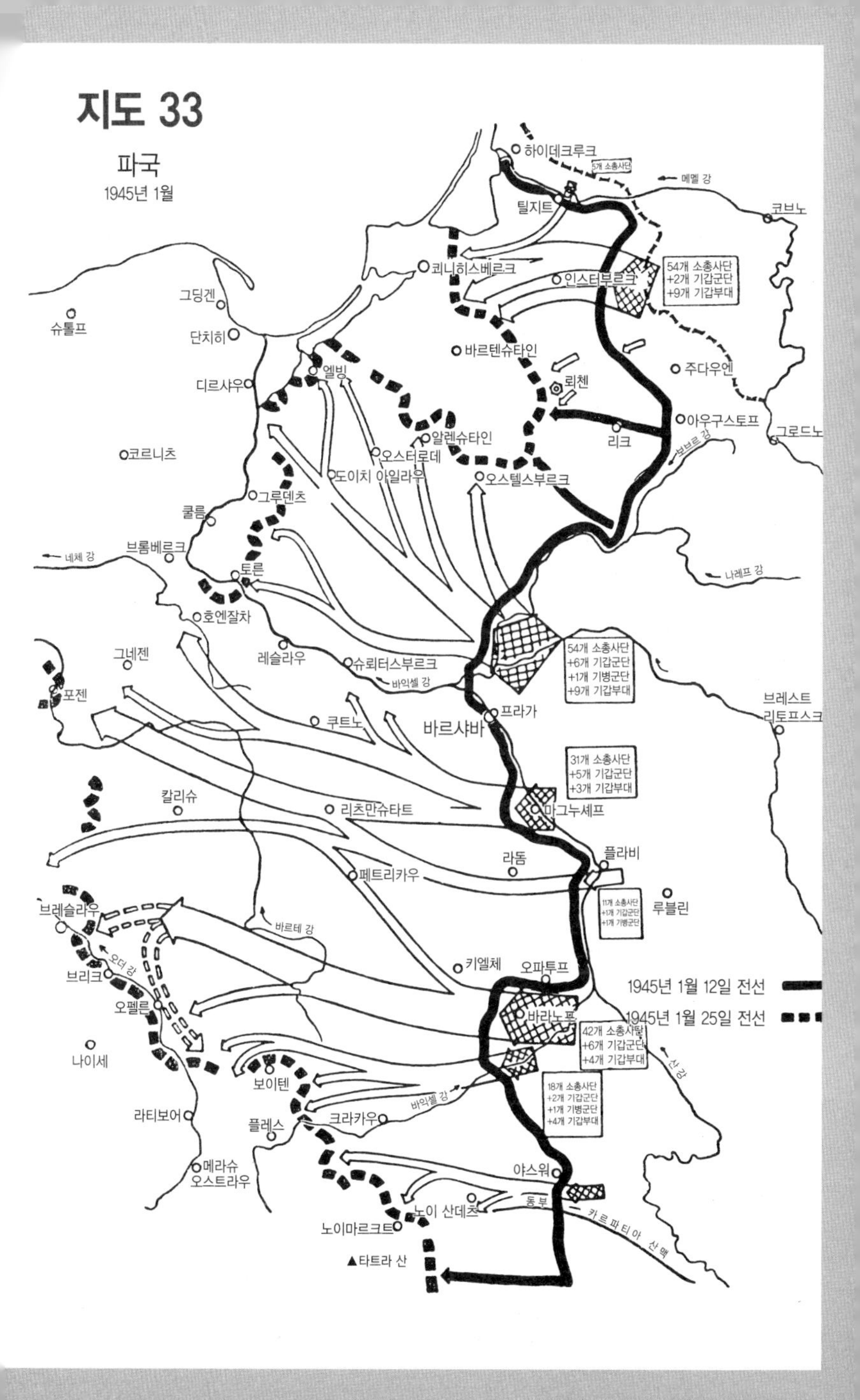
지도 33
파국
1945년 1월
하이데크루크
5개 소총사단
메멜 강
틸지트
코브노
쾨니히스베르크
인스터부르크
54개 소총사단
+2개 기갑군단
+9개 기갑부대
그딩겐
슈톨프
단치히
바르텐슈타인
주다우엔
엘빙
뢰첸
디르샤우
아우구스토프
알렌슈타인
리크
그로드노
코르니츠
오스터로데
보브르 강
도이치 아일라우
오스텔스부르크
그루덴츠
쿨름
브롬베르크
네체 강
토른
나레프 강
호엔잘차
54개 소총사단
+6개 기갑군단
+1개 기병군단
+9개 기갑부대
그네젠
레슬라우
슈뢰터스부르크
바익셀 강
포젠
프라가
브레스트
리토프스크
쿠트노
바르샤바
31개 소총사단
+5개 기갑군단
+3개 기갑부대
칼리슈
리츠만슈타트
마그누셰프
라돔
플라비
페트리카우
11개 소총사단
+1개 기갑군단
+1개 기병군단
루블린
브레슬라우
바르테 강
오더 강
브리크
키엘체
오파투프
1945년 1월 12일 전선
오펠른
바라노프
1945년 1월 25일 전선
42개 소총사단
+6개 기갑군단
+4개 기갑부대
나이세
산 강
보이텐
18개 소총사단
+2개 기갑군단
+1개 기병군단
+4개 기갑부대
바익셀 강
라티보어
플레스
크라카우
메라슈
오스트라우
야스워
동부
노이 산데츠
카르파티아 산맥
노이마르크트
▲타트라 산

A집단군이 반격에 나설 예비대를 투입했다. 그런데 히틀러의 단호한 명령 때문에 하르페 상급대장이 원래 지시했던 것보다 주전선에서 더 가까운 곳에 배치되었다. 히틀러의 이런 개입으로 예비대는 소련군 예비 포격의 사정권에 들어 포격을 받았고, 전투에 투입되기도 전에 이미 상당한 피해를 입었다. 소련군은 이 기갑부대를 부분적으로 포위했다. 이 부대는 그때부터 네링 장군의 지휘 아래 이동하는 섬처럼 계속 서쪽으로 후퇴해야 했다. 더 정확히 말하자면 후퇴하기 위해서 힘겨운 전투를 벌여야 했다. 그 부대는 독일 군인정신의 위대한 능력을 보여주면서 결연한 의지로 그 어려운 일을 수행했다. 몇몇 보병부대가 이동하는 이 부대에 합류하면서 이동 속도를 지연시켰다. 그러나 그런 장애에도 불구하고 모든 병사들의 전우애에 기초한 지원 아래 그 힘든 일을 성공시켰다.

1월 13일 바라노프 서쪽으로 돌파한 소련군이 키엘체 방향으로 전진해 거기서 북쪽으로 밀고 나갔다. 소련군 3, 4근위기갑군이 모습을 드러냈다. 이 구역에 투입된 전체 병력은 32개 소총사단과 8개 기갑군단에 이르렀다. 이는 전쟁이 시작된 이후 지금까지 가장 좁은 지역에 최대 규모로 집결한 병력이었다.

바익셀 강 남쪽에서는 야스워에서 소련군의 공격이 곧 시작될 기미가 포착되었다. 플라비와 마그누셰프에서는 소련군의 준비가 완료되었고, 지뢰 지대가 제거되었다.

동프로이센에서는 에벤로데-슐로스베르크 구역에서 예상했던 대규모 공격이 시작되었다. 12~15개 소총사단과 그에 맞먹는 기갑부대가 이동을 시작했다. 여기서도 소련군은 아군 전선을 밀고 들어왔다.

히틀러가 서부전선의 엘자스에서 시도했던 공세마저 이날 실패로 끝났다.

1월 14일 상부 슐레지엔 공업 지대를 공격하려는 소련군의 의도가 분명히 드러났다. 이는 예상하지 못한 바는 아니었다. 또 다른 대규모 병력은 바라노프에서 북서쪽과 북쪽으로 이동해 풀라비와 마그누세프 교두보에서 공격하는 부대를 지원하러 나섰다. 아군은 이들 교두보에서 시작된 소련군의 최초 공격을 물리쳤지만, 전체적인 상황은 이 전선을 고수하리라는 희망이 거의 없었다.

로민터 숲과 골다프 부근에서 포착된 소련군의 준비는 동프로이센에서 공격이 확대될 거라는 사실을 보여주었다.

1월 15일 크라카우에 포진한 소련군의 주요 공격이 첸슈토하우-카토비츠 선으로 향한다는 사실이 드러났다. 또 다른 대규모 병력은 키엘체를 목표로 삼았다. 거기서부터 페트리카우-토마쇼프로 진격해 풀라비를 지나 공격하는 부대와 공조하려는 의도가 예상되었다. 이들 부대는 2개 소총군과 1개 기갑군으로 구성된 듯했다. 마그누셰프 교두보에서 시작되는 공격은 분명 바르샤바를 향하고 있었다.

크라카우 남쪽에서는 야스워에서 소련군의 공격이 시작되었다.

중부집단군 지역에서는 바익셀 강-부크 강 삼각주와 오스텐부르그 양쪽에서 소련군이 깊숙이 밀고 들어왔다. 이 공격은 나지엘스크와 서쪽으로 치헤나우-프라슈니츠를 겨냥했다. 소련군의 나레프 교두보들과 동프로이센에서 상황이 긴박해졌다.

남동부집단군 지역에서는 도나우 강 남쪽에 위치했던 소련군 37군이 불가리아 군으로 교체된 사실이 확인되었다. 이 소련군 병력이 남부집단군 전선 앞으로 이동해 곧 공격에 나설 것으로 예측되었다.

소련군의 대규모 공격이 시작되었을 때 나는 당연히 히틀러에게 전화해 심각한 상황을 사실 그대로 정확하게 보고했다. 또한 즉시 베를린으로 돌아와 외적으로도 전투의 중심을 다시 동부로 옮기라고 간절히 요청했다. 그러나 처음 며칠간 히틀러의 대답은 한결같이 1월 9일에 내린 지시와 동일했다. "동부전선은 현재 보유한 병력으로만 꾸려나가야 하오. 장군도 이미 알다시피 지금 서부전선에서 군대를 이송하면 너무 늦게 도착할 것이오." 초센에서 치겐베르크를 거쳐야 하는 번거로운 보고 과정과 명령 과정은 화급을 다투는 이 시기에 모든 조치를 지연시키는 결과를 초래했다. 1월 15일 히틀러가 아군의 방어전에 개입하고 나섰다. 히틀러는 내 항의에도 불구하고 그로스도이칠란트 군단을 동프로이센에서 즉시 키엘체로 이동시켜 소련군이 포젠 방향으로 돌파할 위험을 차단하라고 명령했다. 그러나 이 군단은 소련군의 공격을 막을 수 있을 만큼 제때에 도착할 수가 없었고, 소련군의 공격이 임박한 위험한 순간에 동프로이센 방어에서 손을 떼는 꼴이 되었다. 하필이면 지금 이 군단을 이동시킨다면, 바익셀 강변에서 벌어지고 있는 참사가 동프로이센에서도 똑같이 재현될 것이 분명했다. 이동 명령을 받은 병력은 그로스도이칠란트 기갑척탄병사단과 공군의 헤르만 괴링 공수기갑사단이었다. 이들은 능력이 입증된 폰 자우켄 장군이 이끄는 그로스도이칠란트 기갑군단 사령부의 지휘 아래 있었다. 그런데 전투력을 갖춘 이들 사단이 결정적인 전투가 벌어지는 순간에 열차를 타고 있어야 했다. 내가 그 명령의 이행을 거부하자 히틀러는 격분했다. 히틀러는 그 명령을 취소하지는 않았지만, 마침내 헤센 지방의 숲속에 있던 총통 사령부와 포게젠 산맥에서의 싸움에서 벗어나 중요한 전선이 있는 베를린으로 돌아왔다. 덕분에 이제는 적어도 히틀러를 직접 보면서 전화로는 제대로 전달하지 못하는 중요한 문제들을 말할 수 있게 되었다. 물론 기분 좋은 대화는 아니었다. 히틀러도 그 사실을 잘 알았기 때문에 가능한 한 대화를 피하려 했다.

폰 자우켄 장군의 그로스도이칠란트 군단은 소련군 포병대의 포격 지역에서 하차해야 했다. 그들은 격렬한 전투를 치렀고, 그 전투 속에서 네링 장군의 24기갑군단과 선을 연결했다.

히틀러는 1월 16일에 베를린에 나타났고, 나는 바로 그날 군데군데 폭격을 당한 제국 수상관저를 찾아가 히틀러를 만났다. 히틀러는 제국 수상 관저에 총통 사령부를 설치했다.

히틀러는 마침내 서부전선을 방어로 전환하고, 그로 인해 자유로워진 병력을 동부로 이송하기로 결정했다. 나는 대기실로 들어서면서 상당히 늦었지만 그래도 매우 반가운 그 소식을 들었다. 그래서 그 예비대를 운용할 계획을 세웠다. 나는 그 예비대를 즉시 오데르 강 연안으로 보내고 싶었고, 시간이 있으면 그 강을 건너게 할 생각이었다. 소련군 선봉부대의 측방을 공격해 선봉의 공격력을 약화시켜야 했기 때문이다. 요들에게 히틀러가 내린 명령이 무엇이었는지 묻자, 요들은 동원 가능해진 병력의 대부분인 6기갑군을 헝가리로 보내기로 했다고 말했다. 나는 그 말을 듣고 자제력을 잃고는 요들에게 내 분노를 그대로 드러냈다. 그러나 요들은 어깨를 으쓱할 뿐 더는 아무 말도 하지 않았다. 히틀러가 그런 결정을 내리도록 요들이 조언하거나 영향을 미쳤는지는 전혀 알 수 없었다. 이어진 히틀러와의 회의에서 나는 이미 결정된 내용과는 다른 방안을 제안했다. 그러나 히틀러는 내 제안을 받아들이지 않았고, 소련군을 도나우 강 너머로 다시 밀어내고 부다페스트를 해방시키려면 헝가리에서 공격해야 한다며 자신이 내린 결정의 이유를 설명했다. 그때부터 하루 종일 그 불행한 결정에 대한 논의가 이루어졌다. 나는 군사적인 이유를 들어 히틀러의 결정을 반박했다. 그러자 히틀러는 독일의 합성석유 공장이 폭격을 당했으니 헝가리 유전과 거기에 딸린 정유소가 반드시 필요하며 전쟁에서 결정적으로 중요한 의미가 있다고 말했다. "연료를 얻지 못하면 장군의 전차는 더 이상 움직일 수 없고 항공기들도 마찬가지요. 장군도 그 점을 알아야 하오. 그런데 우리 장군들은 전시 경제에 대해서는 아무것도 모르고 있소." 히틀러는 그 생각에만 깊이 빠져 있어서 거기서 벗어나게 할 수가 없었다.

결국 내가 서부전선에서 받기로 한 병력은 둘로 나누어졌다. 내가 히틀러와의 회의에서 나중에 그 부분을 언급하면 히틀러는 이렇게 말했다. "장군이 무슨 말하려는 지는 나도 알고 있소. 분산하지 말고 집중해야 한다는 말 아니오? 하지만 장군도 알아야 하오. 그러니까……." 히틀러는 앞에서 했던 전시 경제에 대한 말을 반복했다.

당시 남동쪽으로 향하는 철도는 수송 능력이 부족했기 때문에 헝가리로 병력을 수송하려면 베를린 주변으로 수송하는 것보다 훨씬 많은 시간이 걸렸다. 반면에 베를린으로 향하는 철도는 복선 궤도가 깔려 있었고, 적의 공습으로 불가피하게 방해를 받는 경우에도 우회할 수 있는 가능성이 아주 많았다.

폭풍과도 같은 그 격론이 잦아든 뒤 나와 히틀러는 또 다른 문제들에 이르렀다. 언성이 무척 높아졌다. 첫 번째는 대전선 설치 상황과 그 상황에 관련된 어처구니없는 결과가 문제였다. 히틀러는 그 일이 자신의 잘못이었다는 사실을 속기록을 통해 확인해야 했다. 다음은 예비대의 배치에 관한 문제였다. 히틀러는 예비대가 전선에서 너무 멀리 떨어져 있다고 생각한 반면, 장군들은 히틀러의 명령과는 반대되는 의견을 표명했다. 다음으로는 하르페의 지휘 문제가 도마에 올랐는데, 나는 하르페가 나무랄 데 없이 훌륭한 지휘력을 발휘하고 있다고 생각했다. 그러나 속죄양을 찾아야 했던 히틀러는 나의 거센 항의에도 불구하고 하르페를 쇠르너 상급대장으로 교체하라고 명령했다. 그래서 더 이상 큰 전과를 올릴 일이 없었던 쿠어란트에서 쇠르너가 소환되었다. 쇠르너가 처음 시작한 일은 용감하고, 생각이 깊고, 올곧은 성품을 지닌 9군 사령관 프라이헤어 즈밀로 폰 뤼트비츠 장군의 교체였다. 그로써 9군의 지휘권은 이제 부세 장군에게 넘어갔다. 나와 히틀러는 모범적인 군인인 폰 자우켄 장군의 거취 문제를 놓고도 날 서게 대립했고, 그 결과 신속한 전속이 이루어졌다. 폰 자우켄은 1개 군에 대한 지휘권을 얻었다. 그밖에도 하르페가 몇 주 뒤 서부전선에 있는 1개 군 사령관이 될 수 있도록 힘을 썼다. 나는 전에도 발크가 서부전선에 있다가 힘러의 음모에 희생되었을 때 발크의 재임용을 관철시킨 적이 있었다.

이 날의 논의는 내 요구로 연장되었다. 나는 비록 너무 늦긴 했지만 지금이라도 서부전선에서의 무의미한 공격을 중단하고 서부전선에서 불필요해진 모든 병력을 동부로 전환하라고 요청했다. 그밖에도 쿠어란트 철수 문제가 다시 한 번 논의되었다. 이번에도 분명한 결정은 내려지지 않았고, 4기갑사단만 철수하는 쪽으로 정해졌다.

전쟁 상황은 그 어느 때보다 신속하고 적극적인 행동이 요구될 만큼 긴박하게 전개되었다. 사라예보 남동쪽에서는 유고슬라비아 게릴라 사단들이 E집단군에게 점점 압박을 가했다. 플라텐 호수와 도나우 강 사이에 적의 병력이 강화되었고, 그란 강을 건너는 소련군의 교두보도 강화되었다. A집단군에서는 소련군의 추격이 놀라울 정도로 빠르게 진행되었다. 소련군은 슬롬니키-미에호프 선을 서쪽으로 넘어 일부 병력을 크라카우 방향으로 돌렸다. 훨씬 북쪽에서는 첸슈토하우-라돔스코-페트리카우-토마쇼프를 향해 진격했다. 총참모본부는 소련군의 공격이 리츠만슈타트-로비치-소하체프 방향으로 계속되리라고 예상했다. 돌파에 나선 선봉부대의 뒤로는 대규모 예비대가 뒤따랐다. 그 예비대들 중 일부는 카렐리야와 핀란드에서 수송된 병력이었다. 독일인들은 이제 동맹국의 이탈이 독일에 얼마나 불리하게 작용하는지를 똑똑히 보아야 했다. 중부집단군에서도 상황은 위험할 정도로 악화되었다. 소련군 약 30~40개 소총사단이 프라슈니츠-치헤나우-플뢰넨을 공격했고, 또 다른 병력이 비아위스토크-오스트루프를 지나 그 부대들의 뒤를 따랐다. 로민텐 숲과 슐로스베르크, 굼비넨 구역에서도 똑같은 상황이 전개되었다.

이런 흉보가 계속 날아드는데도 불구하고 히틀러는 서부전선의 병력을 북부 독일로 이동시키거나 쿠어란트에서 철수하라는 결정을 내리지 못했다.

1월 17일까지 소련군 15개 기갑군단이 A집단군 앞쪽에 배치되었다는 사실이 확인되었다. 그로써 소련군의 주요 공격 방향이 확실하게 드러났다. 남부집단군 앞에도 8개 기갑군단이, 중부집단군 앞에는 3개 기갑군단이 싸우고 있었다. 소련군의 주력은 이제 크라카우-바르테나우-첸슈토하우-라돔스코 선을 향해 서쪽으로 진격했다. 키엘체 지역에서는 여전히 네링 장군이 이끄는 용감한 저항에 부딪혀 있었다. 대규모 병력이 바르샤바로 진격했고, 또 다른 병력은 바르샤바 지역에서 퇴각하는 46기갑군단이 바익셀 강으로 건너는 길을 차단하려고 로비치-소하체프를 지나 바익셀 강변으로 나아갔다. 46기갑군단은 바익셀 강 남쪽으로 이동해 소련군이 호엔잘차-그네젠을 지나 포젠을 돌파한 다음 동프로이센과 서프로이센을 제국 본토에서 차단하는 것을 막아야 했다. 그러나 이 군단은 거듭된 명령에도 불구하고 소련군의 강한 압박 속에서 강을 건너 북쪽으로 밀려났다. 그로 인해 추격하는 소련군은 이제 제국의 국경을 향해 아무 저항 없이 도도하게 밀고 들어왔다.

중부집단군에서는 치헤나우-프라슈니츠 방향으로 밀고 오는 소련군의 공격 속도가 빨라졌다. 그때까지 공격을 받지 않았던 나레프 전선에서도 곧 폭풍우가 몰아칠 기미가 보였다.

그날 오후 늦게 작전과 장교들이 점점 심각한 양상으로 전개되는 바르샤바 상황을 보고했다. 작전과 장교들은 바르샤바가 이미 소련군의 수중에 들어갔다는 전제 아래 계획한 새로운 방어선 설치를 제안했다. 내가 그 이유를 묻자 작전과장 폰 보닌 대령은 지금까지의 보고에 비춰 바르샤바를 잃는 상황은 불가피하고, 어쩌면 지금 벌써 소련군의 수중에 들어가 있을지도 모른다고 대답했다. 바르샤바 요새와의 통신이 두절되었다고 했다. 나는 그런 전제 조건 아래 작전과의 제안을 승인했고, 명령 발부가 시급한 상황이라 집단군에 그 사실을 통보하라고 허락했다. 그런 다음 히틀러에게 보고하기 위해서 베를린의 수상관저로 향했다. 내가 히틀러에게 바르샤바의 상황과 그 상황을 안정시키기 위해서 준비한 명령을 설명하는 동안 바르샤바 요새 지휘관으로부터 무전이 당도했다. 바르샤바가 아직은 아군 수중에 있지만 그날 밤 중으로 철수해야 한다는 내용이었다. 내가 그 사실을 히틀러에게 보고하자, 히틀러는 불같이 화를 내면서 무슨 일이 있어도 바르샤바를 사수하라고 명령했다. 히틀러는 해당 명령을 즉시 하달하라고 지시했고, 명령이 너무 늦게 당도할 거라는 항의를 격분해서 물리쳤다. 바르샤바 점령군은 내 원래 계획으로는 1개 요새사단이었어야 했지만, 그전에 서부전선으로 병력을 빼가는 바람에 이날 남아 있던 병력은 전투력이 약한 4개 요새보병대대와 몇몇 포병대와 공병대가 전부였다. 그 부대들은 결코 바르샤바를 사수할 수 없었고, 지휘관이 히틀러의 명령을 따른다면 포로로 잡힐 것이 분명했다.

그래서 바르샤바 요새 지휘관은 비록 철수를 시작하기 전에 명령을 받았지만, 전투력이 약한 자기 병력을 철수시키기로 결심했다. 그러자 히틀러는 미친 듯이 화를 냈다. 히틀러는 참담한 전체 상황의 이해관계와 판단력을 완전히 상실해서는 바르샤바의 불행에만 집착했다. 바르샤바 함락은 전체 상황에서 볼 때는 부차적인 일이었는데도 말이다. 그 다음 며칠은 바르샤바 사건의 영향과 그 실패에 대한 책임을 물어 총참모본부를 처벌하는 일로 다 지나갔다.

1월 18일 헝가리에 있던 아군이 플라텐 호수와 부다페스트 서쪽 삼림 지대인 바코니 숲 사이에서 부다페스트 해방을 위해 다시 공격을 시도했다. 그들은 처음에 성공을 거두어 도나우 강 연안까지 접근했다. 그러나 그날 소련군이 그 불행한 도시로 진입하면서 부다페스트의 운명은 결정되었다. 헝가리에 들인 노력을 폴란드 지역과 동프로이센에 기울였다면 훨씬 효과적이었을 테지만 그 방안은 히틀러의 뜻에 맞지 않았다. 폴란드에서는 소련군이 첸슈토하우-라돔스크 지역과 페트리카우, 리츠만슈타트와 쿠트노에서 싸우고 있었다. 소규모 병력으로는 호엔부르크에 있는 아군의 바익셀 교량 교두보로 진격해 왔다. 바익셀 강 북쪽에서는 레슬라우-졸다우로 밀고 들어와 오르텔스부르크-나이덴부르크 방향으로 공격했다. 나레프 전선에서는 대규모 공세가 시작될 징후가 계속 증가했다. 히틀러는 적진에 고립된 전선의 북쪽에서 소련군이 슐로스베르크 서쪽에서 인스터 강 연안까지 공격해 들어오고 있는데도 그 전선에서 후퇴하는 것을 허락하지 않았다.

그러나 이날 열린 모든 전황 논의는 사태의 심각성으로 보아 이미 돌이킬 수 없게 된 바르샤바 문제에만 집중되었다. 히틀러는 오후 회의에서 바르샤바 지역에 대한 명령과 보고서 작성을 담당한 총참모본부 장교들을 심문할 준비를 하라고 명령했다. 나는 전날 일어난 사태에 대한 책임은 전적으로 내게 있으니 내 부하들이 아닌 나를 체포해서 심문하라고 분명히 말했다. 그러자 히틀러가 대답했다. "아니, 나는 장군이 아닌 총참모본부를 겨냥한 것이오. 나는 일단의 지식인이 감히 자기들의 생각을 상관들에게 부추기는 것을 더는 참을 수가 없소. 그런데 그것이 총참모본부의 체계이니 그 체계를 끝장내 버리겠소!" 나와 히틀러는 이 문제에 대해 장시간 격론을 벌였다. 예외적으로 단둘이만 있었던 상황이라 그만큼 더 분명하게 의견을 주고받았다. 그러나 성과는 없었다. 그날 밤에 열린 저녁 회의에는 나 대신 벵크 장군을 보냈다. 나는 벵크를 통해서 히틀러가 저지르려고 하는 일의 부당함을 다시 한 번 강조했고, 나는 기꺼이 체포될 각오가 되어 있으니 내 부하들은 건드리지 말라는 뜻을 전달했다. 벵크는 그 임무를 충실히 수행했다. 그러나 그날 밤 폰 보닌 대령과 폰 뎀 크네제베크와 폰 크리스텐 중령이 체포되었다. 육군 인사국의 마이젤 장군이 기관총의 엄호 아래 그 임무를 수행했다. 나는 그 소식을 듣지 못해서 사전에 개입할 수가 없었고, 다음날 아침이 되어서야 기정사실이 된 그 일을 맞닥뜨렸다. 나는 히틀러에게 일대일 회담을 요청해 히틀러를 만났고, 내가 할 수 있는 가장 강력한 형태로 아무런 죄가 없는 부하들이 체포된 사실에 항의했다. 또한 그로 인해 전쟁이 급박하게 돌아가는 위기 상황에 육군 최고사령부에서 가장 중요한 작전과의 업무가 마비되었다는 점도 강력하게 항의했다. 이제는 경험이 없는 젊은 장교들이 갑작스럽게 투입되어 가장 어려운 결정과 가장 복잡한 명령의 토대가 될 자료들을 준비하고 계획안을 작성해야 했다. 단언컨대 지금까지 이렇게 어려운 과제를 맡은 참모 장교들은 없었을 것이다. 나는 나를 조사하라고 요청했고, 조사를 받았다. 독일 제국의 운명이 달린 그 중대한 시기에 칼텐브루너와 뮐러에 의해 몇 시간씩 진행된 심문은 인력과 정신력을 소모시켰다. 그러는 사이에도 동부 전선에서는 우리의 고향과 주민들의 생존을 위한 사투가 벌어지고 있었다. 칼텐브루너의 심문으로 몇 주 뒤 보닌을 제외하고 크네제베크와 크리스텐이 석방되는 성과는 얻었다. 그러나 그 두 사람도 총참모본부 안의 원래 직위에는 복귀하지 못하고 전선에 있는 연대의 지휘를 맡았다. 용감하고, 지혜롭고, 다정한 성품의 크네제베크는 전선에 투입되고 3일 만에 자신의 전투지휘소에서 전사했다. 크네제베크는 마지막까지 자신의 친구이자 상관이었던 보닌을 위해 애를 썼다. 크리스텐은 다행히 살아 있었다. 보닌은 아무런 이유나 죄도 없이 이런저런 수용소로 옮겨 다니다가 패전 뒤 히틀러의 감옥에서 미군 포로수용소로 옮겼다. 우리는 감옥에서 다시 만났다.

내게 가해진 치욕에 대한 분노와 고통 속에서 칼텐브루너와 뮐러의 심문을 받으며 내 귀중한 시간을 빼앗기는 동안, 동부 독일을 둘러싼 전투는 치열하게 계속되었다. 헝가리에서는 부다페스트를 해방시키려는 아군의 공격에 반격을 가하려는 소련군이 즉시 기동부대를 집결시켰다. "그 정도 수단으로는 성공하지 못함. 모든 전투 수단과 대규모 병력이 대기함." 감청된 소련군의 통신 내용이었다. 나는 강력한 반격에 대비하고 있어야 했다. 카르파티아 산맥 북쪽에서는 소련군이 브레슬라우와 상부 슐레지엔 공업 지대 방향으로 계속 치고 들어왔다. 아군의 방어가 허약한 탓에 그 일대의 상황은 매우 빠르게 전개될 것이 분명했다. 훨씬 북쪽에서는 칼리슈, 포젠, 브롬베르크를 향해 진격했다. 리츠만슈타트가 소련군의 수중에 들어갔다. 이제 소련군의 진로는 거의 막힘이 없었다. 다만 포위된 채 진로를 개척하며 이동 중인 24기갑군단과 그로스도이칠란트 기갑군단의 전선에서 두 군단은 이동하는 과정에서 수많은 소규모 부대들을 수습하고, 또 불굴의 용기로 소련군과 싸우며 서쪽으로 이동했다. 네링 장군과 폰 자우켄 장군이 그 며칠 동안 거둔 최고의 군사적 성과는 고대 그리스 저술가인 크세노폰[95]의 특별한 서술이 필요할 만큼 위대했다.

미엘라우-졸다우 지역에서는 소련군이 도이치 아일라우 방향으로 진격하기 시작했다. 거기서 남쪽에서는 토른-그라우덴츠를 공격했다. 그 공격의 북동쪽에서는 나이덴부르크-빌렌베르크 선으로 밀고 들어갔다. 메멜 남쪽에서는 새로운 위기 상황이 전개되었다. 쿠어란트에 있는 북부집단군에서는 명확한 의도가 파악되지 않는 적의 이동 상황이 보고되었다. 다만 쿠어란트에 있는 아군이 우리 고향으로 밀고 들어오는 적을 방어하는데 투입되지 못할 거라는 사실만은 분명했다. 또한 적의 병력을 쿠어란트에 묶어둔다고 해도 주전선에서 아군의 병력이 부족해서 발생하는 피해를 만회하지는 못한다는 사실도 분명했다. 나는 회의에 참석할 때마다 히틀러에게 북부집단군의 신속한 철수를 촉구했지만, 매번 아무 소용이 없었다.

1월 20일 소련군이 드디어 독일 땅에 발을 들여놓았다. 이제는 종말이 다가오고 있었다. 이른 아침 소련군이 호엔잘차 동쪽에서 제국 국경에 도달했다는 소식이 들어왔다. 아내는 첫 포탄이 떨어지기 30분 전에야 바르테가우에 있는 다이펜호프를 떠났다. 주민들에게 도피한다는 신호를 주지 않으려고 그렇게 오래 남아 있어야 했던 것이다. 아내는 불안해하며 당의 감시를 받고 있었다. 1943년 9월 베를린

95 크세노폰은 그리스의 저술가이나, 페르시아 내전에서 1만 명의 그리스 인들이 용병으로 고용되었을 때 참전하여, 그리스인 용병단 지휘관들이 페르시아인들에게 속아 모두 죽은 이후 지휘관 없이 버려진 용병 1만 명을 다시 규합, 그리스 본토까지 귀환시키는데 성공한 군사적 영웅이기도 하다. 크세노폰은 복귀한 이후 자신과 그리스 용병단의 복귀 과정과 노력했던 내용을 담은 「아나바시스」라는 저서를 썼고, 이 저서는 알렉산더가 페르시아 원정에 사용할 만큼 정확하게 페르시아안 지역의 특징과 지형을 묘사했다고 한다. (편집부)

에 있던 집이 폭격을 당했을 때 무사했던 짐들도 이제는 그대로 남겨둬야 했다. 내 가족은 다른 수백 만 독일인과 마찬가지로 고향에서 쫓겨난 사람들이었고, 내 가족의 상황이 결코 함께 쫓겨난 다른 독일인들보다 더 낫지 않았다고 자부한다. 우리는 그 어려움을 감당하게 될 것이다. 아내가 다이펜호프를 떠날 때 농장에서 일하던 사람들은 눈물을 글썽이며 차 주위로 모여 들었고, 많은 이들이 아내와 함께 떠나고 싶어 했다. 아내는 다이펜호프 주민들의 사랑을 받았고, 이별은 아내에게도 매우 힘든 일이었다. 1월 21일 초센에 도착한 아내는 달리 머물 곳이 없어서 내 거처에서 함께 지냈다. 그때부터 내 힘든 운명을 함께 나누고 도와주며 든든한 버팀목이 되어 주었다.

1월 20일 결정적인 변화 없이 부다페스트 서쪽 전투는 계속되었다. 그때까지 헝가리 군 참모총장이었던 뵈뢰시는 소련군 측에 있었다. 슐레지엔에서는 소련군이 국경을 넘어 브레슬라우 방향으로 즉시 공세를 이어갔다. 이미 언급한 대로 포젠 지역에서도 독일 국경을 넘었다. 바익셀 강 북쪽에서는 소련군의 대규모 병력이 토른-그라우덴츠 선을 공격했다. 주요 공격 방향에서는 강력한 예비대가 일선 부대의 뒤를 따랐다. 소련군이 보유한 예비대는 독일이 1940년 프랑스 출정 때나 보유했을 뿐, 그 이후로는 다시는 보유하지 못한 규모의 예비대였다. 메멜 남쪽에서는 적이 벨라우-라비아우 선을 공격해 오면서 쾨니히스베르크 방향으로 진격했다. 중부집단군은 대규모 협공에 의해 이중 포위를 당할 위험에 처했다. 한쪽 공격은 남쪽에서, 다른 한쪽은 메멜 강을 따라 동쪽에서 동프로이센의 수도 쾨니히스베르크로 접근했다. 4군과 대치하던 나레프 강에서는 소련군이 확실한 성공을 기대하다가 전선 돌파에 실패했다.

1월 21일에 전개된 소련군의 공격은 다음과 같았다. 상부 슐레지엔 공업 지대에 대한 대규모 공격이 이어졌고, 남슬라우-노이미텔발데 선으로 진격했다. 페트리카우를 둘러싼 전투가 벌어졌고, 그네젠-포젠, 브롬베르크-토른으로도 진격이 이어졌다. 일부 병력으로는 슈나이데뮐을 공격했고, 리젠부르크-알렌슈타인 방향으로 돌격했다. 히틀러는 4군을 나레프 강 돌출부에서 철수하게 해달라는 라인하르트의 긴급한 요청을 다시 거부했다. 라인하르트는 당연히 분노했고, 4군 사령관 호스바흐 장군도 마찬가지였다. 포위 위험이 커지자 호스바흐는 1월 22일 절망적인 결정을 내렸다. 호스바흐는 자기 군에 방향을 돌려 서쪽으로 공격하라고 명령했다. 서프로이센과 바익셀 강을 돌파하겠다는 의도였다. 호스바흐는 거기서 바이스 상급대장의 2군과 합류하기를 기대했다.

호스바흐는 자신이 내린 독자적인 결정을 실행한 뒤 1월 23일에야 집단군에 보고했다. 육군 최고사령부와 히틀러는 그 사실을 전혀 몰랐다. 우리는 먼저 동프로이센에서 가장 강력한 보루였던 뢰첸 요새가 전투도 없이 소련군에게 넘어갔다는 소식을 들었다. 무장이 가장 잘 갖춰져 있고 가장 잘 만들어졌으며, 병력도 제대로 배치된 그 요새를 잃었다는 보고는 청천벽력과도 같은 소식이었다. 히틀러가 완전히 자제력을 잃은 것은 당연했다. 그 사건은 1월 24일에 일어난 일이었다. 소련군이 같은 시각 마주렌 운하에서 북쪽으로 돌파해 들어가면서 북쪽 측방에서 호스바흐의 퇴각을 포착했기 때문에 퇴각이 제대로 이루어질 수가 없었다. 1월 26일 히틀러는 중부집단군에서 자신이 허락하지도 듣지도 못한 일이 일어났다는 사실을 알았다. 히틀러는 자신이 기만당했다고 생각해 거기에 맞는 반응을 보였다. 라인하르트와 호스바흐에 대해서는 끓어오르는 분노를 마구 쏟아냈다. "두 사람은 자이들리츠와 한통속이오! 이건 반역이야! 그 둘은 군사 법원감이오. 두 사람을 당장 교체하고 그 참모들도 즉시 교체하시오. 모두 그 사실을 알고 있으면서 누구 하나 통보하지 않았소!" 나는 자제력을 잃고 흥분한 히틀러를 진정시키려고 애를 썼다. "라인하르트 상급대장을 위해서라면 제 손을 불구덩이에 넣을 수 있습니다. 라인하르트는 총통께 자기 집단군의 상황에 대해 충분히 직보했습니다. 호스바흐도 소련군과 내통했다고는 믿지 않습니다. 분명 그 반대일 것입니다." 그러나 이날 저녁은 어떤 설명이나 변명도 불에 기름을 붓는 격이었다. 거세게 요동치는 파도는 히틀러가 부르크도르프와 함께 두 사람의 후임자를 결정한 뒤에야 진정되었다. 최근에 쇠르너 상급대장의 후임으로 쿠어란트에 파견된 렌둘리치 상급대장이 집단군 사령관에 임명되었다. 렌둘리치는 오스트리아 출신으로 영리하고 박식할 뿐 아니라 히틀러와의 관계에서도 노련하게 대처했다. 히틀러는 동프로이센 방어의 필사적인 임무를 렌둘리치에게 맡길 정도로 그를 신뢰했다. 호스바흐의 후임은 프리드리히 빌헬름 뮐러 장군이었다. 뮐러는 전선에서 단련된 유능한 군인이었지만 지금까지 상급 지휘권을 맡은 적은 한 번도 없었다.

라인하르트는 1월 25일 머리에 심한 부상을 당했다. 나와 라인하르트는 1월 29일에 다시 만나 그간의 일을 이야기했다. 다만 그때도 호스바흐의 행동에 대해서는 정확한 내막을 몰랐다.

동프로이센에서 그처럼 중대한 사건이 벌어지면서 허술했던 방어 조직은 완전히 흔들렸고, 히틀러의 마음속에는 그렇지 않아도 팽배했던 장군들에 대한 불신이 더욱 깊어졌다. 그러는 사이에도 동부전선의 나머지 지역에서는 힘겨운 퇴각 전투가 계속되었다.

아군은 부다페스트에서 슈툴바이센부르크를 탈환했다. 그러나 우리는 결정적인 성공을 거두기에는 병력이 부족하다는 사실을 잘 알고 있었고, 소련군도 그 사실을 알았다. 상부 슐레지엔에서는 소련군이 타르노비츠를 압박했다. 소련군은 공업 지대와의 연결을 차단하고 오데르 강에 교두보를 확보하기 위해서 코젤-오펠른-브리크 선으로 밀고 들어갔다. 또 다른 대규모 병력은 브레슬라우 지역 및 브레슬라우 시가지와 글로가우 사이로 흐르는 오데르 강 방향으로 진격했다. 소련군의 공격은 포젠 방향에서도 진척을 이루었고, 동프로이센에서는 그 지방을 차단하기 위한 협공이 계속되었다. 소련군은 도이치 아일라우-알렌슈타인 선을 지나 쾨니히스베르크로 진격하는 쪽에 공격의 중점을 두었다. 쿠어란트는 아직 조용했다.

1월 23일 파이스크레참과 그로스슈트렐리츠 부근에서 전투가 벌어졌다. 오펠른과 올라우 사이에서 오데르 강을 건너려는 의도가 분명했다. 오스트루프와 크로토신에 대한 공격이 이어졌고, 라비치에 소련군의 기갑부대가 진입했다. 그네젠-포젠-나켈 지역은 소련군의 수중에 들어갔다. 포젠 주변에서는 전투가 계속되었다. 동프로이센에서는 소련군이 바르텐슈타인 방향으로 계속 밀고 들어갔다. 탄넨베르크 기념비는 라인하르트의 명령으로 폭파되었다. 기념비 안에 있던 힌덴부르크 원수와 그 아내의 관은 안전하게 옮긴 뒤였다.

쿠어란트에서 소련군이 리바우를 공격하기 시작했다.

같은 날인 1월 23일 새로 임명된 외무부 연락관인 파울 바란돈 박사가 나를 찾아왔다. 내가 1944년 7월 지금의 직위에 취임한 이후 여러 차례 요구했지만, 박사의 전임자는 단 한 번도 나를 찾아오지 않았다. 외무부가 전선의 상황을 알 필요는 없다고 생각한 듯했다. 나는 바란돈 박사에게 독일의 현 상황을 있는 그대로 설명하고 평가했다. 그런 다음 나는 박사와 외무부를 통한 지원 방법을 함께 논의했다. 우리 둘 다 지금이 그럴 때라고 판단했기 때문이다. 우리는 외무부가 아직 유지하고 있는 몇 안 되는 외교 관계를 활용해 최소한 한쪽에서는 휴전에 이르기를 원했다. 서부전선의 연합군이 소련군이 독일로 들어오거나 독일을 지나 서유럽 대륙에 진입했을 때 발생할 위험을 충분히 이해하기를 바랐다. 그래서 휴전을 맺거나 독일이 서부전선을 연합국에 내주고 나머지 모든 병력으로 동부전선을 방어하는 데에 암묵적으로 동의하기를 기대했다. 물론 그 기대가 실현될 가능성은 매우 희박했다. 그러나 물에 빠진 사람은 지푸라기라도 잡고 싶은 심정인 법이다. 불필요한 희생을 막고 독일에 임박한 위험으로부터 독일과 전 유럽을 구하기 위해서 최소한 무엇이라도 해보고 싶었다. 바란돈 박사는 내가 외무부 장관 리벤트로프와 단둘이 만나 그를 설득하는 자리를 주선하기로 약속했다. 나는 총통의 수석 정치 고문에게도 바란돈 박사에게 했던 것처럼 지금의 절박한 상황을 솔직하게 설명한 뒤 함께 히틀러를 찾아가기를 원했다. 그래서 완전히 고립된 독일 제국이 아직 활용할 수 있는 마지막 외교 수단을 히틀러와 논의하고 싶었다. 그런 수단이 많지도 않을뿐더러 효과적이지 않으리라는 사실은 이미 알고 있었다. 그렇다고 해서 전쟁을 끝낼 수 있는 모든 것을 시도해야 할 의무까지 저버릴 수는 없었다. 바란돈 박사는 즉시 리벤트로프를 만나러 갔고, 리벤트로프와 나와의 면담 일을 1월 25일로 정했다.

그때까지 전선의 파국은 눈사태처럼 확산되었다. 헝가리에서는 소련군이 아군의 돌파구로 반격해 오려는 기미가 포착되었다. 슐레지엔에서는 소련군이 글라이비츠까지 밀고 들어왔다. 코젤과 브리크 사이와 디헤른푸르트와 글로가우 사이에서는 오데르 강 도하를 준비하고 있었다. 브레슬라우가 정면으로 공격을 받았지만 아군이 그곳 요새를 고수했고, 글로가우와 포젠에서도 마찬가지였다. 동프로이센에서는 소련군이 엘빙을 돌파하려고 시도했다.

1월 25일 벨렌체 호수 남쪽에서 반격에 나서려는 소련군의 준비 움직임이 더 뚜렷하게 드러났다. 도나우 강 북쪽에서 싸우는 크라이징 장군 휘하 8군 전방에서도 레바-이폴리자츠-블라우엔슈타인 지역에서 공격 준비 움직임이 분명해졌다. 상부 슐레지엔에서는 공업 지대를 공격하기 위한 준비가 계속되었다. 소련군이 오데르 강에 도달했다.

포젠을 포위한 소련군은 포젠 요새를 지나 오데르 강-바르테 강 만곡부로 진격했다. 그곳은 원래 요새화된 진지에 의해 지켜져야 했던 곳이었다. 그러나 평화 시에 세심하게 구축된 그 진지는 대서양 방벽에 장비를 빼앗겼다. 그로 인해 이 시점에는 요새화된 전선의 뼈대만 갖추고 있었다. 소련군은 바익셀 강 서쪽에서 북쪽으로 진격해 아군의 방어선을 배후에서 공격할 목적으로 슈나이데뮐-브롬베르크 지역에 집결했다.

나는 마지막에 언급한 그 위험을 막기 위해서 히틀러에게 새 집단군을 만들자고 제안했다. 1월 25일자로 중부집단군으로 이름을 바꾼 A집단군과 이제부터는 북부집단군으로 불리게 된 중부집단군 사이의 지역을 지휘하면서 그 지역 방어를 새로 조직하는 임무를 맡기자고 했다. 그런 다음 모든 전선에서 가장 위험한 그 지역을 책임질 최고사령관과 참모부 선발 문제를 논의하려고 국방군 지휘참모부의 요들 상급대장을 만났다. 나는 발칸 반도에 투입된 2개 집단군 참모부 가운데 하나인 폰 바익스 원수의 참모부를 활용하자고 제안했다. 폰 바익스 원수는 내가 아주 잘 알았고 성격으로나 군인다운 면에서나 매우 높이 평가하는 사람이었다. 또한 지혜롭고 정직하며 용감한 남자로서 이 어려운 상황에서 아직 손을 쓸 일이 남아 있다면 그 일을 누구보다 잘 해낼 수 있는 인물이기도 했다. 요들은 히틀러와 만날 때 나를 지지해 주겠다고 약속했다. 그래서 내 일을 확실하게 처리했다고 믿었다. 1월 24일 히틀러에게 내가 준비한 내용을 제안하자 히틀러는 이렇게 대답했다. "내가 볼 때 폰 바익스 원수는 지친 것 같소. 그래서 이 임무를 감당하리라고는 믿지 않소." 나는 요들도 나와 같은 생각이라고 언급하면서 내 제안을 강력하게 대변했다. 그러나 곧 큰 실망감을 맛보아야 했다. 요들이 폰 바익스 원수의 깊고 진실한 신앙심[96]에 대해 부정적인 말을 하는 바람에 히틀러가 내 제안을 단호하게 거부하고는 그 자리에 힘러를 임명한 것이다. 나는 심하게 잘못된 그 조치에 경악했고, 내게 있는 말솜씨를 총동원해 불행한 동부전선에 그런 어리석은 짓을 저지르지 않게 하려고 애를 썼다. 그러나 아무 소용이 없었다. 히틀러는 힘러가 상부 라인 지방에서도 자기 일을 매우 훌륭하게 수행했다고 주장했다. 또한 보충군을 손에 쥐고 있기 때문에 곧바로 보충군을 필요한 곳에 동원할 수 있다고도 했다. 따라서 인적으로나 물적으로나 새 전선을 구축하는 데는 힘러가 적임자라고 했다. 힘러에게 최소한 바익스 집단군의 단련된 참모부라도 딸려 보내려고 했지만 그 소박한 시도마저도 실패했다. 히틀러는 힘러에게 그의 참모부를 스스로 꾸리라고 명령했다. 힘러는 그때까지 1개 SS기갑사단을 지휘했던 용맹스러운 라머딩 SS소장을 자신의 참모장으로 선택했다. 라머딩 SS소장은 이제 막 창설되는 집단군의 막중한 참모부 업무에 대해서는 전혀 모르는 인물이었다. 나는 새로 만들어진 참모부에 총참모본부 장교 몇 명을 배치해서 조금이나마 도움을 주려고 했지만, 그정도로는 새 집단군 최고사령관과 참모장의 근본

96 막시밀리안 폰 바익스 원수는 바이에른 왕국의 유서깊은 귀족 가문 출신으로, 독실한 카톨릭 신자였다.(편집부)

적인 결함을 만회할 수 없었다. 힘러는 방어를 조직하기 위해 일단의 SS지도자들을 선발했다. 그러나 그들 대부분은 그 임무를 감당할 만한 능력이 없었다. 야심만만한 힘러는 아군 전체에 피해를 초래한 쓰디쓴 일들을 겪은 뒤에야 겨우 말귀를 알아들었다.

1월 25일 나는 빌헬름 거리에 새로 지어진 화려한 관저에서 제국 외무부 장관을 만났고, 리벤트로프 장관에게 모든 사실을 솔직하게 말했다. 리벤트로프는 현재의 상황을 그렇게 심각하게 여기지 않았는지, 몹시 충격을 받은 듯 내가 한 말들이 전부 사실이냐고 물었다. 그러더니 이렇게 말했다. "총참모본부는 강심장인 것 같습니다." 그렇게 많은 일들과 무리한 요구들을 실행해야 하는 상황에서 침착함과 분명한 판단력을 유지하려면 거의 초인적으로 강인한 정신력이 필요했다. 나는 자세한 설명을 마친 뒤 '독일 외교 정책의 조종사'인 리벤트로프에게 나와 함께 히틀러를 만나 최소한 한쪽 전선만이라도 휴전을 체결하자고 제안할 의향이 있는지 물었다. 그런 다음 우선은 서부전선에서의 휴전을 염두에 두고 있다고 덧붙였다. 그러자 리벤트로프 장관은 이렇게 말했다. "그렇게는 못합니다. 나는 총통의 충직한 부하입니다. 나는 총통이 적들과 어떤 외교적 협상도 원치 않는다는 사실을 잘 압니다. 그렇기 때문에 장군이 제안한 내용을 총통께 말씀드릴 수는 없습니다." 그래서 나는 리벤트로프에게 물었다. "만일 소련군이 3~4주 내에 베를린 성문 앞까지 들어온다면 그때는 무슨 말씀을 하시겠습니까?" 그러자 리벤트로프 장관은 무척 놀란 표정으로 소리쳤다. "장군은 그런 일이 가능하다고 생각합니까?" 그 일은 가능할 뿐만 아니라 우리의 현 지도부를 생각할 때 확실하다고 확언하자 리벤트로프는 잠시 평정심을 잃었다. 그러나 히틀러를 만나러 함께 가겠냐고 재차 물었을 때도 긍정적인 대답을 하지 못했다. 내가 리벤트로프에게서 들은 유일한 대답은 다음과 같았다. "이 일은 우리끼리만 아는 걸로 합시다!" 나는 그렇게 하자고 대답했다.

그날 저녁 전황 보고 시간에 히틀러를 찾아갔을 때 히틀러는 이미 무척 흥분해 있었다. 내가 조금 늦게 도착해 회의실로 들어갈 때부터 흥분해서 큰 소리를 질렀다. 히틀러는 막 자신의 '기본 명령 1호'를 엄격하게 준수해야 한다고 요구하는 중이었다. 그 명령에 따르면 그 누구도 자신의 업무 영역과 관련된 내용을 그 일에 필요한 사람이 아닌 다른 사람에게 전달해서는 안 된다는 것이었다. 히틀러는 나를 보더니 더 큰 소리로 말을 이어갔다. "그러니 참모총장이 외무부 장관을 찾아가 동부전선 상황을 알려주면서 연합국과의 휴전을 도모하려 했다면, 그 행동은 국가에 대한 반역 행위요!" 그로써 리벤트로프 장관이 자기가 한 말을 지키지 않았다는 사실도 알게 되었다. 오히려 더 잘 된 일이었다. 어쨌든 히틀러도 이제 상황을 알았으니 말이다. 그러나 히틀러는 객관적인 제안에 대한 논의 자체를 거부했다. 히틀러는 한동안 계속 고함을 질러대다가 그 고함이 내게 별다른 영향을 주지 못한다는 사실을 깨닫고는 그만두었다. 나는 나중에 포로로 갇혀 있는 동안에야 믿을 만한 출처를 통해 그날의 진상을 알게 되었다. 외무부 장관은 그날로 바로 나와 나눈 이야기를 기록해 히틀러에게 보냈지만 내 이름을 거론하지는 않았다고 했다. 그러나 그것은 굳이 거론하지 않아도 알만한 일이었다.

그로써 외무부 장관의 도움을 받아 최소한 한쪽 전선에서 휴전 협상을 진행하려는 시도는 실패로 돌아갔다. 물론 혹자는 내게 이렇게 반박하리라. 당시 연합국은 그런 협상에 응할 생각이 거의 없었고, 더욱이 연합국은 소련과 독일과의 협상을 공동으로만 진행한다는 협정을 맺은 상태였다고. 그렇지만 나는 히틀러를 그런 행동으로 이끌려는 시도를 감행했어야 한다고 생각했다. 그래서 리벤트로프 장관의 거절로 끝내지 않고 다른 경로를 통해 똑같은 계획을 추진하겠다는 결심을 바꾸지 않았다. 2월 첫 주 동안 나는 그 일을 추진하기 위해서 제국에서 가장 저명한 인물들 중 한 사람을 찾아갔다. 그는 내게 보다 공감 어린 태도를 보였지만, 내 부탁에 대해서는 리벤트로프와 거의 비슷하게 답변했다. 3월에 그 문제와 관련해 시도한 세 번째 노력에 대해서는 나중에 다시 언급할 것이다.

1월 27일까지 소련군의 거센 공격의 물결은 엄청난 속도로 점점 더 큰 재앙을 불러왔다. 부다페스트 남서쪽에서는 소련군이 반격에 나섰고, 부다페스트에서는 남아 있던 아군 점령군이 계속 치열한 전투를 벌였다. 상부 슐레지엔 공업 지대에서는 상황이 긴박해졌다. 소련군이 메리시 분지 방향과 트로파우-메리시 오스트라우-테셴으로 밀고 들어왔다. 바르테가우와 동프로이센의 상황은 특히 뼈아프게 전개되었다. 포젠이 포위되었고, 보루 하나는 이미 빼앗겼다. 소련군은 쇤랑케, 슐로페, 필레네, 슈나이데뮐, 우슈로 진격했고, 나켈과 브롬베르크는 소련군의 수중에 들어갔다. 또한 바익셀 강 서쪽으로 슈베츠를 공격했다. 메베 부근에서는 동쪽에서 바익셀 강을 도하했다. 마리엔부르크에서는 웅장하고 유서 깊은 오르덴스부르크(기사단의 성) 주변에서 전투가 벌어졌다. 힘러는 자신의 사령부를 오르덴스부르크[97] 크뢰신제로 옮겼다. 힘러는 거기서 육군 최고사령부의 승인도 없이 토른과 쿨름, 마리엔베르더 철수를 명령했다. 그런데 히틀러는 거기에 대해서는 아무 말도 하지 않았다. 힘러의 이 독단적인 결정으로 바

97 Ordensbrug: 바로 앞 문장에 나오는 것처럼 원래는 '기사단의 성'을 뜻한다. 그러나 여기서는 히틀러 시대에 장차 나치스 지도자가 될 젊은이들을 훈련하기 위해 설립한 학교이다. 1934~36년 사이에 세 곳이 탄생했으며, 과거에 있던 기사단의 성 건물을 변형시킨 것이 아닌 신축 건물이다. (역자)

익셀 강 선은 저항 한 번 없이 소련군에게 넘어갔다. 그 때문에 강 동쪽에 있는 아군의 분리는 시간 문제였다.

동프로이센에서는 프라우엔부르크, 엘빙, 카르빈덴, 리베뮐 주변에서 전투가 벌어졌다. 프리틀란트에도 소련군의 강한 압박이 가해졌다. 쾨니히스베르크 북쪽이 공격을 받았고, 잠란트에 위기가 발생했다. 반면에 쿠어란트에서는 아군의 방어가 성공을 거두었지만, 크게 기뻐할 만한 일은 아니었다.

이날 나는 1928년 생 신병들을 동부전선에서 서부로 이송하기 위한 신청서를 제출했다. 아직 훈련이 되지 않은 어린 병사들을 전투에 투입하지 못하게 할 의도였다. 다행히 이 일은 성공을 거두었다. 나는 1944년 가을에도 구두 보고나 서면 보고서를 통해 16세 소년의 전투 투입에 반대했었다.

힘러 사령부에서는 부실한 조직력의 피해가 이미 나타나기 시작했다. 통신 체계가 제대로 작동하지 않고 있었다. 나는 그 점을 히틀러에게 보고했다. 그러나 히틀러는 거기에 대해서는 문제를 삼지 않았다. 육군 인사국장이 히틀러에게 프리드리히 빌헬름 1세와 프리드리히 대왕이 명령에 복종하지 않는 분자들에게 가한 조치를 알려주었기 때문이다. 부르크도르프 장군은 사료를 찾아보더니 2백 년 전의 판결에서 매우 극단적인 예 몇 가지를 낭독했다. 히틀러는 크게 만족해하면서 이렇게 말했다. "사람들은 항상 내가 아주 잔인하다고 생각하지만, 모든 고상한 사람들에게 그 전례들을 한 번 읽어보라고 권했으면 좋겠소이다." 어쨌든 히틀러는 자신의 잔혹성을 알고 있었고, 그 잔혹성을 역사 속의 예를 통해 정당화하려고 애를 썼다. 히틀러의 그런 노력 앞에서 지금의 끔찍한 상황은 뒷전으로 밀려났다.

같은 날 6기갑군의 동부 수송이 시작되었다. 앞에서 언급한 대로 히틀러는 베를린으로 돌아온 뒤 서부전선을 방어로 전환하라고 명령했다. 동시에 전환을 통해 자유로워진 병력을 동부전선에 활용하는 문제에 대해 자기만의 계획을 품고 있었다. 나는 모든 병력을 베를린 동쪽으로 이동시켜 2개의 집단으로 나눈 뒤 한쪽은 글로가우-코트부스 지역에, 다른 쪽은 오데르 강 동쪽 포메른에 집결시키자고 제안했다. 너무 멀리까지 밀고 나온 소련군 최전방 선봉대가 아직 소규모인 동안, 그리고 아군의 동부 요새들이 건재해 보급을 받지 못하는 사이에 그들을 공격하자는 의도였다. 그러나 히틀러는 그 병력을 독일 방어, 특히 수도 베를린을 방어하는데 투입하지 않고 헝가리에서의 공세에 활용하겠다고 고집했다. 요들은 첫 번째 군단이 도착하기까지는 14일이 걸릴 것으로 예측했다. 전체 행군이 완료되려면 몇 주는 더 걸려야 했다. 따라서 3월 초순 전에 공격을 시작하는 것은 생각할 수 없었다. 그러나 그때까지 베를린은 과연 어떤 상황이 될까?

상부 슐레지엔 공업 지대의 가장 큰 부분은 이제 소련군의 수중에 들어갔다. 그로써 전쟁을 계속할 수 있는 기간도 단지 몇 개월에 불과했다. 슈페어는 지난 12월에 이미 루르 지역이 파괴된 뒤로 유일하게 온전하게 남은 이곳 공업 지대가 얼마나 중요한가에 대해 충분히 공감할 만한 보고서를 제출했었다. 그럼에도 불구하고 서부전선 공세 때문에 이 공업 지대에 대한 방어를 전혀 신경 쓰지 않았다. 이제는 전투력의 원천인 공업지대도 막혀 버렸다. 슈페어는 아주 냉정한 문장으로 시작하는 새 보고서를 하나 작성했다. "우리는 전쟁에서 패했습니다." 슈페어는 그 보고서를 히틀러에게 제출하기 전에 나에게 읽어보라고 주었다. 안타깝지만 그 내용에 동의할 수밖에 없었다. 히틀러는 첫 문장을 읽어보더니 자신에게 전달된 다른 경고의 글들이 있는 철제 장 속에 넣어버렸다. 나는 그 침울했던 며칠 사이의 어느 날 자정 전황 보고가 끝난 뒤 슈페어가 히틀러에게 면담을 요청했다는 사실을 알았다. 히틀러는 슈페어를 만나려 하지 않았다. "슈페어는 우리가 전쟁에 졌고 전쟁을 끝내야 한다는 말을 다시 하려는 것뿐이오." 그러나 슈페어는 물러가지 않고 버티면서 부관을 통해 자신의 보고서를 다시 히틀러에게 전달했다. 히틀러는 그 젊은 SS장교에게 명령했다. "그 서류를 내 서류함 속에 넣어 두게." 그런 다음 히틀러는 나를 돌아보면서 말했다. "내가 왜 그 누구와도 단둘이 만나려 하지 않는지 장군도 이제 이해할 거요. 나와 단둘이 만나려는 사람은 항상 뭔가 불쾌한 이야기를 하려는 것이기 때문이오. 나는 그런 이야기를 견딜 수가 없소."

1월 28일 소련군이 퀴벤 부근에 오데르 강 교두보를 확보했다. 나와 총참모본부는 그들이 자간으로 진격할 것으로 예상했다. 멀리 북쪽에서는 크로이츠-슈나이데뮐 지역에서 서쪽으로 프랑크푸르트와 슈테틴 사이의 오데르 강으로 나아갔는데, 나중에 베를린을 공격하기 위한 토대를 만들려는 의도가 분명했다. 아군의 약점을 간파하면서 작전을 지휘하는 소련군 주코프 원수의 계획은 점점 더 대담해졌다. 소련군의 오데르 강 방향 공격을 주도하는 병력은 1, 2, 8근위기갑군과 5돌격군, 61군이었다. 그밖에도 소련군에는 나켈-브롬베르크 지역에서 북쪽 방향으로 아군의 바익셀 방어선을 공격할 병력이 여전히 충분했다. 동프로이센에서는 북부집단군의 해상 연결을 차단해 분리시킬 목적으로 비스와 석호 해안을 따라 북동쪽으로 압박을 가했다. 훨씬 동쪽에서는 쾨니히스베르크를 점점 포위하고 있었다.

1월 29일 저녁 전황 보고 시간에는 히틀러가 여러 차례 분명하게 요구한 장교들의 강등 문제가 거론되었다. 히틀러가 생각할 때 임무를 충실히 이행하지 못한 장교들이 그 대상이었다. 그로 인해 검증된 일선 장교들이 히틀러의 순간적인 흥분 때문에 조사도 받지 않고 1계급이나 그보다 심하게 계급이 강등되었다. 나는 중(重)대전차대대의 한 지휘관이 당한 사례를 알고 있다. 그 지휘관은 일곱 번이나 부상을 당하고 황금전상훈장을 받았으며, 마지막 중상에서 회복하자마자 다시 전선으로 서둘러 돌아간 인물이었다. 그 지휘관의 대대는 열차에 실려 서부전선을 따라 이동하다가 여러 차례 연합군의 전투기 공격을 받았다. 그로 인해 수송이 와해되고, 그의 대대는 뿔뿔이 흩어진 상태로 전투에 투입되었다. 그러자 히틀러는 바로 얼마 전 용맹한 전투를 치하해 중령으로 진급시킨 그 예비대 지휘관을 소위로 강등시키라고 명령했다. 그 자리에 있었던 기갑 총감실의 토말레 참모장과 나는 그 조치에 강력하게 반대했다. 그러자 이번 전쟁의 전 기간 동안 단 한 번도 전선에 가보지 않은 한 고위 인사가 매정하게 말했다. "황금전상훈장은 아무것 아닙니다." 그로 인해 결과는 좋지 않았다. 그날 나는 1941년 소련 출정 당시 내 지휘 아래 있던 보급 장교였던 헤켈이라는 늙은 예비대 중령의 경우를 언급했다. 린츠 출신이었던 헤켈은 고향에서 밀고를 당하는 바람에 사병으로 강등되었고, 한 박격포대대에 배치돼 박격포탄을 운반해야 했다. 나는 뉘른베르크 기록실에서 내가 당시 진술했던 내용의 속기록 일부를 발견했다. 그 속기록이 유일한 자료인 관계로 여기에 그대로 옮겨 적고자 한다.

"언급된 박격포대대에는 폴란드와 프랑스, 소련에서 저의 보급 장교였던 중령이 한 명 있습니다. 제 손으로 직접 1급 철십자훈장을 달아준 사람입니다. 이 남자는 상부 도나우 출신의 한 동향인에 의해서 밀고를 당했는데, 그가 하지도 않았을 뿐더러 시간적으로도 오스트리아 합병 이전에 했다는 근거도 없는 발언 때문이었습니다. 그로 인해 그는 직위에서 해임되어 빌트플레켄에 있는 그 박격포대대로 쫓겨났습니다. 행실이 점잖고 나무랄 데 없고, 자신의 일에서도 매우 유능하고 흠잡을 데 없던 그 중령은 거기서 박격포탄을 나르고 있습니다. 그는 제게 충격적일 만큼 경악스러운 편지를 보냈습니다. '저는 아무 죄 없이, 합당한 조사와 검증도 없이 단지 저를 밀고한 한 야비한 인간 때문에 명예를 훼손당했고, 제가 뭘 어떻게 해야 좋을지 모르겠습니다.' 제가 알기로 그는 아직도 복권되지 않았습니다."

내 노력의 결과는 만족스럽지 못했다. 다만 여기서 이 속기록을 인용한 까닭은 총통 사령부를 차지하고 있는 인간들의 무감각에 조금이라도 영향을 미치기 위해서 내가 대변해야만 했던 어조를 보여주기 위해서였다. 나는 종종 대개는 아주 사소한 이유로 당과 갈등에 빠졌다가 갑자기 집단수용소로 끌려가거나 형벌부대로 배치된 불행한 사람들을 구하려고 노력했다. 다만 안타깝게도 그런 개별적인 사건들을 알게 되는 경우가 드물었다. 그밖에도 당시의 위기 상황으로 인해 할 일과 걱정거리가 너무 많은 탓에 사적인 도움의 손길을 내밀기도 무척 어려웠다. 그때도 하루는 24시간뿐이었다. 긴박한 상황에서는 대부분 그랬듯이 하루에 두 번씩 총통 사령부를 찾아가려면 초센에서 베를린 수상관저까지 두 번 왕복하는데 3시간이 걸렸다. 히틀러와의 회의도 2시간 이하로 끝나는 경우는 없었고, 대부분이 3시간을 훌쩍 넘겼다. 그러면 회의 시간만 6시간이었다. 그래서 그런 날에는 보고를 위해 소요되는 시간만 8~9시간이었는데, 유용한 업무는 전혀 수행하지 못한 채 쓸데없는 말만 오가는 시간이었다. 히틀러는 암살 미수 사건 이후 나에게 국방군 지휘참모부와 국방부 내 다른 참모부의 보고에도 참석하기를 요구했다. 보통 때라면 그런 요구는 합당했다. 나의 전임자인 차이츨러는 업무를 수행하던 마지막 무렵, 자신이 첫 번째로 보고를 하고는 바로 그 자리를 빠져나와 히틀러를 불쾌하게 만들곤 했었다. 히틀러는 그 때문에 내게 항상 자리를 지키라고 명령한 것이다. 그러나 과중한 업무에 시달리던 그 시기에 전투력도 거의 없는 공군이나 해군 대표의 중요하지도 않은 연설을 몇 시간씩 들어야 하는 일은 정신적으로나 육체적으로나 큰 고역이었다. 게다가 장시간 혼자서 이야기하는 히틀러의 습관은 점점 심각해져가는 전황에 의해서도 달라지지 않았다. 반대로 히틀러는 자기 자신과 다른 사람들에게 아군의 작전이 실패한 이유를 끝없이 길게 설명하려 들었고, 수많은 상황과 사람에게 그 책임을 돌렸다. 다만 자기 자신에게서 그 책임을 찾는 일은 결코 없었다. 두 번 연속해서 회의에 참석해야 하는 날이면, 나는 다음날 아침이 되어서야 초센으로 돌아왔다. 때로는 새벽 5시가 되어서야 숙소로 들어가 짧은 휴식을 취해야 했다. 육군 최고사령부 장교들이 집단군에서 보낸 오전 소식을 보고하고 회의를 시작하는 시간이 8시였기 때문이다. 회의는 요기를 해결하기 위해 잠시 중단되었다가 수상관저로 데려갈 차가 도착했다는 소식이 올 때까지 계속되었다. 때로는 베를린의 공습경보 때문에도 복귀가 지연되었는데, 그때마다 히틀러는 나의 생명이 위험하다고 걱정하면서 출발을 금지시켰다. 그 때문에 수석 보좌관인 벵크 장군을 대신 저녁 보고에 보낸 적도 여러 번이었다. 나는 초센에 남아 조용히 생각할 시간을 얻거나 그동안 밀린 업무를 처리했다. 때로는 히틀러가 장교단이나 육군 전체에 거센 분노를 표출하다가 저지른 잘못에 대한 불만의 표시로 그 자리에 참석하지 않은 적도 여러 번이었다. 히틀러는 매번 그 사실을 알아차리고는 이후 며칠 동안은 내게 평소보다 더 신경을 썼지만, 그런 태도가 오래가지는 않았다.

1월 30일 소련군이 헝가리 플라텐 호수 남쪽에 포진한 2기갑군에

맹공을 퍼부었다. 오데르 강 연안에서는 올라우 지역에 병력을 집결해 그곳 교두보를 확장하려고 했다. 뤼벤에 있는 소련군의 교두보에서도 병력 강화가 포착되었다. 바르테 강 남쪽에서는 소련군의 작전 돌파가 성공했고, 북쪽에서는 서쪽으로 밀고 들어가 졸딘-아른스발데 지역을 점령해 슈테틴을 위협했다. 브라운스베르크 남쪽, 보름디트, 알렌슈타인 북쪽과 바르텐슈타인 남쪽에서도 강력한 공격이 이어졌는데, 서쪽으로 향하는 아군의 공격을 봉쇄하고 배후를 공격하려는 의도가 엿보였다. 쾨니히스베르크 요새가 남쪽과 서쪽에서 차단되었다.

1월 30일 헝가리에 있는 소련군이 도나우 강과 플라텐 호수 사이의 아군 전선을 공격했다. 도나우 강 북쪽에서는 소련군의 공격 준비 움직임이 포착되었다. 오데르 강의 슈타이나우 교두보에서는 자간-코트부스를 공격하려는 준비가 진행되었다. 바르테 강 양쪽에서도 소련군의 진격이 이어졌다. 병력이 거의 배치되지 않아서 방어 능력이 없던 오더-바르테 강 만곡부의 아군 진지가 돌파되었다. 포메른에서는 아군이 슐로페-도이치 크로네-코니츠 선에서 일시적으로 소련군의 공격을 막아냈다. 동프로이센에서는 소련군이 하일스베르크로 밀고 들어갔다. 쿠어란트에서는 소련군의 공격 재개가 임박해 있었다.

악몽 같던 1월은 소련군의 대규모 공세에 대한 나와 총참모본부의 모든 우려를 현실로 보여주었다. 소련군의 공격이 놀라울 정도로 빠르게 진척된 데에는 몇 가지 이유가 있었다. 먼저 히틀러와 국방군 지휘참모부의 이해할 수 없는 서부전선 작전 수행과 서부전선에서 동부전선으로의 전환이 지연된 점을 꼽을 수 있다. 나아가서는 가장 어려운 상황에 있던 바익셀 집단군을 군사 문제에 문외한인 사람에게 맡긴 탓이었다. 소련군은 동프로이센과 서프로이센을 독일로부터 사실상 분리시켜 고립된 방어 지역 두 곳을 새로 만들어냈다. 해상이나 공중으로만 보급이 이루어져야 하는 상황이라 언제까지 방어할 수 있을지는 시간문제였다. 공군과 해군은 고립된 육군 부대의 보급을 전담하기 위해 전투 임무에서는 배제되었다. 그들의 전투력은 어차피 미미했다. 아군의 무기력함을 확신할수록 소련군은 점점 더 사기가 높아졌고, 소련군 기갑부대는 점점 더 대담해졌다. 그 때문에 히틀러는 1월 26일 1개 대전차사단을 창설하라고 명령했다. 창설된 사단은 이름은 그럴듯하고 큰 기대를 걸 만해 보였지만, 그 이름이 전부였다. 이 부대는 사실 자전거 중대들로 구성되었는데, 용감한 소위들의 지휘 아래 휴대용 대전차 무기인 판처파우스트(Panzerfaust)로 무장한 채 소련군의 T-34 전차와 중(重)전차들을 상대해야 했다. 이 사단은 중대별 투입이 결정되었다. 용감한 병사들을 생각할 때 참으로 안타까운 일이었다.

2월 초에는 상황이 동부전선과 서부전선 모두 치명적으로 전개되었다.

동부에서는 즉각적인 철수를 위한 내 모든 노력에도 20개 보병사단과 2개 기갑사단을 보유한 쿠어란트 집단군이 여전히 쿠어란트 북단을 고수하고 있었다. 쿠어란트 집단군은 전투 능력을 갖춘 우수한 부대들로 구성된 집단군이었다. 히틀러는 그때까지 4개 보병사단과 1개 기갑사단만 철수시켰다.

북부집단군은 심란트, 쾨니히스베르크, 거기서 남쪽에 위치한 에름란트에서 좁은 지역으로 밀려나 있었다. 이들도 쿠어란트 집단군과 마찬가지로 해상이나 공중으로 보급을 받아야 했다. 북부집단군의 19개 보병사단과 5개 기갑사단 병력은 현저하게 줄어들었다. 북부집단군은 그밖에도 또 다른 여러 사단의 잔여 병력을 보유하고 있었다.

바익셀 집단군은 그라우덴츠와 엘빙 사이의 바익셀 강에서 도이치크로네를 지나 슈베트-그륀베르크 구역의 오데르 강까지 이어진 얕은 전선에 위치했다. 이 집단군의 병력은 25개 보병사단과 8개 기갑사단이었다.

중부집단군의 전선은 슐레지엔으로 연결되어 카르파티아 산맥까지 뻗어 있었다. 소련군은 브레슬라우 남북 양쪽에서 오데르 강 교두보를 확보했다. 상부 슐레지엔 공업 지대는 소련군의 수중에 들어갔다. 이 집단군 병력은 약 20개 보병사단과 8개 반 기갑사단이었다.

마지막으로 카르파티아 산맥과 드라우 강 사이에 위치한 남부집단군은 19개 보병사단과 9개 기갑사단 병력이었다. 남부집단군은 서부전선에 투입된 예비대가 도착하면 플라텐 호수 양쪽을 공격할 계획이었다. 도나우 강 우측 연안을 탈환한 뒤 동부전선의 남쪽 측방을 강화하고 석유 생산을 보장하는 것이 남부집단군의 임무였다.

서부에서는 아르덴 공세 실패 이후 전선이 다음과 같이 뒤로 밀려났다. 드리엘 부근 마스 강-발 강-아른하임-클레베 부근 라인 강-루르몬트 부근 마스 강-루어 강에서 뒤렌까지-슈네 아이펠-우르 강-자우어 강-피스포르트에서 레미히까지의 모젤 강-자르 강에서 자르게뮌트까지-비치-하게나우-상부 라인 강.

헝가리 공격에 투입될 예정인 SS사단들은 본-아르바일러 주변과 비틀리히-트라벤 트라르바흐 주변에 있는 두 곳의 재정비 지역에 위치했고, 일부는 아직 이곳으로 집결하는 중이었다. 모든 이동은 극도로 더디게 진행되었다. 적의 우세한 공군력이 병력 수송과 실행 의지를 마비시켰기 때문이다.

동부전선에는 전투력이 약화된 103개 보병사단과 마찬가지로 약화된 32.5개 기갑사단과 기갑척탄병사단이 남아 있었다. 반면에 서부전선에는 65개 보병사단과 12개 기갑사단이 있었으며, 그중 4개 기갑사단은 동부전선으로 이동하기 위해 대기해야 할 병력이었다.

이런 상황에서 나는 다시 한 번 히틀러를 찾아가기로 결심했다. 헝가리에서의 공격을 취소하고, 대신 프랑크푸르트 안 데어 오더와 퀴스트린 사이에서 오데르 강 연안까지 밀고 들어온 소련군 선봉대를 남쪽에서는 글로가우-구벤 선으로, 북쪽에서는 피리츠-아른스발데 선을 지나 아직은 약한 양 측방을 공격하자고 제안하기 위해서였다. 나는 그 공격을 통해서 제국의 수도와 제국 본토 방어를 더 강화하고, 연합국과의 휴전 협상을 벌이기 위한 시간을 벌고자 했다.

이 작전을 위한 전제 조건은 발칸 반도와 이탈리아, 노르웨이, 무엇보다 쿠어란트에서의 신속한 철수였다. 2월 초순 일본 대사 오시마가 수상관저를 방문하고 돌아간 뒤 나는 히틀러에게 내 계획을 설명했다. 그러나 히틀러는 철수 문제에 관한 모든 제안을 거부했다. 나는 몹시 절박한 심정이었고 마지막에는 완고한 히틀러에게 이렇게 말했다. "총통께서는 제가 옹고집을 부리느라고 계속해서 쿠어란트 철수를 제안하다고 생각하지는 않으실 겁니다. 우리에게는 예비대를 조달할 다른 가능성이 더 이상 없고, 예비대가 없으면 우리는 제국의 수도를 방어할 수가 없습니다. 저는 진실로 오직 독일을 위해서 말씀드리는 겁니다!" 그러자 몸의 왼쪽 반 전체가 떨리는 히틀러가 화를 냈다. "나한테 어떻게 그런 말을 하는 거요? 나는 독일을 위해 싸우지 않는다고 생각하시오? 나의 모든 삶은 오직 독일을 위한 투쟁이오." 그러더니 미친 듯이 분노를 쏟아내는 바람에 나중에는 괴링이 내 소매를 잡고 나를 옆방으로 데려가야 했다. 나는 거기서 마음을 가라앉히기 위해 차를 마셨다.

다음으로 나는 되니츠 대제독을 만나 내가 다시 철수 문제를 거론할 때 거들어달라고 애걸하다시피 부탁했다. 무거운 장비들을 포기하겠다는 결심만 하면 병력을 수송할 배의 공간은 충분했다. 그러나 히틀러는 그렇게 하기를 거부했다.

히틀러가 나를 회의실로 불러들였을 때 나는 쿠어란트 철수 문제를 다시 끄집어냈고, 그것으로 히틀러의 분노를 다시 폭발시켰다. 히틀러가 내 앞에서 주먹을 들어 올리자 선량한 참모장 토말레가 주먹 다짐을 피하려고 내 옷자락을 잡아당겨 히틀러에게서 나를 떨어뜨려 놓았다.

이런 극적인 일에도 불구하고 쿠어란트의 병력을 예비대로 확보하는 조치는 취해지지 않았다. 결국 내 공격 계획 중에서는 아른스발데 지역에서 제한된 공격을 가한다는 계획만 남았다. 목표는 바르테 강 북쪽의 소련군을 격파해 포메른 지역을 사수하고 서프로이센과의 연결을 유지하는 것이었다. 나는 이 제한된 계획조차 적절하게 수행하기 위해서 그야말로 힘겨운 싸움을 벌여야 했다. 겔렌 장군의 정보를 토대로 예측한 계산으로는 소련군은 오데르 강 연안에 매일 약 4개 부대를 보강할 수 있었다. 그러므로 아군의 공격이 그나마 의미를 가지려면 또 다른 소련군 부대가 도착하기 전에, 또한 소련군이 아군의 의도를 알아차리기 전에 전격적인 공격이 이루어져야 했다. 2월 13일 이 문제에 대한 최종 회의가 수상관저에서 열렸다. 회의에 늘 참가하는 히틀러의 측근들 이외에도 바익셀 집단군 사령관을 맡은 SS제국지도자 힘러, 6기갑군 사령관 SS기갑상급대장 제프 디트리히, 나의 수석 보좌관 벵크 장군이 자리를 함께했다. 나는 그 공격이 진행되는 동안 벵크 장군을 힘러의 참모부에 배치해 벵크에게 실질적인 작전 지휘를 맡기기로 결심했다. 그밖에도 공격 개시일을 2월 15일로 확정하기로 했는데, 더 늦어지면 공격을 아예 시도할 수도 없었기 때문이다. 나는 히틀러와 힘러가 이 제안을 반대하리라는 사실을 잘 알았다. 두 사람 다 무의식 속에서는 그 계획의 실행으로 힘러의 무능이 드러나는 것을 두려워했다. 힘러는 히틀러 앞에서 탄약과 연료 일부가 아직 도착하지 않아 부대에 지급되지 않았다며 공격을 더 연기하자는 견해를 표명했다. 나는 힘러의 의견과는 반대로 위에서 언급한 계획을 제안했다. 그러자 히틀러가 거세게 반대했다. 나는 히틀러에게 이렇게 말했다.

"마지막 연료통과 마지막 포탄이 전부 하역될 때까지 기다릴 수는 없습니다. 그때까지는 소련군이 너무 강해질 겁니다."

그러자 히틀러가 말했다.

"내가 기다리려 한다며 나를 비난하지 마시오."

"총통을 비난하는 것이 아닙니다. 그러나 마지막 보급품이 하역될 때까지 기다리다가 공격에 유리한 시간을 놓치는 건 무의미한 일입니다."

"방금 말했잖소, 내가 기다리려 한다며 날 비난하지 말라고 말이오!"

"저는 방금 총통께 말씀드렸습니다. 총통을 비난하는 것이 아니라고 말입니다. 하지만 저는 기다리고 싶지도 않습니다."

"다시 한 번 말하겠소. 내가 기다리려 한다며 날 비난하지 마시오."

"벵크 장군을 제국지도자의 참모부에 배치해야 합니다. 그렇지 않으면 공격은 성공할 수 없습니다."

"제국지도자는 그 공격을 혼자 수행할 능력이 있는 사람이오."

"제국지도자에게는 공격을 독자적으로 수행하는데 필요한 경험도 없고 적합한 참모부도 없습니다. 그 일을 위해서는 벵크 장군이 반드시 필요합니다."

"제국지도자가 임무를 수행할 능력이 없다고 비난하지 마시오."

"저는 벵크 장군을 집단군 참모부에 배치할 것을 강력하게 주장합니다. 그래야 작전을 제대로 수행할 수 있습니다."

나와 히틀러의 논쟁은 이런 식으로 2시간 동안이나 격렬하게 이어졌다. 온몸을 부들부들 떠는 히틀러는 분노로 벌겋게 달아오른 얼굴로 주먹을 들어 올린 채 내 앞에 서 있었다. 격분해서 자제력을 잃었고 완전히 제정신이 아니었다. 히틀러는 분노를 터뜨린 뒤에는 양탄자 위를 이리저리 돌아다니다가는 내 앞에 바짝 다가와 다시 비난을 퍼부었다. 얼마나 크게 소리를 지르던지 눈이 튀어나올 것만 같았고, 관자놀이에는 핏줄이 선명하게 불거졌다. 나는 그 무엇으로도 평정심을 잃지 않고 꼭 필요한 요구들을 계속 반복하겠다고 굳게 마음먹었다. 나는 조금도 흔들리지 않고 시종일관 그렇게 했다.

히틀러가 내게서 등을 돌려 벽난로 쪽으로 걸어가면, 나는 벽난로 위에 걸린 렌바흐가 그린 비스마르크의 초상화를 바라보았다. 강력한 국가 지도자였던 철혈재상은 자신의 발아래에서 벌어지는 광경을 위협적인 눈으로 내려다보았다. 회의실 끝의 희미한 불빛을 받아 비스마르크가 쓰고 있는 흉갑기병의 투구가 번쩍이며 내 쪽으로 빛을 보냈다. "그대들은 내 제국에 무슨 짓을 하고 있나?" 비스마르크의 시선은 그렇게 묻는 듯했다. 나는 등 뒤에서는 힌덴부르크의 시선을 느꼈다. 이 방의 맞은편에는 생기를 불어넣는 힌덴부르크의 청동 흉상이 놓여 있었다. 힌덴부르크의 시선도 이렇게 물었다. "그대들은 독일에 무슨 짓을 하는가? 나의 프로이센은 어떻게 된단 말인가?" 그 시선은 끔찍했지만, 완강히 저항할 수 있도록 나를 격려했다. 나는 냉정을 유지했고 조금도 흔들리지 않았다. 히틀러가 격한 소리를 쏟아낼 때마다 나는 지지 않고 대응했다. 결국에는 자신의 광분이 내게 아무런 영향을 줄 수 없다는 사실을 히틀러도 깨달았다.

히틀러는 갑자기 힘러 앞에 멈춰 서더니 이렇게 말했다. "힘러, 벵크 장군이 오늘 밤 안으로 당신 참모부에 도착해 공격을 이끌 것이오." 그런 다음 벵크에게는 즉시 집단군 참모부로 출발하라고 말했다. 히틀러는 자기 의자에 앉더니 나에게 옆에 앉으라고 했다. "자, 이제 계속하시오. 총참모본부는 오늘 전투에서 승리했소." 히틀러는 그 말을 하면서 지극히 상냥한 미소를 지었다. 그것이 내가 승리한 마지막 전투였고, 이제는 너무 늦었다. 나는 이런 장면을 한 번도 경험하지 못했다. 히틀러가 이날처럼 광란하는 모습도 전에는 본 적이 없었다.

독일의 몰락이 진행되는 무시무시한 드라마 속에서 일어난 이 침울한 논쟁이 끝난 뒤, 나는 대기실로 가서 작은 책상들 중 하나에 앉았다. 그때 카이텔이 다가왔다. "어떻게 총통한테 그런 식으로 저항할 수 있소? 총통께서 얼마나 흥분했는지 모르시오? 그러다가 뇌졸중이라도 일으키면 어쩌려고 그러시오?" 나는 카이텔에게도 냉정을 유지했다. "국가의 지도자란 반대와 진실을 견딜 수 있어야 합니다. 그렇지 않으면 그런 이름을 얻을 자격이 없습니다." 히틀러의 또 다른 측근들이 카이텔에 합류했고, 나는 소심한 이 겁쟁이들이 진정할 때까지 다시 한 번 단호한 태도를 견지했다. 그런 다음 내 수행원들을 통해 전화로 공격 수행을 위해 필요한 지시를 내리도록 했다. 조금이라도 시간을 낭비할 수는 없었다. 그처럼 힘들게 싸워서 얻어낸 전권 위임이 바로 다음 순간 취소될지도 모르는 일이었다. 나중에 그 자리에 있던 사람들은 총통 사령부에서 근무하던 몇 년 동안 히틀러가 그렇게까지 격렬하게 화를 쏟아내는 모습은 본 적이 없었다고 말했다. 이번에 분기탱천한 모습은 그 이전의 모든 분노한 모습을 훨씬 뛰어넘었다고 했다.

2월 15일 라우스 상급대장이 이끄는 3기갑군이 공격 태세에 들어갔다. 그들은 16일 새벽 내 생각을 정확히 아는 벵크 장군의 감독 아래 공격을 시작했다. 16일 17일 이틀 동안 공격은 순조롭게 진척되었고, 우리는 벌써 모든 우려와 의구심에도 불구하고 공격이 성공해 또 다른 조치를 위한 시간을 벌어줄 거라는 희망을 얻었다. 그런데 17일 저녁 히틀러에게 보고하러 왔다가 돌아가던 벵크가 피곤한 운전병을 대신해 직접 차를 몰다가 베를린-슈테틴 고속도로에서 한 교량의 난간을 들이받는 사고가 발생했다. 그 역시 과로한 상태에서 깜빡 졸았던 것이다. 벵크는 중상을 입고 야전 병원으로 옮겨졌다. 벵크가 빠지면서 공격이 정체되었고, 다시 그 흐름을 이어갈 수가 없었다. 벵크는 몇 주일 동안이나 돌아오지 못했다. 그 때문에 얼마 전까지 모델 장군의 참모장이다가 1개 야전 부대의 지휘권을 맡게 된 크렙스 장군이 벵크를 대신하게 되었다.

크렙스와는 고슬라르 예거부대 시절부터 잘 아는 사이였다. 크렙스는 우수한 군사 교육을 받은 똑똑한 장교였다. 그러나 전쟁 동안 총참모본부에서만 근무했기 때문에 일선 부대 지휘관으로서의 경험은 부족했다. 또 총참모본부에서 오랜 경력을 쌓는 동안 업무 수행 면에서 상당한 기민함을 얻었지만, 순응력도 좋아서 히틀러 같은 남자에게 제대로 반대하지 못했다. 게다가 육군 인사국장 부르크도르프와는 사관학교 동창으로 막역한 사이였다. 부르크도르프는 보어만과 페겔라인이 주축인 총통 사령부 내부 자신의 친목 모임에 크렙스를 끌어들였고, 크렙스는 그 구성원들과도 곧 친밀한 사이가 되었다. 이런 교류는 수상관저에서의 잔혹한 드라마가 끝나갈 무렵 크렙스의 정신적 자유와 독립성을 빼앗았다. 나와 크렙스가 함께 일하는 동안은 내가 육군 최고사령부를 대변했기 때문에 그 영향이 밖으로 드러나지는 않았다. 그러나 내가 해임된 뒤로는 분명하게 드러나기 시작했다.

크렙스는 히틀러에게 보고하러 간 첫날 백엽기사철십자훈장을 받았다. 거기서 벌써 부르크도르프의 영향력이 드러난 셈이다. 며칠 뒤 나는 크렙스와 함께 히틀러에게 보고하러 들어갔다. 우리가 아주 빨리 도착하는 바람에 다른 장교들은 아직 자리에 없었다. 그러자 히틀러는 우리를 자신의 작은 집무실로 들어오라고 했다. 히틀러는 자신의 책상 위쪽에 걸려 있는 그라프가 그린 프리드리히 대왕의 초상화를 가리키면서 말했다. "나쁜 소식이 나를 짓누르려고 할 때마다 나는 이 그림 앞에서 새로운 힘을 얻곤 합니다. 저 강렬하고 파란 눈과 넓은 이마를 보시오. 얼마나 대단한 능력의 소유자였습니까!" 우리는 한동안 이 위대한 왕의 정치와 군사 지도자로서의 품성에 대해 이야기를 나누었다. 히틀러는 그 누구보다 대왕을 숭배했고 그 뒤를 따르고 싶어 했다. 안타깝게도 히틀러의 능력은 자신의 소망을 따라가지는 못했다.

그 무렵 제국노동봉사대 지도자 히얼이 70회 생일을 맞이했다. 히얼은 당에서 높은 이상과 깊은 도덕적 진지함으로 자신의 임무를 수행한 훌륭한 퇴역 장교였고, 히틀러에게서 '독일훈장'을 받았다. 히얼은 2월 24일 괴벨스의 집에서 저녁을 함께 보냈다. 간단한 식사 자리에는 나도 초대를 받았고, 제국노동봉사대 지도자를 매우 높이 평가했기 때문에 초대에 응했다. 저녁 식사가 끝난 뒤 이제는 일상이 되어버린 공습경보가 울렸다. 나와 괴벨스는 지하 방공호로 내려갔고, 거기서 괴벨스의 아내와 그의 잘 자란 사랑스런 아이들을 만났다. 공습

경보가 끝날 때까지 기다리는 동안 나는 1943년에 괴벨스와 나눈 대화를 떠올렸다. 지금 내 주위에 앉아 있는 그 가족의 행복과 종말은 히틀러의 운명과 엮여 있었다. 괴벨스와 가족들에게 남은 날이 얼마 되지 않을 거라는 생각이 나를 슬프게 하고 침묵하게 했다. 괴벨스가 당시 앞날을 내다보듯 했던 말은 4월 말에 그대로 실현되었다. 가엾은 부인과 죄 없는 아이들!

그 기간에는 헝가리의 국가 원수인 샬라시가 독일을 방문했다. 히틀러는 수상관저의 모든 장식을 없앤 어두운 홀에서 내가 있는 자리에서 샬라시를 맞이했다. 대화는 지지부진하게 진행되었다. 헝가리 새 국가 원수의 태도로는 어떤 행동을 기대할 수 있을 것 같지 않았다. 샬라시는 자신의 뜻과는 무관하게 그 자리에 오른 듯했다. 독일에는 더 이상 동맹국이 없었다.

연합군의 공습은 지난 몇 개월 동안 독일을 점점 황폐화시켰다. 독일의 군수 산업도 막대한 피해를 입었다. 특히 연료 공급을 좌우하는 합성석유 공장들의 손실이 치명적이었다. 1월 13일 슈테틴 부근의 푈리츠 합성석유 공장이 폭격을 당했다. 1월 14일에는 마그데부르크, 데르벤, 에멘, 브라운슈바이크의 석유 시설들과 로이나 공장, 만하임의 연료 공장이 폭격을 당했고, 1월 15일에는 보훔과 레클링하우젠의 벤졸 공장이 파괴되었다. 그밖에도 1월 14일에는 홀슈타인에 있는 하이데 석유 공장이 파괴되었다. 아군의 정보에 따르면 그 과정에서 연합군은 비행기 57대를 잃은 반면에 아군은 236대를 잃었다. 연료 공장의 다수가 파괴되면서 지휘부는 오스트리아 치스터도르프와 헝가리 플라텐 호수 근방의 유전에 의존해야 했다. 이런 사실은 서부전선에서 자유로워진 병력 대부분을 헝가리로 보내게 한 히틀러의 납득할 수 없는 결정을 어느 정도는 이해하게 해준다. 기갑부대와 공군에 중요한 원유 생산과 헝가리 정유소를 확보해야 했기 때문이다.

1월 20일 헝가리가 소련과 휴전 협정을 체결한 뒤 독일과 싸우는 소련군에 8개 보병사단을 파병하기로 하면서 군사적으로나 정치적으로나 상황이 매우 긴박해졌다.

1월 말까지 네링 장군과 폰 자우켄 장군이 이끄는 2개 군단은 칼리슈를 지나 계속 저항했다. 2월 1일에는 소련군이 퀴스트린 부근 오데르 강에 도달해 쿨름 서쪽과 엘빙 지역까지 밀고 들어갔다. 2월 2일 토른이 함락되었고, 2월 3일에는 소련군이 용감하게 저항하는 슈나이데뮐을 그대로 지나쳐 포메른 동부 지역인 힌터포메른으로 진입했다. 2월 5일 쿠로니아 모래톱을 빼앗겼다. 포젠, 프랑크푸르트 안 데어 오더, 퀴스트린 주위에서도 전투가 벌어졌다. 소련군은 피리츠와 도이치 크로네 사이에서 포메른으로 밀고 들어왔다.

2월 6일부터는 포젠 시내에서 전투가 벌어졌다. 소련군은 퀴스트린 부근에서 오데르 강을 건너는 교두보를 확보했다. 2월 8일 아군이 피리츠와 아른스발데로 밀고 들어온 소련군을 물리쳤지만, 이 지역에서는 며칠 내내 전투가 이어졌다.

2월 10일부터 소련군은 슈베츠와 그라우덴츠 지역에서 바익셀 강 서쪽을 공격했다. 2월 12일 엘빙이 소련군에게 넘어갔다.

연합군은 독일의 석유 공장들과 수많은 도시에 대한 공습을 이어갔다. 특히 베를린에 대한 공습의 강도는 무지막지했다.

2월 13일 바익셀 강 연안의 슈비츠와 포메른에 있는 많은 지역, 헝가리에서 가장 바깥쪽 우익이 포진한 부다페스트 성을 잃었다. 2월 15일에는 코니츠, 슈나이데뮐, 투헬을 잃었고, 2월 16일에는 그륀베르크, 좀머펠트, 조라우가 넘어갔다. 브레슬라우가 포위되었고, 2월 18

일에는 그라우덴츠도 같은 처지에 놓였다. 2월 21일 디르샤우가 소련군의 수중에 들어갔다.

반면에 남부집단군은 2월 17일과 22일 사이에 그란 강을 건너는 소련군의 교두보를 격퇴했다. 이 성공은 집단군 사령관 뵐러 장군의 사려 깊은 지휘 덕분이었다. 히틀러는 그 공격 계획에 대한 회의가 끝난 뒤 그에 대해 이렇게 말했다. "뵐러는 국가사회주의자는 아니지만 적어도 사내대장부인 건 분명하오!"

2월 24일 포젠과 아른스발데를 빼앗겼다. 2월 28일에는 슐로하우, 하머슈타인, 부블리츠, 힌터포메른의 발덴부르크를 잃었고, 3월 1일에는 노이슈테틴이 넘어갔다.

3월 3일 핀란드가 독일에 선전 포고를 했다.

그날 아군은 슐레지엔의 라우벤 부근에서 공격을 감행했다. 베를린과 슐레지엔 사이에 놓인 리젠 산맥 동쪽의 유일한 철도를 탈환하려는 의도였다. 공격은 3월 8일까지 성공을 거두었지만, 그 성공은 국지적인 의미를 얻는 정도에 그쳤다.

소련군은 3월 4일에 이미 쾨슬린과 콜베르크에서 발트 해에 도달했다. 이제는 힌터포메른 전체가 소련군에게 넘어갔다.

독일 지방에서 자행된 소련군의 횡포는 이루 말할 수 없을 만큼 잔인했다. 나는 피난민 행렬의 일부를 직접 목격한 적도 있었다. 육군 최고사령부와 선전부에는 목격자들의 수많은 보고서들이 올라왔다. 그러자 선전부 사무총장 나우만이 괴벨스의 지시로 나를 찾아와 국내외 언론에 소련군이 독일인들을 취급하는 방법을 알리고 소련군의 범법 행위에 이의를 제기하라고 부탁했다. 나는 3월 6일 그 부탁을 받아들였다. 적의 기사도 정신에 호소하는 방법으로 독일 국민의 고통을 덜어주려는 시도라도 해보고 싶었기 때문이다. 나는 이 호소문에서 영국과 미국의 가공할 만한 공습에 대해서도 언급했다. 그러나 구조를 요청하는 나의 외침은 아무런 성과도 얻지 못했다. 그 몇 개월 동안 인류애와 기사도 정신은 사라졌다. 이루 말할 수 없는 복수전의 광란은 이후로도 계속되었다. 열흘 뒤 나우만이 다시 라디오 연설을 부탁했지만 나는 쓸데없이 세상에 호소하는 것을 거절했다. 불쌍한 조국에 아무런 희망도 줄 수가 없었다.

3월 6일 연합군이 서부전선에서 쾰른 시내 깊숙이 밀고 들어왔다. 동부전선에서는 소련군이 슈테틴으로 진격했다.

3월 7일 연합군이 코블렌츠 방향으로 독일 전선을 돌파했다. 동부에서는 그라우덴츠가 함락되었다. 소련군의 포메른 점령은 거침없이 진척되었다.

3월 8일 서부전선의 연합군이 레마겐에서 온전한 상태의 라인 강 교량을 차지했다. 폭약이 부족해서 그 중요한 도하 지점을 폭파하지 못했다. 히틀러는 미친 듯이 격분했고, 제물을 요구했다. 장교 다섯 명이 즉결 처형당했다.

3월 9일 소련군이 슈테틴 양쪽에서 오데르 강 동쪽 연안에 도달했다. 아군의 교두보 한 곳은 아직 건재했다.

헝가리에서 드디어 시작된 아군의 공격은 처음에는 성공적이었다. 그러나 이미 온화한 봄 날씨가 시작되어 얼어붙은 땅이 녹으면서 기갑부대의 진군이 어려움에 빠졌다. 그로 인해 공격에 큰 기대를 할 수 없게 되었다. 플라텐 호수 북쪽에서는 어느 정도 지역을 얻을 수 있었지만, 호수 남쪽의 공격은 곧 정체에 빠졌다.

3월 12일 브레슬라우에서 시가전이 벌어졌다.

공습은 조금도 수그러들지 않고 맹렬하게 계속되었다. 베를린은

20일 동안 연이어서 야간 폭격을 당했다.

3월 13일 소련군이 퀴스트린의 신시가지로 밀고 들어왔고, 전선은 단치히 만과 푸치히에 이르렀다. 헝가리에서는 아군의 공격이 성과를 보였다. 그러나 빠르게 파국을 향하는 전체 상황을 감안할 때, 그 작은 성공은 더 이상 아무런 의미가 없었다.

결국 승리에 대한 마지막 희망마저 완전히 사라졌다. 그때까지 훌륭했던 SS사단들의 투지도 꺾였다. 여전히 용감하게 싸우는 기갑부대들의 엄호를 받으며 모든 부대가 예외 없이 명령을 어기고 퇴각했다. 이제는 그 사단들에도 더 이상 기대할 수 없게 되었다. 히틀러는 그 소식을 듣고 완전히 제정신이 아니었고, 끓어오르는 분노 속에서 자신의 친위대를 포함한 사단들에 이름이 새겨진 완장을 당장 뜯어내라고 명령했다. 히틀러는 그 명령과 함께 나를 헝가리로 보내고 싶어 했다. 그러나 나는 그 임무를 거부했고, 무장친위대의 직속상관이자 그들의 군기를 책임져야 할 SS제국지도자 힘러가 마침 자리에 있으니 힘러에게 임무를 맡겨 헝가리 상황을 직접 해결하도록 하라고 제안했다. 힘러는 지금까지 육군이 자신의 부대에 조금이라도 영향력을 행사하는 것을 거부했다. 힘러는 이제 와서 그 잘못을 뒤집으려 했지만 그에게는 달리 방법이 없었다. 더욱이 내게는 더 중요한 할 일이 있었다. 힘러는 그 일로 자신의 무장친위대로부터 신뢰를 잃었다.

이런 위기가 계속되던 어느 날 밤 당의 조직 책임자인 라이 박사가 히틀러를 찾아와 새로운 제안을 했다. 라이 박사는 서부에서 직무가 없어진 국가사회주의노동자당의 정치 당원들로 의용군을 만들자고 했다. "총통 각하, 열광적인 투사가 최소한 4만 명은 확실합니다. 이들이 상부 라인 지방과 슈바르츠발트 산맥의 통로들을 지킬 것입니다. 분명히 그럴 거라고 믿으셔도 됩니다. 이 엄선된 의용군에 총통의 자랑스러운 이름을 넣어 '아돌프 히틀러 의용군'으로 부를 수 있도록 허락해 주십시오. 참모총장은 즉시 돌격소총 8만정을 지급해야 합니다." 나는 새로운 부대의 가치를 라이 박사보다는 회의적으로 보았기에 먼저 실제로 집결된 대원의 수가 몇 명인지 물었다. 그들이 무장하는 건 그 다음 문제였다. 라이 박사는 더 이상 아무 말도 하지 못했다. 히틀러는 처음부터 입을 다물고 있었다. 그 역시 자신의 조직 책임자를 믿지 않는 듯했다.

아군은 여전히 브레슬라우, 글로가우, 콜베르크, 단치히, 쾨니히스베르크를 사수했다. 슈테틴 전방에서도 치열한 전투가 벌어졌다. 히틀러는 어느 날 3기갑군 사령관인 라우스 상급대장을 불러들여 3기갑군의 상황과 전투력을 보고하라고 명령했다. 라우스는 전체적인 상황 진술로 보고를 시작했다. 그러자 히틀러가 라우스의 말을 중단시켰다. "전반적인 상황에 대해서는 이미 알고 있소. 나는 장군의 사단들이 갖고 있는 개별적인 전투력을 듣고 싶소이다." 라우스는 개별적인 상황들을 설명하기 시작했다. 라우스의 설명은 그가 자기 군의 전선을 구석구석 모르는 곳이 없고 모든 부대를 정확하게 평가할 수 있다는 사실을 보여주었다. 나는 그 자리에 함께 있었고, 라우스를 뛰어난 지휘관이라고 생각했다. 라우스가 보고를 끝내자 히틀러는 아무런 논평 없이 그를 물러가게 했다. 라우스가 수상관저의 벙커를 나가자마자 히틀러는 카이텔과 요들과 나를 돌아보더니 소리쳤다. "아주 형편없는 보고였소! 저 사람은 온통 사소한 문제들만 말했소. 라우스의 말투를 보아서는 동프로이센이나 베를린 출신이 분명하오. 당장 교체해야 하오!" 나는 이렇게 대답했다. "라우스 상급대장은 가장 유능한 기갑대장 중 한 명입니다. 라우스가 전체적인 상황을 보고하려고 할 때 그 말을 막은 사람은 총통이셨습니다. 그러고는 라우스의 사단들에 대한 개별적인 내용을 보고하라고 명령하셨습니다. 라우스의 출신을 말씀드릴 것 같으면, 총통과 같은 오스트리아 출신입니다."

"당치 않는 말이오. 오스트리아인이 저럴 리가 없소."

그러자 이번에는 요들이 말했다. "아닙니다, 총통. 그럴 수도 있습니다. 라우스는 말투가 꼭 배우 한스 모저 같습니다."

나는 히틀러에게 다시 말했다. "총통께서 어떤 결정을 내리시기 전에 이런 점들을 헤아려 주시기 바랍니다. 라우스 상급대장은 자기 군의 전선을 정확히 꿰뚫고 있고, 모든 예하 사단에 대해 자신의 판단 아래 보고할 수 있었습니다. 라우스는 오랜 전쟁 동안 언제나 탁월하게 싸워왔고, 말씀드렸다시피 우리의 가장 유능한 기갑대장 중 한 사람입니다."

그러나 히틀러는 호의적이지 않은 생각을 바꾸지 않았다. 우리에게는 훌륭한 장군들이 그리 많지 않다고 지적해도 별 소용이 없었다. 결국 라우스는 지휘권을 잃었다. 나는 화가 나서 그 방을 나와 라우스를 찾아갔다. 라우스의 동향인 히틀러가 그에게 가했고, 내가 막을 수 없었던 부당한 행위에 대해 마음의 준비를 시키기 위해서였다. 라우스는 폰 만토이펠 장군으로 교체되었다. 아르덴 공세가 실패하고 서부전선의 많은 기갑부대가 동부로 이동함에 따라 폰 만토이펠을 활용하게 된 것이다.

비록 너무 늦기는 했지만 외무부는 그사이 한 중립국의 중재로 연합국과 협상을 시도하기로 결정했다. 리벤트로프가 신임하는 헤세 박사라는 사람이 스톡홀름을 찾아갔지만 일은 성사되지 않았다. 그러나 그 일에 대한 소문을 듣고 나와 나의 대외 정책 고문인 바란돈 박사는 다시 한 번 그 계획을 추진하기로 했다. 내가 SS제국지도자 힘러를 찾아가 힘러에게 점점 무의미해져가는 살인을 끝내기 위해 적십자나 정보부를 통해 국제적인 인맥을 활용하라고 요구하기로 했다.

벵크 장군이 부상으로 빠진 뒤 힘러는 아른스발데 지역의 공세에서 완전히 실패했다. 힘러의 사령부 안의 상태는 점점 더 나빠졌다. 나는 힘러의 전선에서는 그 어떤 적절한 보고도 받지 못했고, 육군 최고사령부의 명령이 제대로 이행된다는 보장도 전혀 없었다. 그 때문에 상황을 직접 알아보기 위해서 3월 중순 프렌츨라우 부근에 위치한 힘러의 사령부를 찾아갔다. 힘러의 참모장 라머딩이 사령부 입구에서 다음과 같은 말로 나를 맞이했다. “우리를 사령관으로부터 해방시켜줄 수는 없으십니까?” 나는 라머딩에게 그것은 원래 SS의 문제라고 말했다. 제국지도자의 소재를 묻자 힘러가 감기에 걸려 호엔리헨 요양소에서 주치의인 겝하르트 교수에게서 치료를 받고 있다고 했다. 나는 즉시 호엔리헨 요양소로 향했고, 거기서 상당히 건강한 모습의 힘러를 만났다. 나라면 가벼운 감기 때문에 이처럼 긴박한 상황에 내 부대를 떠나는 일은 결코 없었을 거라고 말했다. 그런 다음 SS의 권력자인 힘러가 제국의 최고 관직 여러 개를 동시에 맡고 있다는 사실을 분명히 깨닫게 해주었다. 힘러는 SS제국지도자이자 경찰총장이었고, 내무부 장관과 보충군 최고사령관, 거기에다 바익셀 집단군 최고사령관까지 수행하고 있었다. 이러한 직책들은 하나만 맡아도 전력을 기울여야 하는 일이었고, 더욱이 지금처럼 위중한 전시에는 더 말할 필요가 없었다. 내가 아무리 힘러의 능력을 신뢰한다고 해도 그처럼 여러 가지 직책이 주는 부담은 한 사람이 감당하기에는 벅찬 일이었다. 그사이 힘러 역시 전선에서 부대를 지휘하는 일이 결코 쉽지 않다는 사실을 깨달았을 것이다. 그래서 나는 힘러에게 집단군 지휘권은 포기하고 그의 다른 직무로 복귀하는 것이 어떠냐고 제안했다.

힘러는 더 이상 이전과 같은 자신감에 차 있지 않았다. 힘러는 동요하면서 망설였다. "총통께 그런 말씀을 드릴 수는 없습니다. 허락하지 않으실 거요." 나는 기회가 왔다고 생각했다. "그러면 제가 대신 말씀드리도록 해주십시오." 그러자 힘러도 거기에 동의하지 않을 수 없었다. 나는 그날 저녁에 바로 히틀러를 만나 과중한 부담에 시달리는 힘러의 지휘권을 취소하고, 그때까지 카르파티아 산맥에 위치한 1기갑군의 하인리치 상급대장에게 바익셀 집단군을 맡기라고 제안했다. 히틀러는 못마땅해하며 투덜거리면서도 거기에 동의했다. 3월 20일 하인리치가 바익셀 집단군 최고사령관에 임명되었다.

힘러와 같은 민간인이 어쩌다가 군대까지 지휘하겠다는 생각을 하게 되었을까? 힘러가 군 문제에 대해서는 문외한이라는 사실을 그 자신은 물론이고 우리 모두 알고 있었고, 히틀러도 당연히 알고 있었다. 그런데도 힘러는 왜 거기까지 갔을까? 그 선택은 분명 힘러의 끝없는 야망 때문이었을 것이다. 무엇보다 힘러는 기사철십자훈장을 받고 싶어 했다. 힘러나 히틀러나 군 지휘관으로서 필요한 자질을 과소평가했다. 힘러는 처음으로 모든 세상이 훤히 볼 수 있는 임무, 무대 뒤에 남아 있다가 혼란을 틈타서 사욕을 취할 수 없는 임무를 맡았고, 거기서 실패했다. 힘러가 그런 일을 맡으려고 한 일은 무책임한 행동이었고, 힘러에게 그 일을 맡긴 히틀러도 무책임하긴 마찬가지였다.

그 무렵 사태의 추이를 점점 더 회의적인 시각으로 뒤쫓던 슈페어가 나를 찾아왔다. 슈페어는 히틀러가 적군이 들어오기 전에 독일의 모든 공장과 급수와 전기 시설, 철도와 교량을 파괴하려 한다고 알려주었다. 그러면서 그런 미친 짓은 독일 국민에게 세계 역사상 유례가 없는 큰 불행과 죽음을 초래할 거라고 말했다. 슈페어는 그런 일을 막기 위해 도와달라고 부탁했다. 나는 기꺼이 거기에 동의했고, 곧바로 일에 착수해 제국의 전 지역에서 고수해야 할 방어선을 표시한 다음, 이 몇 개의 방어선 앞쪽만 폭파해도 좋다는 내용의 명령서 초안을 준비했다. 그 나머지 지역에서는 그 무엇도 파괴하지 못하도록 해야 했다. 무엇보다 주민들의 식량 공급과 일터 왕래를 위해 필요한 모든 시설을 지켜야 했다. 다음날 나는 그 초안을 들고 요들을 찾아갔다. 국방군 전체와 관련된 문제였기 때문에 요들의 동참은 필수적이었다. 그런데 요들은 나를 부르지도 않은 채 그 초안을 히틀러에게 보고했다. 다음날 요들을 다시 만나 요들의 생각을 묻자, 요들은 히틀러가 이미 내린 명령을 읽어주었다. 그 명령은 슈페어와 내가 추구했던 것과는 상반되는 내용이었다.

슈페어의 분명한 뜻을 알리기 위해서 1945년 3월 18일 슈페어가 히틀러에게 제출한 진정서를 여기 인용하고자 한다. 슈페어는 나와 함께 교량과 공장들의 파괴를 막기 위해 노력했다.

"전투가 계속 제국의 영토로 옮겨지게 된다면, 그 누구도 산업 시설과 광산, 발전소, 생필품 공급 시설, 교통 시설, 내륙 수로를 파괴하지 못하게 해야 합니다. 예정된 규모로 교량을 폭파한다면 교통 시설은 지난 몇 년 동안의 공습에 의해서보다 더 큰 장기적 피해를 입을 것입니다. 그런 파괴는 독일 국민이 앞으로 살아가야 할 모든 가능성을 없애는 것을 의미합니다. (…중략…)"

"우리에게는 전쟁의 현 단계에서 우리 민족의 삶에 영향을 미칠 파괴를 우리 스스로 감행할 권리가 없습니다. 적들이 비길 데 없는 용맹함으로 투쟁한 이 민족을 파괴하기를 원한다면, 그 역사적 오명은 오직 그들에게 돌아갈 것입니다. 먼 장래에 새롭게 재건할 수 있는 모든 가능성을 민족에 남겨주는 것이 우리의 의무입니다.[98]"

내 생각과 전적으로 일치하는 슈페어의 진정서에 대한 히틀러의 생각은 다음의 말에서 절정을 보여준다. "전쟁에 진다면 민족도 사라지는 것이오. 그 운명은 어쩔 수 없소. 따라서 민족이 원시적인 삶을 계속 이어가는데 필요한 토대까지 고려할 필요는 없소. 반대로 그런 토대는 스스로 파괴하는 편이 더 낫소. 이 민족은 더 나약한 민족임을 드러낸 것이고, 미래는 오직 더 강한 동부 민족에 속할 것이기 때문이오. 전쟁이 끝난 뒤 남는 것은 어차피 열등한 인간들뿐이오. 우수한 사람들은 모두 죽었을 테니 말이오.[99]"

히틀러는 이런 충격적인 발언을 여러 번 했다. 나도 그런 말을 들은 적이 있었다. 나는 그런 히틀러에게 독일 민족은 살아남을 것이고, 설령 파괴가 이루어진다고 해도 자연의 변함없는 법칙에 따라 살아갈 거라고 응대했다. 또한 히틀러가 자신의 뜻을 이행한다면 그렇지 않아도 고통 받은 우리 민족에게 또 다른 불필요한 고통을 가하는 거라고 말했다.

그러나 모든 노력에도 불구하고 1945년 3월 19일 파괴 명령이 떨어졌고, 3월 23일에는 보어만의 실행 명령이 이어졌다. 파괴 임무는 제국방위위원이라는 이름으로 각 관구 지도자들에게 맡겨졌다. 국방군은 그 임무를 거부했다. 보어만은 위험 지역의 주민들을 제국의 내부로 수송하고, 수송이 불가능할 때는 도보로 이동하게 하라고 지시했다. 이 명령이 이행되었다면 식량 공급 조치 부재로 엄청난 재앙을 초

98 1946년 6월 20일자 뉘른베르크 재판 기록 중에서 인용

99 1946년 6월 20일자 뉘른베르크 재판 기록 중에서 인용

래했을 것이다.

그 때문에 군 당국은 슈페어와 협력해 그런 정신 나간 명령을 막으려고 애를 썼다. 불레가 폭약 지급을 막은 덕분에 전면적인 파괴는 이루어지지 않았다. 슈페어는 각 지휘소를 차례로 돌아다니면서 그 명령이 불러올 결과를 설명했다. 우리는 파괴를 모두 막지는 못했지만 피해 규모만큼은 현저하게 낮출 수 있었다.

13 궁극적인 결별
Der endgültige Bruch

1945년 3월 15일 육군 최고사령부가 대규모 공습을 받았다. 45분이 넘게 이어진 이 공습은 최고사령부가 있는 작은 기지에 1개 항공단이 보유한 모든 폭탄을 쏟아부었는데, 이는 평상시라면 웬만한 도시 하나에 투하되는 양이었다. 최고사령부는 분명 적의 군사 목표였고, 적이 우리를 제거하려 한다고 비난할 수는 없다. 정오에 사이렌이 울렸을 때 나는 여느 때처럼 내 지휘소에서 일하는 중이었다. 당시 바르테가우에서 피난을 와 달리 갈 곳이 없었던 아내가 히틀러의 승인 아래 나와 함께 지내고 있었다. 아내는 그날 지도상으로 연합군의 경로를 추적하던 한 부사관과 함께 있다가 폭격기들이 브란덴부르크 쪽에서 평상시처럼 베를린으로 향하지 않고, 곧바로 초센으로 선회한 사실을 알았다. 그녀는 침착하게 그 소식을 내게 바로 전달했다. 나는 모든 부서에 즉각 방공호로 대피하라고 명령했고, 내가 전용 방공호로 들어가자마자 첫 폭탄이 투하되기 시작했다. 마지막 순간에 도착한 그 경고 덕분에 사령부는 다행히 경미한 피해만 입었다. 작전과만 내 경고를 듣지 않는 바람에 크렙스 장군과 그의 몇몇 동료들이 작거나 큰 부상을 당했다. 크렙스는 관자놀이에 파편을 맞았다. 폭격이 끝나고 몇 분 뒤 내가 크렙스를 찾아갔을 때 그는 내 앞에서 의식을 잃고 쓰러졌다. 병원으로 실려간 크렙스는 얼마간 근무를 하지 못했다.

이런 상황에서 나는 바익셀 집단군의 지휘를 맡기 전에 초센에 출두한 하인리치 장군을 맞이했다. 그의 첫 번째 임무는 소련군에 포위된 작은 퀴스트린 요새를 해방시키는 일이었다. 히틀러는 5개 사단을 동원해 아군이 아직 고수하고 있는 프랑크푸르트 안 데어 오더 부근의 작은 교두보에서부터 공격을 가해 그 임무를 해결하기를 원했다. 나는 그 공격은 성공 가능성이 낮다고 보았고, 먼저 퀴스트린에 있는 소련군의 교두보를 제거한 뒤 포위된 요새 수비대와 직접 선을 연결하는 방안을 선호했다. 이러한 견해 차이로 나와 히틀러 사이에는 여러 차례 논쟁이 벌어졌다. 이미 프리드리히 대왕 시절에 만들어진 그 요새의 당시 지휘관은 바르샤바에서부터 알았던 라이네파르트 경찰대장이었다. 라이네파르트는 훌륭한 경찰이었지만 군인은 아니었다.

이 공격 과정을 기술하기 전에 수상관저에서 정치 분야에서 있었던 일화부터 먼저 언급하고자 한다. 아마 3월 21일이었을 것이다. 나는 바란돈 박사와 약속한 일을 추진하기 위해 SS제국지도자 힘러를 찾아가기로 했고, 그에게 휴전 협상 체결을 위해 중립국과의 관계를 활용하라고 촉구할 생각이었다. 힘러는 수상관저의 정원에서 히틀러와 함께 폐허 사이를 산책하는 중이었다. 나를 알아본 히틀러가 가까이 오라고 하더니 무슨 일이냐고 물었다. 나는 힘러와 상의할 일이 있다고 대답했다. 그러자 히틀러가 자리를 떠났고, 제국지도자와 나만 남았다. 나는 간략한 말로 힘러가 이미 오래전부터 알고 있는 사실을 말했다. "전쟁은 더 이상 이길 수 없습니다. 이제 관건은 무의미한 살인과 폭격을 즉각 끝내는 일입니다. 중립국과 관계를 유지하고 있는 사람은 리벤트로프 장관을 제외하고는 장관님이 유일합니다. 외무부 장관은 총통께 협상을 제안하길 거부했으니 이제는 장관께서 외국에 있는 인맥을 활용하고, 저와 함께 총통을 찾아가 휴전 협정 체결을 제안하길 부탁드립니다." 그러자 힘러가 대답했다. "친애하는 구데리안 상급대장, 그러기에는 아직 너무 이릅니다." "무슨 말인지 이해할 수가 없습니다. 지금은 이른 것이 아니고 이미 늦었습니다. 지금 행동하지 않으면 더 이상은 아무 소용이 없습니다. 우리의 상황이 얼마나 비참해졌는지 모르시겠습니까?" 나와 힘러는 한동안 계속 대화를 주고받았지만 성과는 없었다. 이 남자와는 도모할 일이 전혀 없었다. 힘러는 히틀러를 두려워했다.

그날 저녁 상황 보고가 끝난 뒤 히틀러가 나에게 잠시 남으라고 했다. "내가 보니 장군의 심장병이 악화된 듯하오. 즉시 병가를 내 4주간 요양하는 게 좋겠소." 그 휴가 제안은 내 개인적인 문제를 생각할 때는 매우 반가운 해결책이었을 것이다. 그러나 내 참모부가 처한 상황 때문에 그 제안을 받아들일 수가 없었다. 그래서 이렇게 대답했다. "지금은 제 대리인이 없어서 자리를 떠날 수가 없습니다. 벵크는 아직 부상에서 회복하지 못했고, 크렙스는 3월 15일에 있었던 적의 공습 때 크게 다쳐서 아직은 일할 수 없는 상태입니다. 작전과는 바르샤바 사건 이후 총통께서 내린 체포 명령으로 여전히 실행력에 문제가 있습니다. 그러니 적절한 대리인을 찾으면 그때 휴양을 가도록 하겠습니다." 나와 히틀러가 이야기를 나누는 사이에 슈페어가 히틀러에게 면담을 신청했다. 히틀러는 오늘은 만나고 싶지 않다고 말했다. 그러더니 거의 틀에 박힌 듯이 반복되는 분노를 표출했다. "나와 단둘이 만나고 싶어 하는 사람은 항상 불쾌한 이야기를 하려는 것이오. 나쁜 소식만 전하는 사람들을 더 이상 견딜 수가 없소. 슈페어의 진정서는 '전쟁은 졌습니다!'라는 말로 시작되었고, 이제는 그 말을 또 반복하려는 것이오. 나는 전부터 슈페어의 진정서들을 읽지도 않고 서류장에다 넣어 버렸소." 슈페어는 3일 뒤에 다시 오라는 지시를 받았다.

그 힘들었던 3월에는 언급할 만한 일들이 몇 가지 더 있었다. 가령 어느 날 저녁 히틀러는 연합군에서 통보한 상당한 수의 아군 포로에 대해 분노를 터뜨렸다. "동부전선의 병사들이 훨씬 더 잘 싸우고 있소. 서부전선에서 그렇게 빨리 항복하는 건 포로들에게 좋은 대우를 보장한 멍청한 제네바 조약 때문이오. 우리는 그 멍청한 조약에서 탈퇴해야 하오!" 그러자 요들이 자제력을 잃은 그 터무니없는 결심에 강력하게 항의했고, 나도 함께 거들어 히틀러가 그 일을 포기하게 만들었다. 요들은 히틀러가 한 장군을 1개 집단군의 최고사령관으로 임명하려는 것도 막았는데, 그 장군은 얼마 전 뻔뻔스러운 부정행위 때문에 처벌을 받고 직위 해제된 인물이었다. 그 무렵 요들은 총참모본부를 통일되게 이끌어야 한다는 데에도 동의했고, 그 문제에 대한 자신의 이전에 취했던 태도가 틀렸다고 인정했다. 요들은 마지막 순간에 이르러서야 문제를 더 예리하게 보는 것 같았고, 스탈린그라드 파국 이후 빠져 있었던 무기력 상태에서 깨어난 듯했다.

3월 23일 연합군이 라인 강 상류와 중류 지역 곳곳에 이르렀고, 강 하류에 위치한 루르 강 하구 북쪽의 드넓은 전선에서 라인 강을 건넜다. 동부에서는 소련군이 상부 슐레지엔의 오펠른에서 돌파구를 만들었다.

3월 24일 미군이 상부 라인 강을 건너 다름슈타트와 프랑크푸르트 방향으로 진격했다. 동부에서는 단치히 주변에서 격렬한 전투가 계속되었다. 퀴스트린에서도 소련군이 공격에 나섰다.

3월 26일 헝가리에서 소련군의 새로운 공세가 시작되었다. 퀴스트린 요새와 연결하려던 아군의 시도는 실패했다.

3월 27일 패튼의 기갑부대가 프랑크푸르트 암 마인에 진입했다. 아샤펜부르크에서는 격렬한 전투가 전개되었다.

히틀러는 이날 정오 회의에서 퀴스트린에서 시도한 아군의 반격이 실패했다는 소식에 몹시 흥분했다. 히틀러는 주로 9군 사령관 부세 장군을 비난했다. 공격을 준비하는 예비 포격에서 포를 너무 적게 사용했다는 이유였다. 그러면서 1차 세계대전 때 플랑드르에서는 그런 작전에 10배나 많은 포를 사용했다고 주장했다. 나는 부세가 더 많은 포탄을 보급 받지 못해서 그 이상은 사용할 수도 없었다고 말했다. 그러자 히틀러는 내게 소리를 질렀다. "그럼 장군이 그렇게 할 수 있도록 했어야 하지 않소!" 나는 내게 할당된 포탄의 총계를 히틀러에게 제시했고, 부세가 내가 가진 전량을 보급 받았다는 사실을 지적했다. 그러자 히틀러는 이렇게 말했다. "그렇다면 부대가 제 역할을 못했다는 소리요!" 나는 공격에 가담한 사단들이 입은 상당한 피해 규모를 제시했다. 그 수치는 병사들이 크나큰 희생정신으로 자신들의 임무를 다했다는 사실을 증명하는 내용이었다. 회의는 상당히 언짢은 분위기 속에서 끝났다. 나는 초센으로 돌아간 뒤 다시 한 번 퀴스트린에 투입된 포탄과 피해 규모, 참가한 부대들의 결과를 확인했다. 그런 다음 히틀러에게 보내는 정확한 보고서를 작성해 크렙스 장군 편에 저녁 회의에서 보고하라고 건넸다. 히틀러와 또다시 쓸데없는 논쟁을 벌이고 싶지 않았기 때문이다. 나는 크렙스에게 다음날인 3월 28일에 내가 프랑크푸르트 안 데어 오더 부근의 교두보를 방문할 수 있게 히틀러의 승인을 받아달라고 지시했다. 히틀러의 생각대로 포위된 퀴스트린 요새를 해방하기 위해서 5개 사단을 동원해 그 좁은 교두보에서 오데르 강 동쪽으로 공격하는 것이 실현 가능한지 직접 확인하고 싶었다. 그 공격에 대한 의구심을 계속 피력했어도 지금까지 히틀러의 생각을 바꾸지 못하고 있었기 때문이다.

크렙스는 밤이 늦어서야 베를린에서 초센으로 돌아왔다. 크렙스는 히틀러가 나의 프랑크푸르트 전선 방문을 허락하지 않았고, 3월 28일 오후에 부세 장군과 함께 회의에 참석하라는 명령을 내렸다고 했다. 히틀러는 내 보고서가 자신을 가르치려든다고 생각해 화가 난 상태였다. 때문에 내일 있을 회의에서도 한바탕 폭풍이 몰아칠 것이 분명했다.

1945년 3월 28일 14시 수상관저의 좁은 벙커에 평소와 같은 집단이 모였고, 부세 장군도 참석했다. 히틀러가 들어와 부세에게 보고하라고 지시했다. 몇 마디 말하기가 무섭게 히틀러는 부세의 말을 중단시켰고, 내가 어제 충분히 설명했다고 생각한 이유를 들어 부세를 비난했다. 두세 마디를 듣고 나니 화가 치밀었다. 그래서 이번에는 내가 히틀러의 말을 끊고 어제 구두로나 서면으로나 보고했던 내용을 다시 언급했다. “중간에 말을 끊어서 죄송합니다. 저는 어제 퀴스트린 공격의 실패가 부세 장군의 잘못이 아니라는 점을 구두로나 서면으로나 총통께 상세하게 설명을 드렸습니다. 9군은 자신들에게 할당된 탄약을 그 공격에 모두 투입했습니다. 병사들도 자신들의 의무를 다했습니다. 이례적으로 높은 사상자 수가 그 점을 증명합니다. 그러니 부세 장군을 비난하지는 말아 주십시오.” 그러자 히틀러가 말했다. “원수와 상급대장만 남고 모두들 회의실에서 나가시오!” 많은 청중이 대기실로 나가자 히틀러가 짧게 말했다. “구데리안 상급대장, 장군은 건강에 문제가 있어보이니 곧바로 6주간 병가를 내시오!” 나는 오른손을 들어 경례를 했다. “예, 물러가겠습니다.” 그런 다음 문으로 가서 손잡이를 잡았는데 히틀러가 나를 불러 세웠다. “회의가 끝날 때까지는 자리를 지키시오.” 나는 말없이 내 자리에 앉았다. 회의에 참석한 사람들을 다시 회의실로 들어오게 했고, 마치 아무 일도 없었던 듯 회의는 계속되었다. 다만 히틀러는 부세에 대해 더 이상의 비난을 삼가했다. 나는 두세 번 의견을 묻는 짧은 질문을 받았다. 끝없는 몇 시간이 지나고 이제 이 회의도 끝났다. 참석자들이 벙커를 나갔다. 카이텔과 요들, 부르크도르프와 나는 뒤에 남았다. "장군은 건강 회복에 만전을 기울이시오. 6주 안에는 상황이 매우 심각해질 테고, 그때는 내게 장군의 도움이 절실하게 필요해질 것이오. 그런데 어디로 갈 생각이오?" 카이텔 원수가 바트 리벤슈타인으로 가라고 조언했다. 무척 아름다운 곳이라고 했다. 나는 그곳에는 이미 미군이 들어왔을 거라고 대답했다. 그러자 나를 배려하려는 원수가 말했다. "그러면 하르츠 산맥 근처에 있는 바트 작사는 어떻소?" 나는 카이텔의 친절한 배려에 감사 인사를 한 뒤, 48시간 내에는 적에게 점령되지 않을 곳으로 적당한 장소를 직접 고르겠다고 말했다. 그런 다음 다시 오른손을 들어 경례한 뒤 카이텔의 배웅을 받으며 총통 벙커를 나왔다. 영원히. 차가 있는 곳으로 가는 도중에 카이텔은 히틀러에게 더 이상 아무 대꾸도 하지 않은 일은 잘한 일이었다고 말했다. 이런 상황에서 내가 무슨 말을 더 할 수 있었을까? 한 마디만 대꾸했어도 지나친 말이 되었을 텐데 말이다.

저녁에 초센에 도착했다. 아내가 이렇게 말하면서 나를 맞이했다. "오늘은 무척 길어졌었군요!" "대신에 이번이 마지막이었다오. 나는 해임되었소." 나와 아내는 서로를 안아주었다. 그것은 우리 두 사람에게는 구원이었다.

3월 29일 나는 동료들에게 작별 인사를 하고 크렙스[100]에게 내 업무를 맡긴 뒤 얼마 안 되는 내 짐을 챙겼다. 그런 다음 3월 30일 아내와 함께 기차를 타고 남쪽으로 향했다. 원래는 튀링거발트 숲 오버호프

---

100 당시 참모차장이던 크렙스는 이후 구데리안의 자리를 이어받아 육군 참모총장 임무를 수행한다. 소련 주재 무관을 지낸 적이 있을 만큼 러시아어에 능통했기 때문에 4월 30일 히틀러가 자살한 후 전권을 위임받아 소련과의 마지막 휴전협상을 시도했으나 소련은 얄타 회담에서 연합국 간 합의대로 무조건 항복을 요구하며 협상을 하지 않았다. 이후 크랩스는 5월 1일 총통 관저의 벙커에서 권총으로 자살했다. (편집부)

에 있는 한 사냥 막사로 갈 계획이었지만 미군의 빠른 진격 때문에 포기했다. 나와 아내는 뮌헨 근처에 있는 에벤하우젠 요양소를 찾아가 거기서 내 심장 회복을 위한 치료를 받기로 했다. 나는 4월 1일 그곳에 입원해 뛰어난 심장병 전문가인 치머만 박사에게서 훌륭한 치료를 받았다. 친한 사람이 게슈타포가 감시할 거라는 사실을 알려주어 비밀야전경찰 두 명이 나를 지켜주었다.

5월 1일 나는 아내를 디트람스첼로 보냈고, 아내는 거기 있는 폰 실허 부인의 집에서 온정어린 환영을 받았다. 나는 기갑 총감실 참모부가 옮겨간 티롤로 가서 전쟁이 끝나기를 기다리기로 했다. 1945년 5월 10일 독일이 무조건 항복한 뒤 나는 이 참모부와 함께 미군 포로가 되었다.

3월 28일 이후에 일어난 사건들에 대해서는 나도 라디오를 통해서만 소식을 들었다. 그러니 거기에 대해서는 기술하지 않는다.

14 제3 제국의 주요 인물들

Die führenden Persönlichkeiten des Dritten Reiches

나의 경력은 내게 우리 독일 민족의 역사에 중대한 영향을 끼친 일련의 인물들과 관계를 맺게 했다. 따라서 그 인물들과 직접적으로 교류하면서 받은 인상을 묘사하는 일이 내 의무라고 생각한다. 물론 내 인상이 주관적이라는 사실은 나도 잘 안다. 내 묘사는 정치인이 아닌 한명의 군인으로서 받은 인상이다. 그래서 정치인들과 특정한 목적에 의해 형성된 그들의 인상과는 많은 관점에서 다르고, 독일 육군의 전통이었던 군인의 태도와 명예 관념의 지침을 엄격하게 따른다. 내가 받은 인상들은 다른 사람들의 관찰과 판단에 의한 보완이 필요하다. 그래야 수많은 자료들의 비교를 통해서 우리에게는 불행이었던 비할 데 없는 파국을 초래한 사건들을 좌지우지한 인물들에 대해 어느 정도 믿을 만한 인물상이 완성될 수 있다고 생각한다.

지금까지는 나중에 알게 된 사실에 영향 받지 않고 내가 당시 경험한 내용들과 인상을 그대로 서술하려고 노력했다면, 이 책을 마무리하는 고찰에서는 내가 패전 이후 여러 사람들과 나눈 대화와 저술들을 통해 알게 된 사실들도 활용할 생각이다.

히틀러

우리의 운명을 만든 사람들의 중심에는 아돌프 히틀러라는 인물이 있다.

히틀러는 평범한 가정에서 태어나 학교 교육을 많이 받지 못했고, 가정교육을 제대로 받지 못했으며, 말과 행실이 거칠었다. 자신과 친밀한 동향인들과 있을 때 가장 편안함을 느꼈던 히틀러는 민족의 사랑을 받는 남자로 우리 앞에 등장했다. 히틀러는 원래 문화적 수준이 높은 사람들과의 교류에서도 구김이 없었고, 특히 미술과 음악을 비롯한 예술과 관련된 주제를 이야기할 때는 더 그랬다. 그런데 나중에 히틀러의 측근들 중에서 문화적 소양이 낮은 특정인들이 그에게 그런 계층에 대한 강한 혐오감을 계획적으로 불어넣었다. 목적은 히틀러를 지적 수준이나 출신 배경이 높은 모든 사람들과 대립하게 만들어 그들의 영향력을 차단하려는 의도였다. 그 시도는 전체적으로 성공했다. 한편으로는 히틀러의 마음속에 억눌려 살았던 청소년기의 원한이 내재해 있었기 때문이고, 다른 한편으로는 그가 자신을 위대한 혁명가로 생각해 낡은 전통의 대변자들은 자신을 방해만 하고 지금까지 추구해 온 목표에서 벗어나게 할 거라고 믿었기 때문이다.

우리는 여기서 히틀러의 첫 번째 심리 상태를 파악할 수 있는 열쇠를 얻게 된다. 왕족과 귀족, 학자, 융커[101], 관리, 장교들에 대해 점점 커진 혐오감은 바로 열등감에서 비롯되었다. 히틀러는 권력을 장악한 직후부터 교양 있는 계층과 국제 교류에서 통용되는 생활방식에 적응하려고 열심히 노력했지만, 전쟁이 일어나고 난 뒤로는 그런 시

101 Junker: 동프로이센의 보수적인 지주 귀족층.(역자)

도를 완전히 포기했다.

히틀러는 매우 영리했고 기억력이 비상했다. 특히 역사적인 자료와 기술적인 수치, 경제 통계를 잘 기억했고, 눈에 들어오는 모든 것을 읽어서 자신의 부족한 교양을 메웠다. 한번 읽었거나 회의 중에 들은 내용을 정확하게 거론해 항상 사람들을 놀라게 하곤 했다. "6주 전에는 전혀 다르게 말하지 않았소?" 제국 수상이자 국방군 최고사령관인 히틀러가 관용적으로 사용하던, 두려움을 자아내는 말이었다. 히틀러는 누군가의 진술에 모순이 드러나면 매 회의마다 작성하는 속기록을 가져오게 해서 바로 확인했다.

히틀러는 자기 생각을 쉽게 이해할 수 있는 짤막한 말로 표현해 무한 반복으로 청중들에게 주입시키는 능력이 뛰어났다. 수천 명이나 소규모 집단 앞에서 하는 히틀러의 모든 연설과 설명은 "내가 1919년 정치인이 되기로 결심했을 때……"라는 말로 시작했고, 히틀러의 정치 연설이나 훈시는 언제나 다음의 말로 끝났다. "나는 포기하지 않으며, 결코 항복하지 않습니다!"

히틀러는 출중한 웅변술을 타고나서 대중에 대한 영향력은 말할 것도 없고 교양 있는 계층에도 효력을 발휘했다. 또한 청중의 성향에 따라 자신의 연설 방식을 능란하게 조절할 줄 알았다. 그래서 사업가들 앞에서는 병사들 앞에서 할 때와 다른 방식으로 말했고, 열성적인 당원들 앞에서는 회의론자들 앞에서 말할 때와 달랐으며, 관구 지도자들 앞에서는 지위가 낮은 공무원들 앞에서 말할 때와 달랐다.

히틀러의 가장 두드러진 특징은 의지력이었다. 히틀러는 강한 의지로 사람들을 자신에게 옭아매는 힘이 있었다. 그 힘은 강한 암시작용을 일으켰고, 어떤 사람들에게는 거의 최면에 빠지게 하는 효과를 발휘했다. 나 역시 종종 그런 경험을 했다. 국방군 최고사령부에는 히틀러에게 반대하는 사람이 거의 없었다. 거기 있는 사람들은 카이텔처럼 지속적인 최면 상태에 빠져 있거나 요들처럼 체념에 빠져 있었다. 자의식이 강하고 적 앞에서는 용감한 남자들도 히틀러의 연설에 굴복했고, 반박하기 어려운 히틀러의 논리 정연한 말솜씨에 말문이 막혔다. 히틀러는 소집단과 있을 때는 청중 한 명 한 명과 눈을 맞추고 말하면서 자신의 말이 미치는 영향을 정확히 관찰했다. 그중에서 누군가 자신의 암시에 넘어가지 않았다는 사실을 알아차리면, 자신이 의도했던 효과를 얻었다고 생각할 때까지 저항하는 그 사람에게 자주 말을 걸었다. 그러나 자신이 기대했던 반응이 나타나지 않으면, 자기주관이 강한 그 사람은 히틀러의 분노를 샀다. "나는 저 사람을 믿지 못하겠소!" 그러고는 그런 사람들을 곧 제거하려고 했다. 히틀러는 성공 가도를 달릴수록 점점 더 편협해졌다.

히틀러가 대중에게 끼친 강한 영향을 보면서 사람들은 독일인들이 유난히 암시에 빠지기 쉬운 민족이라고 결론지었다. 그러나 어느 민족 어느 시대에서나 사람들은 비범한 인물들이 행사하는 영향력에 굴복했다. 그런 인물들이 기독교적인 의미에서 언제나 선량하지만은 않았어도 말이다. 근대사에서는 여러 위인이 활동한 프랑스 혁명이 그 예를 보여주며, 바로 직후에 등장한 나폴레옹도 매우 좋은 예를 제공한다. 프랑스 인들은 나폴레옹이 패배할 거라는 사실을 오래전에 알았으면서도 완전한 몰락에 이르기까지 그 위대한 코르시카 인의 뒤를 따랐다. 미국인들은 평화를 사랑한다고 하면서도 두 번의 세계전쟁에서 참전을 주장한 대통령들의 뜻에 따랐다. 이탈리아 인들은 무솔리니를 따랐다. 러시아에 대해서는 두 말할 필요도 없다. 거기서는 거대한 민족이 원래의 신념과는 달리 레닌이 주창한 이념의 힘으로 볼셰비키가 되어 소비에트 연방을 탄생시켰다. 그러나 우리는 동시대인으로서 러시아가 레닌의 혁명적 사상을 키운 온상이었다는 사실을 잘 안다. 차르 시대의 부실 경제가 대다수 국민들의 큰 불만과 비참한 삶을 초래했기 때문에 그들은 자신들의 상황을 개선해주겠다는 약속을 기꺼이 따랐다.

독일인들이 히틀러의 이념에 굴복한 데에도 이유가 있었으며, 그 이유는 무엇보다 1차 세계대전 이후 승전국들이 추진한 잘못된 정책에 의해 야기되었다. 그 정책이 국가사회주의의 씨앗이 자랄 수 있는 온상, 즉 전제 조건들을 만들었다. 바로 실업, 무거운 배상, 억압적인 영토 분할, 부자유, 불평등, 군사력 제한 등이었다. 1차 세계대전의 승전국들이 베르사유 조약을 체결할 때 윌슨 대통령이 제창한 14개 조 평화 원칙을 무시한 처사는 독일인들에게 강대국에 대한 신뢰를 잃게 했다. 그래서 베르사유 조약의 속박에서 벗어나게 해주겠다고 약속한 남자는 비교적 쉽게 자기 일을 도모할 수 있었다. 무엇보다 많은 노력에도 불구하고 바이마르 공화국의 형식적인 민주주의는 주목할 만한 외교적 성과를 얻지 못한 채 독일 내부의 어려움조차 해결하지 못하고 있었다. 이런 상황에서 히틀러는 더 나은 국내외 정책의 전망을 약속해 수많은 유권자들의 표를 모았고, 민주적인 방법으로 가장 강력한 정당을 만들어냈으며, 민주주의의 규칙에 따라 정권을 장악했다. 히틀러가 부상할 수 있는 온상은 이미 주어져 있었다. 따라서 독일인들이 다른 국민들에 비해 더 쉽게 암시에 빠진다고 비난할 수는 없다.

히틀러는 독일인들에게 대외적으로는 베르사유 조약의 불공정에서 해방시켜주겠다고 약속했고, 대내적으로는 실업과 정쟁을 종식시키겠다고 약속했다. 그 약속이야말로 독일인들이 가장 간절하게 원하는 목표였고, 그는 그러한 목표를 통해 모든 선량한 독일인과 하나가

될 줄 알았다. 분별 있는 독일인이라면 누구나 뜨겁게 열망하고 추구하는 그 뚜렷한 목표는 갓 정치 경력을 시작한 히틀러에게 고위 정치인들의 능력과 승전국들의 선의를 의심하기 시작한 수백만 독일인들을 끌어 모으게 했다. 국제 협의가 아무런 성과 없이 끝나고 전쟁 배상이 견딜 수 없는 부담으로 작용할수록, 불평들이 오래 지속될수록 점점 더 많은 사람이 나치스의 상징인 하켄크로이츠 주위로 모여들었다. 1932~33년 거의 절망적이었던 독일의 상황을 한번 생각해보라. 6백만 명 이상의 실업자와 그 가족을 포함한 2천 5백만 명이 굶주림에 허덕였고, 베를린과 다른 대도시의 길모퉁이에는 할 일없이 어슬렁거리는 노동 청년단이 방치되어 있었으며, 범죄가 증가했다. 그 모든 사실이 공산주의자들에게 6백만 명의 표를 몰아주는 결과를 낳았다. 히틀러의 나치스가 그 실업자와 가족들을 끌어들여 새로운 이상과 새로운 신념을 불어넣어주지 않았다면, 그 수백만 명의 표는 분명 훨씬 더 늘어났을 것이다.

이런 일들이 일어나기 직전에 프랑스와 영국이 독일과 오스트리아 사이의 경제 연합을 금지시킨 일을 생각해보라. 경제 연합은 최소한 두 나라의 경제에 조금이나마 도움이 되면서도 서구 연합국의 패권에는 아무런 위협도 되지 않았을 것이다. 오스트리아는 당시 경제가 붕괴되기 직전의 상황이었는데, 그 상황은 베르사유 조약과 짝을 이루는 생제르맹 조약의 결과였다. 한 나라가 대규모 경제 구역과의 경제적 제휴 없이 살아가기는 매우 어렵다. 유렵 경제 연합을 창설해 이 문제를 해결하기를 바랄 뿐이다. 당시 독일-오스트리아 경제 연합에 대한 금지는 매우 신중하고 '서구적'으로 생각하는 사람들까지도 불쾌하게 만들었다. 그 금지는 전쟁이 끝난 지 12년이 지나고, 독일이 국제연맹에 가입한 지 6년이 지난 뒤까지도 계속된 승전국의 적나라한 자의와 독일에 대한 완전한 몰이해를 드러내는 증거였기 때문이다. 그래서 당시의 상황을 신중하게 평가하는 사람들은 그 사건이 1931년과 1932년 선거에서 히틀러가 성공하는데 상당한 역할을 했다고 말했다.

어쨌든 히틀러의 당은 이제 더 이상은 누구도 히틀러를 무시할 수 없을 만큼 강력한 힘을 얻었다. 제국 대통령이었던 힌덴부르크 원수는 오랜 내부적인 다툼 끝에 히틀러를 수상으로 임명했다. 그 임명은 힌덴부르크 원수에게는 매우 힘든 일이었고, 많은 독일인이 히틀러라는 인물과 그의 행동 방식에 동의하지 않았다.

일단 권력을 잡은 히틀러는 반대파를 제거했다. 그 과정에서 드러난 히틀러의 가차 없음은 앞으로의 독재자에게 내재한 또 다른 성격적 특징을 보여준다. 히틀러는 그런 성격을 거리낌 없이 드러낼 수 있었다. 반대파는 약하고 분열된 상태였으며, 강력한 공격을 받자 거의 싸우지도 못한 채 와해되었기 때문이다. 그 결과로 히틀러는 바이마르 공화국 헌법이 일인 독재를 막기 위해 설치한 법적 장벽을 무너뜨리는 법안들을 관철시킬 수 있었다.

내부의 반대 세력을 제거할 때 보여준 가차 없는 태도는 에른스트 룀을 살해하게 하는 계기로 잔인함으로 악화되었다. 물론 룀과는 아무런 관계도 없이 전혀 다른 이유에서 눈 밖에 난 사람들까지 살해된 일은 히틀러도 모르게 일어난 일들이었다. 그러나 그 참혹한 행위에 대한 처벌은 이루어지지 않았다. 이미 죽음을 눈앞에 둔 상태의 힌덴부르크 원수는 더 이상 개입할 수가 없었다. 그러나 그때까지만 해도 히틀러는 폰 슐라이허 장군이 살해된 데에 대해 장교단에게 사과해야 한다고 여겼고, 그러한 일이 다시는 반복되지 않을 거라는 약속도 했다.

1934년 6월 30일에 일어난 이 참혹한 행위에 대해 어떤 처벌도 이루어지지 않았다는 사실은 이미 독일의 법치에 대한 심각한 위협을 의미했다. 그러나 그뿐이 아니었다. 그 사건은 히틀러의 권력 의식을 상당히 강화시켜주었다. 힌덴부르크의 후임 문제를 조절하기 위해 교묘하게 통과시킨 법안과 역시 교묘한 이유를 들어 실시된 국민투표는 결국 히틀러를 법적으로도 제국의 최고 권력자로 만들었다.

히틀러는 당시 군주제를 재설립해 그의 지위를 강화하고 합법화하지 않겠냐는 질문을 받았다. 히틀러는 나중에 베를린에서 장교들 앞에서 이야기하는 자리에서 자신이 그 문제를 철저하게 심사숙고했다고 말했다. 그러면서 역사를 통틀어 자기 옆에 있는 뛰어난 수상의 존재를 허용하고, 수상의 능력을 인정하고, 자신이 죽을 때까지 정치 분야의 훌륭한 파트너를 직위에 붙잡아 둔 현명한 군주는 딱 한 사람뿐이며, 바로 빌헬름 1세와 비스마르크였다고 말했다. 그밖에 자기가 알고 있는 역사상 그 어떤 왕도 그렇게 마음이 넓고 현명한 왕은 없었다고 했다. 히틀러는 자신의 친구인 무솔리니와도 그 문제에 대해 이야기를 나눈 적이 있는데, 이탈리아 국왕 때문에 겪는 무솔리니의 어려움을 들어보면 군주제를 다시 도입하고 싶은 마음은 없다고 했다.

히틀러는 독재를 선택했다.

히틀러는 독재를 통해 실업 해소, 노동 의욕 고취, 민족의식 고취, 당파 제거 등 몇 가지 중요한 성과를 얻었다. 이와 같은 업적을 인정하지 않는 일은 잘못이라고 생각한다.

국내 권력을 확립한 히틀러는 곧 대외 정치적 계획에 착수했다. 자를란트 영유권 회복, 자주 국방 회복, 라인란트 군사 점령, 오스트리아 합병은 독일 국민의 지지와 외국의 묵인과 인정 속에서 진행되었다. 외국은 독일 민족의 합당한 요구를 전반적으로 이해했고, 특히 서방 사람들은 진정한 정의감에서 베르사유 조약을 비극적인 과오로 여겼다. 반면에 20년 동안 체코 민족주의의 부당한 침해로 고통 속에 살아온 주데텐란트 독일인들을 해방시키는 과제에는 어려움이 따랐다. 체코는 프랑스와 조약으로 맺어진 관계였다. 그래서 1918년 민족자결권을 무시하면서 맺어진 그 조약을 문제 삼는 일은, 프랑스의 동맹을 무너뜨리는 일이므로 전쟁 발발의 가능성을 의미했다. 히틀러는 서부 연합국의 고위 정치인들을 자신이 그때까지 받은 인상에 따라 판단했다. 히틀러는 정치적 본능이 매우 발달해서 대다수 프랑스 국민과 온건한 프랑스 정치인들이 불공정한 조약으로 발생한 문제를 조정하려는 시도를 전쟁의 이유로 생각하지는 않을 거라고 판단했다. 히틀러가 평화롭게 지내기를 원했던 영국인들의 심리 상태도 비슷하다고 판단했다. 그런 판단은 틀리지 않았다. 영국의 체임벌린 수상과 프랑스의 달라디에 수상이 히틀러의 친구였던 무솔리니와 함께 뮌헨으로 왔고, 히틀러의 체코슬로바키아 정책을 합법화하는 협정을 체결했다. 히틀러는 이 과정에서 정치적 선견지명이 있던 영국 룬시먼 경의 주데텐란트 문제에 대한 평가를 근거로 삼았다. 뮌헨 협정으로 일단은 평화가 유지되었지만, 그 협정의 결과는 다시 서부 연합국에 대한 히틀러의 자신감과 권력 의식을 강화시켜주었다. 서유럽 정치인들은 자기들 나라를 대변하는 품위 있는 대표들이었을지 모른다. 그러나 히틀러는 결과적으로 서유럽 정치인들의 타협을 자신의 강력한 압박에 의한 성과로 판단했다. 많은 독일인들의 경고는 전혀 받아들여지지 않았고, 오히려 히틀러의 태도만 완강하게 만들었다.

모든 국가 기구에 대한 무소불위의 권력이 히틀러의 손아귀에 들어간 1938년 초, 히틀러가 자신의 체제에 대한 심각한 저항을 두려워한 유일한 조직이 육군이었다. 그 때문에 육군은 오스트리아 합병 전

교묘하고도 가차 없는 방법(블롬베르크-프리치 위기)으로 지도자들을 빼앗겼고, 이후 히틀러의 성공의 영향권으로 빨려 들어갔다. 상황을 분명히 알았으면서도 힘이 없었던 당시의 군 지휘부는 침묵했다. 그 사건의 진상은 대다수 장군들과 군에는 알려지지 않았다. 그래서 일이 돌아가는 상황을 알았던 소수의 모든 저항 의도는 머릿속에만 남아 있거나 기껏해야 진정서를 작성해 책상 서랍에 넣어두는 게 고작이었다. 그 소수의 사람들은 밖으로는 충성하는 모습을 유지했다. 그 어디서도 경고나 심지어 저항하려는 생각조차 밖으로 드러나지 않았다. 국방군 내부는 물론이고 큰 규모의 집단에 알려진 일도 없었다. 그밖에도 해가 갈수록 육군 내 반대파의 입지는 점점 좁아졌다. 이제는 매년 입대하는 신병들이 히틀러 유겐트 출신이고, 이미 노동봉사대와 당에서 히틀러에게 충성을 맹세한 사람들이었기 때문이다. 장교단에도 해마다 젊은 국가사회주의자들의 수가 늘어났다.

내적으로는 권력이 강화되고 대외 정책이 성공하면서 자신감이 점점 커진 히틀러는 자기 이외에는 그 어떤 것도 어떤 사람도 인정하지 않는 오만함을 드러내기 시작했다. 히틀러의 오만은 히틀러가 제3 제국의 주요 직책에 앉힌 인물들의 평범함과 무의미함 때문에 재앙을 초래할 정도로 계속 커졌다. 그때까지는 전문적인 조언을 받아들일 마음이 있어서 최소한 귀를 기울이거나 논의를 했다면, 이제는 점점 더 독재적으로 변했다. 그러한 현상은 무엇보다 1938년 이후로는 제국 내각의 회의가 더 이상 소집되지 않았다는 사실로 표출되었다. 각 부서의 장관들은 히틀러의 개별 지시에 따라 업무를 수행했고, 주요 정책에 관한 공동 논의는 더 이상 열리지 않았다. 그 이후로는 장관들이 아무리 노력해도 히틀러를 직접 만나 보고하는 일이 전혀 없거나 드물었다. 장관들이 일반적인 행정 절차를 지키려고 할 때면 국가 관료 기구 이외에도 당의 관료 기구를 상대해야 했다. '국가가 당을 지휘하는 것이 아니라 당이 국가를 지휘한다.'라는 히틀러의 원칙은 완전히 새로운 상황을 만들어냈다. 그로써 정부의 권력은 당으로, 다시 말하면 각 관구의 지도자들에게 넘어갔다. 이들은 국가의 고위 공직에 적합한 능력 때문이 아니라 당에서 올린 성과 때문에 그 자리에 오른 인물들로, 인격적으로는 결코 적합하지 않은 경우가 많았다.

또한 당의 많은 공직자들이 자신들의 목표를 실현하는 과정에서 히틀러의 가차 없는 태도를 추종했기 때문에 정치 윤리는 빠르게 황폐해졌다. 국가의 행정력도 무력화되었다.

사법 기관도 마찬가지였다. 치명적인 수권법은 독재자 히틀러에게 의회의 참석 없이도 법의 효력을 공표하게 하는 권리를 주었다. 그러나 설령 의회가 참석했다고 해도 1934년 이후로는 그런 과정을 바꾸지는 못했을 것이다. 의회가 형식적으로만 보통, 평등, 비밀 선거에 의해 선출되었기 때문이다. 지금은 그 때와 동일한 과정을 소련의 세력권에 있는 나라에서 경험할 수 있다.

1939년 봄 히틀러의 오만은 이미 체코슬로바키아를 독일의 보호국으로 병합시키기로 결심하는 데까지 이르렀다. 체코 병합은 전쟁을 치르지 않고 성사되었지만, 영국의 엄중한 경고를 생각했어야만 했다. 체코 점령 이후 메멜란트가 다시 독일에 귀속되었다. 당시 독일의 지위가 매우 강해졌기 때문에 아직 남아 있는 국가적 과제의 실현은 앞으로 전개되는 과정에 그대로 맡겨두어도 되는 상황이었다. 그러나 히틀러는 그럴 생각이 전혀 없었다. 사람들은 히틀러가 왜 그랬는지 이유를 묻는다. 그 이유들 중 하나는 무엇보다 자신이 일찍 죽을 거라고 생각한 히틀러의 이상한 예감이었다. "내가 노년이 될 때까지 살지 못하리라는 사실을 안다. 내게는 시간이 많지 않다. 내 후계자들은 나처럼 강한 힘을 손에 넣지 못하고, 반드시 내려야 할 어려운 결정을 내리기에는 너무 나약할 것이다. 그 결정들은 살아생전에 내가 직접 해야만 한다!" 그 때문에 히틀러는 자기 자신과 동료들, 전 민족을 자신의 궤도에 태워 숨 막힐 듯 빠르게 몰아댔다. "행운의 여신 포르투나가 황금 공 위에 서서 옆으로 지나가면, 여신의 옷자락이라도 움켜잡기 위해서는 결연하게 껑충 뛰어 올라야 한다. 그렇게 하지 않으면 그녀는 영원히 사라진다." 히틀러는 행운을 잡으려고 껑충 뛰어 올랐다.

1939년 가을 히틀러는 폴란드 회랑 회복을 자신의 목표로 정했다. 돌이켜 생각하면 히틀러가 폴란드에 제시한 제안들은 온건한 요구로 여겨질 수 있다. 그러나 폴란드는, 특히 외무부 장관 유제프 베크는 타협할 생각이 전혀 없었다. 폴란드는 아직 진로를 결정하지 못하고 머뭇거리던 시기에 영국의 안전 보장을 믿고 전쟁을 선택했다[102]. 마침내 주사위가 던져지자 영국과 영국의 영향을 받은 프랑스가 독일에 선전 포고를 했다. 그로써 제2차 세계대전이 발발했다. 갈등을 폴란드로 국한하려던 히틀러의 의도는 실패했다.

히틀러는 폴란드 출정을 시작하기 전 소련과 불가침 조약을 맺어 후방의 안전을 확실히 해둘 만큼 신중하게 행동했다. 그렇게 일단은 두 개의 전선에서 전쟁을 치르는 불행한 옛 기억의 재래는 피할 수 있었다. 다만 히틀러는 이 조약을 체결하면서 자신이 지금까지 국내 정책에서 보여주었던 반(反)볼셰비키 이념에 반하는 행동을 취했다. 그래서 1939년 10월 내 옆자리에 앉아 아침 식사를 하는 동안 국민들이 소련과 불가침 조약을 맺은 자신의 조치에 대해 어떻게 생각할지 불

102 1939년 봄 폴란드군 리츠 시미그위 원수가 단치히에서 한 발언들과 1951년 5월 3일 바르샤바에서 열린 퍼레이드에서 울린 외침 참조: "단치히로!", "베를린으로!"

안해했다(앞 장의 폴란드 출정 참조). 그러나 국민들, 특히 육군은 연합국의 개입으로 전쟁이 잘못된 방향으로 확대된 마당에 후방을 안전하게 해두었다는 사실에 만족해했다. 독일 국민과 육군은 분명 소련과의 전쟁을 원치 않았다. 그들은 1940년 서부 출정을 끝낸 뒤 적절하게 평화가 유지되기를 바랐다.

서부 출정을 끝낸 뒤 히틀러는 성공의 정점에 올라 있었다. 다만 영국 원정군 대부분이 뒹케르크를 빠져나가면서 위험은 이미 내재해 있었다. 윈스턴 처칠이 영국의 실패에도 불구하고 그 사건을 승리로, 무엇보다 독일 공군에 대한 영국 공군의 승리라고 칭송한 일은 전적으로 타당했다[103]. 독일 공군은 뒹케르크와 영국 상공에서의 작전 실패로 막대한 손실을 당했고, 그로 인해 그렇지 않아도 겨우 조금뿐이었던 우세를 완전히 잃고 말았기 때문이다.

공군의 실패는 히틀러와 괴링에게 똑같이 책임이 있다. 공군이 아무리 용맹하고 군사적으로나 기술적으로 능력이 뛰어나다고 해도 그 최고사령관의 허영심과 자신의 최측근에게는 쉽게 뜻을 굽히는 히틀러의 태도까지 보완할 수는 없었다. 히틀러는 훨씬 뒤늦게야 괴링의 진짜 가치, 아니 오히려 무가치함을 인식했다. 그러나 히틀러는 '정책상의 이유로' 전쟁의 결과에 결정적인 역할을 할 공군 최고사령관의 자리를 교체하지 않았다.

사람들은 히틀러가 자신의 '오랜 동료들'에게 흔들리지 않는 신뢰를 보였다고 주장했다. 제국 원수인 괴링에 관한 한 그 주장은 사실이다. 히틀러는 종종 괴링을 신랄하게 비난했지만 비난에 따른 결론을 이끌어내지는 않았다.

---

103 윈스턴 처질의 회고록 2권 143쪽 이하 참조

1940년의 서부 출정은 히틀러의 또 다른 성격적 특징을 드러냈다. 히틀러는 어떤 계획을 구상할 때는 매우 대담했다. 노르웨이 공격은 대담한 계획이었고, 기갑부대의 스당 돌파도 마찬가지였다. 그 두 경우에 히틀러는 상당히 대담한 제안들도 받아들였다. 그러나 계획의 실행 단계에서 어려움이 발생하자 정치적인 어려움에 직면했을 때의 흔들리지 않는 고집과는 달리 군사적인 문제에서는 돌변했다. 그 분야에서는 자신의 능력이 부족하다는 사실을 본능적으로 느꼈기 때문이라고 생각한다.

노르웨이에서는 나르비크의 상황이 심각해져 마음을 굳게 다잡고 끝까지 밀고 나가야 할 순간에 그런 일이 일어났다. 노르웨이에서 그나마 상황을 구할 수 있었던 이유는 폰 로스베르크 중령과 요들 장군 덕분이었다. 스당에서는 히틀러와 그의 고문들을 깜짝 놀라게 한 초기의 대규모 성공을 신속하고도 강력하게 밀어붙여야 할 순간에 그런 일이 일어났다. 나는 1940년 5월 15일에 처음으로, 이어서 5월 17일에 히틀러의 명령으로 공격을 중단해야 했다. 내가 당시 멈추지 않은 이유는 히틀러 때문이 아니었다. 그러나 최악의 상황은 됭케르크 앞 아아 강 연안에서 진군을 멈추게 한 명령이었다(앞 장 참조). 그로 인해 영국군은 독일군의 눈앞에서 요새로 들어가 그들의 배에 오를 수 있었다. 기갑부대가 자유롭게 행동할 재량권만 있었다면, 아군은 분명 영국군보다 먼저 됭케르크에 도착해 영국군을 차단할 수 있었을 것이다. 그러면 영국군이 충격에 빠진 상황에서 아군이 영국에 상륙할 전망은 훨씬 좋아지고, 영국인들은 처칠이 강력하게 반대한다 하더라도 평화 조약을 맺는 쪽으로 기울어졌을 것이다.

그밖에도 또 다른 과오가 저질러졌다. 먼저 프랑스와는 미진한 휴전 상태에 이르렀고, 지중해 연안에 도달하기도 전에 서부 출정을 종결했다. 나아가서는 신속하게 아프리카에 상륙하지 않았고, 프랑스 출정에 바로 이어서 지브롤터 해협과 수에즈 운하를 공격하지 않았다. 이 모든 사실은 계획을 세울 때는 대담하고 무모하기까지 한 히틀러가 정작 자신의 군사적 의도를 실행할 때는 소심했다는 주장이 옳았음을 증명한다. 독일을 위해서는 히틀러가 신중하고 조심스럽게 계획을 세운 뒤 신속하고 확고하게 실행했더라면 더 좋았을 것이다. "잘 생각하고 행동하라!"

아프리카 작전에서는 히틀러가 무솔리니를 배려해야 한다고 생각했다는 점과 히틀러가 순전히 대륙적인 관점에 사로잡혀 있었다는 요소가 동시에 작용했다. 히틀러는 세계에 대한 경험이 별로 없었고, 특히 해상권과 관련된 문제에 대해서는 잘 몰랐다. 나는 히틀러가 미국의 머핸 제독이 쓴 「해양력이 역사에 미치는 영향 The Influence of Seapower upon History」을 읽은 적이 있는지는 모르겠다. 어쨌든 히틀러는 그 책에 담긴 교훈에 따라 행동하지는 않았다.

그로 인해 1940년 여름 히틀러는 자기 민족을 평화로 이끄는 미해결 과제를 앞에 두고 결정을 내리지 못하고 있었다. 히틀러는 영국에 어떤 식으로 접근해야 할지 몰랐다. 히틀러의 군대는 대기 상태에 있었고, 그렇게 동원된 상태로 아무것도 하지 않은 채 계속 있을 수는 없었다. 그래서 히틀러는 뭔가 행동해야 한다는 강압을 느꼈다. 이제 무슨 일이 일어날 수 있었을까? 히틀러의 오랜 이념적 적은 동쪽 국경에 그대로 있었다. 히틀러는 항상 이 적을 상대로 싸워왔고, 그들을 싸워 이기겠다는 말로 엄청난 지지표를 얻었다. 히틀러는 소련과 근본적으로 담판을 짓고, 서부의 주전선이 일시적인 소강상태에 놓인 시간을 이용하고 싶다는 유혹을 느꼈다. 전 유럽이 세계의 패권을 추구하는 소련 공산주의로부터 위협 받고 있다는 사실도 분명히 인식했다. 그 점에서는 대부분의 독일인들과 상당히 많은 선량한 유럽인들이 같은 생각이라는 사실도 잘 알았다. 물론 히틀러의 생각이 군사적으로 실현 가능한가는 전혀 다른 문제였다.

히틀러는 처음에 소련과의 전쟁을 그저 머릿속으로만 그려보았을 것이다. 그러다가 그 생각은 점점 진지한 문제로 바뀌었다. 이례적으로 활발했던 히틀러의 상상력은 잘 알려진 소련의 전투력을 과소평가하게 만들었다. 히틀러는 육군과 공군의 차량화로 새로운 성공 가능성이 열렸으니 스웨덴의 카를 12세나 나폴레옹과의 비교는 합당하지 않다고 주장했다. 최초의 타격만 성공적으로 끝낸다면 소련 체제를 확실히 붕괴시킬 수 있다고 주장했다. 또한 소련 사람들이 자신의 국가사회주의 이념으로 넘어올 거라고 믿었다. 그러나 전쟁이 시작된 뒤로 그런 노선 전환을 방해하는 일들이 너무 많이 발생했다. 점령된 지역에서 자행된 당의 고위 관료들에 의한 현지 주민들에 대한 핍박, 소련을 해체하고 드넓은 지역을 독일로 편입시키겠다는 히틀러의 의도는 오히려 모든 소련 사람들을 스탈린의 깃발 아래 뭉치게 하는 결과를 초래했다. 소련인들은 이제 외국의 침략자에 맞서 조국 소련을 위해 싸웠다.

이러한 과오는 다른 인종과 다른 민족을 무시하는 히틀러의 태도에서 비롯되었다. 그러한 태도는 전쟁 전 재앙에 가까운 근시안적 사고와 무책임한 가혹함 속에서 자행된 독일 내 유대인에 대한 처우에서 이미 드러났다. 유대인에 대한 처우는 점점 더 좋지 않은 양상으로 전개되었다. 국가사회주의와 독일 문제에 해악을 초래한 뭔가 있었다면, 바로 그 어리석은 광기였을 것이다.

히틀러는 유럽을 통일하고 싶어 했다. 그러나 그 의도는 여러 민족의 다양성에 대한 무시와 중앙집권적 방법으로 인해 처음부터 실패할 운명이었다.

소련과의 전쟁은 곧 독일이 가진 힘의 한계를 드러냈다. 그러나 히틀러는 자신의 계획을 중단하거나 적어도 제한하는 쪽으로 나아가는 대신에 계속 무한대로 이끌어갔다. 히틀러는 가차 없는 가혹함으로 소련의 굴복을 강요하고 싶어 했다. 동시에 이해할 수 없는 맹목성으로 미국과의 전쟁을 불러들였다. 물론 루스벨트 대통령이 미 해군에 내린 독일 선박에 대한 발포 명령으로 이미 전쟁과 크게 다르지 않은 상태가 조성되었던 사실은 분명하다. 그러나 히틀러의 오만이 모든 것을 뒤덮지만 않았다면, 그때부터 독일이 선전 포고를 할 때까지의 기간에 또 다른 길이 있었을 지도 모른다.

미국을 상대로 전쟁에 돌입하는 충격적인 과정은 모스크바 공방전에서 겪은 독일의 첫 번째 결정적인 패배와 맞물려 진행되었다. 히틀러의 전략은 일관성의 결여와 잦은 결정 번복으로 실패했다. 히틀러는 결정권자인 자신의 머리가 소홀히 한 일들을 자신의 군대에 대한 가차 없는 엄격함으로 보완하려고 했다. 그 방법은 일시적으로는 성공했다. 그러나 장기적으로는 프리드리히 대왕이 강력한 왕이자 군 지휘관으로서 자신의 군인들에게 요구한 희생을 상기시키기에는 충분하지 않았다. 히틀러는 자신을 독일 민족과 동일시했지만, 그러면서도 자기 민족의 가장 단순한 욕구를 인식하지 못했다.

이제는 내가 알고 있던 히틀러의 개인적인 특성을 언급할 대목에 이르렀다. 히틀러는 어떤 인간이었을까? 히틀러는 채식주의자였고, 술과 담배도 전혀 하지 않았다. 그 자체로 볼 때는 히틀러의 신념과 금욕적인 생활방식에서 나온 높이 평가할 만한 특징들이다. 그러나 히틀러의 인간적인 고립은 치명적인 영향을 미쳤다. 히틀러에게는 진정한 친구가 없었다. 히틀러의 가장 오래된 당 동료들은 그를 추종하기는 했지만 친구는 아니었다. 내가 아는 범위 내에서 히틀러는 그 누구와도 친밀하지 않았다. 누구에게도 자신의 속마음을 털어놓지 않았고, 누구와도 자유롭고 솔직하게 이야기하지 않았다. 친구가 없었듯 여인을 깊이 사랑하는 능력도 없었다. 히틀러는 미혼이었고, 아이도 없었다. 지상의 삶에 숭고함을 부여할 수 있는 모든 것, 즉 남자들과의 두터운 우정과 여인에 대한 순수한 사랑, 자식에 대한 사랑이 히틀러에게는 없었고, 영원히 낯선 감정이었다. 히틀러는 거창한 계획들에 둘러싸인 채 홀로 세상을 살았다. 에바 브라운과의 관계를 그 반대의 근거로 제시할 수도 있겠지만, 나는 그 관계를 전혀 몰랐고, 몇 달 동안 거의 매일 히틀러와 그의 측근들을 만나면서도 에바 브라운을 히틀러가 사랑한 사람으로 의식하고 본 일은 한 번도 없었다. 내가 그들의 관계에 대해 들은 것도 감옥에 있을 때였다. 안타깝게도 그 여성은 히틀러에게 아무런 영향도 주지 못했다. 그랬다면 그 영향은 오직 부드럽게 완화하는 역할이었을 텐데 말이다.

독일의 독재자는 그런 모습이었다. 히틀러는 자신이 위대한 모범으로 삼았던 프리드리히 대왕과 비스마르크와 같은 지혜와 절제도 없이 성공에서 성공으로, 실패에서 실패로 쉴 새 없이 외롭게 질주했다. 언제나 거창한 계획들을 좇아 성공에 대한 마지막 희망을 점점 더 완강하게 움켜잡았으며, 자기 자신을 점점 더 국가와 혼동했다.

히틀러는 밤에도 낮처럼 일했다. 회의는 자정이 한참 지날 때까지 연속되었다. 스탈린그라드 재앙이 있기 전까지는 국방군 최고사령부 장교들과 어울려 휴식을 취하는 시간이었던 식사 시간도 그 이후로는 혼자서만 보냈다. 한두 명을 초대해 함께 식사하는 일도 거의 드물었다. 히틀러는 주로 야채나 밀가루 음식을 급하게 먹어 치웠고, 냉수나 알코올이 들어가지 않는 맥아 맥주를 마셨다. 마지막 야간 회의가 끝난 뒤에도 부관들과 여비서들과 앉아 새벽이 될 때까지 몇 시간이고 자신의 계획들을 이야기했다. 그런 다음 잠시 눈을 부쳤고, 늦어도 9시 경이면 히틀러의 침실 문가를 건드리는 청소부의 빗자루 소리에 깨어날 때가 많았다. 그렇게 일어나면 굉장히 뜨거운 목욕으로 무기력해진 활력을 다시 깨웠다. 모든 일이 순조롭게 돌아가는 동안에는 이 불안정한 삶이 눈에 띄는 영향을 미치지는 않았다. 그러나 연이은 충격과 타격이 가해지고 신경이 더 이상 견디지 못하게 되면서 히틀러는 점점 약물에 의존하게 되었다. 잠을 자거나 다시 깨어나기 위해서 주사를 맞았고, 심장을 진정시키거나 다시 기운을 돋우기 위해서도 주사를 맞았다. 주치의였던 모렐은 히틀러가 요구하는 약은 무엇이든 주었지만, 히틀러는 때로 자신에게 처방된 것보다 많은 양을 취했다. 특히 스트리크닌이 함유된 심장 약을 복용해 시간이 지나면서 몸과 마음을 파괴되었다.

스탈린그라드 파국 이후 14개월 만에 히틀러를 다시 만났을 때, 나는 히틀러의 상태 변화를 금방 알 수 있었다. 그는 왼손을 떨었고, 자세는 구부정했으며, 시선은 굳어 있었고, 눈은 약간 앞으로 돌출한 채 광채가 없었다. 뺨에는 붉은 반점들이 있었다. 히틀러는 전보다 자주 흥분했다. 격한 분노를 터뜨리면서 쉽게 자제력을 잃었고, 그럴 때면 히틀러가 하는 말과 결정을 예측할 수 없는 상태가 되었다. 병의 외적인 증세는 점점 더 증가했지만 매일 보는 주위 사람들은 익숙함 때문에 거의 알아차리지 못했다. 그러다가 1944년 7월 20일 암살 미수 사건 이후로 히틀러는 왼손뿐만 아니라 왼쪽 몸 전체를 떨었다. 앉아 있을 때는 몸이 떨리는 모습을 눈에 덜 띄게 하려고 오른손을 왼손에 올리고, 오른쪽 다리를 왼쪽 다리 위로 꼬아야 했다. 걸음걸이는 질질 끌었고, 자세는 구부정했으며, 걸을 때는 슬로모션처럼 아주 천천히 걸었다. 앉으려고 할 때도 의자를 먼저 몸 뒤로 밀어 넣어야 했다. 히틀러의 정신만은 활발하게 움직였다. 그러나 그 활발함에는 때로 섬뜩한 면이 있었다. 그 섬뜩한 면은 인간에 대한 불신과 자신의 육체적, 정신적, 정치적, 군사적 실패를 감추려는 노력의 지배를 받았다. 히틀러는 자신을 똑바로 지탱하기 위해서 끊임없이 자기 자신과 주변 사람들을 속이려고 애썼다. 그 역시 자신과 자신이 추구한 일들이 실제로 어떤 상황에 있는지를 잘 알았기 때문이다.

히틀러는 잘 알고 있으면서도 자기 자신과 자신이 추구한 일들을 무너뜨리지 않으려고 광신자의 완고함으로 눈앞에 있다고 여긴 마지막 지푸라기를 움켜잡았다. 히틀러는 자신을 완전히 지배한 한 가지 생각에 모든 의지력을 쏟아부었다. "절대로 포기하지 말고 결코 항복하지 마라!" 히틀러는 그 말을 자주 했고, 그에 따라 행동해야 했다.

독일 민족은 보잘것없는 신출내기였던 히틀러를 자신들의 지도자로 선택했다. 히틀러가 새로운 사회 질서와 제1차 세계대전 패배로부터의 부흥, 국내외적으로 진정한 평화를 가져다줄 거라고 기대했기 때문이다. 그런 그 남자의 내면에서는 악마가 수호신을 정복했다. 선량한 정령들에게 버림받은 히틀러는 자신이 이룩한 일들의 완전한 파괴 속에서 종말을 맞이했다. 선량하고, 착실하고, 근면하고, 성실한 독일 민족까지도 히틀러와 함께 나락으로 떨어졌다.

나는 수감 생활 동안 히틀러와 그의 병세를 알던 의사들을 만났다. 의사들은 히틀러의 병을 '떨리는 마비', 또는 '파킨슨병'이라고 했다. 의학 분야를 모르는 사람들은 병의 외적인 증세를 알아볼 수는 있지만, 그 증세를 보고 올바른 진단을 내리지는 못한다. 내 기억으로 1945년 초 히틀러의 병을 정확하게 진단한 첫 번째 의사는 베를린의 드 크리니스 교수였다. 그로부터 얼마 뒤 교수가 자살하는 바람에 교수의 진단은 비밀로 남았다. 히틀러의 주치의들도 입을 다물었다. 제국 내각은 히틀러의 건강 상태에 대한 정확한 사실을 몰랐다. 그러나 정확히 알았다고 해도 내각의 구성원들이 거기서 어떤 결론을 도출할 수 있었을지는 의문이다. 히틀러의 경우 그 무서운 병은 이전에 걸린 성병 때문이 아니라 인플루엔자 뇌염과 같은 심한 감기에서 연유했다고 추측할 수 있다. 이 문제에 대해서는 의사들이 판단해야 한다. 다만 독일 민족이 알아야 할 것은 자신들이 지도자로 선택해 과거 어느 민족보다도 절대적인 신뢰를 보냈던 남자가 병들었다는 사실이었다. 그 병은 그의 불행이자 운명이었고, 동시에 독일 민족의 불행이자 운명이기도 했다.

나치스 내 유력 인물들

부총통이었던 루돌프 헤스를 제외하면 국가사회주의독일노동자당에서 가장 두드러진 인물은 히틀러의 후계자로 결정된 헤르만 괴링이었다. 괴링은 현역장교로 제1차 세계대전에 참전했고, 전투기 조종사로서 전설적인 리히트호펜 비행대대의 지휘관을 지냈다. 최고 무공훈장인 푸르 르 메리트 훈장(Pour-le-Mérite)을 받았고, 전쟁이 끝난 뒤에는 돌격대를 창설하는데 앞장섰다.

거침없고 꽤 무례한 남자였던 괴링은 처음에는 상당한 추진력을 발휘했고, 현대적인 독일 공군의 토대를 만들었다. 공군을 국방군의 독립적인 군이 되도록 밀고 나간 괴링의 강한 추진력이 없었다면, 현대적이고 작전 투입 능력을 갖춘 공군이 탄생할 수 있었을지는 의문이다. 공군 참모총장이었던 베버 장군의 탁월한 능력에도 불구하고 국방군의 더 오래된 병과 파트너들은 공군의 그런 발전을 제대로 이해하지 못했을 테니 말이다.

그러나 독일 공군을 창설하고 나자 괴링은 새로 얻은 권력의 유혹에 굴복해 귀족풍의 유별난 거동에 심취했다. 각종 훈장과 귀금속, 골동품을 수집했고, 유명한 저택인 카린할을 지었으며, 식도락에 빠져 눈에 띄게 몸이 불었다. 동프로이센의 한 성에서 오래된 그림을 감상하다가는 이렇게 소리쳤다. "훌륭해! 나도 이제 르네상스의 인간이야. 나는 화려함을 사랑해!" 옷차림도 점점 더 유별나게 변했다. 괴링은 카린홀에 있을 때나 사냥을 나갈 때면 고대 게르만족의 옷을 입었고, 근무 중에 입는 제복도 언제나 규정에 맞지 않았다. 공군에는 전혀 필요하지 않은데도 황금 박차를 단 러시아산 가죽으로 만든 붉은색 승마용 장화를 즐겨 신었다. 또 히틀러와의 회의에 참석할 때는 긴 바지에 에나멜 가죽으로 만든 검정색 펌프스 구두를 신고 등장했다. 몸에 향수를 뿌렸고 화장을 했다. 손가락에는 남에게 내보이고 싶은 큼지막한 보석이 달린 반지를 여러 개 꼈다. 의학적인 측면에서는 이런 불쾌한 외관을 호르몬 장애 때문으로 설명한다.

괴링은 4개년 계획의 전권을 맡아 경제에 막대한 영향력을 행사했다.

정치적인 측면에서 괴링은 다른 당 동료들보다는 어느 정도 선견지명이 있었다. 그래서 마지막 순간에 전쟁 발발을 막으려 했고, 그러기 위해 스웨덴 출신의 지인이었던 비르거 달레루스의 도움을 구하려 했다. 그러나 성공하지는 못했다.

괴링은 전쟁에 상당한 악영향을 끼쳤다. 공군을 과대평가했고, 됭케르크를 앞에 두고 멈추게 한 일과 영국 공격의 실패에 책임이 있다. 또한 스탈린그라드에 포위된 6군에 공중 보급을 약속해 히틀러가 도시를 사수하라는 명령을 내렸는데, 그 약속이 지켜지지 않은 덕분에 대참사가 빚어졌다. 그밖에도 다른 많은 실패의 책임이 괴링에게 있었다.

1943년 이후 내가 경험한 괴링은 공군의 문제를 잘못 알고 있거나 전혀 몰랐다. 육군의 일에 개입할 때는 어리석게 보이거나 강한 증오심을 보였다.

히틀러의 후계자로 예상되는 역할 때문에 괴링은 지나칠 정도로 자신감에 차 있었다.

히틀러는 늦어도 1944년 8월에 이르러서는 자신이 뽑은 공군 최고사령관의 무능을 깨달았다. 히틀러는 나와 요들이 있는 자리에서 괴링을 차갑게 질책했다. "괴링! 공군은 아무 쓸모가 없소. 더 이상 국방군의 독립된 군이 될 가치가 없단 말이오. 그건 당신 책임이오. 너무 태만해!" 그 말에 뚱뚱한 제국 원수의 뺨으로 굵은 눈물이 흘러내렸다. 괴링은 아무 대답도 하지 못했다. 보기 민망하고 불쾌한 광경이었기 때문에 나와 요들은 둘만 남겨두고 밖으로 나왔다. 나는 두 사람의 대화가 끝난 뒤 히틀러에게 이제 그 사실을 깨달았으니 제국 원수의 자리를 다른 유능한 공군 장군으로 교체하라고 요구했다. 괴링 같은 사람의 명백한 무능으로 전쟁의 결과를 위태롭게 할 수는 없다고 말했다. 그러나 히틀러는 이렇게 대답했다. "국가 정책을 고려할 때 그럴 수는 없소. 당이 내 뜻을 이해하지 못할 것이오." 나는 바로 국가 정책에 대한 고려 때문에 국가를 유지하려면 공군 최고사령관을 교체해야 한다고 이의를 제기했다. 그러나 아무런 효과도 없었다. 괴링은 최후까지 여러 가지 직무와 직위를 그대로 유지했다. 괴링은 마지막 몇 개월 동안에는 공군을 비판한 히틀러에 대한 항의의 표시로 갈란트의 전철을 따라 훈장들을 달지 않았다. 히틀러의 명령으로 회의에는 참석했지만, 계급장과 훈장도 달지 않은 간단한 복장에 자신을 볼품없게 만드는 군모를 쓰고 나타났다.

괴링이 히틀러에게 바른 소리를 하는 경우는 거의 드물었다.

괴링은 감옥에 있을 때와 죽음을 통해서 과거에 태만했던 일을 조금이나마 만회했다. 자신의 행위를 공개적으로 변호한 뒤 자살을 선택함으로써 현세의 심판에서 벗어난 것이다.

SS제국지도자 하인리히 힘러는 히틀러의 추종자들 가운데 가장 속을 알 수 없는 인물이었다. 인종차별을 위한 열등 인종의 모든 특징을 만들어냈지만 다른 사람들 눈에 띄지 않는 이 남자는 외적으로는 수수한 모습이었다. 힘러는 정중하게 행동하려고 노력했다. 괴링과는 대조적으로 힘러의 생활방식은 스파르타식에 가까울 정도로 엄격하고 단순했다.

반면에 힘러의 상상력은 그만큼 더 무절제했다. 힘러는 다른 행성에 사는 사람이었다. 인종에 대한 힘러의 이론은 잘못되었고, 그에게 중대한 범죄를 저지르게 했다. 독일 민족을 국가사회주의로 교육하려던 힘러의 시도는 강제수용소만으로 압도되었다. 스탈린그라드 파국을 겪은 지 한참 뒤인 1943년에도 힘러는 우랄 산맥까지 독일인들을 이주시킬 수 있다고 믿었다. 내가 가장 가까운 동부 지역에도 자발적인 이주자를 보내는 일이 이미 불가능해졌다고 비난하자, 힘러는 강제 이주와 농민군을 통해서 우랄 산맥까지 독일화 시킬 수 있다고 주장했다.

힘러가 주장한 인종 이론의 불건전한 발전 양상에 대해서는 내 개인적인 견해나 경험으로 할 수 있는 말이 전혀 없다. 히틀러와 힘러는 그 부분의 계획을 철저하게 비밀로 유지했다.

강제수용소를 통해 실행된 힘러의 '교육 방법'은 그사이 충분히 알려졌다. 힘러가 살아 있을 때 일반 대중은 그 일에 대해 잘 몰랐다. 일반 대중이나 나나 수용소에서 자행된 비인간적인 행위들을 패전 이후에야 알게 되었다. 강제수용소 계획의 비밀 유지 체계는 가히 천재적이었다고 말할 수 있다.

히틀러 암살 미수 사건 이후 힘러는 군사적인 야망에 시달렸다. 그 야망은 힘러를 보충군 최고사령관으로 이끌었고, 심지어는 1개 집단군의 최고사령관에 오르게 했다. 그러나 군사 분야에서 힘러는 처음으로 완전히 실패했다. 적들에 대한 힘러의 평가는 유치하기 짝이 없었다. 1945년 힘러는 두려움 속에서 바익셀 집단군을 지휘했다. 그럼에도 불구하고 거의 마지막까지 히틀러의 신임을 유지했다. 히틀러의 최측근이었던 힘러 역시 독재자 앞에서는 두려워했다. 나는 히틀러 앞에서 자신감과 용기가 없는 힘러의 모습을 여러 번 목격했다. 앞에서 이미 언급했듯이 1945년 2월 13일에 있었던 일이 가장 단적인 예를 보여준다.

힘러의 활동 중 가장 눈에 띄는 일은 나치 친위대인 SS의 창설이었다. 패전 이후 나치 친위대는 싸잡아서 비난을 받았는데, 그 비난은 부당하다.

나치 친위대는 히틀러를 호위하는 나치스 당 내 소규모 경호대에서 탄생했다. 그러다가 일반 국민들뿐만 아니라 당의 구성원들까지 감독하려는 욕구에서 조직이 비대해졌다. 강제수용소를 설립한 뒤 힘러는 나치 친위대에 그 시설을 감독하는 임무를 맡겼다. 나치 친위대에서는 주로 군사 조직이었던 '무장친위대'와 '일반친위대'를 구분해야 한다. 무장친위대의 지휘관 양성 교육은 슈테틴 시절 내 상관이었던 하우서 장군이 담당했다. 하우서는 매우 유능한 장교였고, 영리하고 용맹한 군인이었으며, 매우 정직하고 나무랄 데 없는 성품을 지닌 인물이었다. 무장친위대는 이 뛰어난 장교에게 굉장히 많은 덕을 보았다. 나치 체제가 무너진 뒤 뉘른베르크 국제군사재판에서 나치 친위대에 가한 모욕과 비방에서 무장친위대가 제외된 사실도 그중 하나였다.

전쟁 동안 무장친위대의 규모는 힘러의 지속적인 요구로 점점 확대되었다. 1942년부터는 수없이 편성된 부대의 인원을 채울 만한 지원병이 충분하지 않아서 육군처럼 보충병을 징병했다. 그로써 지원병으로 이루어진 당의 친위대라는 특징을 잃었다. 힘러의 영향력으로 무장친위대는 보충병과 장비 보급에서 특혜를 받았다. 그러나 시기심을 불러일으키는 그 사실도 전쟁터에서는 무장친위대와 육군 부대 사이에 형성된 전우애 덕분에 뒷전으로 밀려났다. 나는 SS 아돌프 히틀러 사단과 SS 다스 라이히 사단과 함께 전투를 치른 경험이 있었고, 나중에 기갑 총감으로서 많은 SS사단들을 시찰하기도 했다. 따라서 내가 아는 한에서는 그 부대들이 언제나 뛰어난 규율과 전우애, 훌륭한 자세로 전투에서 탁월한 전과를 올렸다고 평가할 수 있다. 무장친위대원들은 육군 기갑사단들과 어깨를 나란히 하고 싸웠고, 전쟁이 길어질수록 육군과 점점 같아졌다.

힘러가 무장친위대의 확장으로 다른 목표를 추구했다는 사실은 분명하다. 히틀러나 힘러는 육군을 믿지 않았다. 히틀러와 힘러의 길이 불분명한데다가 두 사람의 의도가 제때에 간파되었을 때 저항에 부딪힐 위험이 있었기 때문이다. 그래서 여러 불리한 점을 알면서도 무장친위대의 사단 수를 35개로 늘리는 선택을 했다. 외국인으로 편성된 부대도 점점 많아졌는데, 그 부대들의 일부는 매우 신뢰할만 했으나 일부는 의심스러웠다. 그러나 히틀러는 결국 가장 충성스럽다고 생각한 무장친위대마저도 불신했다. 1945년 3월 그들의 완장을 떼게 한 일은 히틀러와 무장친위대 사이의 거리감을 증명하는 일이었다.

반면에 일반친위대는 완전히 다르게 평가되어야 한다. 물론 일반친위대에도 처음에는 특별한 책임을 감당하는 대신에 특권을 얻을 수 있는 단체에 가입한다고 믿은 이상주의자들이 있었다. 그들 중에는 인격적으로나 정신적으로나 훌륭한 각계각층의 사람들도 많았다. 힘러는 대부분 질문 하나 없이 그 사람들을 친위대의 구성원으로 임명했다. 그러나 시간이 지나면서 온갖 수상쩍은 성격의 경찰 기능을 떠맡으면서 상황이 달라졌다. 일반친위대의 부대도 무기를 들었다. 외국인 부대의 수도 계속 증가했다. 이 외국인 부대들은 1944년 바르샤바 봉기 진압 당시 동원된 무장친위대의 카민스키 여단과 디를레방거 여단들보다 훨씬 더 악랄했다.

나는 나치 보안대(SD)와 그들의 특수임무부대와 관계된 일을 한 적이 전혀 없었다. 그래서 그들에 대해 기술할 만한 직접적으로 경험한 내용은 없다.

힘러는 자살로 생을 마감했다. 전에는 항상 자살을 비난하고 경멸했고, 나치 친위대에도 자살을 금지시킨 힘러였다. 그로써 힘러는 현세의 심판에서 벗어났고, 자신의 무거운 죄를 책임이 덜한 다른 사람들에게 전가했다.

히틀러의 측근 가운데 가장 똑똑했던 사람 중 하나는 베를린 관구 지도자이자 국민 계몽 선전부 장관인 요제프 괴벨스 박사였다. 괴벨스는 능숙한 웅변가였고, 공산주의와의 싸움에서 베를린 시민들의 표를 얻을 때 용기를 보여주었다. 그러나 괴벨스는 위험한 선동 정치인이었고, 교회와 유대인, 부모와 교사들에 반대하는 선동에서는 아주 파렴치했다. 또한 1938년 11월 9일 발생한 악명 높은 '수정의 밤'[104]

---

104 Kristallnacht: 나치 대원들이 독일 전역의 유대인 가게를 약탈하고 유대인 사원에 불을 지른 날이다. 수정의 밤은 거리 바닥에 깔린 수많은 유리 파편들 때문에 생긴 말로 "깨진 유리의

사건에 공동 책임이 있었다.

괴벨스는 나치스 체계의 과오와 약점을 인식할 만한 능력이 있었지만, 그 문제를 히틀러에게 이야기하고 대변할 만한 용기는 없었다. 괴링과 힘러와 마찬가지로 히틀러 앞에서는 한없이 작아졌다. 괴벨스는 히틀러를 두려워하고 우상화했다. 히틀러의 암시력은 일부에게 강한 영향을 미쳤던 일처럼 괴벨스에게도 매우 뚜렷하게 작용했다. 그래서 유창한 선동가인 괴벨스가 히틀러 앞에서는 말이 없었다. 괴벨스는 히틀러의 생각을 읽으려고 노력했고, 거의 천재적이라 할 수 있는 선전분야에서 히틀러가 원하는 모든 일을 다했다.

나는 괴벨스가 1943년 국방군과 제국 수뇌부의 인적 구성에 관한 일을 민감하고 어려운 문제라고 하면서 히틀러에게 직언할 용기를 내지 못한 일에 특히 실망했다. 그런 우유부단함의 결과로 괴벨스가 예상했던 대로 괴벨스 자신과 그의 가족은 결국 끔찍한 최후를 맞아야 했다.

히틀러 주변에서 힘러 다음으로 수상쩍은 인물은 제국지도자 마르틴 보어만이었다. 보어만은 거칠고, 무뚝뚝하고, 퉁명스럽고, 폐쇄적이고, 태도가 불량한 남자였다. 보어만은 육군을 당의 무한 권력에 맞서는 영원한 적으로 생각해 증오했다. 그래서 곳곳에 해악을 끼치고 불신을 퍼뜨렸다. 또한 히틀러의 주변과 유력한 지위에서 분별 있는 인물들을 몰아내고 자신의 앞잡이들로 교체하기 위해 필요한 모든 조치를 취하려 했다.

보어만은 히틀러가 국내 정치 상황을 정확히 알지 못하게 가로막았다. 심지어는 관구 지도자들이 히틀러를 만나는 일도 금지시켰다.

밤"이라고도 한다.(역자)

그러다보니 관구 지도자들, 특히 서프로이센의 포르스터와 바르테가우의 그라이저가 자신들이 그토록 불신하던 군인들 중 하나인 나에게까지 찾아오는 기이한 일도 벌어졌다. 관구 지도자들은 보어만을 거치도록 규정된 당의 절차로는 총통에게 다가갈 수 없으니 내가 대신 총통을 만날 수 있게 해달라고 부탁했다.

히틀러의 병이 깊어지고 전황이 악화될수록 히틀러를 만날 수 있는 사람도 점점 적어졌다. 모든 일이 음침한 인간인 보어만의 중재를 통해 수행되어야 했고, 보어만의 방법은 성공을 거두었다.

나는 보어만과 격렬하게 충돌하는 일이 잦았다. 보어만이 불투명한 정당 정책을 이유로 시급한 조치들을 방해한데다 순전히 군과 관계되는 일에 간섭해 항상 불리한 결과를 초래했기 때문이다.

보어만은 제3 제국의 흑막이었다.

제국 지도자와 관구 지도자들

나치스는 제국 지도자와 관구 지도자들이 이끄는 조직이었다. 나치당은 독일의 모든 생활 영역을 구성하여 당의 조직 체계에 편입시켰다. 그 조직 체계는 히틀러 유겐트와 독일소녀연맹으로 시작되었다. 청소년 조직을 떠나면 젊은 남자들은 제국노동지도자 히얼이 이끄는 제국노동봉사대에 들어갔다. 이 조직은 원래 지원자로 구성된 노동봉사대에서 탄생했으며, 그 지도자와 보좌관들의 청렴함 덕분에 매우 유익한 역할을 했다. 물론 오늘날에는 엄격한 군대식 편성과 교육 방법 그 자체만으로도 비난받을 이유가 된다.

그 다음으로는 제국조직지도자인 라이 박사가 독일 노동자들을 장악했다. '기쁨의 힘(Kraft durch Freude)'조직에서는 노동자들의 휴식을 돌보았고, 겨울구호사업과 나치 국민구빈사업은 가난한 사람들을 위한 활동을 벌였다. 개인적인 자선 활동과 교회의 사회복지 사업은 환영받지 못하고 제한되었다.

그밖에도 제국건강지도자, 제국농업지도자 등의 여러 직위가 있었다.

법은 제국지도자 프랑크에 의해 나치스의 이념에 따라 발전되어야 했다. 그러나 이 분야에서 국가사회주의의 창조적 역량이 부족했다.

외교 정책에서는 외무부 장관과는 별도로 제국지도자 알프레드 로젠베르크가 정상 범위를 벗어난 이상주의를 기반으로 외교 당국의 정책에 자주 반대했고, 그로 인해 좋지 않은 영향을 끼쳤다. 심지어는 스포츠 분야에도 규제가 가해졌다. 제국운동지도자 폰 차머 오스텐은 자신의 직무를 훌륭하게 수행해 올림픽에서 제3 제국의 명성을 높이는데 기여했다. 마지막으로는 제국여성지도자도 한 명 있었다.

여기서 나열한 직책이 전부는 아니었다. 다만 제3 제국의 구성 원칙을 설명하기 위해 예를 들었을 뿐이다. 우리는 그 조직 내에 매우 상반된 세력이 존재한다는 사실을 알 수 있다. 이 모든 세력은 전체적으로 정부 조직과 병행해서 활동했고, 그로 인해 정부 조직과 잦은 마찰이 빚어질 수밖에 없었다.

조직의 병행과 대립은 바로 다음 범주인 나치스의 고위 관직, 즉 관구 지도자들을 살펴보면 더 뚜렷하게 드러난다.

나치스는 독일 제국에 새로운 형태를 부여하고 싶어 했다. 그래서 각 주로 나누어진 예전의 행정 구역을 관구로 개편했고, 관구 지도자들을 임명함으로써 그러한 노력을 촉진시켰다. 오스트리아 합병과 보헤미아와 메렌(모라바) 보호국 편입, 포젠과 서프로이센 정복 이후에는 제국 관구가 탄생했다. 이는 국경 밖에 놓여 있지만 장차 독일 제국의 구성원이 될 관구들이었다. 그러나 이러한 조직들은 대단한 결연함으로 시작되었다가 완성되지 못한 다른 수많은 계획들처럼 불완전한 상태로 남았다.

관구 지도자들은 히틀러를 대신한 실질적인 섭정들이었다. 제국관구에서는 관구 지도자를 제국 총독으로도 불렀다. 이들은 행정 분야에서의 능력이나 훌륭한 인품 때문이 아니라 당내 활동을 인정받아 임명되었다. 그래서 관구 지도자들 중에는 존경할 만한 사람들 외에도 독일의 명성과 국가사회주의에 불명예를 안긴 달갑지 않은 분자들도 여럿 있었다.

관구 지도자가 행정 당국 최고 기관의 직위를 동시에 맡는 경우도 간혹 있었다. 가령 마인프랑켄에서는 관구 지도자가 그 지방 정부의 수장이기도 했다. 그러나 관구 지도자는 보통 지방 정부의 수장과 동급이거나 상위에 있었다.

히틀러와 그의 당이 추구하고 선전한 지도자들의 국가는 실제로는 존재하지 않았다. 오히려 수많은 제국 위원, 전권위원, 특별 대리인 등을 임명함으로써 국가 권력 분야에 무질서가 야기되었고, 그 무질서는 시간이 지나면서 더 악화되기만 했다

제국 고속도로 건설, 당사 건설, 베를린과 뮌헨을 비롯한 다른 대도시 재정비와 같은 거창한 건설 계획은 미완으로 남았다. 마찬가지로 각종 개혁 계획도 초기 단계에서 더 이상 진척되지 않았다. 무능한 교육부 장관 루스트가 추진하려던 학교 개혁은 아무것도 이루지 못했고, 제국 대주교 뮐러가 계획한 개신교의 재편성도 이루어지지 않았다. 거대한 계획의 시작만 있을 뿐 완성은 없었다. 지혜와 절제가 없었고, 그런 분야에서도 오만이 작용했으며, 결국에는 전쟁이 그 모든 노력에 종지부를 찍었기 때문이다.

히틀러의 주변 인물들

나치스의 정치 지도자들은 긍정적인 모습보다는 어두운 면을 더 보여주었다. 히틀러는 자기 당의 유력 인물들을 선택하는 과정에서 사람을 판단하는 안목이 높지 않다는 사실을 드러냈다. 그 때문에 히틀러가 일단의 젊은 사람들을 자기 곁에 두고 있었다는 사실이 더 이상하게 생각된다. 그 젊은이들은 매우 꼼꼼한 과정을 거쳐 선발되었고, 자신들 주변에 도사리는 여러 위험에도 불구하고 깨끗한 성품을 유지했다. 군사 부관과 당의 부관들은 제대로 된 인물들로 채워졌고, 거기서 일하던 거의 모든 사람이 정중하고 예의바른 태도와 신중한 행동으로 두각을 나타냈다.

그러나 마지막 시기에는 보어만과 함께 힘러의 상시 대리인이었던 SS소령 페겔라인이 불쾌한 행동을 일삼았다. 페겔라인은 에바 브라운의 언니와 결혼해 히틀러의 동서로 부상한 뒤 그 지위를 이용해 특히 무례하게 굴었다. 그 밖에도 의사로서 수상한 진료를 한 주치의 모렐과 슈문트가 죽은 뒤 육군 인사국장이 된 부르크도르프 장군도 달갑지 않은 인간들이었다. 이들은 끊임없이 간계를 꾸미고, 사주하고, 히틀러가 진실을 알지 못하게 그 주변에 방벽을 쌓은 일당이었다. 이들은 모두 지나치게 술을 마셨고, 그로 인해 붕괴가 임박한 마지막 시기에 슬픈 예를 보여주었다.

정부 구성원들

독자적인 당 기구와 별도로 제국 정부의 직무가 있었다. 원래 힌덴부르크가 임명한 제국 내각은 다수의 시민 장관들과 소수의 국가사회주의자들로 구성되어 있었다. 당의 구성원은 히틀러 이외에 제국 내무부 장관 프릭크와 제국 항공부 장관 괴링뿐이었다. 그러나 곧 다른 당원들이 연이어서 내각에 임명되었다. 국민 계몽 선전부 장관 괴벨스와 제국 교육부 장관 루스트, 제국 농업식량부 장관 다레, 제국 체신부 장관 오네조르게, 무임소 장관 헤스와 룀이 그들이었다.

어쨌든 폰 파펜 부총리, 프라이헤어 폰 노이라트 외무부 장관, 그라프 슈베린 폰 크로지크 재정부 장관, 젤테 노동부 장관, 폰 블롬베르크 전쟁부 장관, 후겐베르크 경제부 장관(나중에는 슈미트와 샤흐트), 귀르트너 법무부 장관, 엘츠 폰 뤼베나흐 교통부 장관(나중에는 도르프뮐러)이 공직에 남아 있었다. 이들은 모두 각 분야에 전문적인 훌륭한 장관들이었고, 일부는 능력이 매우 출중했다. 다만 히틀러에 대한 영향력은 미미했다.

나치스의 세력이 점점 강화되고 국가 권력이 히틀러의 손에 집중되면서 장관들은 점점 옆으로 밀려났다. 1938년 이후로는 사실상 내각 회의가 열리는 일이 없었고, 장관들은 단순히 자신들의 업무만 관리했다. 주요 정책에 대해서도 더 이상은 아무런 영향력도 행사하지 못했다. 외부적으로 이러한 변화는 외무부 장관 프라이헤어 폰 노이라트가 폰 리벤트로프로 교체됨으로써 분명해졌다. 그날 히틀러는 스스로 제국 전쟁부 장관과 국방군 최고사령관 직을 맡았다. 파펜은 1934년 6월 30일 이후에 이미 해임되었다. 샤흐트는 나중에 풍크로 교체되었고, 헤스는 1941년에 영국으로 달아났다.

나는 이들 중 몇 명을 개인적으로 좀 더 가까이 알았다. 재정부 장관 그라프 슈베린 폰 크로지크와 노동부 장관 젤테, 전쟁 중에 군수부 장관으로 임명된 토트와 슈페어, 농업식량부 장관 다레였다.

그라프 슈베린 폰 크로지크는 독일의 뛰어난 고위 관료 유형이었다. 영국에서도 교육을 받았고, 점잖고 겸손한 사람이었다.

한때 우익 성향의 준 군사 조직인 철모단(Stahlhelm)을 이끌었던 젤테는 분별 있는 사람이었지만 영향력은 없었다.

토트는 합리적이고, 신중하고, 대립을 완화하려고 애쓰는 사람이었다.

슈페어는 제3 제국의 마지막 몇 년 동안 제국을 지도한 냉혹한 부류의 사람들 사이에 남아 있던 몇 안되는 마음이 따뜻한 사람이었다. 훌륭한 동료였고, 솔직한 성격에 합리적이고 꾸밈이 없었다. 슈페어는 원래 독립적으로 활동하는 건축가였다가 토트가 죽은 뒤 장관이 되었다. 관료주의를 혐오했고, 매사를 건전한 상식에 따라 처리하려고 노력했다. 나와 슈페어는 사이좋게 일했고, 당연한 일이었지만 할 수 있는 한 서로를 힘껏 도왔다. 그러나 그렇게 할 수 있는 사람이 얼마나 적었던가! 슈페어는 언제나 감정에 치우치지 않았다. 나는 슈페어가 지나치게 흥분한 모습을 본 적이 없었다. 슈페어는 감정이 격해져서 화를 내는 동료들을 진정시켰고, 자신이 더 이상 할 수 있는 일이 없을 때도 관할 부서 사이를 중재하려고 노력했다.

슈페어는 히틀러에게 자신의 생각을 솔직하게 말할 용기가 있었다. 그래서 일찍부터 충분히 납득할 만한 이유를 들어 전쟁을 이길 수 없으니 빨리 끝내야 한다는 점을 분명하게 말했다.

다레는 전쟁 전부터 이미 히틀러와 대립했다. 그 때문에 영향력을 잃었는데, 거기에는 당 내 경쟁자의 입김이 작용했을 것이다.

안타깝지만 결론적으로 말해서 제국 내각은 제3 제국의 통치 기간에 일어난 일들에 별다른 영향력을 행사할 수 없었다.

15 독일 총참모본부

Des deutsche Generalstab

총참모본부는 샤른호르스트와 그나이제나우에 의해 창설되었다. 총참모본부의 창설에는 프리드리히 대왕의 정신과 독일을 억압한 나폴레옹의 속박에서 해방되겠다는 의지가 담겨 있었다. 나폴레옹의 압제에서 벗어나기 위한 해방 전쟁이 끝난 뒤 유럽은 오랫동안 평화를 누렸다. 유럽 각국은 이제 다년간의 전쟁으로 허약해진 국민 경제를 재건해야 했기 때문에 군사비를 절약할 수밖에 없었다. 이 평화로운 유럽에서 프로이센 총참모본부는 거의 눈에 띄지 않게 활동했다. 프로이센 군사 아카데미의 교장이었던 카를 폰 클라우제비츠가 군사 문학의 가장 중요한 저서 중 하나인 「전쟁론 Vom Kriege」의 완성도 이 평화 시기였다.

읽는 사람은 적었지만 많은 비판을 받은 이 책은 중립적이고 초연한 관점에서 전쟁에 관한 철학, 전쟁의 특징을 분석하려고 시도한 최초의 저서였다. 또한 여러 세대에 걸쳐 독일 총참모본부 장교들의 정신 교육에 상당한 역할을 담당했다. 그런 교육 덕분에 인간과 사건에 대해 객관적이고 냉철하게 관찰하려는 노력이 가능했고, 이는 독일 총참모본부 장교들의 가장 우수한 자질을 이루는 항목이었다. 이 책은 또 총참모본부 장교들의 정신에 가득 찬 애국심과 이상주의를 강화했다.

샤른호르스트, 그나이제나우, 클라우제비츠를 독일-프로이센 총참모본부의 정신적인 아버지로 생각한다면, 폰 몰트케 원수는 총참모본부의 가장 위대하고 완전한 아들이었다. 슐리펜은 이렇게 말했다. "많은 일을 행하되 드러내지 말고, 겉으로 보이는 모습보다 많은 것을 갖춰라." 이 말에는 몰트케 자신과 그를 뒤따르는 총참모본부의 특징이 잘 나타나 있다. 몰트케는 뛰어난 정치적 수완 덕분에 세 번의 전쟁을 승리로 이끌었고, 독일 제국과 민족의 통일을 이루는데 기여했다. 그와 동시에 자신이 이끄는 총참모본부의 권위를 세웠다.

몰트케가 사망한 뒤 독일 총참모본부는 세기 전환기의 시대적 현상들에서 전적으로 자유로울 수는 없었다. 통일 전쟁의 승리 이후 증가한 독일 제국의 부는 장교단과 총참모본부를 그대로 두지 않았다. 유럽에서 마침내 획득한 강대국의 위치는 군사적 자신감을 키워주었고, 그 자신감은 엘리트 장교들이 모인 총참모본부에서 가장 활기차게 표출되었다. 총참모본부는 그런 자세로 제1차 세계대전에 임했고, 그 전쟁에서 자신들의 의무를 다했다. 그 과정에서 총참모본부가 장군들 옆에서 예전보다 더 두드러진 활동을 보였다면, 그 활동은 총참모본부가 아니라 장군들 때문이었다. 장군들은 일부는 고령화로, 일부는 새로운 군사 기술에 대한 이해 부족과 군 복무에 대한 일면적인 이해로 스스로 영향력을 잃었다.

이제 루덴도르프의 지휘 아래 총참모본부가 지나치게 비대해졌다는 말이 나왔다. 그러나 루덴도르프의 강력한 창조적 활력이 없었다면 독일 총참모본부와 육군이 그처럼 큰일을 하기는 어려웠을 것이다. 독일이 제1차 세계대전에서 결국은 적의 우세에 굴복했다고 해서 그것을 루덴도르프 탓으로 돌릴 수는 없다. 루덴도르프는 1916년에야 비로소 책임 있는 자리를 맡았고, 그때는 루덴도르프와 힌덴부르크가 나서지 않았어도 이미 패전이 확실시되던 시기였다. 이 위대한 두 군인은 거의 초인적이어야 가능하면서도 어차피 보람은 없는 과제를 떠맡았다. 따라서 두 군인에 대한 비난은 부당한 일이다. 전쟁의 불행한 결과와 패전 이후 전개된 전후의 갈등에도 불구하고 힌덴부르크와 루덴도르프는 우수한 독일 총참모본부를 대표하는 탁월한 인물들로 남았다. 독일을 압박하던 전쟁의 어려움은 특히 루덴도르프에게 때로는 지나치게 엄격해서 무자비하다고 할 만한 조치들을 취하도록 강요했다. 그런데 루덴도르프의 지휘 아래 있던 많은 장교들은 나중에 위기에서 강요된 그의 일면적인 태도를 훌륭한 총참모본부 장교가 갖춰야 할 꼭 필요한 특징으로 여겼다. 그래서 전쟁 수행 시 그다지 바람직하지 않은 그 특징을 따라했다. 그로 인해 가차 없는 의지의 인간과 야심가 유형이 나타났다. 이들은 상당히 바람직하지 못한 영향을 끼쳤고, 군과 일반 대중들 사이에서 총참모본부의 명성을 해치게 했다. 그러나 이제부터 살펴볼 프로이센-독일 총참모본부의 전형으로 간주될 주요 인물들을 떠올리면, 앞에서 언급한 유형들의 역할은 극히 미미했다.

샤른호르스트는 니더작센에서 농부의 아들로 태어났다. 샤른호르스트는 과묵하고, 신중하고, 사심이 없고, 용감하고, 겸손하고, 청렴하고, 사욕이 없었다. 나폴레옹 해방 전쟁에서 프로이센 육군을 조직하고 총참모본부를 창설했다. 샤른호르스트는 전장에서 당한 심한 부상으로 사망했다.

그나이제나우는 블뤼허의 참모장이었고 1806년에 콜베르크 요새를 방어했다. 활기차고, 열정적이고, 천재적인 인물이었고, 성공하거나 상황이 불리했던 수많은 전투에서 자신의 최고사령관에게 조언을 했다. 1815년 6월 16일 리니 전투에서 패배한 뒤 블뤼허 장군에게 동맹군인 영국군 방향으로 행군하라고 조언해 6월 18일 워털루 전투에서 나폴레옹에게 승리했다.

클라우제비츠는 전쟁에서 주요 직위에 오른 적은 없었고, 대표작 「전쟁론」을 저술했다. 클라우제비츠는 독일 총참모본부 장교들 가운데 종종 볼 수 있는 조용하고 겸손한 학자 유형이었다. 살아생전에는 별로 알려지지 않았고, 미래 세대에 영향을 주는 일에 스스로 만족해 했다.

몰트케는 독일 육군의 가장 중요한 참모총장이었다. 사상가이자 계획자로서, 전쟁에서는 천재적인 지휘관으로서 세계적으로 유명했다. 성품이 고상하고 겸손했으며, 뛰어난 생각으로 주변에 영향을 미치는 인물이었다. 몰트케는 가장 많은 추종자를 얻었다. 위대한 군인이었을 뿐만 아니라 고귀한 인간이자 뛰어난 저술가였으며, 타민족과 풍습에도 조예가 깊은 세심한 관찰자였다.

슐리펜은 고상하고, 영리하고, 신랄했다. 슐리펜은 정치 상황이 불안한 상태가 지속되고, 그다지 주목할 만한 인물이 아니었던 수상들이 재임한 기간에 계획을 짜야 했다. 슐리펜은 군사적 계획의 명확함과 견고함을 통해서 정치인들의 방향 상실과 우유부단을 만회하려고 했다. 몰트케와 마찬가지로 시대가 요구하는 기술적인 조건들에 대한 감이 있었다. 슐리펜은 명확한 생각과 설득력으로 그의 후임인 소(小)몰트케에게 강한 영향을 주었다. 죽은 뒤에도 슐리펜이 세운 전쟁계획은 몇 가지만 변경된 채 그대로 남았고, 1914년 슐리펜이 생각했던 모습과는 다른 전제 조건들 아래서 실행되었다. 따라서 이른바 슐리펜 계획의 실패는 그가 아니라 슐리펜의 아류들에게 그 책임을 돌려야 한다. 슐리펜은 전쟁에서 자신의 능력을 입증할 기회는 얻지 못했다.

힌덴부르크는 소박하고, 분명하고, 단호하고, 호의적이고, 정정당당했다. 자신이 믿는 사람들에게는 상당 부분 재량권을 허용했지만, 그런 허용을 하면서도 전체적인 상황을 꿰뚫고 있었으며 사람에 대한 통찰력이 깊었다. "만일 탄넨베르크 전투에서 패배했다면, 패배의 책임이 누구에게 있는가 하는 문제에 대해서는 다툼이 일지 않았을 것이다."

루덴도르프는 강한 활동력과 뛰어난 조직력을 가진 의지의 인간이었다. 불타는 애국심에 충만해 서서히 다가오는 조국의 패배를 막기 위해 초인적인 힘으로 맞서 싸웠다. 루덴도르프는 가장 어려웠던 시기에 뛰어난 능력을 발휘했다.

젝트는 명석하고, 신중하고, 이성적이었고, 대중 앞에서는 거의 소심하다는 인상을 주는 인물이었다. 몰트케와 슐리펜보다는 기술적인 분야에 대한 이해가 부족했지만 전략과 조직 분야에서는 재능이 뛰어났다. 제1차 세계대전에서 패배한 1918년 이후 바이마르 공화국에서 병력이 10만 명으로 제한된 군대를 창설했다. 베르사유 조약에 의해 총참모본부 설치는 금지되었고, 젝트는 조약을 따라야만 했다. 그러나 젝트는 군축 기간 동안 각 참모부의 장교들에게 예전 총참모본부의 정신을 생생하게 유지시키는 방법을 찾아냈다. 육군을 정당 정치의 영향력에서 벗어나게 하려던 젝트의 노력은 당시로서는 분명

합당했다. 그러나 장기적으로는 일반 장교단 전체와 장차 총참모본부에서 근무하게 될 장교들이 국내외 정치에 대한 이해가 부족한 결과를 초래했다. 여기에 젝트의 체계의 약점이 있었다.

베크는 교양이 높았고, 차분하고 고귀한 성품을 지녔다. 자주 국방을 회복한 뒤에는 몰트케 방식의 총참모본부를 재건하려고 노력했다. 시대가 요구하는 기술적인 사항들에 대한 이해가 부족했고, 항공술, 차량화, 통신술 문제와도 동떨어져 있었다. 기술의 발달로 생성된 작전 수행 방식의 획기적인 성과를 못마땅하게 여기고 방해하려 했던 일처럼, 국가사회주의에 의한 정치 혁명도 거부했다. 베크는 천성이 보수적인데다 우유부단한 사람이었고, 그런 성격 때문에 좌절했다.

독일 총참모본부를 대표했던 이 뛰어난 인물들에 대한 간략한 묘사에서 총참모본부의 정신적 특징을 연상할수 있을 것이다. 총참모본부는 오랜 발전 과정 속에서 지적으로나 인격적으로 가장 뛰어난 장교들을 엄선했고, 훈련과 교육을 통해서 아무리 어려운 환경 속에서도 독일 국방군을 지휘할 수 있는 능력을 키워주려고 했다.

총참모본부에 발탁되기 위한 전제 조건은 정직하고 성실한 성격과 근무 내외적으로 나무랄 데 없는 태도와 생활방식이었다. 그 다음으로는 군인으로서의 능력이 고려되었다. 일선 근무 능력, 기술과 전략에 대한 이해, 조직력, 육체적-정신적 저항력, 성실성, 냉철함, 결단력 등이었다.

이러한 관점으로 장교들을 선발하는 과정에서 때로는 지적 능력에 대한 평가가 성격, 특히 심성에 대한 평가를 압도할 수도 있다. 성격과 심성은 전면에 드러나지 않아서 판단하기가 더 어려운 측면이 있기 때문이다.

총참모본부의 대다수 장교들, 특히 나이 많은 장교들은 이런 전통을 잘 알고 있었다. 그렇다고 전통을 잘 아는 장교들이 항상 다음 세대 장교들을 선발하는 요직에 있었다는 뜻은 아니다. 또한 설령 선발하는 자리에 있었다고 해도 전통을 잘 아는 장교들이 올바른 인물을 뽑을 수 있을 만큼 사람을 보는 안목이 깊었다는 말도 아니다.

오랜 전통은 분명 군에 커다란 정신적 의미를 내포한다. 앞에서 언급한 과거 총참모본부의 주요 인물들은 새로운 시대의 발전을 방해하거나 심지어 불가능하게 하지 않으면서도 젊은 세대에게 본보기가 될 수 있었다. 그러나 현실에서는 전통이 정신적인 본보기로만 평가되지 않고 실질적인 원칙으로 간주되었다. 그래서 상황과 수단이 완전히 달라졌는데도 불구하고 동일한 성과를 얻기 위해서 과거의 예를 그대로 모방하는 경우가 많았다. 그런 식으로 잘못 이해된 전통에서 자유로울 수 있는 옛 제도는 거의 없다. 프로이센-독일 육군과 총참모본부도 자주 그런 잘못을 범했다. 그래서 잘못 이해된 전통과 새로운 과제 사이에는 갖가지 이유에서 발생하는 내적인 갈등이 당연히 존재했다. 가령 변화된 정치 상황, 유럽과 더 넓은 세계의 변화된 권력관계, 기술의 영향력 증대와 상당 부분 그 영향력에서 비롯된 '전면전'으로의 전쟁 확대, 그러한 전면전에서 야기되는 정치적 영향권의 전 지구적 확대 등이 그러한 이유들이다.

총참모본부의 장교들 모두가 이렇게 변화된 상황을 분명하게 인식하지는 않았다. 그 인식은 주요 위치에 있던 나이 많은 장교들 중 일부도 마찬가지였다. 현대의 발전은 전체 국방군의 새로운 조직과 무엇보다 통일된 최고사령부를 요구했다. 그런데 제2차 세계대전 전 육군 총참모본부의 수뇌부는 정치적, 군사적, 기술적 발전에서 비롯된 가장 중요한 이 요구를 받아들이지 않았다. 반대로 전쟁 전 총참모본부 수뇌부는 제때에 전면적이고 효과적인 국방군 최고사령부를 창설하는 일을 반대하고 방해했다.

총참모본부는 국방군 최고사령부 문제와 마찬가지로 독립적인 작전 능력을 갖춘 공군 창설과 육군 안에 새로 창설될 기갑부대의 발전도 반대했다. 총참모본부는 이 두 분야에서 거둔 기술적 성과가 국방군의 작전에 미칠 영향력과 의미를 제대로 평가하거나 인정하지 않았다. 육군과 육군 내 다른 오래된 병과들의 의미가 약화되는 일을 두려워했기 때문이다.

총참모본부 장교들이 정치 분야로 시야를 확대하지 못한 이유는 순전히 군 문제에만 제한한 전통 때문이었다. 나아가서는 국가의 모든 기구를 각 분과 전문가들의 좁은 영역에 맡김으로써 각자가 자기에게 할당된 임무만 수행하도록 한 히틀러의 원칙 때문이기도 했다. 히틀러는 자기 혼자만 전체적으로 꿰뚫고 있기를 원했고, 그 상황은 모든 일에 매우 불리하게 작용했다.

총참모본부의 젊은 장교들은 선배 장교들보다 군에 조성된 긴장 상태를 더 강하게 느꼈고, 그 상태를 조정하라고 요구했다. 선배 장교들은 젊은 장교들의 요구를 못마땅하게 여겼다. 젊은 장교들은 더 이상 시간을 허비해서는 안 된다고 생각한 반면, 전통을 대변하는 사람들은 점진적인 발전을 원했고 힘이 닿는 한 그런 방식을 강요했다.

총참모본부는 잘못 이해한 전통을 고수함으로써 무엇보다 히틀러와 대립했다. 그로 인해 히틀러에게 총참모본부의 능력과 정직함에 대한 불신을 심어주었고, 전쟁 수행에 치명적으로 작용한 갈등 관계를 초래했다.

총참모본부 장교의 이상적인 모습은 다음과 같은 특징으로 표현된다. 순수한 생각, 현명함, 겸손, 자신보다는 전체의 이익을 우선시하는 자세, 자신의 신념을 확고히 하고 자신의 의견을 상관에게 예의바르게 전달하는 능력. 자신의 의견이 받아들여지지 않았을 때 상관의 명령에 순응하고 상관의 뜻에 따라 행동할 수 있는 자제력. 병사들의 요구에 대한 전적인 이해와 따뜻한 마음. 병사들을 돌보려는 부단한 노력. 작전과 전술, 기술에 대한 이해. 특히 기술과 관련해서는 세세한 문제에 빠지지는 말아야 하되 전쟁 수행을 위해 중요한 기술적인 성과에 대해서는 충분히 판단할 수 있어야 한다.

총참모본부 장교들은 당연히 모든 군인과 장교들에게 해당되는 직업적인 덕목들, 즉 용기, 결단력, 자발적인 책임감, 임기응변 능력, 육체적 저항력과 끈기, 일정한 수준의 근면성 등을 보다 높은 수준으로 갖춰야 한다.

총참모본부의 모든 장교는 자신이 속한 병과와 다른 병과의 일선 지휘 임무를 정기적으로 맡음으로써 다양한 자리의 병무에서 경험을 쌓아야 하며, 실질적인 부대 지휘 방법을 배워야 한다. 그러나 매우 중요한 이 부분에서 전쟁 전 몇 년 동안의 현실은 이상적인 모습과는 가장 동떨어져 있었다. 그 이유는 무엇보다 총참모본부 설치를 금지한 베르사유 조약을 엄격하게 이행하게 되면서 총참모본부 장교들의 수가 부족했기 때문이다. 이 심각한 폐해는 숙달된 참모 장교들을 내주지 않으려 한 상급 참모부의 안일함 때문에 전쟁 중에는 더 악화되었다. 그러한 해를 끼친 가장 윗선에는 국방군과 육군 최고사령부가 있었다. 국방군과 육군 최고사령부 참모부에는 거의 6년간 이어진 전쟁 동안 전선을 아예 구경도 못한 장교들도 일부 있었다.

전체적으로 볼 때 총참모본부의 활동은 작전 및 전술적 상황에 대해 근본적으로 일치된 판단과 결론을 이끌어내는 훈련으로 특징된다. 이러한 근본적인 일치를 통해서 중요한 결정을 내릴 때 전반적인 의견의 일치에 이를 수 있기를 기대하는 것이다. 프랑스 군은 그러한 의견의 일치를 '정책의 통일'이라고 한다. 자신의 뜻을 관철할 지휘권이 없던 참모총장은 총참모본부 장교들의 일치된 의견을 매개로 모든 사단들까지 자신의 영향력을 확대하고, 저 아래에 있는 부대들에 이르기까지 일치된 전술과 작전에 대한 이해가 보장되기를 원했다. 참모총장은 자신의 생각을 알리기 위해서 이른바 '총참모본부 직무절차'라는 제도를 만들었다. 그러나 약간의 불화를 일으키는 바람에 히틀러에 의해 폐지되었다.

총참모본부의 전략적 사고는 경직된 원칙을 이끌어내는 일이 아니고, 변화하는 정치 상황과 과제에 맞춰야 했다. 중부 유럽의 고도로 무장을 갖춘 이웃 나라들의 한가운데 위치한 독일의 지리적 위치는 여러 전선에서의 동시 전쟁 문제를 연구하지 않을 수 없게 만들었다. 그러한 전쟁의 가능성은 언제나 우세한 적과의 전투와 결합하여 판단하고 있었기 때문에 그 문제에 대한 연구도 세밀하게 연구해야 했다. 과거의 총참모본부는 주로 대륙적 사고를 지향했다. 그러나 전략 공군의 탄생으로 바다 건너에 있는 세력들의 개입도 더 많이 고려해야 하는 상황이 형성되었다. 그런데 이런 사실에 대한 명확한 인식이 불충분했다.

여러 전선에서의 동시 전쟁의 가능성을 고려할 때, 부차적 전선의 방어와 가장 중요한 적에 대한 공격 사이에서 적절한 전략을 선택해야 했다. 그 전략은 공격 전선의 변화에 맞춰져야 했다.

또한 자원이 극히 한정된 독일의 상황은 총참모본부에 전쟁을 신속하게 종결할 수 있는 방법을 숙고하게 만들었다. 그런 불가피한 상황에서 탄생한 생각이 모든 형태의 모터를 활용해야 한다는 개념이었다. 제2차 세계대전 초기에 기동력을 이용한 우리 독일의 신속한 공격이 성공을 거두자 적들은 우리의 신속한 공격을 '전격전'이라고 불렀다.

독일은 지리적인 위치 때문에 항상 공격과 방어가 교대로 이루어지는 '내부 전선'에서 싸우지 않을 수 없었다. "유럽은 어차피 하나의 가족을 이루고 있어서 집안에서 불화가 발생하면 그 가족 구성원이 거기에 관여하지 않기란 매우 어렵다. 특히 자신의 방이 그 집의 한가운데 있다면 더 어렵다." 슐리펜의 이 말[105]은 때로 독일의 뜻과는 상관없이 유럽의 분쟁에 휘말릴 수밖에 없었던 독일의 상황을 적절하게 표현했다. 독일 민족은 유럽의 다른 민족에 비해 결코 더 호전적이지 않았다. 그러나 독일은 '그 집의 한가운데' 있기 때문에 변화무쌍한 오랜 역사 속에서 이웃간의 갈등에 휘말리지 않은 적이 드물었다. 이러한 현실 때문에 독일의 정치와 군사 지도자들은 때로 거의 해결할 수 없는 어려운 과제들에 직면하곤 했다. 또한 제한된 물적 자원으로 인해 항상 모든 분쟁의 신속한 종결에 관심을 기울였고, 장기적인 소모전과 제3자의 개입을 피하려고 노력해야 했다. 비스마르크의 정치적 수완과 몰트케의 전략은 그러한 과제를 해결한 걸작이었다.

제1차 세계대전 패배 이후 육군 수뇌부는 전적으로 황제의 군대에서 넘어온 장교들로만 구성되었다. 다른 사람들은 아예 없었다. 이 장교들은 군주제에서 공화제로 바뀌면서 형성된 모든 상황에 만족하지는 않았지만 바이마르 공화국에서 복무했다. 이 장교들은 여러 특권과 애착을 가졌던 많은 전통을 포기했다. 그런 포기 행위는 당시 이미

---

105 전집 2권, '그나이제나우'에 대해 언급한 390쪽, E. S. 미틀러 출판사

위협적으로 밀고 들어오던 아시아 볼셰비즘의 물결이 조국을 휩쓸지 못하게 하기 위해서였다. 그러나 바이마르 공화국은 이들의 타산적 결혼을 진정한 사랑의 결혼으로 바꿀 줄을 몰랐다. 그래서 신생 공화국과 장교단 사이에 내적인 유대감은 형성되지 않았다. 다년간 제국 국방부 장관을 지낸 게슬러가 현명함과 능숙한 솜씨로, 또한 진심으로 내적인 유대감 형성을 위해 노력했지만 별 성과가 없었다. 이러한 사실은 장교단이 나중에 국가사회주의에 보인 태도를 이해하는데 매우 중요하다. 바이마르 공화국 기간에 들어선 여러 정부는 대외적인 속박과 열악한 재정 상태에서도 형편이 허락하는 한에서는 규모가 축소된 제국군에 제공할 수 있는 모든 것을 제공했다. 그러나 장교단과 밀접한 관계를 형성하지는 못했고, 장교단을 자신들의 정치 이상에 열광하게 만들지도 못했다. 제국군은 내적으로 새 공화국을 낯설어 했다. 냉철한 이성의 인간이었던 젝트의 태도는 그렇지 않아도 정치에 무관심한 장교단의 기존 경향을 더 강화시켰다. 총참모본부, 또는 바이마르 공화국 당시의 위장된 이름인 병무국은 그러한 현실에 근본적으로 기여했다.

그러다가 새로운 민족주의적 구호를 내세운 국가사회주의가 등장하자 장교단의 젊은 층은 나치스가 주창한 애국적 사상에 곧 열광했다. 완전히 불충분한 국가의 무장 상태는 다년간 악몽처럼 장교단을 짓눌렀다. 그러니 장교단이 재무장을 시작으로 지난 15년의 정체를 깨고 군에 새로운 활력을 불어넣겠다고 약속한 남자에게 마음이 쏠리는 것은 당연했다. 히틀러가 처음에 국방군에 호의적인 태도를 보이며 국방군 내부의 일에 간섭하지 않자 나치스의 효력은 더욱 강력해졌다. 이제 국방군의 과거 정치 교육에 존재했던 틈이 메워졌고, 비록 민주주의의 옹호자들이 하는 생각과는 전혀 다른 일면적인 방식이긴 했지만 정치 문제에 대한 관심도 일깨워졌다. 그로 인해서 국방군 수뇌부도 나치스가 정권을 장악한 뒤에는 원치 않아도 그들의 정치에서 벗어나 있을 수 없었다. 총참모본부는 이 새로운 발전에 주도적인 역할을 담당하지 못했다. 오히려 그 반대였다고 말할 수 있다. 총참모본부에서 회의적인 관점을 대변한 인물이 베크 장군이었다. 베크는 총참모본부의 중심부에 그를 추종하는 세력을 갖고 있었지만 육군이나 국방군 전체에 대해서는 영향력이 전혀 없었다. 베크와 그의 후임자였던 할더가 이끄는 총참모본부의 중심부에서 그러한 발전에 제동을 걸려고 시도했지만, 정치 전반은 총참모본부의 영향을 받지 않거나 총참모본부의 뜻과는 반대 방향으로 흘러갔다. 제1차 세계대전 초기와 마찬가지로 독일은 또다시 처음부터 전투를 매우 힘겹게 할 정치적 출발 상황에 빠져 들었다. 그로 인해 일반 장군들과 총참모본부 장교들을 필두로 한 군인들도 자신들과는 무관하게 형성된 그러한 상황을 순응해야 했다.

나중에 독일 국민과 국제군사재판소가 국방군 지도자들에게 가한 모든 비난은 다음의 결정적인 사실을 염두에 두지 않았다. 즉 정치는 예전이나 지금이나 군인들이 아닌 정치인들의 행위이며, 전쟁이 일어났을 때 군인은 그 시점에 존재하는 정치적, 군사적 상황을 감수해야 한다는 사실이다. 총탄이 날아다니는 상황이 되면 정치인들은 책임을 지려 하지 않기 때문이다. 정치인들은 보통 안전한 피난처에 남아 있으면서 군인들에게 '다른 수단에 의한 정치의 연속'을 맡긴다.

국가의 정치는 전쟁 준비에 대한 군인들의 생각, 이른바 정신적인 전쟁 수행을 규정한다. 지난 몇 년간 국제재판소에서 진행된 심리는 독일 총참모본부가 1938년까지는 전적으로 방어전에 맞춰져 있었다는 사실을 입증했다. 독일의 당시 대외 정책과 국방 정책은 다른 의견을 허용하지 않았다. 1935년부터 재무장이 시작되었지만 총참모본부 내 전문가들은 국방군과 특히 새로운 병기인 공군과 기갑부대가 완전한 전투 능력을 갖추려면 아직 한참이 더 걸려야 한다는 사실을 분명히 알고 있었다. 그러나 제국의 정치 수반이었던 히틀러의 명령으로 군인들의 조언과는 반대되는 정책이 강요되었다.

1938년 가을까지 육군에는 군단에 이르기까지 장군들이 내린 결정에 총참모본부 참모장들이 함께 책임을 지는 연대 책임 제도가 존재했다. 참모장의 의견이 다를 경우 문서로도 기록하도록 한 이 연대 책임은 히틀러에 의해 폐지되었다. 그로써 일반적으로는 참모장들의 지위에, 특히 육군 참모총장의 지위에 근본적인 변화가 생겼다. 지휘관과 참모장들의 연대 책임은 옛 프로이센 군에서 바이마르 공화국의 병력 10만 명의 제국군으로 전해졌고, 처음에는 재무장을 시작한 제3 제국의 국방군에 의해서도 받아들여졌다. 이 제도는 제1차 세계대전에서 종종 참모부의 강력한 인물들이 지휘관 위에 군림하는 결과를 초래했다. 히틀러는 자신이 선전한 지도자 원칙에 따라서 지휘권을 가진 사람만의 단독 책임을 명령했고, 그로써 동시에 국방군 최고사령관인 자신과 육군 참모총장의 연대 책임을 폐지했다.

앞에서 이미 시사했던 대로 육군 총참모본부는 국방군의 생각을 거부했다. 그렇지만 않았다면 독일은 제2차 세계대전 전에 보다 효과적인 형태의 국방군 총참모본부와 최고사령부를 보유할 수 있었을 것이다. 실제로 탄생된 왜곡된 형태가 아니라 말이다. 육군 총참모본부 내 개별적인 구성원들의 다른 생각은 전체 관점에 영향을 주지 못했고, 공군과 해군도 동시에 국방군 최고사령부 창설에 반대했다. 국방군 최고사령부와 관련된 문제에서 국방군의 각 군 최고사령관들은 진정한 공화주의자처럼 행동했다. 실제로 탄생한 국방군 최고사령부를 대하는 총참모본부의 관점에는 이런 모든 사항들이 반영되었다. 국방군 최고사령부 창설은 원래 라이헤나우 장군의 생각이었고, 그는 자신의 훌륭하고 좋은 생각을 히틀러와 블롬베르크의 마음에도 흡족하게 만들 줄 알았다. 그러나 국방군 3개 군, 특히 육군 총참모본부의 완강한 반대에 부딪혀 좌절했다. 라이헤나우는 국방부 국방군국장에 있는 동안에는 자신의 계획을 발전시키려고 애썼다. 그러나 그 자리가 카이텔로 교체되면서 동력은 사라졌다. 카이텔은 3개 군 최고사령관들의 반대를 뚫고 자기 의견을 관철할 만한 사람이 아니었다.

이 자리에서 국방군 최고사령부에 대해 잠시 언급하고자 한다. 카이텔 원수는 근본적으로 착실한 사람이었고, 자신에게 할당된 과제를 해결하려고 최선을 다했다. 그러나 카이텔은 곧 히틀러의 마력에 현혹되었고, 시간이 지날수록 그 최면 상태에서 빠져나올 힘이 없었다. 그래서 니더작센 인의 충성심으로 죽을 때까지 히틀러에게 충성했다. 히틀러는 이 남자를 전적으로 신뢰할 수 있다는 사실을 알았고, 그 때문에 카이텔의 전략적 자질이 부족하다는 점을 분명히 알면서도 그를 끝까지 곁에 두었다. 카이텔 원수는 작전 과정에는 아무런 영향력이 없었다. 카이텔의 임무는 행정 분야와 과거 전쟁부 소관 업무로 제한되었다. 카이텔의 불행은 국제법에 저촉되고 도덕적으로 논란의 소지가 있는 히틀러의 명령에 반대할 힘이 없었다는 데에 있었다. 그로 인해 적국의 전쟁 포로와 주민들에 대한 처리 규정인 공산당 정치장교 명령이나 다른 명령들이 군에 하달될 수 있었다. 카이텔은 뉘른베르크 국제군사재판에서 그런 나약함의 대가를 자신의 목숨으로 치러야 했다. 가족에게는 카이텔의 유골에 애도를 표하는 일도 허용되지 않았다.

국방군 지휘참모장 요들 상급대장은 1940년 4월 노르웨이 공격 이후 전체 국방군의 작전을 실질적으로 주도한 인물이었다. 카이텔과 마찬가지로 분별 있는 사람이었고, 원래는 히틀러에게 매료되어 있었지만 카이텔처럼 거의 최면 상태에 있었다거나 무비판적으로 빠져들지는 않았다. 그러나 스탈린그라드 전투 시기에 히틀러와 대립한 뒤로는 완전히 자신의 업무에만 빠져 지냈고, 대부분의 일을 비서나 보좌관의 통상적인 도움 없이 혼자서 처리했다. 요들은 정치와 군사 분야의 지휘권 개혁 문제나 총참모본부의 개편과 통일된 지휘 문제에 대해서나 입을 다물었고 체념했다. 그러다가 전쟁의 막바지에 접어든 마지막 몇 주에 이르러서야 전과는 다른 관점을 드러냈다. 그 역시 카이텔처럼 비참한 최후를 맞아야 했다.

이 두 장교가 히틀러에게 다른 태도를 보였다면 막을 수 있었을 불행도 많았다. 히틀러는 일치된 반대에 부딪혔을 때만 물러서는 경향을 보였다. 그러나 군사 분야에서 일치된 반대를 하는 일은 없었다. 그 때문에 히틀러는 국방군 최고사령부를 궁지에 몰아넣을 수 있었고, 국방군 최고사령부의 이의 제기를 전혀 인정하지 않았다.

그래도, 두 사람 모두 나의 전우였다.

육군 최고사령부에 대해서 말하자면, 적어도 폴란드 출정에서는 육군 최고사령부의 지위가 어느 정도 온전한 상태였다. 그러나 당시에도 이미 의견 대립이 발생했다는 사실은 분명했다. 히틀러는 그 때문에 노르웨이 작전을 국방군 지휘참모부가 직접 이끌도록 했고, 육군 최고사령부를 거기서 완전히 배제시켰다. 1940년 서부 연합국에 맞설 작전 계획을 논의하는 과정에서 불거진 다툼은 히틀러와 육군 최고사령부의 대립을 격화시켰다. 소련에서는 처음부터 심각한 불화가 발생했고, 1941년 12월에는 히틀러와 육군 최고사령관인 폰 브라우히치 원수 사이가 깨져 버렸다. 폰 브라우히치 원수는 숙련된 총참모본부 출신 장교였지만, 히틀러와 같은 상대를 감당하기는 버거웠다. 그래서 처음부터 히틀러와의 관계에서 완전히 독립적인 위치를 고수하지는 못했다. 그래서 폰 브라우히치의 태도는 항상 자유롭지 못하다는 감정의 영향을 받았고, 그런 감정이 그의 행동력을 마비시켰다.

브라우히치가 해임된 뒤 육군 최고사령부는 더 이상 존재하지 않았다. 하나의 사령부는 이름에 걸맞게 지휘권을 가져야 한다. 그 권한이 절대적이지 않으면 있으나 마나였다. 그러나 육군 최고사령부의 지휘권은 1941년 12월 19일 이후 전적으로 히틀러의 손에 있었다. 이는 옛 프로이센-독일의 전통을 따르는 총참모본부의 실질적인 종말이었다.

나는 개인적으로 총참모본부의 제복을 15년 동안 자랑스럽게 입고 다녔다. 나의 교관과 상급자들 중에는 모범적인 사람들이 많았고, 나는 그들에게 무한히 많은 덕을 입었다. 동료들 중에서도 훌륭하고 충실한 친구들이 많았으며, 부하들 중에서도 최고의 보좌관들과 조언자들이 있었다. 그 점에 대해 그들 모두에게 깊은 감사의 마음을 전하고 싶다.

두 번의 세계대전에서 패배한 뒤 총참모본부는 승전국들의 지시에 따라 해체되었다. 이 조치는 과거의 적들 스스로 본의 아니게 이 뛰어난 조직에 경의를 품고 있었다는 사실을 반증한다.

"남은 것은 침묵뿐이구나!"

죽느냐 사느냐, 그것이 문제로다!

내 기록은 끝났다. 독일은 다시 한 번 몰락했고, 나도 개인적으로 경험한 그 일들을 기록하는 일이 내게는 퍽 힘든 일이었다. 지상의 모든 소망이 불충분했음이 너무도 선명하게 내 눈앞에 떠올랐다. 마치 우리의 기관들이 저지른 잘못과 우리 자신의 부족함을 전혀 몰랐던 것처럼 말이다.

힘들었던 시절 프로이센 왕가의 한 왕자가 프리드리히 대왕의 모습이 담긴 작은 그림을 내게 보내주었다. 초상화 뒷면에는 언젠가 프리드리히 대왕이 패배의 위험에 처한 순간 자신의 친구였던 아르장스 후작에게 한 말이 적혀 있었다. "그 무엇도 내 영혼의 내면을 바꾸지는 못하오. 나는 내 길을 똑바로 갈 것이고, 내가 유익하고 명예롭게 여기는 일을 행할 것이오." 그 그림은 잃어버렸지만 대왕의 말은 기억에 남아 내 행동의 척도가 되어 주었다. 나는 비록 내 조국의 몰락을 막지는 못했지만, 그렇게 하고자 했던 나의 선한 의지만은 결코 의심할 수 없을 것이다.

이 책은 전쟁에서 죽은 우리의 모든 소중한 이들과 나의 옛 군인들에 대한 감사의 표시이자 그들의 명성을 망각에 빠지지 않게 하려는 기록이다.

마지막으로 나의 옛 군인들에게 말하고 싶다.

나의 동지들이여 일어나, 예전에 행진을 할 때처럼 고개를 높이 들어라! 그대들은 그대들이 한 일에 대해 진정 부끄러워할 이유가 전혀 없다. 그대들은 최고의 군인들이었다. 그러니 이제 그대들 나라의 최고의 시민이 되어라! 조국이 가장 어려운 시기에 조국을 돕지 않고 팔짱을 끼고 있어서는 안 된다. 적극적으로 달려들어 몸과 마음의 모든 힘을 조국의 재건에 바쳐라. 우리의 힘겨운 운명이 각자에게 부여한 위치에서. 그대들이 순수한 마음과 깨끗한 손으로 하는 일이라면 아무리 보잘것없는 일도 결코 수치스럽지 않다. 지난 몇 년간 배은망덕을 느꼈다고 해도 결코 비참해 하지 마라. 우리 민족을 위한 일에서 우리 모두 힘을 합치면, 언제가 성공의 태양이 다시 우리를 비추고 독일은 다시 일어설 수 있다.

보기슬라프 폰 젤호프의 말을 명심하라. 그는 포메른 지방에서 태어난 해군 장교로 우리와 같은 군인이었다.

"그대 독일의 미래를 믿고 민족의 부활을 믿어야 한다!

그동안 일어난 모든 일에도 불구하고 그 믿음을 빼앗겨서는 안 된다.

독일의 운명이 그대에게, 오직 그대의 행동에 달려 있는 것처럼,

그대의 책임인 것처럼 행동해야 한다!"

그 어느 때보다 지금 우리에게 해당하는 말이다. 그러니 모두 함께 나서자.

화합과 권리와 자유를 위하여! 우리의 독일을 위하여!

구데리안 3대. 1951년 브레멘에서 열린 손자의 세례식. 아들 하인츠와 손자 권터

1954년 고슬라르에서 행해진 구데리안 장군의 장례식. 예전 고슬라르 예거부대 출신 네 명이 관을 지켰다. 독일연방 국경수비대원 100명이 무덤 위로 예포를 쏘았다.

16 구데리안 이력

초기

1888년 6월 17일 바익셀 강변 쿨름에서 출생

1894년부터 엘자스 지방 콜마르에서 학교 재학

1901년부터 1903년까지 카를스루에 소년사관학교 재학

1903년부터 1907년까지 베를린 그로스 리히터펠데 중앙소년사관학교 재학

1907년 2월 28일 프랑스 비치에 주둔 하노버 10예거대대에 견습사관으로 배치

1907년 4월부터 12월까지 메츠 군사학교 재학

1908년 1월 27일 1906년 6월 22일자 사령장과 함께 소위로 임관

1909년 10월 1일 대대와 함께 하르츠 지역의 고슬라르로 이동

1912년 10월 1일부터 1913년 9월 30일까지 코블렌츠 3통신대대에서 복무

1913년 10월 1일부터 1914년 전쟁 발발 때까지 베를린 군사아카데미에 배속

제1차 세계대전 기간

1914년 8월 2일부터 1915년 4월까지 한 무선통신소를 지휘했다(처음에는 서부의 5기병사단에서 그 뒤에는 플랑드르에 있던 4군 최고사령부에서)

1914년 10월 중위로 진급

1915년 4월부터 1916년 1월까지 4군 최고사령부에서 통신보조장교로 복무

1915년 12월 대위로 진급

1916년 1월부터 1916년 8월까지 5군 최고사령부와 이 최고사령부 예하 여러 참모부에서 통신보조장교로 복무

1916년 8월부터 1917년 4월까지 4군 최고사령부에서 통신장교로 복무

1917년 4월 4보병사단의 총참모본부 직위로 전속

1917년 5월 엔 전투 기간에 해당 지역 총참모본부 장교 대리로 52예비사단에 배속

1917년 6월 위와 동일한 신분으로 근위군단 사령부에 배속

1917년 7월 위와 동일한 신분으로 10예비군단 사령부에 배속

1917년 8월 4보병사단으로 복귀

1917년 9월 14보병연대 2대대장을 착임

1917년 10월 C집단군 최고사령부에서 총참모본부 내부 직위를 맡음

1918년 1/2월 총참모본부 장교 교육 과정을 위해 스당으로 전속

1918년 2월 28일 군 참모본부로 전속

1918년 5월 병참장교로서 38예비군단 참모본부로 전속

1918년 10월 이탈리아 점령지의 독일 군정 참모본부에 작전 참모부 장교로 전속

자유군단과 국경수비대 시절

1918년 11월 베를린의 프로이센 전쟁부 내 동부 국경수비대 본대로 전속

1919년 1월 브레슬라우 소재 남부 국경수비 최고사령부로 전속

1919년 3월 바르텐슈타인 소재 북부 국경수비 최고사령부로 전속

1919년 5월 리가 소재 강철사단 참모본부로 전속되었다가 나중에는 미타우 소재 참모본부로 전속

1919년 10월 하노버 소재 10제국군여단으로 전속

1920년 1월 고슬라르 소재 10예거대대의 3중대장 착임

1920년 3월 힐데스하임과 루르 지역에서 소요가 발생

1920년 가을 베젤 부근 프리드리히스펠트에 있는 중립 지역을 점령

1921년 3월에서 5월까지 데사우와 비터펠트에서 중부 독일인들의 소요 발생

제2차 세계대전 발발 이전

1922년 1월 16일부터 1922년 3월 31일까지 뮌헨 7바이에른 차량수송부대 복무

1922년 4월 1일 제국 국방부 차량수송과로 전속
1924년 10월 1일 슈테틴 소재 2사단 참모본부로 전속
1927년 2월 1일 소령으로 진급
1927년 10월 1일 제국 국방부의 병무국 육군 수송과로 전속
1928년 10월 1일 베를린 소재 차량수송 교육참모부의 전술 교관을 담당
1930년 2월 1일 베를린 랑크비츠 소재 3프로이센 차량수송대대장 착임
1931년 2월 1일 중령으로 진급
1931년 10월 1일 제국 국방부 내 차량수송부대 감실 참모장으로 전속
1933년 4월 1일 대령으로 진급
1934년 7월 1일 기갑부대 사령부의 참모장으로 임명
1935년 8월 1일 소장으로 진급
1938년 2월 4일 베를린 소재 16군단 사령관에 임명되고 중장으로 진급
1938년 3월 10일 오스트리아 합병에 참가
1938년 10월 2일 주데텐란트 합병에 참가
1938년 11월 20일 기동부대장과 기갑대장으로 진급

제2차 세계대전 기간

1939년 8월 19군단장에 임명
1939년 9월 폴란드 출정에 참전
1940년 5/6월 서부 출정에 참전
1940년 6월 1일 구데리안 기갑집단 사령관에 임명
1940년 7월 19일 상급대장으로 진급
1940년 11월 16일 2기갑집단 사령관에 임명
1941년 10월 5일 2기갑군 사령관에 임명
1941년 12월 26일 육군 최고사령부 예비역 장교단으로 전속
1943년 3월 1일 기갑 총감에 임명

1944년 7월 21일 육군 참모총장에 임명
1945년 3월 28일 휴가를 명령받음

제2차 세계대전중에 받은 훈장

1939년 9월 5일, 2급 철십자훈장
1939년 9월 13일, 1급 철십자훈장
1939년 10월 27일, 기사철십자훈장
1941년 7월 17일, 백엽기사철십자훈장

17 첨부 자료

자료 1

국방군 최고사령관 1939년 8월 31일, 베를린

국방군 최고사령부/국방군 지휘참모부/국방 작전과. 39년도 170호 각 수장들에게만 해당되는 1급 비밀

1급 비밀

작전 명령 1호

1. 독일로서는 참을 수 없는 동부 국경의 상황을 평화적인 방법으로 제거할 모든 정치적 가능성은 고갈되었다. 따라서 나는 이 상황을 무력으로 해결하기로 결심했다.
2. 폴란드에 대한 공격은 백색 작전(Fall Weiß)을 위해 계획된 준비에 따라 수행한다. 다만 그사이 육군에서 거의 집결을 완료함으로써 발생한 변경사항은 고려한다.
   할당된 임무와 작전 목표는 변함이 없다.
   공격 날짜: 1939년 9월 1일. 공격 시간: 04시 45분

— 이 시간은 그딩겐단치히 만과 디르샤우 교량 작전에도 동일하게 적용된다.

3. 서부에서는 적대 행위 개시에 대한 책임을 분명하게 영국과 프랑스 쪽에 넘기는 것이 중요하다. 사소한 국경 침범은 일단 순전히 국지적으로만 대응하도록 한다. 네덜란드, 벨기에, 룩셈부르크, 스위스가 우리에게 보장한 중립은 엄격하게 준수되어야 한다.
   독일의 서부 국경은 나의 명백한 승인 없이는 그 어느 곳에서도 육상으로 넘어가서는 안 된다.
   해상에서도 호전적 행동이나 그와 같은 것으로 해석되는 모든 행위에 대해 위와

동일한 원칙이 적용된다.

공군의 방어 조치는 일단 독일의 국경에서 적의 공습을 반드시 방어하는 것으로 국한된다. 그 과정에서 개별적인 항공기나 소규모 편대를 방어할 때는 가능한 한 중립국들의 국경을 넘지 않도록 한다. 단 프랑스와 영국의 보다 대규모 항공대가 중립국을 넘어 독일 영토로 투입되어 서부에서의 방공 상황이 더는 안전하지 않다면 중립 지역을 넘는 방어를 허용한다.

서부의 적들이 제3국들의 중립을 조금이라도 침범하는 경우에는 국방군 최고사령부에 신속하게 통보하는 것이 특히 중요하다.

4. 영국과 프랑스가 독일에 대한 적대 행위를 개시한다면, 서부에서 작전 중인 국방군 부대들은 최대한 힘을 아끼면서 폴란드 작전의 성공적인 결과를 위한 전제 조건들을 유지해야 한다. 이 임무의 테두리 안에서 적의 전투력과 방위 산업의 원천에 최대한 피해를 입히도록 한다. 어떠한 경우라도 공격 개시 명령은 내가 내린다.

육군은 서부 방벽을 고수하고, 서부 연합국이 벨기에나 네덜란드 영토를 침범해 북쪽에서 서부 방벽을 포위할 것에 대비한 조치를 취한다. 프랑스 병력이 룩셈부르크로 밀고 들어온다면 국경에 있는 교량들의 폭파를 허용한다.

해군은 영국 선박에 중점을 두고 무역 전쟁을 치른다. 그 효과를 강화하기 위해서는 위험 지대 선포를 고려할 수 있다. 해군 최고사령부는 어느 해역의 어느 범위까지를 위험 지대로 선포하는 것이 적합할지 보고한다. 공식 선언문은 외무부와의 협의 아래 준비하고 국방군 최고사령부에 제출해 내 승인을 받도록 한다.

발트 해를 적의 침입으로부터 지킨다. 해군 최고사령부는 그 일을 위해 발트 해 진입로에 지뢰를 매설해 차단할지 여부를 결정한다.

공군은 일차적으로 독일 육군과 독일 영토를 공격하려는 프랑스와 영국 공군의 투입을 저지한다.

영국과의 전투 수행에서 공군은 영국의 해상 보급, 군수 산업, 프랑스로의 병력 수송을 막는데 주력한다. 무엇보다 영국의 대규모 함대, 특히 전함과 항공모함에 대한 효과적인 공격을 가할 수 있는 유리한 기회들을 충분히 이용한다. 런던 공격은 내 명령에 따른다.

영국 본토에 대한 공격은 어떤 상황에서도 일부 병력에 의한 불충분한 성공을 지향해서는 안 된다는 관점 아래 준비한다.

아돌프 히틀러(서명)

배부처

육군 최고사령부 사본 1호

해군 최고사령부 사본 2호

제국 항공부 장관과 공군 최고사령관 사본 3호

국방군 최고사령부: 국방부 지휘참모부장 사본 4호

예비용 사본 5~8호

자료 2

1급 비밀

기갑 총감 1944년 11월 7일 육군 최고사령부

44년도 3940호 1급 비밀

수신자: 총통 육군 부관

1. 서부 원정에 참가한 부대: 1~10기갑사단

2. 당시에는 현재와 같은 형태의 기갑척탄병사단은 아직 존재하지 않았다. 폴란드 출정 때 존재했던 3개 경사단은 서부 출정 전에 기갑사단으로 재편성되었다.

3. 기갑사단들은 다음과 같이 편성되었다.

a) 1~5기갑사단과 10기갑사단 = 독일 장비로 무장한 각각 2개 대대를 거느린 2개 기갑연대

b) 9기갑사단 = 독일 장비로 무장한 2개 대대를 거느린 1개 기갑연대

c) 6, 7, 8기갑사단(이전의 경사단) = 체코 장비로 무장한 3개 대대를 거느린 1개 기갑연대

— 총 35개 대대

4. 상기 사단들은 1940년 5월 10일 다음과 같은 장비로 적을 공격했다.

1호 전차 523대,

2호 전차 955대,

3호 전차 349대,

4호 전차 278대,

체코 제 35(t) 전차 106대,

체코 제 38(t) 전차 228대,

1호 전차 차대로 제작한 소형 지휘전차 96대,

2호 전차 차대로 제작한 대형 지휘전차 39대

— 이상 2574대

첨부 자료

— 이 2574대의 전차에는 다음과 같은 무기가 탑재되었다.

MG 13, 또는 34(t) 기관총 4,407정,

20㎜ 대전차포 955문,

37㎜ 대전차포 349문,

37㎜ 대전차포 334문,

75㎜ 대전차포 278문

— 5월에는 아직 가용할 수 없었던 50㎜ 대전차포를 탑재한 3호 전차는 서부 출정이 진행되는 동안 40대가 보급되었다. 1940년 2월에 생산에 들어간 첫 돌격포들이 4월까지 보급되었기 때문에 서부 출정에 투입된 돌격포의 수량은 그다지 많지 않았다.

5. 그밖에 기갑사단들이 보유한 무기와 병력의 규모에 대해서는 첨부 사항 참조(이 자료는 분실되었다.)

자료 3

19군단 사령부 1940년 5월 11일 뇌샤토 전투지휘소
작전 지휘과(1a)

1940년 5월 12일자 군단 명령

1. 군단은 오늘 성공적인 공격을 통해 용감하고 능란하게 싸우는 적을 스무아 방향으로 격퇴했다.
2. 1940년 5월 12일 각 사단의 임무는 스무아 강을 건너 적의 마스 강 북쪽 연안을 소탕하는 것이다.

— 10기갑사단은 그로스도이칠란트 보병연대를 군단이 가용할 수 있도록 생 메다르 방향으로 보낸다.

— 2, 10기갑사단은 행군로를 열어가면서 뒤따르는 사단들이 측방 방호를 위해 그 옆으로 진입할 수 있도록 한다.

— 2기갑사단은 이를 위해 망부르와 알르를 지나 쉬니와 푸팡 남서쪽 1킬로미터 지점의 교차로로 방향을 전환한다. 이어서 망부르를 지나는 도로는 비워둔다. 사단은 전적으로 알르를 지나는 도로를 이용하는데, 이 도로는 나중에 로슈오를 지나 부용 북동쪽 7킬로미터 지점의 교차로로 이어진다(군단 보급로).

— 10기갑사단은 1940년 5월 10일 저녁에 이미 명령한 대로 대부분의 병력을 이끌고 퀴뇽의 스무아 도하 지점으로 방향을 전환하고, 3번과 4번 전차 도로를 더 이상 이용하지 않는다. 퀴뇽에서 레스 카트르 슈맹을 지나 스당으로 계속 진격한다. 군단 보급로에 바로 이어서 레글리즈를 지난다.

3. 각 사단의 전투지경선

— 2기갑사단과 1기갑사단 사이: 그랑브아 - 쇼몽 - 놀보 - 코르니몽 - 로슈오(1사단) - 알르 남쪽 4,5km 교차로(2사단) - 보스발 에 브리앙쿠르(2사단) - 마스 강 서쪽 만곡부 - 프레누아 - 프레누아 셰메리 도로 - 르 셰느 동쪽 3km 지점 교량에 이르는 아르

덴 운하(마을, 도로, 운하는 1사단)

— 1기갑사단과 10기갑사단 사이: 그라프퐁텐 - 오르종(10사단) - 누아르퐁텐 - 부용 - 벨보 - 부용 남쪽 3km 교차로(10사단) - 일리스당에 있는 마스 강 중앙 교량(1사단) - 누아예 퐁 모지(10사단) - 뷜송(1사단) - 빌레르 메종셀(1사단) - 스톤 - 오슈(1사단)

4. 뇌샤토 전투지휘소는 나중에 베르릭스-부용 도로를 따라 이동한다.

5. 각 사단은 군단에서 이미 내린 지시에 따라 1940년 5월 13일에 있을 마스 강 도하를 위한 사전 준비를 취한다.

6. 공군은 1940년 5월 12일에도 9시까지 마스 강 양편에서 공군을 지원할 것이다.

구데리안(서명)

배부처

예하 사단들.

장군.

작전 지휘과(1a).

방첩 통신과(1c).

포병사령부

자료 4

19군단 사령부 1940년 5월 12일 17시 50분 군단 전투지휘소

작전 지휘과

마스 강 도하 공격을 위한 사전 명령

1. 약 20개 사단으로 구성된 영국과 프랑스의 차량화군이 좌익으로는 안트베르펜을 지나 진격했지만 독일 공군에 의해서 전 지역에서 격파되었다. 알베르 운하 전 구역을 정복했고, 리에주를 함락했다.
2. 클라이스트 집단은 내일 1940년 5월 13일 벨기에에서 자유로워진 공군의 강력한 지원을 받아 샤를빌스당 구역에서 마스 강을 건너 어떠한 경우라도 마스 강 도하 지점을 확보한다.
3. 군단의 임무는 지금까지의 지시와 일치한다. 공격에 대한 세부 명령은 오늘 저녁에 하달될 것이다.
4. 이 결정적인 공격을 성공시키기 위한 전제 조건은 각 사단이 오늘 중으로 반드시 마스 강에 도달하는 것이다. 포병과 공병은 군단의 전투력을 제대로 발휘하는 공격이 보장되는 한에서 미리 이동한다.
5. 나는 사단장 여러분들의 실행력을 믿는다.

구데리안(서명)

배부처

1기갑사단. 2기갑사단. 10기갑사단.

군단 사령부 작전 지휘과. 방첩 통신과. 문서 보관소

18시 35분 군단 사령부에 의해 다음과 같은 명령이 하달되었다.

— 1940년 5월 13일의 공격을 위해서 2, 10기갑사단의 중(重)포병대대는 101포병사령부의 지휘를 받는다. 이들은 1기갑사단에 투입되어야 한다. 기타 등등.

첨부 자료

마스 강 도하 공격을 위한 군단 명령에서는 서부 출정이 시작되기 전 각 사단이 치밀하게 준비했던 훈련 덕분에 명령 하달이 매우 간단해졌다는 사실이 언급되어야 한다. 사단들은 1940년 5월 12일~13일 새벽에 예하 부대의 지휘관들에게 "모월 모일에 실시한 도상 훈련 때와 같이 공격하라."는 명령을 내렸다. 그런 철저한 사전 연구 덕분에 공격을 앞둔 제한된 시간에 모든 준비를 하는 것이 가능했다. 사전에 실시한 도상 훈련과 비교할 때 몇 가지 사항의 사소한 변경만 필요했다.

1기갑사단 1940년 5월 12일 18시 45분 사단 전투지휘소
작전 지휘과

사단 명령 4호

1. 1940년 5월 13일 마스 강 도하 공격에 대해서는 첨부된 자료에 준비된 명령이 적용된다. 다만 앞서 거론된 공병과 포병의 완전한 투입을 예상해서는 안 된다.
2. 각 지휘관들은 총력을 기울여 전 사단이 공격 집결지에 도달할 수 있도록 한다. 첨부된 명령과는 반대로 마스 강까지 이동해 집결한다. 마을은 비워둔다. 전투에 꼭 필요하지 않은 차량들은 스무아 북쪽에 남겨두고, 부대들이 이미 스무아 남쪽에 있는 경우 그 차량들은 도로는 비우고 아르덴에 둔다.
3. 그로스도이칠란트 보병연대는 벨보 북서쪽 1,5㎞ 교차로를 통해 부용을 지나 집결지로 진입한다.
4. 포로 집결지는 마스 강 북쪽 일리와 마스 강 남쪽 뷜송이다. 1소총연대의 각 1개 분대가 감시한다.
5. 부상자 집결지: 부용
   응급 치료소: 베르트릭스
   야전 병원: 노이엔부르크

6. 37기갑공병대대장은 102공병연대장의 임무를 맡는다.

7. 사단 전투지휘소는 처음에 플레뇌 북쪽 숲에 설치한다.

10기갑사단 1940년 5월 12일 19시 30분 사단 전투지휘소

작전 지휘과

마스 강 도하 공격을 위한 사전 명령

1. 영국과 프랑스의 차량화 군(약 20개 사단)은 독일 공군에 의해 격파되었다. 알베르 운하 전 구역을 정복했고, 리에주를 함락했다.
2. 10기갑사단은 내일 마스 강을 건너 공격한다.
3. 이 결정적인 공격을 성공시키기 위한 전제 조건으로 소총여단은 오늘까지도 사단의 공격 지역 앞에 있는 적을 반드시 마스 강 너머로 격퇴시킨다. 이 공격을 위해 90포병연대의 1대대를 소총여단에 배속한다. 전선에 도달한 경우 반드시 사단에 통보한다.

샬(서명)

이 두 개의 사전 명령은 코블렌츠 도상 훈련에서 작성된 명령에 토대를 두고 있으며, 마스 강 도하 공격을 위한 최종 명령이 내려질 때까지 기본 명령으로 이용되었다.

자료 5

19군단 사령부 1940년 5월 13일 8시 15분 벨보 군단 전투지휘소
작전 지휘과

마스 강 도하 공격을 위한 군단 명령 3호

1. 19군단은 5월 12일 단호하고 과감한 공격으로 거의 모든 곳의 적을 마스 강 쪽으로 격퇴했다. 따라서 마스 강 연안에서 격렬한 저항이 예상된다.
2. 5월 13일 서부에서 전개될 전투는 클라이스트 집단을 중심으로 이루어진다. 클라이스트 집단의 목표는 몽테르메와 스당 사이에서 마스 강 도하 지점을 쟁취하는 것이다. 이를 위해 독일의 거의 모든 공군 부대가 투입될 것이다. 이들은 8시간에 걸친 지속적인 지원으로 마스 강을 방어하는 프랑스 군을 격파할 것이다. 그 이후 클라이스트 집단은 16시 정각에 강을 건넌 뒤 교두보를 설치한다.

— 군단의 우측에 투입된 41군단은 5월 13일 16시에 몽테르메와 누종빌 부근에서 마스 강을 도하한 다음, 다빌 남단소렐샤를빌 북단 선에 1개의 교두보를 설치할 것이다.

— 19군단의 후방에 대기하고 있는 14군단은 상황 전개에 따라서 뇌샤토나 플로랑빌을 지나 이동할 것이다.

3. 19군단은 오전 중에 지금까지의 공격 선상에서 전열을 갖추어 16시 정각에 바르강 하구와 바제유 사이에서 마스 강 도하 지점을 쟁취할 수 있도록 준비한다. 강을 건넌 뒤에는 부탕쿠르 - 사포뉴 - 셰에리 - 누아예 퐁 모지 선에 1개의 교두보를 설치해야 한다.

— 41군단과의 전투지경선: 마르틀랑주 - 나누사르 - 롱글리에 - 그랑부아르 - 아스누아 - 베르트릭스 북서쪽 - 카를스부르 - 그로스 파이 무제브 - 쉬니 - 뤼메 - 몽코르네 남서쪽 15㎞ 부근 아노뉴. 지역들은 41군단에 포함된다.

4. 공격은 다음과 같이 수행한다.

a) 우측 공격집단: 아르덴 운하와 마스 강 만곡부(제외) 사이

- 해당 부대: 2기갑사단

b) 중앙 공격 집단: 마스 강 만곡부(포함)와 토르시(포함) 사이

- 해당 부대: 1기갑사단, 그로스도이칠란트 보병연대, 43돌격공병대대

c) 좌측 공격 집단: 스당과 바제유 사이

- 해당 부대: 10기갑사단(그로스도이칠란트 보병연대 제외)

각 공격 집단의 전투지경선:

— 우측과 중앙 공격 집단 사이: 모지몽 - 로슈오 - 알르 남쪽 4,5㎞ 부근 교차로 - 보스발 에 부리앙쿠르(우측 공격 집단) - 마스 강 만곡부 서쪽 - 프레누아 - 프레누아 도로, 셰메리 - 생글리 - 푸아 테롱(중앙 공격 집단).

— 중앙과 좌측 공격 집단 사이: 벨보 - 누아르퐁텐 - 부용(중앙 공격 집단) - 부용 남쪽 3㎞ 부근 교차로(좌측 공격 집단) - 일리스당의 마스 강 중앙 교량(중앙 공격 집단) - 스당의 마스 강 남쪽 교량 - 누아예 퐁 모지(좌측 공격 집단) - 뷜송(중앙 공격 집단) - 스톤(중앙 공격 집단).

5. 각 공격 집단의 임무:

a) 2기갑사단은 16시 정각 동셰리 양쪽 집결지에서 출발해 마스 강을 건너 공격하면서 동셰리 남쪽 고지대를 점령한다. 그런 다음 즉시 아르덴 운하를 지나 바르 강 만곡부를 포함한 지점까지 서쪽으로 방향을 돌려 우익은 부탕쿠르까지, 좌익은 사포뉴 에 펴셰르까지 적의 마스 강 방어 진지를 측면 돌파한다.

b) 1기갑사단은 예하 그로스도이칠란트 보병연대와 함께 16시 정각 글레르와 토르시 사이에서 마스 강 도하 공격에 나선다. 사단은 일단 마스 강 만곡부를 소탕하면서 벨뷔토르시 도로까지 진격한다. 그 이후 부아 드 라 마르페 고지로 진격한 다음 셰에리쇼몽 선까지 돌파한다.

c) 10기갑사단은 1기갑사단과 함께 16시까지 스당 동단에 있는 거점들을 점령하고 그 시각까지 스당바제유 선의 출발지를 확보한다.

— 그런 다음 16시 정각에 마스 강 도하 공격을 시작해 누아예 퐁 모지퐁 모지 선에

있는 고지를 점령한다.

6. 공군과의 협력: 공군과의 공간적, 시간적 협력 계획은 첨부된 시간표와 폭격 지역을 표시한 30만분의 1 축척 지도를 통해 알 수 있다.

— 19군단은 지금까지와 마찬가지로 2근접지원비행대 지휘관의 직접적인 지원을 받을 것이다.

7. 102대공포연대는 일단 군단의 도하 준비를 지킨다. 그 뒤에는 훨씬 전방에 투입되어 도하 과정을 엄호하고, 마지막으로 교두보를 방호한다.

8. 정찰 임무

a) 항공 정찰: 비행대대가 샤를빌 - 투르네 - 생 레미 - 르 셰느 - 소모트 - 푸이이 - 테테뉴 - 프랑슈발 지역에서 실시한다.

b) 지상 정찰: 각 사단이 그들의 정찰대에 지시한 대로 실시한다.

9. 통신 연결: 80통신대대는 1, 2, 10기갑사단과는 유선과 무선을 동시에 연결하고, 클라이스트 집단과 41군단과는 무선을 연결한다. 또한 군단 전투지휘소와 브리뉴 오 부아(2기갑사단), 플레뉴(1기갑사단), 지본(10기갑사단)에 있는 각 사단 전투지휘소를 연결한다.

10. 군단 전투지휘소: 벨보에 있다가 12시 이후 라 샤펠로 이동한다.

구데리안(서명)

1기갑사단 1940년 5월 13일 12시 사단 전투지휘소

작전 지휘과

1950년 5월 13일 마스 강 도하 공격을 위한 사단 명령 5호

1. 19군단은 5월 12일 단호하고 과감한 공격으로 거의 모든 곳의 적을 마스 강 쪽으로 격퇴했다. 따라서 마스 강 연안에서 격렬한 저항이 예상된다.

2. 5월 13일 서부에서 전개될 전투는 클라이스트 집단을 중심으로 이루어진다.

클라이스트 집단의 목표는 몽테르메와 스당 사이에서 마스 강 도하 지점을 쟁취하는 것이다. 이를 위해 독일의 거의 모든 공군 부대가 투입될 것이다. 이들은 8시간에 걸친 지속적인 지원으로 마스 강을 방어하는 프랑스 군을 격파할 것이다. 그 이후 19군단은 16시 정각에 마스 강을 도하한다.

3. 19군단은 오전과 정오 중으로 지금까지의 공격 선상에서 전열을 갖추어 16시 정각에 바르 강 하구와 바제유 사이에서 마스 강 도하 지점을 쟁취할 수 있도록 준비한다.

4. 공격은 다음과 같이 수행한다.

a) 우측 공격 집단: 2기갑사단은 아르덴 운하와 마스 강 만곡부(제외) 사이

b) 중앙 공격 집단: 1기갑사단은 마스 강 만곡부(포함)와 토르시(포함) 사이

c) 좌측 공격 집단: 10기갑사단은 스당과 바제유 사이

5. 각 공격 집단의 전투지경선: 다음의 변경 사항 이외에는 지금까지와 동일하다.

— 우측에 있는 2기갑사단과의 전투지경선은 셰에리에서 생글리(셰에리 서쪽 12㎞) 푸아 테롱(1기갑사단).

— 좌측에 있는 10기갑사단과의 전투지경선은 지금까지와 동일하다.

6. 각 공격 집단의 임무:

— 2기갑사단은 16시 정각 출발지에서 마스 강을 건너 동셰리 남쪽 고지대를 점령한다. 그런 다음 아르덴 운하를 지나 바르 강 만곡부를 포함한 지점까지 서쪽으로 방향을 돌려 우익은 부탕쿠르까지, 좌익은 사포뉴 에 퇴셰르까지 적의 마스 강 방어 진지를 측면 돌파한다.

— 1기갑사단은 예하 그로스도이칠란트 보병연대와 함께 16시 정각에 공격에 나설 수 있도록 준비한다. 사단은 일단 마스 강 만곡부를 소탕하면서 벨뷔 - 토르시 도로까지 진격한다. 그 이후 부아 드 라 마르페 고지로 진격한 다음 셰에리 - 쇼몽 선까지 돌파한다.

— 개별 임무는 지금까지의 명령과 동일하지만 x시간과 y시간은 무시해도 좋다. K.1의 기습도 정각 16시에 시작된다.

첨부 자료

— 10기갑사단은 1기갑사단과 함께 16시까지 스당 동단에 있는 거점들을 점령하고 그 시각까지 스당 - 바제유 선의 출발지를 확보한다. 그런 다음 16시 정각에 마스 강 도하 공격을 시작해 누아예 퐁 모지 - 퐁 모지 선에 있는 고지를 점령한다.

7. 101포병사령부(예하 대대 편성은 첨부 사항 참조)은 마스 강 도하를 준비하고, 화력 계획에 따라 사단을 지원한다.

8. 공군과의 협력: 공군과의 공간적, 시간적 협력 계획은 첨부된 시간표와 폭격 지역을 표시한 지도를 통해 알 수 있다.

— 102대공포연대는 처음에는 군단의 도하 준비를 지키고, 그 후에는 도하 과정을 엄호한다.

9. 마스 강 도하 순서는 사단 명령(첨부 사항 참조)에 명시된 바와 동일하다.

10. 정찰과 통신 연결은 지금까지와 동일하다.

— C계열 암호는 다음과 같이 보완된다.

그로스도이칠란트 보병연대: 괴물

101포병사령부: 신축 건물

49포병연대: 마술사

1관측대대: 벽돌

그로스도이칠란트 보병연대 1대대: 물푸레나무

그로스도이칠란트 보병연대 2대대: 추억

그로스도이칠란트 보병연대 3대대: 홍합

그로스도이칠란트 보병연대 4대대: 난로 연통

43돌격공병대대: 단안경

11. 보급

a) 탄약 보급소: 파이 레 브뇌르 동쪽 1,5km에서 보급한다.

b) 연료 보급소: 누아르퐁텐 북쪽 숲의 북쪽 지역에서 5월 13일 17시 경부터 보급할 예정이다. 소모량의 2분의 1 정도를 받는다.

c) 응급 치료소: 코르비옹

d) 차량 정비소: 5월 13일 오후부터 1개 정비중대가 베르트릭스에서 작업에 들어갈 예정이다. 클라이스트 집단의 1개 전차부품부대가 레딩겐(룩셈부르크)으로 이동했다.

e) 포로 집결지: 일리와 마스 강 남쪽 프레누아에 있다. 경비는 소총여단이 맡는다.

12. 사단 전투지휘소: 공격 개시 전까지는 생 망주 북쪽 3,2㎞ 360지점에 위치한다. 공격 진척에 따른 이동 노선에 대한 명령은 이미 하달되었다.

5월 13일 사단명령 5호에 대한 첨부 사항

1940년 5월 13일 마스 강 도하를 위한 특별 지시

1. 마스 강 도하를 위한 포병의 조치 준비는 101포병사령부가 이끈다.
2. 포격 준비와 공격 수행을 위한 포병 편성은 다음과 같다.

a) 2기갑사단: 중포병대인 3대대를 제외한 74포병연대.

b) 1기갑사단: 101포병사령부

- 보병 포격 부대: 73포병연대 1, 2, 3대대.
- 포병과 중점 지역 포격 부대: 49포병연대와 45포병연대 2대대, 69포병연대 2대대, 74포병연대 3대대, 90포병연대 3대대(105포병연대 1대대), 616중포병대대.
- 포병사령관 직속: 1관측대대와 네벨베르퍼[1]대대.

c) 10기갑사단: 중포병대인 3대대를 제외한 90포병연대.

3. 포병 정찰

a) 2, 10기갑사단에 배치된 포병 관측소는 각 대대가 최소한 1기갑사단의 전투 구역을 관찰할 수 있는 곳에 정한다.

1 Nebelwerfer: 연막 발사기라는 뜻의 견인식 다연장 로켓포이다. 이름은 개발자인 로베르트 네벨에서 유래했거나 포가 발사될 때 발생되는 연막(독일어 네벨) 때문에 붙여진 것으로 추정된다.

b) 1관측대대에 의한 정찰 - 1관측대대는 목표 지역 G, H, L, M, O에서 포병 정찰을 수행할 수 있도록 배치한다.

c) 공군에 의한 정찰 - 각 사단의 포병 정찰기는 공군에 의해 투입되어야 하며 정찰 결과는 101포병사령부(1기갑사단에 배치)에게도 보고해야 한다. 31정찰대 4비행대(헨셸 126기종)의 포병 정찰기 2대는 10시부터 49포병연대의 지휘를 받는다.

4. 포병 임무

— 포병에 의한 공격 지원과 관련해서는 화력 계획을 참조한다. 군단의 전 지역에 있는 포병의 공격은 사단들이 동셰리 남쪽 고지부아 드 라 마르페누아예 퐁 모지 고지 선을 넘을 때까지 101포병사령부의 지시로 수행된다.

5. 목표 지점: 이미 지정된 목표 지역(목표 지역 지도 참조)이다.

사단 명령 5호에 대한 첨부 사항

5월 13일 공격을 위한 화력 계획

1기갑사단

전투단계	시간	보병	특화점 공격대	포병	공군
마스강 도하 준비 1단계	08:00 ~15:00	목표 지역 K에서 목표 공격	마스 강 연안 글레르와 토르시에 있는 벙커와 거점 파괴	a) 목표 지역 K와 L에서 목표를 공격하면서 진행 과정 감독 b) 마스강 연안 거리 일대사격 c) 벙커 파괴 d) 목표 지역 G, H, L, M, O에서 포병대와 대공포대 공격	시간 계획표 참조. 2근접지원비행대 임무: a) 목표 지역 G, H, L, M, O에 대한 교란 폭격 b) 포병 공격
마스강 도하 준비 2단계	15:00 ~15:50	전과 동일	마스 강 연안 벙커 파괴	a) 도하 지점 포격 b) 목표 지역 K와 L에서 목표 공격 c) 포병대와 대공포대 공격	
도하 직전	15:50 ~16:00	도하 지점 집중 사격	전과 동일	도하 지점 집중 포격	시간 계획표 참조. 근접지원비행대 임무: 교란 폭격 및 글레르와 토르시 지역 파괴. 목표 지역 L 17 공격
도하 및 침투시작	16:00~	소총병 지원	도하 전후로 벙커 파괴	사단 전투 지역에 있는 소총병 지원	시간 계획표 참조

— 비고: 네벨베르퍼 대대는 16시부터 16시 30분까지는 글레르 - 토르시 도로에, 17

시 30분부터 18시 30분까지는 벨뷔 - 토로시 도로에 연막탄을 발사한다.

사단명령 5호에 대한 첨부 사항
1940년 5월 13일 마스 강 도하 공격을 위한 시간 계획표

시간	공군	지상군
08:00		가능한 한 마스 강 도하 준비. 화력 계획에 따른 포병 활동 이행
08:00~12:00	B I, C I 구역 교란 폭격	공군 교란 폭격의 엄호 속에서 마스 강 도하 준비. 화력 계획에 따른 포병 활동 이행
12:00~16:00	A I, B I, C I 구역에 대한 집중 파괴 폭격	모든 준비의 연속 및 완료. 화력 계획에 따른 포병 활동 이행
16.00~17:30	A II, B II, C II 구역과 무종 요새로 교란 폭격 전환. B I, C I 구역에 급강하폭격기 투입.	기습 도하
17:30~일몰	A II, B II, C II 구역의 적군 지역에 나타나는 목표물 공격	교두보 쟁취
야간	이르송, 랑, 르텔, 부지에, 스테네 북쪽과 동쪽을 지나는 도로에 대한 교란 폭격 및 그 도로 위를 지나는 모든 차량 공격	교량 가설. 기갑부대와 포병대의 도하

10기갑사단 1940년 5월 13일 사단 전투지휘소 프레 생 레미
작전 지휘과 작전 5호

1940년 5월 13일 마스 강 도하 공격을 위한 사단 명령

1. 19군단은 5월 12일 단호하고 과감한 공격으로 거의 모든 곳의 적을 마스 강 쪽으로 격퇴했다. 따라서 마스 강 연안에서 격렬한 저항이 예상된다.
2. 5월 13일 서부에서 전개될 전투는 클라이스트 집단을 중심으로 이루어진다.

— 클라이스트 집단의 목표는 몽테르메와 스당 사이에서 마스 강 도하 지점을 쟁취하는 것이다. 이를 위해 독일의 거의 모든 공군 부대가 투입될 것이다. 이들은 8시간에 걸친 지속적인 지원으로 마스 강을 방어하는 프랑스 군을 격파할 것이다.

3. 19군단은 오전과 정오 중으로 지금까지의 공격 선상에서 전열을 갖추어 16시 정각에 바르 강 하구와 바제유 사이에서 마스 강 도하 지점을 쟁취할 수 있도록 준비한다. 강을 건넌 뒤에는 부탕쿠르 - 사포뉴 - 셰에리 - 누아예 퐁 모지 선에 1개의 교두보를 설치해야 한다.

— 10기갑사단은 5월 13일 16시 정각에 스당 남쪽 - 바제유(포함) 구역에서 마스 강 도하 공격에 나서 누아예 퐁 모지 고지를 점령한다.

— 1기갑사단과의 전투지경선: 부용 남쪽 3㎞ 교차로(1사단) - 일리(1사단) - 스당에 있는 마스 강 중앙 교량(1사단) - 스당에 있는 마스 강 남쪽 교량(10사단) - 누아예 퐁 모지(10사단) - 뷜송(1사단) - 스톤(1사단)

4. 공격은 다음과 같이 수행한다.

— 우측 공격 집단: 10소총여단. 지휘관: 10소총여단장

참가 부대: 86소총연대, 소형 가죽 뗏목 90개와 대형 가죽 뗏목 45개를 구비한 41공병대대 1중대, 공병돌격대로 49공병대대 2중대(1소대 제외), 90대전차교육대대(1중대 제외), 36중대공포대 1포병중대(1포반 제외), 1, 2중보병중대

— 좌측 공격 집단: 69소총연대. 지휘관: 69소총연대장

참가 부대: 69소총연대, 소형 가죽 뗏목 65개와 대형 가죽 뗏목 30개를 구비한 49공병대대 1중대, 공병돌격대로 49공병대대 2중대 1소대, 90대전차교육대대 1중대, 36중대공포대 1포반.

— 우측과 좌측 공격 집단의 전투지경선: 지본 동쪽 - 발랑 동쪽 - 퐁 모지 서쪽 - 누아예 퐁 모지 동쪽 - 뷰 메닐 페름 동쪽

5. 각 부대의 임무

— 우측과 좌측 공격 집단은 5월 13일 오후 공격 구역에서 공격 준비를 갖춘 뒤 엄호부대를 배치한다. 마스 강 연안에 있는 적의 벙커 및 거점과 공격 구역에 있는 목표물을 파괴한다. 양 공격 집단은 선봉대와 함께 마스 강변으로 접근해 16시 정각에 마스 강 도하 공격을 개시할 수 있도록 한다. 마스 강으로 접근하는 과정에서 전 대원은 무엇보다 공군이 공습하는 동안의 시간을 충분히 활용한다.

— 우측 공격 집단은 첫 번째 목표지로서 와들랭쿠르 서쪽 거점들을 점령한 다음 남쪽으로 방향을 돌려 와들랭쿠르 남쪽 거점들을 소탕하고, 누아예 퐁 모지아 그 서쪽에 있는 고지를 확보한다.

— 좌측 공격 집단은 퐁 모지와 그 동쪽에 있는 거점들을 점령한 다음 우측 공격 집단과 이어지는 우익에 중점을 두고 공격에 나서 공격 목표인 누아예 퐁 모지 - 퐁 모지 도로를 확보한다.

6. 공격 집단의 지휘관들은 도하를 위해, 우측 공격 집단의 경우에는 이후 군용 교량을 통한 도하를 위해 출발 대열과 그들을 지휘할 장교들을 결정한다.

7. 90포병연대(105포병연대 1대대 제외)는 화력 계획에 따라 공격을 지원한다. 1개 대대가 각각 1개 공격 집단과 협력하도록 할당한다.

8. 41, 49공병대대 중에서 공격 집단에 배치되지 않은 병력은 16시부터 라 샤펠 북쪽 지역에서 41공병대대장의 지시에 따라 마스 강변으로 이동해 뗏목 건설과 이후의 교량 건설을 준비한다.

— 예상되는 교량 위치는 스당 남쪽이다.

9. 71대공포대의 1포대는 집결과 마스 강 도하, 우측 공격 집단 구역에 중점을 둔 공격을 엄호한다. 55대공포대의 3포대는 기갑여단의 접근을 엄호한다.

10. 정찰

a) 항공 정찰: 14정찰대의 3(헨셸 기종)비행대가 동셰리 - 셰메리 - 타네 - 브리외 - 보에 데 - 푸이이 - 테테뉴 - 프랑슈발 도로 구간을 정찰한다. 자세한 내용은 특별 지시를 참조한다.

b) 지상 정찰: 90기갑정찰대는 사단에서 가용할 2개 정찰대를 라 샤펠 북쪽에 대기시킨다.

11. 통신 연결

— 90기갑통신대대는 지금까지와 마찬가지로 무선 통신을 연결한다. 그밖에도 공격 집단과 교량 건설 지휘관과도 유무선 통신을 연결하고, 출발 대열을 이끄는 지휘관들에서 3곳의 도하 지점에 이르기까지 3개의 지선을 설치한다. 공격 집단들과 연결

하는 전선은 최전방 보병 병력을 통해 마스 강 위로 던진다.

12. 모르테한라 샤펠 도로의 교통 통제는 3도로지휘관과 기갑여단이 전담하고, 라 샤펠스당(나중에 와들랭쿠르)도로는 4도로지휘관과 90기갑정찰대대가 전담한다.

13. 사단 예비대: 4기갑여단은 17시부터는 벨 비레 숲에서, 나중에는 라 샤펠 북동쪽에서 대기한다. 여단장은 사단 전투지휘소로 온다.

14. 응급 치료소: 라 비레 페름(라 샤펠 남쪽 1㎞)

15: 사단 전투지휘소: 프레 생 레미

전방 전투지휘소: 지본 남서쪽 고지

샬(서명)

자료 6

1940년 5월 13일 상황보고

19군단 사령부 1940년 5월 13일 22시 30분 라 샤펠 숲 군단 전투지휘소

작전 지휘과

1. 마스 강 방어에 투입된 적의 병력은 1개 프랑스 요새여단과 포병대뿐이다. 이들은 심한 충격에 빠졌다.
2. 군단에서 다음 부대는 마스 강을 넘어 다음의 위치에 이르렀다.

— 2기갑사단은 동셰리 남서쪽

— 1기갑사단은 부아 드라 마르페 북단

— 10기갑사단은 와들랭쿠르

3. 각 사단은 전력을 다해 공격을 속개해 가용한 모든 병력으로 이미 도하한 부대들을 강화한다. 각 날개 쪽에 포진한 사단들은 내측 날개에 중점을 둠으로써 긴밀한 협력을 보장한다.
4. 사단들은 도상 훈련에 따른 목표를 쟁취하되 10기갑사단은 뷜송 동쪽 지역까지 갔다가 서쪽으로 방향을 돌린다.

— 2기갑사단은 부탕쿠르를 지나 푸아 테롱으로 향한다.

— 1기갑사단은 방드레스르 셰느를 지나 좌익으로 엔 강을 따라 르텔로 진격한다.

— 10기갑사단은 일단 지정된 선에서 군단의 좌측방을 엄호한다.

5. 군단 사령부는 우선 라 샤펠에 계속 남는다.

구데리안(서명)

자료 7

19군단 사령부 1940년 5월 14일 21시 라 샤펠 숲 군단 전투지휘소
작전 지휘과

1940년 5월 15일자 군단 명령 5호

1. 군단은 오늘 기갑부대와 다른 강력한 육군 부대로 프랑스 2개 사단을 공격해 일망 타진했다. 수천 명의 포로를 잡았다.
2. 1940년 5월 15일에는 이미 도달한 지역에서 서쪽으로 공격을 계속해 다음 목표인 와시니 - 르텔 선을 쟁취한다.
3. 각 사단의 임무

a) 2기갑사단은 강력한 좌익을 이끌고 뷜지쿠르와 투아 테롱을 지나 프티 포레 드 시니 남쪽으로 진격하면서 와시니 - 세리 선을 확보한다.

b) 1기갑사단은 생글리 - 오몽 선을 지나 진격해 세리 - 르텔 선을 점령한다.

— 전투지경선: 셰에리 - 생글리 - 라 오르녜 - 마제르니(1사단) - 페소(2사단) - 드로비지(1사단) - 세리(2사단)

— 이 두 기갑사단은 내 명령이 하달된 이후에 출동한다.

c) 10기갑사단은 다시 배치된 그로스도이칠란트 보병연대와 함께 아르덴 운하 - 스톤 고원 - 빌몽트리 남쪽 마스 만곡부 선에서 군단의 남쪽 측방을 방호한다. 그 선을 점령하고 방어를 구축한다.

4. 101포병사령부는 45포병연대 2대대, 616중포병대대, 69포병연대 2대대와 2대대 1중대와 함께 1기갑사단의 지휘를 받는다. 네벨베르퍼 대대도 1기갑사단의 지휘를 받되 현재 주둔한 위치에 잔류한다.
5. 정찰

— 19군단 정찰 구역: 샤를빌 - 로주아 - 몽코르네 - 몽코르네 도로, 뇌프샤텔 - 뇌프샤텔 철로, 퐁 파브제, 그랑프레, 뒹, 무종.

— 전투지경선: 기갑정찰대와 31정찰대 4비행대 사이: 르 셰느 - 아티니 - 블랑지 - 뇌프샤텔

— 31정찰대 4비행대와 14정찰대 3비행대 사이: 르 셰느 - 그랑프레

— 31정찰대 4비행대의 임무: 정찰 지역 내 도로에서 적이 1기갑사단의 정면과 측면 쪽으로 접근하고 있는지 확인한다. 군단 전투지휘소와 1기갑사단에 통신문을 투하한다.

사단들은 각자 진군하는 구역에서 정찰한다.

a) 정면에서는 몽코르네 - 뇌프샤텔 선까지

b) 우측방에서는 샤를빌 - 이르송 선까지

c) 좌측방에서는 부지에 - 랭스 선까지

10기갑사단은 클레몽 - 베르됭 선까지

— 가용한 정찰 병력이 부족한 점을 고려해 주요 행군 도로만 정찰한다.

구데리안(서명)

자료 8

1940년 5월 17일자 군단 명령 7호

19군단 사령부 1940년 5월 16일 수아즈 군단 전투지휘소

작전 지휘과

1940년 5월 17일자 군단 명령 7호

1. 적은 1, 2기갑사단에 의해 또다시 결정적인 타격을 입고 전체 전선에서 서쪽으로 물러났다.

— 19군단은 대부분 병력이 몽코르네 서쪽 지역에 도달했다. 선발대는 오리니와 아메지쿠르 사이의 우아즈 강으로 진격 중이다.

— 14군단이 좌측 후방에서 19군단을 따르며 엔 강을 따라 좌측방을 엄호한다.

2. 19군단은 5월 17일 생캉탱을 비우고 북서쪽에서 페론으로 계속 진격한다. 09시에 출발한다.

3. 다음과 같이 진격한다(행군 도로는 첨부 1 참조).

a) 우측: 2기갑사단은 오리니 - 리베몽 선을 지나 행군 도로 1과 2로 진격한다.

b) 좌측: 1기갑사단은 메지에르 쉬르 우아즈 - 아메지쿠르 선을 지나 행군 도로 3과 4로 진격한다.

4. 다시 군단 휘하에 들어온 10기갑사단은 좌측 후방에서 지금까지의 행군 도로 2와 3(3월 16일의)을 따라 누아르쿠르까지 따라온다. 그런 다음에는 좌측 대열과 함께 디지 르 그로, 클레몽 피에르퐁, 아메지쿠르를 지나 첨부 1에 따른 행군 도로 4로 진격한다. 우측 대열을 위한 도로는 임의적이다.

5. 2차량화보병사단은 14군단의 지휘 아래 배치되었다.

6. 정찰은 첨부 2를 참조한다.

7. 군단 전투지휘소는 처음에 수아즈(몽코르네 동쪽 5㎞)에 있다가 나중에 행군 도로 2와 3을 따라 이동한다.

구데리안(서명)

자료 9

1940년 5월 18일자 군단 명령 8호

19군단 사령부 1940년 5월 18일 00시 45분 수아즈 군단 전투지휘소

작전 지휘과

1940년 5월 18일자 군단 명령 8호

1. 적은 오늘도 남서쪽으로 물러났다. 솜 강 도하 지점은 적이 점유하고 있는 것으로 보인다. 적의 개별적인 기갑 병력이 랑 방향에서 클레몽과 라 빌 오 부아를 지나 몽코르네로 공격을 시도했다.
2. 41군단은 5월 18일 캉브레로 진격한다.

— 41군단과의 전투지경선: 생 고베르 - 뇌빌레트 - 노로이 - 구조쿠르(41군단) - 바폼(19군단)

3. 19군단은 5월 18일 05시 30분에 우아즈 강변 교두보에서 바폼 방향으로 공격을 개시한다. 이를 위해 첫 번째 목표로 벨리쿠르 북서쪽 고원 - 빌레르 동쪽 - 르 베르지에 - 방들 - 플레섕 - 푀이이 - 테르트리 - 몽시 - 팔비 선에서 1개의 교두보를 점령한다.
4. 각 사단의 임무

a) 2기갑사단은 오리니와 리베몽 교두보에서 출발해 모르쿠르 양쪽에서 솜 강을 건넌 뒤 빌레르와 르 베르지에 사이 고지대를 즉각 점령한다. 기습으로 생캉탱 교량을 불시에 점령하고, 도시의 나머지 부분은 뒤따르는 소규모 병력이 접수하도록 한다. 도시 내부에서 전투가 벌어지지 않도록 조치를 취한다.

b) 1기갑사단은 베지에르와 아메지쿠르 교두보에서 출발해 카스트르 양쪽에서 솜 강을 건넌 뒤 즉시 푀이이 양쪽 고지대까지 돌파한다.

— a)와 b) 항에 대한 비고: 사단들은 마스 강 도하 공격 때와 동일한 편성으로 공격을 수행한다. 모든 저항의 싹을 미연에 제거하기 위해서 처음부터 포병이 강력한 지원

공격에 나선다. 도하 지점을 기습 점유하기 위한 모든 가능성을 활용한다. 이를 위해 공격 개시와 함께 강화한 정찰 병력을 우아즈 강으로 미리 파견한다.

c) 10기갑사단은 좌측 후방에서 사다리꼴 대형을 갖춰 아래 지정된 도로를 따라 군단의 공격을 뒤따른다. 처음에는 랑 방향으로, 이어서 세르 강가와 크로자 운하 근처, 솜 강가에서 군단의 좌측방을 엄호한다. 운하와 솜 강의 우측 지역을 소탕하고 교량을 점령한 뒤 교량을 폭파할 준비를 한다.

— 2기갑사단과 1기갑사단의 전투지경선: 마레(2사단) - 샤티옹(1사단) - 포쿠지(2사단) - 파르프빌 - 리베몽 - 생캉탱 - 파예 - 메스미(2사단) - 방들 - 마르케 - 탕플루아 - 무알랭 - 랑크루 - 콩블르 - 플레르 - 와를랭쿠르(1사단)

5. 정찰과 관련해서는 첨부 사항 참조

— 솜 강가에 있는 기존의 방어 진지와의 충돌을 피하기 위해서 지상 정찰은 최소한 30분 전에 이루어지도록 한다.

6. 102대공포연대는 공격이 개시되는 05시 30분부터는 도하 준비와 우아즈 강 도하를 엄호하고, 나중에는 솜 강가에서 엄호한다.

7. 군단 사령부는 공격이 개시되는 05시 30분에 빌레르 르 세크에 위치한다.

구데리안(서명)

10기갑사단을 위한 도로

a) 에를롱, 라 페르테, 셰브르시, 아메지쿠르, 세로쿠르, 테르트리, 페론, 클레리, 롱그발

b) 데르시, 크레시, 아셰리, 방되이, 아르탕, 상쿠르, 페론, 여기서부터는 a)와 동일

— 1040년 5월 18일 군단 명령 8호에 대한 추신

— 폭탄 투하 계획을 위한 안전지대: 아라스바폼페론솜 강에서 항까지라 페르 철로랑르텔(모든 지역 제외)

자료 10

1940년 5월 19일자 군단 명령 9호

19군단 사령부 1940년 5월 18일 02:00시 군단 전투지휘소 빌레르 르 세크

작전 지휘과

1940년 5월 19일자 군단 명령 9호

1. 적은 북쪽에서 남쪽으로 퇴각 중이고, 41군단의 우익과 좌측방에서는 아직 격렬한 전투가 벌어지고 있다. 생 크리스트 부근 솜 강가와 페론 북쪽 부샤베스네 고원에 영국군이 있다. 앙, 쥐시, 레미니, 케시 부근에 있던 적은 1940년 5월 18일 저녁 솜 강을 건너갔다.
2. 클라이스트 집단은 바폼으로 계속 진격해 선두 병력으로 캉브레 - 페론 일반 선에 도달한다.

— 41군단은 선두 부대로 캉브레 - 메츠 앵 쿠튀르 선에 도달한다.

— 41군단과의 전투지경선: 생 고베르 - 뇌빌레트 - 르베르지 - 구조쿠르(41군단) - 바폼 - 베를르 오 부아 - 솜브리앵(41군단) - 마니쿠르(41군단)

— 클라이스트 집단의 차후 진격 여부는 전적으로 육군 최고사령부의 명령에 달려 있다.

3. 19군단은 1940년 5월 19일에 출발해 먼저 1, 2기갑사단과 핀 - 페론 일반 선에 도달한다. 거기서부터 르 메닐 - 클레리 선에서 카날 뒤 노르(북부 운하)를 지나는 교두보를 쟁취할 태세를 갖춘다.

— 운하 자체는 14시에 건너야 한다.

— 군단은 그밖에도 솜 강 남쪽 강가에서 5월 18/19일 밤 안에 페론과 앙 부근에 교두보들을 구축한다. 그로써 공격 개시일에 남서쪽으로 방향을 돌릴 수 있는 기회를 제공한다.

4. 각 사단의 임무

a) 2기갑사단은 에캉쿠르와 마낭쿠르 사이에서 운하를 건넌다. 르 메닐 주변의 고지대를 점령한 다음, 페론 도로 서쪽에서 남쪽으로 신속하게 방향을 돌려 1기갑사단의 진군을 수월하게 해준다.

b) 1기갑사단은 무아슬랭 양쪽에서 운하를 건넌 뒤 북쪽 날개에 중점을 두고 랑쿠르 남쪽 고지대로 밀고 들어간다. 거기서부터 적의 측방과 후방 전체를 에워싸면서 페론 북쪽 고지로 방향을 돌린다.

— a)와 b)에 대한 비고: 두 사단의 화력 준비는 101공병사령관이 폭탄 투하 계획에 맞춰 조절한다. 적을 섬멸한 뒤에는 에캉쿠르 - 르 메닐 - 세이 세이셀 - 랑쿠르 - 클레리 선에서 방어를 위해 교두보를 설치한다.

— 2기갑사단과 1기갑사단의 전투지경선: 생캉탱 서단 - 파예 - 메세미 - 몽티니 - 루아셀 - 에제쿠르 - 부아 드 보 - 부아 생 피에르 바스트 남단(2사단) - 콩블르 - 플레르 - 와를랭쿠르(1사단)

— 1기갑사단은 그밖에도 1940년 5월 18일 저녁에 페론 서쪽 비아셰 - 라 메조네트 - 벨뷔 페름 선에서 교두보를 점령하고 그곳을 고수한다(사전 전화 보고).

c) 10기갑사단은 솜 강과 세르 강가에 투입된 봉쇄부대에 의한 좌측방 방어를 일단 5월 19일 저녁까지 고수한다. 앙 부근과 쥐시, 레미니, 게시 부근에서 강을 건넌 적은 5월 19일 이른 아침 생캉탱 운하 남쪽 물가 쪽으로 다시 격퇴되었다. 교량은 주어진 임무에 따라 봉쇄하거나 파괴한다(사전 전화 보고).

— 앙 부근에는 에프빌 서쪽 교량 - 마유 빌레트 갈랑 선에 교두보를 설치하고 그곳을 고수한다.

— 나아가서 사단의 대부분 병력은 1940년 5월 19일 오전에 우아즈 강을 건너 에시니 르 그랑(이곳에 사령부 위치) 지역으로 이동한다. 솜 강을 건너 북서쪽 2개 도로로 진입할 수 있도록 한다.

5. 공군이 13시 45분부터 14시까지 부샤베스네 부근 진지와 숲, 무알랭, 랑쿠르에 폭탄을 투하함으로써 1기갑사단의 공격을 지원할 것이다. 바로 이어서 운하를 건너야 한다.

폭격 안전지대는 다음과 같다.

a) 아라스 - 알베르 - 루아예 - 누아용 - 베리 오바크

b) 카날 뒤 노르 선

6. 정찰

a) 항공 정찰: 르 샤토 - 캉브레 - 아라스 - 둘랭 - 아미앵 - 몽디디에 지역

— 31정찰대 4비행대와 기갑정찰대 사이의 정찰 지역 할당은 직접 지시에 따른다.

b) 지상 정찰: 1, 2기갑사단이 오쿠르네슬 북동쪽 6㎞ 교차로 - 루아예 - 누아용 - 쇼니 구역에서 폭격 안전지대까지 정찰한다.

7. 대공 방어: 102대공포연대가 다수 병력으로 두 사단의 정렬 과정과 운하 도하, 교두보 구축을 지원하고, 나머지 병력으로는 10기갑사단의 이동과 새 숙영지를 보호한다.

8. 보고: 준비를 완료하고 공격 개시에 성공하자마자 즉시 보고한다.

9. 80통신대대는 각 사단을 무선으로 연결하고, 군단 전투지휘소와 사단 전투지휘소들은 전선을 연결한다.

10. 군단 전투지휘소는 1940년 5월 19일 13시부터 올농 숲에 위치한다.

구데리안(서명)

자료 11

19군단 사령부 1940년 5월 18일 13시 빌레르 르 세크 군단 전투지휘소

작전 지휘과

1940년 5월 18일 상황보고

1. 군단 명령 8호에서는 10기갑사단에 세르 강가와 솜 운하 부근 팔비와 모르티에 사이에서 군단의 측방을 지키라고 명령했다. 이를 위해 5월 18일 16시부터 아래 부대들을 10기갑사단의 지휘 아래 배치한다.

— 511공병연대 참모부와 그 예하 666공병대대, 49공병대대, 37공병대대, 41공병대대(나중에 37공병대대로 교대), 10기갑사단의 대전차교육대대

— 이 대대들의 지휘관들은 10기갑사단의 전투지휘소(르낭사르)에 신고한다.

2. 10기갑사단은 511공병연대 지휘관과의 협의 아래 즉시 파괴할 교량과 파괴 준비만 해둘 교량을 확정한다. 이 과정에서 통용되어야 할 원칙은 경계 병력만 소모할 뿐 중요하지 않은 교량들은 파괴하고, 작전 이동(행군)에 필요한 교량들을 남기는 것이다. 511공병연대 지휘관은 10기갑사단의 봉쇄 및 파괴 계획을 약도와 함께 군단 사령부에 보고한다.

3. 10기갑사단은 사단의 대부분 병력을 우아즈 서쪽, 운하 이쪽 편에 두고, 소수 병력만 운하 너머로 보내 남쪽 물가에서 누아용 - 쿠시 르 샤토 - 랑 선까지 정찰한다.

4. 네슬 - 앙 - 라 페르랑 - 뇌프샤텔 철로 남쪽은 폭탄 투하가 예정된 지역이다. 따라서 이 지역에 투입된 부대는 전투기에 식별 수단과 소통 수단을 충분히 제시한다.

구데리안(서명)

자료 12

19군단 사령부 1940년 5월 19일 24시 마를빌 군단 전투지휘소
작전 지휘과

1940년 5월 20일자 군단 명령 10호

1. 군단의 정면에 있던 적은 격퇴되었다. 적은 벨기에에서 남서쪽으로 돌파하려고 애쓰고 있다.
2. 19군단은 계속 북서쪽으로 밀고 들어가 영국해협과 솜 강 하류를 점령한다.

우측에서는 41군단이 진격한다.

— 2기갑사단과 1기갑사단의 전투지경선: 콩블르(1사단) - 롱그발 - 포지에르 - 바렌 - 퀴슈빌레 - 카나플 - 플릭세쿠르 - 솜(1사단 지역) - 드뢰이 - 우아즈몽(2사단 지역) - 리가 하구

— 1기갑사단의 좌측 경계: 솜 강

3. 각 사단은 06시 1940년 5월 19일에 도달한 선에서 출발해 솜 강에 도달한다.

— 2기갑사단은 아브빌에 중점을 두고 솜 하구에서 플릭세쿠르(제외) 선에 이른다.

— 1기갑사단은 아미앵에 중점을 두고 플릭세쿠르(포함) - 아브르 하구(아미앵 동쪽) 선에 이른다.

4. 10기갑사단은 나머지 불필요한 모든 병력을 이끌고 페론으로 이동해 1기갑사단과 교대한다. 지금까지 10기갑사단이 맡았던 좌측방 방호 임무는 29차량화보병사단이 대신하고, 10기갑사단은 교대 후 아브르 하구에서 페론까지 솜 강 구역을 방어한다. 이곳에서도 나중에 뒤따르는 29차량화보병사단과 다시 교대한다.
5. 할당 부대

a) 그로스도이칠란트 보병연대는 다시 군단에 배치되어 10기갑사단의 지휘를 받는다. 연대는 오후에 생캉탱 지역에 도착해 10기갑사단의 인솔을 받는다.

b) 기갑정찰교육대대는 19군단 후방으로 들어와 군단의 좌측방에 투입될 예정이다.

첨부 자료

c) 8중(重)대전차대대 1중대는 06시 아티이에서 출발해 일단 콩블르에 도착한다.

6. 사단들은 다음의 철도망을 파괴한다.

a) 2기갑사단은 군단의 우측 경계로 이어지는 철로

b) 1기갑사단은 군단의 좌측 경계로 이어지는 철로

7. 사단들은 각자의 전투 지역에서 훨씬 앞쪽으로 솜 남쪽에서 아미앵까지 정찰하고, 아미앵 - 몰리앵 - 오르수아 - 오말 도로 남쪽은 10기갑사단이 정찰한다.

— 정찰의 전방 경계는 르 트레포르 - 오말 - 푸아 - 콩티 - 모뢰이 - 네슬 선이다.

8. 군단 사령부는 1기갑사단 뒤에서 베르망 - 루아셀 - 탱쿠르 - 탕플루아 - 무알랭을 지나 처음에는 콩블르까지 이동했다가 나중에는 알베르까지 이동한다.

구데리안(서명)

19군단 사령부 1940년 5월 20일 군단 명령 10호에 대한 첨부 사항

작전 지휘과

1. 항공 정찰에 대한 특별 지시

— 캉브레 - 아라스 - 아베느 - 에스댕 - 에타플 - 영국해협 - 디에프 - 뇌프샤텔 - 그랑빌리에 - 아일리 - 네슬 지역 항공 정찰

— 각 비행대는 5월 20일 06시 지시를 받을 장교 1명을 군단 전투지휘소로 보낸다(지시받은 사항은 무전으로 비행대에 미리 전달한다).

— 31정찰대 4비행대의 투입 가능한 모든 He 126 정찰기는 5월 20일 06시부터 23정찰대 2비행대의 지휘를 받는다.

— Fi 156 정찰기 2대는 06시 군단 사령부의 운용을 위해 군단 전투지휘소에 신고한다.

2. 대공 방어를 위한 특별 지시

102대공포연대는 다음의 공격에 방어한다.

a) 사단 구역에 있는 각 1개 혼합 대대로 적의 고공 포격과 저공 포격으로부터 앙크르

강 도하 지점을 지킨다.

b) 91경대공포대대의 1중대로 강화된 1개 혼합 대대로 적의 전차 공격으로부터 페론과 아미앵 사이 솜 강 도하지점을 지킨다.

c) 91경대공포대대와 함께 저공 포격과 전차 공격으로부터 콩블르와 알베르를 지킨다.

자료 13

1940년 5월 20일 상황 보고

19군단 사령부 1940년 5월 20일 16시 30분 알베르 군단 전투지휘소

작전 지휘과

1. 솜 강에 도달함과 동시에 각 사단은 다음 지역에서 방어를 구축한다.

— 2기갑사단은 아브빌과 니에브르 하구 사이에서

— 1기갑사단은 니에브르 하구와 앙크르 하구 사이에서

— 10기갑사단은 앙크르 하구와 페론(포함) 사이에서

2. 각 사단은 그들이 있는 지역에서 아브빌, 콩데 폴리, 아미앵, 코르비, 브레, 페론 교두보를 설치한다. 교량들은 폭파할 준비를 한다.

3. 다른 모든 도하 지점도 폭파 준비를 하고, 북쪽 강가로 뗏목을 가져간다.

— 레투알 남쪽 아브빌 부근, 플릭세쿠르, 아미앵 부근 철로를 끊는다.

— 2항에 의해 교두보가 설치되지 않은 교량은 모두 봉쇄한다.

— 교량은 적의 공격이 가해지는 경우에만 폭파한다.

4. 3항에 의한 임무 수행은 군단 사령부 직속인 511공병연대 지휘관인 뮐러 대령이 각 사단과 협력해 통일적으로 지휘한다.

5. 필요한 장비는 페론으로 옮겨 뮐러 대령이 분배한다.

6. 5월 20일 18시부터 군단 전투지휘소는 알베르 북동쪽 6㎞ 지점인 알롱빌이나 케리외에 위치하며, 병참과는 퐁 누아옐에 위치한다.

군단 사령부를 대신해 참모장 네링(서명)

자료 14

19군단 사령부 1940년 5월 20일 ?시 케리외 군단 전투지휘소

작전 지휘과

1940년 5월 21일자 군단 명령 11호

1. 오늘 우리의 전투는 완전한 성공을 거두었다. 적은 모든 전역에서 일부는 도망치듯이 후퇴했다.

— 군단은 18시까지 생 리키에 - 무플레르 - 아미앵 - 페론 선에 도달했다.

— 6기갑사단의 소재지는 알려지지 않았다.

— 8기갑사단은 16시 45분 둘랭 북쪽에 도달했다.

2. 군단은 도달한 솜 강 선을 고수한다(1940년 5월 20일 16시 30분 명령 참조).

— 사단들은 솜 강과 오티 강 사이에서 자신들의 지역을 소탕하고 오티 강 선과 바폼까지 그 지역을 지킨다.

— 사단들의 다수 병력은 솜 강 북쪽에서 언제든 북쪽에서 밀고 들어오는 적군을 물리칠 수 있는 태세를 갖추고 대기한다.

— 사단들은 5월 21일 정오까까지 필요해진 재편성을 단행한 뒤 새 편성 상황을 보고한다.

— 세부 사항:

a) 10기갑사단의 다수 병력은 알베르와 알베르 서쪽으로 이동해 숙영한다.

b) 그로스도이칠란트 보병연대는 10기갑사단을 통해 오늘 밤 안(5월 20/21일)에 티에브르 - 앙 선 남쪽 지역에 도달해 그 선에 있는 오티 강 도하 지점을 지키라는 명령을 받았다.

— 연대 본부: 뷰발. 연대는 5월 21일 09시에 1기갑사단의 지휘 아래 배치된다.

3. 각 사단과 다시 군단의 지휘 아래 배치된 기갑정찰교육대대는 솜 강과 오티 강 - 바폼 사이에서 다음 지역을 소탕하고 방어한다.

첨부 자료

a) 기갑정찰교육대대: 아브빌 - 에스댕(지역 제외) 도로 북서쪽에서 해안까지. 대대는 5월 21일에야 도착한다. 전투지휘소: 오빌레르

b) 2기갑사단은 이어서 니에브르 하구 - 둘랭(지역 제외) 선까지.

c) 1기갑사단은 이어서 아미앵(지역 포함) - 쿠아뇌(지역 포함) 선까지.

d) 10기갑사단은 이어서 페론바폼(지역 포함) 선까지. 안전선에는 소수 병력만 배치한다.

4. 항공 정찰은 군단 사령부가 직접 통제한다.

— 지상 정찰은 교두보들에서 르 트레포르 - 오말 - 콩티 - 노뢰이 - 숄느 선까지 실시한다.

5. 102대공포연대는 대공 방어를 담당한다.

6. 8통신대대는 사단들을 선으로 연결한다.

7. 군단 전투지휘소: 케리외 성

구데리안(서명)

자료 15

19군단 사령부 1940년 5월 21일 21시 생 케리외 군단 전투지휘소

작전 지휘과

1940년 5월 22일자 임시 군단 명령 12호

(이 명령은 '북으로 진격'이라는 말이 떨어진 뒤에야 효력이 발휘된다.)

1. 벨기에와 프랑스 북부에 포위된 적이 필사적으로 저항하며 남쪽으로 돌파하려고 애쓰고 있다. 그들 중 일부는 해상으로 도피했다.
2. 19군단은 1940년 5월 22일 아브빌 - 아미앵 - 페론 - 둘랭 - 오티 강 선에서 북쪽으로 방향을 돌린 다음, 우익으로는 에스댕 - 데타플 선을 지나 생토메르로, 좌익으로는 해안을 따라 불로뉴로 진격한다.
3. 이를 위해 08시에 최선두 병력으로 오티 강 구역을 건넌다.

— 우측: 10기갑사단

— 중앙: 1기갑사단과 예하 101포병사령부와 그로스도이칠란트 보병연대

— 좌측: 2기갑사단

4. 도로 분배는 첨부 1 참조.
5. 생 발레리와 코르비(지역 제외) 사이 솜 강 구역에 있는 군단의 교량들은 2차량화보병사단이 지킨다. 기갑사단들의 예하 병력 교대는 1940년 5월 21일 22시에 시작한다. 2차량화보병사단이 기갑사단들의 교대를 직접 조절한다. 교대 과정은 1940년 5월 22일 05시에 완료되어야 한다.

a) 다음 부대는 일시적으로 2차량화보병사단의 지휘 아래 배치된다.

— 생 발레리 - 아브빌(지역 제외) 구역에는 기갑정찰교육대대. 대대는 나중에 2차량화보병사단의 다른 병력으로 교체된 뒤 군단을 뒤따라야 한다.

— 511공병연대 참모부(뮐러 대령)와 41, 666공병대대. 이들은 1940년 5월 22일 다

른 병력으로 교체된 뒤 군단을 뒤따라야 한다.

— 37공병대대(현재 콩데 폴리와 아미앵 사이에 투입된)는 32공병대대로 교체된다. 37기갑공병대대 3중대는 즉시 1기갑사단의 지휘 아래 배치된다.

b) 2차량화보병사단은 1940년 5월 22일 05시부터 기갑사단들의 이동을 위해 모든 도로를·비워둔다.

c) 솜 강 교량들은 폭파 준비를 해두되 적의 공격으로 그곳을 잃을 염려가 있는 경우에만 폭파하도록 한다. 아브빌, 콩데 폴리, 피키니, 아미앵 교두보에 있는 교량들은 절체절명의 위기에서만 폭파해야 한다.

d) 지상 정찰은 2차량화보병사단이 라 브레슬 구역오말콩티 선까지 실시한다.

e) 10기갑사단은 페론코르비 구역에서 1940년 5월 21일 17시부터 페론에서 시작해 단계적으로 13차량화보병사단으로 교체된다. 그런 다음 알베르 북서쪽과 서쪽에 집결한다.

— 1940년 5월 22일 13시까지 알베르아미앵 도로를 모든 부분에서 비운 뒤, 그 사실을 무전으로 14군단에 보고한다.

6. 정찰은 첨부 사항 2 참조.

7. 대공 방어는 첨부 사항 2 참조.

8. 군단 사령부는 케리외 - 아미앵 북쪽 - 생캉 - 오슈피에르 쉬르 오티 도로로 이동해 오티 강 계곡에서 북서쪽으로 아르굴까지 간다. 거기서 첫 번째 휴식을 취한 뒤 계속해서 부아 장 - 몽트뢰이 - 라 발레 글로리앙 주변 숲 도로로 간다. 이어지는 길은 나중에 알린다.

구데리안(서명)

클라이스트 집단 1940년 5월 21일 22시 30분 아브랭쿠르

작전 지휘과 / 작전과

1940년 5월 22일자 집단 명령 12호

1. 적의 30~40개 사단이 프랑스 북부와 벨기에에 포위되어 있다. 따라서 남쪽으로 돌파하려는 강력한 시도가 예상된다.
2. 클라이스트 집단은 탱크 - 생 폴 - 에스댕 - 에타플 선에서 적의 모든 공격을 물리친다. 특별 명령이 있을 때는 적을 최종적으로 섬멸하기 위한 공격에 나선다.
3. 호트 군단과 클라이스트 집단 사이의 전투지경선: 이미 지시한 대로 아베느 르 콩트 - 탱크 - 디에발 - 바메츠 - 생토메르(모든 지역은 클라이스 집단에 포함)

— 41군단과 19군단 사이의 전투지경선: 에스댕 - 데브르 - 마르키즈(해당 지역과 도로는 19군단에 포함)

4. 임무:

— 41군단은 자기 구역에서 공격한다. 우측에 사다리꼴 대형으로 병력을 집중 배치한다. 군단의 지휘 아래 들어온 SS전투사단을 동쪽 측방 방호에 활용한다.

— 19군단은 자기 구역에서 공격한다.

— 10기갑사단은 우선 둘랭 서쪽에서 집단의 지휘를 받는다(명령을 전달받을 장교는 집단 전투지휘소로 온다).

— 41, 19군단은 포병의 포격 지원 속에서 가능한 한 신속하게 칼레와 불로뉴 항구를 차지하는 것이 중요하다.

— 14군단은 페론에서 하구까지 솜 강변에서 전체 후방을 방어한다. 솜 강 선을 고수하고 도달한 교두보를 강화한다. 솜 강 교량은 폭파 준비를 하되 적의 강한 압박으로 교량을 고수하기가 어려운 경우에만 폭파한다.

— 5군단은 페론생 시몽 솜 강 구역에서 29차량화보병사단을 62, 87보병사단으로 교대한다. 솜 강 구역을 고수한다. 아직 북쪽 강변에 있는 적은 보병사단들이 당도한

뒤 격퇴하도록 한다.

5. 폭탄 투하 경계: 공격 지역 내에서는 군단이 직접 시간적으로 제한된 폭격을 요구할 경우에만 폭격하고, 분명하게 확인된 적의 도주 행렬에만 폭탄을 투하한다. 폭격 지대는 솜 강 남쪽 10㎞ 지점이다.
6. 통신연대. 기타
7. 할당 부대: 9기갑사단은 클라이스트 집단에 배치되어 둘랭 지역으로 이동한다.
8. 집단 전투 지휘소는 오전 10시부터 둘랭 북동쪽 6㎞ 부근 뤼슈에 위치한다.

서명

자료 16

클라이스트 집단 1940년 5월 22일 22시 50분 뤼슈

작전 지휘과/ 작전과

1940년 5월 23일자 집단 명령 13호

1. 5월 22일 19군단과 41군단 전방에서 혁혁한 전과를 올렸다. 적은 호트 집단 전방에서 강력하게 저항하면서 여러 차례 공격을 시도했다.

— 프랑스 북부와 벨기에에 포위된 적이 또 다른 돌파 시도를 감행한 것으로 예상된다.

2. 클라이스트 집단은 5월 23일 불로뉴와 칼레를 점령하고 에르 - 생토메르 - 그라블린 구역에 교두보를 형성한 다음, 적의 완전한 섬멸을 위해 동쪽으로 방향을 돌릴 가능성을 확보한다.

3. 임무:

— 41군단은 북쪽으로 전진해 에르와 생토메르 부근에 최대한 빨리 교두보를 설치한다. 5월 23일 정오부터 교두보를 넘어 동쪽으로 전진할 수 있도록 병력을 배치한다.

— 19군단은 불로뉴와 칼레를 점령하고 생 모믈랭(생토메르 북쪽 4㎞)과 그라블린 사이에 교두보를 설치한다. 5월 23일 정오에 동쪽으로 전진할 수 있도록 병력을 배치한다. 19군단은 집단 명령 12호에서 지시한 임무를 수행한다.

4. 전투지경선: 41군단과 호트 집단 사이에는 아직 정확한 전투지경선이 알려지지 않았다. 나중에 무전으로 전달될 것이다.

— 41군단과 19군단 사이의 전투지경선: 에스댕에서 불로뉴 - 생토메르 도로까지는 지금까지와 동일하다. 불로뉴 - 생토메르 도로에서는 콜랑베르 - 생 모믈랭(해당 지역들은 19군단에 포함).

5. 할당되는 부대와 이탈하는 부대:

a) SS전투사단은 5월 23일 호트 집단의 지휘 아래 배치된다.

b) 9기갑사단은 4군 최고사령부의 예비대로 배치된다.

6. 5월 23일 정오까지 폭탄 투하 전투지경선: 베튄 - 카셀 - 베르그(해당 지역들 포함) 선 동쪽으로는 폭탄이 투하되지 않는다.

7. 통신연대는 41군단을 거쳐 생토메르로 선을 연결한다.

8. 집단 전투지휘소는 일단 뤼슈에 위치한다.

폰 클라이스트(서명)

자료 17

19군단 사령부 1940년 5월 25일 오전 11시 콜랑베르 성 군단 전투지휘소

작전 지휘과

1940년 5월 25일자 군단 명령 13호

1. 불로뉴는 점령했고, 칼레에서는 아직 전투가 진행되고 있다. 생토메르 - 그라블린 운하 전선에서는 적의 소규모 병력이 끈질기게 저항하고 있다.

— 클라이스트 집단은 에르 - 그라블린 운하 선을, 41군단은 생토메르 교두보를 고수한다.

2. 19군단은 5월 25일에 도달한 선을 고수한다. 군단은 이미 설치된 교두보들을 포함한 생 모믈랭 - 그라블린 운하 선을 방어한다. 영국해협을 감시하면서 적의 상륙을 제지한다.

— 칼레는 5월 25일에 점령한다.

— 사단들과 군단 부대들은 전투에 배치되지 않은 모든 병력을 쉬게 한다. 진격이 정지된 시간을 충분히 이용해 모든 장비를 보충하고 재정비해 최단시간 내에 다시 사용할 수 있도록 준비한다.

3. 임무:

a) 해협 전선: 1기갑사단은 생 모믈랭해협 하구 사이 및 해협 하구와 프테 왈드(Pte. Walde) 북쪽 해안에서 방어를 맡는다.

— 이를 위해 이미 생 모믈랭과 올크 사이에 투입된 그로스도이칠란트 보병연대와 SS 총통경호대 아돌프 히틀러를 지휘 아래 둔다.

b) 해안 전선: 프테 왈드와 오티 강 하구. 해안을 감시하고 적의 상륙을 제지한다. 적의 해상 공격을 막기 위해서 기존 해안 방어 시설에 병력을 배치한다.

— 우측: 10기갑사단. 프테 왈드와 오드레셀(지역 포함) 사이. 사단은 오늘 중으로 칼레를 점령한다.

— 좌측: 2기갑사단. 오드레셀과 오티 강 하구(지역은 제외). 이를 위해 기갑정찰교육

대대를 지휘 아래 두어 캉슈와 오티 강 하구 사이에 배치한다. 5월 26일 아침까지 에타플 남쪽 5㎞에 위치한 메를리몽에 도달한다.

4. 전투지경선

a) 41군단과의 전투지경선: 쿨롱비 - 주르니 - 틸크 - 생 모믈랭 - 비메셀(지역들은 19군단에 포함)

b) 1기갑사단과 10기갑사단: 데브르 - 나브랭엔(1사단) - 긴(10사단) - 프테 왈드(1사단)

c) 10기갑사단과 2기갑사단: 사메(10사단) - 베네튕(10사단) - 오드레셀(10사단)

d) 14군단과의 전투지경선: 오티 강 지역

5. 5월 24일 18시부터 군단의 지휘 아래 배치된 11소총여단은 5월 25일 데브르 북쪽 숲 지역에 도달해 그곳에서 군단의 명령을 기다린다.

— 5월 25일을 위한 임무: 파리 플라주 부근에 있는 적을 무장 해제시킨다. 그리네 곶을 공격해 그 거점을 점령한다.

6. 군단 포병

— 칼레를 점령한 뒤 101포병사령부와 군단 포병(45포병연대 2대대와 616중(重)포병대대)은 군단의 직접 명령을 받는다. 리크 - 에르뱅엔 - 벵엔 - 외퀴니엔 지역에 숙영한다.

7. 1경비연대는 5월 25일 16시에 2기갑사단의 지휘 아래 배치된다.

8. 벨기에 국경까지 정찰한다.

9. 모믈랭과 그라블린 사이의 운하 구역에 있는 모든 도하 지점의 파괴 준비를 한다. 군단 사령부의 명령이 있거나 극도의 위기가 닥쳤을 때만 파괴한다.

10. 대공 방어는 특별 지시에 따른다.

11. 군단 전투지휘소: 콜랑베르 성. 병참과: 르 바스트

구데리안(서명)

자료 18

19군단 사령부 1940년 5월 26일 12시 15분 콜랑베르 성 군단 전투지휘소

작전 지휘과

1기갑사단과 20차량화보병사단의 교대를 위한 명령

1. 남쪽에서 이동해온 20차량화보병사단이 새롭게 군단의 지휘 아래 배치되었다. 사단은 오늘 중으로 올크 - 그라블린 - 프테 왈드 북쪽에 이르는 해안 구역에 있는 1기갑사단과 교대한다.

— SS 총통경호대 아돌프 히틀러는 현재 위치에 남아 20차량화보병사단의 지휘를 받는다.

— 클라이스트 집단은 오늘 밤 안으로 명령 인수가 차질 없이 이루어지도록 힘쓴다.

2. 1기갑사단은 교대 후 사메 - 몽트뢰이(이 지역 포함) 도로 양쪽 지역에 숙영함으로써 남북 양쪽으로 신속하게 이동할 수 있도록 한다.

— 숙영 관리 참모부는 미리 이동해 사단 전투지휘소에 보고한다.

— 1기갑사단이 즉시 숙영지에 도달해 충분한 휴식을 취하게 하고 장비와 차량을 정비하도록 하는 것이 중요하다.

3. 군단 전투지휘소: 알메팅 남동쪽 1km 부근에 있는 르 프레누아.

— 병참과: 르 바스트

군단사령부를 대신해 참모장 네링(서명)

자료 19

19군단 사령부 1940년 5월 26일 르 프레누아 성 군단 전투지휘소

작전 지휘과

1940년 5월 27일자 군단 명령 14호

1. 적이 아아 운하 구역을 고수하고 있다.
2. 클라이스트 집단은 5월 27일 오전 41군단의 좌익(6기갑사단이나 3기갑사단)으로 생토메르 지역에서 출발해 카셀을 지나 포페링게로 돌격한다.
3. 19군단은 20차량화보병사단으로는 SS 총통경호대 아돌프 히틀러 구역을 지나, 중앙 병력으로는 와탕을 지나 보름호우트로 진격한다.
4. 임무:

— 아래 부대는 20차량화보병사단의 지휘 아래 배치된다.

101포병사령부

SS 총통경호대 아돌프 히틀러

그로스도이칠란트 보병연대와 예하 56포병연대 2대대, 616중(重)포병대대, 74중(重)보병연대 3대대, 677포병연대 3대대(11소총여단), 91경대공포대대(공격 시에만)

→ 사전 명령에 의해 위치로 이동한다. 지휘관들은 5월 26일 20시 에페를르크에 있는 SS 총통경호대 아돌프 히틀러 전투지휘소로 먼저 온다.

— 20차량화보병사단은 와탕에서 생 피에르 - 브루크 교두보들에서 출발해 와탕 동쪽으로 높이 솟은 고지대를 점령한다. 그 뒤 강력한 우익으로 아른크 - 르드랭엔을 지나 에젤로 돌진한다.

— 전력이 강화된 그로스도이칠란트 보병연대는 드랭샹으로 진격해 크로시트 - 피트강 고지를 점령함으로써 공격의 좌측방을 엄호한다. 여기서 북쪽으로 향하는 전선을 점유한다.

— 1기갑사단의 56포병연대 2대대는 연대와 협력하고, 101포병사령부로부터 그에 대한 상세한 지시를 받는다. 나아가서 그로스도이칠란트 보병연대는 73포병연대의 지원을 받으며 출발지에서 공격에 나선다.

— 677포병연대 3대대는 준비 포격에만 참가한 뒤 동쪽 강변에 그대로 두어 11소총여단의 처분에 맡긴다.

— 장포신중(重)포는 됭케르크에서 포격하기 위한 용도로 계획되어 있다.

— 사단 전투지휘소: 일단 에페를르크. 공격 개시: x시

5. 항공 정찰: 31정찰대 4비행대(헨셸 정찰기)와 23정찰대 2비행대(헨셸 정찰기)가 생토메르 - 포페링겐 - 뵈르네 - 그라블린 해안까지 함께 실시한다. 벨기에 - 프랑스 국경 동쪽으로는 31정찰대 3비행대(피젤러 정찰기)가 정찰한다.

6. 102대공포연대는 우선 와탕 서쪽에서 공격 준비 과정을 방어한 다음 공격 수행을 엄호한다.

7. 80통신대대는 에페를르크까지 본선을 연결한다.

8. 군단 예비대: 11소총여단은 x시 1시간부터 숙영지에서 출발 대기 상태를 갖춘다. 해협 방면 도로에 대한 정찰이 필요하다. 지휘관은 군단 사령부에 출두한다.

9. 20차량화보병사단은 명령을 받는 즉시 장교 두 명을 차량으로 군단 사령부로 파견한다.

10. 군단 사령부: 르 프레누아 성. 군단장은 공격 개시와 함께 에페를르크로 이동.

구데리안(서명)

군단 명령 14호에 대한 보완

다음 명령은 5월 27일 16시부터 유효하다.

— 다음과 같이 공격을 수행한다.

우측: 20차량화보병사단과 예하 SS 총통경호대 아돌프 히틀러

좌측: 2기갑사단과 예하 그로스도이칠란트 보병연대, 11소총여단, 4기갑여단

— 20차량화보병사단과 2기갑사단(11소총여단) 사이 전투지경선: 메르크강 - 제거스카펠 - 렉스포에드(해당 지역들은 11소총연대에 포함).

군단 사령부를 대신해 참모장 네링(서명)

자료 20

19군단 사령부   1940년 5월 28일 23시 15분 루슈 성 군단 전투지휘소

작전 지휘과

군단 명령 15호

1. 19군단은 1940년 5월 29일 14군단으로 교대된다. 명령 수령 시간은 오전 10시다.
2. 2기갑사단과 1기갑사단은 그날 9기갑사단으로 교대된다. 교대는 14군단 사령부의 지시에 따라 수행된다.

— 현재 위치에 남아 14군단 사령부의 지휘 아래 배치될 부대: 11소총여단, 그로스도이칠란트 보병연대, 총통경호대 SS아돌프 히틀러, 740중포병대대, 607중포병대대, 19군단 정찰대의 헨셸 비행대(한시적)

3. 교대 이행 후 각 사단은 모든 수단을 동원해 완전한 전투 태세를 갖추도록 한다.
4. 각 사단은 다음 지역에 숙영한다.

— 1기갑사단: 오드뤼크(포함) - 아르드르(포함) - 리크 - 알킨 - 쿨롱비 - 보드랭엔 - 륑브르(지역들 포함)

— 10기갑사단: 아르드르(제외) - 긴 - 랭상 - 베네튕 동쪽 숲 북단(지역 포함) - 르 바스트 - 콜랑베르 - 리크(지역 제외)

— 2기갑사단: 리크 - 콜랑베르(지역 제외) - 알킨 동쪽 숲(지역 제외) - 제리에서 리크로 향하는 도로(지역 제외)

— 각 사단은 동쪽으로 반격에 나서거나 남쪽으로 행군할 수 있는 상태로 숙소를 배치한다.

5. 각 사단은 예하 경대공포대대를 위한 숙소뿐 아니라 102대공포연대 지휘관의 지시에 따라 각각 중대공포대대를 위한 숙소도 마련한다.

— 콜랑베르, 르 바스트, 르 프레누아(성)는 일단 비워둔다.

6. 각 사단이 전선에서의 전술적 상황이 충분히 안정되었다고 판단한다면, 1940년 5월 29일 오전에 기갑여단들을 새 숙소로 이동시켜도 좋다.

첨부 자료

7. 사단 사령부는 1940년 5월 29일 12시까지 전화로 군단 사령부에 위치를 보고해 80통신대대가 필요한 선을 연장할 수 있도록 한다.

— 10기갑사단 사령부가 지금까지의 위치에 남는 것에 반대할 이유는 없다.

8. 군단 사령부는 일단 루슈 성에, 병참과는 랑드르퇴에 위치한다.

군단 사령부를 대신해 참모장 네링(서명)

자료 21

총통 겸 국방군 최고사령관 1940년 12월 18일
국방군 최고사령부/국방군 지휘참모부/국방 작전과 40년도 33 408호 각 수장들에게만 해당되는 1급 비밀
1급 비밀

'바르바로사 작전'을 위한 작전 명령 21호

독일 국방군은 영국과의 전쟁을 종결하기 전에도 신속한 출정으로 소련을 굴복시킬 수 있도록 준비를 갖춰야 한다('바르바로사 작전').

육군은 이를 위해 가용한 모든 병력을 투입해야 한다. 단 점령된 지역이 기습당하는 일이 없도록 안전을 보장한다.

공군은 동부 출정을 위해 육군을 지원할 강력한 병력을 확보해 지상 작전이 신속하게 전개될 수 있도록 하고, 적의 공습에 의한 동부 독일 지역의 피해를 최소화하는데 중점을 두어야 한다. 단 동부에서의 이러한 중점 형성이 다음의 요구와 상충해서는 안 된다. 즉 우리가 지배하는 전투 지역과 군수 지역 전체가 적의 공습에 충분한 방어 태세를 갖춰야 하며, 영국에 대한 공격, 특히 그들의 보급로에 대한 공격이 중단되어서는 안 된다.

해군은 동부 출정 동안에도 주요 공격 방향은 명백하게 영국을 향해야 한다.

나는 소련으로의 출격을 경우에 따라서는 계획된 작전 개시일 8주 전에 명령할 것이다.

더 오랜 기간이 필요한 준비 사항이 아직 실행되지 않았다면 지금부터 착수해 1941년 5월 15일까지 완료한다.

그러나 공격의 의도가 드러나지 않도록 하는데 가장 중점을 두어야 한다.

각 최고사령부의 준비는 다음과 같은 원칙을 따른다.

I. 전반적인 의도

쐐기꼴 대형으로 배치한 기갑부대를 앞세워 먼 전방까지 밀고 나가는 대담한 작전으로 소련 서쪽에 위치한 소련 육군의 다수 병력을 섬멸해야 한다. 전투력이 있는 병력이 소련 지역 멀리까지 후퇴하지 못하도록 막아야 한다.

— 신속한 추격으로 소련 공군이 더는 독일 지역을 공격할 수 없는 선까지 도달해야 한다. 작전의 최종 목표는 볼가아르한겔스크 일반 선으로부터 소련의 아시아 지역을 차단하는 것이다. 필요한 경우에는 소련에 남은 마지막 우랄 공업 지대를 공군이 파괴할 수 있다.

이러한 작전 과정에서 소련의 발트 해 함대는 곧 거점을 잃게 될 것이고, 그로써 전투력도 잃게 될 것이다.

작전을 개시하는 순간부터 강력한 공격을 가함으로써 소련 공군의 효과적인 개입을 차단해야 한다.

II. 예상되는 동맹국과 그들의 임무

1. 우리 작전의 날개 쪽에서는 루마니아와 핀란드가 소련과의 전쟁에 적극 참여할 것으로 예상된다.

두 나라가 참전하는 경우 그들의 병력이 어떤 형태로 독일군의 지휘 아래 배치될지는 국방군 최고사령부가 적당한 시기에 협의해 결정할 것이다.

2. 루마니아의 임무는 그곳으로 진격하는 아군 집단과 함께 그에 맞서는 적을 물리치는 것이며, 그밖에 후방 지역에서 지원하는 일이다.

3. 핀란드는 노르웨이에서 퇴각하는 독일 북부집단군(21집단의 일부)의 행군을 엄호하고, 그들과 함께 작전을 수행할 것이다. 그밖에도 핀란드는 항코 지역을 차단하는 임무를 맡는다.

4. 늦어도 작전 개시부터 북부집단군의 이동을 위해 스웨덴의 철도와 도로를 사용하게 될 가능성도 염두에 둘 수 있다.

III. 작전 지휘

A. 육군(나에게 보고한 계획들에 대한 승인 아래)

프리피야트 습지를 지나 남과 북으로 반씩 나누어진 작전 지역에서는 그 지역의 북쪽에 중점을 형성한다. 이곳에는 2개 집단군이 배치될 예정이다.

전체 전선의 중앙에 해당하는 2개 집단군 중에서는 남부집단군이 특히 강력한 기갑부대와 차량화부대로 바르샤바 주변과 북쪽 지역에서 밀고 나가면서 백러시아에 있는 적의 병력을 무찌른다. 그를 통해서 기동부대의 강한 병력이 북쪽으로 방향을 돌릴 수 있는 전제 조건을 마련해야 하며, 그로써 동프로이센에서 레닌그라드 방향으로 작전을 수행하는 북부집단군과 협력해 발트 제국에 위치한 적의 병력을 일망타진한다. 이 긴급한 임무를 수행한 뒤에야 레닌그라드와 크론슈타트를 점령하고, 모스크바의 주요 교통 중심지와 군수 중심지를 점령하는 작전을 이어갈 수 있다.

소련군의 저항을 기습적으로 신속하게 와해시켜야 두 가지 목표를 동시에 추구할 수 있다.

21집단의 가장 중요한 임무는 동부 작전 중에도 노르웨이를 지키는 일이다. 그 일에 필요한 병력 이외에 가용할 수 있는 병력은 북쪽(산악군단)에서 먼저 페차모 지역과 그곳 광산과 북극해 도로를 지키는데 투입된다. 그 다음에는 핀란드 군과 함께 무르만스크 철도로 진격해 무르만스크 지역의 육상 보급을 차단한다.

로바니에미 지역과 남쪽에서 독일의 비교적 많은 병력(2~3개 사단)을 동원한 작전이 실행될 수 있을지는 스웨덴이 그 행군을 위해 자국의 철도를 이용하게 해줄 용의가 있는가에 달려 있다.

핀란드 육군의 대부분 병력은 독일군 북측 날개의 진군과 보조를 맞춰 최대한 대규모 소련 병력을 라도가 호 서쪽이나 양쪽에 묶어두고, 항코 지역을 점령하는 임무를 맡게 될 것이다.

프리피야트 습지 남쪽에 투입된 집단군은 루블린 지역에서 키예프 방향으로 중점을 두어야 한다. 강력한 기갑 병력으로 소련군의 측방 깊숙한 곳과 후방으로 신속하게 진격한 다음 드네프르 강 지역에서 그들의 측면을 공격해야 한다.

— 독일·루마니아 병력 집단은 우익에서 다음의 임무를 맡는다.

a) 루마니아 지역과 전체 작전의 남측 날개를 방어한다.

b) 남부집단군의 북측 날개에서 공격할 때 그에 맞서는 적의 병력을 묶어두고, 진척되는 상황에 따라 공군과 협력해 드네프르 강을 건너는 적을 추격해 그들의 정돈된 퇴각을 막는다.

프리피야트 습지 남쪽과 북쪽 전투가 끝나면 적을 추격하면서 다음의 목표를 추구한다.

— 남쪽에서는 전시 경제에 중요한 도네츠 분지를 조기에 점령한다.

— 북쪽에서는 신속하게 모스크바에 도달한다. 모스크바 점령은 정치적, 경제적으로 결정적인 성공을 의미할 뿐만 아니라 가장 중요한 철도 중심지를 차단하는 것이다.

B. 공군

공군의 임무는 소련 공군의 작용을 최대한 무력화하고 차단하는 것이며, 육군 작전의 중심부, 즉 중부집단군 지역과 남부집단군의 양익 지역을 지원하는 것이다. 또한 작전의 중요성에 따라 소련의 철도를 파괴하고, 낙하산부대와 공수부대의 대담한 투입으로 가장 중요한 인근 목표들(도하 지점들)을 점령해야 한다. 적의 공군을 막고 육군을 직접적으로 지원하는데 모든 병력을 집중 투입하기 위해서 주요 작전 기간에는 군수 산업 시설은 공격하지 않는다. 그러한 공격, 특히 우랄 지역에 대한 공격은 이동 작전을 완료한 뒤에야 고려 대상이 된다.

C. 해군

소련과의 전쟁에서 해군은 우리의 해안을 방어하면서 적의 해군이 발트 해에서 출격하는 것을 막는다. 레닌그라드에 도달한 뒤에는 소련군의 발트 해 함대가 마지막 거점을 빼앗겨 가망이 없는 상황에 처하게 되므로 미리 대규모 해상 작전을 펼치지 않는다. 소련군 함대를 차단한 뒤에는 발트 해의 모든 해상 교통과 아군의 북쪽 날개 측 해상 보급로를 확보하는 것이 중요하다(지뢰 제거).

IV.

이 작전 명령을 바탕으로 내려질 각 군 최고사령관들의 모든 지시는 소련이 지금까지 우리에 대해 취했던 태도를 바꿀 경우에 대비한 예방 조치임을 분명히 한다. 조기에 사전 준비에 투입되는 장교들의 수는 가능한 한 소수이어야 하며, 개별적으로 필요한 분야의 활동만 지시해야 한다. 그렇지 않으면 아직 시기적으로 확정되지도 않은 일을 준비하는 사실이 알려짐으로써 정치적으로나 군사적으로 심각한 불이익이 발생할 위험이 있다.

V.

이 작전 명령을 토대로 각 군 최고사령관들이 추가로 계획한 의도에 대한 보고를 기대한다. 국방군의 모든 군에서 계획한 준비 사항과 그 완료 과정은 국방군 최고사령부를 통해 나에게 보고하도록 한다.

아돌프 히틀러(서명)

자료 22

1935년 당시 1개 기갑사단의 전시 편성

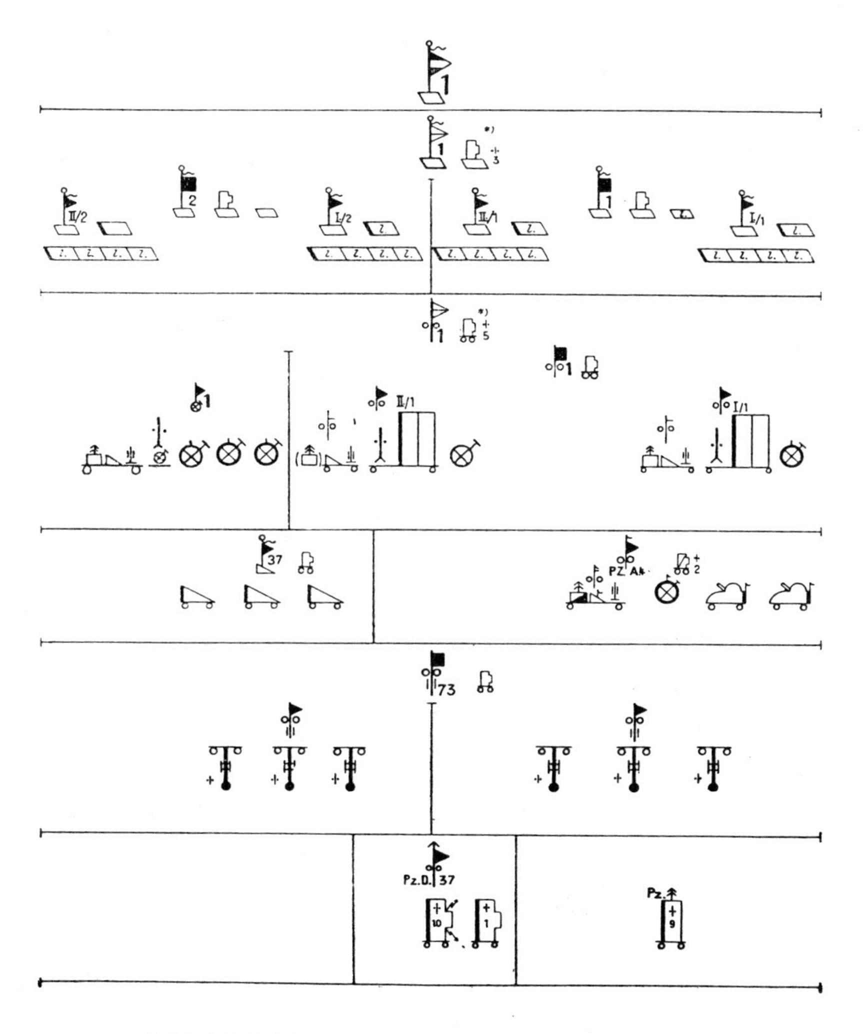

*37통신대대에서 작성함

자료 23

1940년 당시 1기갑사단의 전시 편성

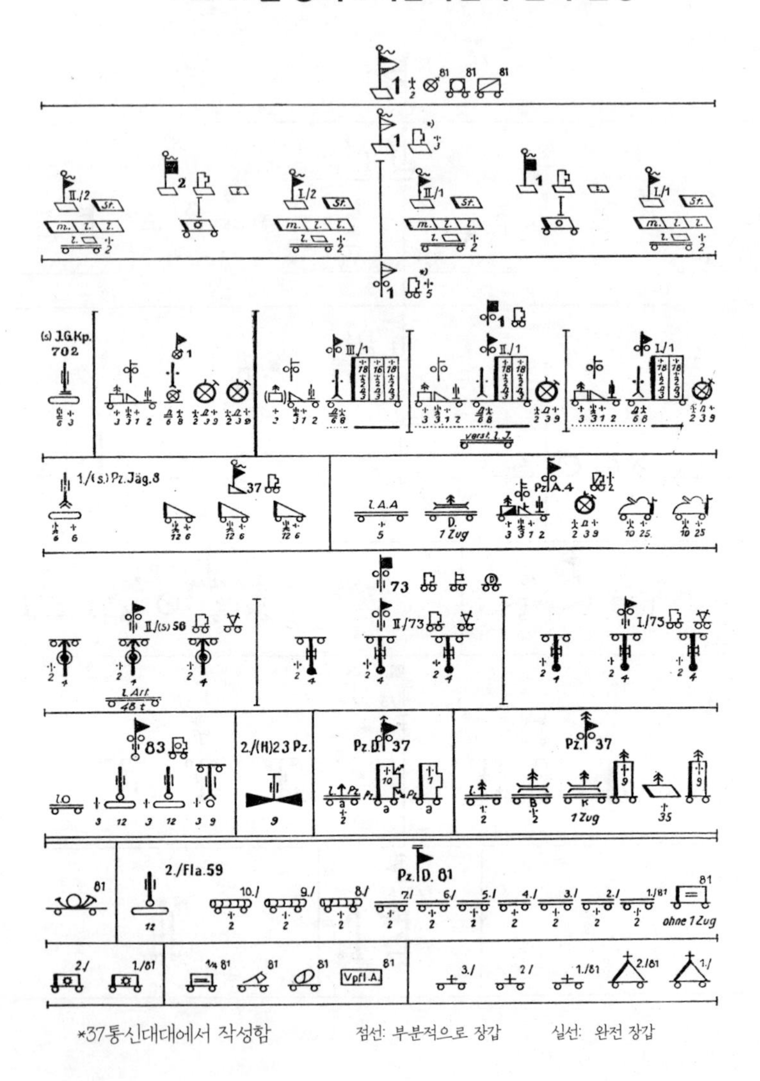

*37통신대대에서 작성함 점선: 부분적으로 장갑 실선: 완전 장갑

18 찾아보기

ㄱ

ㄴ

ㄷ

ㄹ

ㅁ

ㅂ

ㅅ

ㅇ

ㅈ

ㅊ

ㅋ

ㅌ

ㅍ

ㅎ

[역자] **이수영** 번역가. 성균관 대학교에서 독문학과를 졸업하고 독일 쾰른대학교에서 독문학과 철학을 공부하였다. 지금까지 옮긴 책으로 한 무장친위대 병사의 참전기 「폭풍 속의 씨앗」 외 「어떻게 죽을 것인가」, 「탐욕 저편의 새로운 자료, 나눔」, 「양의 탈을 쓴 가치」, 「The Music - 음악의 역사」 등이 있다.

[전쟁과 인간 시리즈]

Guderian - Erinnerungen eines Soldaten

구데리안 - 한 군인의 회상

2022년 5월 15일 초판 4쇄 발행

저 자 하인츠 구데리안
번 역 이수영

발행인 원종우
발 행 ㈜블루픽
주소 경기도 과천시 뒷골로 26, 2층
전화 02-6447-9000 팩스 02-6447-9009
메일 edit01@hanmail.net 웹 imageframe.kr

책 값 30,000원
ISBN 978-896052-388-3 03390